汉译世界学术名著丛书

爱因斯坦文集

第一卷

〔美〕爱因斯坦 著

许良英 李宝恒
赵中立 范岱年 编译

商务印书馆
创于1897 The Commercial Press

A. 爱因斯坦(1930 年前后)

1927 年第五次索尔维会议参与者，摄于国际索尔维物理研究所

第三排：奥古斯特·皮卡尔德、E. 亨里厄特、保罗·埃伦费斯特、Ed. 赫尔岑、Th. 德·杜德尔、欧文·薛定谔、E. 费斯哈费尔特、沃尔夫冈·泡利、沃纳·海森堡、R. H. 福勒、里昂·布里渊，

第二排：彼得·德拜、马丁·努森、威廉·劳伦斯·布拉格、H. A. 克拉默斯、保罗·狄拉克、亚瑟·康普顿、路易·德布罗意、马克斯·波恩、尼耳斯·玻尔，

第一排：欧文·朗缪尔、马克斯·普朗克、玛丽·居里、亨得里克·洛仑兹、阿尔伯特·爱因斯坦、保罗·朗之万、Ch. E. 盖伊、C. T. R. 威尔逊、O. W. 里查森

汉译世界学术名著丛书
出 版 说 明

我馆历来重视移译世界各国学术名著。从20世纪50年代起，更致力于翻译出版马克思主义诞生以前的古典学术著作，同时适当介绍当代具有定评的各派代表作品。我们确信只有用人类创造的全部知识财富来丰富自己的头脑，才能够建成现代化的社会主义社会。这些书籍所蕴藏的思想财富和学术价值，为学人所熟知，毋需赘述。这些译本过去以单行本印行，难见系统，汇编为丛书，才能相得益彰，蔚为大观，既便于研读查考，又利于文化积累。为此，我们从1981年着手分辑刊行，至2010年已先后分十一辑印行名著460种。现继续编印第十二辑。到2011年底出版至500种。今后在积累单本著作的基础上仍将陆续以名著版印行。希望海内外读书界、著译界给我们批评、建议，帮助我们把这套丛书出得更好。

商务印书馆编辑部

2010年6月

《爱因斯坦文集》序

周　培　源

阿尔伯特·爱因斯坦(Albert Einstein,1879—1955)是当代最伟大的物理学家。他所创立的相对论和所揭示的辐射的粒子性,随后被发展到微观客体的波粒二象性,奠定了现代物理学的理论基础,对唯物论哲学的发展也具有重大意义。他同时又是一位富有哲学探索精神和有强烈社会责任感的思想家。他经历两次世界大战,先后生活在帝国主义政治旋涡中心的德国和美国,在恶劣环境中坚持反对侵略战争,反对军国主义和法西斯主义,反对民族压迫和种族歧视,为人类的进步进行不屈不挠的斗争。

爱因斯坦生长在物理学急剧变革的时期,通过以他为代表的一代物理学家的努力,物理学的发展进入一个新的历史时期。由伽利略和牛顿建立的古典物理学理论体系,经历了将近二百年的发展,到十九世纪中叶,由于能量守恒和转化定律的发现,热力学和统计物理学的建立,特别是由于法拉第和麦克斯韦在电磁学上的发现,取得了辉煌的成就。这些成就,使得当时不少物理学家认为,物理学领域中原则性的理论问题都已经解决了,留给后人的,只能在细节方面作些补充和发展。可是,历史的进程恰恰相反,接踵而来的却是一系列古典物理学无法解释的新现象:以太漂移实验、元素的放射性、电子运动、黑体辐射、光电效应，等等。在这个新形势面前，物理学家一般企图在旧理论框架内部进行修补的办法来解决矛盾，但是，年轻的爱因斯坦则不为旧传统所束缚，在洛伦兹等人研究工作的基础上，对空间和时间这样一些基本概念作了本质上的变革。这一理论上的根本性突破，开辟了物理学的新纪元。

他一生最重要的科学贡献是相对论。1905 年他发表了题为《论动体的电动力学》的论文，提出了狭义相对性原理和光速不变原理，建立了狭义相对论。这一理论把牛顿力学作为低速运动理论的特殊情形包括在内。它揭示了作为物质存在形式的空间和时间在本质上的统一性，深刻揭露了力学运动和电磁运动在运动学上的统一性，而且还进一步揭示了物质和运动的统一性(质量和能量的相当性)，发展了物质和运动不可分割原理，并且为原子能的利用奠定了理论基础。

随后，经过多年的艰苦努力，1915 年他又建立了广义相对论，进一步揭示了四维空时同物质的统一关系，指出空间-时间不可能离开物质而独立存在，空间的结构和性质取决于物质的分布，它并不是平坦的欧几里得空间，而是弯曲的黎曼空间。根据广义相对论的引力论，他推断光在引力场中不沿着直线而会沿着曲线传播。这一理论预见，在 1919 年由英国天文学家在日蚀观察中得到证实，当时全世界都为之轰动。1938 年，他在广义相对论的运动问题上取得重大进展，即从场方程推导出物体运动方程，由此更深一层地揭示了空时、物质、运动和引力之间的统一性。广义相对论和引力论的研究，六十年代以来，由于实验技术和天文学的巨大发展受到重视。

继广义相对论之后，爱因斯坦在宇宙学和引力与电磁的统一场论这两方面进行探索。1917年，在当时的天文观测中还没有看到星系的分离运动，为了说明天体在空间中静止的分布，他以引力场方程为依据，提出一个有限无边的静止的宇宙模型。这个静止的模型是不稳定的。嗣后，从引力场方程预见到星系的分离运动，并为天文观测所证实。在广义相对论运动的宇宙论中也具有无限空间的模型。宇宙学，在理论和观测上，仍有待于进一步实践。爱因斯坦最初提出的有限无边的静止模型，虽然有它的局限性，但在现代宇宙学中仍不失为开拓性的工作。

爱因斯坦对量子论的发展也作出重大贡献。量子论是普朗克于1900年为解决黑体辐射问题而提出的一个大胆假说，认为物体的能量状态是不连续的。但普朗克本人不但不敢把能量不连续概念再往前推进一步，甚至一再企图用古典物理学的连续概念来解释发射能量的不连续性。爱因斯坦的态度截然不同。他于1905年提出光的能量在空间中不是连续分布的假设，认为光束的能量在传播、吸收及产生过程中都具有量子性，完满地解释了光电效应。这是人类认识自然界的历史上第一次揭示了辐射的波动性和粒子性的对立统一，它为1923—1924年德布罗意提出物质波理论和1926年薛定谔发现波动方程指出了方向。波动力学和海森伯、玻恩与约当在1925年创建的量子力学是等价的。1928年狄拉克建立了电子的相对论性波动方程，这是狭义相对论与量子力学相结合的重要发展。1906年，爱因斯坦又把量子论用于固体比热问题。1912年又用于光化学现象。1916年在一篇关于辐射量子论的论文中，他提出了受激辐射理论，这就是四十多年后才建立成长起来的激光技术的理论基础。

爱因斯坦的科学工作最先取得成果的，还是在分子运动理论方面。他用统计学和力学相结合的方法来研究悬浮粒子在流体中的运动，在理论上说明了早在1827年发现的布朗运动产生的原因，并且从悬浮粒子位移的平均值推算出单位体积中流体的分子数目。这个理论预见，三年后就由法国物理学家在实验上予以证实。这给那些否认原子的客观存在的唯心论哲学家以致命的打击，是本世纪初物理学领域中唯物论保卫战的一个胜利。

值得注意的是，爱因斯坦早期的科学成就是在比较困难的条件下取得的。他1900年大学毕业后找不到工作，两年后，才找到了同他的科学研究毫无关系的瑞士联邦专利局的固定职业，因此，当时他所有的物理理论研究工作都只能利用业余时间来进行。到了1905年，他几乎同时在相对论、光电效应和布朗运动这三个不同领域里齐头并进地取得具有重大意义的成果，这在科学史上是个奇迹。他那种不畏险阻敢于攀登科学高峰的工作精神，是值得我们科学工作者学习的。

在后期，他把主要精力用于探索统一场论，企图建立引力场和电磁场的统一理论。他认为这是相对论发展的第三个阶段。这一探索始终未取得具有物理意义的结果，但这几乎消耗尽了他整个后半生的精力，并使他离开了当时理论物理学蓬勃发展的领域——量子力学。而20世纪最初20年，正如玻恩所说，爱因斯坦却原来是这个领域的“领袖和旗手”。这对物理学的发展是一种损失。统一场论的思想，如规范场的思想，近年来在基本粒子领域里重新受到重视。

爱因斯坦以探索理论物理学的基础解决物理理论中的基本矛盾作为自己一生的主要任务，这就迫使他比较深入地接触到哲学上的重大问题。他认为，物理学家在理论革命时期必须亲自去作哲学推理。他少年时代就开始对哲学发生兴趣，青年时代读过大量的哲学著作，他在科学上之所以能取得重大突破，有一部分要归功于他的哲学的批判精神。他的哲学思想比较庞杂，没有形成一个严格的体系。他受到斯宾诺莎、莱布尼茨、休谟、康德、马赫的影响较深，但作为主导思想的还是自然科学的自发唯物论。他认为"相信有一个离开知觉主体而独立的外在世界，是一切自然科学的基础"。就基于这样的立场，在量子力学的哲学解释问题上，他坚决反对以玻尔为首的哥本哈根学派的实证论倾向。这场争论，延续几十年，是物理史上一场持续时间最长、斗争最激烈、最富有哲学意义的论战。

在哲学上，他议论最多的是认识论问题。他既强调经验是一切知识的源泉，又强调思维能掌握实在，认为一个自然科学家不可避免地要在经验论和唯理论之间摇摆。这种看法，表明他的科学创造经验要求他突破经验论和唯理论的框框，但是，他对经验与理论的关系缺乏辩证的理解。他在科学方法论、空间和时间、世界的可知性等问题上都发表过不少独特的见解。这些见解反映着一位开创物理理论新时代的严肃工作的自然科学家在向未知领域探索过程中的各种感受和多少有点混乱的想法，其中有精华，也有糟粕；有成功的经验，也有失败的教训。我们应当认真地运用马克思主义的批判武器，对这些可贵的思想材料进行实事求是的分析，加以去粗取精、去伪存真的改造，批判地吸取其有益的成分。

由于他的哲学思想比较庞杂，而用词有时又不很确切，容易给人造成误会。他在年轻的时候曾受到马赫的认识论的很大影响，不过，后来认为马赫的认识论是根本站不住脚的，因此，我们决不可根据他的一些用词就断定他是一个马赫主义者。又如，他发表过一些讨论宗教的文章，说自己相信斯宾诺莎的上帝，并且具有很深的宗教感情，我们也不能由此就以为他已成为神学的俘虏。事实上，马克思早就解释过，斯宾诺莎的所谓"上帝"就是"自然"。总之，对于思想问题，不可草率、简单地对待，而应该采取严肃、审慎的客观态度。爱因斯坦为探求真理而奋斗终生，尽管他所走的道路是曲折的，思想上时而出现混乱、偏差，甚至错误，但他始终是诚实的，有批判精神的。"对真理的追求要比对真理的占有更为可贵。"这是爱因斯坦经常引用的莱辛的名言，也是他终生奉行的格言。我们也应该学习这种永不固步自封的探索精神。

爱因斯坦不把自己的注意力局限在科学研究和哲学抽象思维的狭小天地里，他深刻地体会到一个科学工作者的研究成果对社会会产生怎样的影响，以及对社会要负怎样的责任。他关心社会公益，关心人类的文明和进步，希望科学真正能造福于人类。他认为，"人只有献身于社会，才能找出那实际上是短暂而有风险的生命的意义。"凡是他所经历的重大政治事件，他都要公开表明自己的态度。凡是他所了解到的社会黑暗和政治迫害，他都要公开发表自己的意见，否则，他就觉得是"在犯同谋罪"。

第一次帝国主义世界大战爆发后，欧洲绝大多数知识分子都去"保卫祖国"，而爱因斯坦却主张民族和睦，公开发表反战宣言，并参加德国地下的反战组织。

第二次世界大战前，他目睹德国法西斯的暴行，清醒地认识到法西斯是人类的死敌，“只要法西斯统治欧洲，就不会有和平”。他不顾个人安危，挺身而出，公开发表一系列谴责纳粹暴行的声明和谈话，唤醒尚在沉睡的欧洲和美国人民去同希特勒德国作斗争。他是德国纳粹分子追捕的对象，他的家被抄，房屋被捣毁，财产被没收，著作被烧毁，他的相对论被宣布为反德的犹太科学。德国纳粹还以二万马克悬赏给予杀死他的人。但他毫不畏缩，坚定地表示自己要做布鲁诺、斯宾诺莎那样决心为真理而自我牺牲的战士。

第二次世界大战后，美国帝国主义取代法西斯德国和日本，妄想称霸世界，对外实行侵略政策和战争政策，对内逐步法西斯化。在冷战的年代里，爱因斯坦积极参加为保卫世界和平、保卫公民民主权利的斗争，因而被美国法西斯分子指责为“美国的敌人”、“颠覆分子”、“共产党人”。但他还是毫不畏惧地公开揭露麦卡锡的阴谋，号召每一个受到“非美活动委员会”传讯的知识分子拒绝去作证，也就是说，“必须准备坐牢和准备经济破产”，“必须准备为他的祖国的文明幸福的利益而牺牲他的个人幸福”。1955 年 4 月 18 日，他临终前最后一次谈话，也还是谈他最关心的两个问题：公民自由和世界和平。

遵照他的遗嘱，他去世后，骨灰被秘密保存，不举行葬仪，不建坟墓，不立纪念碑。但他永远活在人们的心中，永远为人们所纪念。

1936—1937 年我在美国普林斯顿高等学术研究院进行科学研究工作，有幸参加爱因斯坦所主持的相对论讨论班。那年，他正在进行运动理论的研究。起初，他遇到了求解非线性偏微分引力方程的巨大困难,以为方程本身可能有问题。但经过艰苦的努力,终于克服了困难,取得了从引力场方程本身推导出物体运动方程的新成就。在讨论班中,他热情地鼓励我们青年人的工作,真诚地提出意见,同时也能虚心听取青年人对他的工作的意见。虽然他当时在国际科学界负有最高的声誉,但他为人谦虚、淳朴,对人和蔼可亲,并过着俭朴的生活。他在欧洲旅行时,经常坐三等车,而不坐头、二等。他爱好音乐,并自认他拉小提琴的成就要比他的物理学高明。他不仅解决光电效应的基础理论问题,而且对光电效应的实际应用也感兴趣。他曾和别人合作取得设计照相用的一个曝光器的专利。1922 年,他从欧洲乘船到日本的途中经过上海,亲眼看到旧中国劳动人民水深火热的悲惨生活,对我国人民寄予深切的同情。他对我国光辉灿烂的古代文明表示衷心的钦佩。他反对日本帝国主义侵略我国,殷切期望我们能迅速摆脱身上的枷锁,为中国的昌盛和人类的幸福作出贡献。

爱因斯坦当然有他自己的缺陷和时代的局限性,这是有待于我们依据他所处的历史条件加以说明的。但是他追求真理和为人类谋福利的崇高目标始终如一。他辛勤劳动的精神产品,他不畏强暴的战斗形象,都将永不磨灭。他是人类历史上一颗明亮的巨星。因此,一切同科学和人类进步为敌的败类,尤其是那些搞法西斯专政、搞愚民政策的阴谋家、野心家,都必然把他看作仇敌。他在世时,德国的希特勒和美国的麦卡锡都疯狂地迫害他。他去世后,在中国梦想复辟封建法西斯统治的林彪反党集团和“四人帮”在这方面也曾作了充分的表演。他们诬蔑爱因斯坦是“本世纪以来自然科学领域中最大的资产阶级反动学术‘权威’”,诬蔑他的相对论是一面“黑旗”，并妄图借此在政治上打倒曾对爱因斯坦作过公正评价的我们敬爱的周总理，打击我国广大科学工作者的创造性和积极性，把我们伟大的祖国推进愚昧黑暗的深渊。

现在，《爱因斯坦文集》(三卷本)的编译出版，给我们提供了对这位伟大的物理学家的工作、思想与品质作全面分析研究的机会。我相信他的这份文化科学遗产对于我国今后科学事业的发展将会产生积极的影响。

1977 年 9 月

目　　录

自　述[①]

我已经67岁了，坐在这里，为的是要写点类似自己的讣告那样的东西。我做这件事，不仅因为希耳普博士已经说服了我，而且我自己也确实相信，向共同奋斗着的人们讲一讲一个人自己努力和探索过的事情在回顾中看起来是怎样的，那该是一件好事。稍作考虑以后，我就觉得，这种尝试的结果肯定不会是完美无缺的。因为，工作的一生不论怎样短暂和有限，其间经历的歧途不论怎样占优势，要把那些值得讲的东西讲清楚，毕竟是不容易的——现在67岁的人已完全不同于他50岁、30岁或者20岁的时候了。任何回忆都染上了当前的色彩，因而也带有不可靠的观点。这种考虑可能使人畏难而退。然而，一个人还是可以从自己的经验里提取许多别人所意识不到的东西。

当我还是一个相当早熟的少年的时候，我就已经深切地意识到，大多数人终生无休止地追逐的那些希望和努力都是毫无价值的。而且，我不久就发现了这种追逐的残酷，这在当年较之今天是

① 这篇《自述》(*Autobiographisches*)写于1946年，发表在希耳普(P. A. Schilpp)编的为庆祝爱因斯坦70岁生日的论文集《阿耳伯特·爱因斯坦：哲学家-科学家》(*Albert Einstein：Philosopher-Scientist*)里，纽约Tudor出版公司，1949年。这里译自该书1—95页。——编译者

更加精心地用伪善和漂亮的字句掩饰着的。每个人只是因为有个胃,就注定要参与这种追逐。而且,由于参与这种追逐,他的胃是有可能得到满足的;但是,一个有思想、有感情的人却不能由此而得到满足。这样,第一条出路就是宗教,它通过传统的教育机关灌输给每一个儿童。因此,尽管我是完全没有宗教信仰的(犹太人)双亲的儿子,我还是深深地信仰宗教,但是,这种信仰在我12岁那年就突然中止了。由于读了通俗的科学书籍,我很快就相信,《圣经》里的故事有许多不可能是真实的。其结果就是一种真正狂热的自由思想,并且交织着这样一种印象:国家是故意用谎言来欺骗年轻人的;这是一种令人目瞪口呆的印象。这种经验引起我对所有权威的怀疑,对任何社会环境里都会存在的信念完全抱一种怀疑态度,这种态度再也没有离开过我,即使在后来,由于更好地搞清楚了因果关系,它已失去了原有的尖锐性时也是如此。

我很清楚,少年时代的宗教天堂就这样失去了,而这个宗教天堂是使我自己从"仅仅作为个人"的桎梏中,从那种被愿望、希望和原始感情所支配的生活中解放出来的第一个尝试。在我们之外有一个巨大的世界,它离开我们人类而独立存在,它在我们面前就像一个伟大而永恒的谜,然而至少部分地是我们的观察和思维所能及的。对这个世界的凝视深思,就像得到解放一样吸引着我们,而且我不久就注意到,许多我所尊敬和钦佩的人,在专心从事这项事业中,找到了内心的自由和安宁。在向我们提供的一切可能范围里,从思想上掌握这个在个人以外的世界,总是作为一个最高目标而有意无意地浮现在我的心目中。有类似想法的古今人物,以及他们已经达到的真知灼见,都是我的不可失去的朋友。通向这个天堂的道路，并不像通向宗教天堂的道路那样舒坦和诱人；但是，它已证明是可以信赖的，而且我从来也没有为选择了这条道路而后悔过。

我在这里所说的，仅仅在一定意义上是正确的，正像一张不多几笔的画，只能在很有限的意义上反映出一个细节混乱的复杂对象一样。如果一个人爱好很有条理的思想，那么他的本性的这一方面很可能以牺牲其他方面为代价而显得更为突出，并且越来越明显地决定着他的精神面貌。在这种情况下，这样的人在回顾中所看到的，很可能只是一种千篇一律的有系统的发展，然而，他的实际经验却是在千变万化的单个情况中发生的。外界情况是多种多样的，意识的瞬息内容是狭隘的，这就引起了每一个人生活的一种原子化。像我这种类型的人，其发展的转折点在于，自己的主要兴趣逐渐远远地摆脱了短暂的和仅仅作为个人的方面，而转向力求从思想上去掌握事物。从这个观点看来，可以像上面这样简要地说出来的纲要式的评述里，已包含着尽可能多的真理了。

准确地说，"思维"是什么呢？当接受感觉印象时出现记忆形象，这还不是"思维"。而且，当这样一些形象形成一个系列时，其中每一个形象引起另一个形象，这也还不是"思维"。可是，当某一形象在许多这样的系列中反复出现时，那么，正是由于这种再现，它就成为这种系列的一个起支配作用的元素，因为它把那些本身没有联系的系列联结了起来。这种元素便成为一种工具、一种概念。我认为，从自由联想或者"做梦"到思维的过渡，是由"概念"在其中所起的或多或少的支配作用来表征的。概念绝不是一定要同通过感觉可以知觉的和可以再现的符号(词)联系起来的;但是如果有了这样的联系,那么思维因此就成为可以交流的了。

读者会问,这个人有什么权利,在这样一个有问题的领域里,如此轻率而原始地运用观念,而不作丝毫努力去作点证明呢?我的辩护是:我们的一切思维都是概念的一种自由游戏;至于这种游戏的合理性,那就要看我们借助于它来概括感觉经验所能达到的程度。"真理"这个概念还不能用于这样的结构;按照我的意见,只有在这种游戏的元素和规则已经取得了广泛的一致意见(约定)的时候,才谈得上这个"真理"概念。

对我来说,毫无疑问,我们的思维不用符号(词)绝大部分也都能进行,而且在很大程度上是无意识地进行的。否则,为什么我们有时会完全自发地对某一经验感到"惊奇"呢?这种"惊奇"似乎只是当一种经验同我们的充分固定的概念世界有冲突时才会发生。每当我们尖锐而强烈地经历到这种冲突时,它就会以一种决定性的方式反过来作用于我们的思维世界。这个思维世界的发展,在某种意义上说就是对"惊奇"的不断摆脱。

当我还是一个四五岁的小孩,在父亲给我看一个罗盘的时候,就经历过这种惊奇。这只指南针以如此确定的方式行动,根本不符合那些在无意识的概念世界中能找到位置的事物的本性的(同直接"接触"有关的作用)。我现在还记得,至少相信我还记得,这种经验给我一个深刻而持久的印象。我想一定有什么东西深深地隐藏在事情后面。凡是人从小就看到的事情,不会引起这种反应;他对于物体下落,对于风和雨,对于月亮或者对于月亮不会掉下来,对于生物和非生物之间的区别等都不感到惊奇。

在12岁时，我经历了另一种性质完全不同的惊奇：这是在一个学年开始时，当我得到一本关于欧几里得平面几何的小书时所经历的。这本书里有许多断言，比如，三角形的三个高交于一点，它们本身虽然并不是显而易见的，但是可以很可靠地加以证明，以致任何怀疑似乎都不可能。这种明晰性和可靠性给我造成了一种难以形容的印象。至于不用证明就得承认公理，这件事并没有使我不安。如果我能依据一些其有效性在我看来是毋庸置疑的命题来加以证明，那么我就完全心满意足了。比如，我记得，在这本神圣的几何学小书到我手中以前，有位叔叔①曾经把毕达哥拉斯定理告诉了我。经过艰巨的努力以后，我根据三角形的相似性成功地"证明了"这条定理；在这样做的时候，我觉得，直角三角形各个边的关系"显然"完全决定于它的一个锐角。在我看来，只有在类似方式中不是表现得很"显然"的东西，才需要证明。而且，几何学研究的对象，同那些"能被看到和摸到的"感官知觉的对象似乎是同一类型的东西。这种原始观念的根源，自然是由于不知不觉地存在着几何概念同直接经验对象（刚性杆、截段等等）的关系，这种原始观念大概也就是康德(I. Kant)提出那个著名的关于"先验综合判断"可能性问题的根据。

如果因此好像用纯粹思维就可能得到关于经验对象的可靠知识，那么这种"惊奇"就是以错误为依据的。但是，对于第一次经验到它的人来说，在纯粹思维中竟能达到如此可靠而又纯粹的程度，

① 指雅各布·爱因斯坦(Jakob Einstein)。指导他学"神圣的几何学小书"的是麦克斯·塔耳玫(Max Talmey)，当时是慕尼黑大学的医科学生。——编译者

就像希腊人在几何学中第一次告诉我们的那样，是足够令人惊讶的了。

既然我已经打断了刚开始的讣告而且扯远了，因此，我将毫不踌躇地在这里用几句话来说明我的认识论信条，虽然有些话在前面已经顺便谈过了。这个信条实际上是在很久以后才慢慢地发展起来的，而且同我年轻时候所持的观点并不一致。

我一方面看到感觉经验的总和；另一方面又看到书中记载的概念和命题的总和。概念和命题之间的相互关系具有逻辑的性质，而逻辑思维的任务则严格限于按照一些既定的规则（这是逻辑学研究的问题）来建立概念和命题之间的相互关系。概念和命题只有通过它们同感觉经验的联系才获得其“意义”和“内容”。后者同前者的联系纯粹是直觉的联系，并不具有逻辑的本性。科学“真理”同空洞幻想的区别就在于这种联系，即这种直觉的结合能够被保证的可靠程度，而不是别的什么。概念体系连同那些构成概念体系结构的句法规则都是人的创造物。虽然概念体系本身在逻辑上完全是任意的，可是它们受到这样一个目标的限制，就是要尽可能做到同感觉经验的总和有可靠的（直觉的）和完备的对应（*Zuordnung*）关系；其次，它们应当使逻辑上独立的元素（基本概念和公理），即不下定义的概念和推导不出的命题，要尽可能的少。

命题如果是在某一逻辑体系里按照公认的逻辑规则推导出来的，它就是正确的。体系所具有的真理内容取决于它同经验总和的对应可能性的可靠性和完备性。正确的命题是从它所属的体系的真理内容中取得其“真理性”的。

对历史发展的一点意见。休谟（David Hume）清楚地了解到，有些概念，比如因果性概念，是不能用逻辑方法从经验材料中推导出来的。康德完全确信某些概念是不可缺少的，他认为这些概念——它们正是这样挑选出来的——是任何思维的必要前提，并且把它们同那些来自经验的概念区别开来。但是，我相信，这种区分是错误的，那就是说，它不是按自然的方式来正确对待问题的。一切概念，甚至那些最接近经验的概念，从逻辑观点看来，完全像因果性概念一样，都是一些自由选择的约定，而这个问题首先是从因果性概念提出来的。

现在再回到讣告上来。在 12—16 岁的时候，我熟悉了基础数学，包括微积分原理。这时，我幸运地接触到一些书，它们在逻辑严密性方面并不太严格，但是能够简单明了地突出基本思想。总的说来，这个学习确实是令人神往的；它给我的印象之深并不亚于初等几何，好几次达到了顶点——解析几何的基本思想，无穷级数，微分和积分概念。我还幸运地从一部卓越的通俗读物中知道了整个自然科学领域里的主要成果和方法，这部著作〔伯恩斯坦(A. Bernstein)的《自然科学通俗读本》是一部有五六卷的著作〕几乎完全局限于定性的叙述，这是一部我聚精会神地阅读了的著作。当我 17 岁那年作为学数学和物理学的学生进入苏黎世工业大学时，我已经学过一些理论物理学了。

在那里，我有几位卓越的老师(比如，胡尔维兹(A. Hurwitz)、明可夫斯基(H. Minkowski))，所以照理说，我应该在数学方面得到深造。可是我大部分时间却是在物理实验室里工作，迷恋于同经验直接接触。其余时间，则主要用于在家里阅读基尔霍夫(G. R. Kirchhoff)、亥姆霍兹(H. L. F. von Helmholtz)、赫兹(H. R.

Hertz)等人的著作[①]。我在一定程度上忽视了数学，其原因不仅在于我对自然科学的兴趣超过对数学的兴趣，而且还在于下述奇特的经验。我看到数学分成许多专门领域，每一个领域都能费去我们所能有的短暂的一生。因此，我觉得自己的处境像布里丹的驴子[②]一样，它不能决定究竟该吃哪一捆干草。这显然是由于我在数学领域里的直觉能力不够强，以致不能把真正带有根本性的最重要的东西同其余那些多少是可有可无的广博知识可靠地区分开来。此外，我对自然知识的兴趣，无疑地也比较强；而且作为一个学生，我还不清楚，在物理学中，通向更深入的基本知识的道路是同最精密的数学方法联系着的。只是在几年独立的科学研究工作以后，我才逐渐地明白了这一点。诚然，物理学也分成了各个领域，其中每一个领域都能吞噬短暂的一生，而且还没有满足对更深邃的知识的渴望。在这里，已有的而且尚未充分地被联系起来的实验数据的数量也是非常大的。可是，在这个领域里，我不久就学会了识别出那种能导致深邃知识的东西，而把其他许多东西撇开不管，把许多充塞脑袋并使它偏离主要目标的东西撇开不管。当然，这里的问题在于，人们为了考试，不论愿意与否，都得把所有这

---

① 这包括奥古斯特·弗普耳(August Föppl，1854—1924)的著作《空间结构》(*Das Fachwerk in Raume*，1892)和《麦克斯韦的电学理论》(*Maxwells Theorie der Elektrizität*，1894)。这二本著作对爱因斯坦建立相对论有重大启发作用。——编译者

② 布里丹(John Buridan，1300？—1360)，十四世纪法国唯名论哲学家，是奥卡姆(William of Occam)的信徒，倾向于决定论，认为意志是环境决定的。反对他的人提出这样一个例证来反驳他：假定有一头驴子站在两堆同样大、同样远的干草之间，如果它没有自由选择的意志，它就不能决定究竟该先吃哪堆干草，结果它就会饿死在这两堆干草之间。后人就把这个论证叫做“布里丹的驴子”。——编译者

些废物统统塞进自己的脑袋。这种强制的结果使我如此畏缩不前，以致在我通过最后的考试以后有整整一年对科学问题的任何思考都感到乏味。但是得说句公道话，我们在瑞士所受到的这种窒息真正科学动力的强制，比其他许多地方要少得多。这里一共只有两次考试，除此以外，人们差不多可以做他们愿意做的任何事情。如果能像我这样，有个朋友经常去听课，并且认真地整理讲课内容，那情况就更是如此了。这种情况给予人们以选择从事什么研究的自由，直到考试前几个月为止。我大大地享受了这种自由，并且乐意把与此伴随而来的内疚看作是微不足道的弊病。现代的教学方法，竟然还没有把研究问题的神圣好奇心完全扼杀掉，真可以说是一个奇迹；因为这株脆弱的幼苗，除了需要鼓励以外，主要需要自由；要是没有自由，它不可避免地会夭折。认为用强制和责任感就能增进观察和探索的乐趣，那是一种严重的错误。我想，即使是一头健康的猛兽，当它不饿的时候，如果有可能用鞭子强迫它不断地吞食，特别是，当人们强迫喂给它吃的食物是经过适当选择的时候，也会使它丧失其贪吃的习性的。— — —

现在来谈当时物理学的状况。当时物理学在各个细节上虽然取得了丰硕的成果，但在原则问题上居统治地位的是教条式的顽固：开始时（假如有这样的开始）上帝创造了牛顿（I. Newton）运动定律以及必需的质量和力。这就是一切；此外一切都可以用演绎法从适当的数学方法发展出来。在这个基础上，特别是由于偏微分方程的应用，十九世纪所取得的成就必然会引起所有有敏锐理解能力的人的赞叹。牛顿也许是第一个在他的声传播理论中揭示了偏微分方程的功效的人。欧勒（L. Euler）已经创立了流体动力学的基础。但是,作为整个物理学基础的质点力学的更加精确的发展,则是十九世纪的成就。然而,对于一个大学生来说,印象最深刻的并不是力学的专门结构或者它所解决的复杂问题,而是力学在那些表面上同力学无关的领域中的成就:光的力学理论,它把光设想为准刚性的弹性以太的波动,但是首先是气体分子运动论:——单原子气体比热同原子量无关,气体状态方程的导出及其同比热的关系,气体离解的分子运动论,特别是气体的黏滞性、热传导和扩散之间的定量关系,而且气体扩散还提供了原子的绝对大小。这些结果同时支持了力学作为物理学和原子假说的基础,而后者在化学中已经牢固地确立了它的地位。但是在化学中起作用的仅仅是原子的质量之比,而不是它们的绝对大小,因此原子论与其看作是关于物质的实在结构的一种认识,不如看作是一种形象化的比喻。此外,古典力学的统计理论能够导出热力学的基本定律,也是令人深感兴趣的,这在本质上已经由玻耳兹曼(L. Boltzmann)完成了。

因此我们不必惊奇,可以说上一世纪所有的物理学家,都把古典力学看作是全部物理学的,甚至是全部自然科学的牢固的和最终的基础,而且,他们还孜孜不倦地企图把这一时期逐渐取得全面胜利的麦克斯韦(J. C. Maxwell)电磁理论也建立在力学的基础之上。甚至连麦克斯韦和H. 赫兹,在他们自觉的思考中,也都始终坚信力学是物理学的可靠基础,而我们在回顾中可以公道地把他们看成是动摇了以力学作为一切物理学思想的最终基础这一信念的人。是恩斯特·马赫(Ernst Mach),在他的《力学史》中冲击了这种教条式的信念；当我是一个学生的时候①，这本书正是在这方面给了我深刻的影响。我认为，马赫的真正伟大，就在于他的坚不可摧的怀疑态度和独立性；在我年轻的时候，马赫的认识论观点对我也有过很大的影响，但是，这种观点今天在我看来是根本站不住脚的。因为他没有正确阐明，思想中，特别是科学思想中，本质上是构造的和思辨的性质；因此，正是在理论的构造-思辨的特征赤裸裸地表现出来的那些地方，他却指责了理论，比如在原子运动论中就是这样。

在我开始批判那个作为物理学基础的力学以前，首先必须谈谈某些一般观点，根据这些观点，才有可能去批判各种物理理论。第一个观点是很明显的：理论不应当同经验事实相矛盾。这个要求初看起来似乎很明显，但应用起来却非常伤脑筋。因为人们常常，甚至总是可以用人为的补充假设来使理论同事实相适应，从而坚持一种普遍的理论基础。但是，无论如何，这第一个观点所涉及的是用现成的经验事实来证实理论基础。

第二个观点涉及的不是关于〔理论〕同观察材料的关系问题，而是关于理论本身的前提，关于人们可以简单地，但比较含糊地称之为前提（基本概念以及这些概念之间作为基础的关系）的"自然性"或者"逻辑的简单性"。这个观点从来都在选择和评价各种理论时起着重大的作用，但是确切地把它表达出来却有很大困难。这里的问题不单是一种列举逻辑上独立的前提问题（如果这种列

① 据爱因斯坦晚年时的回忆，大约在 1897 年，是贝索（M. Besso）使他注意到这本书。——编译者

举竟是毫不含糊地可能的话），而是一种在不能比较的性质间作相互权衡的问题。其次，在几种基础同样"简单"的理论中，那种对理论体系的可能性质限制最严格的理论（即含有最确定的论点的理论）被认为是比较优越的。这里我不需要讲到理论的"范围"，因为我们只限于这样一些理论，它们的对象是一切物理现象的总和。第二个观点可以简要地称为同理论本身有关的"内在的完备"，而第一个观点则涉及"外部的证实"。我认为下面这一点也属于理论的"内在的完备"：从逻辑观点来看，如果一种理论并不是从那些等价的和以类似方式构造起来的理论中任意选出的，那么我们就给予这种理论以较高的评价。

我不想用篇幅不够来为上面两段话中包含的论点不够明确求得原谅，而要在这里承认，我不能立刻，也许根本就没有能力用明确的定义来代替这些提示。但是，我相信，要作比较明确的阐述还是可能的。无论如何，可以看到，"预言家"们在判断理论的"内在的完备"时，他们之间的意见往往是一致的，至于对"外部的证实"程度的判断，情况就更是如此了。

现在来批判作为物理学基础的力学。

从第一个观点（实验证实）来看，把波动光学纳入机械的世界图像，必将引起严重的疑虑。如果把光解释为一种弹性体（以太）中的波动，那么这种物体就应当是一种能透过一切东西的媒质；由于光波的横向性，这种媒质大体上像一种固体，并且又是不可压缩的，从而纵波并不存在。这种以太必须像幽灵似的同其他物质并存着，因为它对"有重"物体的运动似乎不产生任何阻力。为了解释透明物体的折射率以及辐射的发射和吸收过程，人们必须假定在这两种物质之间有着复杂的相互作用，这种事从来也没有认真地尝试过，更谈不上有什么成就。

此外，电磁力还迫使我们引进一种带电物质，它们虽然没有显著的惯性，但是却能相互作用，并且这种相互作用完全不同于引力，而是属于一种具有极性的类型。

法拉第(M. Faraday)-麦克斯韦的电动力学，使物理学家们在长期犹豫不决之后，终于逐渐地放弃了有可能把全部物理学建立在牛顿力学之上的信念。因为这一理论以及赫兹实验对它的证实表明：存在着这样一种电磁现象，它们按其本性完全不同于任何有重物质——它们是在空虚空间里由电磁“场”组成的波。人们如果要保持力学作为物理学的基础，那就必须对麦克斯韦方程作力学的解释。这件事曾极其努力地尝试过，但毫无结果，而这方程本身则越来越被证明是富有成效的。人们习惯于把这些场当作独立的实体来处理，而并不觉得有必要去证明它们的力学本性；这样，人们几乎不知不觉地放弃了把力学作为物理学的基础，因为要使力学适合于各种事实，看来终于是没有希望了。从那时候起，就存在着两种概念元素：一方面是质点以及它们之间的超距作用力；另一方面是连续的场。这表现为物理学的一种过渡状态，它没有一个适合于全体的统一的基础，这种状态虽然不能令人满意，但是，要代替它还差得很远。———

现在，从第二个观点，即从内在的观点来对作为物理学基础的力学提出一些批判。在今天的科学状况下，也就是在抛弃了力学基础以后，这种批判只有方法论上的意义了。但是，这种批判很适合于说明一种论证方法，今后，当基本概念和公理距离直接可观察的东西越来越远，以致用事实来验证理论的含义也就变得越来越困难和更费时日的时候，这种论证方法对于理论的选择就一定会起更大的作用。这里首先要提到的是马赫的论证，其实，这早已被牛顿清楚地认识到了（水桶实验）。从纯粹几何描述的观点来看，一切“刚性的”坐标系在逻辑上都是等价的。力学方程（比如，惯性定律就是这样）只有对某一类特殊的坐标系，即“惯性系”才是有效的。至于坐标系究竟是不是有形客体，在这里倒并不重要。因此，为了说明这种特殊选择的必要性，就必须在理论所涉及的对象（物体、距离）之外去寻找某些东西。为此，牛顿十分明白地像因果上规定的那样，引进了“绝对空间”，它是一切力学过程的一个无所不在的积极参与者；所谓“绝对”，他指的显然是不受物体及其运动的影响。使这种事态特别显得令人讨厌的是这样的事实：应当有无限个相互做匀速平移运动的惯性系存在，它们比一切别的刚性坐标系都要优越。

马赫推测，在一个真正合理的理论中，惯性正像牛顿的其他各种力一样，也必须取决于物体的相互作用，我有很长一个时期认为这种想法原则上是正确的。但是，它暗中预先假定，基本理论应当具有牛顿力学的一般类型：以物体和它们的相互作用作为原始概念。人们立刻就会看出，这种解决问题的企图同贯彻一致的场论是不适合的。

然而，人们可以从下述类比中特别清楚地看到，马赫的批判本质上是多么正确。试设想，有人要创立一种力学，但他们只知道地面上很小的一部分，而且也看不到任何星体。于是他们会倾向于把一些特殊的物理属性给予空间的竖直方向（落体的加速度方向);而且根据这种概念基础,就有理由认为大地大体上是水平的。他们可能不会受下述论点的影响,这种论点认为,空间就几何性质来说是各向同性的,因而在建立物理学的基本定律时又认为按照这些定律应该有一个优先的方向,那是不能令人满意的;他们可能(像牛顿一样)倾向于断言竖直方向是绝对的,因为,这是经验证明了的,人们必须对此感到心安理得。竖直方向比所有其他空间方向更优越,同惯性系比其他刚性坐标系更优越,是完全类似的。

现在来谈其他论证,这些论证也同力学的内在的简单性或自然性有关。如果人们未经批判的怀疑就接受了空间(包括几何)和时间概念,那就没有理由反对超距作用力的观念,即使这个概念同人们在日常生活的未经加工的经验基础上形成的观念并不符合。但是,还有另一个因素使得那种把力学当作物理学基础的看法显得很幼稚。〔力学〕主要有两条定律:

1) 运动定律;

2) 关于力或势能的表示式。

运动定律是精确的,不过在力的表示式还没有定出以前,它是空洞的。但是,在规定力的表示式时,还有很大的任意〔选择〕的余地,尤其是当人们抛弃了力仅仅同坐标有关(比如同坐标对时间的微商无关)这个本身很不自然的要求时,情况就更是这样。从一个点发出的引力作用(和电力作用)受势函数$(1/r)$①支配,这在理论的框架里,本身完全是任意的。补充一点意见:很久以前人们就已经

① 原文是$1/\nu$。——编译者

知道，这函数是最简单的（转动不变的）微分方程 $\delta\varphi=0$[①] 的中心对称解；因此，如果认为这是一种迹象，表示这函数应当被看作是由空间定律决定的，那倒是一种容易了解的想法，按照这种做法，就可以消除选择力定律的任意性。这实际上是使我们避开超距力理论的第一个认识，这种认识——由法拉第、麦克斯韦和赫兹开路的——只是在以后才在实验事实的外来压力下开始发展。

我还要提到这个理论的一种内在的不对称性，即在运动定律中出现的惯性质量也在引力定律中出现，但不在其他各种力的表示式中出现。最后我还想指出，把能量划分为本质上不同的两部分，即动能和势能，必须被认为是不自然的；H. 赫兹对此深感不安，以致在他最后的著作中，曾企图把力学从势能概念（即从力的概念）中解放出来。——

这已经够了。牛顿啊，请原谅我；你所发现的道路，在你那个时代，是一位具有最高思维能力和创造力的人所能发现的唯一道路。你所创造的概念，甚至今天仍然指导着我们的物理思想，虽然我们现在知道，如果要更加深入地理解各种联系，那就必须用另外一些离直接经验领域较远的概念来代替这些概念。

惊奇的读者可能会问："难道这算是讣告吗？"我要回答说：本质上是的。因为，像我这种类型的人，一生中主要的东西，正是在于他所想的是**什么**和他是**怎样**想的，而不在于他所做的或者所经受的是什么。所以，这讣告可以主要限于报道那些在我的努力中

① 按照通常使用的符号，这个微分方程（即拉普拉斯方程）应当写成 $\Delta\varphi=0$（或者 $\Delta^2\varphi=0$），而在本文的后面作者也是这样写的。——编译者

起重要作用的思想。一种理论的前提的简单性越大,它所涉及的事物的种类越多,它的应用范围越广,它给人们的印象也就越深。因此,古典热力学对我造成了深刻的印象。我确信,这是在它的基本概念可应用的范围内绝不会被推翻的唯一具有普遍内容的物理理论(这一点请那些原则上是怀疑论者的人特别注意)。

在我的学生时代,最使我着迷的课题是麦克斯韦理论。这理论从超距作用力过渡到以场作为基本变量,而使它成为革命的理论。光学并入电磁理论,连同光速同绝对电磁单位制的关系,以及折射率同介电常数的关系,反射系数同金属体的传导率之间的定性关系——这真好像是一种启示。在这里,除了转变为场论,即转变为用微分方程来表示基本定律外,麦克斯韦只需要一个唯一的假设性的步骤——在真空和电介质中引进位移电流及其磁效应,这种革新几乎是由微分方程的形式性质规定了的。谈到这里,我情不自禁地要说,在法拉第-麦克斯韦这一对同伽利略-牛顿这一对之间有非常值得注意的内在相似性——每一对中的第一位都直觉地抓住了事物的联系,而第二位则严格地用公式把这些联系表述了出来,并且定量地应用了它们。

当时使人难以看清电磁理论的本质的是下述特殊情况:电或磁的"场强度"和"位移"都被当作同样基本的〔物理〕量来处理,而空虚空间则被认为是电介质的一种特殊情况。场的载体看来是**物质**,而不是**空间**。这就暗示了场的载体具有速度,而且,这当然也适用于"真空"(以太)。赫兹的动体的电动力学是完全建立在这种基本观点上的。

H. A. 洛伦兹的伟大功绩就在于他在这里以令人信服的方式

完成了一个变革。按照他的看法，场原则上只能在空虚空间中存在。被看作是〔由〕原子〔组成〕的物质，则是电荷的唯一载体；物质粒子之间是空虚空间，它是电磁场的载体，而电磁场则是由那些位于物质粒子上的点电荷的位置和速度产生的。介电常数、传导率等等，只取决于那些组成物体的粒子之间的力学联系的方式。粒子上的电荷产生场，另一方面，场又以力作用在粒子的电荷上，而且按照牛顿运动定律决定粒子的运动。如果人们把这同牛顿体系作比较，那么其变化就在于：超距作用力由场代替，而场同时也描述辐射。引力通常是由于它相对地说来比较小而不予考虑；但是，通过充实场的结构，或者扩充麦克斯韦场定律，总有可能考虑到引力。现在这一代的物理学家认为洛伦兹所得到的观点是唯一可能的观点；但在当时，它却是一个惊人大胆的步骤，要是没有它，以后的发展是不可能的。

如果人们批判地来看这一阶段理论的发展，那么令人注目的是它的二元论，这种二元论表现在牛顿意义上的质点同作为连续区的场，彼此并列地都作为基本概念来运用。动能和场能表现为两种根本不同的东西。既然按照麦克斯韦理论，运动电荷的磁场代表惯性，所以这就显得更加不能令人满意。那么，为什么不是**全部**惯性呢？在场代表全部惯性的情况下，只有场能仍然留下，而粒子则不过是场能特别稠密的区域。在这种情况下，人们可以希望，质点的概念连同粒子的运动方程都可以由场方程推导出来——那种恼人的二元论就会消除了。

H. A. 洛伦兹对此了解得很清楚。可是从麦克斯韦方程不可能推导出那构成粒子的电的平衡。也许只有另一种**非线性**场方程才有可能做到这一点。但是,不冒任意专断的危险,就无法发现这种场方程。无论如何,人们可以相信,沿着法拉第和麦克斯韦如此成功地开创的道路前进,就能一步一步地为全部物理学找到一个新的可靠的基础。———

因此,由于引进场而开始的革命,绝没有结束。那时又发生了这样的事:在世纪交替时期,同我们刚才讨论的事情无关,出现了第二个基本危机,由于麦克斯·普朗克(Max Planck)对热辐射的研究(1900年)而突然使人意识到它的严重性。这一事件的历史尤其值得注意,因为,至少在开始阶段,它并没有受到任何实验上的惊人发现的任何影响。

基尔霍夫以热力学为根据,曾得到这样的结论:在一个由温度为 T 的不透光的器壁围住的空腔(*Hohlraum*)里,辐射的能量密度和光谱组成,同器壁的性质无关。这就是说,单色[①]辐射的密度 ρ 是频率 ν 和绝对温度 T 的普适函数。于是就产生了怎样来决定这个函数 $\rho(\nu,T)$ 的有趣问题。关于这个函数,用理论方法可以探知些什么呢?按照麦克斯韦理论,辐射必定对腔壁产生一个压力,这个压力由总能量密度决定。由此,玻耳兹曼由纯粹热力学方法推出:辐射的总能量密度 $\left(\int \rho d\nu\right)$ 同 T^4 成正比。从而他为早先已由斯忒藩(J. Stefan)在经验上发现的定律找到了理论根据,也就是说,他把这条经验定律同麦克斯韦理论的基础联系了起来。此后,W. 维恩(Wien)从热力学上经过一种巧妙的考虑,同时也运用

① 原文为 *nonchromatische*,疑是 *monochromatische* 之误。——编译者

了麦克斯韦理论，发现了这个含有二个变量 ν 和 T 的普适函数 ρ 应当具有如下的形式：

$$\rho \approx \nu^3 f\left(\frac{\nu}{T}\right),$$

此处 $f(\nu/T)$ 是一个只含有一个变量 ν/T 的普适函数。很明显，从理论上决定这个普适函数 f 是有根本性的意义的——这正是普朗克所面临的任务。仔细的量度已经能相当准确地从经验上来确定这函数 f。根据这些实验量度，普朗克首先找到了一个确实能把量度结果很好地表达出来的表示式：

$$\rho = \frac{8\pi h\nu^3}{c^3}\frac{1}{\exp(h\nu/kT)-1},$$

此处 h 和 k 是两个普适常数，其中第一个导致了量子论。这公式由于它的分母而显得有点特别。它是否可以从理论上加以论证呢？普朗克确实找到了一种论证，这种论证的缺陷，最初并没有被发现，这一情况对于物理学的发展可以说真正是个幸运。如果这公式是正确的，那么，借助于麦克斯韦理论，就可以由它算出准单色振子在辐射场中的平均能量 E 为：

$$E = \frac{h\nu}{\exp(h\nu/kT)-1}.$$

普朗克宁可尝试从理论上算出这平均能量。首先热力学对于这种尝试再也帮不了什么忙，麦克斯韦理论同样也帮不了忙。但是，在这公式中，非常鼓舞人心的是下述情况。它在高温时（在 ν 是固定的情况下）得出如下的表示式：

$$E = kT.$$

这式子同气体分子运动论中所得出的做一维弹性振动的质点的平

均能量的表示式相同。在气体分子运动论中,人们得到

$$E=(R/N)T,$$

此处 R 是气体状态方程的常数;N 是每克分子的分子数,从这个常数,可以算出原子的绝对大小。使这两个式子相等,我们就得到

$$N=R/k.$$

因而普朗克公式中的一个常数给我们准确地提供了原子的真实大小。其数值同用气体分子运动论定出的 N 符合得相当令人满意,尽管后者并不很准确。

普朗克清楚地认识到这是一个重大的成功。但是这件事有一个严重的缺陷,幸而当初普朗克没有注意到。由于同样的考虑,应当要求 $E=kT$ 这一关系对于低的温度也必须同样有效。然而,在这种情况下,普朗克公式和常数 h 也就完蛋了。因此,从现有的理论所得出的正确结论应当是:要么,由气体理论给出的振子的平均动能是错误的,那就意味着驳斥了〔统计〕力学;要么,由麦克斯韦理论求得的振子的平均动能是错误的,那就意味着驳斥了麦克斯韦理论。在这样的处境下,最可能的是,这两种理论都只有在极限情况下是正确的,而在其他情况下则是不正确的;我们往后会看到,情况确实是如此。如果普朗克得出了这样的结论,那么,他也许就不会作出他的伟大发现了,因为这样就会剥夺他的纯粹思考的基础。

现在回到普朗克的思考。根据气体分子运动论,玻耳兹曼已经发现,除了一个常数因子外,熵等于我们所考查的状态的“几率”的对数。通过这种见解,他认识到在热力学意义上的“不可逆”过程的本质。然而,从分子力学的观点来看,一切过程都是可逆的。

如果人们把由分子论定义的状态称为微观描述的状态，或者简称为微观状态，而把由热力学描述的状态称为宏观状态，那么，属于一个宏观状态就有非常多个（Z个）状态①。于是Z就是一个所考查的宏观状态的几率的一种量度。这种观念，还由于它的适用范围并不局限于以力学为基础的微观描述，而显得格外重要。普朗克看到了这一点，并且把玻耳兹曼原理应用于一种由很多个具有同样频率ν的振子所组成的体系。宏观状态是由所有这些振子振动的总能量来决定的，而微观状态则由每一单个振子的（瞬时）能量来决定的。因此，为了能用一个有限的数来表示属于一个宏观状态的微观状态的数目，他把总能量分为数目很大但还是有限个数的相同的能量元ε，并问：在振子之间分配这些能量元的方式能有多少？于是，这个数目的对数就提供这体系的熵，并因此（通过热力学的方法）提供这体系的温度。当普朗克为他的能量元ε选取$\varepsilon = h\nu$的值时，他就得到了他的辐射公式。在这样做时，决定性的因素在于只有为ε选取一个确定的有限值，也就是不使它趋于极限$\varepsilon = 0$，才能有这一结果。这种思考方式不是一下子就能看出它同推导过程的其他方面所依据的力学和电动力学的基础是相矛盾的。可是，实际上，这种推导暗中假定了单个振子只能以大小为$h\nu$的“量子”吸收和发射能量，也就是说，不论是可振动的力学结构的能量，还是辐射的能量，都只能以这种量子方式进行转换，这是同力学定律和电动力学定律相违背的。在这里，同动力学的矛盾是基本的；而同电动力学的矛盾可能没有那么基本。因为辐

① 此处的Z个“状态”，显然是指Z个“微观状态”。——编译者

射能量密度的表示式虽然同麦克斯韦方程是相容的，但它并不是这些方程的必然结果。以这个表示式为基础的斯忒藩-玻耳兹曼定律和维恩定律是同经验相符合的这一事实，就显示了这个表示式提供着重要的平均值。

在普朗克的基本工作发表以后不久，所有这些我都已十分清楚；以致尽管没有一种古典力学的代替品，我还是能看出，这条温度-辐射定律，对于光电效应和其他同辐射能量的转换有关的现象，以及(特别是)对于固体的比热，将会得出什么结果。可是，我要使物理学的理论基础同这种认识相适应的一切尝试都失败了。这就像一个人脚下的土地都被抽掉了，使他看不到哪里有可以立足的巩固基地。至于这种摇晃不定、矛盾百出的基础，竟足以使一个具有像玻尔(N. Bohr)那样独特本能和机智的人发现光谱线和原子中电子壳层的主要定律以及它们对化学的意义，这件事对我来说，就像是一个奇迹——而且即使在今天，在我看来仍然像是一个奇迹。这是思想领域中最高的音乐神韵。

在那些年代里，我自己的兴趣主要不在于普朗克的成就所得出的个别结果，尽管这些结果可能非常重要。我的主要问题是：从那个辐射公式中，关于辐射的结构，以及更一般地说，关于物理学的电磁基础，能够得出什么样的普遍结论呢？在我深入讨论这个问题之前，我必须简要地提到关于布朗(Brown)运动及有关课题(起伏现象)的一些研究，这些研究主要是以古典的分子力学为根据的。在不知道玻耳兹曼和吉布斯(W. Gibbs)的已经发表而且事实上已经把问题彻底解决了的早期研究工作的情况下，我发展了统计力学，以及以此为基础的热力学的分子运动论。在这里，我的主要目的是要找到一些事实，尽可能地确证那些有确定的有限大小的原子的存在。这时我发现，按照原子论，一定会有一种可以观察到的悬浮微粒的运动，而我并不知道，关于这种"布朗运动"的观察实际上早已是人所共知的了。最简单的推论是以如下的考虑为根据的。如果分子运动论原则上是正确的，那么那些可以看得见的粒子的悬浮液就一定也像分子溶液一样，具有一种能满足气体定律的渗透压。这种渗透压同分子的实际数量有关，亦即同一摩尔质量中的分子个数有关。如果悬浮液的密度并不均匀，那么这种渗透压也会因此而在空间各处有所不同，从而引起一种趋向均匀的扩散运动，这种扩散运动可以从已知的粒子迁移率计算出来。但另一方面，这种扩散过程也可以看作是悬浮粒子因热骚动而引起的、原来不知其大小的无规则位移的结果。通过把这两种考查所得出的扩散通量的数值等同起来，就可以定量地得到这种位移的统计定律，也就是布朗运动定律。这些考查同经验的一致，以及普朗克根据辐射定律（对于高温）对分子的真实大小的测定，使当时许多怀疑论者[奥斯特瓦耳德（W. Ostwald）、马赫]相信了原子的实在性。这些学者之所以厌恶原子论，无疑可以溯源于他们的实证论的哲学观点。这是一个有趣的例子，它表明即使是有勇敢精神和敏锐本能的学者，也可以因为哲学上的偏见而妨碍他们对事实作出正确解释。这种偏见——至今还没有灭绝——就在于相信毋须自由的概念构造，事实本身就能够而且应该为我们提供科学知识。这种误解之所以可能，只是因为人们不容易认识到，经过验证和长期使用而显得似乎同经验材料直接相联系的那些概念，其实都是自由选择出来的。

布朗运动理论的成功再一次清楚地表明：当速度对时间的高阶微商小到可以忽略不计时，把古典力学用于这种运动，总是提供可靠的结果。依据这种认识，可以提出一种比较直接的方法，使我们能够从普朗克公式中求得一些关于辐射结构的知识。也就是说，我们可以得出这样的结论：在充满辐射的空间里，一面（垂直于它自身的平面）自由运动着的准单色反射镜，必定要做一种布朗运动，其平均动能等于$\frac{1}{2}(R/N)T$（R＝一摩尔的气体方程中的常数，N等于每克分子中的分子数目，T＝绝对温度）。如果辐射没有受局部起伏的支配，镜子就会渐趋静止，因为，由于它的运动，在它的正面反射的辐射要比背面反射的多。可是由于组成辐射的波束互相干涉，镜子必然要遇到作用在它身上的压力的某种不规则的起伏，这种起伏必定能够从麦克斯韦理论计算出来。然而，这种计算表明，这些压力起伏（特别是在辐射密度很小的情况下）要给镜子以平均动能$1/2(R/N)T$是无论如何做不到的。为了能够得到这个结果，就必须假定另外有第二种压力起伏，可是它是不能从麦克斯韦理论推导出来的，而符合于这样的假定：辐射能量是由许多能量为$h\nu$（动量为$h\nu/c$，（c＝光速））好像集中在一点上的不可分割的量子所组成的，而量子在被反射时也是不可分割的。这种考查以激烈而直接的方式表明，普朗克的量子必须被认为是一种直接的实在，因而，从能量角度来看，辐射必定具有一种分子结构，这当然是同麦克斯韦理论相矛盾的。直接依据玻耳兹曼的熵-几率关系（取几率等于统计的时间频率）对辐射所作的考查也得到同样的结果。辐射的（和物质微粒的）这种二象性是实在的一种主要特性，它已经由量子力学以巧妙而且非常成功的方式作了解释。几乎当代所有物理学家都认为这种解释基本上是最终的解释，而在我看来，它不过是一条暂时的出路；关于这一点，有些意见留待以后再谈。——

早在1900年以后不久，即在普朗克的首创性工作以后不久，这类思考已使我清楚地看到：无论是力学还是热力学（除非在极限情况下）都不能要求严格有效。渐渐地我对那种根据已知事实用构造性的努力去发现真实定律的可能性感到绝望了。我努力得愈久，就愈加绝望，也就愈加确信，只有发现一个普遍的形式原理，才能使我们得到可靠的结果。我认为热力学就是放在我面前的一个范例。在那里，普遍原理是用这样一条定理来说明的：自然规律是这样的，它们使（第一类和第二类）永动机（*perpetuum mobile*）的制造成为不可能。但是这样一条普遍原理究竟是怎样找到的呢？经过十年沉思以后，我从一个悖论中得到了这样一个原理，这个悖论我在16岁时就已经无意中想到了：如果我以速度 c（真空中的光速）追随一条光线运动，那么我就应当看到，这样一条光线就好像一个在空间中振荡着而停滞不前的电磁场。可是，无论是依据经验，还是按照麦克斯韦方程，看来都不会有这样的事情。从一开始，在我直觉地看来就很清楚，从这样一个观察者的观点来判断，一切都应当像一个相对于地球是静止的观察者所看到的那样按照同样的一些定律进行。因为，第一个观察者怎么会知道或者能够判明他是处在均匀的快速运动状态中呢？

人们看得出，这个悖论已经包含着狭义相对论的萌芽。今天，当然谁都知道，只要时间的绝对性或同时性的绝对性这条公理不知不觉地留在潜意识里，那么任何想要令人满意地澄清这个悖论的尝试，都是注定要失败的。清楚地认识这条公理以及它的任意性，实际上就意味着问题的解决。对于发现这个中心点所需要的批判思想，就我的情况来说，特别是由于阅读了戴维·休谟和恩斯特·马赫的哲学著作而得到决定性的进展。

人们必须清楚地了解，在物理学中一个事件的空间坐标和时间值意味着什么。要从物理上说明空间坐标，就得预先假定一个刚性的参照体，而且，这参照体必须处在多少是确定的运动状态中（惯性系）。在一个既定的惯性系中，坐标就是用（静止的）刚性杆作一定量度的结果。（人们始终应当意识到，原则上有刚性杆存在的假定，是一种由近似的经验启示的，但在原则上却是任意的假定。）由于对空间坐标作这样一种解释，欧几里得几何的有效性问题便成为一个物理学上的问题了。

如果人们想用类似的方法来说明一个事件的时间，那就需要一种量度时间差的工具（这是借助于一个空间广延足够小的体系来实现的自行决定的周期过程）。一只相对于惯性系是静止的钟规定着一个"当地时间"。如果人们已经定出一种方法去相互"校准"这些〔空间各个点上的〕钟，那么，这些空间点的当地时间合在一起，就是所选定的那个惯性系的"时间"。人们看到，根本没有必要先验地认为这样定义的"时间"在不同的惯性系中是彼此一致的。假如在日常生活的实际经验中光（因为 c 的数值很大）看起来不像是一种能断定绝对同时性的工具，那么，人们早就该注意到这一点了。

关于（原则上）有（理想的，即完善的）量杆和时钟存在这样的假定并不是彼此无关的；因为，只要光速在真空中恒定不变的假设不导致矛盾，那么，在一根刚性杆两端之间来回反射的一个光信号就构成一只理想的时钟。

上述悖论现在就可以表述如下。从一个惯性系转移到另一个惯性系时，按照古典物理学所用的关于事件在空间坐标和时间上的联系规则，下面两条假定：

1）光速不变，

2）定律（并且特别是光速不变定律）同惯性系的选取无关（狭义相对性原理），

是彼此不相容的（尽管两者各自都是以经验为依据的）。

狭义相对论所依据的认识是：如果事件的坐标和时间的换算是按照一种新的关系（“洛伦兹变换”），那么，1）和2）这两个假定就是彼此相容的了。根据前面对坐标和时间的物理解释，这绝不仅仅是一种约定性的步骤，而且还包含着某些关于运动着的量杆和时钟的实际行为的假说，而这些假说是可以被实验证实或者推翻的。

狭义相对论的普遍原理包含在这样一个假设里：物理定律对于（从一个惯性系转移到另一个任意选定的惯性系的）洛伦兹变换是不变的。这是对自然规律的一条限制性原理，它可以同不存在永动机这样一条作为热力学基础的限制性原理相比拟。

首先就这理论对“四维空间”的关系说几句话。认为狭义相对论似乎首先发现了，或者第一次引进了物理连续区的四维性，这是一种广泛流传的错误。情况当然不是这样的。古典力学也是以空间和时间的四维连续区为基础的。只是在古典物理学的四维连续区中,时间值恒定的截面有绝对的实在性,即同参照系的选取无关。因此,四维连续区就自然而然地分为一个三维连续区和一个一维连续区(时间),所以,四维的观点就没有**必要**强加于人了。与此相反,狭义相对论在空间坐标作为一方和时间坐标作为另一方如何进入自然规律的方式方法之间,创立了一种形式上的依存关系。

明可夫斯基对这理论的重要贡献如下:在明可夫斯基的研究之前,为了检验一条定律在洛伦兹变换下的不变性,人们就必须对它实行一次这样的变换;可是明可夫斯基却成功地引进了这样一种形式体系,使定律的数学形式本身就保证了它在洛伦兹变换下的不变性。由于创造了四维张量演算,他对四维空间也就得到了同通常的矢量演算对三维空间所得到的结果一样。他还指出,洛伦兹变换(且不管由于时间的特殊性造成的正负号的不同)不是别的,只不过是坐标系在四维空间中的转动。

首先,对上述理论提一点批评性意见。人们注意到,这理论(除四维空间外)引进了两类物理的东西,即 1)量杆和时钟,2)其余一切东西,比如电磁场、质点等等。这在某种意义上是不一致的;严格地说,量杆和时钟应当表现为基本方程的解(由运动着的原子实体所组成的客体),而不是似乎理论上独立的实体。可是这种做法是有道理的,因为一开始就很清楚,这理论的假设不够有力,还不足以从其中为物理事件推导出足够完备的而且充分避免任意性的方程,以使以此为基础来建立量杆和时钟的理论。如果人们根本不愿放弃坐标的物理解释(这本来是可能的),那么,最好还是允许这种不一致性,然而有责任在理论发展的后一阶段把它消除。但是,人们不应当把上述过失合法化,以致把间隔想象为本质上不同于其他物理量的特殊类型的物理实体("把物理学归结为几何学"等等)。我们现在要问,物理学中有哪些具有确定性质的认识应该归功于狭义相对论。

1) 在距离上分隔开的事件之间没有同时性;因而也没有牛顿力学意义上的直接的超距作用。虽然,按照这种理论,引入以光速传播的超距作用是可以想象的,但是却显得很不自然;因为在这样一种理论中,不可能有能量守恒原理的合理陈述。因此,看来不可避免地要用空间的连续函数来描述物理实在。所以质点就难以再被认为是理论的基本概念了。

2) 动量守恒定律和能量守恒定律融合成为单独的一条定律。封闭体系的惯性质量就是它的能量,因此,质量不再是独立的概念了。

附注:光速 c 是那些作为"普适常数"在物理方程中出现的物理量之一。可是,如果人们用光走过1厘米的时间作为时间单位,来代替秒,那么 c 在这方程中就不再出现。在这个意义上,人们可以说,常数 c 只是一个**表观的**普适常数。

如果采用适当选取的"自然"单位(比如电子的质量和半径)来代替克和厘米,那么还可以从物理学中再消去另外两个普适常数,这是很明显的,而且也是大家所公认的。

设想我们这样做了,那么在物理学的基本方程中就只能出现"无量纲的"常数。关于这些常数,我想讲这样一条命题,它在目前,除了相信自然界是简单的和可理解的以外,还不能以其他任何东西为依据。这命题就是:这种**任意的**常数是不存在的;也就是说，自然界是这样构成的，它使得人们在逻辑上有可能规定这样一些十分确定的定律，而在这些定律中只能出现一些完全合理地确定了的常数（因而，不是那些在不破坏这种理论的情况下也能改变其数值的常数）。——

狭义相对论的起源要归功于麦克斯韦的电磁场方程。反过来，后者也只有通过狭义相对论才能在形式上以令人满意的方式被人们理解。麦克斯韦方程是对于一种从矢量场导出的反对称张量所能建立的最简单的洛伦兹不变的场方程。要不是从量子现象中我们知道麦克斯韦理论不能正确说明辐射的能量特性，那么，这一切本来是会令人满意的。但是，怎样才能自然地修改麦克斯韦理论呢？对于这个问题，狭义相对论也提供不出充分的依据。而且对于马赫的问题："为什么惯性系在物理上比其他坐标系都特殊，这是怎么一回事？"这个理论同样作不出回答。

当我力图在狭义相对论的框架里把引力表示出来的时候，我才完全明白，狭义相对论不过是必然发展过程的第一步。在用场来解释的古典力学中，引力势表现为一种**标量场**（只有一个分量的、理论上可能的最简单的场）。首先，引力场的这种标量理论，很容易做到对于洛伦兹变换群是不变的。因此，下述纲领看来是自然的：总的物理场是由一个标量场（引力场）和一个矢量场（电磁场）组成的；以后的认识也许最终还有必要引进更加复杂的场；但是开始时人们还不需要为此担心。

然而，实现这个纲领的可能性，一开始就成问题，因为这种理论必须把下面两件事结合在一起：

1）根据狭义相对论的一般考查，可以清楚地看到，物理体系的**惯性**质量随其总能量(因而,比如也随其动能)的增加而增加。

2) 根据很精确的实验(尤其是根据厄缶(Eötvös)的扭秤实验),在经验上非常精确地知道,物体的**引力**质量同它的**惯性**质量是完全相等的。

从1)和2)得知一个体系的**重量**以一种完全清楚的方式取决于它的总能量。如果理论不能做到这一点,或者不能自然地做到这一点,那么它就应当被抛弃。这条件可以极其自然地表述如下:在既定的重力场中,一个体系的降落加速度同这降落体系的本性(因而特别是同它的能量含量)无关。

那么这就表明,在上述拟定的纲领的框架里,根本不能满足,或者无论如何不能以自然的方式满足这种基本情况。这就使我相信,在狭义相对论的框架里,是不可能有令人满意的引力理论的。

这时,我想到:惯性质量同引力质量相等这件事,或者降落加速度同落体的本性无关这件事,可以表述如下:如果在一个(空间范围很小的)引力场里,我们不是引进一个"惯性系",而是引进一个相对于它作加速动动的参照系,那么事物就会像在没有引力的空间里那样行动。

这样,如果我们把物体对于后一参照系的行为,看作是由"真实的"(而不只是表观的)引力场引起的,那么像原来的参照系一样,我们有同样的理由把这个参照系看作是一个"惯性系"。

因此,如果人们认为,可能有任意广延的引力场,这种场不是一开始就受到空间界限的限制的,那么,"惯性系"这个概念就成为完全空洞的了。这样,"相对于空间的加速度"这个概念就失去了任何意义，从而惯性原理连同马赫的悖论也都失去了任何意义。

因此，惯性质量同引力质量相等的事实，很自然地使人认识到，狭义相对论的基本要求（定律对于洛伦兹变换的不变性）是太狭窄了，也就是说，我们必须假设，定律对于四维连续区中的坐标的**非线性**变换也是不变的。

这发生在1908年。为什么建立广义相对论还需要7年时间呢？其主要原因在于，要使人们从坐标必须具有直接的度规意义这一观念中解放出来，可不是那么容易的。它的转变大体上是以如下方式发生的。

我们从一个没有场的空虚空间出发，在狭义相对论的意义上，它——对于一个惯性系来说——是一切可以想象的物理状况中最简单的一个。现在我们设想引进一个非惯性系，假定这新的参照系相对于惯性系（在三维的描述中）在一个（适当地规定的）方向上作等加速运动，于是，对于这个参照系来说，就有一个静止的、平行的引力场。这时，这参照系可以被选定为刚性的，并具有欧几里得性质的三维度规关系。但是，场在其中显示为静止的那个时间，却**不是用构造相同**的静止的钟来量度的。从这个特例中，人们已经可以认识到，如果完全容许坐标的非线性变换，那么坐标也就失去了直接的度规意义。可是，如果人们想要使理论的基础适合于引力质量同惯性质量相等，并且想克服马赫关于惯性系的悖论，那么，就**必须**容许坐标的非线性变换。

但是，如果人们现在必须放弃给坐标以直接的度规意义（坐标的差＝可量度的长度或时间），那就不可避免地要把一切由坐标的连续变换所能造成的坐标系都当作是等价的。

因此，广义相对论由以出发的是下述原理：自然规律是用那些对于连续的坐标变换群是协变的方程来表示的。这种群在这里也就代替了狭义相对论的洛伦兹变换群，后一种群便成为前者的一个子群。

这种要求本身，当然不足以成为导出物理学基本方程的出发点。起初，人们甚至于会否认这一要求本身就包含着一种对物理定律的真正限制；因为一个最初只是对某些坐标系规定的定律，总有可能重新加以表述，使新的表述方式具有广义的协变形式。此外，从一开始就很清楚，可以建立无限多个具有这种协变性质的场定律。但是，广义相对性原理的著名的启发性意义就在于，它引导我们去探求那些**在广义协变的**表述形式中**尽可能简单的**方程组；我们应当从这些方程组中找出物理空间的场定律。凡是能用这样的变换进行相互转换的场，它们所描述的都是同一个实在状况。

对于在这个领域里从事探索的人们来说，他们的主要问题是：可以用来表示空间的物理性质（“结构”）的量（坐标的函数）是属于哪一种数学类型？然后才是：这些量满足哪些方程？

我们今天还不可能对这些问题作出确实可靠的回答。最初表述广义相对论时所选择的途径可以表述如下。即使我们还不知道该用什么样的场变量（结构）来表征物理空间，但是我们确实知道一种特殊情况，那就是狭义相对论中的“没有场”的空间。这种空间的特征是：对于一个适当选取的坐标系来说，属于相邻两点的表示式

$$ds^2 = dx_1{}^2 + dx_2{}^2 + dx_3{}^2 - dx_4{}^2 \tag{1}$$

代表一个可量度的量（距离的平方），因此它具有实在的物理意义。

对于任意的坐标系，这个量可表示如下：

$$ds^2 = g_{ik}dx_i dx_k, \qquad (2)$$

式中的指标应从1记到4。这些 g_{ik} 形成一个对称张量。如果对场(1)进行一次变换以后，g_{ik} 关于坐标的一阶导数不等于零，那么在上述考查中对于这个坐标系来说，就存在着一个引力场，而且是一个十分特殊的引力场。多亏黎曼对 n 维度规空间所作的研究，这种特殊的场总是能够表征为：

1) 由度规(2)的系数所形成的黎曼的曲率张量 R_{iklm} 等于零。

2) 对于惯性系(对它来说，(1)是有效的)，一个质点的轨道是一条直线，因此是一条极值曲线(短程线)。然而，后者已经是以(2)为依据的关于运动定律的一种表征。

因而物理空间的**普遍**定律，必须是上述定律的一种推广。我现在假定，有两个推广的步骤：

a) 纯粹的引力场；

b) 一般的场(其中也会出现一些以某种方式同电磁场相对应的量)。

情况 a)的特征是：这个场仍然可以用黎曼度规(2)，也就是用对称张量来表示，但是，不能写成(1)的形式(除了在无限小区域中)。这意味着，在情况 a)中，黎曼张量**不**等于零。可是，很明显，在这种情况下，必然有一条作为这条定律的一种推广(放宽)的场定律是有效的。如果这条定律也应当含有二阶微分，而且二阶导数是线性的，那么，只有经过一次降秩而得到的方程

$$0 = R_{kl} = g^{im}R_{iklm}$$

才能被认为是情况 a)的场方程。而且，如果我们假定，在情况 a)

中，短程线仍然表示质点的运动定律，那么，这也显得很自然。

那时，我认为，冒险尝试把总场 b)表示出来，并为它确定场定律，是没有希望的。因此，我宁愿为表示整个物理实在建立一个初步的形式框架；至少为了能初步研究广义相对性的基本思想是否有用，这是必要的。这是这样进行的：

在牛顿的理论中，在物质密度 ρ 等于零的那些点上，引力场定律可以写成：

$$\Delta\varphi=0$$

(φ=引力势)。一般则写成(泊松方程)

$$\Delta\varphi=4\pi k\rho \quad (\rho=\text{质量密度})$$

在引力场的相对论性理论中，R_{ik} 代替了 $\Delta\varphi$。于是，我们在等式右边也必须同样用一个张量来代替 ρ。因为我们从狭义相对论知道，(惯性)质量等于能量，所以在等式右边应该是能量密度的张量，就其不属于纯粹的引力场而论，更准确地说，应该是总的能量密度的张量。这样，人们便得到场方程

$$R_{ik}-\frac{1}{2}g_{ik}R=-\kappa T_{ik}.$$

左边第二部分是由于形式上的理由而加进去的；左边之所以写成这样形式，是要使它的散度在绝对微分学意义下恒等于零。右边是对一切在场论意义上看来其含义还成问题的东西所作的一种形式上的总括。当然，我一刻也没有怀疑过，这种表述方式仅仅是一种权宜之计，以便给予广义相对性原理以一个初步的自圆其说的表示。因为它本质上不过是一种引力场理论，这种引力场是有点人为地从还不知道其结构的总场中分离出来的。

如果说，在上述理论中——除要求〔场〕方程对连续坐标变换群有不变性外——还有什么东西可能被认为是有最终意义的话，那么，这就是关于纯引力场极限情况的理论及其对空间度规结构的关系。因此，我们接下去就只讲纯引力场的方程。

这些方程的特点，一方面在于它们的复杂结构，特别在于它们对于场变量及其导数的非线性特征，另一方面在于变换群几乎是以强制的必然性决定着这种复杂的场定律。如果人们停留在狭义相对论上，即停留在对洛伦兹群的不变性上，那么在这个比较狭小的群的框架里，场定律 $R_{i\kappa}=0$ 仍然是不变的。但是，从较狭小的群的观点看来，最初也没有理由要用像对称张量 $g_{i\kappa}$ 所表示的那么复杂的结构来表示引力。然而，假如人们能为此找到足够的理由，那么就会有非常多个由量 $g_{i\kappa}$ 构成的场定律，它们对于洛伦兹变换(但不是对一般的变换群)都是协变的。可是，即使从所有可以想象得到的洛伦兹不变的定律中，偶尔碰巧猜中了一条属于较宽广的群的定律，人们还是没有达到广义相对性原理所已达到的认识程度。因为，从洛伦兹群的观点看来，两个解如果可以用非线性坐标变换来互相转换，也就是说，从范围较宽广的群的观点看来，它们只是同一个场的不同表示，那么这两个解就会被错误地认为在物理上是各不相同的。

关于〔场〕结构和〔变换〕群再提一点一般性的意见。显然，一般说来，人们会这样来判断一个理论：作为理论的基础的“结构”愈简单，场方程对之不变的〔变换〕群愈宽广，那么这理论也就愈完善。现在人们可以看出，这两个要求是互相冲突的。比如，按照狭义相对论(洛伦兹群)，人们能为可想象的最简单的结构(标量场)

建立一条协变定律，而在广义相对论中(比较宽广的坐标连续变换群)，只是对于较复杂的对称张量结构才有一条不变的场定律。我们已经提出了**物理上的**一些理由来说明，在物理学中，必须要求对于较宽广的群是不变的①：根据纯数学的观点，我看不出有必要为较宽广的群而牺牲较简单的结构。

广义相对论的群第一次不再要求最简单的不变定律关于场变量及其微商该是线性的和齐次的。这一点由于下述原因而具有基本的重要性。如果场定律是线性的(和齐次的)，那么，两个解之和也是一个解；比如，空虚空间中的麦克斯韦场方程就是这样。在这样一种理论中，不可能单单从场定律推导出那种能用方程组的各个解分别加以描述的物体之间的相互作用。因此，到现在为止的所有理论中，除场定律外，还需要有物体在场作用下运动的特殊定律。在相对论的引力论中，固然除场定律外，最初还独立地假定了运动定律(短程线)。可是，后来发现，这条运动定律并不需要(也不应该)独立地予以假定，因为它已经隐含在引力场定律之中了。

这种真正复杂情况的本质可以形象地说明如下：一个单个的静止质点将由这样一个引力场来表示，除了这质点所在的地点以外，它到处都是非无限小的并且是正则的；而在质点所在的地点，场有一个奇点。可是，如果通过对场方程的积分来计算属于两个静止质点的场，那么，这个场除了在两个质点所在地点上有两个奇点外，还有一条由许多奇点组成的线，把这两个质点连接起来。可

① 保留较狭小的群，而同时又以较复杂的(张量)结构作为广义相对论的基础，意味着一种天真的前后矛盾。罪恶终究是罪恶，即使它是由其他方面都非常令人尊敬的人所犯的。——原注

是，人们可以这样来规定质点的运动，使得由这些质点所决定的引力场，除质点所在地点以外，任何地方都不出现奇点。这些正是在第一级近似下由牛顿定律所描述的运动。因此，人们可以说：物体是以这样的方式运动的，它使场方程〔的解〕除在质点所在地点以外，在空间里，没有任何地方出现奇点。引力方程的这种属性，同它们的非线性直接有关，而这种非线性则是较宽广的变换群的一个结果。

现在，人们当然可能会提出这样的反对意见：如果允许在质点所在地点出现奇点，那么有什么理由可以禁止在空间的其他地方也出现奇点呢？如果引力场方程被看作是总场的方程，那么，这种反对意见就应当是正确的。可是，人们必须说，当我们愈趋近质点的位置时，就愈不能把质点的场看作是**纯粹的引力场**。如果人们有总场的场方程，那么势必要求：粒子本身**到处**都可以被描述为完备的场方程的没有奇点的解。只有在这种情况下，广义相对论才是一种**完备的**理论。

在我着手讨论如何完成广义相对论问题以前，我必须对我们时代最成功的物理理论，即统计性量子理论表示我的态度，这种理论大约在 25 年以前就已经具有贯彻一致的逻辑形式（薛定谔（E. Schrödinger）、海森伯（W. Heisenberg）、狄拉克（P. A. M. Dirac）、玻恩（Max Born））。现在，它是能对微观力学过程的量子特征方面的经验提供一个统一理解的唯一的理论。以这个理论为一方，以相对论为另一方，两者在一定意义上都被认为是正确的，虽然迄今为止想把它们融合起来的一切努力都遇到了抵制。这也许就是当代理论物理学家中，对于未来物理学的理论基础将是怎样的这个问题存在着完全不同见解的原因。它会是一种场论吗？它会是一种本质上是统计性的理论吗？在这里我将简单地说一说我对这个问题的想法。

物理学是从概念上掌握实在的一种努力，至于实在是否被观察，则被认为是无关的。人们就是在这种意义上来谈论“物理实在”的。在量子物理学以前，对这一点应当怎样理解，那是没有疑问的。在牛顿的理论中，实在是由空间和时间里的质点来表示的；在麦克斯韦的理论中，是由空间和时间里的场来表示的。在量子力学中，可就不是那么容易看得清楚了。如果有人问：量子理论中的 ψ 函数，是否正像一个质点系或者一个电磁场一样，在同样意义上表示一个实在的实际状况呢？那么，人们就会踌躇起来，不敢简单地回答“是”或者“不是”；为什么呢？因为，ψ 函数（在一个确定的时刻）所断言的是：如果我在时间 t 进行量度，那么在一个确定的已知间隔中能找到一个确定的物理量 q（或 p）的几率是多少呢？在这里，几率被认为是一个可以在经验上测定的，因而确实是“实在的”量；只要我经常能造出同样的 ψ 函数，并且每次都能进行 q 的量度，我就能测定它。但是，每次测得的 q 值是怎样的呢？有关的单个体系在量度前是否就已经有这个 q 值呢？对于这些问题，在这个理论的框架里，没有确定的回答，因为，量度确实意味着外界对体系施加有限干扰的一个过程；因此，可以想象，只有通过量度本身，体系才能为被量度的数值 q（或 p）得到一个确定的数值。为了作进一步的讨论，我设想有两个物理学家 A 和 B，他们对 ψ 函数所描述的实在状况持有不同的见解。

A.〔认为〕对于体系的一切变量（在量度以前），单个体系都

具有一个确定的 q(或 p)值,而且,**这个**值就是在量度这个变数时所测得的。从这种观念出发,他会说:ψ 函数不是体系的实在状况的穷尽的描述,而是一种不完备的描述;它只是表述了我们根据以前对这体系的量度所知道的东西。

B.〔认为〕单个体系(在量度前)没有一个确定的 q(或 p)值。只有通过量度动作本身,并且结合由 ψ 函数赋予量值的特有的几率,才能得出这个量度的值。从这种观念出发,他会(或者,至少他可以)说:ψ 函数是体系的实在状况的一种穷尽的描述。

现在我们向这两位物理学家提出如下的情况:有一个体系,在我们观察的时刻 t 由两个局部体系 S_1 和 S_2 组成,而且在这个时刻,这两个局部体系在空间上是分开的,彼此(在古典物理学的意义上)也没有多大相互作用。假定这总体系在量子力学意义上是由一个已知的 ψ 函数 ψ_{12} 完备地来描述的。现在所有量子理论家对下面这一点都是一致的:如果我对 S_1 作一次完备的量度,那么从这量度结果和 ψ_{12} 中就得到体系 S_2 的一个完全确定的 ψ 函数 ψ_2。于是 ψ_2 的特征便取决于我对 S_1 所作的是**哪一种**量度。现在,我觉得,人们可以谈论局部体系 S_2 的实在状况了。开初,在对 S_1 进行量度以前,我们对这个实在状况的了解,比我们对一个由 ψ 函数描述的体系的了解还少。但是,照我的看法,我们应当无条件地坚持这样**一个**假定:体系 S_2 的实在状况(状态),同我们对那个在空间上同它分开的体系 S_1 所采取的措施无关。可是,按照我对 S_1 所作的量度的类型,对于第二个局部体系,我将得到不同的 ψ_2:(ψ_2,$\psi_2{}^1$,…)。但是,S_2 的实在状况应当同 S_1 所碰到的事情无关。因此,对于 S_2 的同一个实在状况,可以(按照人们对 S_1 选择哪一种量度)找到不同类型的 ψ 函数。〔人们只有通过下述办法才能避开这种结论:要么假定对 S_1 的量度会(用传心术[①]的办法)〕改变 S_2 的实在状况;要么根本否认空间上互相分开的事物能有独立的实在状况。在我看来,两者都是完全不能接受的。

如果现在物理学家A和B认为这种考虑是站得住脚的,那么B就必须放弃他认为 ψ 函数是关于实在状况的一种完备描述这个观点。因为,在这种情况下,S_2 的同一个实在状况,不可能同两种不同类型的 ψ 函数相对应。

因此,目前这理论的这种统计特征应当是量子力学对体系描述的不完备性的一个必然结果,而且也不再有任何理由可以假定物理学将来的基础必须建立在统计学上。———

我的意见是,当前的量子理论,借助于某些确定的、主要取自古典力学的基本概念,形成了一种对联系的最适宜的表述方式。可是,我相信,这种理论不能为将来的发展提供任何有用的出发点。正是在这一点上,我的期望同当代大多数物理学家有分歧。他们相信,用满足微分方程的空间的连续函数来描述事物的实在状态的那种理论不可能说明量子现象的主要方面(一个体系的状态的变化,表面上是跳跃式的,在时间上是不确定的,能量基元同时具有粒子性和波动性)。他们也想到,人们以这种方式无法理解

① "传心术"(*telepathy*)是西方一些江湖骗子搞起的一门伪科学,他们伪造一些假象,扬言人与人之间可以不通过物质媒介而直接发生精神感应(所谓心灵交通),甚至胡说人同鬼魂(死人)也会有精神感应。十九世纪以来,西方和俄国也有不少科学家迷信这门伪科学,恩格斯在《自然辩证法》中就曾加以揭露和批判。爱因斯坦在这里是用来批判哥本哈根学派对量子力学的解释的。——编译者

物质和辐射的原子结构。他们可以料想，由这样一种理论的考查所能得出的微分方程组，根本不会有那种在四维空间里到处都是正则的(没有奇点的)解。但是，在一切之上，他们首先相信，基元过程外观上跳跃式的特征，只能用一种本质上是统计性的理论来描述，而在这理论中，体系的跳跃式变化，是用可能实现的状态的几率的**连续**变化来说明的。

所有这些意见，给我的印象是十分深刻的。可是，在我看来，起决定性作用的问题是：在理论的目前情况下，可以作哪些尝试才有点成功的希望？在这一点上，在引力论中的经验为我的期望指明了方向。照我的看法，这些方程，比所有其他物理方程有更多的希望可以说出一些**准确的**东西。比如，人们可以取空虚空间里的麦克斯韦方程来作比较。这些方程是同无限弱的电磁场的经验相符合的表述方式。这个经验根源，已经决定了它们的线性形式；可是，上面已经强调指出，真正的定律不可能是线性的。这种〔线性〕定律对于它们的解来说是满足叠加原理的，因而并不含有关于基元物体的相互作用的任何论断。真正的定律不可能是线性的，而且也不可能从这些线性方程中得到。我从引力论中还学到了另外一些东西：经验事实不论收集得多么丰富，仍然不能引导到提出如此复杂的方程。一个理论可以用经验来检验，但是并没有从经验建立理论的道路。像引力场方程这样复杂的方程，只有通过发现逻辑上简单的数学条件才能找到，这种数学条件完全地或者几乎完全地决定着这些方程。但是，人们一旦有了那些足够强有力的形式条件，那么，为了创立理论，就只需要少量关于事实的知识；在引力方程的情况下，这就是四维性和表示空间结构的对称张量，这些连同对于连续变换群的不变性，实际上就完全决定了这些方程。

我们的任务是要为总场找到场方程。所求的结构必须是对称张量的一种推广。它的群一点也不应当比连续坐标变换群狭小。如果人们现在引进一个更丰富的结构，那么这个群就不会再像在以对称张量作为结构的情况下那样强有力地决定着方程了。因此，如果能够做到类似于从狭义相对论到广义相对论所采取的步骤，把群再一次扩充，那该是最美的了。我曾特别尝试过引用复数坐标变换群。所有这样的努力都没有成功。我也放弃了公开地或隐蔽地去增加空间维数，这种努力最初是由卡鲁查(T. Kaluza)开始的，而且这种努力以及由此变化而来的投影形式，至今还有其拥护者。我们只限于四维空间和连续的实数坐标变换群。在多年徒劳的探索之后，我认为，下面概述的解在逻辑上是最令人满意的。

代替对称的 g_{ik}($g_{ik}=g_{ki}$)，引进非对称的张量 g_{ik}。这个量是由一个对称的部分 s_{ik} 和一个实数的或纯虚数的反对称部分 a_{ik} 相加而成的，因此：

$$g_{ik}=s_{ik}+a_{ik}.$$

从群的观点看来，s 和 a 的这种组合是任意的，因为张量 s 和 a 各自具有张量的特征。但是，结果表明，这些 g_{ik}(作为整体来看)在建立新理论中所起的作用，很像对称的 g_{ik} 在纯引力场理论中所起的作用。

空间结构的这种推广，从我们的物理知识的观点看来，似乎也是很自然的，因为我们知道，电磁场同反对称张量有关。

此外，对于引力理论重要的是：由对称的 g_{ik} 有可能形成标量密度 $\sqrt{|g_{ik}|}$，以及按照定义

$$g_{ik}g^{il}=\delta_k{}^l \quad (\delta_k{}^l=\text{克罗内开尔张量})$$

有可能形成抗变张量 g^{ik}，对于非对称的 g_{ik}，这些构成可以用完全对应的方式来定义，对于张量密度也是如此。

在引力理论中更重要的是，对于一个既定的对称的 g_{ik} 场，可以定义一个场 Γ^l_{ik}，它的下标是对称的，从几何学上来看，它支配着矢量的平移。与此相似，对于非对称的 g_{ik}，可以按照公式

$$g_{ik,l}-g_{sk}\Gamma^s_{il}-g_{is}\Gamma^s_{lk}=0,\cdots \tag{A}$$

来定义一个非对称的 Γ^i_{ik}。这公式同对称的 g 的相应关系是符合的，自然只是在这里才有必要注意 g 和 Γ 的下标的位置。

正如在 g_{ik} 是对称的理论中一样，可以由 Γ 形成曲率 $R^i_k\,i\,m$，并由此形成降秩的曲率 R_{ki}。最后，运用变分原理以及(A)，可以找到相容的场方程①。

$$\mathfrak{g}^{\underset{\smile}{ik}}{}_{,s}=0 \quad \left(\mathfrak{g}^{\underset{\smile}{ik}}=\frac{1}{2}(g^{ik}-g^{ki})\sqrt{|g_{ik}|}\right) \tag{B_1}$$

$$\Gamma_{\underset{\smile}{is}}{}^s=0 \quad \left(\Gamma_{\underset{\smile}{is}}{}^s=\frac{1}{2}(\Gamma_{is}{}^s-\Gamma_{si}{}^s)\right) \tag{B_2}$$

$$R_{\underline{kl}}=0 \tag{C_1}$$

$$R_{\underset{\smile}{kl},m}+R_{\underset{\smile}{lm},k}+R_{\underset{\smile}{mk},l}=0 \tag{C_2}$$

因此，如果(A)得到满足，两个方程(B_1)，(B_2)中的每一个就是另一个的结果。$R_{\underline{kl}}$ 表示 R_{ik} 的对称部分，而 $R_{\underset{\smile}{kl}}$ 则是它的反对称部分。

在 g_{ik} 的反对称部分等于零的情况下，这些公式就简化成(A)

① 下面几个方程中，原书德文原文和英译中的符号都有错误，这里已作了更正。——编译者

和(C_1)——纯引力场的情况。

我相信,这些方程是引力方程的最自然的推广①。要考验它们在物理上是否有用,则是一项极其艰巨的任务,因为只靠近似法是办不到的。问题是:这些方程对于全部空间都没有奇点的解是什么?— — —

如果这些叙述向读者说明了我毕生的努力是怎样相互联系的,以及这些努力为什么已导致一种确定形式的期望,那就已经达到目的了。

① 照我的看法,如果在连续区的基础上对物理实在作穷尽的描述这样一条道路证明毕竟是行得通的话,那么,这里所提出的理论就有相当大的可能性会被证实是有效的。——原注

自述片断①

1895年,在既未入学也无教师的情况下,跟我父母在米兰度过一年之后,这个十六岁的青年人从意大利来到苏黎世。我的目的是要上联邦工业大学(Eidgenossische Technische Hochschule),可是一点也不知道怎样才能达到这个目的。我是一个执意的而又有自知之明的年轻人,我的那一点零散的有关知识主要是靠自学得来的。热衷于深入理解,但很少去背诵,加上记忆力又不强,所以我觉得上大学学习绝不是一件轻松的事。怀着一种根本没有把握的心情,我报名参加工程系的入学考试。这次考试可悲地显示了我过去所受的教育的残缺不全,尽管主持考试的人既有耐心又富有同情心。我认为我的失败是完全应该的。然而可以自慰的是,物理学家H.F.韦伯(Weber)让人告诉我,如果我留在苏黎世,可以去听他的课。但是校长阿耳宾·赫尔措格(Albin Herzog)教授却推荐我到阿劳(Aarau)州立中学上学,我可以在那里学习一年来补齐功课。这个学校以它的自由精神和那些毫不仰

① 这是爱因斯坦于1955年3月(即在他逝世前一个月)为纪念他的母校苏黎世工业大学成立一百周年而写的回忆录,最初发表在1955年秋出版的《瑞士大学报》(*Schweizerische Hochschulzeitung*)上。这里译自卡尔·塞利希(Carl Seelig)编的文集《光明的时代——黑暗的时代,悼念阿耳伯特·爱因斯坦》(*Helle Zeit—Dunкle Zeit, in Memoriam Albert Einstein*),苏黎世,欧洲出版社,1956年版,9—17页。本文由何成钧同志译。——编译者

赖外界权威的教师们的纯朴热情给我留下了难忘的印象；同我在一个处处使人感到受权威指导的德国中学的六年学习相对比，使我深切地感到，自由行动和自我负责的教育，比起那种依赖训练、外界权威和追求名利的教育来，是多么的优越呀！真正的民主绝不是虚幻的空想。

在阿劳这一年中，我想到这样一个问题：倘使一个人以光速跟着光波跑，那么他就处在一个不随时间而改变的波场之中。但看来不会有这种事情！这是同狭义相对论有关的第一个朴素的理想实验。狭义相对论这一发现绝不是逻辑思维的成就，尽管最终的结果同逻辑形式有关。

1896—1900 年在〔苏黎世〕工业大学的师范系学习。我很快发现，我能成为一个有中等成绩的学生也就该心满意足了。要做一个好学生，必须有能力去很轻快地理解所学习的东西；要心甘情愿地把精力完全集中于人们所教给你的那些东西上；要遵守秩序，把课堂上讲解的东西笔记下来，然后自觉地做好作业。遗憾的是，我发现这一切特性正是我最为欠缺的。于是我逐渐学会抱着某种负疚的心情自由自在地生活，安排自己去学习那些适合于我的求知欲和兴趣的东西。我以极大的兴趣去听某些课。但是我“刷掉了”很多课程，而以极大的热忱在家里向理论物理学的大师们学习。这样做是好的，并且显著地减轻了我的负疚心情，从而使我心境的平衡终于没有受到剧烈的扰乱。这种广泛的自学不过是原有习惯的继续；有一位塞尔维亚的女同学参加了这件事，她就是米列娃·玛丽琦(Mileva Marič)，后来我同她结了婚。可是我热情而又努力地在 H. F. 韦伯教授的物理实验室里工作。盖塞(Geiser)

教授关于微分几何的讲授也吸引了我，这是教学艺术的真正杰作，在我后来为建立广义相对论的努力中帮了我很大的忙。不过在这些学习的年代，高等数学并未引起我很大的兴趣。我错误地认为，这是一个有那么多分支的领域，一个人在它的任何一个部门中都很容易消耗掉他的全部精力。而且由于我的无知，我还以为对于一个物理学家来说，只要明晰地掌握了数学基本概念以备应用，也就很够了；而其余的东西，对于物理学家来说，不过是不会有什么结果的枝节问题。这是一个我后来才很难过地发现到的错误。我的数学才能显然还不足以使我能够把中心的和基本的内容同那些没有原则重要性的表面部分区分开来。

在这些学习年代里，我同一个同学马尔塞耳·格罗斯曼(Marcel Grossmann)建立了真正的友谊。每个星期我总同他去一次里马特河口的"都会"咖啡店，在那里，我同他不仅谈论学习，也谈论着睁着大眼的年轻人所感兴趣的一切。他不是像我这样一种流浪汉和离经叛道的怪人，而是一个浸透了瑞士风格同时又一点也没有丧失掉内心自主性的人。此外，他正好具有许多我所欠缺的才能：敏捷的理解能力，处理任何事情都井井有条。他不仅学习同我们有关的课程，而且学习得如此出色，以至人们看到他的笔记本都自叹不及。在准备考试时他把这些笔记本借给我，这对我来说，就像救命的锚；我怎么也不能设想，要是没有这些笔记本，我将会怎样。

虽然有了这种不可估量的帮助，尽管摆在我们面前的课程本身都是有意义的，可是我仍要花费很大的力气才能基本上学会这些东西。对于像我这样爱好沉思的人来说，大学教育并不总是有益的。无论多好的食物强迫吃下去，总有一天会把胃口和肚子搞坏的。纯真的好奇心的火花会渐渐地熄灭。幸运的是，对我来说，这种智力的低落在我学习年代的幸福结束之后只持续了一年。

马尔塞耳·格罗斯曼作为我的朋友给我最大的帮助是这样一件事：在我毕业后大约一年左右，他通过他的父亲把我介绍给瑞士专利局（当时还叫做“精神财产局”）局长弗里德里希·哈勒（Friedrich Haller）。经过一次详尽的口试之后，哈勒先生把我安置在那儿了。这样，在我的最富于创造性活动的1902—1909这几年当中，我就不用为生活而操心了。即使完全不提这一点，明确鉴定技术专利权的工作，对我来说也是一种真正的幸福。它迫使你从事多方面的思考，它对物理的思索也有重大的激励作用。总之，对于我这样的人，一种实际工作的职业就是一种绝大的幸福。因为学院生活会把一个年轻人置于这样一种被动的地位：不得不去写大量科学论文——结果是趋于浅薄，这只有那些具有坚强意志的人才能顶得住。然而大多数实际工作却完全不是这样，一个具有普通才能的人就能够完成人们所期待于他的工作。作为一个平民，他的日常的生活并不靠特殊的智慧。如果他对科学深感兴趣，他就可以在他的本职工作之外埋头研究他所爱好的问题。他不必担心他的努力会毫无成果。我感谢马尔塞耳·格罗斯曼给我找到这么幸运的职位。

关于在伯尔尼的那些愉快的年代里的科学生涯，在这里我只谈一件事，它显示出我这一生中最富有成果的思想。狭义相对论问世已有好几年。相对性原理是不是只局限于惯性系（即彼此相对作匀速运动的坐标系）呢？形式的直觉回答说：“大概不！”然而，直到那时为止的全部力学的基础——惯性原理——看来却不允许把相对性原理作任何推广。如果一个人实际上处于一个(相对于惯性系)加速运动的坐标系中,那么一个“孤立”质点的运动相对于这个人就不是沿着直线而匀速的。从窒息人的思维习惯中解放出来的人立即会问:这种行为能不能给我提供一个办法去分辨一个惯性系和一个非惯性系呢?他一定(至少是在直线等加速运动的情况下)会断定说:事情并非如此。因为人们也可以把相对于一个这样加速运动的坐标系的那种物体的力学行为解释为引力场作用的结果;这件事之所以可能,是由于这样的经验事实:在引力场中,各个物体的加速度同这些物体的性质无关,总都是相同的。这种知识(等效原理)不仅有可能使得自然规律对于一个普遍的变换群,正如对于洛伦兹变换群那样,必须是不变的(相对性原理的推广),而且也有可能使得这种推广导致一个深入的引力理论。这种思想在原则上是正确的,对此我没有丝毫怀疑。但是,要把它贯彻到底,看来有几乎无法克服的困难。首先,产生了一个初步考虑:向一个更广义的变换群过渡,同那个开辟了狭义相对论道路的时空坐标系的直接物理解释不相容。其次,暂时还不能预见到怎样去选择推广的变换群。实际上,我在等效原理这个问题上走过弯路,这里就不必提它了。

1909—1912 年,当我在苏黎世以及布拉格大学讲授理论物理学的时候,我不断地思考这个问题。1912 年,当我被聘请到苏黎世工业大学任教时,我已很接近于解决这个问题了。在这里,海尔曼·明可夫斯基(Hermann Minkowski)关于狭义相对论形式基础的分析显得很重要。这种分析归结为这样一条定理:四维空间有一个(不变的)准欧几里得度规;它决定着实验上可证实的空间度规特性和惯性原理,从而又决定着洛伦兹不变的方程组的形式。在这个空间中有一种特选的坐标系,即准笛卡儿坐标系,它在这里是唯一"自然的"坐标系(惯性系)。

等效原理使我们在这样的空间中引进非线性坐标变换,也就是非笛卡儿("曲线")坐标。这种准欧几里得度规因而具有普遍的形式:

$$ds^2 = \sum g_{ik} dx_i dx_k,$$

关于下标 i 和 k 从 1 到 4 累加起来。这些 g_{ik} 是四个坐标的函数,根据等效原理,它们除了度规之外也描述引力场。后者在这里是同任何特性无关的。因为它可以通过变换取

$$-dx_1{}^2 - dx_2{}^2 - dx_3{}^2 + dx_4{}^2$$

这样的特殊形式,这是要求一种 g_{ik} 同坐标无关的形式。在这种情况下,用 g_{ik} 来描述的引力场就可以被"变换掉"。一个孤立物体的惯性行为在上述特殊形式中就表现为一条(类时)直线。在普遍的形式中,同这种行为相对应的则是"短程线"。

这种陈述方式固然还是只涉及准欧几里得空间的情况,但它也指明了如何达到一般的引力场的道路。在这里,引力场还是用一种度规,即用一个对称张量场 g_{ik} 来描述的。因此,进一步的推广就仅仅在于如何满足这样的要求:这个场通过一种单纯的坐标变换而能成为准欧几里得的。

这样,引力问题就归结为一个纯数学的问题了。对于 g_{ik} 来说是否存在着一个对非线性坐标变换能保持不变的微分方程呢?这

样的微分方程而且**只有**这样的微分方程才能是引力场的场方程。后来，质点的运动定律就是由短程线的方程来规定的。

我头脑中带着这个问题，于 1912 年去找我的老同学马尔塞耳·格罗斯曼，那时他是〔苏黎世〕工业大学的数学教授。这立即引起他的兴趣，虽然作为一个纯数学家他对于物理学抱有一些怀疑的态度。当我们都还是大学生时，当我们在咖啡店里以习惯的方式相互交流思想时，他有一次曾经说过这样一句非常俏皮而又具有特色的话(我不能不在这里引用这句话)："我承认，我从学习物理当中也得到了某些实际的好处。当我从前坐在椅子上感觉到在我以前坐过这椅子的人所发出的热时，我总有点不舒服。但现在已经没有这种事了，因为物理学告诉我，热是某种非个人的东西。"

就这样，他很乐意共同从事解决这个问题，但是附有一个条件：他对于任何物理学的论断和解释都不承担责任。他查阅了文献并且很快发现，上面所提的数学问题早已专门由黎曼(Riemann)、里奇(Ricci)和勒维-契维塔(Levi-Civita)解决了。全部发展是同高斯(Gauss)的曲面理论有关的，在这理论中第一次系统地使用了广义坐标系。黎曼的贡献最大。他指出如何从张量 g_{ik} 的场推导出二阶微分。由此可以看出，引力的场方程应该是怎么回事——假如要求对于一切广义的连续坐标变换群都是不变的。但是，要看出这个要求是正确的，可并不那么容易，尽管我相信已经找到了根据。这个思想虽然是错误的，却产生了结果，即这个理论在 1916 年终于以它的最后的形式出现了。

当我和我的老朋友热情地共同工作的时候，我们谁也没有想到，一场小小的疾病竟会那么快地夺去这个优秀的人物。[①] 我需要在自己在世时至少再有一次机会来表达我对马尔塞耳·格罗斯曼的感激之情，这种必要性给了我写出这篇杂乱无章的自述的勇气。

自从引力理论这项工作结束以来，到现在四十年过去了。这些岁月我几乎全部用来为了从引力场理论推广到一个可以构成整个物理学基础的场论而绞尽脑汁。有许多人向着同一个目标而工作着。许多充满希望的推广我后来一个个放弃了。但是最近十年终于找到一个在我看来是自然而又富有希望的理论。不过，我还是不能确信，我自己是否应当认为这个理论在物理学上是极有价值的，这是由于这个理论是以目前还不能克服的数学困难为基础的，而这种困难凡是应用任何非线性场论都会出现。此外，看来完全值得怀疑的是，一种场论是否能够解释物质的原子结构和辐射以及量子现象。大多数物理学家都是不假思索地用一个有把握的“否”字来回答，因为他们相信，量子问题在原则上要用另一类方法来解决。问题究竟怎样，我们想起莱辛(Lessing)[②]的鼓舞人心的言词：为寻求真理的努力所付出的代价，总是比不担风险地占有它要高昂得多。

---

① M.格罗斯曼1878年4月9日生于布达佩斯，1936年9月7日病逝于苏黎世。——编者

② 莱辛(G. E. Lessing，1729—1781)，德国的启蒙运动者、诗人和思想家。——编者

失业的痛苦和探索自然界统一性的乐趣

——1901年4月14日给M.格罗斯曼的信①

当我昨天接到你的信时，我真正为你的真挚和亲切关怀所感动，并且看到你并没有忘记你的老朋友和这只不祥之鸟。我想不出还有谁能够有比我所有的，像你和埃拉特(Ehrat)②这样的更好的同伴。我简直没有必要告诉你，要是我能够留在这样一个愉快的小圈子里，我该是非常幸福的；为了不辱没你们的推

---

① 译自卡尔·塞利希：《阿耳伯特·爱因斯坦文献传记》(Carl Seelig: *Albert Einstein, Eine Dokumentarische Biographie*)英译本(*Albert Einstein, A Documentary Biography*)，默文·萨维耳(Mervyn Savill)译，伦敦，Staples出版公司，1956年出版，52—53页。标题是我们加的。

爱因斯坦1900年8月毕业于苏黎世联邦工业大学后即失业，为谋求生路，几个月里他四处奔走求救。这封信是他于1901年3月下旬回到居住在意大利米兰的父母身边写给他的同班同学马尔塞耳·格罗斯曼(Marcel Grossmann)的。当时格罗斯曼留在母校当助教。关于爱因斯坦同格罗斯曼的关系，参见本文集第一卷47—54页《自述片断》。——编译者

② 雅各布·埃拉特(Jakob Ehrat)也是爱因斯坦在苏黎世联邦工业大学的同班同学，瑞士夏夫豪森(Schaffhausen)人，毕业后也留校当助教。1900年同爱因斯坦一道毕业的同学共三人，全部留校当助教，唯独爱因斯坦由于如他自己所说的"离经叛道"的性格，为教授们所不容，不得不过无业游民的流浪生活。——编译者

荐，①我会尽一切努力。我来到这里同我父母一起已经三个星期，试图找个大学助教的职位。要是没有韦伯不断地同我作对，②我早就该得到助教职位了。尽管如此，我还是在想方设法，并且不让自己失去幽默感。……上帝创造了驴子，并给了他一张厚皮。我们在这里已经有了最美丽的春天，整个世界都微笑得多么欢乐，使得人们自动地摆脱了忧郁症这种老毛病。而且，我在这里的音乐方面的朋友们把我从潦倒的处境中拯救出来。

至于科学，我在脑子里已经得到几个奇妙的想法，必须及时地把它们写出来。我现在几乎可以确信，我的关于原子吸引力的理论③能够推广到气体，④而差不多所有元素的特征常数都能够不

① 指格罗斯曼的父亲向他的朋友弗里德里希·哈勒(Friedrich Haller)推荐爱因斯坦进瑞士专利局工作。格罗斯曼的父亲当时在经营一个农业机械厂，通过他儿子的介绍，对爱因斯坦一开始就很赏识。哈勒是机械工程师，当时任瑞士专利局局长(直到1921年)，1902年6月决定录用爱因斯坦为试用三级技术员。——编译者

② 海因里希·弗里德里希·韦伯(Heinrich Friedrich Weber，1843—1912)，电工学的先驱之一，从1875年直至逝世都在苏黎世联邦工业大学任教。爱因斯坦听过他的理论物理、电工学等课，可是爱因斯坦对他的讲课不感兴趣，而用大部分时间自学一些著名物理学家的著作，韦伯对此深为不满。另一个引起韦伯不满的原因是爱因斯坦坚持称他为“韦伯先生”，而不像一般人那样称他“教授先生”。参见塞利希《阿耳伯特·爱因斯坦文献传记》，英译本29—30页。——编译者

③ 指爱因斯坦1900年12月13日完成的论文《由毛细管现象所得到的推论》中所阐述的理论。这是爱因斯坦一生发表的第一篇论文，刊于莱比锡《物理学杂志》(*Annalen der Physik*)1901年，第4辑，第4卷，513—523页。这篇论文和1902年发表的关于金属盐溶液电势差的论文，都是企图给化学以力学的基础，用类似牛顿引力的分子力来说明各种不同物质的化学性质。——编译者

④ 事实上爱因斯坦以后并没有在这个方向上继续前进，而是从另一不同的观点去研究气体分子。1901年夏天他已深深着迷于玻耳兹曼(Boltzmann)的气体运动论的著作，1902年6月就写了一篇题为《关于热平衡和热力学第二定律的运动论》(见本文

太困难地确定下来。到那时，分子力同牛顿的超距作用力之间的内在关系问题也会取得一个决定性的前进步骤。也许指向不同目标的别人的研究工作会最后证明这一理论。在那样的情况下，那么我就将用我在分子吸引力领域中所得到的全部成果来写一篇博士论文。① 从那些看来同直接可见的真理十分不同的各种复杂的现象中认识到它们的统一性，那是一种壮丽的感觉。

请代我向你父亲致以最亲切的问候，并感谢他为我而费神，以及他在推荐中所显示的对我的信任。

集第二卷，1—20 页)，目的是"用力学方程和几率运算推导出热平衡定理和热力学第二定律"。——编译者

① 爱因斯坦以后并没有继续研究分子吸引力问题，1902—1904 年间，他把主要精力放在分子运动论和统计力学方面。在这一研究的基础上，1905 年 4 月他写了一篇用溶液的扩散系数和黏滞系数测定分子大小的论文，提交给苏黎世大学的克莱内(Alfred Kleiner)和布克哈特(Heinrich Burkhardt)两位教授，申请博士学位。——编译者

生活的一个侧面

——1903年1月给贝索的信[①]

十分感谢您亲切的来信。我现在已经是一个有妇之夫了，[②]正同我的妻子一道过着美好安逸的生活。她出色地照料着一切，菜饭做得挺好，而且总是高高兴兴的。你谈到你的工作的那番话，我很想知道，你顺便写出的那些优美的赞语，我同样感到欣慰。我的论文经过多次重写和修改之后，终于在星期一寄出了。[③] 现在它变得十分简单明了，因此我很满意。根据能量〔守恒〕原理和原子理论，可以得出温度和熵的概念，利用孤立体系的状态分布不再成为不可能〔的分布〕这个假说，就可得出以最普遍形式表现的〔热力学〕第二基本定律，即第二种永动机的不可能性。

---

① 这是贝索保存下来的爱因斯坦第一封信。当时贝索在意大利的里雅斯特(Trieste)工作。爱因斯坦的妹妹玛雅(Maja)也在那里，当贝索妹妹的家庭教师。而爱因斯坦则在瑞士伯尔尼专利局工作。这里译自《爱因斯坦-贝索通信集》(*Albert Einstein et Michele Besso*：*Correspondance* 1903—1955. Pierre Speziali 编译。巴黎 Hermann 出版，1972年)，3—5页。由李澍泖同志译。标题是我们加的。——编者

② 1903年1月6日，爱因斯坦同米列娃·玛丽琦(Mileva Marič，1875—1948)结婚。米列娃，塞尔维亚人，原是爱因斯坦在苏黎世联邦工业大学物理系的同班同学，读了五年没有毕业，只得到肄业证书。她同爱因斯坦结婚后，生过两个男孩。后因性格不合，1919年同爱因斯坦离婚。——编者

③ 这篇论文是《热力学基础理论》。见本文集第二卷，21—40页。——编者

上星期米莎(Miza)[①]得了感冒,现在我也传染上了。我今天无法去专利局了,不过已经好转,因此明天我就要上班了。

现在发生一件极稀奇的事。你也许注意到,我的妹妹[②]虽然薪金优厚,却没有钱;你知道是怎么一回事吗?事情是这样的:先父的老会计竟然能做到,使那位善良的少女相信她在道义上有义务把她的大部分收入交给他,虽然以前已经向那个人赔礼道歉过。也许他是在她意志薄弱的瞬间强迫她作出这个诺言的,现在她认为〔自己〕该受诺言的约束。这种浪漫主义真是太可爱了,但是非常不实际。她不如用她的钱来买种种好看的小玩意儿,或者其他什么能够使年轻的姑娘高兴的东西,因为人只有一回青春。我干脆请您不要给她钱,如果她坚持自己的意向的话。在她心坎深处,我指的当然是无意识的深处,也许这种抑制绝不是那么不愉快的,即使她还会有点勉强。以前我对整个事情一点也不知道,今天妈妈在来信中极其偶然地把这件事告诉了我,使我甚感快慰。我已经在这个人几次撒谎时当场抓住了他,我相信他为了蒙骗玛雅,曾经颇费周折。他在我身上也曾试过,**对玛雅只字不提**。这件事极其滑稽可笑,使我很高兴,愿上帝宽恕我,我以为我多少还是一个清醒的人,不易任人摆布。那么,即使她有点抱怨,也请你把这件事结束掉,对吧?

现在我重新决定去担任编外讲师,倘若能够实现的话。此外,我将不考博士学位,因为这对我没有什么帮助,整个这场喜剧对我

---

① 米莎是米列娃的爱称。——编者

② 即玛雅·爱因斯坦(Maja Einstein,1881—1951)。——编者

说来是无聊的。我最近将从事研究气体中的分子力，然后全面地研究电子理论。目前我正在读里希特(Richter)[①]的有机化学，我曾向你谈起过这本书。

〔下略〕

① 里希特(Viktor von Richter，1841—1891)，德国化学家，布雷斯劳(Breslau 即弗罗茨瓦夫)大学教授。他著的《有机化学》和《无机化学》在1881—1914年间，曾多次再版。——原书编者

1976年《爱因斯坦文集》第一卷即将出版时，我们见到了1972年巴黎出版的德法文对照的《爱因斯坦-贝索通信集》，即请李澍泖同志选译其中半数以上信件，并请何成钧和邹国兴两位同志进行校订，冠以《爱因斯坦给M.贝索的信选译》，作为《爱因斯坦文集》"补遗之二"，附于第三卷之后。现乘再版之机，把这组选译拆散，按写作时间分插在第一卷和第三卷中。原来赵中立同志执笔的《选编说明》和《贝索，爱因斯坦最亲密的朋友——〈爱因斯坦给M.贝索的信选译〉编后记》，作为附录，重刊如下。

附录一：

《爱因斯坦给M.贝索的信选译》选编说明

米凯耳·贝索（Michele Besso，前译米歇勒·贝索，1873—1955）是爱因斯坦最亲密的朋友，他们的友谊经历了59年，始终是真挚无瑕的。因此，他们之间的通信是研究爱因斯坦思想的重要材料。1972年巴黎埃芒（Hermann）出版社出版了德文原文和法文译文对照的《爱因斯坦-贝索通信集》（*Albert Einstein et Michele Besso:Correspondance* 1903—1955），编译者皮埃尔·斯佩齐阿利（Pierre Speziali），是国际科学史研究院（l'Académie internationale d'histoire des sciences）的通讯院士。他从1961年起，在日内瓦的贝索故居陆续发现爱因斯坦1903—1955年间写给贝索的信110封，又从普林斯顿爱因斯坦生前秘书杜卡斯（H. Dukas）处得到119封贝索写给爱因斯坦的信的照片，经过多年研究、整理，编译成了这本通信集。他对信件中出现的人和事，进行过必要的考证，做了一些注释，而且还写了一篇有分量的《前言》，对贝索的家世、个人经历以及同爱因斯坦的关系，都作了比较全面的介绍。

贝索，正如爱因斯坦自己所说，是他"最亲密的"老朋友，他们从1896年相识以后，一直到1955年他们逝世为止，始终保持着亲密无间的友谊。他们以真诚相待，无话不谈，这些通信就是他们一生思想活动的记录。它们记录了他们各个时期的忧患和欢乐，他们的科学探讨，以及他们对周围世界的看法，特别是爱因斯坦对一些同时代科学家的看法，其中有许多是这个通信集出版以前为世人所不知的。因此，这个通信集对于了解爱因斯坦的精神生活和科学创造的道路，比起他同索洛文、索末菲、玻恩等人的通信集来，都要显得更为重要。

由于客观条件的困难，这个通信集迟至1976年才到我们手里，我们就请李澍泖同志选译了61封信（其中59封是爱因斯坦写的，2封是贝索写的），并先后请何成钧同志和邹国兴同志进行了校订。这些信件使整个文集生色不少，为此，特向三位同志表示衷心的感谢。

编者　赵中立

附录二：

贝索，爱因斯坦最亲密的朋友

——《爱因斯坦给M.贝索的信选译》编后记

爱因斯坦在1905年以极其简洁的形式完整地提出的在物理科学中有划时代意义的狭义相对论的论文《论动体的电动力学》中，没有列出任何参考文献，也没有提到任何知名学者的帮助，唯独在论文最后声明："在研究这里所讨论的问题时，我曾受到我的朋友和同事M.贝索的热诚帮助，要感谢他一些有价值的建议。"(见本文集第二卷，126页)这位名不见经传的贝索究竟是谁呢？

《爱因斯坦-贝索通信集(1903—1955)》编者斯佩齐阿利对贝索身世作了一番考证。现在根据贝索同爱因斯坦来往的信件和斯佩齐阿利的研究，对贝索的生平、为人、思想，以及他同爱因斯坦的友谊作一扼要的介绍。

米凯耳·贝索(Michele Besso)，又名米凯兰杰洛·贝索(Michele Angelo Besso)，是爱因斯坦终生不渝的挚友。1873年5月25日生于瑞士苏黎世附近的里斯巴赫(Riesbach)。祖籍意大利。他父亲1865年来到苏黎世工作，曾任保险公司经理，1879年取得瑞士国籍。不久，全家返回意大利的里雅斯特老家。贝索是在那里受教育的。1890年，贝索17岁，考入罗马大学物理系。一年后，他来到苏黎世，转学于闻名欧洲的〔瑞士〕联邦工业大学机械系。1895年毕业。在瑞士北部温特图尔(Winterthur)的赖特

(Reiter)电机厂工作，但仍常去苏黎世。1896年秋天的一个晚上，他在一次家庭音乐晚会上拉提琴，认识了刚进联邦工大的爱因斯坦。当时，爱因斯坦17岁，贝索23岁。由于志趣相投，从此结成了莫逆之交。正如爱因斯坦1955年3月得到贝索逝世消息后，给贝索家属的唁函中所说的，"我们的友谊是我在苏黎世求学的年代里奠定的，那时我们经常在音乐晚会上见面。他年长一些，有学问，总是在那里鼓励我们。"爱因斯坦第一次接触马赫的《力学史》，就是贝索那时介绍给他的。

那时，爱因斯坦寄居在阿劳州立中学教员温特勒(Jost Winteler)的家里，同他的子女都很友好。1899年爱因斯坦介绍温特勒的大女儿安娜(Anna Winteler)与贝索相识，次年他们结为夫妻。1910年爱因斯坦的妹妹玛雅(Maja)与温特勒的小儿子保耳(Paul Winteler)结婚。因此爱因斯坦同贝索又多了一层姻亲关系。

1899年，贝索去米兰，在长途输电公司工作。1900—1901年，兼任意大利电业公司的技术顾问。因父亲病重，他1901年回到的里雅斯特，在工程顾问局工作了三年。这期间，爱因斯坦大学毕业了，经过一段失业和找工作的痛苦，于1902年夏天开始在伯尔尼瑞士专利局当三级技术员，业余正从事紧张的科学研究工作。贝索博览物理化学书刊，不断为他的朋友提供最新的研究资料。现在保存下来的最早的一封信，就是爱因斯坦1903年1月给贝索的复信。

由于爱因斯坦的推荐，1904年1月贝索受聘为专利局咨询工程师。从此两位"老朋友"朝夕相处，达五年之久，生活是极其愉快的。他们每天下班结伴回家，有时甚至还同路上班。晚上和假日也常在一起，讨论各种问题。爱因斯坦老年回忆起这段生活，仍然神往。他说："专利局把我们结合在一起，我们下班途中的谈话引人入胜，无与伦比，人事浮沉对于我们似乎并不存在。"正是这些极妙的谈话，思想敏锐、知识渊博的贝索，向爱因斯坦提出了友好的批评和有益的建议，鼓励他，督促他，帮助他把自己的思想明确地表达出来，对爱因斯坦的科学创见的形成起了积极的"助产士"的作用，特别是对狭义相对论的定型起了重要的作用。

贝索一生好学慎思，从小就有强烈的好奇心和求知欲。他心地善良，性情温和，一辈子爱读书，爱思索，兴趣之广，简直没有边界。1908—1909 年冬，爱因斯坦在伯尔尼大学任编外讲师，他讲的放射理论课，只有两个学生。其中之一就是贝索。此外，贝索还利用业余时间研究民法、商法、生理学、英国文学、天体力学等。他常去伯尔尼大学旁听，到各图书馆借书。他最大的兴趣似乎在批判哲学方面。因为他随时都准备了解别人的见解，又善于找出问题的焦点，提出矛盾，消除分歧，所以他的一生虽然只写二十多篇论文，没有什么了不起的著作，但他参加了好几个国际性的专业学会，是科学技术行家的良师益友。正如爱因斯坦说的，"在整个欧洲，我找不出一个比他更好的知音"，而"他的成就只能在他所造就的人当中找到"。爱因斯坦不仅在伯尔尼向他敞开思想，就是日后在柏林，在普林斯顿，在整个一生中，都不断向他倾诉自己各方面的感受，包括广义相对论和统一场论的思路，以听取他的反响。自然，对于他这样漫无边际的兴趣，爱因斯坦也曾友好地指出："我坚信，如果你具有专注的热情，你一定能在科学领域中孕育出有价值的东西。蝴蝶不是鼹鼠。但是任何蝴蝶都不应为此而惋惜。”

1909年，爱因斯坦离开专利局，去苏黎世大学教理论物理学，贝索也回到的里雅斯特，在戈里齐亚(Goriza)一家保险公司任襄理。这时，他研究的里雅斯特供水工程规划。1914年8月欧战爆发，他在戈里齐亚教会医院当护士。次年5月意大利倒向协约国，贝索返回伯尔尼，继续在专利局工作。1916年2月起，在联邦工大兼任编外讲师，讲授《专利理论与实践》，直到1938年退休。在这二十多年中，他结识了许多老教授，其中有物理学家、数学家和哲学家，经常去听他们的课，比如，1916—1917年间，H. 魏耳(Weyl)讲的电磁理论和群论。

贝索一家同爱因斯坦的前妻米列娃·玛丽琦(Mileva Marič)的关系，也是很好的。当他们同住在伯尔尼的时候，两家经常来往，有时一道带着孩子去郊游。一次，爱因斯坦亲自做了一只漂亮的风筝，经过试飞之后，送给了贝索的小儿子小维洛(Vero)，并向他讲述风筝起飞的道理。后来，爱因斯坦去布拉格、柏林任职，贝索经常去看望重病在身的米列娃，并照顾他们的两个孩子读书。爱因斯坦每次来瑞士探亲，总要去贝索家。1916年，他带着年轻的维洛一同在街头散步，向他讲解狭义相对论基础。1919年，爱因斯坦同米列娃离婚，也是通过贝索安排的。爱因斯坦接受了他的建议，把将得到的诺贝尔奖金全部给米列娃。

在贝索一生平静的学者生活中，只是1926年出现过一场小小的风浪。那就是，虽然贝索在专利局工作一直很努力，为同事出谋划策做了大量的咨询工作，可是自己签署审定的专利申请书并不多，一度发生有被辞退的危险。为此，爱因斯坦曾给伯尔尼知名人士仓格尔(H. Zangger)写信,并直接为贝索写证明,说明贝索的人品与才智。这两份材料,深刻地勾勒出贝索思想和性格,至今依然是了解贝索最好的旁证。由于专利局的同事都为贝索说话,这场风波很快就平息了,贝索由此得到了高度的信任。1932 年专利局长克拉夫特(W. Kraft)退休,有人在报上恶意攻击专利局工作,贝索撰文给予有力的答辩。

1928 年,贝索在一封给爱因斯坦的信中,真诚地感激爱因斯坦对他的友谊和帮助。他说:"多亏你,我才有我的妻子,有了她,我才有我的儿子和孙子;多亏你,我才有我的地位,有了它,我才有人间寺庙般的清静,以及对艰辛的日子的物质保障了;多亏你,我才能获得科学的概括能力;没有这种友谊,这种能力是无法达到的。"

不过,爱因斯坦与贝索之间的友谊,不仅表现在生活上的息息相关,学说上的相互切磋,而且表现在彼此真诚的批评,以及在正义事业中的共同行动。这本《通信集》在这些方面提供了许多有意义的材料。比如,在对待马赫哲学的态度问题上,1917 年他们在通信中开展了相当激烈的争论。贝索站在实证论的立场上为马赫辩护,爱因斯坦则对马赫的实证论哲学进行了尖锐的批判。这是迄今所知的爱因斯坦对马赫的最早的批判。又如,1938 年慕尼黑会议后,贝索对欧洲和平产生了幻想,爱因斯坦及时批评了他的错误,一针见血地指出张伯伦是同希特勒狼狈为奸的。在政治上,他们在 1917 年 4 月曾共同营救他们的同学,当时因反对帝国主义战争,刺杀奥国首相而被判决死刑的社会民主党人 F. 阿德勒。第二次世界大战爆发前后,他们曾共同营救遭到法西斯迫害的科学家,特别是贝索，为此奔走多年，在精神上和物质上给难友以最大的帮助。

贝索1938年底退休后，住在日内瓦他儿子维洛家。从这时起（已经63岁了），他经常去日内瓦大学听课，而且仔细地做出笔记。由于他学而不厌、诲人不倦的精神，他成了在那里讲课教师的好学生和好老师。1939年3月13日，爱因斯坦60寿辰的前夕，他在伯尔尼广播电台发表了纪念讲话，赞颂爱因斯坦生平科学成就，说爱因斯坦是“献身于研究自然界的广大而深邃的内在联系的人”。1943年他70岁，对自己的一生作了回顾，对自己的科学知识作了总结。1944年，他的终身伴侣安娜去世，自己也更加苍老衰弱，多次中风。可是他仍孜孜不倦地学习。1954年6月24日，他晕倒在日内瓦大学数学图书馆的楼梯上，被人救起。1955年3月8日他得了脑血栓症，同月15日与世长辞，终年82岁。

爱因斯坦1926年对贝索作了如下中肯的评价：

“他有敏锐的理解力，他不喜欢斗争；因此，他对每一个可供选择的方案都提出一个问题。这样，他就成了一个科学家（甚至可以说一个不切实际的人）。

“只要有人采取断然拒绝的态度，他就不能做出什么有益的事情来；而他首先做的是，设法克服这种拒绝态度；努力唤起对这个问题、对研究的兴趣。一旦产生这种兴趣，他就成为最好的共鸣板。

“他随时准备了解别人的见解，从中找出问题的焦点；因此，他在讨论中是很出色的。此时，他追求的目标是，解决矛盾，消除分歧。除了这一点以外，他还具有洞察别人思想的能力，这就使他能够成为卓有成效的批评家。他的长处不在于自己寻找建筑材料，而在于，像苏格拉底那样，精练这些材料，他用这种方式同人们合作。(他往往把自己比作助产士。)

“他经常力求了解别人，这就使他不得不经常搜集各个领域中有价值的知识，这就要求他具有多方面的兴趣。他在工作中亲眼看见过种种不同的工作方法。这样，他就能经常提出宝贵的意见。正因为如此，他具有敏锐的目光，能看出方法上和内容上的片面性，从而努力去克服它。这使他对于在一特定领域工作的专家极为有用。直截了当地说，他是一个卓越的非专家，他的读书之多和知识之渊博，对于他自己实际上只起次要的作用。他不是一个搜集者；不是一个讲究条理层次的人；也不是一个讲演家和作家；尽管在辩论中，他很能使人折服，但在需要有条不紊的演说或写作中，他却显得笨拙。恰恰这时，他却缺乏他能够对之精巧加工的实际材料，也就是说，他不了解站在他面前的人的思想；在这些场合，指引他的是非常高明的机智。他是一个典型的‘教导者’(*civilisierter*)，而不是一个‘培育者’(*kultureller*)，*civitas* (**教导**)关系到人，*cultura* (**培育**)只涉及物。

“非常客观地说，他特别擅长的学科是物理学和数学，在这些领域里，他的‘造型’作用(‘*formierende*’*Wirkung*)尤其明显。但是，对于各种自然神学，还有哲学、国民经济学，他也有广泛的概括知识，而不是零碎的知识。至于技术、保险和专利学，他从实际工作中是知道得很多的。

“凡是对于他遇到的每一个向他求教的人有用的东西，对于他自己却是有害的。因为，他永远不满足于已有的东西。没有什么论文署他的名，他的成就只有在他所造就的人当中才能找到。”①

编者 赵中立

1977年12月

于北京

① 这一评价译自《爱因斯坦-贝索通信集》，546—547页。

1905年春天的四项研究

——1905年5月给C.哈比希特的信[①]

一种奇怪的沉默似乎统治着我们，以致在我看来，如果我现在用一两句无聊的闲话来打破它，似乎是一种亵渎。但是这个世界中的超人可不总是这样的吗？你这个冷血的老鲸鱼，你这个干瘪的书虫，你所做的，或者我还能扔向你的脑袋的，就是像我这样，充满70%的怒气和30%的同情。当你最近让复活节无声无息地过去，而我没有给你送一听洋葱和大蒜罐头时，你只有那后面的30%可用来报答。但是你为什么还不把你的论文寄给我呢？你这个坏蛋，难道不知道我该是那两三个会津津有味地和高高兴兴地读它的朋友之一吗？我可以答应回敬你四篇东西，其中第一篇马上就可以寄给你，因为我刚收到一些抽印本。

---

① 译自塞利希：《阿耳伯特·爱因斯坦文献传记》英译本，伦敦，Staples，1956年版，74—75页。标题是我们加的。原信未署日期，估计写于1905年5月前后。

康拉德·哈比希特(Conrad Habicht)，瑞士夏夫豪森人，1902年起在伯尔尼参加爱因斯坦主持的“奥林比亚科学院”的学习活动(参见本文集第一卷768—771页)，1904年到瑞士东部的希尔斯(Schiers)当数理教师。1905年3月6日爱因斯坦给他的信中有这样一句话：“附带通知并要求你出席我们这个值得赞扬的‘科学院’的许多学术会议，并且把你目前的会费立即增加50%。”过了不久，又写了这样一封信。——编译者它讲的是辐射和光的能量特征，是非常革命的，[①]只要你预先把你的论文寄给我，你〔看了我的回礼后，自然〕就会明白。第二项研究是由中性物质的稀溶液的扩散和内摩擦来测定原子的实际大小。[②] 第三项证明以归纳的分子理论为前提，大小为 1/1000 毫米的粒子悬浮在液体中时，必定出现一种由热运动所产生的可知觉的不规则运动。[③] 无生命的小悬浮粒子的运动，事实上已经为生理学家检验出来，他们把这种运动叫做“布朗运动”。[④] 第四项研究还只是一个概念：把空间和时间理论的一种修改用于动体的电动力学，这项工作的纯运动学部分无疑会使你感兴趣。[⑤]

索洛(Solo)[⑥]为讲课花了很多时间；他还是不能使自己去参加考试。我为他过着悲惨的生活而感到非常难过。他看来非常烦恼。但我不认为有可能使他过着比较能过得去的像样的生活。

---

① 即 1905 年 3 月完成的论文《关于光的产生和转化的一个猜测性观点》，见本文集第二卷，41—59 页。——编译者

② 即 1905 年 4 月完成的论文《分子大小的新测定法》，见本文集第二卷，60—79 页。——编译者

③ 即 1905 年 5 月完成的论文《热的分子运动论所要求的静液体中悬浮粒子的运动》，见本文集第二卷，80—91 页。——编译者

④ 这种运动是英国植物学家罗伯特·布朗(Robert Brown，1773—1858)于 1827 年发现的。——编译者

⑤ 第四项研究就是狭义相对论，论文题目是《论动体的电动力学》，完成于 1905 年 6 月，见本文集第二卷，92—126 页。——编译者

⑥ “索洛”即莫里斯·索洛文(Maurice Solovine)，参见本文集第一卷，768—771 页。——编译者

唉，你可知道他吗?①

---

① 过了几个月后(大概在1905年8月)，爱因斯坦又给哈比希特写了如下一封也是未署日期的信：

“……你竟变得如此可怕的严肃。这必定是〔由于〕你在旧猪栏里的孤独的生活。如果有机会，我将向哈勒(Haller，当时瑞士专利局局长。——编译者)推举你，也许我们可以设法走后门把你带进专利局的孩子们中间；对他们，你仍然会感到比较高兴的。你果真准备来吗？想一想，每天八小时工作时间，剩下八小时空闲，还有星期日。如果你在这里，我该非常高兴。你马上会恢复你原有的生气。你不必为我的宝贵时间而担心，不是总有微妙的题目要去沉思的。至少不是常有振奋人心的题目。当然，有光谱线这类题目，但我不认为这些现象同那些已经搞清楚的现象之间会有简单的联系存在；因此，目前看来事情并不是非常有希望的。不过，关于电动力学著作(指《论动体的电动力学》。——编译者)的一个结果已经出现在我的心头。有关麦克斯韦方程的相对性原理要求：质量是物体中所含能量的直接量度；光输送质量。在镭中，必定引起可观的质量减少。这一思想是有趣而动人的，但是我不可能知道究竟老天爷是不是不嘲笑它并且把我引入歧途。”(见塞利希：《阿耳伯特·爱因斯坦文献传记》英译本，1956年版，75—76页。)

这封信中提到的“电动力学著作的一个结果”，指的是质能相当关系，爱因斯坦为此写了一篇短论文《物体的惯性同它所含的能量有关吗?》，见本文集第二卷，127—130页。——编译者

论我们关于辐射的本质和组成的观点的发展①

像人们已经知道的那样，光的干涉和衍射现象表明，对于把光看作是一种波动，看来是难以怀疑的。又因为光可以在真空中传播，所以人们必须设想，在真空中存在一种特殊的物质，它是传播光波的媒介。为了理解光在有重物体中的传播规律，必须假设这种称为光以太的物质也存在于有重物体之中，并且，在有重物体内部主要也是光以太起着传播光的媒质的作用。这种光以太的存在看来是无可怀疑的。在1902年出版的赫沃耳森(Chwolson)的杰出的《物理学教程》第一册导言中，就是这样谈到以太的："关于有这样一种作用物存在的假说的可能性，已经达到几乎确定的程度。"

然而，今天我们必须把以太假说看作是一种陈腐的观点。而且不容否认的是，有这样广泛的一类关于辐射的事实表明，光具有

① 这是爱因斯坦于1909年9月21日在萨尔斯堡(Salzburg)德国自然科学家协会第81次大会上所作的报告。在这次会上，爱因斯坦第一次会见了普朗克等著名物理学家。这篇报告论述了相对论和量子论的关系，对理论物理学的发展有重大意义，但当时参加会议的多数物理学家(包括主席普朗克)并不同意爱因斯坦所提出的光量子论。这篇报告以后发表在莱比锡《物理学的期刊》(*Physikalische Zeitschrift*)，1909年，10卷，817—826页和《德国物理学会会议录》(*Deutsche physikalische Gesellschaft, Verhandlungen*)，1909年，11卷，482—500页。这里译自1909年的《物理学的期刊》。——编译者

某些基本属性,要解释这些属性,用牛顿的光的发射论(*Emissionstheorie*)观点要比光的波动论(*Undulationstheorie*)观点好得多。因此,我认为,理论物理学发展的随后一个阶段,将给我们带来这样一种光学理论,它可以认为是光的波动论和发射论的某种综合。对这种见解作出论证,并且指出深刻地改变我们的关于光的本质和组成的观点是不可避免的,这就是下面所讲的目的。

自从光的波动论建立以来,理论光学的最大进展就是麦克斯韦的关于可以把光理解为一种电磁过程的天才发现。这个理论在研究中引进了以太和物质的电磁状态来代替那些力学量,即以太的各部分的形变和速度,从而把光学问题归结为电磁学问题。电磁理论愈发展,能否把电磁过程归结为力学过程这个问题,也就愈来愈失去它的重要性;人们已习惯于把电场和磁场强度、电荷空间密度等概念作为基本概念来运用,而这些概念是不需要力学的解释的。

由于光的电磁理论的建立,理论光学的基础简化了,随意性的假说的数目减少了。关于偏振光振动方向这个老问题就失去了对象。在两种媒质交界面上的边界条件所曾遇到的困难,是从〔旧〕理论基础中来的。不需要任何关于纵光波的随意的假说了。最近实验上确定了的在辐射理论中起如此重要作用的光压〔现象〕,正是这种〔光的电磁〕理论的一个引申。我不想在这里详尽地论述这个很著名的成就,而只想指出一个主要之点,在这一点上,电磁理论同〔分子〕运动理论是一致的,或者,说得更恰当些,看来是一致的。

实际上,根据上述两种理论,光波本质上是一种臆想的媒质以太的状态的总和，这种媒质是无处不在的，在没有辐射的时候也是如此。由此可以假设，这种媒质的运动必然会影响到光现象和电磁现象。对支配这种影响的规律的探索，导致有关辐射本质的基本观点的变革，我们将简要地考察一下这个过程。

很自然地引起了下列基本问题：光以太同物质一起运动吗？或者，它是不是在运动物质内部作不同于物质的另一种运动呢？或者，说到头，它是不是也许根本不参与物质的任何运动，而始终保持静止呢？为了判定这些问题，斐索（Fizeau）设计了一个重要的干涉实验，它以下列考虑为基础。当一个物体静止时，光以速度 V 在其中传播。当这个物体运动时，如果它把它的以太带着一起运动，那么，在这种情况下，光相对于物体的传播，就同物体静止时一模一样。在这种情况下，光相对于物体的传播速度仍为 V。然而，光线的绝对速度，即相对于一个不随物体运动的观察者的速度，等于 V 同物体运动速度 U 的几何和。如果光的传播速度同物体运动速度平行并指向同一方向，那么 $V_{ab\delta}$（绝对速度）简单地等于这两个速度之和，即：

$$V_{ab\delta}=V+U.$$

为了检验光以太是完全随着运动的这一假说是否正确，斐索让两支相干单色光束沿着两个充满了水的管子的轴运动，然后发生干涉。同时他又让水在管中沿着轴流动，在一个管中顺着光传播的方向，在另一个管中则沿着相反方向，这样就可以看出干涉条纹的移动，从这里他就可以得出关于物体运动速度对绝对速度的影响的结论。

众所周知，结果表明，存在着如所预期的物体速度的影响，然

而它总是远远小于以太完全随着物体运动的假说所要求的结果。即

$$V_{ab\delta}=V+\alpha U.$$

这里 α 总是小于1。如果忽略色散,那么

$$\alpha=1-\frac{1}{n^2}.$$

从这个实验可以得出这样的结论:以太完全随着物质运动的事是没有的,因此,一般说来,以太相对于物质的运动总是存在的。但是,地球也是一个物体,它在一年当中,相对于太阳系的速度具有不同的方向,从而可以设想,我们实验室中的以太不会完全参与地球的这种运动,就像在斐索实验中,看来它像没有完全参加水的运动一样。由此可以得出这样的结论:以太相对于我们仪器的相对运动是存在的,这种相对运动在一天当中和一年当中都有变化;可以预料,在光学实验中,这种相对速度必然引起明显的空间各向异性,即光学现象该同光学仪器的取向有关。为了证实这样一种各向异性,进行了各种各样的实验,可是没有一个实验能够证实预期的光学现象对仪器取向的这种依存性。

H. A. 洛伦兹(Lorentz)1895 年开创性的论文在很大程度上解决了这个矛盾。洛伦兹指出,只根据一个不参与物质运动的静止的以太假说,而不要补充其他假说,就可以建立一个能解释几乎所有现象的理论。特别是解释了上述斐索实验的结果,也解释了人们预期会发现的地球相对于以太的运动的实验的否定结果。然而,有一个实验看来同洛伦兹理论不相符合,这个实验就是迈克耳孙(Michelson)和莫雷(Morley)的干涉实验。

洛伦兹曾经指出，按照他的理论，略去含有商$\frac{\text{物体速度}}{\text{光速}}$的二次或更高次幂的因子的项，在光学实验过程中，仪器的总的平移运动对辐射过程没有影响。然而当时已经知道迈克耳孙和莫雷的干涉实验，它证明：在一种特殊情况下，关于商$\frac{\text{物体速度}}{\text{光速}}$的二次幂的项也观测不到，虽然按照静态的光以太理论的观点，是可以期望观测到的。为了使这个实验同理论不相矛盾，大家都知道，洛伦兹和斐兹杰惹(Fitzgerald)引进了这样一个假设：一切物体，因此也包括那些组成迈克耳孙、莫雷实验装置的元件的东西在内，当它们相对于以太运动时，就会以一定的方式改变形状。

可是这种事态是十分不能令人满意的。唯一可以应用并有清晰的基础的，是洛伦兹的理论。这个理论以一种绝对不动的以太假说为基础。地球必须认为是相对于以太而运动着。然而一切试图证明这种相对运动的实验都得到了否定的结果，为了解释这个结果，不得不提出一个非常特别的假说，那就是这种相对运动使它本身不能被觉察到。

迈克耳孙实验差不多提示了这样一个假设：相对于一个随地球运动的坐标系，或者更一般地说，相对于任何没有加速运动的坐标系，一切现象都严格地遵循同样的规律。以后我们把这个假设简称为“相对性原理”。在我们讨论是否能始终坚持相对性原理之前，我们想先简要地探讨一下，在坚持相对性原理的情况下，可以从以太假说得出一些什么结论来。

如果拿以太假说作为基础，那么，实验要求把以太假设为不动的。而相对性原理认为，在相对于以太作匀速运动的坐标系K'中的一切自然规律，同相对于以太为静止的坐标系 K 中的对应的规律是完全等同的。但是如果是这样的话，那么我们有同样的理由来假设以太相对于 K' 也是静止的，就像假设它对于 K 为静止的一样。因此，一般地说来，从两个坐标系 K、K' 中选出一个，认为只有它对于以太是静止的，这就十分不自然了。由此可见，只有当人们抛弃了以太假说，才能得到一个令人满意的理论。于是组成光的电磁场不再像是臆想的媒质的状态，而是一种独立的实物，它从光源发射出来，就像牛顿的光的发射论所描述的那样。按照光的发射论，一个没有辐射通过的、没有有重物质的空间，是真正虚空的空间。

从表面上看来，要把洛伦兹的理论同相对性原理协调起来似乎是不可能的。确实，当一支光束在真空中传播时，按照洛伦兹理论，对于一个在以太中静止的坐标系 K，它总是具有确定的速度 c，而不管发光体的运动状态是怎样的。我们称这条命题为光速不变原理。按照速度加法定理，这一支光束在一个相对于以太作匀速平移运动的坐标系 K' 中不可能也以 c 传播。因此，看来光的传播规律对于两个坐标系是不同的，并且似乎由此可以得出结论：相对性原理同光的传播规律是不相容的。

其实，速度加法定理所根据的是这样一个随意的假设：时间的描述和运动体形状的描述同所取坐标系的运动状态无关。然而，我们知道，为了定义时间和运动体的形状，必须引进一只相对于所取坐标系是静止的钟。因此，对于每一个坐标系来说，我们都必须对那些概念作特别的规定，而且，对于两个相互运动着的坐标系 K 和 K' 来说，把某一特定事件的时间值 t 和 t' 看成是相同的这个规定，也就不是不需论证的了；同样，也不能先验地说，对于坐标系 K 成立的关于物体形状的每一个描述，对于那个相对于 K 运动的坐标系 K' 也是成立的。

由此可见，迄今为止，我们所用的从一个坐标系转换到另一个相对于前一坐标系作匀速运动的坐标系的变换方程，都是以随意的假设为根据的。如果我们抛弃这些假设，那么，就可以看出，洛伦兹的理论基础，或者，更普遍地说，光速不变原理，是能够同相对性原理协调起来的。这样，我们就得到了一个为这两条原理无歧义地决定的新的坐标变换方程，它的特征在于：通过坐标和时间原点的适当选取，可以使方程

$$x^2+y^2+z^2-c^2t^2=x'^2+y'^2+z'^2-c^2t'^2$$

变成一个恒等式。这里 c 是真空中的光速，x,y,z,t 是相对于 K 的空间-时间坐标，而 x',y',z',t' 是对于 K' 的空间-时间坐标。

沿着这条道路，我们得到了所谓的相对论，我在这里只想介绍一下它的多方面的结果中的一个，因为这个结果引起了物理学领域中基本观念的某种修正。这就是，它表明，当物体发射辐射能量 L 时，它的惯性质量就减少了 L/c^2。我们可以用下述方法得到这个结论。

我们设想一个自由悬挂着的不动的物体，它向两个相反方向以辐射的形式发射同等数量的能量。这样，物体保持静止。我们用 E_0 表示物体在发射之前的能量，用 E_1 表示物体在发射之后的能量，用 L 表示发射出来的辐射的能量，于是根据能量守恒原理，得到：

$$E_0=E_1+L.$$

现在我们从一个坐标系来考查这个物体以及从它发射出的辐射，而这个物体本身相对于坐标系是运动的。于是相对论提供了在新坐标系中计算发射的辐射能量的方法。我们得到能量值：

$$L' = L\frac{1}{\sqrt{1-\frac{v^2}{c^2}}}.$$

因为对于新的坐标系，能量守恒原理也必须成立，我们得到类似的关系：

$$E_0{}' = E_1{}' + L\frac{1}{\sqrt{1-\frac{v^2}{c^2}}}.$$

通过减法，略去 v/c 的四次幂或更高次幂的项，我们就得到：

$$(E_0{}' - E_0) = (E_1{}' - E_1) + \frac{1}{2}\frac{L}{c^2}v^2.$$

然而，$E_0{}' - E_0$ 不是别的，正是物体在发射光之前的动能，$E_1{}' - E_1$ 是物体在发射光以后的动能。置 M_0 表示物体在发射之前的质量，M_1 为物体在发射之后的质量，于是在略去关于二次幂的项之后，可以得到：

$$\frac{1}{2}M_0 v^2 = \frac{1}{2}M_1 v^2 + \frac{1}{2}\frac{L}{c^2}v^2,$$

或者

$$M_0 = M_1 + \frac{L}{c^2}.$$

因此，物体的惯性质量在发射光时减少了。发射出的能量就显现为物体的质量的一部分。由此可以进一步作出结论：任何能量的接受或发射引起被考查物体的质量的增加或减少。看来能量同质量也是相当的量，就像热同机械能一样。

于是，相对论就这样地改变了我们关于光的本质的观点：它不是把光理解为臆想媒质的状态的结果，而是〔理解为〕像物质一样独立存在的某种东西。还有，这个理论，同光的发射论一样，都具有这样的特点，即它们都承认从发光体到吸收体有惯性质量在传递。至于我们关于辐射的结构的观点，特别是关于辐射在其中通过的空间中能量分布的观点，相对论并未作丝毫改变。然而，在我看来，就问题的这一方面来说，我们正处于一个还不能预见其全貌但无疑是有极大意义的发展过程的起点。下面我将进一步说明的，大部分仅仅是我个人的意见和我个人思考的结果，还没有由别人作出足够的证明。尽管我在这里提出了这些看法，这却不是出于对自己的看法的过分的信心，而是出于这样一种希望，希望在座中这位或那位来关心这里所讲的问题。

有人指出，如果不更深入地进行理论上的考虑，我们的光学理论还不能解释光学现象的某些基本特性。为什么一个特定的光化学反应的发生与否，只取决于光的颜色，而不取决于光的强度？为什么短波射线在促进化学反应方面一般比长波射线更为有效？为什么光电效应所产生的阴极射线的速度同光的强度无关？为什么为了使物体发射的辐射中包含有短波的部分，就要求有较高的温度，也就是要有较高的分子能量呢？

对于所有这些问题，现代形式的光的波动论都不能作出回答。特别是它怎么也不能解释，为什么光电效应或伦琴射线产生的阴极射线具有那么明显地同射线强度无关的速度。在一个〔光〕源的作用下，一个分子实体中出现这样大的能量，而在这〔光〕源中能量的分布却是如此不密集，就像我们根据波动论来考查光辐射和伦琴辐射所必须认定的那样。这就使得一些优秀的物理学家们求助于一个远非正确的假设。他们设想,光在这个过程中可能仅仅起释放的作用,而呈现出来的分子能量却可能具有放射的性质。因为这个假说已经几乎全被抛弃,我将不再提出什么反对它的论证。

在我看来,带来这些困难的光的波动论的那些基本特性可以归结如下。在分子运动论中,对于每一个只有少数基元粒子参加的过程,比如对于每一次分子碰撞,总存在逆过程,而按照波动论,在基元辐射过程中情况就不是这样。按照我们熟悉的理论,一个振动着的离子发出一个向外传播的球面波。不存在**作为基元过程**的逆过程。向内传播的球面波,虽然在数学上确实是可能的;可是为了近似地实现这一点,就要有很大数量的基元发射实体。因此,像这样的光发射的基元过程本身具有不可逆的特征。正是在这里,我相信,我们的波动论是不正确的。看来,在这一点上,牛顿的光的发射论比波动论包含有更多的真实的东西,因为按照光的发射论,在发射过程中给予一个光粒子的能量,不是扩散到无限的空间之中,而是一直保留下来为一个吸收的基元过程所用。让我们来考虑一下由伦琴射线产生次级阴极射线的规律。

当初级阴极射线射到金属板 P_1 上,它就产生了伦琴射线。当这些伦琴射线又射到第二块金属板 P_2 上时,又产生了阴极射线,它的速度同初级阴极射线的速度有相同的数量级。次级阴极射线的速度,就我们今天所知道的而论,既同金属板 P_1 和 P_2 的距离无关,也同初级阴极射线的强度无关,而只同初级阴极射线的速度有关,让我们姑且假设这是严格正确的。如果我们减弱初级阴极射线的强度,或者缩小这些射线射上去的那块板 P_1 的大小,使得我们可以把初级射线中的一个电子的冲击看作是一个孤立的过程，这样一来，会出现什么情况呢？如果前面所说的是确实正确的，那么，由于次级射线的速度同初级射线的强度无关，我们就必须假设在 P_2 上(由于每一个电子对 P_1 的冲击)，要么就什么也不产生；要么就产生一个电子的次级发射，其速度同打到 P_1 上的那个电子的速度有相同的数量级。换句话说，基元辐射过程似乎不是像波动论所要求的那种方式进行的，即初级电子的能量不是以向所有方向传播的球面波来分布和扩散的。而至少电子能量的较大部分似乎是在 P_2 的这一点或那一点上提供使用。**辐射发射的基元过程看来是有方向性的**。还有，这给人以这样的印象：P_1 上伦琴射线的产生过程本质上就是 P_2 上次级阴极射线产生过程的逆过程。

因此，辐射的组成似乎不同于波动论所要求的那样。在这方面，重要的线索是热辐射理论所提供的，首先是普朗克(Planck)先生在这个理论的第一线上，从这个线索出发，建立了他的辐射公式。因为我可以设想这个理论还不是人所共知的，所以我想简要地介绍一下这个理论的最重要之点。

在一个温度为 T 的空腔内部，包含有确定的组成(同物体的性质无关)的辐射。在空腔的每个单位体积中，具有频率在 ν 和 $\nu+d\nu$ 之间的辐射量 $\rho_\nu d\nu$。问题就是要求出 ν 和 T 的函数 ρ。如果在空腔中包含有一个本征频率为 ν_0 而几乎没有阻尼的电振子，那么由辐射的电磁理论可以算出作为 $\rho(\nu_0)$ 的函数的振子的能量在时间上的平均值($\bar{E}$)。因此，问题又归结为求出温度的函数$\bar{E}$，而后一问题又可以归结如下。假定空腔中包含有许多(N)个频率

为 ν_0 的振子，那么这个振子体系的熵对这个体系的能量是什么样的相依关系呢？

为了解决这个问题，普朗克先生应用了玻耳兹曼在他的气体理论研究中所得出的熵和状态几率的普遍关系。在一般情况下，

$$熵=k\ \ln \overline{W},$$

其中 k 为一个普适常数，而 $\overline{W}$ 是所考查的状态的**几率**。这个几率可以用“配容数”(*Anzahl der Komplexionen*)来度量，配容数表示可以有多少种不同的方式来实现所考查的状态。在上面提出的问题的实例中，振子体系的状态由体系的总能量来规定，于是我们要解决的问题就是：给定的总能量可以以多少种不同的方式分配给这 N 个振子？为了找到这个数目，普朗克先生把总能量分割为具有确定的量 ε 的相同的许多部分。指明每一个振子分到多少个能分量 ε，也就确定了一个配容。给定的总能量所得出的这种配容数确定下来，使之等于 W。

然后，从可在热力学基础上推导出的维恩(Wien)位移定律出发，普朗克先生进一步得出这样的结论：必须假设 $\varepsilon=h\nu$，其中 h 表示一个同 ν 无关的常数。他发现了一个符合于迄今为止的一切实验的辐射公式：

$$\rho=\frac{8\pi\ h\nu^3}{c^3}\cdot\frac{1}{e^{\frac{h\nu}{kT}}-1}$$

根据普朗克的辐射公式的这种推导方式，似乎可以认为这个公式是目前的辐射的电磁理论的结果。然而，特别是由于下列理由，情况并非如此。如果在计算 $\overline{W}$ 所需的配容中每一可设想的能

量分布至少在某种近似上都会出现，那么我们就可以把上述配容数仅仅看作是总能量分配于 N 个振子的可能性的多样性的一种表示。为此，对于一切对应于可察觉的能量密度 ρ 的 ν，能量子 ε 必须小于振子的平均能量 $\bar{E}$。然而通过简单的计算可以发现，当波长为 0.5μ 和绝对温度 $T=1700$ 时，$\varepsilon/\bar{E}$ 不仅不小于 1，而且还远大于 1。它的值大约为 6.5×10^{7}。因此，在上述数值的例题中，在计算配容数时，就应当这样进行：假定振子的能量只能要么取零值，要么取它的平均能量的 6.5×10^{7} 倍，或者取后者的更高的倍数。显然，按照这种程序，在计算熵时，只能用到按这个理论的基础我们必须看作是可能的那些能量分布中非常小的一部分。因此，这种配容数按照这理论的基础绝不是在玻耳兹曼意义上的状态几率的表示。我以为，普朗克理论所采纳的，正好是我们的辐射理论基础所排斥的。

前面我已试图指出，我们今天的辐射理论基础必须被抛弃。可是我们不能因此而这样想：因为普朗克理论不符合他的理论基础，而就拒绝这个理论。普朗克理论导致了对基元量子的测定，这已被以 α 粒子的计数为基础的对这个量的最新测量卓越地证明了。对于电的基元量子，卢瑟福(Rutherford)和盖革(Geiger)得到了平均值为 4.65×10^{-10}，而雷格纳(Regener)得到的是 4.79×10^{-10}，而普朗克先生根据辐射理论从辐射公式引进的常数推算出这个值为 4.69×10^{-10}，介乎前二者之间。

普朗克理论引起如下的推测。如果辐射振子的能量确实只能为 $h\nu$ 的整数倍，那么自然会得出这样的假设：在辐射的发射和吸收〔过程〕中只有这样大小的能量子才会出现。根据这个假说——光量子假说,可以回答上面提出的关于辐射的吸收和发射的问题。在我们知识所及的范围内,都证实了光量子假说推导出来的定量的结果。于是出现了这样的问题:是不是可以设想,尽管普朗克给出的辐射公式是正确的,但是对于这个公式还是可以作出另一种推导,这种推导不是基于像普朗克理论所根据的那个看起来多么难以置信的假设。难道光量子假说不可能用另一个能够同样解释一切已知现象的假说来代替吗?如果有必要修改理论的元素,可否至少保留辐射的传播方程,而只对发射和吸收的基元过程作与今不同的理解呢?

为了阐明这个问题,我们试图沿着同普朗克先生的辐射理论相反的方向进行探讨。我们把普朗克辐射公式看作是正确的,并且提出这样的问题:从这个公式出发,能不能得出有关辐射组成的某些结论?为此目的,我考虑了两个方案,在这里我只向你们简要地介绍一个,这个方案由于它的直觉性对我似乎特别具有说服力。

在一个空腔中,装有理想气体和一块固体质料制成的板,它只能在同它的平面垂直的方向自由运动。由于气体分子同板的碰撞的无规性,板将发生运动,它的平均动能等于一个单原子气体分子的平均动能的三分之一。这是从统计力学得到的结果。现在我们假设,在空腔中,除了气体(我们可以设想它只为很少几个分子所组成),还有辐射存在,并且这辐射正具有同气体一样温度的所谓温度辐射。如果空腔壁具有既定的温度 T,并且不能被辐射所穿过,而且在空腔内部并非处处都是全反射,这才是上面所说的那种情况。我们暂时又假设板的两面都是全反射的。在这种情况下,作用于板上的不仅是气体，而且还有辐射，即辐射对板的两面也施加压力。如果板是静止的，那么作用在板上的压力就大小相等。但是如果板在运动，那么在运动过程中，在前面的表面（正面）比背面反射更多的辐射。因此作用于正面上的向后的压力也大于作用于背面上的压力。因此，最终形成的合力是一个阻止板运动的力，其大小随板的速度而增加。我们简称这个合力为“辐射摩擦”。

现在我们暂且假设，我们已把辐射对板的全部机械作用都考虑到了，这样我们就得到下列想法。由于气体分子的碰撞，板在没有规则的时间间隔内，遭受到在方向上没有规则的冲击。在这样的两次碰撞之间，板的速度由于辐射摩擦而总是减小，在这一过程中，板的动能转化为辐射能。其结果是，气体分子的能量通过板不间断地转化为辐射能，一直到全部能量转化为辐射能为止。因此也就不存在气体和辐射之间的温度平衡。

由此可知，这种考虑是有毛病的，因为我们不能把辐射作用于板上的压力，看作不随时间而变化，不受无规起伏的影响，就像不能这样看待气体作用于板上的压力一样。为了使热平衡得以实现，辐射压力的起伏必须平均地补偿板由于辐射摩擦而产生的速度损耗，从而使板的平均动能也同样是单原子气体分子的平均动能的三分之一。如果知道了辐射定律，就可以计算辐射摩擦，由此可以得到冲量的平均值，这个冲量是板由于辐射压的起伏并为了能够保持统计平衡而必须得到的。

如果我们所选取的板是这样的：它仅仅完全反射频率间隔 $d\nu$ 内的辐射，而其他频率的辐射则毫不吸收地穿透过去，那么我们的讨论就更有意思了；这时我们得到辐射在频率间隔 $d\nu$ 内的辐射压起伏。对于这个例子我们只给出计算的结果。我们用 Δ 表示由于辐射压的无规起伏在时间τ内传递给板的动量，这样，我们得到 Δ 的平方的平均值为：

$$\overline{\Delta^2}=\frac{1}{c}\left[h\rho\nu+\frac{c^3}{8\pi}\frac{\rho^2}{\nu^2}\right]d\nu f\tau.$$

首先这个式子的简单性引人注意。在观测误差范围内没有别的同实验相符的辐射公式，能够像普朗克公式那样给出如此简单的关于辐射压统计特性的式子。

为了解释这个式子，我们首先注意到，平均起伏的平方是两项之和。因此，结果就像是引起辐射压起伏的有两个互不相关的原因。从 $\overline{\Delta^2}$ 同 f 成正比，我们可以作出结论：对于板上两个其线度远大于反射频率的波长的彼此靠近部分，其压力起伏是互不相关的结果。

现在，波动论仅对求得的 $\overline{\Delta^2}$ 的式子的第二项作出解释。也就是说，按照波动论，只有方向、频率、偏振状态差别都很小的光束才能够相互干涉，这种以无序方式发生的干涉的总和必定对应于辐射压的起伏。那么，这种起伏的表示式必定具有我们公式中第二项的形式，这只要从简单的量纲的考查就可以看出。我们看到，辐射的波动结构实际上保证了同它相适合的辐射压起伏的存在。

但是公式的第一项怎样解释呢？这一项绝不能被忽略，而且在维恩辐射定律有效的范围内，它还起主要的作用。比如，当 $\lambda=0.5\mu$，$T=1700$ 时，这一项约为第二项的 6.5×10^7 倍。如果辐射是由很少几个能量 $h\nu$ 的扩大了的复合体所组成，它们在空间中互不相关地运动着，并且互不相关地被反射（这是非常粗糙描述的光量子假说的图像)，这样，由于辐射压的起伏而作用于板的冲量，就像只有我们的公式中的第一项所描述的那样。

因此，我认为，从上面的公式(它本身是普朗克辐射公式的结果)出发，不得不作出如下的结论。**除了从波动论得出的辐射动量分布的空间不均匀性，还存在动量空间分布的另一种不均匀性，在辐射能量密度很小的情况下，后一种不均匀性的影响远远超过前一种。**我还要补充一点，关于能量的空间分布的讨论可以得到完全相当于前面讨论动量空间分布时所得的结果。

据我所知，建立一个既能描述辐射的波动结构，又能描述辐射的量子结构(我们公式的第一项所要求的结构)的数学理论，至今尚未成功。主要的困难在于，辐射的起伏特性，就像上面公式所反映的那样，对于建立一个理论，所提供的形式的起点还很不充分。我们设想，如果我们还不知道衍射和干涉现象，却知道辐射压的无规起伏的平均值为上面的等式的第二项所确定，而 ν 是一个确定颜色但还不知其意义的参数。那么，谁有足够的想象力，会在这样的基础上建立起光的波动论呢?

我总是认为，目前最自然的观点是:光的电磁场的出现是同奇点相联系的，就像静电场的出现遵循电子理论一样。不能排斥，在这样一个理论中，电磁场的全部能量，可以看作是定域于这个奇点，完全像过去的超距作用理论那样。我设想，也许每一个这样的奇点都被一个力场围绕着，这种力场在本质上具有平面波的特性，而其振幅随同奇点的距离的增长而减小。如果有许多这样的奇点，它们彼此之间相隔的距离小于每个奇点的力场的广延，那么，这些力场相互叠加，其总和就是一个波动力场，而这同光的现代电磁理论意义上的波动场只有非常微小的差别。关于这种图像，迄今为止还没有得出一个严格的理论，不应给以特殊的评价，也用不着加以强调。我只希望以此来简要地说明，根据普朗克公式，两种特性结构（波动结构和量子结构）都应当适合于辐射，而不应当认为是彼此不相容的。

讨　论

〔在报告后，普朗克、齐格勒（H. Ziegler）、斯塔克（J. Stark）、鲁本斯（H. Rubens）等人作了发言，然后，爱因斯坦作了如下的发言：〕

由于下列理由，干涉现象不是如人们所说的那样，那么难于纳入量子论之内，我们不应当假设，辐射由相互不发生作用的量子所组成；这样就不可能解释干涉现象。我设想量子是被巨大的矢量场所包围的奇点。由于量子的数目很大，它们可以构成一个矢量场，它同我们称之为辐射的场很少差别。我可以设想，当射线打到边界的表面时，由于它同边界表面的作用，也许就按照量子到达分离表面时合成场的位相，而发生了量子之间的分离。关于合成场的方程同现有理论的方程相差无几。我不认为，当涉及干涉现象时，我们需要大大改变我们现在的观点。我可以把这同静电场的载体的分子化过程相比较。作为由原子化的带电粒子所产生的场，同过去关于场的观点并没有什么本质的差别，而且不能排斥在辐射理论中也会发生某种类似的情况。在我看来，在干涉现象中并没有什么原则性的困难。

也许量子问题的答案就藏在这里

——1909 年 12 月 31 日给贝索的信①

〔上略〕

近来工作没有多大成果，最有兴趣的是我发现了符合麦克斯韦方程的能量分布有无穷多种，也许量子问题的答案最后就隐藏在这里。如以 u, ν, w 表示电流强度，ρ 为电荷密度，$\Gamma_x, \Gamma_y, \Gamma_s, \varphi$ 为电动势，那么，能量密度就可以表述如下：

$$\varphi\rho+(\Gamma_x u+\cdot+\cdot)+\left(\varphi\frac{\partial^2\varphi}{\partial t^2}-\frac{\partial\varphi^2}{\partial t}\right)+$$
$$+\left\{\left(\frac{\partial\Gamma_x{}^2}{\partial t}-\Gamma_x\cdot\frac{\partial^2\Gamma_x}{\partial t^2}\right)+\cdots+\cdots\right\}.$$

此式可以普遍化，即如果

$$\text{以 }\varphi-\frac{\partial\psi}{\partial t}\text{代替 }\varphi$$

$$\text{以 }\Gamma_x+\frac{\partial\psi}{\partial x}\text{代替 }\Gamma_x\text{②}$$

结果仍然是能量密度，此处 ψ 为微分方程 $\Delta\psi-\frac{\partial^2\varphi}{\partial t^2}=0$ 的任意解。

---

① 译自《爱因斯坦-贝索通信集》18 页。由李澍泖同志译。标题是我们加的。——编者

② 这就是规范变换，规范函数满足 Klein-Gordon 方程。——原书编者

这是同麦克斯韦方程相符的。但希望这不是一扇假窗。①

① 参看帕斯卡(Blaise Pascal,1623—1662)《思想》(*Pensées*),I卷,27页:"强求文字上对称工稳的人就像那些开假窗以求对称的人一样:他们的原则不是要说得恰当,而只追求形式上的恰当。"——原书编者

关于比热理论

——1911年5月13日给贝索的信[①]

〔上略〕

目前，我正在试图用量子假说推导出固体电介质中热传导定律。至于这些量子是否确实存在，我不再过问了。我也不再去设法解释它们，因为，我已经明白，我的脑子是无法透彻理解它们的。我将仔细研究其推论与结果，以便多多了解量子假说的应用方面。比热理论已经取得真正的胜利，因为能斯特(Nernst)在实验中已经发现，一切大体上和我所预言的差不多。诚然，曲线的形状同根据普朗克定律所得出的，有系统的偏差。但是，只要假设原子振动偏离单色振动相当大，这些偏差就很容易解释。实际上，用弹性力学可以推出固有频率，并同时证明，振幅在半周期内的变化同振幅本身是同一数量级。这些内容已经写在一篇已付印的短文中。[②]

〔下略〕

---

① 译自《爱因斯坦-贝索通信集》19—20页。由李澍泖同志译。标题是我们加的。——编者

② 《单分子固体的弹性和比热之间的关系》。见《物理学杂志》，34卷(1911)，165—169页。——原书编者

对第一次索耳未会议的印象

——1911 年 12 月 26 日给贝索的信[①]

〔上略〕

在电子论方面，我没有进展。在布鲁塞尔，人们怀着悲伤的情绪看到这个理论的失败，找不到补救方法。那里的大会简直像耶路撒冷废墟上的悲号。没有出现任何积极的东西。我那些不成熟的见解引起很大的兴趣，却没有认真的反对意见。我得益不多，所听到的，都是已经知道了的东西。[②]

〔下略〕

---

① 译自《爱因斯坦-贝索通信集》40 页。由李澍泖同志译。标题是我们加的。——编者

② 在 1911 年 11 月 16 日给仓格尔（H. Zangger）的信中，爱因斯坦谈到，在讨论过程中，彭加勒是怎样对相对论采取完全否定的态度的。——原书编者

红外线的吸收及其他

——1912年2月4日给贝索的信①

〔上略〕

关于红外线的固有频率，我过去的看法不完全是对的，而正如鲁本斯(Rubens)所肯定的，反射谱的两个峰是确实的。然而，这并不足以证明，真正有两个固有频率存在。情况大致如下图所示：

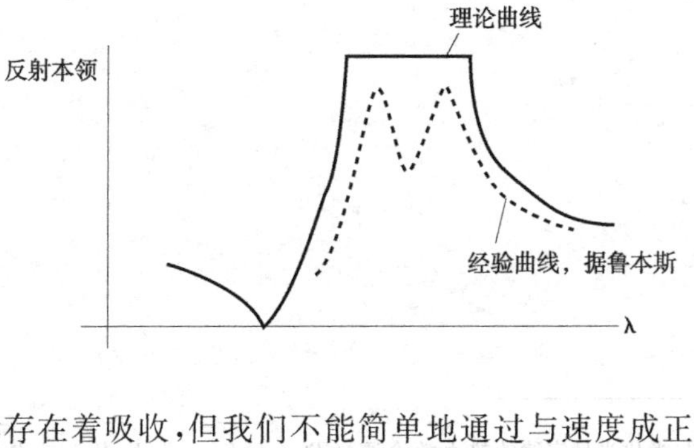

这里显然存在着吸收，但我们不能简单地通过与速度成正比的"摩擦项"去妥善地研究它。鲁本斯写道，温度下降，吸收随之大为下降。因此，可以预料，低温时的实验曲线同理论曲线会重合。我把这点写信告诉了鲁本斯。他大概已经在进行实验。存在两个固有

① 译自《爱因斯坦-贝索通信集》46页。由李澍泖同志译。标题是我们加的。——编者

频率是不大可能的。在我最近的论文[1]中，我（通过**热力学**途径）证明，用维恩（Wien）的光对一个摩尔的物质进行光化学分解时，总有辐射能量 $Nh\nu$ 被吸收。这可以从辐射公式和质量作用定律推导出来。因此，这里用不着量子假说。昨天，瓦尔堡（Warburg）——我在布鲁塞尔曾把此事告诉过他——来信说，他用某一种物质精确地证实了这条定律。阿伯拉罕（Abraham）进一步发展了新引力理论，我们为此通了信，因为我们的意见不完全一致。柏林一个天文学家[2]正在力求证明太阳附近的光线曲率。他正在索取所有的日蚀照片并进行测量。

〔下略〕

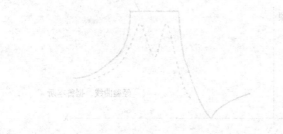

① 即《光化当量定律的热力学论证》（*Thermodynamische Begründung des Photochemischen Aequivalenzgesetzes*），载《物理学杂志》，1912 年，37 卷，832—838 页；38 卷，881—884 页。——原书编者

② 埃尔温·芬利-弗罗因德利希（Erwin Finlay-Freundlich，1885—1964），当时是柏林大学天文台的助教，1911 年开始同爱因斯坦通信讨论如何观测光线在引力场中的弯曲问题。1913 年夏天他提出到俄国克里木半岛观测 1914 年 8 月的日蚀的计划。当他的工作队带着观测仪器到达克里木时，第一次世界大战爆发了。1914 年 8 月 1 日，德国向俄国宣战，弗罗因德利希工作队所带的仪器遂被俄国政府没收，人员被押到敖德萨，以后通过交换双方在押人员，于 9 月 2 日返回柏林。——编者

作为研究者的麦克斯·普朗克[①]

柏林大学1913—1914学年掌管大学校长办公室的权力托付给了理论物理学家麦克斯·普朗克(Max Planck)。我们大家,不论是他的比较接近的同事还是比较疏远的同事,都希望利用这个机会,对那些应当归功于他的科学成就表示高兴。

麦克斯·普朗克的最初的独立工作是他的学位论文《论热的力学理论的第二原理》,这是他于1879年21岁时在慕尼黑大学提出的。值得注意的是,普朗克从讨论很一般的问题开始了他的评论家的活动。这是普朗克的全部工作方式的特点,也可能是纯理论工作者一般采用的方法。他们总是从某些最一般的原理出发,从它推出个别特殊的结论,然后再把这些结论同经验相比较。

普朗克的第一项重大科学成就是题为《关于熵的增长的原理》的一组论文中的第三篇。(《物理学杂志》(*Ann. Phys.*),32卷,1887年,462页)在这篇论文中考查了化学平衡中的一般理论,特别使它适合于稀溶液的研究。固然,这个问题的一般结果是在这

① 原文发表在德国《自然科学》(*Naturwissenschaften*)周刊,1913年,第1卷,1077—1079页。这里转译自俄文版《爱因斯坦科学著作集》(*Альберт Эйнштейн Собрание Научных Трудов*),第4卷,莫斯科,科学出版社,1967年,9—13页。译稿曾由陈筠泉同志校过。——编者

以前十多年已由吉布斯(Gibbs)获得了,而关于稀溶液的研究结果部分是由范特霍夫(Van't Hoff)获得的。然而吉布斯的著作很少有人知道,并且很难理解。承认它的意义这件事本身就可以认为已经是一种成就:我甚至想,如果普朗克没有独立地通过类似道路,他也许不会理解吉布斯的著作。普朗克的上述工作的巨大意义在于:他为稀溶液的平衡建立了一些如此普遍的公式,在其中包括了可从热力学导出的这些溶液的全部规律性。根据他的普遍公式,普朗克还在阿雷纽斯(Arrhenius)之前第一个得出这样的结论:在水溶液中"反常地"提高蒸汽压(相应地降低冰点或提高沸点),溶质必将被分解。普朗克的普遍公式包含了所谓的奥斯特瓦耳德(Ostwald)的二元电解质的稀释定律,把它作为一个非常特殊的情况。

关于普朗克上述论文中所考查的纯热力学问题,我们在这里不想多说了。然而我们不应当忽略发表在1896年《物理学杂志》第56卷中的论战性文章《反对新的唯能论》,因为它无可置疑地给了在这个领域中工作的人们以巨大的影响。它是一篇精湛的短评,文中指出:唯能论绝不能作为启发性的方法,甚至它还使用了缺乏根据的概念。对于每一个真正科学思想的拥护者来说,阅读这种尖锐的论战性短评,对阅读它所反对的那些著作时所感受的苦恼是一种补偿。

1896年普朗克研究了辐射理论。人所共知,他在这方面的工作对以后物理学的发展产生了巨大的影响。没有这些工作,就不可能有以后几年热学研究所获得的巨大成就。从这些工作出发,对各种研究成果、理论观念和新发生的问题(这些问题是在提到

“量子”一词时浮现在物理学家面前的，它们使得物理学家的生活既活跃，又烦恼）形成了内容丰富的综合。为了评价普朗克在这方面的成就，需要简略地考查一下辐射理论的发展。

每一个物体都辐射热。因此，任何不透明物体的空腔总是充满了热辐射。在十九世纪六十年代，基尔霍夫（Kirchhoff）从简单的热力学考虑判明：这种辐射在任何方向都应当是相同的，并且它的性质只取决于围绕空腔的物体的温度。

$$ud\nu$$

用来表示频率间隔 $d\nu$ 内单位体积的辐射能量。那么，u（单色辐射能量密度）只同绝对温度 T 和频率 ν 有关，而同空腔壁的物理和化学性质完全无关；$u(\nu,T)$ 如通常的表示是两个参数 ν 和 T 的普适函数，确定这个函数成了辐射理论中的最重要的实验和理论任务之一。在纯热力学范围内无法知道这个函数。

辐射理论中的下一步骤是在 1884 年由玻耳兹曼（Boltzmann）迈出的，他指出，如果以麦克斯韦（Maxwell）从电磁理论得出的有关辐射压的定律为基础，就可以用热力学方法导出总辐射密度定律：

$$\int_0^\infty ud\nu=\sigma T^4.$$

按照这个定律，表面反射、吸收和分离出来的辐射给予表面以一定的压力。玻耳兹曼定律允许求出总辐射密度，然而他一点也没有谈到辐射的光谱分布。在 1893 年，W. 维恩（Wien）的重要论文发表了，文中令人信服地证明，在一定温度 T_1 下的辐射密度，可以通过反射壁包围辐射的区域的绝热收缩或绝热膨胀，转变到另一

个温度 T_2 的辐射。由此维恩可以从理论上确定适用于一切温度的函数 u，只要它对频率 ν 的相依关系（哪怕是对一个温度来说）是已经确定了的。因此，关于两个参数的未知函数简化为只有一个唯一参数的未知函数。维恩所得到的结果（位移定律）用下式表示：

$$u=\nu^3 f\left(\frac{\nu}{T}\right),$$

这里 f 是一个参数的未知的普适函数。要是物理学家为这一普适函数而牺牲的所有脑汁可以拿来称一称的话，那么就可以看到一个壮丽的场面，而这种残酷的牺牲仍然见不到尽头呀！不但如此，古典力学也成了它的牺牲品，而且也不能预料，麦克斯韦的电动力学方程是否能够度过这个函数 f 所引起的危机。

致力于理论上确定并理解函数 f 而得到成就的唯一研究者就是普朗克。他利用力学定律和麦克斯韦电动力学定律，研究了具有本征频率 ν_0 的电振子在辐射场中的不规则振荡。这时他找到了振子的平均振荡能量 U 同对应于频率 ν_0 的单色辐射密度之间的简单的关系式。因此，如果能够把振子，或者更准确地说，把一个有很大数目的振子体系的能量 U 表示为温度的函数，那么辐射问题也就解决了。普朗克 1901 年开辟新道路的论文最终解决了这个问题，他用的方法是多么大胆，又多么富于独创性。他是从玻耳兹曼在气体理论中建立的定理出发的，按照这个定理，状态的熵 S 等于这种状态的几率 W 的对数同 K 的乘积。如果能够计算同一定能量的单色振子相对应的几率，那么也就可以计算这个体

系的熵 S,从而也可以计算它的温度。由于 W 的确定不十分严格,所以不能毫无任意性地来进行这种计算,由这种计算得出的辐射公式是:

$$u=\frac{8\pi h\nu^3}{c^3}\frac{1}{e^{\frac{h\nu}{kT}}-1}.$$

迄今为止,这个公式一直为实验所严格地证实,实验还给出了常数 h 和 k 的数值。这一工作的辉煌胜利是由于下述情况。常数 k 可以从著名的玻耳兹曼原理借用过来,它在那里是由下式来确定的:

$$k=\frac{R}{N}=\frac{\text{普适气体常数}}{\text{一个摩尔的分子数}}.$$

从辐射的量度所求得的量 k 从而也给出了 N,即完全准确的分子的绝对数值;看来用这种方法确定的分子数值同气体理论所得结果令人满意地相符合。从这时起,根据完全不同的基础准确地测定 N,这些测定辉煌地证实了普朗克的结果,这已成为人所共知的事了。

然而普朗克辐射公式中引入的第二个常数 h 具有怎样的意义呢?为了得到合适的辐射公式,普朗克曾被迫作出这样的假设:振子体系的能量是由分立的、其值为 $h\nu_0$ 的能量子所组成的。这个假设同电动力学不一致,也就是同普朗克本人的研究的第一部分不一致。这方面包含了巨大的困难,这种困难已经占去了理论物理学家将近八年时间。为了消除这个困难,普朗克在此后几年修改了他自己的理论。在这方面他是否会得到正确的结果,要到将来才能决定。

不仅普朗克公式的正确性,而且在问题的理论考查中所出现的辅助量的实在性，在所有场合下都被搞清楚了。一方面，在光电效应的研究中，在对伦琴射线作用下的物质发射出阴极射线的研究中，已经证明了能量子实际上在辐射的吸收过程中出现。另一方面，对固体比热在低温时减小的研究表明，任何物体的比热对温度的依存关系不符合统计力学的结论，而符合普朗克振子理论的结论。

最后，普朗克取得成就的第三个方面是相对论。相对论很快地引起了物理学界的兴趣这一事实，在很大程度上是由于普朗克对它的热情而又坚决的支持。他第一个建立了相对论的质点运动定律，并指出最小作用量原理在相对论中同在古典力学中一样具有基本的意义。普朗克在关于质点系动力学的一项研究中指出：按照相对论，有一种重要的相互依存关系联结着能量和惯性质量。

最后我们要提到他的关于热力学和热辐射的书——这些都是物理学文献中的杰作。没有一个物理学家的藏书室可以没有这些书，在这些书中普朗克把他自己的大部分最重要的研究成果都概括进去了，并使他的同行都能看懂。当你手中拿着这些书时所感受到的那种愉快，大多是由普朗克的一切论文所具有的那种纯真的艺术风格所引起的。在研究他的著作时，一般都会产生这样一种印象，觉得艺术性的要求是他创作的主要动机之一。无怪乎有人说，普朗克在中学毕业之后，对于他究竟是要献身于数学和物理学的研究呢，还是要献身于音乐，曾经表示犹豫。

祝愿他这样孜孜不倦地追求知识将获得丰硕的成果。我们希望，他在将来仍将对科学作出不可估量的贡献，特别是在解决今天由于他的工作的结果而摆在我们面前的那些困难方面。

相对论的引力论和马赫原理

——1913年6月25日给E.马赫的信[①]

最近，您大概已经收到了我的关于相对论和引力的著作[②]，这是我经过无尽的辛劳和痛苦的怀疑之后终于完成的工作。明年日食时将会证明，以参照系的加速度同引力场等效为基础的基本假

---

① 这是爱因斯坦于1913年6月25日从苏黎世写给马赫的信。这里译自联合国教科文组织编的文集《科学和综合》(*Science and Synthesis*)中杰拉耳德·霍耳顿(Gerald Holton)的论文《实在在哪里？爱因斯坦的回答》(*Where is Reality? The Answers of Einstein*)。按：《科学和综合》系1965年12月联合国教科文组织于巴黎举行的纪念爱因斯坦和泰亚尔·德·夏尔丹(Teilhard de Chardin)逝世十周年以及广义相对论创建五十周年国际讨论会的文集。爱因斯坦这封信见于该文集1971年柏林Springer版，48页。标题是我们加的。

据了解，当时马赫并没有直接给爱因斯坦回信，却在他的《物理光学原理》(*Die prinzipien der Physiкalischen Optik*)一书的序言中对此作了公开答复。这篇序写于1913年7月25日，里面讲道："从我收到的一些出版物中，特别是从我所收到的信件中，我推断我正在逐渐被看作是相对论的先驱者。甚至现在我就能够大致想象得出，在我的《发展中的力学》一书中所发表的许多思想，以后将从相对论的观点遭到怎么样的新的说明和解释。……但是，我不得不断然否认我是相对论的先驱者。"不仅如此，他还表明他"不承认今天的相对论"，认为相对论"越来越变成教条了"。这篇序言中还表明他"不承认今天的原子论"。可是《物理光学原理》这本书直至1921年才出版，在此以前爱因斯坦并不知道马赫的这种反对相对论的态度。至于爱因斯坦对马赫这种态度的反应，最初是在1922年4月访问巴黎时同法国科学家谈话时公开发表的(参见本书第253页)。——编译者

② 指爱因斯坦同格罗斯曼(Marcel Grossman)合写的论文《广义相对论和引力论纲要》，见本文集第二卷，251—298页。——编译者

设是否真正站得住。如果真正站得住,那么,您对力学基础所作的天才研究,将不顾普朗克的不公正的批评而得到光辉的证实。因为完全按照您对牛顿水桶实验的批判,一个必然的后果是:惯性来源于物体的一种相互作用。

物理学家对引力论的态度

——1913 年底给贝索的信①

〔上略〕

我已严格证明，一个闭合的静止体系的总能量——包括引力场能量——既决定它的惯性质量，也决定它的引力质量。目前，我正为量子论问题大伤脑筋，但是成功的希望并不大。能量张量应当有一个“明显因子”φ（标量）。我正在思索张量 $T_{\mu\nu}$ 该有什么样的结构，才能容许一个标量 φ 而使下列二式对所有 μ 都同时成立：

$$\sum \frac{\partial T_{\mu\nu}}{\partial x_{\nu}}=0, \qquad \sum \frac{\partial \varphi T_{\mu\nu}}{\partial x_{\nu}}=0.$$

〔中略〕

物理学家对于我的引力研究工作多少采取否定态度。还是阿伯拉罕（Abraham）表示了最大的理解。尽管他在〔意大利〕《科学》杂志（*Scientia*）中猛烈抨击了一切有关相对性的东西，但却是理智地加以抨击。②春天，我要去找洛伦兹，同他讨论一下这个问题。他

① 译自《爱因斯坦-贝索通信集》50 页。原文未注明日期，但根据内容揣测为 1913 年底。由李澍泖同志译。标题是我们加的。——编者

② 《科学》杂志，当时的主持人是波伦亚的安里格（F. Enriques），在 1908 年和 1914 年之间所发表的赞成相对论的文章同批判相对论的文章篇数几乎相等。比如，属于前者的有 1911 年发表的郎之万的《时间和空间的演化》。属于后者的有 1913 年发表的布里渊（M. Brillouin）的《关于相对原理的怀疑性议论》（*Propos sceptiques au sujet*

对此很感兴趣，郎之万也如此。涉及原理性考虑时，不能去找劳厄(Laue)，也不能找普朗克，倒是可以找索末菲。(上了年纪的)德国人简直没有自由的、不带偏见的眼光(他们戴上了眼障)。我在学英语(跟沃耳文德①)，虽然慢，但是透彻。

du principe de relativité)。麦克斯·阿伯拉罕的文章也属于后一类。——原书编者

① 汉斯·沃耳文德-巴塔格利亚(Hans Wohlwend-Battaglia)，爱因斯坦于1895—1896年在瑞士阿劳(Aarau)念高中时的同学，也是音乐朋友。——原书编者

我不怀疑引力理论的正确性

——1914 年 3 月给贝索的信①

〔上略〕

我们(由于受一大堆行政上的困难所折磨),如果一切顺利的话,将于本月 20 日离开苏黎世……我先到埃伦菲斯特和洛伦兹那里去,然后再去柏林。……

下面是引力论的新颖之处。从引力方程

$$\sum_{\alpha\beta\mu}\frac{\partial}{\partial x_\alpha}\left(\sqrt{-g}\cdot\gamma_{\alpha\beta}\cdot g_{\sigma\mu}\cdot\frac{\partial\gamma_{\mu\nu}}{\partial x_\beta}\right)=\kappa(T_{\sigma\nu}+t_{\sigma\nu})$$

和守恒原理可得出

$$\sum_{\alpha\beta\mu\nu}\frac{\partial}{\partial x_\nu}\cdot\frac{\partial}{\partial x_\alpha}\left(\sqrt{-g}\cdot\gamma_{\alpha\beta}\cdot g_{\sigma\mu}\cdot\frac{\partial\gamma_{\mu\nu}}{\partial x_\beta}\right)=0.$$

这些是关于 $g_{\mu\nu}$(以及 $\gamma_{\mu\nu}$)的 4 个三次方程,可以视为特选参考系的条件。为了简明起见,我们称之为 $B_6=0$.

我通过一个简单的计算已经证明,**这些引力方程对于一切满足这个条件的参照系都能成立。**由此可见,存在着许多不同性质的加速变换(比如转动)使引力方程保持不变;因此,等效假说保持

① 译自《爱因斯坦-贝索通信集》52—53 页。由李澍泖同志译。标题是我们加的。——编者

了它原始的形式，即使不更深入一步也如此。

惯性质量和引力质量，以及引力场的严格等效性，我记得，在你来访时，我已经证明过。

现在，我非常满意；不管对日蚀的观测成功与否，我对于整个体系的正确性已经不再怀疑。这件事的道理太明显了。

我将住在达莱姆(Dahlem)，在哈伯(Haber)研究所①有我一个房间。我希望你尽快来看我。毫无疑问，在柏林是有意思的，哪怕仅仅为了满足好奇心。特别是我近来没有多大心思从事工作。这是由于为了取得上面谈到的结果，我曾不得不使自己经受了很大的艰辛。普遍不变性理论(*Invariantentheorie*)曾经只不过是一个障碍。直接的途径已经证明是唯一可行的。令人费解的是，近在手边的东西竟要使我花费那么长时间去探索。

① 指由化学家弗里茨·哈伯(Fritz Haber)任所长的"物理化学和电化学研究所"，属于"威廉皇帝学会"(Kaiser Wilhelm Gesellschaft)，位于柏林郊区达莱姆，系1912年夏天正式建立。——编者

理论物理学的原理

——在普鲁士科学院的就职讲话①

首先我应当诚挚地感谢你们,给了我一个像我这样的人所能得到的最大恩惠。你们把我选进你们的科学院,使我不再为我的职业而发愁和操心,使我有可能全心全意地从事科学研究。即使当我的努力在你们看来只得到一点可怜的结果时,也请你们仍然相信我的感激和勤恳。

请允许我趁此机会讲点有关我的活动领域,即理论物理学,对实验物理学的关系的一般性见解。前几天有位研究数学的朋友半开玩笑地对我说:"数学家能够做很多事情,但绝不能马上做到你想要他做的那些事情。"当理论物理学家受到实验物理学家的请求时,情况也往往如此。这种适应能力的特别欠缺,究竟是什么缘故呢?

理论家的方法,在于应用那些作为基础的普遍假设或者"原理",从而导出结论。他的工作于是可分为两部分。他必须首先发

① 这是爱因斯坦于1914年接受普鲁士科学院院士职位时所作的讲话。讲稿最初发表在《普鲁士科学院会议报告》(*Sitzungsberichte der preussischen Akademie der Wissenschaften*)1914年,第二部,739—742页。这里译自1954年出版的爱因斯坦文集《思想和见解》(*Ideas and Opinions*),纽约,Crown出版公司,220—223页。——编译者

现原理，然后从这些原理推导出结论。对于其中第二步工作，他在学生时代已得到了很好的训练和准备。因此，如果在某一领域中或者在某一组相互联系的现象中，他的第一个问题已经得到解决，那么只要他相当勤奋和聪明，他就一定能够成功。可是第一步工作，即建立一些可用来作为演绎的出发点的原理，却具有完全不同的性质。这里并没有什么可以学习的和可以系统地用来达到目的的方法。科学家必须在庞杂的经验事实中间抓住某些可用精密公式来表示的普遍特征，由此探求自然界的普遍原理。

这种公式一旦胜利完成以后，推理就一个接着一个，它们往往显示出一些预料不到的关系，远远超出这些原理所依据的实在的范围。但是，只要这些用来作为演绎出发点的原理尚未得出，个别经验事实对理论家是毫无用处的；实际上，单靠一些从经验中抽象出来的孤立的普遍定律，他甚至什么也做不出来。在他没有揭示出那些能作为演绎推理基础的原理之前，他在经验研究的个别结果面前总是无能为力的。

目前关于低温下的热辐射和分子运动定律，理论所处的地位正是这样。大约在 15 年以前，谁也不会怀疑，只要把伽利略-牛顿力学用到分子运动上去，同时根据麦克斯韦的电磁场理论，就有可能正确地说明物质的电、光和热的性质。这时，普朗克指出，为了建立一个同经验一致的热辐射定律，就必须使用一种愈来愈明显地不相容于古典物理学原理的计算方法。为了要用这种计算方法，普朗克在物理学中引进了量子假说，这在以后得到了辉煌的证实。当他把这种量子假说应用到以足够低的速率和足够大的加速度在运动着的足够小的物体上的时候，他就推翻了古典物理学，因此在今天，伽利略和牛顿所提出的运动定律只能认为是极限定律。理论家们尽管作了艰辛的努力，可是他们还未能成功地用另一些适合于普朗克的热辐射定律或者量子假说的原理，来代替力学原理。虽然，无可怀疑，用分子运动来解释热这件事已得到了确证，然而我们却还不得不承认：关于这种运动的基本定律，我们今天所处的地位，很像牛顿以前的天文学家关于行星运动所处的地位。

我刚才所讲的是这样一类事实，对于它们的理论处理，还找不到什么适当的原理。但也完全可以有另外一种情况，那就是明确提出的原理所导致的一些结论，是完全或者几乎完全处于我们的经验在目前所及的实在范围之外的。在那种情况下，要断定这些理论的原理是否符合实在，也许需要作多年的实验研究。在相对论中就有这样的例子。

对空间和时间这两个基本概念的分析，使我们明白，由运动物体的光学所显现出来的在空虚空间中光速不变原理，绝不强迫我们承认静态的光以太理论。相反，却有可能作出一种概括的理论，它考虑到下面这样的事实：在地球上进行的实验，绝不能揭示出地球的任何平移运动。这就必须用到相对性原理，那原理说：当人们从原来的（被认可的）坐标系转移到一个对它作匀速平移运动的新坐标系时，自然规律并不改变它们的形式。这理论已从实验得到了可靠的证实，并且使一组组已经联系在一起的事实的理论描述得到了简化。

另一方面，从理论观点来看，这理论还不能完全令人满意，因为刚才所讲的相对性原理偏爱于**匀速**运动。从物理学的观点来看，不可给**匀速**运动以绝对的意义。如果这是正确的话，那么就产生了这样的问题：这种讲法是不是也应当扩充到非匀速运动上去呢？已经弄明白，如果人们以这种扩充了的意义来提出相对性原理，那么就得到相对论的一种无歧义的推广。人们由此得到了包括动力学的广义引力论。可是在目前，我们还没有一系列必要的事实，可用来检验我们提出这样假定的原理是否得当。

我们已经知道，归纳的物理学向演绎的物理学提出问题，反过来，演绎的物理学也向归纳的物理学提出问题，而回答这些问题，那是需要我们全力以赴的。愿我们通过我们团结一致的努力，在永恒的前进中迅速取得胜利！

评 H. A. 洛伦兹的《相对性原理》①

有不少作者能够清楚地、扼要地说明我们所考查的这个理论。但是，结论几乎总是以完成的形式出现在读者面前。读者体验不到探索和发现的喜悦，感觉不到思想形成的生动过程，也很难达到清楚地理解全部情况，使他有可能恰好选择这一条道路，而不选择任何别的道路。相反，读者在读这篇评论所要谈的不大的著作时，却能够**体验到**思想发展的全部过程。每一个对相对论有兴趣的人都应当读完这本小册子。

洛伦兹在第一讲中对导致相对论（最初的方案）的最重要的事实作了概述，并且说明了洛伦兹变换理论及其在运动学上的应用（洛伦兹收缩，运动着的时钟，多普勒效应，斐索实验）。在第二讲中分析了真空中的电动力学方程的协变和质点的运动定律。其次，他说明了，为了使牛顿的引力理论适应于相对论（最初方案）的要求，应当对它作哪些修改。他还研究了这会导致哪些实验上检验过的（即使只是在原则上）结果。体系的惯性质量同能量之间的

① 这是爱因斯坦于 1914 年对洛伦兹著的《相对性原理》（H. A. Lorentz: *Das Relativitätsprinzip*）所写的书评，发表在德国《自然科学》（*Naturwissenschaften*）周刊，1914 年，第 2 卷，1018 页。这里转译自《爱因斯坦科学著作集》俄文版，第四卷，1967 年，第 17 页。——编译者

联系是用许多例子来说明的。第三讲专讲由实验证明的广义相对论的基础。这理论可以概括非匀速运动的相对性原理。证明有利于这种理论概括的物理事实得到详细叙述。广义相对论会通向上述最明显的结果。作者在研究这些问题时仅限于第一级近似,因为要完备地研究上述问题就远远超出了这些讲解的范围。

科学方面两个好消息

——1915年2月12日给贝索的信[①]

〔上略〕

在科学方面，我有两个好消息告诉你：

1. 引力。谱线的红移。分光双星在视线方向具有同一平均速度。星的质量可以根据多普勒效应所导致的谱线周期性偏差求得。相对质量较小的那颗星的谱线，质量较大的星的谱线应显现一个**平均**红移。**这已得到证实。**由于星的半径可以算出（根据谱型），引力理论得到了近似的定量检验，结果令人满意。

2. 安培分子电流假说的证实。如果顺磁分子是电子陀螺（*Elektronenkreisel*），那么对应于任何磁矩 I 就有一个方向相同的动量矩 M，其大小为

$$M=1,13\cdot10^{-r}\cdot I.$$

当 I 发生变化时，就出现一个转矩 $-\frac{dM}{\mathrm{d}t}$。

当悬棒的磁化改变时，悬棒就得到一个轴向转矩，我和德·哈斯（De Haas）先生（洛伦兹的女婿）在〔荷兰〕国立研究所的实验里

① 译自《爱因斯坦-贝索通信集》57—58页。由李澍泖同志译。标题是我们加的。——编者

已经证明这轴向转矩的存在。① 实验不久就要结束。这样，在一种情形中，“零点能”(*Nullpunktsenergie*)的存在也被证实了。这个实验做得十分漂亮，可惜你没能亲临参加。

当人们想通过实验来探索自然的时候，自然变得多么诡谲啊！(我年纪这样大了，对实验还是依然很迷恋。)

① 参见《安培分子电流存在的实验证明》(*Experimenteller Nachweis der Amperescher Molekularströme*)，同德·哈斯合著，《德国物理学会论丛》，17卷152—170页和203页(更正)，1915年。——原书编者

关于广义相对论

——1915 年 11 月 28 日给 A. 索末菲的信[①]

你该不会生我的气吧，我今天才答复您的亲切而富有兴味的来信。上个月是我一生中最激动、最紧张的时期之一，当然也是收获最大的时期之一。我不可能想到写信。

我认识到，到现在为止的我的引力场方程是完全站不住脚的！关于这一点，有如下一些线索：

1）我证明了，引力场在一个均匀转动的参照系中并不满足场方程。

2）水星近日点的运动，每一百年为 18″，而不是 45″。

3）在我去年的论文中，协变的考察没有提供哈密顿函数 H。如果把它加以适当推广，它就会容许任意的 H。于是，要“适应”坐标系的协变，是徒劳无功的。

在对以前的理论的结果和方法失掉一切信心之后，我清楚地看到，只有同一般的协变理论，即黎曼协变理论联系起来，才能得到令人满意的解决。这场奋斗的最近的错误，我已经遗憾地把它

---

① 这是爱因斯坦从柏林给在慕尼黑的 A. 索末菲的信。这里译自阿尔明·赫尔曼（Armin Hermann）编的《阿耳伯特·爱因斯坦-阿诺耳德·索末菲通信集》（*Albert Einstein/Arnold Sommerfeld Briefwechsel*），巴塞尔，施伐本图书公司，1948 年，32—36 页。标题是我们加的。——编译者

永远留在科学院的论文中，这些论文我可以立即寄给您。下面就是最终的结果。

引力场方程都是一般协变的。如果(ik,lm)是4秩的克里斯托菲(Christoffel)张量，那么，

$$G_{im}=\sum_{k,l}g^{kl}(ik,lm)$$

就是一个2秩的对称张量。这些方程成为

$$G_{im}=-\chi\left\{T_{im}-\frac{1}{2}g_{im}\underbrace{\sum_{\alpha,\beta}g^{\alpha\beta}T_{\alpha\beta}}\right\}$$

“物质”的能量张量的标量，

在下面我用“T”来表示它。

写下这些一般的协变方程自然是容易的，但是能看出它们就是泊松方程的推广可就难了，而且能看出它们满足守恒律也是不容易的。

只要选定参照系，使$\sqrt{-g}=1$，全部理论就能够大大简化。于是这些方程所取的形式是

$$-\sum_{l}\frac{\partial\begin{Bmatrix}im\\l\end{Bmatrix}}{\partial\chi_l}+\sum_{\alpha,\beta}\begin{Bmatrix}i\alpha\\\beta\end{Bmatrix}\begin{Bmatrix}m\beta\\\alpha\end{Bmatrix}=-\chi\left(T_{im}-\frac{1}{2}g_{im}T\right).$$

三年前我已经同格罗斯曼(Grossmann)一道考虑过这些方程(一直到右边的第二项)，不守当时所得到的结果提供不出牛顿近似值，这是错误的。给我找开解决问题的钥匙的，是由于认识到：不是$\sum g^{l\alpha}\frac{\partial g_{\alpha i}}{\partial\chi_m}$，而是在这里用的克里斯托菲符号$\begin{Bmatrix}im\\e\end{Bmatrix}$才应当被看成是引力场“分量”的自然表示。只要注意到这一点，上述这个

方程就变得可以想象到的简单了。因为,为了作一般解释而通过这些符号的计算来改造它的尝试也就不必要了。

我感到高兴的是,不仅牛顿的理论作为第一近似值得出了,而且水星近日点运动(每一百年 43″)作为第二近似值也得出了。关于太阳附近的光偏折,得到的总量是以前的两倍。

弗罗恩德利希(Freundlich)有一个方法可测量木星附近的光偏折。只是恶棍们的阴谋阻碍了这个对理论最重要的验证的实现。但是这件事在我并不那么痛苦,因为在我看来,这个理论,特别是关于光谱线位移的定性证明,是有充分保证的。

〔下略〕

如今实现了最大胆的梦想

——1915 年 12 月 10 日给贝索的信[①]

〔上略〕

今天我已经把论文[②]寄给你。如今实现了最大胆的梦想：**普遍**协变性。水星的近日点运动惊人的准确。后者从天文学的观点看来，已是十分可靠的了，因为内行星的质量是纽科姆（Newcomb）根据**周期**摄动（而不是长期摄动）来确定的。这一次，真理出现在手边；格罗斯曼和我都曾经认为，守恒定律不能满足，而且在一级近似中得不到牛顿定律。对于 $g_{11} \cdots g_{33}$ 的出现，你会感到惊奇。

〔下略〕

---

① 译自《爱因斯坦-贝索通信集》59—60 页。由李澍泖同志译。标题是我们加的。——编者

② 即爱因斯坦于 1915 年 11 月 18 日完成的论文《用广义相对论解释水星近日点运动》，见本文集第二卷，315—325 页。——编者

关于广义相对论

——1915 年 12 月 21 日给贝索的信①

我现在不能来，因为国境线几乎经常不断地封锁着。我有好几个相识，尽管有护照等等，还是不得不折回。所以，此行我打算推迟到复活节。**我将一直期待着我终于能够入境的时候。**我很喜欢呼吸瑞士的空气，同时为能摆脱对言论的钳制而感到高兴！请读已发表的论文！② 它们使我们确定地走出了死胡同。令人高兴的是，近日点运动的精确无误以及普遍协变性，但值得注意的是，牛顿的场理论在一阶方程中就已经不正确（出现了 $g_{11}\cdots g_{33}$）。只有 $g_{11}\cdots g_{33}$ 在点运动的方程的一级近似中不出现，才决定牛顿理论的简单性。

现在，连普朗克也开始重视这件事了；当然他还有点犹豫。不过他是一个极好的人。我过去与同事们相处的经验表明，过于人道的方面惊人地占了上风。这一切我以后跟你谈。但愿我们很快能相见！

---

① 译自《爱因斯坦-贝索通信集》61 页。由李澍泖同志译。标题是我们加的。——编者

② 1915 年 11 月爱因斯坦最后建成广义相对论，一连发表了三篇论文：《关于广义相对论》，《用广义相对论解释水星近日点运动》，《引力的场方程》。——编者

引力论获得巨大成功

——1916年1月3日给贝索的信①

〔上略〕

引力方面获得的巨大成功使我非常高兴。我在认真地考虑，在近期内写一本关于狭义和广义相对论的书。② 对我来说，着手去写却有些困难，就像从事一切没有热烈愿望所支持的事情那样。可是，如果我不写，这理论尽管本来是很简单的，也不会被人们所理解。

研究明可夫斯基对你不会有什么帮助。他的论著是无用的复杂。据我们这里的天文学家③的意见，近日点运动只有在水星方面才是可靠能观测的；它随着轨道半径［的增加］很快地减小（与$R^{5/2}$成反比）。如果金星和地球的轨道的偏心率比实际的要大的话，实验观测可能发现同样效应。④ 按照我们的计算，效应的猛增

---

① 译自《爱因斯坦-贝索通信集》63—64页。由李澍泖同志译。标题是我们加的。——编者

② 即《狭义与广义相对论浅说》，1916年写成，1917年出版。——编者

③ 首先应提到波茨坦天文学家弗罗因德利希（Erwin Finlay-Freundlich，1885—1964）。——原书编者

④ 1956年，邓库姆（R. L. Duncombe）给出各行星近日点进动的数值如下：

	ΔΩ（观察的）	ΔΩ（根据爱因斯坦理论算出的）
水星	43″，11±0″，45	43″，03
金星	8″，4±4″，8	8″，64
地球	5″，0±1″，2	3″，84

——原书编者

是由于，依据新理论，$g_{11}\cdots g_{33}$ 也出现在一级量中，从而对于近日点运动有所贡献。近日点移动的值可由凌日(*Sonnendurchgänge*)准确地算出。其他的影响几乎可以不加考虑(太阳的自转的影响甚微，由微扰引起的相对于牛顿定律的偏差完全没有影响)。

关于空穴的概念(*Lochbetrachtung*)，直到最后的结论，都是完全正确的。如果对于同一坐标系 K，存在着两个不同的解 $G(x)$ 和 $G'(x)$，那就毫无物理意义。设想在同一流形(*Mannigfaltigkeit*)中，同时有两个解，这是毫无意义的，坐标系 K 实际上就没有物理实在性。以下的思考可以代替关于空穴概念。在物理的意义上，实在不过是空间-时间的全部点的重合。举例说，如果一切物理现象都只是由质点运动所构成，那么，点的相遇，即它的世界线(*Weltlinien*)的交点就是唯一的实在，也就是说，是原则上可观察的东西。只要某些无歧义的条件得到遵守，这些交点就当然对一切变换保持不变(而变换也不增加新的交点)。因此，要求有关定律除确定全部空间-时间的重合点以外，不再确定别的东西，该是最自然不过的了。从上面所说过的可以看出，用普遍协变方程已经可以做到这一点。

第一篇论文及其补充的毛病在于：右边缺少 $1/2\cdot k\cdot g_{\mu\nu}\cdot T$ 这一项；[①]因此有假设 $T=0$。一切当然应该按照最近工作的讲

---

① 在爱因斯坦的第一篇论文《关于广义相对论》(*Zur allgemeinen Relativitatstheorie*)，《普鲁士科学院会议报告》，1915 年，44 期，778—786 页及补充，799—801 页；《引力的场方程》(*Die Feldgleichungen der Gravitation*)，同上，844 页，都没有 $1/2\cdot kg_{\mu\nu}\cdot T$ 这一项。但是爱因斯坦后来认识到，这一项是守恒定理所必需的。——原书编者

法，这时关于物质构造就不再有什么条件。根据量纲的考虑(*Dimensionalbetrachtung*)，电子和光量子要求一个同引力无关的 h 假说，①这种量纲考虑因此是站得住脚的。

〔下略〕

① 指的是 ε^2/c 同 h 在量纲上是一致的。此处 ε 是电子电荷，c 是真空中的光速，h 是普朗克常数。参见爱因斯坦 1916 年 9 月 6 日给贝索的信。——编者

恩斯特·马赫[①]

在这些日子里，恩斯特·马赫同我们永别了，他对当代自然科学家在认识论上的倾向有极大影响，他是一个具有罕见的独立判断力的人。他对观察和理解事物（*Sehen und Begreifen*）的毫不掩饰的喜悦心情，也就是对斯宾诺莎所谓的"对神的理智的爱"（*amor dei intellectualis*），如此强烈地迸发出来，以致到了高龄，还以孩子般的好奇的眼睛窥视着这个世界，使自己从理解其相互联系中求得乐趣，而没有什么别的要求。

然而一位非常有才能的自然科学家怎么会关心起认识论来呢？难道在他自己的专业领域里没有更有价值的工作可做吗？我时常从我的许多同行那里听到这样的议论，或者在更多的人那里觉察到他们有这种想法。我不能同意这种看法。当我记起我在教书时所碰到那些最有才能的学生，也就是那样一些不仅以单纯的伶俐敏捷，而且以独立的判断能力显露头角的人们的时候，我可以肯定地说：他们是积极地关心认识论的。他们乐于进行关于科学的目的和方法的讨论，而从他们为自己的看法作辩护时所显示出

① 这是爱因斯坦于1916年3月14日写的悼念马赫的文章。这里译自莱比锡《物理学的期刊》（*Physikalische Zeitschrift*），1916年，第17卷，第7期，101—104页。

恩斯特·马赫（Ernst Mach），奥地利物理学家、心理学家和哲学家，生于1838年2月18日，卒于1916年2月19日。本文由何成钧同志译。——编者

来的那种顽强性中，可以清楚地看出这个课题对于他们是何等重要。这确实不是什么可奇怪的事。

如果我不是由于像功名利禄之类的外在原因，也不是，或者至少也不完全是由于爱好锻炼智力的游戏作乐而从事一门科学，那么，作为这门科学的新手，我必定会急切地关心这样的问题：我现在所献身的这门科学将要达到而且能够达到什么样的目的？它的一般结果究竟在多大程度上是“真的”？哪些是本质的东西，哪些则只是发展中的偶然的东西？

在评价马赫的功绩时，人们不应该提出这样的问题，比如说，在马赫对那些普遍性问题的想法中，有哪些是前人所没有想到过的？事物的这种真理必须一次又一次地为强有力的性格的人物重新加以刻勒，而且总是使之适应于塑像家为之工作的那个时代的需要；如果这种真理不总是不断地重新创造出来，它就会完全被我们遗忘掉。因此，要回答下面这样的问题，虽然并不十分重要，却是很困难的：“马赫所教导的是什么，哪些是培根和休谟所根本没有过的新东西？”“就相对于各门科学的一般的认识论观点而论，马赫同斯图亚特·弥耳[①]、基尔霍夫(Kirchhoff)、赫兹(Hertz)、亥姆霍兹(Helmholtz)等人的主要区别何在？”事实是，马赫曾经以其历史的-批判的著作，对我们这一代自然科学家起过巨大的影响，在这些著作中，他以深切的感情注意各门科学的成长，追踪这些领域中起开创作用的研究工作者，一直到他们的内心深处。我甚至相

① 约翰·斯图亚特·弥耳(John Stuart Mill，1806—1873)，英国哲学家和经济学家，著有《推理的和归纳的逻辑体系》、《论自由》。——编译者

信,那些自命为马赫的反对派的人,可以说几乎不知道他们曾经如同吸他们的母亲的奶那样吮吸了多少马赫的思考方式。

按照马赫的看法,科学不过是一种用我们逐步摸索得来的观点和方法,把实际给予我们的感觉内容加以比较和排列的结果。因此,物理学同心理学的区别,不在于它们的对象的不同,而在于把材料排列和联系起来的观点的不同。对马赫来说,在他面前的最主要的课题,就是以他所通晓的专业科学来表明这种排列是怎样逐一完成的。作为这种排列活动的结果,就产生了抽象的概念和联系这些概念的规律(规则)。概念和规律这两者必须这样来确定,使它们一起构成一个排列的纲目(*Schema*),那些需要加以排列的东西可以在这个纲目中可靠而又清楚地排列起来。按照上面所说的,只有在概念所涉及的事物以及概念同这些事物得据以对应起来的观点能够被显示出来的时候,概念才有其意义。(《概念的分析》。)

像马赫这样一个有才智的人物,他的重要性不仅在于他满足了当时哲学的某种需要,而这种需要可能被一些积习很深的专业科学家看成是一种多余的奢侈。这种在排列事物时被证明是有用的概念,很容易在我们那里造成一种权威性,使我们忘记了它们的世俗来源,而把它们当作某种一成不变的既定的东西。这时,它们就会被打上"思维的必然性"、"先验地给予"等等烙印。科学前进的道路在很长一段时期内常常被这种错误弄得崎岖难行。因此,如果我们从事于分析那些流行已久的概念,从而指明它们的正确性和适用性所依据的条件,指明它们是怎样从经验所给予的东西中一一产生出来的,这绝不是什么穷极无聊的游戏。这样,它们的过大的权威性就会被戳穿。如果它们不能被证明为充分合法，它们就将被抛弃；如果它们同所给定的东西之间的对应过于松懈，它们就将被修改；如果能建立一个新的、由于无论哪种理由都被认为是优越的体系，那么这些概念就会被别的概念所代替。

这样一种分析，在那些过多注意具体事物的专业科学家看来，大概是多余的，言过其实的，有时甚至是可笑的。但是由于有关的这门科学的发展需要，要用一个更加严格的概念来代替一个习用的概念时，情况就完全不同了。这时，那些从未认真对待过这些概念的人，就会发出严厉的抗议，并且抱怨说，这是对最神圣遗产的革命的威胁。在这种叫喊声中，也夹杂着那样一些哲学家的声音，他们认为那个概念是不可缺少的，因为他们早已把它放进他们的"绝对的东西"或"先验的东西"的珠宝箱里去了，或者简单地说，他们早就这样安排好了，他们宣称这个概念是根本不可改变的。

读者一定已经猜到，我在这里所影射的，主要是空间和时间学说以及力学中的某些被相对论所修改了的概念。没有人能够否认，那些认识论的理论家们曾为这一发展铺平了道路；从我自己来说，我至少知道：我曾直接地或间接地特别从休谟和马赫那里受到很大的启发。我请读者拿起马赫的著作《发展中的力学》(*Die Mechanik in ihrer Entwicklung*)，看看他在第二章的第 6 和第 7 节("牛顿关于时间、空间和运动的观点"以及"牛顿观点的概括性批判")中所陈述的论断。在那里，马赫卓越地表达了那些当时还没有成为物理学家的公共财富的思想。这些部分，由于它们同逐字逐句引证牛顿的地方连在一起而格外引人入胜。下面就是其中一些精粹的段落：

牛顿:“绝对的、真正的和数学的时间自身在流逝着,并且由于它的本性而均匀地同任何一种外界事物无关地流逝着。它又可名之为‘期间’(*Dauer*)。”

“相对的、表观的和通常的时间,是期间的一种可感觉的、外部的,或者是精确的,或者是变化着的量度,人们通常就用这种量度,如小时、日、月、年,来代替真正的时间。”

马赫:“……如果有一事物 *A* 随时间而变化,那么这只是说事物 *A* 的状态同另一事物 *B* 的状态有关。如果摆的运行同地球的位置有关,那么它的振动就是在**时间**上进行的。由于我们在观察摆的时候用不着去考虑它同地球位置的相依关系,而可以把它同任何别的事物作比较(……),所以很容易产生这样一种看法,认为所有这些事物都是无关紧要的……我们无法量度事物随**时间**所发生的变化。时间宁可说是我们从事物的变化中所得到的一种抽象,因为,正是由于一切都是互相联系着的,我们就没有必要依靠一种确定的量度。”

牛顿:“绝对空间由于它的本性,以及它同外界事物无关,它永远是等同的和不动的。”

“相对空间是前者的一种量度或者是其可动的部分,是通过它对其他物体的位置而为我们的感觉所指示出来的,并且通常是把它当作不动的空间的。”

接着是同它们相应的“绝对运动”和“相对运动”等概念的定义。关于这方面的,有如:

“把绝对运动和相对运动区别开来的有效原因,是背离运动轴的离心力。在单纯的相对的圆周运动中,这样的力是不存在的;然而〔在真实的、绝对的圆周运动中，这种力确是存在的。〕[①]这种力究竟是大还是小，那就要看（绝对的）运动量的情况。”

接下去便是那著名的水桶实验的描述，这个实验应当作为上述论断的直观依据。

马赫对这观点的批判是很有意思的；我从其中摘录一些特别精辟的片断：“如果我们说，一个物体 K 只能由于另一物体 K' 的作用而改变它的方向和速度，那么，当我们用以判断物体 K 的运动的其他物体 $A,B,C,\cdots\cdots$ 都不存在的时候，我们就根本得不到这样的认识。因此，我们实际上只认识到物体 K 同 $A,B,C,\cdots$ 的一种关系。如果我们现在突然想忽略 $A,B,C,\cdots$，而要谈论物体 K 在绝对空间中的行为，那么我们就要犯双重错误。首先，在 $A,B,C,\cdots$ 不存在的情况下，我们就不能知道物体 K 将怎样行动；其次，我们也就因此而没有任何方法，可用以判断物体 K 的行为，并用以验证我们的论断。这样的论断因而也就没有任何自然科学的意义。”

“一个物体 K 的运动总是只有在相对于别的物体 $A,B,C,\cdots$ 时，才能加以判断。由于我们总是有一些数目上足够多而彼此相对静止的，或者其位置变化得很慢的物体可供使用，所以我们在这里不一定要去指定一个**特定**的物体，而是能够有时忽略这一物体，有时忽略那一物体。由此也就产生了这样的一种想法：这些物体根本都是一样的。”

“牛顿用转动的水桶所作的实验，只是告诉我们：水对桶壁

① 这里所引的牛顿的原文中漏了这半句话。——编者

的相对转动并不引起显著的离心力，而这离心力是由水对地球的质量和其他天体的相对转动所产生的。如果桶壁愈来愈厚，愈来愈重，最后到达好几里厚时，那就没有人能说这实验会得出什么样的结果……”

这里所摘录的部分，表明马赫已清楚地看出了古典力学的薄弱方面，而且离开提出广义相对论已经不远，而这一切是在几乎半个世纪之前的事情！倘使在马赫还是精力充沛的青年时代，光速不变的重要性这个问题已经激动了物理学家，那么，马赫也许会发现相对论，这并不是不可能的。在没有来自麦克斯韦-洛伦兹电动力学的这种刺激的情况下，就是有了马赫的批判的要求，也不足以使我们感觉到有必要来给那些发生在不同地点的事件的同时性下个定义。

对于牛顿的水桶实验的那些看法，表明他的思想同普遍意义的相对性（加速度的相对性）要求多么接近。当然，他在这里并没有充分意识到，一个物体的惯性质量同引力质量的相等，会要求回到更广泛意义上的相对性假设，因为我们不能用实验来判断一个物体相对于一个坐标系的降落，究竟应当归因于引力场的存在，还是应当归因于坐标系的加速状态。

从马赫的思想发展来看，他不是一位把自然科学选作他的思辨对象的哲学家，而是一位有着多方面兴趣的、勤奋的自然科学家，对于这样的自然科学家来说，研究那些在人们普遍注意的焦点之外的细节问题，显然会使他感到愉快。关于这一点，有他自己单独发表的也有他同他的学生一起发表的关于物理学和经验心理学个别问题的几乎数不清的研究可以证明。在他的物理学的实验研究中，关于子弹所产生的声波的那些研究，是最为人们所熟悉的。虽然这项研究中所用的基本思想根本不是什么新的思想，但这些研究却显示出他非凡的实验才能。他成功地摄下了一些关于以超声速运动的子弹周围的空气密度分布的照片，从而揭露了前人所不知道的通过一种声过程来引起光的漫射的现象。他关于这方面的通俗演讲，对于任何一个能从物理事物中取得乐趣的人，都会感到亲切愉快。

马赫的哲学研究，仅仅是从这样一种愿望出发，那就是他想获得一种观点，从这种观点出发，他毕生所从事的各个不同科学部门就可以理解为一种统一的事业。他把一切科学都理解为一种把作为元素的单个经验排列起来的事业，这种作为元素的单个经验他称之为“感觉”。这个词使得那些并未仔细研究过他的著作的人，常常把这位有素养的、慎重的思想家，看作是一个哲学上的唯心论者和唯我论者。

在读马赫的著作时，人们总会舒畅地领会到作者在并不费力地写下那些精辟的、恰如其分的话语时所一定感受到的那种愉快。但是他的著作之所以能吸引人一再去读，不仅是因为他的美好的风格给人以理智上的满足和愉快，而且还由于当他谈到人的一般的问题时，在字里行间总是闪烁着一种善良的、慈爱的和怀着希望的喜悦的精神。这种精神也保护着他，使他受不到那种今天很少有人能够避免的时代病的影响，就是说受不到民族狂热病的影响。在他的通俗文章《关于飞行抛射体的现象》(*Über Erscheinungen an fliegenden Projektilen*)中，他也不能放弃在最后一段里所表达的他对于各个民族达到相互了解的衷心愿望。

关于有限宇宙的设想

——1916年5月14日给贝索的信①

〔上略〕

我现在从容不迫地从事研究，我觉得非常痛快，我过着沉思默想的日子，一切顺遂如意。在引力方面，我正在寻找无穷远处的边界条件；有趣的是思索在什么情形之下可能存在一个**有限的**宇宙，那就是这样一个宇宙，它的有限广延是由自然划定的，在其中一切惯性实际上都是相对的。〔中略〕我找到一个巧妙的简单方法，从热力学去推导光化学的 $h\nu$ 规则，如同范特霍夫（Van't Hoff）的做法那样。

〔下略〕

① 译自《爱因斯坦-贝索通信集》69页。由李澍泖同志译。标题是我们加的。——编者

悼念卡尔·施瓦兹希耳德[①]

今年5月11日死神从我们的队伍中夺走了卡尔·施瓦兹希耳德。他仅仅活了42岁。这位有高度才能、学问渊博的科学家的夭折，不仅是我们科学院，而且也是天文学界和物理学界所有的朋友们的悲痛的损失。

在施瓦兹希耳德的理论工作中，特别使人感到惊讶的是他那么有把握地运用数学研究方法，是他那种轻捷地理解天文学问题或物理学问题的实质的本领。很少见到有像他这样同正确的想法和那种思维的灵活性相结合的深刻的数学知识。正是有了这些才能，才使他能够完成别的研究工作者被其中的数学困难吓住了的那些领域中的重要理论工作。显然，他的源源不绝的创作动机，在更大程度上可以认为是发现数学概念之间的精美的联系的那种艺术家的喜悦，而不是要去认识自然界中尚未被发现的关系的渴望。因此可以理解，为什么他的最初理论工作属于天体力学，这个知识部门的基础，比起任何其他精密科学部门的基础来，可以在更大程

---

① 原文发表在《普鲁士科学院会议报告》(*Sitzungsbericht der preussische Akademie der Wissenschaften*)，1916年，第1部，768—770页。这里转译自《爱因斯坦科学著作集》俄文版，第4卷，莫斯科，科学出版社，1967年，33—34页。译稿曾由陈筠泉同志校过。

卡尔·施瓦兹希耳德(Karl Schwarzschild)，德国天文学家和物理学家，1873年生，1916年5月11日去世。——编译者

度上认为是已经完全建立起来了的。在这些论文中,我在这里要提到的,只是关于三体问题周期解的论文,以及关于彭加勒(Poincaré)的转动液体平衡理论的论文。

施瓦兹希耳德的最重要的天文学论文的一部分是他关于星体统计学的研究。星体统计学是一门试图按照那些包括我们的太阳在内的恒星亮度、速度和光谱类型的观测资料的统计规律性来确定这些巨大的天体构造的科学。在这个领域内,天文学界靠他来进一步深化和发展冯·凯普泰因(von Kapteyn)新发现的规律性。

施瓦兹希耳德用他在理论物理学方面的深刻的知识来为太阳理论服务。在这方面,他关于太阳大气的力学平衡和太阳光辐射的测定过程的研究,博得了科学家们的赞扬。这里应当提到他关于光给小球体的压力的优美论文,它使阿雷纽斯(Arrhenius)的彗星尾部理论能够建立在牢固的基础之上。尽管这项理论研究是用来解决天文学问题的,但它也表明,施瓦兹希耳德感兴趣的范围也包括纯物理学问题。由于他对电动力学基础的有价值的研究,我们应当给予他应有的赞扬。在他一生的最后一年中,他还提出了新的引力理论。用这个理论,他第一个做到了精确地计算引力场。在他一生的最后几个月,病魔已经开始消耗他的体力,他还成功地实现了量子论方面的机智的研究。

在施瓦兹希耳德的巨大理论工作中还包括了他关于几何光学的研究,在这些研究中他改进了天文学上应用的重要光学仪器的误差理论。仅仅这一些可以使天文学的基本器械得到改进的成果,就已经足以看出他对这门科学的巨大贡献了。

施瓦兹希耳德的理论工作是同他的经常的天文实践活动紧密

结合的。他自24岁以来，就一直在天文台工作：1896—1899年在维也纳任助教，1901—1909年在哥廷根天文台任台长，而在1909年任波茨坦天文研究所所长。他作为天文观测的观测者和领导人的活动，在他的一系列论文中得到了反映。比这些天文观测活动给科学带来更大好处的是他发现了新的观测方法，在这些方法中可以找到他朝气蓬勃的精神的体现。他发现了为表示纪念而以他命名的照相底片变黑的定律（这个定律对于实验物理学也是有意义的）。他借助于这个定律，就能够利用照相方法来达到测量光度的目的。他想到了利用焦外像照相法来测量星体的亮度的天才思想。由于这一思想，星体照相光度学第一次获得了同肉眼测光并列的资格。

自1912年以来，这位谦虚的人成了科学院院士。他能够在如此短促的时间内（他早就命中注定只活那么短促的时间）以他自己出色的论文丰富了科学院的《报告》。无可挽回的死亡带走了他，然而他的著作仍然活着，并给他贡献了全部力量的这门科学带来硕果。

关于辐射的量子理论

——1916年8月11日给贝索的信[①]

〔上略〕

关于辐射的发射和吸收，我突然有所领悟；这一点你会感兴趣的。这完全是从普朗克公式引出来的一个惊人结果，我还想说这是普朗克公式的直接结果。这一切全是量子的。我正在把这结果写成文章。[②]

〔下略〕

① 译自《爱因斯坦-贝索通信集》78—79页。由李澍泖同志译。标题是我们加的。——编者

② 即《关于辐射的量子理论》(*Quantentheorie der Strahlung*)，《苏黎世物理学会通报》，16卷(1916年)，47—62页。见本文集第二卷，392—409页。——编者

续论辐射的量子论

——1916 年 8 月 24 日给贝索的信[①]

〔上略〕

关于引力波和普朗克公式的文章早已寄到你家。后者一定会使你高兴的。推导是纯量子的，并且给出普朗克公式。接着就可以令人信服地证明，发射和吸收这种基元过程都是有方向的过程。只要考查辐射场中一个分子（按照那个推导）的（布朗）运动就行了。这项工作为了纪念克莱内[②]而发表在苏黎世物理学会会刊上，[③]它同样也不需要任何波动说的推理。

---

① 译自《爱因斯坦-贝索通信集》80 页。由李澍泖同志译。——编者

② 阿耳弗雷德·克莱内（Alfred Kleiner），瑞士物理学家。生于 1849 年 4 月 29 日，曾任苏黎世大学教授、校长。1916 年 7 月 3 日卒于伯尔尼。爱因斯坦于 1905 年通过他获得博士学位；1908 年，通过他的推荐，兼任伯尔尼大学编外讲师；1909 年，又经他推荐，担任专职的苏黎世大学理论物理学副教授。——编者

③ 即《关于辐射的量子理论》，见本文集第二卷，392—409 页。——编者

可以肯定光量子的存在

——1916年9月6日给贝索的信①

〔上略〕

普朗克的论著没有给出任何h和ε之间的关系。人们对于ε^2/c和h在量纲上的一致性以及它们在数量级上的几乎相等有一些模糊的认识，却没有任何理论对此有所阐明。为了导出维恩位移定律，要用多普勒原理和辐射压定律，这些至今只是从波动理论加以阐述过，正如关于频率的概念那样。重要的是，导出普朗克公式的**统计学**论证已经**前后一致**，人们对这种事已经能够有一个一般性的理解，这是由于对考虑中的分子的特殊结构，人们是从量子论的最一般概念出发的。这样得出的结果（在我寄给你的文章中还没有提到）是，在辐射和物质之间发生任何基元能量转换时，也就有动量$h\nu/c$传递给分子。因此，每一个这样的基元过程都是一种**完全定向**的过程。这样，光量子的存在就已肯定了。

〔下略〕

---

① 译自《爱因斯坦-贝索通信集》81—82页。由李澍泖同志译。标题是我们加的。——编者

空间和时间的客观意义之所在

——1916年10月31日给贝索的信[①]

在这期间我曾在荷兰度过了一些美妙的日子。在那里，广义相对论已经获得极大的活力。除了洛伦兹和天文学家德西特(de Sitter)，还有好几个年轻的同行都起劲地研究这个理论。在英国这个理论也已生根。我和埃伦菲斯特，尤其是和洛伦兹度过了一些难忘的时刻，这不仅是令人欢欣鼓舞的，也是令人心情愉快的。总之，我觉得这些人都非常可亲近。耶纳尔·诺德施特勒姆(Gunnar Nordström)[②]也在那里，你是认得他的。关于我妻子的健康状况和孩子们的进步情况，仓格尔不断来信告诉我。我很高兴，情况已经好转，虽然缓慢。以后我要经心做到不再给他一点刺激。我终于放弃了离婚〔的念头〕。现在来谈科学的事罢！

空间和时间的客观意义首先在于：四维连续区是双曲面型的；因此，从每一点出发，都有"时间的"(即 $ds^2>0$)和"空间的"(即 $ds^2<0$)线元。坐标 x_r 本身并没有空间特征或时间特征。为了保

---

① 译自《爱因斯坦-贝索通信集》84—87页。由李澍泖同志译。标题是我们加的。——编者

② 耶纳尔·诺德施特勒姆(Gunnar Nordström，1881—1923)，瑞典物理学家，1912年开始发表过一系列有关引力理论的论文。——编者

持我们的思维习惯起见，可以偏向于选取这样的〔坐标〕系，在这些〔坐标〕系中到处都有

$$g_{44}dx_4{}^2>0, g_{11}dx_1{}^2+2g_{12}dx_1dx_2+\cdots+g_{33}dx_3{}^2<0.$$

当然，这样的选择并没有任何客观论据。不过，“空间”特征和“时间”特征却都是实在的。然而，“从本质上来说”，我们不能说一个坐标是时间的，别的坐标是空间的。

关于德伦巴赫(Dällenbach)①：简化黎曼张量(一次的或二次的)并不必然会使前者为零。因为，对于一个(在后者外面的)静止质点的场的情况来说，似乎不难证明：即使

$$\sum_{kl} g^{kl}(ik,lm)$$

全都为零，(ik,lm)并不为零。

关于格罗斯曼：他搞错了。狭义相对论是曲率趋于零的情形，确切地说，就是一切(ik,lm)的分量都消失的情形。

张量的定义：不是“如同这样和如同那样变换的东西”。而是在一个(任意的)参照系中，可以用一定个数的量($A_{\mu\nu}$)来表述的东西；这些量满足一定的变换规则。〔张量〕对参照系的无关性，一般地讲就在于：变换规则是已知的；特殊地说来就在于：根据这个规则，当一切$A_{\mu\nu}$等于零时，一切$A'_{\mu\nu}$也等于零(如果f是一个标量，$f\cdot dx_\nu$仅仅是一个一秩张量)。

在狭义相对论范围内，如果假定$x_4=ict$，协变性和抗变性没有差别。其原因是，张量$g_{\mu\nu}$退化为

① 瓦耳特·德伦巴赫(Walter Dällenbach，1892—?)，瑞士机械工程师，曾在苏黎世工业大学听过爱因斯坦的课。——编者

$$\begin{matrix} 1 & 0 & 0 & 0 \\ 0 & 1 & 0 & 0 \\ 0 & 0 & 1 & 0 \\ 0 & 0 & 0 & 1. \end{matrix}$$

因此可得

$$A^{\mu\nu}=\sum_{\alpha\beta}g^{\mu\alpha}g^{\nu\beta}A_{\alpha\beta}=A_{\mu\nu}.$$

$g^{\mu\nu}$ 和 $g_{\mu\nu}$ 的等价性(对偶性)并不是完全的,因为,**展开式**具有协变的性质。

你关于那些在物理上不同的(以及经历过以前不同位置的)量杆或时钟的等价性的论断很正确。不过,这种假定,在伽利略-牛顿理论中也悄悄地出现过。

通过
$$g_{14}=-\omega y,$$
$$g_{24}=\omega x,\qquad g_{34}=0,$$
"科里奥利力场(*Coriolis-feld*)"可以在一级近似中求得。

然后,二级似近可由二次项引出。这些二次项也属于 $g_{44}=\omega^2r^2$ 的类型,这实际上是离心力的一种势。

关于相对论的推广,可以像你那样去论证。关于膨胀的感应效应的结果,你说的无疑也是正确的。但是,这种对待事物的看法有这样一个不便之处,就是必须**把宇宙当作整体**来做出发点。因为,从一个**局部**出发,而不具体列出边界条件是要更方便一些的,就像我在讨论等效假说时所做的那样。

你对多耳德(Dolder)先生的论文的意见是完全正确的。至于光速不变假设的必要性只有以全部实验材料为依据,才能推断出来。要得到一个综合性理解,可利用洛伦兹以太。在菲索

(Fizeau)实验中用不着定域时间(*Ortszeit*)。要问在运动介质中n、f和d的关系怎样,答案是,由于洛伦兹力,

$$g=d-n=(\varepsilon-1)\left(n+\frac{1}{c}[\omega,f]\right).$$

把这引入麦克斯韦方程,通过简单的计算就可得出菲索的结果。

伽耶(Cailler)①的论文,我不知道;至少我记不起读过它。如果你有这篇论文,下次我来瑞士看你时,请你给我看看。如果你时间方便的话,请照顾一下我的孩子们。② 维洛(Vero)③在做什么?他什么时候才能自立?

你不久可以收到我写的一篇关于广义相对论基础的小作④,我在这篇论文中说明了相对论和能量原理之间的关系。那是很有趣的。

又 及

① 伽耶(Charles Cailler,1865—1922),从1882至1921年曾在日内瓦大学教理论力学和分析。这里所说的论文是指1913年发表的《关于相对性原理和几何学的方程》(*Les équations du principe de relativité et géometrie*),发表在日内瓦《物理学与自然科学文汇》(*Arehives des sc. phys. et nat.*),35卷,107—139页。——原书编者

② 当时爱因斯坦在柏林,他的妻子和两个儿子都在苏黎世,贝索也在苏黎世。——编者

③ 维洛是贝索的小儿子。——编者

④ 指《广义相对论基础》,见本文集第二卷,331—391页。——编者

为什么要提出闭合空间的假设

——1916 年 12 月中旬给贝索的信[①]

〔上略〕

先谈谈 $\lambda=1/R$ 的问题，不管这个关系式精确与否，这个问题在科学上不是一个影响重大的问题。这也不是我的想象力的成果。问题只不过是这样：如果我在某一点选取伽利略度规 $g_{\mu\nu}$，并把引力体系尽可能合理地从这一点延展出去；如果我在空间上和时间上无限地远离那一点，那么 $g_{\mu\nu}$ 应该是什么样子呢？是否有可能找到一种计算法（即理论），使 $g_{\mu\nu}$ 真正仅仅由物质来决定，正如相对性概念所要求的那样呢？你提出来的异议几乎全都有论据。我提出来的论证其实不是强迫性的，正如通常凡是涉及物理实在性时的那样。但是，我相信，在主要方面我是说得对的，并且有必要时，我还能当面说服你，当我再到你那里去的时候。

其次，谈谈主要的。先把牛顿的理论当作基础。你指出，人们可以想象，一个无限空间中均匀分布的物质不产生场（由于对称的理由）。**但这一点并不切当**。假定在 P 点没有场。尽管这样，按

---

① 译自《爱因斯坦-贝索通信集》96—98 页。由李澍泖同志译。标题是我们加的。——编者

照高斯定理，有一个由球 K 内质量所产生的穿过球面 K 的引力流。依据高斯定理，任何质量都是引力线的聚会点。K 以外的空间会充满物质，甚至到无穷远。物质应当以加速度向 P 冲去，离 P 越远，加速度越大。耶和华①不是在这样一个荒诞的基础上创造世界的。

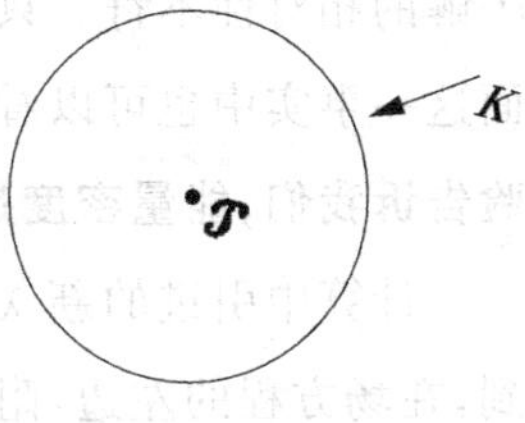

要使宇宙能长久地存在下去，就要有运动来阻止坍缩（离心力），对于太阳系也是如此。但是，这只有在能够使无限的物质平均密度趋于零的情况下才行得通，因为，要不然，就会出现无限大的势差。

根据牛顿的见解，这种观念已是不能令人满意的了。（物质和能量枯竭的困难（*Verarmungschwierigκeit an Materie und Enegie*）弥散至无限远。）根据相对论，就更不能令人满意了，因为惯性的相对性没有满足。后者，在一个无限大的空间里，主要是由 $g_{\mu\nu}$ 来决定的，而在非常小的程度，是由同其他物质的相互作用来决定的。这种看法对我说来是无法容忍的。唯一的出路我只能在闭合空间的假说中去寻找，它的切实可行我已证明。

我并不认为可以假定宇宙处于统计力学的平衡状态，即使我也这样论证。所有星体一定会结成一团（假定待占的空间是有限的）。但是，更深入的推论指出，对于我感兴趣的问题，运用统计学是有道理的。此外，也可以不用统计学来考虑问题。可以肯定的是，无限大的势差会引起非常大的星体速度，这种速度大概早已终

① 耶和华（Jehovah）是基督教《圣经》中对上帝的称呼。——编者

止。同宇宙的无限广延相联系的微小势差，要求宇宙一直空到无限远（即适当地选择坐标系使 $g_{\mu\nu}$ 在无限远处为常数），这同大家所了解的相对性不符。只有闭合的宇宙才能摆脱困境。这一点从下面这一事实中也可以看得很明显：**曲率到处都用同一符号，因为经验告诉我们，能量密度是不会变负的。**

计算中引进的新 λ 和前面的 λ 也不相干。我当时没有注意到，在场方程的左边，附加项 $+\lambda \cdot g_{\mu\nu}$ 并不影响张量的性质。我本应按照牛顿的意思，先取 $\lambda=0$。但是，新的考虑倾向于赞成一个非零的 λ，这就要求引进物质的一个非零的平均密度 ρ_0。恒星天文学（数星的个数）得出平均密度的数量级为 $\rho_0=10^{-22}$ 克/厘米^3，相当于一个宇宙半径 $R=10^7$ 光年，而远的可见星体的距离则估计为 10^4 光年。你和德伦巴赫（Dällenbach）一起读这个论述，你们一定会感兴趣的。

〔下略〕

《狭义与广义相对论浅说》中的一个片断[①]

几何学命题的物理意义

本书的大多数读者，在你们学生时代都熟悉欧几里得几何的雄伟建筑，你们也许会以一种敬多于爱的心情记起这个壮丽的结构，在它的巍峨的阶梯上，你们曾被严谨的教师追逐过无数时间。由于你们过去的经验，要是有谁断定说这门科学中的哪怕是最冷僻的命题是不真的，你们就一定会嗤之以鼻。但要是有人问你们："你们断言这些命题是真的，这究竟指的是什么意思呢？"也许你们马上就会失掉这种高傲的自信感。让我们对这个问题稍加考查。

几何学是从某些像"平面"、"点"、"直线"之类的概念以及某些简单的命题（公理）出发的。对于这类概念，我们能够联想起一些

---

① 这是爱因斯坦于1916年写的小册子《狭义与广义相对论浅说》（*Über die Spezielle und die Allgemeine Relativistätstheorie, Gemeinverständlich*）中的第一节。该书德文本系1917年出第一版，至1922年已出到第40版。二十年代，世界各国前后出了十来种文字的译本。1922年4月商务印书馆也出过中文译本，书名为《相对论浅释》，译者夏元瑮。1964年5月上海科学技术出版社又出版了新译本，书名《狭义与广义相对论浅说》，杨润殷译、胡刚复校。这里转译自劳孙（Robert W. Lawson）的英译本第17版（*Relativity, the Special and the General Theory: A Popular Exposition*，伦敦Methuen公司出版，1957年）1—4页。译时曾参考上述两个中译本。——编译者

大致确定的观念，而由于这些观念，我们有意承认这些简单命题是“真的”。于是，根据一种我们不得不认为是正当的逻辑程序，其余一切命题就都可以从这些公理推论出来，那就是说它们得到了证明。一个命题只要是按公认的方法从公理推导出来的，那么它就是正确的(“真的”)。几何学各个命题的“真理性”问题，因此就归结为公理的“真理性”问题。很久以来人们就知道，后一问题不仅是几何方法所不能回答的，而且它本身是根本没有意义的。我们不能问“通过两点只能有一条直线”这一命题是不是真的，我们只能说，欧几里得几何讨论一些叫做“直线”的东西，每一条直线的性质可由线上的两点唯一地确定下来。“真”这一概念不适合于纯粹几何学的断言，因为“真”这个词，习惯上我们归根结底总是指那种同“实在”客体的对应关系；可是几何学并不研究它所涉及的观念同经验客体之间的关系，而只研究这些观念本身之间的逻辑联系。

尽管如此，我们还是感到不得不说几何学的命题是“真的”，其原因不难理解。几何观念所对应的是自然界里或多或少确定的客体，这些客体无疑是产生那些观念的唯一源泉。几何学为了要使它的结构得到最大可能的逻辑统一性，应当不走这样的路线。比如用实际刚体上的两个做了记号的位置来观测“距离”，这在我们的思想习惯中是根深蒂固的。又如我们用一只眼睛去看三个点，在适当选取的观察位置上，这三个点的表观位置重合在一起。在习惯上我们也就把这三个点看作是在一条直线上。

如果，依照我们的思想习惯，现在在欧几里得几何的命题之外，再补充这样一条命题：一个实际刚体上的两个点总是对应着同一距离(直线间隔)，这距离同我们所能加给刚体的任何位置变化无关。那么,欧几里得几何的命题就可最后归结为关于实际刚体的可能相对位置的命题了。[①] 加以这样补充的几何学,因而也就被看作是物理学的一个分支。对于作了这样解释的几何学命题,我们现在也就可以合法地问它"真理性"的问题了,因为我们有理由问:对于那些使我们联想起几何观念的实在事物,这些命题是否得到满足。用不太严格的说法来表达,我们可以这样说:在这个意义上,几何命题的"真理性"问题,依我们的理解,就是它对于用直尺和圆规所作的图形是否有效的问题。

当然,在这个意义上,关于几何命题的"真理性"的信念,完全是建立在一种不大完善的经验上的。目前,我们姑且假定几何命题的"真理性",以后(在广义相对论中)我们会看到这种"真理性"是有局限性的,我们还要考查它的局限性的范围。

① 由此得知,自然界的一个客体也是同一条直线相联系的。在一个刚体上的三个点 A、B 和 C,如果已给定 A 点和 C 点,选取 B 点使 AB 和 BC 两距离之和为最小,那么这三个点是在一条直线上。这个不完备的提示,对于我们目前的讨论已是足够了。——原注

爱因斯坦给德西特的信(1916—1918年)

——卡拉·卡恩和弗朗兹·卡恩报道[①]

1974年8月,当莱顿的斯特雷瓦希特(Sterrewacht)天文台从它自1861年就占用的建筑物迁出的时候,它的档案室也一道迁移。在搬迁期间,范·德许耳斯特(Van de Hulst)教授收到普林斯顿的来信。爱因斯坦生前秘书海伦·杜卡斯(Helen Dukas)小姐,在检查爱因斯坦的文稿时发现几封德西特(de Sitter)的信。(德西特是斯特雷瓦希特天文台历届台长中最卓越的台长之一,也是当时最杰出的天文学家之一。)因此想到斯特雷瓦希特天文台档案中可能会有爱因斯坦的来信。

在从老天文台迁出的一片混乱中,是不可能立即寻找爱因斯坦来信的。直到搬家快结束,我们,一位访问教授和他的妻子,来到了斯特雷瓦希特的时候,才开始认真的查找。有人提议,由我们

---

① 此文是英国曼彻斯特(Manchester)大学天文系的卡拉·卡恩(Carla V. Kahn)和弗朗兹·卡恩(Franz Kahn)夫妇写的报道。最初以荷兰文发表在《自然技术》(*Naturren Techniek*)1975年5月号。这里译自1975年10月9日出版的英国《自然》周刊(*Nature*),257卷,451—454页。原文的标题是:"关于宇宙的性质问题爱因斯坦给德西特的信。"

威廉·德西特(Willem de Sitter),荷兰天文学家。1872年5月6日生,1908年任莱顿大学教授,1918年起任莱顿天文台台长。主要贡献在广义相对论的宇宙学方面,1917年提出"德西特宇宙模型"。1934年11月20日卒。——编译者

俩人中一个(C. V. K.)来编档案索引,部分目的是在于可能找到爱因斯坦的信件。

这同过去25年中的文稿没有一点关系,除了查遍所有的储存箱,就无法找出感兴趣的材料。事实上,只是在第30只箱子中才有与爱因斯坦信件可能有关的东西。而他们的确在那里找到了17份信件。有的是明信片,有的是比较长的信。除了一封以外,所有的信都是亲笔写的,时间在1916到1918年之间。有些信相隔的时间不过是个把星期,即使如此,显然也留下彼此迅速回复的时间。看来当时的邮政系统还比现在好,虽然那时德国是在打仗。

这些信大多数的内容是讨论广义相对论。爱因斯坦同德西特接触的一个重要目的,是要使英国知道他的工作。1915年,爱因斯坦关于广义相对论的第一篇论文在德国发表了。但是那时在德国与英国之间却没有通信联系,所以德西特终于在〔英国〕《皇家天文学会月报》(*The Monthly Notices of the Royal Astronomical Society*)发表了两篇有关相对论的长文。在准备这两篇论文时,他一定受到启发去亲自思考这个问题,并做出自己的贡献。对于德西特的想法,爱因斯坦在他的信件和明信片中清楚而富有趣味地阐明了自己的反应。

当时,爱因斯坦在他的理论中包括两种相互作用。第一种是引力作用:每一物质都使周围空间产生畸形,从而影响别的物质的运动。牛顿的引力定律和爱因斯坦的引力定律之间的重大差别,只是在涉及引力势差很大的时候才会出现,因而一个粒子在这样的区域中运动就会得到一种可同光速相比较的速度。这样大的势可能只有在天体的情况中才能出现,这就说明了相对论者

(*relativists*)当前对黑洞感兴趣的原因。但是60年前却没有人相信这些东西,而它们现在多少还是有争论的;因此,为了寻求他的理论的一个有希望的应用,爱因斯坦不得不〔把注意力〕转到大尺度的宇宙的性质。无论如何他似乎已经为这样一个古老的问题所吸引:空间究竟是有限的还是无限的?其中究竟哪一种看来难以接受?为了提出一个处于平衡状态的宇宙模型,他还需要在引力之外有另一种相互作用,因为他知道只有引力是不可能有静态的位形(*Static configuration*)的。广义相对论能够建立起来,就可以容许另一种相互作用即宇宙斥力(*Cosmical repulsion*)的存在。这是用所谓Λ项来描述的,但在当时并未预告Λ的精确数值,〔只是说〕它很可能是零。(现今大多数相对论者,像爱因斯坦最后那样,相信Λ在事实上是零。)但是,有了一个Λ项,就有可能使物质本身由引力所产生的吸引得到平衡,只要$\Lambda=(4\pi/3)G\bar{\rho}$就行了,此处$\bar{\rho}$是宇宙的平均物质密度。自然,我们首先必须找出$\bar{\rho}$究竟是什么;以后我们要回到这一点。

档案中最早的一封信(注明日期是1916年6月22日),是讨论引力波问题的。德西特发现了有三种波,但爱因斯坦评论说只有一种波是输送能量的。"这是什么意思呢?"他问题。"这意味着前两种类型的波,……实际上并不存在。"而且他还说,当他用另一种他称之为"伽利略空间"的坐标系来表示他的物理学时,这些波都不见了。

德西特对于这种想法感到不高兴,在用铅笔写出的评注中,他问:"什么是'伽利略空间'?说'以太'难道不是也一样吗?"后来他断定,他发现的那种类型的运动,必定是由他称之为引力波的那种东西所引起的。

爱因斯坦在不止两封来信中继续议论这个问题，但实际上并没有作进一步的论证。究竟谁对呢？假若现今物理学家碰见了一种没有能量的波状扰动，他就立即会猜想传播这样波的体系是不稳定的。其实，在几年之后勒梅特尔(Lemaitre)(用 Λ 项)构造出一种宇宙模型，它开始是平衡的，但由于这种平衡是不稳定的，就离开了平衡状态。看来好像德西特想到引力波时，已经隐约地看到这一点——也许更多一些。但是他未能说服爱因斯坦。

随后是一封信和一张明信片，分别写于 1916 年 11 月和 1917 年 1 月。在信中爱因斯坦仔细推究马赫原理的问题；在宇宙中一个既定物质的惯性同别的物质有关吗？如果是这样，又该是怎样的关系呢？这类问题在过去大约 20 年中进行过许多讨论。可是德西特对此似乎没有多大兴趣。爱因斯坦在信的结尾写道："无论如何我并不要求你具有同我一样的好奇心。"这个问题在通信中也就不再出现了。

这张明信片与科学问题完全没有关系。"你真好。"爱因斯坦写道，"你在这条误解的鸿沟上架起一座桥。随此明信片，你将收到你要的抽印本，还为那位同事附寄了一些别的〔抽印本〕。一旦恢复和平，我就给他写信……"那位同事大概是指爱丁顿，鸿沟是指战争；在德国检查员阅读此明信片的情况下，爱因斯坦有意不提他的名字。

下一张明信片是同年 2 月 2 日寄出的。它也没有多少科学〔的内容〕。但是爱因斯坦相当悲痛地说道："在可能重新任命 P. 的问题上没有一点进展，而且在我看来这是很可疑的，一定〔有人〕

在捣鬼。自然，在不太晚之前我是不会听到这方面风声的。”

他是对的，因为在下一封信（3 月 12 日）中，爱因斯坦写道：“糟透了，他们不顾科学院的建议，选了 M.，而不是 K. 到波茨坦。……不清楚是哪些势力造成的。有人怀疑泽利格尔（Seliger）。”

“现在谈我们的事吧！”这件事就是为宇宙构造出一种模型，并把这个模型同一些观察结果联系起来。爱因斯坦的出发点是空间中的物质密度，就像由星体计数（*star counts*）所确定的那样。他取 $\bar{\rho}$ 值 $=10^{-22}$ 克/厘米^3；根据相当普遍的论据，由此推知，宇宙的长度必定大约是 $c/\sqrt{(4\pi G\bar{\rho})}$，如果 $\bar{\rho}$ 是表示整个空间〔的平均物质密度〕的话。爱因斯坦推算出宇宙的半径 $=10^7$ 光年。“然而，”他说道，“我们所看到的距离大约是 10^4 光年。”当然，我们现在知道，这个数字估计得不正确。这个密度 $\bar{\rho}$ 当时指的是我们根据银河系盘中的空间〔的平均物质密度〕，（即使如此，10^{-22} 克/厘米^3 比起天文学家现在所测定的数值也要大 30 倍左右）整个宇宙的平均密度要小许多个数量级，因此我们现在关于宇宙半径的数值是要大得多了。最后，“我们所看到的”距离，至少在银河系的平面中，由于星际尘埃的遮蔽而受的限制，它对于整个宇宙是不相干的。

爱因斯坦对他的研究结果感到不愉快。“我把空间同布相对比，……一个人能够看到某一部分，……我们思索怎样通过外推知道这整块布料，在平衡时，究竟是什么东西抑制住它的切向张力……它究竟是无限扩展的呢，还是有限闭合的呢。”海涅在一首诗中曾经给出一个答案,"一个白痴期望有个回答"。接着,他盼望下次在莱顿再同德西特会见。现在,差不多60年以后,我们这些天文学上的"白痴"还在期待一个答案。

过了几天之后(3月24日),爱因斯坦又写了信来。德西特当时已经提出了一个宇宙模型,但是爱因斯坦并不完全赞同。特别是他以为他注意到这种宇宙含有一奇点(即有一个地方,在那里空间畸变得破坏了它的几何性质),而这个奇点出现在一个只有有限远的地方,它的距离等于

$$\int ds = \int_0^{1/\sqrt{\mu c}} \frac{cdt}{1-\mu c^2 t^2} = \frac{1}{\sqrt{\mu}} \frac{\pi}{2} (\text{有限}).$$

德西特用铅笔划出这个结果,并写着"请看克卢费尔(Kluyver)的明信片"(克卢费尔是他的助手)。他的助手所指出的是,爱因斯坦偶尔在计算上犯了初等数学上的错误。但是他却试图得出有深远意义的结论:"具有奇点的曲面因而是在物理的有限空间之内。所以在我看来,你的解没有任何物理的可能性与之相对应。"在这种情况下,物理空间-时间中确实没有奇点存在。但是人们会问:为什么在有限空间-时间内不会有一个奇点呢?我们现在乐意采纳这个想法。这个论题爱因斯坦在1917年6月14日的一封讨论宇宙模型的信中再一次提出来,这个宇宙模型现在就是以德西特的名字来命名的。

"你的度规对我来说是毫无意义的。"(度规是一组系数,它们规定空间的几何性质。)"它只能适用在没有'世界物质',即没有星的那种情况。"但是这个度规却可以良好的近似适用于物质密度 $\bar{\rho}$ 很小的宇宙。今天的观察结果是同这种 $\bar{\rho}$ 值很小〔的情况〕十分一

致的。

爱因斯坦后来说，“你的宇宙的空间广延以一种特别的方式依赖于 t（时间）。对于充分早的时间，人们可能把刚性的圆箍放进你的宇宙里，而在时间 $t=0$ 时，这个宇宙之中没有可以放进这个圆箍的地方。”“大爆炸（*Big Bang*）”显然对他没有吸引力。

然而他在一星期以后（6 月 22 日）的信中却接受了它，在这封信中，他提出几何学的论据来说明为什么大爆炸的瞬间是特殊的。“因此，*de facto*（事实上）这一点是可取的……自然，这并不构成一个反证，但是情况使我烦躁。”

在这封信之后。爱因斯坦还来了几次信，但它们所涉及的是细节多于原则。

这些信中谈到科学的部分也是比较少的。德西特和爱因斯坦好像在竞相诉述他们的恶劣的健康状况；事实上大多数给德西特的信是在疗养院里写的。与这些信件在一起的，还有当时〔英国〕皇家天文学会秘书爱丁顿的一些来信。它们涉及德西特所写的广义相对论论文。皇家天文学会虽然最后发表了这些文章，但是最初爱丁顿的来信是有点冷淡的。他写道，你知道，由皇家天文学会发表的论文都必须寄给一位审稿人。（他本人当然是完全有资格审阅这些论文的。）我们正遇到印刷机上的麻烦，这篇论文比我们通常印刷的论文长，等等诸如此类的话。但是皇家天文学会最后还是接受了德西特的来稿。

另一个引人入胜的故事，是有关拉德克利夫（Radcliffe）天文台由牛津迁到南非。这所天文台是约翰·拉德克利夫（John Radcliffe）在十八世纪建立的，而且在过去一百年中几乎没有一个学生利用过它。首先提出把他的天文台迁出牛津的，是拉德克利夫天文台的观察员诺克斯·肖(Knox Shaw)博士，他在给德西特的一封信中说，事实上，学生已经很长时间没有利用他的天文台了。而爱因斯坦反对这次迁移的一个主要理由是，没有人能证明失去令人愉快的事物是有道理的，牛津大学将会经受搬迁的损失。牛津并不具备便于观察的那种天气。许多有影响的天文学家都觉得，把天文台搬到〔南非〕约翰内斯堡是会有好处的，但是也有人反对搬迁，为首的是林德曼(Lindemann)，他当时是牛津有影响的科学家。他曾经谋取爱因斯坦的支持，而德西特却是天文学家的支持者。由于这所天文台是受托管基金(Trust Fund)管理的，这件事必须由高等法院来裁决。

德西特写信给爱因斯坦说，他看到了一封有爱因斯坦签字的信，他(德西特)不能相信爱因斯坦知道他所签署的是什么。爱因斯坦相当气愤地写了回信说，他当然知道他所签署的是什么。德西特然后给搬迁倡议者寄去一份宣誓书，他在上面写道：虽然爱因斯坦是一个很伟大的科学家，可是他的天文知识极少，他对这件事上的意见是不值得考虑的。倡议人的法律顾问认为这样一封信对他们事业是无益的，有人曾请德西特在他的宣誓书中删去有关爱因斯坦的那段话。

爱因斯坦的最后一封信是写于1933年。他感谢德西特给他的帮助，但是说他正在设法“同他自己的(家庭)一道活下去”，甚至还能帮助别人“远渡重洋”。他并不期望能从德国抢救出很多东西，因为已经开始对他进行诉讼，控告他犯有重大叛国罪。

爱因斯坦迁居到普林斯顿之后不久，德西特的健康恶化了，于 1934 年逝世。而爱因斯坦则在普林斯顿生活与工作到 1955 年。

关于宇宙学和其他

——1917年3月9日给贝索的信①

〔上略〕

《宇宙学考查》②一文你大概已经收到了。这至少是一个证据,说明广义相对论可以成为一个无懈可击的体系。在此以前人们总有点疑虑,担心"无限"里隐藏难以解决的矛盾。可惜,已陈述的观点不大可能根据实验去检验。如果以天文学家关于星体的分布密度所做的研究为依据,就可得出下列数量级

$$R = 10^7 \text{ 光年},$$

而可见度则只能达到

$$R = 10^4 \text{ 光年}。$$

此外,还发生这样的问题:我们是否可能看到距离我们的对极点(*Antipodenpunkte*)极近的星体呢?这些星体应当还有一个负视差。可是不要忘记,空间曲率是不规则的,因而光线就在一个为黏性材料所填充的介质中行进。

---

① 译自《爱因斯坦-贝索通信集》101—103页。由李澍泖同志译。标题是我们加的。——编者

② 即《根据广义相对论对宇宙学所作的考查》,见本文集第二卷,410—422页。——编者

已寄出的量子论论文使我重新回到关于辐射能的空间量子化的看法。但是，我觉得，那个永恒的谜语制造者给我们出的难题根本还没有被理解。当拯救的灵感出现时，我们还能亲眼看到吗？

政局看起来有点奇怪。如果我同人们谈起来，我就觉察出一种普遍的情绪上的病态。这个时代叫人想起审讯巫婆以及别的类似的宗教荒诞事件。恰恰是担当最重任的人，在私生活中最无私的人，往往是暴戾行为的最狂热的支持者。社会情绪已走上邪路。要是我没有亲眼看到，我就很难想象有这样的人。至于解脱，我只能把希望寄托于外界的强制力。

〔下略〕

对马赫的看法

——1917年5月13日给贝索的信[①]

衷心感谢你解决了A.[②]事件，你甚至向物理学会办了交涉。普遍的看法是，那个人不会面临严重的危险了……至于马赫那匹小马，我并不骂它；你会全明白，对此我是怎样想的。但是，它不可能创造出什么有生命的东西，而只能扑灭有害的虫豸。[③] 你要是欣赏过A.的粗制滥造的冗长的作品[④]，你就会很容易理解我所描写的那匹被骑至死的劣马的形象。

〔下略〕

---

① 译自《爱因斯坦-贝索通信集》114页。由李澍泖同志译。标题是我们加的。——编者

② 指弗里德里希·阿德勒，参见爱因斯坦1917年4月29日给贝索的信。——编者

③ 这是迄今所知的爱因斯坦对马赫的最早的批判。——编者

④ 参见爱因斯坦1917年4月29日给贝索的信。——编者

附：

贝索 1917 年 5 月 5 日 给爱因斯坦的信[①]

现在，我已经明白，关于物理学会的事我该怎么办。但，我已经尽力而为了。这使我们争论了一夜。结果如何，还得拭目以待。[②]

至于马赫那匹小马，以不辱骂它为好；穿越相对性的那个地狱，难道不就是靠着它吗？说不定，驮着爱因斯泰（Einsta）[③]这个堂吉诃德穿越险恶的量子的也还是它！

① 译自《爱因斯坦-贝索通信集》110 页。由李澍泖同志译。——编者

② 此处谈的是阿德勒事件，参见爱因斯坦 1917 年 4 月 29 日给贝索的信。——编者

③ 是对爱因斯坦的谑称。——编者

关于辐射量子的实在性和广义相对论的能量原理

——1918年7月29日给贝索的信①

你对我的旧稿花了那么多时间和心血，确实很感人。不过，我要告诉你，有很多东西已经过时，因而不值得花费心力了。具体地说，乳光一文②，由于使用傅立叶展开式（*Fourie-Entwicklung*）而变得累赘笨拙，这个展开式是可以不用的。……

我在这里又花了很多时间去思考量子问题，当然没有取得什么真正进展。但是，对于辐射中的量子的实在性，我不再存疑，尽管至今只有我一个人有这种信念。只要还没有建立起一种数学理论，这种情况就会长期如此。我打算把我的论据清楚明确地整理出来。

〔中略〕

在一篇关于广义相对论的能量原理的论文中谈到，一个体系的总能量与坐标系完全无关（没有**微分**不变量与之相对应的**积分**不变量）。整个宇宙的能量，如果认为宇宙是闭合的，在物质是均

---

① 译自《爱因斯坦-贝索通信集》129—130页。由李澍泖同志译。标题是我们加的。——编者

② 指爱因斯坦1910年的论文：《在接近临界状态时均匀流体和流体混合物乳光理论》。——原书编者

匀分布的情形下，仅仅由物质所决定：引力场能量和 λ 项的能量贡献互相抵消。此外，并非不重要的是，这理论可以这样简便地表述出来：λ 不是作为具有普遍意义的普适常数而出现，而是作为积分常数或者拉格朗日因子而出现。只要这样说就行：对于一切能使自然测定的体积

$$\int \sqrt{-y} \cdot d\tau$$

保持不变的一切变分(*Variation*)都等于 0，即

$$\delta\left\{\int H d\tau\right\}=0.$$

这样的表述方式是很自然的，尤其是因为人们无疑不可能预先假定哈密尔顿积分对于都处在平衡状态的相邻宇宙的变分为 0。在普通力学里，找不到类似这样的见解，因为质量和容量在那里是不变的。我觉得，有机会时，我应当把这些想法发表出来，这样可以消除理论中的一个缺点。会不会有一天别的普适常数也会这样失掉它们的痛苦特性呢？①

① 正如爱因斯坦所猜测的，这些困难来自广义相对论中闭合体系的定义。——原书编者

马里安·冯·斯莫卢霍夫斯基[①]

9 月 5 日,当代最富有洞察力的理论家之一马里安·冯·斯莫卢霍夫斯基逝世了。他死于赤痢在克拉科夫流行的时候。当时他刚满 45 岁。

斯莫卢霍夫斯基的科学兴趣完全萦注在热的分子理论方面。他特别感兴趣的是那些从分子运动学中引申出来的但从古典热力学角度无法理解的结论;他感到只有对这些现象进行研究,才能克服十九世纪末科学家们对分子理论的强烈反对。

那种曾经使电动力学有了长足进步的怀疑论的思想,虽然清除了电动力学中的无用的机械形态,但同时却妨碍了热学理论的发展。物理学家们一旦懂得,即使不以力学为依据,物理理论也还是能够成为清晰的和完备的,于是他们便把物理学所有领域里的力学理论都抛弃了。因此,不难理解为什么玻耳兹曼在 1898 年带着伤感的口吻在《气体理论讲义》第二部分的序言中写道:"我认

---

① 原文发表在德国《自然科学》(*Naturwissenschaften*)周刊,1917 年,第 5 卷,737—738 页。这里转译自《爱因斯坦科学著作集》俄文版,第 4 卷,1967 年,36—38 页。本文由贾泽林同志译。

马里安·冯·斯莫卢霍夫斯基(Marian von Smoluchowski),波兰物理学家,1872 年生,1917 年 9 月 5 日去世。1906 年,他继爱因斯坦之后,对布朗运动进行深入的理论研究。——编者

为，如果气体理论由于当前占统治地位的敌对情绪而被人们暂时置诸脑后，就像当初波动论由于牛顿的权威曾经遇到的那种情况，科学将会蒙受严重的损失。”①

在这篇序言里就曾经提到过那年发表的斯莫卢霍夫斯基关于热在急剧减压的气体中传导情况下管壁同气体之间温度骤变的理论工作。这种现象还在23年以前就已由瓦尔堡(Warburg)和孔德(Kundt)发现了，这种现象确实是支持分子运动论的有力论据。在不使用古典热学所没有的自由程概念的情况下，如何才能令人满意地解释当继续给气体降压时管壁同气体之间温度的骤变的增大呢？

但是，为了改变热的力学理论的反对者的看法，还需要更有力的证据。虽然离开热的运动学理论就不能理解温度骤变的事实，但是热运动的实在性并不能直接从这个现象中引申出来。热的运动学理论只是在1905—1906年才得到了普遍的承认，当时证明了：这一理论可以对早就发现的液体中悬浮微粒的无规则运动，即布朗运动，进行定量的解释。斯莫卢霍夫斯基依据能量均分的运动学定律，创立了关于这一现象的特别精致和直观的理论。按照这条定律，直径为1微米的粒子(具有水的密度)在处于热力学平衡的液体中运动，应具有约为3毫米/秒的平均瞬时速度。斯莫卢霍夫斯基指出，内摩擦在不断减弱这个速度，而无规的相互碰撞则又不断地恢复这种速度，他成功地对现象进行了定量的解释。

对布朗运动本质的认识，使所有怀疑玻耳兹曼热力学定律的可靠性的看法都一下子烟消云散了。人们开始懂得，准确意义上

① L.玻耳兹曼：《气体理论讲义》，第2部分，1898年。——原注

的热力学平衡是根本不存在的，倒是应当说，每一个长期自我调节的体系都围绕着理想的热力学平衡状态作无规的振荡。然而正如一般理论所表明的，由于这些起伏非常之小，所以它们总的说来是观察不到的。但是在1908年斯莫卢霍夫斯基却找到了第二类可观察的现象，在这些现象中，这些起伏几乎是直接表现出来的。这就是气体和结晶状液体的乳光。物质或这种物质的个别组成成分的可压缩性越大，由于热运动的无规性而使密度所承受的连续的空间时间起伏也就越大；斯莫卢霍夫斯基在一般理论基础上指出，这些起伏应当引起物质在光学上的模糊不透明。瑞利(Rayleigh)勋爵曾经对天空的蓝色进行过解释，天空的蓝色属于这样一类现象，它们证明了空气密度在空间上是有起伏的。

斯莫卢霍夫斯基的其他科学工作不能在这里一一地加以阐述。但是必须提一提他于1913年和1916年应哥廷根科学协会邀请所做的两期报告，这两期报告曾发表在《物理学的期刊》(*Phys. Zeits.*)上。这些报告对这位过早逝世的科学家的整个一生活动是一个最好的概括。每一个了解斯莫卢霍夫斯基的人，所以喜欢他，不仅因为他是一个聪明的科学家，而且也因为他是一个高尚的、敏感的和友善待人的人。近几年来的世界灾难，使他对人们的残忍和对我们文明发展所遭受的损失感到极为痛心。命运过早地中断了他作为研究家和教育家的卓有成效的活动；但是我们将非常珍惜他的生活榜样和他的著作。

探索的动机

——在普朗克六十岁生日庆祝会上的讲话①

在科学的庙堂里有许多房舍,住在里面的人真是各式各样,而引导他们到那里去的动机实在也各不相同。有许多人所以爱好科学,是因为科学给他们以超乎常人的智力上的快感,科学是他们自己的特殊娱乐,他们在这种娱乐中寻求生动活泼的经验和雄心壮志的满足;在这座庙堂里,另外还有许多人所以把他们的脑力产物奉献在祭坛上,为的是纯粹功利的目的。如果上帝有位天使跑来把所有属于这两类的人都赶出庙堂,那么聚集在那里的人就会大大减少,但是,仍然还有一些人留在里面,其中有古人,也有今人。我们的普朗克就是其中之一,这也就是我们所以爱戴他的原因。

我很明白,我们刚才在想象中随便驱逐了许多卓越的人物,他

---

① 这是爱因斯坦于1918年4月在柏林物理学会举办的麦克斯·普朗克六十岁生日庆祝会上的讲话。讲稿最初发表在1918年出版的《庆祝麦克斯·普朗克60寿辰:德国物理学会演讲集》(*Zu Max Plancks 60 Geburtstag: Ansprachen in der Deutschen Physiкalischen Gesellschaft*)上。1932年爱因斯坦将此文略加修改,作为墨菲(J. Murphy)编译的普朗克的文集《科学往何处去?》(*Where Is Science Going?*)的序言。(该书有中译本,1934年上海辛垦书店出版,译者皮仲和。)这里译自《思想和见解》224—227页。标题是照原来所用的。(《思想和见解》一书中的标题是"研究的原则"。)

普朗克(Max Karl Ernst Ludwig Planck),德国物理学家,生于1858年4月23日,卒于1947年10月4日。——编译者

们对建设科学庙堂有过很大的也许是主要的贡献；在许多情况下我们的天使也会觉得难以作出决定。但有一点我可以肯定：如果庙堂里只有我们刚才驱逐了的那两类人，那么这座庙堂就绝不会存在，正如只有蔓草就不成其为森林一样。因为，对于这些人来说，只要有机会，人类活动的任何领域他们都会去干；他们究竟成为工程师、官吏、商人，还是科学家，完全取决于环境。现在让我们再来看看那些为天使所宠爱的人吧。他们大多数是相当怪僻、沉默寡言和孤独的人，尽管有这些共同特点，实际上他们彼此之间很不一样，不像被赶走的那许多人那样彼此相似。究竟是什么把他们引到这座庙堂里来的呢？这是一个难题，不能笼统地用一句话来回答。首先我同意叔本华(Schopenhauer)所说的，把人们引向艺术和科学的最强烈的动机之一，是要逃避日常生活中令人厌恶的粗俗和使人绝望的沉闷，是要摆脱人们自己反复无常的欲望的桎梏。一个修养有素的人总是渴望逃避个人生活而进入客观知觉和思维的世界；这种愿望好比城市里的人渴望逃避喧嚣拥挤的环境，而到高山上去享受幽静的生活，在那里，透过清寂而纯洁的空气，可以自由地眺望，陶醉于那似乎是为永恒而设计的宁静景色。

除了这种消极的动机以外，还有一种积极的动机。人们总想以最适当的方式来画出一幅简化的和易领悟的世界图像；于是他就试图用他的这种世界体系(*cosmos*)[①]来代替经验的世界，并来征服它。这就是画家、诗人、思辨哲学家和自然科学家所做的，他

---

① “*cosmos*”原来的意思是“宇宙”，是指广包一切，秩序井然的整个体系。——编译者

们都按自己的方式去做。各人都把世界体系及其构成作为他的感情生活的支点,以便由此找到他在个人经验的狭小范围里所不能找到的宁静和安定。

理论物理学家的世界图像在所有这些可能的图像中占有什么地位呢?它在描述各种关系时要求尽可能达到最高标准的严格精确性,这样的标准只有用数学语言才能达到。另一方面,物理学家对于他的主题必须极其严格地加以限制:他必须满足于描述我们的经验领域里的最简单事件;企图以理论物理学家所要求的精密性和逻辑完备性来重现一切比较复杂的事件,这不是人类智力所能及的。高度的纯粹性、明晰性和确定性要以完整性为代价。但是当人们畏缩而胆怯地不去管一切不可捉摸和比较复杂的东西时,那么能吸引我们去认识自然界的这一渺小部分的究竟又是什么呢?难道这种谨小慎微的努力结果也够得上宇宙理论的美名吗?

我认为,是够得上的。因为,作为理论物理学结构基础的普遍定律,应当对任何自然现象都有效。有了它们,就有可能借助于单纯的演绎得出一切自然过程(包括生命)的描述,也就是说得出关于这些过程的理论,只要这种演绎过程并不太多地超出人类理智能力。因此,物理学家放弃他的世界体系的完整性,倒不是一个有什么基本原则性的问题。

物理学家的最高使命是要得到那些普遍的基本定律,由此世界体系就能用单纯的演绎法建立起来。要通向这些定律,并没有逻辑的道路;只有通过那种以对经验的共鸣的理解为依据的直觉,才能得到这些定律。由于有这种方法论上的不确定性,人们可以假定,会有许多个同样站得住脚的理论物理体系;这种看法在理论上无疑是正确的。但是，物理学的发展表明，在某一时期，在所有可想象到的构造中，总有一个显得比别的都要高明得多。凡是真正深入地研究过这问题的人，都不会否认唯一地决定理论体系的，实际上是现象世界，尽管在现象同它们的理论原理之间并没有逻辑的桥梁；这就是莱布尼茨（Leibnitz）非常中肯地表述的“先定的和谐”①。物理学家往往责备认识论者对这个事实没有给予足够的注意。我认为，几年前马赫同普朗克之间所进行的论战的根源就在于此。

渴望看到这种先定的和谐，是无穷的毅力和耐心的源泉。我们看到，普朗克就是因此而专心致志于这门科学中的最普遍的问题，而不使自己分心于比较愉快的和容易达到的目标上去。我常常听到同事们试图把他的这种态度归因于非凡的意志力和修养，但我认为这是错误的。促使人们去做这种工作的精神状态是同信仰宗教的人或谈恋爱的人的精神状态相类似的；他们每天的努力并非来自深思熟虑的意向或计划，而是直接来自激情。我们敬爱的普朗克就坐在这里，内心在笑我像孩子一样提着第欧根尼的灯笼②闹着玩。我们对他的爱戴不需要作老生常谈的说明。祝愿他对科学的热爱继续照亮他未来的道路，并引导他去解决今天物理学的最重要的问题，这问题是他自己提出来的，并且为了解决这问

---

① “先定的和谐”（*harmonia praestabilita*）是莱布尼茨所用的术语。他说一切“单子”之间，特别是心同物之间，存在着一种预先被永远确定了的和谐。——编译者

② 第欧根尼（Diogenes）是纪元前四世纪的希腊犬儒学派的哲学家，他衣食极简陋，常露宿或住在大木桶里。据说他曾在白昼提着灯笼到处寻找诚实的人。——编译者

题他已经做了很多工作。祝他成功地把量子论同电动力学和力学统一于一个单一的逻辑体系里。

康德的《绪论》读后感

——1918年6—7月间给M.玻恩的信[①]

〔上略〕

关于晶体点阵中的惯性，您告诉我的看法是非常令人满意的。它只能是一个电能的问题，因为按照力学基本定律，别种假设的力的势能都不能成为惯性的一部分。我非常盼望早日看到您关于这一点的说明。

除了做别的一些事情以外，我正在这里读康德的《绪论》[②]，并

① 这是爱因斯坦于1918年6—7月间给麦克斯·玻恩的信，当时他在阿伦须普(Ahrenshoop)避暑地休养。此信最初发表在《爱因斯坦和玻恩夫妇通信集(1916—1955)》(*A. Einstein, Hedwig und Max Born: Briefwechsel*, 1916—1955)，慕尼黑Nymphenburger, 1969年。这里译自该书的英译本《玻恩-爱因斯坦通信集》(*The Born-Einstein Letters*)，伊雷妮·玻恩(Irene Born)英译，纽约，Walker，1971年，7页。标题是我们加的。——编译者

② 指康德1783年出版的著作《任何能作为科学而出现的未来形而上学的绪论》(*Prolegomena zu einer jeden künftigen Metaphysik, die als Wissenschaft wird auftreten können*)。此书是康德对自己的主要著作《纯粹理性批判》中的论点的通俗解释。据麦克斯·塔耳枚(Max Talmey，他曾帮助爱因斯坦自学自然科学和欧几里得几何)说，他曾于1892年介绍爱因斯坦读《纯粹理性批判》，当时爱因斯坦对康德有好感。见他所著的《简化的相对论及其创造者的形成时期》(Max Talmey: *The Relativity Theory Simplified and the Formative Period of its Inventor*)，1932年，纽约Ealcon版，164页。但以后爱因斯坦发觉他所接触到的哲学都很含糊，也很任意，于是他把兴趣集中于物理学。——编译者

且开始理解到这个人所发散出来的和仍在发散的那种引人深思的力量。只要您一旦对他的先验的综合判断的存在让了步,您就落入了圈套。我必须把这个"先验的"冲淡成为"约定的",才不致同他非发生矛盾不可,可是,即使那样,在细节上还是格格不入。这本书读起来无论如何是有味的,尽管它还没有他的先辈休谟的著作那样好。休谟还有一个健全得多的本能。[①]

〔下略〕

① 对此,M. 玻恩于1965年在《通信集》中作了这样的注释:"这封信还讲到爱因斯坦对待康德哲学的态度:那等于排斥。在那些日子里,他是一个十足的经验论者,而且是一个戴维·休谟的信徒。后来他改变了这种态度。没有多大经验基础的思辨和猜想,在他的思考中起了越来越重要的作用。"——编译者

关于魏耳的理论和宇宙学问题

——1918 年 8 月 20 日给贝索的信①

〔上略〕

我相信，魏耳(Weyl)不仅是一个出类拔萃的人，而且在为人方面，也是很讨人喜欢的。只要有机会和他见面，我是不会错过的。他一定会从相对论的死胡同里走出去。他的理论研究不符合这样一个事实：两个本来全等的固体，不管它们遭到什么样的命运，仍然是全等的。特别是，它们的世界线应具有什么样的积分值 $\int \varphi_\nu . dx_\nu$，这是没有意义的。否则，就会有各种大小的钠原子和电子。然而，如果固体的相对大小同初始条件无关，那么两个(相邻的)世界点之间就会有一个可测距离。不管怎样，魏耳的基本设想用于分子是错误的。据我所知，没有任何物理根据证明这个基本假设适用于引力场。反之，根据这个假设，引力场方程变成四阶方程——对此迄今的实验都不能提供任何支持——而且，能量定律也没有可以站得住脚的表述了，只要引力场的哈密尔顿函数含有高于一次的 $g_{\mu\nu}$ 的微商。

这一点把我的思路引导到能量问题。你的提示向我说明，你

---

① 译自《爱因斯坦-贝索通信集》132—134 页。由李澍泖同志译。标题是我们加的。——编者

也认为引力场的能量张量可以不用。可是，能量定律立刻就会失去任何价值。实际上，物质满足"能量定律"

$$\frac{\partial T_{\sigma}{}^{\nu}}{\partial x_{\nu}}+\frac{1}{2}\cdot\frac{\partial g^{\mu\nu}}{\partial x_{\sigma}}\cdot T_{\mu\nu}=0.$$

但是，第二项指明，这个方程给不出任何下列形式的守恒定律：

$$\frac{d}{dt}\left\{\int dV\right\}=0.$$

人们立即可以清楚地看出，没有静止引力场的应力张量，就不能从能量张量中推导出牛顿力来。如果能量和动量的概念不应用于 $g_{\mu\nu}$ 场，那么，它就失去任何物理意义。

我写给你的关于 λ 的话没有任何价值。其理由如下：

或者是，宇宙有一个中心，就其整体来说，它的密度近于零；它在无穷远是空的，在那里一切热能因辐射而消失。或者是，一切点就其平均来说是等效的，其平均密度到处一样。这种情形中，就需要有一个假设常数 λ，这常数表示，物质在什么样的平均密度下才能保持平衡。

第二个假设比较更令人满意，尤其是它导致一个有限宇宙。这一点是立即感觉到的。由于宇宙只以一个模型（*Exemplar*）存在，不管赋予一个常数以自然规律所特有的常数形式还是一个"积分常数"的形式，在本质上没有什么区别。

人们可以先验地预期一些不可逆的基本定律。但是，迄至今日的关于个别情形的实验并不支持这个假设（特别是量子定律），热平衡的存在就更不能支持它。根据我所知道的一切，我相信基本现象的可逆性。一切时间单向性似乎都是以"顺序"为基础的。

你可以用放射性现象来驳我，但是，我深信，逆过程只是在实际上是不可能的。

理论必须以经验事实为依据

——1918 年 8 月 28 日给贝索的信[1]

在重读你最近的一封信时，我发现某种简直使我生气的东西：思辨竟显得比经验更高超。你在这里指的还是相对论的发展。但是，我发现这个发展所启示我们的却是另一回事，几乎同你所肯定的正相反，一个理论如果要得到人们的信任，就必须建立在可以普遍推广的**事实**（*verallgemeinerungsfähige Thatsachen*）之上。旧的例证：

热力学的（基本原理）所根据的是永动机的不可能。力学所根据的是已为经验所证明了的惯性定律。* 狭义相对论所根据的是光速不变性。真空的麦克斯韦的方程所根据的也是经验基础。关于匀速平移的相对性就是一个**经验事实**。广义相对论〔所根据的是〕：**惯性质量同引力质量的相等。**

从来没有一个真正有用的和深刻的理论果真是靠单纯思辨去发现的。退一步说，这也适用于麦克斯韦关于位移电流的假说。不过，即使在那里，问题是怎样正确认识光的传播（以及开电路）这个实在。

* 气体动力论所根据的是热同机械能的等效性（历史上也是如此）。

---

① 译自《爱因斯坦-贝索通信集》137—138 页。由李澍泖同志译。标题是我们加的。——编者

黎曼几何也有它在地球上的起源

——1918年9月8日给贝索的信[①]

〔上略〕

你关于经验和思辨在物理学中的作用的见解使我很高兴。我只想补充说，不能把黎曼的成就看成是纯思辨的结果。高斯的贡献在于表述了刚性小杆在一定表面上的位置的规律。它的 ds 就对应于小杆；没有这种具体的经验图像（*Erfahrungsgebilde*），整个论证是不可能的。黎曼把它推广到多维曲面（*Mehrdimensionale*），这当然是一种纯思辨的做法；可是它也是以高斯关于量杆的概念为依据的。如果后人忘记了 ds^2 的地球上的起源，这就当然不是什么进步。魏耳在他的优秀著作[②]里把黎曼理想称之为多维结构**大地测量学**（*die Geodäsie mehrdimensionaller Gebilde*）是颇有道理的。

---

① 译自《爱因斯坦-贝索通信集》139—140页。由李澍泖同志译。标题是我们加的。——编者

② H. 魏耳：《空间、时间和物质》（H. Weyl: *Raum, Zeit und Materie*），1918年，第二章《黎曼几何学》。——原书编者

应当对量子论的成功感到羞愧

——1919 年 6 月 4 日给 M. 玻恩的信[①]

〔上略〕

你告诉我，按照朋友奥本海姆(Oppenheim)的说法，我被认为已经作出了只有天晓得的惊人发现。[②] 但这完全不是事实。对于我在格吕内瓦德(Grunewald)湖告诉过你的那件事，我曾向他作过谨慎的提示，在他的丰富的想象中竟可怕地膨胀起来了！量子论给我的感觉同你的非常相像。人们实在应当为它的成功而感到羞愧，因为它是根据耶稣会的格言"不可让你的左手知道你的右手所做的事"而获得的。

〔下略〕

---

① 译自《玻恩-爱因斯坦通信集》(*The Born-Einstein Letters*)，1971 年，纽约，Walkor 英文版，10—11 页。标题是我们加的。——编译者

② 据 M. 玻恩于 1965 年写的注释："小奥本海姆对哲学感兴趣，特别是对爱因斯坦的相对论所包含的哲学观念感兴趣。他大概隐约地涉及了'统一场论'的开始，这种理论企图把引力和电磁结合起来，它占据了爱因斯坦整个一生。"——编译者

什么是相对论？[①]

我高兴地答应你们的一位同事的请求，为《泰晤士报》写点关于相对论的东西。在学术界人士之间以前的活跃来往可悲地断绝了之后，我欢迎有这样一个机会，来表达我对英国天文学家和物理学家的喜悦和感激的心情。为了验证一个在战争时期在你们的敌国内完成并且发表的理论，你们著名的科学家耗费了很多时间和精力，你们的科学机关也花费了大量金钱，这完全符合于你们国家中科学工作的伟大而光荣的传统。虽然研究太阳的引力场对于光线的影响是一件纯客观的事情，但我还是忍不住要为我的英国同事们的工作，表示我个人的感谢；因为，要是没有这一工作，也许我就难以在我活着的时候看到我的理论的最重要的含义会得到验证。

我们可以把物理学中的理论分成不同种类。其中大多数是构造性的（*constructive*）。它们企图从比较简单的形式体系（*formalscheme*）出发，并以此为材料，对比较复杂的现象构造出一幅图

---

① 此文最初发表在伦敦《泰晤士报》（*The Times*）1919 年 11 月 28 日 13 页上，原来的题目是“我的理论”。这里译自《我的世界观》英译本（1934 年）73—82 页和《思想和见解》227—232 页。标题是照这两本书上的。

按：《晚年集》中有一篇文章题名为“时间、空间和万有引力”，编者说它在此以前从未发表过（《晚年集》系 1950 年出版）。但这篇文章的内容同 1919 年在《泰晤士报》上发表的文章完全一样，只是它少了开头第一段和最后的附注。——编译者

像。气体分子运动论就是这样力图把机械的、热的和扩散的过程都归结为分子运动——即用分子运动假说来构造这些过程。当我们说，我们已经成功地了解一群自然过程，我们的意思必然是指：概括这些过程的构造性的理论已经建立起来。

同这一类最重要的理论一道的，还存在着第二类理论，我把它们叫做“原理理论”(*principle-theory*)。它们使用的是分析方法，而不是综合方法。形成它们的基础和出发点的元素，不是用假说构造出来的，而是在经验中发现到的，它们是自然过程的普遍特征，即原理，这些原理给出了各个过程或者它们的理论表述所必须满足的数学形式的判据。热力学就是这样力图用分析方法，从永动机不可能这一普遍经验到的事实出发，推导出一些为各个事件都必须满足的必然条件。

构造性理论的优点是完备、有适应性和明确；原理理论的优点则是逻辑上完整和基础巩固。

相对论属于后一类。为了掌握它的本性，首先需要知道它所根据的原理。但在我尚未讲这些之前，必须先指出，相对论有点像一座两层的建筑，这两层就是狭义相对论和广义相对论。为广义相对论所依据的狭义相对论，适用于除了引力以外的一切物理现象；广义相对论则提供了引力定律，以及它同自然界别种力的关系。

自从古希腊时代起，当然就已知道：为了描述一个物体的运动，就需要有另一物体，使第一个物体的运动可对它进行参照。一辆车子的运动，是参照地面而说的；一颗行星的运动，是对可见恒星的全体而说的。在物理学中，那种为事件在空间上所参照的物体就叫做坐标系。比如，伽利略和牛顿的力学定律，只有借助于坐标系才能用公式列出来。

但是，如果要使力学定律有效，坐标系的运动状态就不可任意选取（它必须没有转动和加速度）。力学中容许的坐标系叫做"惯性系"。按照力学，惯性系的运动状态不是由自然界唯一确定的。相反地，下面的定义是成立的：一个对惯性系作匀速直线运动的坐标系，也同样是一个惯性系。所谓"狭义相对性原理"就意味着这个定义的推广，用以包括无论哪种自然界事件：这样，凡是对坐标系 C 有效的自然界普遍规律，对于一个相对于 C 作匀速平移运动的坐标系 C' 也必定同样有效。

狭义相对论所根据的第二条原理是"真空中光速不变原理"。这原理断言：光在真空里总有一个确定的传播速度（同观测者或者光源的运动状态无关）。物理学家之所以信赖这条原理，是由于麦克斯韦和洛伦兹的电动力学所得到的成就。

上述两条原理都为经验强有力地支持着，但它们在逻辑上却好像是互相矛盾的。狭义相对论终于成功地把它们在逻辑上调和了起来，这是由于它修改了运动学——即（从物理学的观点）论述空间和时间的规律的学说。这样就弄清楚了：说两个事件是同时的，除非指明这是对某一坐标系而说的，否则就毫无意义；量度工具的形状和时钟运行的快慢，都同它们对于坐标系的运动状态有关。

但旧的物理学，包括伽利略和牛顿的运动定律，不适合上述的相对论性运动学。如果上述两条原理真是可适用的，那么由相对论性运动学所得出的普遍数学条件，必须为自然规律所遵循。物理学必须适应这些条件。特别是科学家得到了一个关于(飞速运动着的)质点的新的运动定律,这在带电粒子的情况下已被美妙地证实了。狭义相对论最重要的结果,是关于物质体系的惯性质量。这个结果是:一个体系的惯性必然同它的能量含量有关。由此又直接导致这样的观念:惯性质量就是潜在的能量。质量守恒原理失去了它的独立性,而同能量守恒原理融合在一起了。

狭义相对论其实就是麦克斯韦和洛伦兹电动力学的有系统的发展,然而又指向它本身范围以外。难道物理定律同坐标系运动状态无关这一点只限于坐标系的相互匀速平移运动吗?自然界同我们的坐标系及其运动状态究竟有何相干呢?如果为了描述自然界,必须用到一个我们随意引进的坐标系,那么这个坐标系的运动状态的选取就不应当受到限制;定律应当同这种选取完全无关(广义相对性原理)。

下面这一早已知道的经验事实,使这条广义相对性原理的建立比较容易。这事实是:物体的质量和惯性是受同一常数支配的(惯性质量同引力质量的相等)。试设想有一个坐标系,它对于另一在牛顿意义上的惯性系作匀速转动。依照牛顿的教导,出现在这个坐标系中的离心力,应当被看作是惯性的效应。但这些离心力完全像重力一样,是同物体的质量成比例的。在这种情况下,难道不可以把这个坐标系看作是静止的,而把离心力看作是万有引力吗?这似乎是显而易见的,但却为古典力学所不容许。

以上简略的考查提示了广义相对论必须给出引力定律,而在这个想法上所作的始终不懈的努力,已证实了我们的希望。

但是这条道路却有料想不到的困难,因为它要求放弃欧几里得几何。这就是说，固体在空间里的可能的配置所遵循的定律，并不完全符合于欧几里得几何所赋予物体的空间定律。这就是我们所讲的“空间曲率”的意义。“直线”、“平面”等等基本概念，因而在物理学中也就失去了它们的严格意义。

在广义相对论中，空间和时间的学说，即运动学，已不再表现为同物理学的其余部分根本无关的了。物体的几何性状和时钟的运行都是同引力场有关的，而引力场本身却又是由物质所产生的。

从原理上看来，新的引力论同牛顿的理论分歧很大。但是它的实际结果却同牛顿理论的结果非常接近，以至于在经验所能及的范围内很难找到区别它们的判据。到目前为止，已发现的这种判据有：

(1) 行星轨道的椭圆绕太阳的旋转（在水星的实例中已得到证实）。

(2) 引力场所引起的光线的弯曲（已由英国人的日食照相得到证实）。

(3) 从大质量的星球射到我们这里的光线，其谱线向光谱红端位移（迄今尚未证实）。[①]

这理论主要吸引人的地方在于逻辑上的完整性。从它推出的许多结论中，只要有一个被证明是错误的，它就必须被抛弃；要对它进行修改而不摧毁其整个结构，那似乎是不可能的。

可是人们不要以为牛顿的伟大工作真的能够被这一理论或者

---

① 光经过引力场，其谱线要向光谱的红端位移，这一理论预测已于 1924 年由阿达姆兹(W. Adams)通过对天狼星伴星的观察，得到了证明。——编译者

任何别的理论所代替。作为自然哲学[①]领域里我们整个近代概念结构的基础，他的伟大而明晰的观念，对于一切时代都将保持着它的独特的意义。

附注：你们报纸上关于我的生活和为人的某些报道，完全是出自作者的活泼的想象。为了逗读者开心，这里还有相对性原理的另一种应用：今天我在德国被称为“德国的学者”，而在英国则被称为“瑞士的犹太人”。要是我命中注定将被描写成为一个最讨厌的家伙（*bête noire*），那么就倒过来了，对于德国人来说，我就变成了“瑞士的犹太人”；而对于英国人来说，我却变成了“德国的学者”。

① 指物理学，英国科学家在本世纪以前习惯于把物理学叫做“自然哲学”。——编译者

关于魏耳理论及其他

——1919年12月12日给贝索的信[①]

你的来信使我十分高兴，它终于把你的地址告诉了我，并且使我有希望确知你又处于可以达到的距离之内，当然啦，你还是在那简直无法攀越的外汇之墙的另一边。你计划重返专利局一事，我极为关切，在那人间寺庙里，我曾悟出我最美妙的思想，在那里我们曾在一起度过那样美好的时光。从那时以来，我们的孩子长大了，而我们自己也成了老孩子！

1月16日至18日，我要去巴塞耳(Basel)*，在那里要举行一次会议，来讨论在巴勒斯坦兴办希伯来大学的事宜[②]。我觉得，这个事业值得积极协助。我之所以去，并非我自觉特别胜任，而是因为，自从英国观测队观测日蚀以后，我的名字颇受尊重，对我那些不大热心的种族同胞会起激励鼓舞作用，因而可能有济于事。[③]

目前，在科学方面，我们没有什么可以向你讲的，我的生活太

---

① 译自《爱因斯坦-贝索通信集》147—148页。由李澍泖同志译。标题是我们加的。——编者

② 这次会议后来没有举行。——原书编者

③ W.泡利：《关于H.魏耳的引力与电的理论》(*Zur Theorie der Gravitation und der Elektrizitat vom Hermann Weyl*)，《物理学的期刊》20卷，1919年，10页。——原书编者

动荡了。然而，我正同能斯特一起兄弟般地进行一项有趣的小小的技术性研究工作。人们渐渐察觉到在静电势不等于 0 时，魏耳理论没有静场解（参看泡利发表在《物理学的期刊》的文章）。开始时人们引进数据（势引起的测量单位的变化），进行繁重的计算后，得出的结果同预见的相符。宇宙解是否正确，这个问题也许可用恒星天文学再次进行检验，我一直在为此而伤脑筋。

* 我答应此事，但怀疑我是否能实践诺言。这种事情风言风语太多，令人疲惫而又徒劳无益。

不愿意放弃完全的因果性

——1920 年 1 月 27 日给 M. 玻恩的信①

〔上略〕

泡利(Pauli)所反对的不仅是魏耳(Weyl)的理论,而且也反对其他任何人的连续区理论。甚至还反对把电子当作奇点来处理的理论。我现在仍然像以前一样的相信,人们必须寄希望于用微分方程所作的过分确定(*redundancy in determination*)②,使得**解**本身不再具有连续区的特征。但是怎样才能做到这一点呢?

〔中略〕

关于因果性问题也使我非常烦恼。光的量子吸收和发射究竟能以完全的因果性要求的意义去理解呢?还是一定要留下一点统计性的残余呢?我必须承认,在这里,我对自己的信仰缺乏勇气。但是,要放弃**完全的**因果性,我会是很难过的。我不理解斯特恩(Stern)的解释,因为我搞不懂他所说的自然界是"易领悟的"这句话的真实意义。(严格的因果性是否存在的问题是有确定意义的,

---

① 译自《玻恩-爱因斯坦通信集》,1971 年,纽约,Walker 英文版,21—23 页。标题是我们加的。——编译者

② "过分确定"是指微分方程的个数多于要被确定的未知数的个数。——编译者

即使对这个问题可能永远没有一个明确的答案也如此。)索末菲的书是好的,可是我必须坦率地说,由于只有天晓得的那种下意识的理由,这个人所说的,在我听起来不像是真实的。

〔下略〕

理论和实验

——《狭义与广义相对论浅说》德文第 10 版附录①

从系统的理论观点来看，我们可以设想，经验科学的发展过程就是不断的归纳过程。人们发展起各种理论，这些理论在小范围内以经验定律的形式表达大量单个观察的陈述，把这些经验定律加以比较，就能探究出普遍性的规律。这样看来，科学的发展有点像编辑一种分类目录。它好像是一种纯粹的经验事业。

但是这种观点并没有看到整个实际过程；因为它忽略了直觉和演绎思维在精密科学发展中所起的重大作用。科学一旦从它的原始阶段脱胎出来以后，仅仅靠着排列的过程已不能使理论获得进展。由经验材料作为引导，研究者宁愿提出一种思想体系，它一般地是在逻辑上从少数几个所谓公理的基本假定建立起来的。我们把这样的思想体系叫做**理论**。理论所以能够成立，其根据就在于它同大量的单个观察关联着，而理论的“真理性”也正在此。

对应于同一个经验材料的复合，可以有几种理论，它们彼此很

---

① 这是爱因斯坦于 1920 年为《狭义与广义相对论浅说》德文本第 10 版所写的附录三：《广义相对论的实验证实》中的绪论。这里译自该书英译本第 17 版（1957 年）123—124 页。标题是我们加的。——编译者

不相同。但是从那些由理论得出的能够加以检验的推论来看，这些理论可以是非常一致的，以致在两种理论中间难以找出彼此不同的推论来。在生物学领域里可举出一个为大家所感兴趣的例子，即在达尔文关于物种由于生存竞争的选择而发展的理论中，以及在那个以后天获得性遗传这一假说为根据的物种发展理论中，就有这样的情况。

以牛顿力学为一方，以广义相对论为另一方，我们也看到了两种理论的推论非常一致的又一个实例。这个一致性大到这样程度，以致尽管这两种理论的基本假定是完全不同的，但是要从广义相对论中找出一些能加以检验而为相对论以前（*pre-relativity*）的物理学所得不到的推论，到目前为止，我们还只找到很少几个。

〔下略〕

相对论的认识论观点以及闭合空间问题

——1920年4月24日给M.索洛文的信[①]

〔上略〕

相对论的实验基础虽然是多种多样的，但其内容和方法只要用几句话就可以概括。虽然自古以来人们仅仅意识到**相对的**运动，可是物理学却一直都以**绝对**运动的概念作为基础。光学曾假设存在一种同其他运动状态都不同的特殊运动状态，这就是光以太的运动。所有物体的运动都应该以光以太为参照才具有意义。因此，以太显示了自己是绝对静止这一毫无意义的概念的化身。如果光以太真正存在，并且以刚体的形式充满整个空间，而所有运动都应该以它为参照，那么我们就可以说有"绝对运动"，并且在这基础上建立起力学来。但是，在目的在揭示以假想的光以太为参照的特许运动状态的物理实验都失败以后，问题就应该反过来加

---

① 这是爱因斯坦于1920年4月24日给莫里斯·索洛文(Maurice Solovine)的信。索洛文是罗马尼亚籍犹太人，是爱因斯坦在伯尔尼时的挚友，后居住在法国。关于他同爱因斯坦的关系，参见本书768—771页。这信最初发表在1956年巴黎出版的爱因斯坦《给莫里斯·索洛文的通信集》(*Lettres à Maurice Solovine*，巴黎Gauthier-Villars，1956年)。这里译自该书1960年柏林德国科学出版社版，18—24页。本文由邹国兴同志译。标题是我们加的。——编者

以考虑了。这就是相对论系统地做过的工作。相对论假设不存在特许的物理运动状态,然后研究从这个假设出发在自然规律方面可以得出什么结论来。因此,相对论所用的方法同热力学的方法很相似。整个热力学实际上仅仅是系统地回答了这样一个问题:如果永动机是不可能的,那么自然规律应该是什么样子的?

相对论理论的另一个要点是它在认识论方面的观点。物理学中没有任何概念是先验地必然的,或者是先验地正确的。唯一地决定一个概念的"生存权"的,是它同物理事件(实验)是否有清晰的和单一而无歧义的联系。因此,一些旧概念,像绝对同时性、绝对速度、绝对加速度等等,在相对论中都被抛弃了,因为它们同实验之间不可能有单一而无歧义的联系。同样,欧几里得几何中的一些几何概念,比如"平面"、"直线"等,也遭到了同样的命运。每一个物理概念都应当有一个明确的定义,使得人们从这个定义出发,在原则上就可以决定这个概念在具体情况下是不是正好合适和恰如其分。

为什么要偏向于有限的闭合空间概念而不是无限空间概念呢?有下面几点理由:

1)从相对论的观点来看,闭合空间的边界条件比起无限空间在无穷远处假设准欧几里得结构的边界条件来,要简单得多。

2)马赫关于惯性产生于物体间相互作用的想法,已作为一级近似包含在相对论的场方程之中。从这些方程确实可以推出:惯性,至少部分地,是由物体之间的相互作用所产生的。这样,马赫的想法就非常可能了,因为,认为惯性部分地产生于物质间的相互作用,而另一部分却又产生于某种同空间无关的因素,这样的思想是不能令人满意的。但是对应于马赫这一想法的,只能是一个有限的闭合空间，而不可能是一个无限的准欧几里得空间。总之，从认识论的观点来看，空间的力学性质完全由物质所决定，这一结果是很可以使人满意的，而这一点，只有在闭合空间的情况下才有可能实现。

3）一个无限的空间，只有在物质的平均密度为零时才有可能。这一假定在逻辑上当然是允许的，但其可能性比起一个不等于零的有限平均密度来要小。

以太和相对论[①]

物理学家在那个从日常生活抽象出来的有重物质的观念之外，为什么还要建立起存在另一种物质——以太的观念呢？其理由无疑在于引起超距作用力理论的那些现象，以及导致波动论的光的那些性质。我们想要对这两件事作一番简略的考查。

非物理学的思想并不知道什么超距作用力。当我们试图以因果性的方式来深入理解我们在物体上所形成的经验时，初看起来，似乎除了由直接的接触所产生的那些相互作用，比如由碰、压和拉来传递运动，用火焰加热或引起燃烧，等等，此外就没有别种相互作用了。固然，重力这样一种超距作用力，在日常经验中已经起着重大的作用。但是由于物体的重力在日常生活中是作为某种不变的量呈现在我们的面前，它同任何时间上或空间上**可以变化的**原因都无联系，所以我们在日常生活中通常就想不到重力还有什么原因，因而也意识不到它有像超距作用力那样的特征。直到牛顿

① 这是爱因斯坦于1920年10月27日在荷兰莱顿大学任特邀教授的就职讲话。这个讲稿1920年5月以前就已写好，原计划在5月5日讲的，因故延到10月才去莱顿。讲稿当年由柏林J. Springer出版社以单行本小册子的形式出版，题名为《*Ätherund Relativitätstheorie*》。1934年英文版《我的世界观》中有它的译文，但标题改为《相对论和以太》，未注明出处，而且译错的地方很多。这里译自这本小册子的1920年德文版。——编译者

的引力理论把引力解释为由物质所产生的一种超距作用力，才给它提出了一种原因。虽然牛顿的理论标志着把自然现象因果地联系起来而进行的努力中所取得的最大的进步，然而这个理论在他的同时代人那里却产生了强烈的不满，因为它似乎同从其他经验推导出来的原理相矛盾，这就是相互作用只能通过接触而不能通过无媒介的超距作用来产生。

人类的求知欲只好勉强忍受这样一种二元论。怎样才能拯救自然力概念的一致性呢？要么人们可以把那些作为接触力呈现在我们面前的力，也当作只在很微小的距离中确实可以察觉到的超距作用力来理解；这是牛顿的后继者们大多所偏爱的道路，因为他们完全迷醉于牛顿的学说。要么人们可以假定，牛顿的超距作用力只是**虚构的**无媒介的超距作用力，其实它们却是靠一种充满空间的媒质来传递的，不论是靠这种媒质的运动，还是靠它的弹性形变。这样，为了使我们对于这些力的本性有一个统一的看法，便导致了以太假说。首先，以太假说对引力理论和物理学的确完全没有带来任何一点儿进步，以致人们养成了一种习惯，把牛顿的〔引〕力定律当作不可再简约的公理来对待。但是以太假说势必要在物理学家的思想中继续不断地起作用，即使最初至多只是起一种潜在的作用。

十九世纪上半叶，当光的性质同有重物体的弹性波的性质之间存在着广泛的相似性已经变得明显的时候，以太假说就获得了新的支持。光必须解释为充满宇宙空间的一种具有弹性的惰性媒质的振动过程，这看起来似乎是无可怀疑的了。从光的偏振性也好像必然要得出这样的结论：以太这种媒质必须具有一种固体特性。因为横波只可能在固体中，而不可能在流体中存在。这就势必导致“准刚性”的光以太理论，这种光以太的各部分，除了同光波相应的微小形变运动以外，相互之间就不可能有任何别种运动。

这种理论也叫做静态光以太理论，它从那个也作为狭义相对论基础的斐索(Fizeau)实验，进一步得到了有力的支持，人们从这个实验必定推断出，光以太不参与物体的运动。光行差现象也支持准刚性的以太理论。

电学理论循着麦克斯韦和洛伦兹所指示的道路向前发展，在我们关于以太观念的发展中引起了一次最独特的、最意外的转变。在麦克斯韦本人看来，以太固然还是一种具有纯粹机械性质的实体(*Gebilde*)，尽管它的机械性质比起可捉摸的固体的性质要复杂得多。但是麦克斯韦和他的后继者都没有做到给以太想出一种机械模型，为麦克斯韦电磁场定律提供一种令人满意的力学解释。这些定律既清楚又简单，而那些力学解释却既笨拙，而又充满矛盾。这种情况从理论物理学家的力学纲领的观点来看是最令人沮丧的，但是他们差不多都不知不觉地适应了这种情况，这特别是由于受到海因里希·赫兹(Heinrich Hertz)关于电动力学的研究的影响。以前他们曾经要求一种终极理论，要求它必须以那些纯粹属于力学的基本概念(比如物质密度、速度、形变、压力)为基础，以后他们就逐渐习惯于承认电场强度和磁场强度都是同力学基本概念并列的基本概念，而不要求对它们作力学的解释了。这样，纯粹机械的自然观就逐渐被抛弃了。但是这一变化却导致一种无法长期容忍的理论基础上的二元论。为了摆脱它，人们采取相反的路线，试图把力学基本概念归结为电学的基本概念，当时，在β射线和高速阴极射线方面的实验，动摇了对牛顿力学方程的严格有效性的信赖。

在H.赫兹那里，这种二元论仍未得到缓和。他把物质不仅看成是速度、动能和机械压力的载体，而且也看成是电磁场的载体。既然在真空——即自由的以太——中也出现这种场，那么以太也就好像是电磁场的载体。它好像同有重物质完全是同类的和并列的。在物质中，它参与物质的运动；在空虚空间中它到处都有速度，这种以太速度在整个空间中都是连续分布的。赫兹的以太原则上同（部分地由以太组成的）有重物质没有任何区别。

赫兹的理论不仅有这样的缺点，即它赋予物质和以太一方面以力学状态，另一方面以电学状态，而两者之间却没有任何想象的联系；而且这个理论也不符合斐索关于光在运动流体中传播速度的重要实验的结果，以及其他可靠的经验事实。

当H.A.洛伦兹上场时，情况就是如此。他使理论同经验协调起来，那是用一种对理论基础加以奇妙的简化的办法来做到这一点的。他取消了以太的力学性质，取消了物质的电磁性质，从而取得了麦克斯韦以来电学的最重要的进步。物体内部也同空虚空间一样，只有以太，而不是原子论者所设想的物质，才是电磁场的基体。依照洛伦兹的意见，物质的基本粒子只能运动；它们所以有电磁效能，完全在于它们带有电荷。洛伦兹由此成功地把一切电磁现象都归结为麦克斯韦的真空-场方程。

至于洛伦兹以太的力学物质，人们可以带点诙谐地说，洛伦兹给它留下的唯一的力学性质就是不动性。不妨补充一句，狭义相对论带给以太概念的全部变革，就在于它取消了以太的这个最后的力学性质，即不动性。至于该怎样来理解这句话，应当立即加以说明。

麦克斯韦-洛伦兹的电磁场理论已经为狭义相对论的空间-时间理论和运动学提供了一个雏形。所以这个理论满足狭义相对论的各项条件;但是从狭义相对论的观点来考虑,它就得到了一种新的面貌。假定 $\mathfrak{K}$ 是这样一个坐标系,洛伦兹以太对于它是静止的,那么麦克斯韦-洛伦兹方程首先对于 $\mathfrak{K}$ 是有效的。然而根据狭义相对论,这些方程对于任何一个对 $\mathfrak{K}$ 作匀速平移运动的新坐标系 $\mathfrak{K}^1$ 也同样有效。现在就发生这样一个令人不安的问题:坐标系 $\mathfrak{K}^1$ 同坐标系 $\mathfrak{K}$ 既然在物理上是完全等效的,我为什么在狭义相对论中要用以太对 $\mathfrak{K}$ 是静止的这个假定来把 $\mathfrak{K}$ 突出在 $\mathfrak{K}^1$ 之上呢?对于没有任何经验体系的不对称性与之对应的这样一种理论结构的不对称性,理论家是无法容忍的。依我看来,在以太对于 $\mathfrak{K}$ 是静止而对于 $\mathfrak{K}^1$ 则是运动的这种假定下,$\mathfrak{K}$ 和 $\mathfrak{K}^1$ 在物理上的等效性,就逻辑观点来说虽然不是绝对错误的,但无论如何也是无法接受的。

面对着这种情况,人们可以采取的最近便的观点似乎是认为以太根本不存在。认为电磁场不是一种媒质的状态,而是一种独立的实在,正像有重物质的原子那样,不能归结为任何别的东西也不依附在任何载体之上。这种见解所以显得更为自然,是因为根据洛伦兹理论,电磁辐射像有重物质一样具有冲量和能量,而且还因为,根据狭义相对论,在有重物质失去它的特殊地位而仅仅表现为能量的特殊形式时,物质和辐射两者都不过是所分配的能量的特殊形式。

然而,更加精确的考查表明,狭义相对论并不一定要求否定以太。可以假定有以太存在;只是必须不再认为它有确定的运动状态,也就是说,必须抽掉洛伦兹给它留下的那个最后的力学特征。我们以后会看到,这种想法已为广义相对论的结果所证实,我打算立即通过一种不很恰当的对比,使这种想法在想象上的可能性显得更加清楚。

设想一个水面上的波。关于这种过程,可以叙述两种完全不同的事情。人们首先可以追踪水和空气的波形界面如何随时间而变化。但是人们也可以——比如借助于一些小的浮体——追踪各个水粒子的位置如何随时间而变化。要是原则上没有这种小浮体可用来追踪液体粒子的运动,要是在整个过程中果真除了随时间变化的那些被水所占的空间位置以外,根本没有什么别的东西可以察觉到,那么我们就没有理由可以假定水是由运动的粒子所组成的。但是我们仍然可以称它为媒质。

电磁场存在着某种类似的情况。可以设想这种场是由力线所组成的。如果要把这种力线解释为通常意义上的某种物质的东西,那就是试图把动力学过程解释为这种力线的这样一种动运过程,即每条力线始终可以随着时间追踪下去。可是大家都很了解,这样一种想法会导致矛盾。

我们必须概括地说:可以设想某些有广延的物理客体,对于它们,任何运动概念都是不能应用的。不允许把它们设想成是由各个可以随时间始终追踪下去的粒子所组成。这用明可夫斯基的话来说就是:并不是每一个在四维世界中有广延的实体都可以理解为是由世界线(*Weltfäden*)所构成的。狭义相对论不允许我们假定以太是由那些可以随时间追踪下去的粒子所组成的,但是以太假说本身同狭义相对论并不抵触，只要我们当心不要把运动状态强加给以太就行了。

当然，从狭义相对论的观点来看，以太假说首先是一种无用的假说。在电磁场方程中，除了电荷密度外，只出现场的强度。真空中电磁过程的进程看起来好像完全取决于那条内在的定律，丝毫不受其他物理量的影响。电磁场是以最终的、不能再归结为别的东西的实在的身份而出现的，再假定一种均匀的、各向同性的以太媒质，而那些电磁场必须理解为是它的状态，这就尤其显得是画蛇添足了。

但是，另一方面却可以提出一个有利于以太假设的重要论据。否认以太的存在，最后总是意味着承认空虚空间绝对没有任何物理性质。这种见解不符合力学的基本事实。一个在空虚空间中自由漂浮的物质体系的力学行为，不仅取决于相对位置（距离）和相对速度，而且也取决于它的转动状态，这种转动状态在物理上不能了解为属于这种体系本身的一种特征。为了至少能够在形式上把体系的转动看成某种实在的东西，牛顿就把空间客观化了。既然他认为他的绝对空间是实在的东西，那么在他看来，相对于一个绝对空间的转动也就该是某种实在的东西了。牛顿同样也可以恰当地把他的绝对空间叫做“以太”；问题的实质就在于，为了能够把加速度和转动都看作是某种实在的东西，除了可观察到的客体之外，还必须把另一种不可察觉的东西也看作是实在的。

马赫固然曾经尝试过，在力学中用一种对世界上所有物体的平均加速度来代替相对于绝对空间的加速度，以避免去假设有某种观察不到的实在东西的必要性。但是一种对于遥远物体相对加速度的惯性阻力，却得预先假定有一种直接的超距作用。既然现代物理学家认为不应当作这样的假定，那么在这种见解下，他也就重新回到了能作为惯性作用的媒质的以太上来。但是马赫的思考方法所引进的这种以太概念，同牛顿、菲涅耳(Fresnel)以及洛伦兹的以太概念在本质上是有区别的。这种马赫的以太不仅**决定**着惯性物体的行为，而且就其状态来说，**也取决**于这些惯性物体。

马赫的思想在广义相对论的以太中得到了充分的发展。根据这种理论，在各个分开的时空点的附近，时空连续区的度规性质是各不相同的，并且共同取决于该区域之外存在的全部物质。量杆和时钟在相互关系上的这种空间-时间上的变异，也就是认为"空虚空间"在物理关系上既不是均匀的也不是各向同性的这种知识，迫使我们不得不用十个函数，即引力势 $g_{\mu\nu}$，来描述空虚空间的状态，这无疑最终取消了空间在物理上是空虚的这个见解。但是以太由此也就又有了一种确定的内容，这种内容当然同光的机械波动说的以太的内容大不相同。广义相对论的以太是这样的一种媒质，它本身完全没有**一切**力学的和运动学的性质，但它却参与对力学(和电磁学)事件的决定。

这种在原则上新的广义相对论以太同洛伦兹以太的对立就在于：广义相对论以太在每一点的状态，都是由它同物质以及它同邻近各点的以太状态之间的关系所决定的，这种关系表现为一些用微分方程的形式来表示的定律；可是在没有电磁场的情况下，洛伦兹以太的状态却不取决于任何在它之外的东西，而且到处都是相同的。如果用常数来代替那些描述广义相对论以太的函数，同时不考虑任何决定以太状态的原因，那么广义相对论以太就可以在想象中转变为洛伦兹以太。因此人们也的确可以说，广义相对论以太是把洛伦兹以太加以相对论化而得出的。

至于这种新的以太在未来物理学的世界图像中注定要起的作用，我们现在还不清楚。我们知道，它确定空间-时间连续区中的度规关系，比如确定固体各种可能的排列以及引力场；但是我们不知道，它在构成物质的带电基本粒子的结构中究竟是不是一个重要的部分。我们也不知道，究竟是不是只有在有重物质的附近，它的结构才同洛伦兹以太的结构大不相同，以及宇宙范围的空间几何究竟是不是近乎欧几里得的。但是我们根据相对论的引力方程却可以断言，只要宇宙中存在一个哪怕很小的正的物质平均密度，宇宙数量级的空间的性状就必定存在着对欧几里得几何的偏离。在这种情况下，宇宙在空间上必定是封闭的和大小有限的，其大小则取决于那个〔物质的〕平均密度的数值。

如果我们从以太假说的观点来考查引力场和电磁场，那么两者之间就存在着一个值得注意的原则性的差别。没有任何一种空间，而且也没有空间的任何一部分，是没有引力势的；因为这些引力势赋予它以空间的度规性质，要是没有这些度规性质，空间就根本无法想象。引力场的存在是同空间的存在直接联系在一起的。反之，空间一个部分没有电磁场却是完全可以想象的，因此，电磁场看来同引力场相反，似乎同以太只有间接的关系，这是由于电磁场的形式性质完全不是由引力以太来确定的。从理论的现状看来，电磁场同引力场相比，它好像是以一种完全新的形式因（*formales Motiv*）为基础的，好像自然界能够不赋予以太以电磁类型的场，而赋予它另一种完全不同类型的场，比如一种标势的场，也会是同样适合的。

既然依照我们今天的见解，物质的基本粒子按其本质来说，不过是电磁场的凝聚，而绝非别的什么，那么我们今天的世界图像就得承认有两种在概念上彼此完全独立的(尽管在因果关系上是相互联系的)实在，即引力场和电磁场，或者——人们还可以把它们叫做——空间和物质。

如果引力场和电磁场合并成为一个统一的实体，那当然是巨大的进步。那时，由法拉第和麦克斯韦所开创的理论物理学的新纪元才获得令人满意的结束。那时，以太-物质这种对立就会逐渐消失，整个物理学通过广义相对论而成为类似几何学、运动学和引力理论那样的一种完备的思想体系。数学家 H. 魏耳(Weyl)在这个方向上作了非常富有才气的研究，但我并不认为他的理论在现实面前会站得住脚。而且，我们在想到理论物理学的最近的将来时，不应当无条件地忘掉量子论所概括的事实有可能会给场论设下无法逾越的界限。

我们可以总结如下：依照广义相对论，空间已经被赋予物理性质，因此，在这种意义上说，存在着一种以太。依照广义相对论，一个没有以太的空间是不可思议的；因为在这样一种空间里，不但光不能传播，而且量杆和时钟也不可能存在，因此也就没有物理意义上的空间-时间间隔。但是又不可认为这种以太会具有那些为有重媒质所特有的性质，也不可认为它是由那些能够随时间追踪下去的粒子所组成的；而且也不可把运动概念用于以太。

我对反相对论公司的答复①

在"德国自然哲学家研究小组"这个冠冕堂皇的名称下，产生了一个杂七杂八的团体，它的眼前的目标是要在非物理学家的心目中贬低相对论及其创建者我本人。

魏兰德和革尔克两位先生最近在〔柏林〕音乐厅就此作了他们的第一次演讲。我本人也在场。我非常清楚地知道，这两位演讲者都不值得用我的笔去回答，而且我有充分的理由相信，主使他们这个企业的动机并不是追求真理的愿望。（要是我是一个德国国民，不管有没有卐字②装饰，而不是一个有自由主义和国际主义倾向的犹太人，那么……）因此，我之所以要答复，仅仅是由于一些好心人的劝说，认为应当把我的观点发表出来。

---

① 这是爱因斯坦于1920年8月27日在《柏林日报》(*Berliner Tageblatt*)第402期上发表的声明。这里译自R. W. 克拉克的《爱因斯坦传》(Ronald W. Clark: *Einstein, The Life and Times*)，纽约，世界出版公司，1971年英文版，257—258页。

1920年8月间，德国一小撮纳粹分子和排犹主义分子搞起一个组织，专门反对相对论和爱因斯坦，他们举行公开演讲，印发小册子，在报刊上展开全面攻势，大骂爱因斯坦是耍江湖骗术，自卖自夸，抄袭剽窃。8月24日，他们第一次在柏林音乐厅举行公开演讲，由这个组织的头目保耳·魏兰德(Paul Weyland)和一个物理讲师恩斯特·革尔克(Ernst Gehrcke)主讲，爱因斯坦闻讯也去作为听众坐在会场里泰然自若地听他们的恶毒攻击。——编译者

② 卐字是德国种族主义组织"民族社会主义党"（即"纳粹"）的党徽。——编译者

首先我必须指出，就我所知，简直没有一位在理论物理学中做出一点有价值的成绩的科学家，会不承认整个相对论是合乎逻辑地建立起来的，并且是符合于那些迄今已判明是无可争辩的事实的。最杰出的理论物理学家——我可举出 H. A. 洛伦兹(Lorentz)，M. 普朗克(Planck)，索末菲(Sommerfeld)，劳厄(Laue)，玻恩(Born)，拉摩(Larmor)，爱丁顿(Eddington)，德比杰(Debije)，朗之万(Langevin)，勒维-契维塔(Levi-Civita)——都坚定地支持这理论，而且他们自己也对它作出了有价值的贡献。在有国际声望的物理学家中间，直言不讳地反对相对论的，我只能举出勒纳德(Lenard)的名字来。作为一位精通实验物理学大师，我钦佩勒纳德；但是他在理论物理学中从未干过一点事，而且他反对广义相对论的意见如此肤浅，以致到目前为止我都不认为有必要给它们详细回答。我现在打算纠正这种疏忽。

我厌恶为相对论大叫大嚷，这竟被他们用来作为反对我的理由。我可以老实地说，在我的全部生活中，我都是支持合理的论据和真理的。夸张的言词使我感到肉麻，不管这些言词是关于相对论的还是关于任何别的东西的。我自己时常拿这样的事来开玩笑，然后又回过来嘲笑自己。可是，我乐意借此机会给反相对论公司的大人先生们奉献礼物。

〔中略〕

最后，我注意到，在瑙海姆(Nauheim)的科学家集会①上，

① 瑙海姆在哥廷根附近，1920 年 9 月“德国自然科学家和医生协会”在那里举行年会。在会上，勒纳德对爱因斯坦进行了尖锐的、恶毒的攻击，并且毫不掩饰他的反犹

由于我的建议，已经安排了关于相对论的讨论。任何想反对的人，都可以到那里去进行反对，把他的意见向一个适当的科学家集会提出来。①

太人的情绪。当时爱因斯坦怒不可遏，立即给以反驳。从此以后，勒纳德就对爱因斯坦进行有意的迫害，捏造出所谓"德国人的物理学"同"犹太人的物理学"的对立。——编译者

① 由于二十年代以前几乎从未有科学家要使用报纸上的篇幅，爱因斯坦的许多朋友从报上看到这篇声明都感震惊，有的人还写信责备他。比如爱因斯坦的挚友保耳·埃伦菲斯特(Paul Ehrenfest)从莱顿写信给他说："我的妻子和我都绝对无法相信你自己竟会在《我的答复》这篇东西里写下哪怕最少几个字。""我们一分钟也不能忘怀，你一定是为一种特别无礼的方式所激怒，我们也忘怀不了，你在那边是生活在一种不正常的道德风气里；尽管如此，但是这个答复还是含有某些完全是非爱因斯坦的反应。我们可以用铅笔把它们一一画出来。如果你真是用你自己的手把它们写下来，那就证明了这些该死的猪猡终于已经成功地损害了你的灵魂，这对我们来说是多么可怕呀。"爱因斯坦于1920年9月10日给埃伦菲斯特的回信中作了这样的解释："只要我还想留在柏林，我就不得不这样做，因为在这里每个小孩都从照相上认得我。如果一个人是民主主义者，他就得承认有要求公开发表意见的权利。"见克莱因编写的《保耳·埃伦菲斯特传》(M. J. Klein: *Paul Ehrenfest*)，第一卷，阿姆斯特丹，北荷兰公司，1970年英文版，321—323页。

魏兰德等人发动的对相对论和爱因斯坦的攻击，引起了德国一些著名物理学家的愤慨。在柏林音乐厅那个会的第二天(1920年8月25日)，冯·劳厄(M. von Laue)、能斯特(W. Nernst)和鲁本斯(O. Rubens)就联名给柏林各大报发出一个声明，《柏林日报》刊载了这个声明，其内容如下："我们不想在这里来谈论我们对于爱因斯坦产生相对论的那种渊博的、可以引为范例的脑力劳动的意见。惊人的成就已经取得，在将来的研究工作中当然还一定会有进一步的证明。此外，我们必须强调指出，爱因斯坦除了研究相对论，他的工作已经保证他在科学史中有一个永久性的地位。在这方面，他不仅对于柏林的科学生活，而且对于整个德国的科学生活的影响大概都不是估计过高的。任何有幸亲近爱因斯坦的人都知道，在尊重别人的文化价值上，在为人的谦逊上，以及在对一切哗众取宠的厌恶上，从来没有人能超过他。"见R. W. 克拉克《爱因斯坦传》，1971年英文版，259页。——编译者

对“反相对论公司”的斗争

——1920年9月6日给A.索末菲的信①

实际上，我对那些人攻击我的行径看得过于严重了，因为我以为我们物理学家中有不少人参与了这件事。因此，我的确想了两天您所说的“开小差”的问题。可是不久我就觉悟到并且认识到，要离开我的这群诚挚的朋友，那是错误的。也许我不应该写那篇东西。但是我一定不让人们把我对于这种一再系统重复的指摘和非难保持沉默说成是同意。糟糕的是，我的每次发言都被记者们利用来做生意了。我真应该让自己守口如瓶。

我不可能为《南德意志月刊》写稿。如果我能了结我的信债，那我就非常高兴了。瑙海姆的那样一种声明，完全出自纯洁的动机，对国外来说也许是适当的。为了宽慰我而发表这种声明，无论如何是不必要的；因为我近来心情已经恢复了欢乐和满足。报刊上关于我的东西，除非真正客观的，我一概不看。

---

① 这是爱因斯坦于1920年9月6日对A.索末菲1920年9月3日信的回复。索末菲9月3日信见后面附件。当时情况见前一篇文章《我对反相对论公司的答复》及其注释。这里译自《爱因斯坦-索末菲通信集》，德文版，1968年，69页。标题是我们加的。——编译者

格雷贝①的照片不久就会在《物理学期刊》上发表。它们的确是令人信服的，也就是说，它们驳斥了迄今为止关于位移效应不存在的鉴定。但是为了最终决定红移问题，仍然需要做许多根本性的工作。我也要去瑙海姆，相信那里将会是很有趣的。

① 见L.格雷贝(Grebe)和A.巴赫姆(Bachem)的论文《太阳引力场中的爱因斯坦位移》，柏林《物理学期刊》(*Zeitschrift für Physiк*)，1920年，第1卷，51—54页。——原注

附：

A. 索末菲1920年9月3日给爱因斯坦的信[①]

作为人和物理学会主席，我怀着真正的愤怒密切注视着柏林迫害您的事件。劝告沃尔夫-海德堡(Wolf-Heidelberg)[②]无济于事，他可能已经插手这件事。像他当时写信告诉您的那样，他的名字纯粹是被滥用了。勒纳德的情况大概也一定是如此。韦兰-盖尔克之流才是地道的这路货色。

今天我已经同普朗克商议了科学家协会所应当采取的行动。我们要建议该协会的主席、我的同事冯·米勒(von Müller)提出强烈抗议，反对"科学的"煽动家的勾当，并且公开声明对您表示信任。这不应当是对这种勾当的一种形式上的异议，而应当只是出于科学的良心。

但是，您可不能离开德国！您的全部工作都扎根在德国(以及荷兰)的科学中了；哪里都没有德国这样深切地理解您的工作。德国现在各方面都受到难以形容的歧视，它同样不能漠然地看您离开。还有一点：就您的观点来说，它们在法国、英国、美国战时一定要被禁止的，倘使，如我所确信的那样，您转而反对协约国和它的

① 译自《爱因斯坦-索末菲通信集》，德文版，1968年，65—68页。——编译者

② 指海德堡大学的沃尔夫。——编译者

造谣机构的话（请看，若勒士（Jaurès），罗素（Russell），卡约（Caillaux））。

您，恰恰是您，还得为自己郑重地辩护，驳斥那种说您剽窃别人又害怕批评的谰言，这真是对一切正义和理性的嘲弄。

《南德意志月刊》社请您写一篇文章，他们十分关切您的答复。如果您乐意的话，您也可以把它交给我。但是为了更广泛地分配，我们必须尽快地得到它。《南德意志》的读者很多，它是受人重视的刊物；而且您也可以在那里表态，反对这些"臭虫"。您在《柏林日报》上的声明我还未看到，别人对它的评价认为是不很成功的，并且同您不相称。但是对于这些臭虫却是好的。在我看来，《柏林日报》本来就不是清算反犹太叫嚷的适当场所。如果您能同《南德意志》合作，我们是非常高兴的。

我希望您这时已经恢复了您的明哲的欢笑，并且同情德国，它的痛苦到处都逐渐表现出来。可是绝不要开小差。

对几种统一场论的评价

——1922年6月6日给H.魏耳的信[1]

告诉您的学生们，作为一个老年的苏黎世孩子，对于他们的邀请，我有点感动并且感到高兴。但是我迫切需要一个短期的休息，而且关于科学方面我所能告诉他们的是，我恭敬地主张，所有的麻雀都从屋顶上叽叽喳喳地把它讲出来，直到我难以开口为止。如果我没有接受您的亲切的邀请，您千万不要见怪。你们千万不要说："他去过巴黎，[2]就是不来我们这里。"拒绝巴黎的邀请会是对国际主义理想的背叛，这个理想现在比过去任何时候都需要更加热忱的支持。但是，对于我们的同胞们，没有什么"赔款"的问题。他们仍保持着他们的清醒、镇静和宽容精神。目前我紧张地读您的关于二次形式的数学优势(*the mathematical superiority of the quadratic form*)的著作。从物理学的观点来看，我不能同它融洽相处。我不相信您的关于电场和区间曲率(*Streckenkrümmung*)之间的联系。我发现爱丁顿(Eddington)的论点同米(Mie)的理

---

① 译自塞利希:《阿耳伯特·爱因斯坦文献传记》，176—177页。标题是我们加的。

当时H.魏耳(Weyl)在苏黎世联邦工业大学任教，以学生团体的名义邀请爱因斯坦去讲学。——编译者

② 1922年3—4月间爱因斯坦访问了巴黎。——编译者

论在这一点上是相同的：它是一个漂亮的构架，但看不出该怎样来填满它。您彻底研究过卡鲁查(Kaluza)的研究吗？在我看来，他最接近实在，尽管他也未能提供出没有奇点的电子。承认有奇点，在我看来并不是正确的途径。我认为要取得真正的进步，我们必须再一次找一个更加真正符合自然的普遍原理。

几何学和经验①

为什么数学比其他一切科学受到特殊的尊重，一个理由是它的命题是绝对可靠的和无可争辩的，而其他一切科学的命题在某种程度上都是可争辩的，并且经常处于会被新发现的事实推翻的危险之中。尽管如此，要是数学的命题所涉及的只是我们想象中的对象而不是实在的客体，那么别的科学部门的研究者还是没有必要去羡慕数学家。因为，如果人们已经同意了基本命题(公理)，以及由此导出其他命题的方法，那么，毫不奇怪，不同的人必定会得出同样的逻辑结论。但是数学之所以有高声誉，还有另一个理由，那就是数学给予精密自然科学以某种程度的可靠性，没有数学，这些科学是达不到这种可靠性的。

在这里，有一个历来都激起探索者兴趣的谜。数学既然是一种同经验无关的人类思维的产物，它怎么能够这样美妙地适合实在的客体呢？那么，是不是不要经验而只靠思维，人类的理性就能够推测到实在事物的性质呢？

照我的见解，这问题的答案扼要说来是：只要数学的命题是涉

① 这是爱因斯坦于1921年1月27日在普鲁士科学院所作的报告。讲稿最初发表在《普鲁士科学院会议报告》，1921年，第一部，123—130页，但删去了后面一小半；1921年柏林Springer出版的单印本《几何学和经验》(*Geometrie und Erfahrung*)则是全文。这里译自《思想和见解》232—246页。——编译者

及实在的，它们就不是可靠的；只要它们是可靠的，它们就不涉及实在。我觉得，只有通过那个在数学中叫做“公理学”(*axiomatics*)的趋向，这种情况的完全明晰性才成为公共财产。公理学所取得的进步，在于把逻辑-形式同它的客观的或者直觉的内容截然地划分开来；依照公理学，只有逻辑-形式才构成数学的题材，而不涉及直觉的或者别的同逻辑-形式有关的内容。

我们暂且从这个观点来考查几何学的任何一条公理，比如：通过空间里的两个点，总有一条而且只有一条直线。这条公理，在古老的和近代的意义上是怎样解释的呢？

古老的解释：大家都知道什么是直线，什么是点。这种知识究竟是来自人类的一种精神能力还是来自经验，是来自这两者的某种结合还是来自其他来源，这不是由数学家来决定的。他把这问题留给哲学家。上述这条公理，是以这种先于一切数学的知识为依据的，它像别的一切公理一样，是自明的，就是说，它是这种先验知识的一个部分的表述。

近代的解释：几何学所处理的对象是以直线、点等等这类词来表示的。对于这些对象并不需要假定有任何知识或直觉，而只是以公理(如上述的那样一条公理)的有效性为前提，这些公理是在纯粹形式意义上来理解的，即丝毫没有任何直觉的或经验的内容。这些公理是人的思想的自由创造。几何学的其他一切命题都是公理的逻辑推论(这里公理只是从唯名论的意义上来理解的)。几何学所处理的对象是由公理来**定义**的。施利克(Schlick)因此在他的一本关于认识论的书中，非常恰当地把公理说成是“隐定义”。

现代公理学所提倡的这种公理观点，清洗掉数学中一切外附的因素，因而也驱散了以前笼罩着数学基础的那团神秘的疑云。但是这样一种修正了的对数学的解释，也弄明白：这样的数学，对于我们的直觉对象或者实在客体，不能作出任何断言。在公理学的几何中，“点”、“直线”等词只不过代表概念的空架子。至于给它们以什么内容，那是同数学无关的。

然而另一方面也是确定无疑的，一般地说来，数学，特别是几何学，它之所以存在，是由于需要了解实在客体行为的某些方面。几何(*Geometrie*)这个词本来的意思是大地测量，就证明了这一点。因为大地测量必须处理某些自然对象(即地球的某些部分、量绳、量杆等)彼此之间各种排列的可能性。仅有公理学的几何概念体系显然不能对这种实在客体(以后我们称之为实际刚体)的行为作出任何断言。为了能够作出这种断言，几何学必须去掉它的单纯的逻辑形式的特征，应当把经验的实在客体同公理学的几何概念的空架子对应(*coordination*)起来。要做到这一点，我们只要加上这样一条命题：固体之间的可能的排列关系，就像三维欧几里得几何里的形体的关系一样。这样，欧几里得的命题就包含了关于实际刚体行为的断言。

这样建成的几何学显然是一种自然科学；事实上我们可以把它看作是一门最古老的物理学。它的断言实质上是以经验的归纳为根据的，而不单单是逻辑推理。我们应当把这样建成的几何学叫做“实际几何”，下面还要把它同“纯粹公理学的几何”区分开来。宇宙的实际几何究竟是不是欧几里得几何，这个问题有明白的意义，其答案只能由经验来提供。如果人们运用光是沿直线传播的这条经验定律，而且事实上光是以实际几何意义上的直线在传播的，那么物理学中一切长度的量度就构成了这种意义上的实际几何，测地学和天文学上的长度量度也是如此。

我特别强调刚才所讲的这种几何学的观点，因为要是没有它，我就不能建立相对论。要是没有它，下面的考虑就不可能：在相对于一个惯性系转动的参照系中，由于洛伦兹收缩，刚体的排列定律不符合欧几里得几何的规则，因此，如果我们承认非惯性系也有同等地位，我们就必须放弃欧几里得几何。要是没有上述解释，就一定作不出向广义协变方程过渡的决定性的一步。如果我们不承认公理学的欧几里得几何的形体同实在的实际刚体之间的关系，那么我们就容易得出如下的观点，这就是那位敏锐的、深刻的思想家彭加勒(H. Poincaré)所主张的观点：欧几里得几何以其简单性突出地胜过其他一切可想象的公理学的几何。现在因为公理学的几何本身并不包含关于能被经验到的实在的断语，而只有在同物理定律结合时才能做到这一点，所以不管实在的本性如何，要保留欧几里得几何，应当是可能的，而且也是合理的。因为，要是理论同经验之间出现了矛盾，我们宁愿改变物理定律，而不愿改变公理学的欧几里得几何。如果我们拒不承认实际刚体同几何之间的关系，那么我们就确实难以摆脱这样的约定，即认为欧几里得几何应当作为最简单的几何而被保留下来。

彭加勒和别的研究者为什么拒不承认实际刚体同几何体之间的等效性(这种等效性是很容易想到的)呢？那只是因为经过进一步的考查后，才知道自然界里实在的固体并不是刚性的，因为它们的几何性状(即它们相对排列的各种可能性)是取决于温度、外力等等的。这样，几何同物理实在之间的原始的、直接的关系显然被破坏了，我们不得不倾向于下面这个更一般的观点，这是彭加勒观点的特征。几何(G)并不断言实在事物的性状，而只有几何加上全部物理定律(P)才能做到这点。用符号来表示，我们可以说：只有(G)＋(P)的和才能得到实验的验证。因此，(G)可以任意选取，(P)的某些部分也可以任意选取；所有这些定律都是约定。为了避免矛盾，必须注意的只是怎样来选取(P)的其余部分，使得(G)和全部的(P)合起来能够同经验相符合。从这个角度来考虑，公理学的几何同已获得公认地位的那部分的自然规律，在认识论上看来是等效的。

我认为，从永恒的观点来看(*sub specie aeterni*)，彭加勒是正确的。相对论中量杆这个观念以及同它搭配的时钟这个观念，在实在世界里找不到它们的确切对应的东西。也很明显，固体和时钟在物理学的概念大厦里所扮演的并不是不可简约的元素，而是复合的结构，它们不能在理论物理学中扮演任何独立的角色。但我相信，在理论物理学发展的目前阶段中，这些概念仍然必须作为独立概念来使用；因为我们还远没有得到一种关于原子结构理论原理的可靠知识，使我们在理论上能由基本概念构成固体和时钟。

此外，有这样一种反对意见，认为自然界中没有真正的刚体，因此，所讲的刚体性质不能用到物理实在上去——这种反对意见绝不像乍看起来那么重要。因为要准确地测定量具的物理状态，使它对于别的量具来说，它的性状足以毫无歧义地允许它去代替"刚"体，那并不是困难的事。而这种量具，正是那些关于刚体的陈述所必须参照的。

整个实际几何是以一条为经验所能及的原理为基础的，我们现在试来了解这条原理。假设在一个实际刚体上标出两个记号。我们叫这样一对记号为一个截段(*tract*)。我们设想两个实际刚体,每个上面都标出一个截段。如果一个截段的两个记号能同另一个截段的两个记号永远重合,那么我们说这两个截段是"彼此相等"的。我们现在假定:

如果两个截段在某时某地是相等的,那么不论在何时何地它们永远都是相等的。

不仅欧几里得的实际几何,就是它的最接近的推广,即黎曼的实际几何,及其伴随的广义相对论,也都以这一假定为基础。在证明这一假定的实验根据中,我想只讲一个。空虚空间里光的传播现象对每一段当地时间都定出一个截段,即相应的光的路程,反之亦然。由此可知,上述关于截段的假定必定也适用于相对论中时钟的时间间隔。因此可以作如下表述:如果两只理想的钟在任何时刻和任何地点(那时它们是相互紧靠在一起的)走得同样快慢,那么当它们再在一起比较时,不管是在什么地方和什么时刻,它们将永远走得同样快慢。如果这定律对于自然的钟不成立,那么对于许多分隔开的属于同一化学元素的原子来说,它们的本征频率就应当不会像经验所显示的那样严格一致。锐光谱线的存在,是上述实际几何原理的一个令人信服的实验证明。分析到最后,这就是我们所以能够意味深长地来谈论四维空间-时间连续区的黎曼度规的理由。

按照这里所主张的观点,这个连续区的结构究竟是欧几里得的,还是黎曼的,或者任何别的,那是一个必须由经验来回答的物理学本身的问题,而不是一个只根据方便与否来选择的约定的问题。如果所考查的空间-时间区域愈小,实际刚体的排列定律愈接近欧几里得几何体的定律,那么黎曼几何会是站得住脚的。

固然,所提出的这个几何学的物理解释,直接用到小于分子数量级的空间时是失败了。但是,即使在那些关于基本粒子组成的问题中,它还是有部分的意义。因为即使在描述组成物质的带电基本粒子这样一个问题上,仍然可以尝试赋予场的概念以物理意义,这些场概念原来是为描述比分子大得多的物体的几何性状而给以物理定义的。要求黎曼几何的基本原理在它们的物理定义的范围以外仍然有物理实在的意义,这种企图是否正确,那只有靠它试用后成功与否来判明。结果可能会是:这种外推并不见得比把温度概念外推到分子数量级的物体上去会更有根据。

把实际几何的概念推广到宇宙数量级的空间上去,表面上看来,问题较少。当然,它会遭到这样的反对意见:由固体杆组成的结构,当它的空间范围愈来愈大时,它离理想的刚性也就愈来愈远。但是,我认为这种反驳不大会有什么根本性的意义。因此,我认为宇宙在空间上是否有限这个问题,从实际几何的意义来看,是一个十分有意义的问题。我甚至并不认为,要天文学不久就回答这个问题竟然是不可能的。让我们回想一下广义相对论在这方面的说法。它提出两种可能性:

1. 宇宙在空间上是无限的。这只有当宇宙中集中在星体里的物质的平均空间密度等于零时才可能,那就是说,只有当所考查的空间容积愈来愈大,星的总质量对于它们散布着的整个空间容积的比率无限地趋于零时,才有可能。

2. 宇宙在空间上是有限的。如果宇宙空间里有重物质的平均密度不等于零，那就必然如此。平均密度愈小，宇宙的容积就愈大。

我不能不提一下，我们能够举出一个理论论证来支持有限宇宙这假说。广义相对论指出，一个既定物体的惯性随着它近旁的有重物质的增加而增大；因此，把一个物体的总惯性归结为它同宇宙中其他物体之间的相互作用，那似乎是很自然的，这正像从牛顿时代以来，重力也确已完全归结为物体之间的相互作用一样。从广义相对论的方程能够推出：把惯性完全归结为物体之间的相互作用——如E.马赫所要求的——这只有当宇宙在空间上是有限的才有可能。

许多物理学家和天文学家并不关心这种论证。分析到最后，唯有经验才能决定这两种可能性中究竟哪一种在自然界中是现实的。经验怎样能够提供答案呢？首先似乎可以从我们观察到的部分宇宙来测定物质的平均密度。这种希望是不能实现的。可见星体的分布是极其不规则的，我们没有理由可以冒昧地把宇宙中的星体物质的平均密度看作是等于（比如说）银河里的平均密度。总之，不管所考查的空间有多大，我们总不能相信在那个空间的外面就没有更多的星了。这样，要估计平均密度似乎是不可能的。

但有另一条道路，我觉得它是比较可行的，尽管它也有很大的困难。因为，如果我们探究那些为经验所能及的广义相对论的结论歧离牛顿理论结论的偏差时，我们首先发现到的一个偏差是出现在引力物质的近旁的，这已在水星的例子中得到了证实。但是如果宇宙在空间上是有限的，那就有第二个歧离牛顿理论的偏差，用牛顿理论的语言，它可以这样来表述：引力场好像不仅是由有重物质所产生，而且还由均匀分布在整个空间里的带负号的质量密度所产生。由于这个虚设的质量密度必然是极小的，它只有在非常广大的引力体系中才能觉察到。

假定我们已知银河里星的统计分布和质量，然后应用牛顿定律，我们能算出引力场以及这些星所必须具有的平均速度，这个速度使银河在它的各个星体的相互吸引下不会坍缩，而得以保持它实际的大小。如果星的实际速度——它们能被测出来——是小于计算出来的速度，我们就能证明：在远距离处的实际吸引力比牛顿定律所定的要小。从这样一个偏差就能间接地证明宇宙是有限的。甚至还可能估计出它的空间大小。

我们能够设想一个有限但无边界的三维宇宙吗？

通常的回答是"不能"，但这不是正确的答案。下面所说的是为了要证明这个问题的答案应当是"能"。我要指出我们能够毫无特殊困难地用想象的图像来说明有限宇宙的理论，经过一些实践，我们不久将会对这种图像习惯起来。

首先是关于认识论性质的考查。几何-物理理论本身不能直接描绘出来，因为它只是一组概念。但是这些概念能用来把各种各样实在的或者想象的感觉经验在头脑里联系起来。因此，使理论"形象化"，就意味着想起那些为理论给以系统排列的许多可感觉的经验。在当前的情况下，我们应当问我们自己，要怎样来表示固体相互排列（接触）的性状，才能同有限宇宙理论对应起来。对此，我所要说的，其实并没有什么新鲜的东西；但是向我提出的很多疑问，证明对这些事情有兴趣的人的好奇心还没有得到完全满足。因此，对于我将要讲到的那个早已为大家所熟悉的部分，内行的人能否原谅呢？

当我们说我们的空间是无限的，我们要表示的意思是什么？那不过是说我们可以一个挨着一个地安放任意个同样大小的物体而永远填不满空间。假设我们有很多个同样大小的立方盒。依照欧几里得几何，我们能把它们在彼此的上下、左右、前后堆放起来，以填满空间的一个任意大的部分；但这样的构造会永无止境；我们能够继续加上愈来愈多的方盒，而永远不会没有余地。这就是我们说空间是无限的意思。比较恰当的说法是：假定刚体的排列定律是按照欧几里得几何所规定的，那么，空间对于实际刚体来说是无限的。

另一个无限连续区的例子是平面。在一个平面上，我们可以放上许多张方卡片，使任何一张卡片的每一边同另外一张卡片的边接在一起。这种构造永无止境；我们总能继续放上卡片——只要它们的排列定律符合于欧几里得几何的平面图形的排列定律。因此，对于这些方卡片来说，这个平面是无限的。所以，我们说平面是二维的无限连续区，而空间则是三维的无限连续区。这里所指的维数的意义，我想可以假定是大家都知道了的。

现在我们举一个有限但无边界的二维连续区的例子。我们设想有一个大球的表面和一些大小相同的纸制小圆片。我们把其中一个纸片放在球面的任何地方。如果我们在球表面上任意移动这纸片，在这过程中我们就碰不到边界。所以我们说这球的表面是一个没有边界的连续区。同时，这球面又是一个有限的连续区。因为要是我们把所有纸片都贴在球上，使得各个纸片都不互相重叠，这球的表面最后会被贴满，而没有容纳另外纸片的余地。这正是意味着这球的表面对于这些纸片是有限的。再者，球面是一个二维的非欧几里得连续区，那就是说，这些刚性图形所依据的排列定律并不符合欧几里得平面的定律。这能用如下方法来证明。在一个纸片的周围用六个纸片围起来，在其中每一个的周围再用六个纸片围起来，这样继续下去。如果这个构造是作在平面上，我们就得到一个连绵不断的排列，在那里，每一个纸片，除了那些放在边上的，都同六个纸片相接触。在球面上，这种构造在起初似乎也有成功希望，纸片半径对球半径的比率愈小，这种希望似乎就愈大。但是当构造进行下去，愈来愈明显的是，要纸片照上述的方式不间断地排列下去，那是不可能的。可是依照欧几里得平面几何则应当是可能的。这样，那些不能离开这个球面，甚至也不能从球面上看出三维空间的人们，只要凭纸片来做实验，就会发现他们的二维“空间”不是欧几里得空间，而是球面空间。

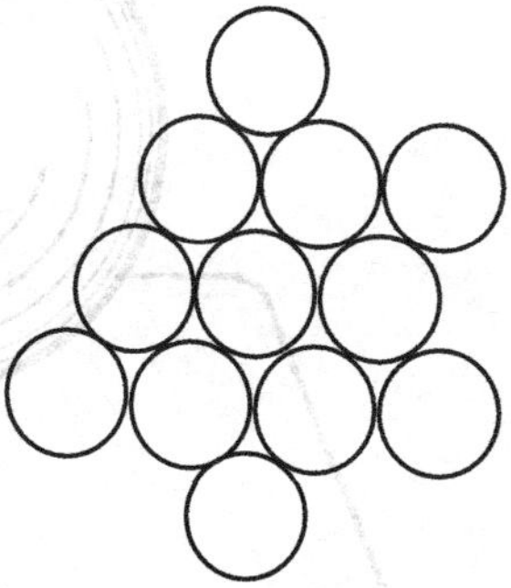

图 1

从相对论的最近结果来看，很可能我们的三维空间也近似于球面空间，那就是说，在这空间里刚体的排列定律不是照欧几里得几何所规定的，而是近似地由球面几何所规定，只要我们所考查的那部分空间是足够大的话。到这里，读者的想象会犹豫起来。他会愤慨地叫喊：“没有谁能想象这种东西。”“可以这样说，但不能这样想。我能很好地想象一个球面，但是想不出它的三维类比。”

我们必须试图克服这种心理障碍，而有耐心的读者会明白这绝不是一项特别困难的事情。为了这个目的，我们首先要再来看一下二维球面几何。在附图中，设K是球面，它在S处同平面E相

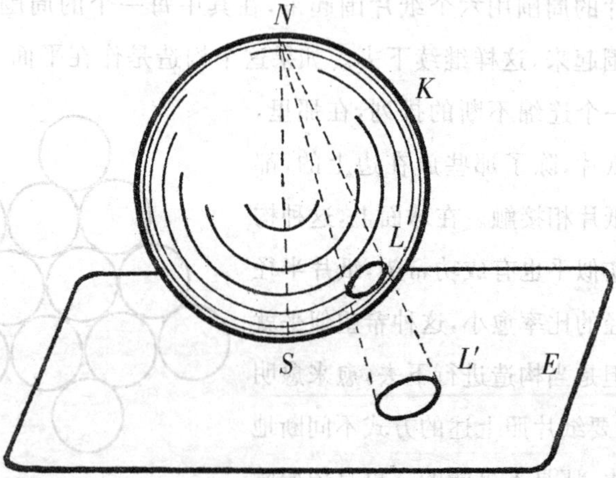

图 2

接触，为了便于表示，把这平面画成一个有边界的面。设 L 是球面上的一个圆纸片。现在让我们设想：在球面上同 S 径向相对的 N 点有一发光的点，它在平面 E 上投下纸片 L 的影 L'。球上的每一点在平面上都有它的影。如果球 K 上的纸片移动了，平面 E 上的影 L' 也要移动。当纸片 L 是在 S，它就几乎完全同它的影相叠合。如果它在球面上从 S 向上移动，平面上纸片的影 L' 也从 S 向外移动，并且愈来愈大。当纸片 L 接近发光点 N 时，这影就移向无穷远处，而变成无限大了。

现在我们提出这样的问题：在平面 E 上的纸片的影 L' 的排列定律是怎样的呢？显然它们是同球面上纸片 L 的排列定律完全

一样。因为对于 K 上的每个图形，E 上都有一个对应的投影图形。如果 K 上两个纸片相接触，它们在 E 上的影也相接触。平面上投影的几何同球面上纸片的几何是一致的。如果我们把这些投影叫做刚性图形，那么对于这些刚性图形，球面几何适用于平面 E 上。特别是，这平面对于纸片的影是有限的，因为在平面上只有有限个数的纸片的影能占到位置。

在这里，有人会说："那是胡说。纸片的影不是刚性图形。我们只要拿一根尺在平面 E 上移动，就能使我们深信，当影在平面上从 S 移向无穷远处，影的大小就在不断增长。"但是，如果这根尺在平面上也像纸片的影 L'一样地有伸缩，那又将怎样呢？那时就不可能使人看出这些影在离开 S 时会增长；这种断言因而不再有任何意义。事实上，关于纸片的影所能提出的唯一客观判断也正是这样：纸片的影的相互关系完全同欧几里得几何意义上的球面上的刚性纸片的关系一样。

我们必须留心记住，只要我们不能把纸片的影同那些能在平面 E 上运动的欧几里得刚体作比较，关于纸片影增大（当它们向无穷远处移动时）的陈述本身是没有客观意义的。对于影 L'的排列定律来说，说 S 点是在平面上，同说它是在球面上，反正都一样。

上述球面几何在平面上的表示对我们是重要的，因为容易把它搬到三维的情况。

让我们设想我们空间里的一点 S 和很多个小球 L'，所有这些小球都能彼此重合在一起。但这些球不是欧几里得几何意义上的刚性球；当它们从 S 向无穷远处运动时，它们的半径就在增长（从欧几里得几何的意义来说）；它的增长所遵循的定律同平面上那些纸片的影 L' 的半径增长定律一样。

在对我们这些 L' 球的几何性状在头脑里得到生动的映象以后，让我们假定在这种空间里根本不存在欧几里得几何意义上的刚体，而只有这种 L' 球性状的形体。那么，我们将得到一幅关于三维球面空间的清晰图像，或者说得恰当些，是一幅三维球面几何的图像。这里，我们的这些球必须叫做“刚性”球。当它们离开 S 时，它们大小的增长不能由量杆的量度来检验出来，正像纸片的影在 E 平面上的情况一样，因为量度标准的性状同这些球的性状是一样的。空间是均匀的，就是说，在每一点的邻近，可以有同样的球的排列。① 我们的这个空间是有限的，因为由于球“增大”的结果，只有有限个数的球能在空间里占到位置。

这样，以欧几里得几何给予我们的思维和想象的实践作为支柱，我们获得了球面几何的心理图像。通过特殊的想象构造，我们可以毫无困难地给这些观念以更大的深度和活力。用类似的方式，在所谓椭面几何的情况中也不会有困难。我今天唯一的目的是要指出，人的形象思维对于非欧几里得几何绝不注定是无能为力的。

---

① 如果我们再一次用球面上纸片的情况来说明，这是用不着计算就容易了解的——但只限于二维的情况。——原注

相对论发展简述①

用尽可能简短的形式来表述一系列概念的进展，而又足以完整地把发展的连续性彻底保存下来，那是有点吸引人的。我们要尽量按照这样的方式来处理相对论，并且要表明全部的进展是由许多微小的而几乎自明的思考步骤所组成的。

整个发展起源于法拉第和麦克斯韦的观念，并且为它所支配。按照这个观念，一切物理过程都涉及作用的连续性（同超距作用大不相同），或者用数学语言来说，它们都用偏微分方程来表示。麦克斯韦用"真空位移电流"的磁效应的概念，并假定由感应所产生的动电场（*electro-dynamic field*）和静电场两者本质上相同，成功地处理了静止物体的电磁过程。

把电动力学推广到运动物体的任务落到麦克斯韦后继者的身上。H. 赫兹试图这样来解决问题：他给空虚空间（以太）以一些十分类似于有重物质所具有的物理性质；特别是，像有重物质那样，以太在无论哪一点上都应当有确定的速度。像在静止的物体中一

① 译自英国《自然》（*Nature*）周刊，106 卷，782—784 页（1921 年 2 月 17 日出版）。该期《自然》周刊是一个关于相对论的专号，共有 14 篇由各国著名科学家写的介绍相对论的文章。文章的作者有洛伦兹（H. A. Lorentz）、洛治（O. Lodge）、魏耳（H. Weyl）、爱丁顿（A. Eddington）、秦斯（J. Jeans）、坎贝耳（N. Campbell）等。爱因斯坦这篇文章排在最前面，由 R. W. Lawson 英译。——编译者

样,电磁感应或磁电感应应当分别由电流的变化率或者磁流的变化率来决定,只要这些变化的速度是以那些同物体一道运动的面元素为参照的。但是赫兹的理论同斐索关于光在流动液体中传播的基本实验相矛盾。麦克斯韦理论对运动物体的这个最明显的推广不符合实验结果。

在这里,H. A. 洛伦兹作出了补救。从无条件坚持物质的原子论着眼,洛伦兹认为不能把物质看成是连续电磁场的基体。他于是把这些场设想为以太的状态,而以太被看作是连续的。洛伦兹认为,无论从力学观点还是从物理学观点来看,以太本质上同物质无关。以太不参与物质的运动,只有当物质看作是带有电荷的载体时,才能假定以太同物质之间有相互作用。洛伦兹理论的重大价值在于使静止物体和运动物体的全部电动力学回到了空虚空间的麦克斯韦方程。这个理论不仅从方法的观点来看胜过了赫兹的理论,而且洛伦兹用它在解释实验事实方面也取得了卓越的成就。

这个理论只是一个有根本重要性的地方显得不能令人满意。比起别的在运动中的坐标系来,它好像要给一种特殊运动状态(对于以太是静止的)的坐标系以突出的地位。在这一点上,这个理论似乎同古典力学相对立;在古典力学里,一切相互匀速运动着的惯性系都同样有理由用来作为坐标系(狭义相对性原理)。关于这个问题,一切经验,包括电动力学领域里的一切经验(特别是迈克耳孙实验),都支持一切惯性系的等效性这个观念,也就是说,都是支持狭义相对性原理的。

狭义相对论就起源于这个困难,这一困难由于带有根本性,令人感到无法容忍。这个理论起初是要回答这样的问题:狭义相对性原理真的是同空虚空间的麦克斯韦场方程相矛盾吗？答案好像是肯定的。因为如果这些方程对于坐标系 K 是有效的，而我们引进一个新坐标系 K'，使它符合于——显然是容易定出的——变换方程

$$\left.\begin{aligned} x' &= x - vt \\ y' &= y \\ z' &= z \\ t' &= t \end{aligned}\right\}\text{（伽利略变换），}$$

那么在新坐标系（x', y', z', t'）中，麦克斯韦方程就不再有效了。但是表面现象会骗人。对空间和时间的物理意义作较深入的分析，就可明白，伽利略变换是建筑在任意的假定上的，特别是建筑在这样的假定上：关于同时性的陈述所具有的意义，是同所用坐标系的运动状态无关的。如果我们采用下述变换方程：

$$\left.\begin{aligned} x' &= \frac{x - vt}{\sqrt{1 - v^2/c^2}} \\ y' &= y \\ z' &= z \\ t' &= \frac{t - vx/c^2}{\sqrt{1 - v^2/c^2}} \end{aligned}\right\}\text{（洛伦兹变换），}$$

那么可以证明，真空的场方程就适合相对性原理。在这些方程中，x, y, z 表示那些对坐标系静止的量杆所量出来的坐标，t 表示用结构完全相同并且适当调节过的、静止的许多只钟所量出来的时间。

为了使狭义相对性原理可以适用，当我们用洛伦兹变换来计算从一个惯性系转移到另一个惯性系的变化时，就必须要求物理学的一切方程都不改变它们的形式。用数学的语言来说：表示物理定律的一切方程组，对于洛伦兹变换都必须是协变的。这样，从

方法的观点来看，狭义相对性原理有点像关于第二种永动机是不可能的卡诺(Carnot)原理，因为它像后者那样，为我们提供了一切自然规律都必须服从的一个普遍条件。

后来，H.明可夫斯基发现了一个关于这种协变条件的非常优美并且富于启发性的表示式，它揭示出三维欧几里得几何同物理空间-时间连续区之间的形式关系。

三维欧几里得几何	狭义相对论
对应于空间中两个邻近的点，存在着一种数值量度(距离 ds)，它遵照如下的方程 $ds^2=dx_1{}^2+dx_2{}^2+dx_3{}^2$，它同所选取的坐标系无关，并且能用单位量杆来量出。	对应于空间-时间中两个邻近的点(点事件)，存在着一种数值量度(距离 ds)，它遵照如下的方程 $ds^2=dx_1{}^2+dx_2{}^2+dx_3{}^2+dx_4{}^2$，它同所选取的惯性系无关，并且能用单位量杆和标准钟来量出。此处的 x_1, x_2, x_3，都是直角坐标，而 $x_4=\sqrt{-1}ct$ 是时间乘以虚数单位和光速。
许可的变换具有这样一种特征：ds^2 的表示式是不变的，就是说，线性正交变换是许可的。	许可的变换具有这样一种特征：ds^2 的表示式是不变的。就是说，那些保持 x_1, x_2, x_3, x_4 的实在性外观的线性正交变换是许可的。这些变换就是洛伦兹变换。
对于这些变换，欧几里得几何的定律是不变的。	对于这些变换，物理定律是不变的。

由此可见：不管物理意义如何，时间在物理方程中的作用是同空间坐标等效的（撇开实在的关系不说）。从这个观点来看，物理学好像是四维的欧几里得几何，或者较为准确地说，好像是四维欧几里得连续区中的静力学。

狭义相对论的发展有两个主要步骤，那就是使空间-时间"度规"(*metrics*)适应于麦克斯韦电动力学，以及使物理学的其余部分适应于那个改造过的空间-时间"度规"。其中第一个步骤产生了同时性的相对性，运动对于量杆和时钟的影响，运动学的修正，特别是关于速度相加的新定理。第二个步骤使我们对大速度的牛顿运动定律作了修正，同时使我们对于惯性质量本性得到了有基本重要意义的知识。

我们发现，惯性不是物质的一种基本性质，也不是一种不可再简约的量，而只是能量的一种性质。如果给予一个物体以能量 E，这物体的惯性质量就增加了 E/c^2，此处 c 是真空中的光速。另一方面，一个质量为 m 的物体该看作是一个数值为 mc^2 的能量贮藏。

再者，不久就发现不可能把引力科学同狭义相对论以自然的方式联结起来。在这方面，我想起了引力具有一种不同于电磁力的基本性质。在引力场里，一切物体都以同一加速度下落，或者说——这不过是同一事实的另一种讲法——物体的引力质量同惯性质量在数值上是彼此相等的。这种数值上的相等，暗示着性质上的相同。引力同惯性能够是同一的吗？这问题直接导致了广义相对论。如果我把作用在一切对地球相对静止的物体的离心力设想为一种"实在的"引力场，或者这种场的一部分，我岂不是可以把地球看作是不在转动的吗？如果这观念能够行得通，那么我们就将真正地证明了引力和惯性的同一性。因为这一性质从不参与转动的体系来看，是**惯性**；而从参与转动的体系来看，却可以解释为**引力**。按照牛顿的理论，这种解释是不可能的，因为由牛顿定律，离心力场不能看作是由物质产生的，又因为在牛顿的理论中，不允许把“科里奥利(Koriolis)场”这种类型的场看成是“实在的”场。但是，牛顿的场定律能否被另一种适合于“转动”的坐标系的场定律所代替呢？对于惯性质量和引力质量的同一性的确信，在我的内心中，对这种解释的正确性产生了绝对自信的感觉。在这一点上，我由下面的观念得到了鼓励。适用于那些对惯性系作任意运动的坐标系的那种“表观”的场，我们大家都是熟悉的。借助于这些特别的场，我们应当有可能来研究那种一般地适合于引力场的定律。在这里，我们应当考虑这样的事实：有重物质是产生场的决定因素，或者按照狭义相对论的基本结果，能量密度——一个具有张量变换特征的量——是产生场的决定因素。

另一方面，根据狭义相对论度规结果的考查，导致了这样的结果：对于加速的坐标系，欧几里得度规不能再有效了。虽然这个巨大的困难使相对论的进展推迟了好几年，但由于我们知道了欧几里得度规对小区域仍然是有效的，这个困难还是得到了缓和。结果是，到此为止，在狭义相对论中已下了物理定义的 ds 这个量，在广义相对论中仍然保持着它的意义。但坐标本身失去了它们的直接意义，它们退化为仅仅是没有物理意义的数，它们的唯一用途是标记空间-时间中的点。因此，在广义相对论中坐标所起的作用，就像在曲面理论中的高斯坐标一样。上面所讲的一个必然的后果

是：在这种广义坐标中，可量度的量 ds 必定能以如下形式来表示①

$$ds^2 = \sum_{\mu,\nu} g_{\mu\nu} dx_\mu dx_\nu,$$

此处的符号 $g_{\mu\nu}$ 是空间-时间坐标的函数。由上所述，还得到：因子 $g_{\mu\nu}$ 在空间-时间上变化的性质，一方面决定着空间-时间度规；另一方面也决定着引力场（这个场支配着质点的力学行为）。

引力场定律主要取决于如下一些条件：第一，它对于任意选取的坐标系应当都是有效的；第二，它应当由物质的能量张量来决定；第三，它所包含的因子 $g_{\mu\nu}$ 的微分系数不应当超过二阶的，而且对于它们都必须是线性的。用这种方法得到了一条定律，它虽然根本不同于牛顿定律，但在那些可由它引导出来的推论中，它同牛顿定律却符合得如此之好，以致只能找到极少几个判据，可以在实验上对这个理论作出决定性的检验。

下面是几个现在正等待着解答的重要问题。电场同引力场在根本性质上是否真是那么不同，以致它们不能归属于一种形式的统一体吗？引力场在物质结构中起作用吗？原子核里面的连续区是否或多或少可看作是非欧几里得的呢？最后是关于宇宙学的问题。惯性是否该追溯到同远距离物质的相互作用？与此有关的还有一个问题：宇宙的空间范围是不是有限的？在这一点上，我不同意爱丁顿的看法。我赞同马赫的看法，认为肯定的答案是不可避免的，可是目前还得不到一点证明。只有等到从牛顿引力定律对

① 这个表示式以及下面的所有 μ 和 ν，在英译文中都是 u 和 v。——编译者

于辽阔的空间领域的有效性是有限的这一观点出发，完成了关于大恒星系的动力学研究以后，这个困惑人的问题也许才有可能最后得到一个正确的解决基础。

《相对论的意义》中的两个片断[①]

相对论以前物理学中的空间和时间[②]

相对论同空间和时间理论有密切关系。因此，我要先来简要地考查一下我们的空间和时间观念的起源，尽管这样做时，我知道是提出了一个争论未决的课题。一切科学，不论是自然科学还是心理学，其目的都在于使我们的经验相互协调，并且把它们纳入一个逻辑体系。我们习惯上的空间和时间观念，同我们经验的特征究竟有怎样的关系呢？

在我们看来，个人的经验是排列成一系列的事件的；在这个系列里，我们所记得的单个事件显然是按照“早”“迟”的判据排列着的，而对这个判据却不能作进一步的分析。因此，对于个人，存在着一种我的时间，即主观时间。这种时间的本身是不可量度的。固然，我可以用数来同事件联系起来，使较大的数同较迟的事件连在一起，而较小的数则联系较早的事件；但这种联系的本性却可以

---

① 爱因斯坦于1921年5月访问美国时，曾在普林斯顿(Princeton)大学作了关于相对论的四次报告，讲稿于1922年由普林斯顿大学出版社出版，题名《相对论的意义》(*The Meaning of Relativity*)。这里节译自1955年的该书增订第5版。译时曾参考李灏同志的中译本(1961年科学出版社出版)。——编译者

② 译自《相对论的意义》英文本，第5版，1—3页；8页。——编译者

是十分随便的。我能用一只钟来把这种联系规定下来，即通过时钟所提供的事件的次序同已定的一系列事件的次序的比较而得出这种联系。我们所理解的时钟，是一种提供一系列能加以计数的事件的东西，它并且还具有另外一些性质，这在以后我们还要讲到。

借助于语言，各人能在一定程度上比较彼此的经验。由此得知，各人的某些感官知觉是彼此互相对应的，而对于另一些感官知觉却不能建立起这种对应。那些对于各个人都是共同的感官知觉，因而多少也是非个人所特有的感官知觉，我们在习惯上把它们当作是实在的。自然科学，特别是其中最基本的物理学，所研究的就是这种感官知觉。物理物体的概念，特别是刚体的概念，就是这类感官知觉的一种比较固定的复合。时钟在同样意义上也是一种物体或者体系，它还另有这样一种性质，即它所计数的一系列事件，是由一些全都可以当作相等的元素组成的。

我们的概念和概念体系所以能够成立，只是因为它们可用来表示我们经验的复合；除此以外，它们就别无根据。我深信，哲学家对科学思想的进步起过有害的影响，他们把某些基本概念从经验的领域里——在那里，它们是受我们支配的——排除出去，而放到虚无缥缈的先验的顶峰上去。因为，即使看起来观念世界是不能用逻辑的工具从经验推导出来的，而在某种意义上来说，它是人类头脑的创造，要是没有这种创造，就不可能有科学；但尽管如此，这个观念世界还是一点也离不开我们的经验本性而独立，正像衣服之不能离开人体的形状而独立一样。对于我们的时间和空间概念，尤其是这样，为了调节这些概念使之能合乎可适用的条件，物理学家在事实上不得不把它们从先验的奥林帕斯山(Olympus)[①]上拉下来。

现在我们来看一下我们关于空间的概念和判断。这里也必须密切注意经验对于我们的概念的关系。我以为,彭加勒(Poincaré)在他的《科学和假说》(*La Science et l'Hypothese*)这本书里所作的阐述,已清楚地认识到这个真理。在一切我们所能知觉到的刚体的变化中间,那些能被我们身体的随意运动所抵消的变化,是以其简单性为特征的;彭加勒把它们叫做位置的变化。通过简单的位置变化,我们能使两个物体相接触。几何学里基本的重合定理,必然涉及那些掌管这种位置变化的定律。对于空间概念,下面的见解似乎是紧要的。把物体 B,C,…加到物体 A 上去,我们能形成新的物体;那就是说我们**延伸**了物体 A。我们能延伸物体 A,使它同任何别的物体 X 相接触。物体 A 的一切延伸的全体,我们可称之为"物体 A 的空间"。因此,说一切物体都是在"(任意选定的)物体 A 的空间"里,那是正确的。在这个意义上,我们不能抽象地谈论空间,而只能谈论"属于物体 A 的空间"。在我们日常生活中判断物体的相对位置时,地壳起着那样一种支配作用,以致由此导出了一种抽象的空间概念,当然这种概念是站不住脚的。为了使我们摆脱这种致命的错误,我们将只讲到"参照物体"或者"参照空间"。以后我们会看到,只有通过广义相对论,这些概念的改进才成为必要。

〔中略〕

① 奥林帕斯山是古代希腊神话中的天堂。——编译者

人们之研究几何学，通常总习惯于离开几何概念同经验之间的任何关系的。把那种纯逻辑的，并且同原则上不完全的经验无关的东西隔离开来，那是有好处的。这使纯数学家感到满意。只要他能从公理正确地，即无逻辑错误地推导出他的定理，他就满意了。至于欧几里得几何是否真的这个问题，他却不关心。但对于我们的目的，就必须把几何学的基本概念同自然界的客体联系起来；要是没有这种联系，几何学对物理学家说来就毫无价值。物理学家关心几何定理是否真的这个问题。依照这种观点，欧几里得几何所断言的，不只是逻辑上从定义推演出来的推论，由下面简单的考查就可看出这一点。

〔下略〕

广义相对论[①]

前面的考查全都以如下的假设为根据，即一切惯性系对于描述物理现象都是等效的，为了用公式来表示自然规律，我们就选用这类参照空间，而不选用那些在别种运动状态中的参照空间。根据我们前面的考查，无论在可知觉的物体上，还是在运动的概念上，我们都没有理由要想这样偏爱一定的运动状态，而不喜欢别的一切运动状态；相反地，必须认为这是空间-时间连续区的一种独立的性质。特别是惯性原理，它好像迫使我们认为空间-时间连续区在物理上是具有客观性质的。正像从牛顿的立场来看，“时间是绝对的”（*tempus est absolutum*）同“空间是绝对的”（*spatium est*

① 译自《相对论的意义》英文本，第5版，55—61页。——编译者

absolutum)这两个陈述是调和一致的,从狭义相对论的立场来看,我们则应当说"空间和时间的连续区是绝对的"(*continuum spatii et temporis est absolutum*)。在这后一陈述中,"绝对的"(*absolutum*)不仅意味着"物理上实在的",而且也意味着"在其物理性质上是独立的,它具有物理效应,但本身却不受物理条件的影响"。

只要把惯性原理当作物理学的基石,这种立场无疑是唯一能站得住脚的立场。但对于这种通常的概念,有两方面严厉的批评。第一方面,要设想一种东西(空间-时间连续区),它本身有作用,但却不能对它发生作用,那是同科学中的思维方式相矛盾的。这就是E。马赫所以试图要在力学体系中排除以空间作为动力因[①]的理由。依照他的见解,质点不是相对于空间作非加速的运动,而是相对于宇宙中其他一切质量的中心作非加速运动的;这样,力学现象的这一系列原因是封闭的,这显然不同于牛顿和伽利略的力学。为了在现代媒递作用理论的范围内发展这种观念,那些决定着惯性的空间-时间连续区的性质,应当被看作是空间的场性质,这是有点像电磁场那样的性质。古典力学的概念无法来表示这种场。由于这个缘故,马赫要解决这一问题的企图暂时是失败了。以后我们还是要回到这个观点上来。第二方面,古典力学出现一个缺陷,为了弥补这个缺陷,它就直接要求把相对性原理推广到那些彼此不作相对匀速运动的参照空间上去。两个物体的质量的比率,在力学中有两种彼此根本不同的定义方法:第一种方法,是把它定

① "动力因"是亚里士多德的"四因"(质料因,形式因,动力因,目的因)之一,是指引起事物变化的原因。——编译者

义为同一动力所给它们的加速度的反比(惯性质量);第二种方法,是把它定义为它们在同一引力场里所受到的作用力的比(引力质量)。这样两种不同定义的质量是相等的,这一事实是由非常准确的实验(厄缶(Eötvös)的实验)所证实了的,而古典力学却无法解释这种相等。可是,显然只有当这种数值上的相等归结为两个概念的真正本质上的相等之后,科学才能有充分的理由来规定这种数值上的相等。

从下面的考查可以看出,这个目的实际上可由相对性原理的推广而达到。稍作思考就会明白,惯性质量同引力质量相等的定律,就相当于这样的断言:引力场所加给物体的加速度是同物体的本性无关的。因为引力场里的牛顿运动方程全部写出来,就是

(惯性质量)·(加速度)=(引力场强度)·(引力质量)。

只有当惯性质量同引力质量在数值上相等时,加速度才同物体的本性无关。现在设 K 是一个惯性系。一些彼此间足够遥远而且同别的物体也足够遥远的物体,对于 K 就没有加速度。我们又从一个对于 K 是均匀加速的坐标系 K' 来看这些物体。相对于 K',一切物体都具有相等而且平行的加速度;对于 K' 来说,它们的行动好像是有引力场存在着,而 K' 不是在加速的。暂且撇开关于这种引力场的"原因"问题,把它留到以后来处理,那就没有理由不让我们把这引力场看作是实在的,也就是说,认为 K' 是"静止的"并且引力场是存在的看法,同认为只有 K 才是"容许的"坐标系而引力场是不存在的看法,这两者我们可以认为是等效的。这个关于 K 和 K' 两个坐标系在物理上完全等效的假设,我们叫它"等效原理";这原理同惯性质量和引力质量之间的相等定律显然有密切的

关系，而且它意味着把相对性原理推广到那些彼此相对作非匀速运动的坐标系上去。事实上，通过这一概念，我们把惯性的本性同引力的本性统一起来了。因为依照我们的看法，同样的一些物体，可以表现为只是在惯性的单独作用之下的（相对于 K），也可以表现为是在惯性和引力的联合作用之下的（相对于 K'）。由于惯性和引力在本性上的统一，就有可能解释它们在数值上的相等，这种解释的可能性使广义相对论具有超过古典力学概念的优越性，依照我的信念，它所碰到的一切困难同这个进步比较起来，都应当认为是比较小的。

惯性系凌驾于别的一切坐标系的优越地位似乎已由实验巩固地确立起来了，我们凭什么要取消它呢？惯性原理的弱点在于它含有这样的一种循环论证：如果有一物体离开别的物体都足够远，那么它运动起来就没有加速度；而只是由于它运动起来没有加速度这一事实，我们才知道它离开别的物体是足够远的。对于空间-时间连续区的非常广大部分，或者实际上就是对于整个宇宙来说，究竟有没有什么惯性系呢？如果我们略去由太阳和行星所产生的摄动，那么我们可以认为，惯性原理对于太阳系空间，在很高近似程度上是成立的。更加确切地说来，有一些非无限小的区域，在那里，对于适当选取的参照空间，质点无加速度地自由运动着，而且前面所提出的狭义相对论的定律，在那里也都是非常准确地成立的。这样一些区域，我们叫它们“伽利略区域”。我们将把这种区域当作一种具有一些已知性质的特殊区域，并且由此来着手我们的考查。

等效原理要求在处理伽利略区域时，我们也可以同样使用非惯性系，即可以使用这样的一些坐标系，它们相对于惯性系是具有加速度和转动的。如果我们进一步要完全避免麻烦，省得去碰某些坐标系的优越地位的客观理由这个问题，那么我们就应当允许使用无论哪样运动着的坐标系。只要我们认真地实行这种试图，我们就会同狭义相对论所导出的空间和时间的物理解释发生冲突。设 K' 是这样的一个坐标系，它的 z' 轴同 K 的 z 轴重合在一起，并且它以恒定的角速度绕 z 轴转动。相对于 K' 是静止的那些刚体的排列是否遵循欧几里得几何的定律呢？因为 K' 不是惯性系，我们既未能直接知道相对于 K' 的刚体的排列定律，也不知道相对于它的一般自然规律。可是相对于惯性系 K 的这些定律，我们是知道的，由此我们能推断出它们相对于 K' 的形式。设想在 K 的 $x'y'$ 平面上绕着原点画一个圆，并且画出这个圆的一条直径。又设想我们有许多根一样长短的刚性杆。假定这些杆是接连地沿着圆周和直径放着，并且相对于 K' 是静止的。如果 U 是沿着圆周的杆的数目，D 是沿着直径的数目。如果 K' 相对于 K 不作转动，那么我们就会得

$$\frac{U}{D}=\pi.$$

但是如果 K' 在转动，我们就会得到不同的结果。假设在 K 的一定时刻 t，我们测定所有各根杆的两端。相对于 K 来说，沿着圆周的一切杆都要经受洛伦兹收缩，但是沿着直径的杆却不受这种收缩（沿着它们的长度！）。[1] 由此可见

---

① 在这些考查中，假定量杆和时钟的性状都只同速度有关，而同加速度无关，或者至少假定加速度的影响并不抵消速度的影响。——原注

$$\frac{U}{D}>\pi.$$

由此可见，相对于 K' 来说，刚体排列的定律并不符合于那些遵照欧几里得几何的刚体排列定律。再者，如果我们有两只同样的钟（都随着 K' 在转动），一只放在圆周上，另一只放在圆心上，那么，从 K 来判断，圆周上的钟要比圆心上的钟走得慢些。如果我们不用完全不自然的办法来定义相对于 K' 的时间（那就是，用这样的办法来下的时间定义，会使相对于 K' 的定律对于时间有明显的相依关系），那么，从 K' 来判断，也必定发生同样的情况。因此，相对于 K' 的空间和时间，就不能像它们在狭义相对论中相对于惯性系那样地来定义了。但是根据等效原理，K' 也可以认为是一个静止系，从它看来，有一种引力场（离心力和科里奥利力的场）存在。因此我们得到了这样的结果：引力场影响着甚至决定着空间-时间连续区的度规定律。如果理想刚体的排列定律是用几何来表示的，那么，在引力场存在时，这种几何就不是欧几里得几何了。

〔下略〕

关于相对论①

我能够荣幸地在这个曾经产生过理论物理学的许多最重要基本观念的国家的首都发表讲话，特别感到高兴。我想到的是牛顿所给我们的物体运动和引力理论，以及法拉第和麦克斯韦借以把物理学放到新基础上的电磁场概念。相对论实在可以说是对麦克斯韦和洛伦兹的伟大构思画了最后的一笔，因为它力图把场物理学扩充到包括引力在内的一切现象。

回到相对论的本身上来，我急于要请大家注意到这样的事实：这理论并不是起源于思辨；它的创建完全由于想要使物理理论尽可能适应于观察到的事实。我们在这里并没有革命行动，而不过是一条可回溯几世纪的路线的自然继续。要放弃某些迄今被认为是基本的，同空间、时间和运动有关的观念，绝不可认为是随意的，而只能认为是由观察到的事实所决定的。

为电动力学和光学的发展所证实了的空虚空间中光速不变定律，以及那个由著名的迈克耳孙实验以特别精密的方式证明了的一切惯性系的等效性（狭义相对性原理），在这两者之间，首先有必

① 这是爱因斯坦于1921年6月13日在伦敦皇家学院（King's College）的讲话，讲稿最初发表在《民族和学园》杂志（*Nation and Athenaeum*）29卷431—432页。这里译自《我的世界观》英译本（1934年）68—73页和《思想和见解》246—249页。——编译者

要使时间概念成为相对的,对每一惯性系都规定它自己的特殊的时间。随着这一观念的发展,弄明白了:以直接经验为一方,以坐标和时间为另一方,两者之间的关系一直是未曾经过充分精密地思考过的。总之,相对论的主要特点之一,是它竭力要比较精确地解决普遍概念同经验事实之间的关系。这里的基本原则是:一个物理概念的正确与否,唯一地取决于它对所经验到的事实的明晰而无歧义的关系。依照狭义相对论,空间坐标和时间,就它们可以用静止的钟和物体来直接量度而论,仍然有绝对的特征。可是,就它们取决于所选择的惯性系的运动状态而论,它们则是相对的。依照狭义相对论,由空间和时间结合而成的四维连续区(明可夫斯基),仍然保持着绝对性;而依照以前的理论,这种绝对性则分别为空间和时间各自所有。由于把坐标和时间解释为量度的结果,就导出了运动(相对于坐标系)对物体形状和时钟运行的影响,也导出了能量同惯性质量的相当性。

广义相对论的创立,首先是由于物体的惯性质量同引力质量在数值上相等这一经验事实,对于这一基本事实,古典力学是无法解释的。把相对性原理扩充到彼此相对加速的坐标系,就得到了这样的解释。引进相对于惯性系加速的坐标系,就出现了相对于惯性系的引力场。其结果是,以惯性和重量相等为根据的广义相对论,提供了一种引力场理论。

把彼此相对加速的坐标系都作为同样合法的坐标系(就像它们由惯性和重量的同一性所决定的那样)来引用,再加上狭义相对论的结果,就得出了如下的结论:当存在着引力场时,支配固体在空间里排列的定律不符合欧几里得几何的定律。时钟的运行也得到类似的结果。这使我们不得不把空间和时间的理论再加推广,因为能用量杆和时钟来量度的空间和时间坐标的直接解释，现在站不住脚了。度规的这种推广——在纯粹数学领域内它早已通过高斯和黎曼的研究而达到了——本质上是以下面的事实为根据的：狭义相对论的度规在一般情况下，对于小范围仍然可以有效。

这里所讲的发展过程，取消了空间-时间坐标的一切独立的实在性。现在只有通过空间-时间坐标同描述引力场的数学量的结合，才能给出度规的实在性。

广义相对论的进展所根据的，还有另一个因素。正如恩斯特·马赫所坚持指出的，牛顿的理论在下述方面是不能令人满意的：如果人们从纯粹描述的观点，而不是从因果性的观点来考查运动，那么就只存在物体相互之间的相对运动。但是，如果人们从相对运动这概念出发，那么在牛顿运动方程中出现的加速度就难以理解了。这迫使牛顿想出一种物理空间，假定加速度是相对于它而存在的。为此特意(*adhoc*)引进绝对空间概念，虽然这在逻辑上是无懈可击的，但似乎难以令人满意。因此，马赫曾企图修改力学方程，使物体的惯性不是追溯到这些物体对于绝对空间的相对运动，而是追溯到它们对于其余全部有重物体的相对运动。在当时的知识状况下，他这种企图非失败不可。

但是提出这个问题，似乎完全是合理的。这条论证路线因广义相对论的关系而大大地增强了自己的力量，因为依照广义相对论，空间的物理性质是受到有重物质的影响的。在我看来，广义相对论要令人满意地解决这问题，只有把世界看作在空间上是闭合的。如果人们相信，世界上有重物质的平均密度具有某一非无限小的值，那么无论它怎样小，这一理论的数学结果都迫使人们采取这种观点。

评 W. 泡利的《相对论》①

将读这本成熟的、思想周密的著作的人，恐怕未必会相信它的作者仅仅只有二十一岁。对思想发展过程的深入的心理学解释，数学推导的完美无缺，对现象的物理本质的深刻了解，明晰而又系统地描述主题的能力，学问渊博，论述完备，满有信心的批评，不知还有什么会比这一切更令人感到惊讶的了。

书的篇幅约 230 页，有下列几部分：

Ⅰ. 狭义相对论的产生。对于作为相对论的根据所必需的实验事实作了特别详细的叙述。

Ⅱ. 狭义相对论和广义相对论的数学方法。应当特别向专业工作者推荐的是专讲仿射张量和无限小变换的部分。

Ⅲ. 进一步讨论狭义相对论。从形式化的观点和物理学的观点进行了讨论。

Ⅳ. 广义相对论（75 页）。对思想发展的极好的论述。完备地

---

① 这是爱因斯坦对 W. 泡利的著作《相对论》（W. Pauli: *Relativitätstheorie*）所作的评介，发表在德国《自然科学》（*Naturwissenschaften*）周刊，1922 年，10 卷，184—185 页。这里转译自《爱因斯坦科学著作集》俄文版，第 4 卷，1967 年，46 页。译稿曾由陈筠泉同志校过。

泡利这本书系 1921 年由莱比锡 Teubner 出版，作为《数学科学百科全书》（*Die Enzyкlopädie der mathematischen Wissenschaften*）第 4 卷的一个条目（539—775 页）。——编译者

论述了解决具体问题所必需的数学方法。特别有价值的是对能量守恒定律的论述。关于魏耳理论的叙述和批评。

泡利的书应该推荐给在相对论领域内进行创造性研究的每一个人,以及每一个想要独立地去研究一些根本性问题的人。

对康德哲学和马赫哲学的看法(报道)[①]

《法国哲学学会公报》报道了1922年4月6日在巴黎欢迎爱因斯坦教授的情况。这次欢迎非常有趣,因为爱因斯坦没有作学术报告,而是参加了关于相对论的讨论。

朗之万(Langevin)教授主持这次讨论,阿达马(Hadamard)、卡尔当(Cartan)、班乐卫(Painlevé)、佩兰(Perrin)、贝克勒耳(Becquerel)、布伦什维格(Brunschvicg)、勒·卢阿(Lé Roy)、柏格森(Bergson)和皮埃隆(Piéron)等参加了讨论。报道中引了爱因斯坦的两段有特别重要意义的发言,那是关于他的理论首先同康德,其次同马赫的关系。我们把它们详细援引如下。

第一次发言是答复M.布伦什维格的,他说:康德哲学把作为**容器**的空间和时间,同作为**内容**的物质和力分隔开来,结果引起了二律背反;而爱因斯坦的概念则以**容器**同**内容**的不可分割性作为特征,这就使我们摆脱了二律背反。对这个问题,爱因斯坦回答

① 爱因斯坦于1922年4月访问法国时,曾同法国科学家和哲学家讨论哲学问题,《法国哲学学会公报》(*Bulletin de la Société Française de Philosophie*,1923年,22卷97页以后)对此曾作详细报道。1923年8月13日出版的英国《自然》(*Nature*)周刊转述了这个报道,并且全部引述了爱因斯坦的发言。这里译自《自然》周刊,112卷,253页。标题是我们加的。——编译者

说:“我不认为我的理论是合乎康德的思想的,即不合乎我所了解的康德的思想的。依我看来,康德哲学中最重要的东西,是他所说的构成科学的先验概念。现在有两个相反的观点:一个是康德的先验论,依照它,某些概念是预先存在于我们的意识中的;另一个是彭加勒的约定论。两者在这一点上是一致的,即都认为要构成科学,我们需要任意的概念;至于这些概念究竟是先验地给定的,还是任意的约定,我却不能说什么。”

第二次发言是回答梅耶松(M. E. Meyerson)的,他要求爱因斯坦说明他的理论同马赫的理论一致到怎样的程度。爱因斯坦回答说:“从逻辑的观点来看,相对论同马赫的理论之间似乎没有很大的关系。在马赫看来,要把两个方面的东西加以区别:一方面是经验的直接材料,这是我们不能触犯的;另一方面是概念,这却是我们能加以改变的。马赫的体系所研究的是经验材料之间存在着的关系;在马赫看来,科学就是这些关系的总和。这种观点是错误的,事实上,马赫所做的是在编目录,而不是建立体系。马赫可算是一位高明的力学家,但却是一位拙劣的哲学家。他认为科学所处理的是直接材料,这种科学观使他不承认原子的存在。要是他还同我们在一起的话,他或许也会改变他的看法。但是我要说,对于另外一点,即概念是可改变的这一观点,我倒是完全同意马赫的。”

论理论物理学的现代危机①

理论物理学的目的，是要以数量上尽可能少的、逻辑上互不相关的假说为基础，来建立起概念体系，如果有了这种概念体系，就有可能确立整个物理过程总体的因果关系。关于这个科学体系怎样发生和发展的问题，在麦克斯韦时代可以得到如下的回答。

感性知觉或思维的不会引起怀疑的材料，构成了精密科学即几何和分析的不可动摇的基础。这个基础早在古希腊时代就已经确立起来了，如果不算无限小的计算法，生活在较晚时代的人并没有建立任何原则上新的基础。后来，伽利略、牛顿和他们的同时代人在发现力学的基本定律以后，建立了真正的物理定律。直到十九世纪末，物理学家们相信，力学的这些基本定律一般地应当是整个理论物理学的基础，那就是说，每一种物理理论最终都应当归结为力学。

因此，关于物理学的基础最终已经确立这一概念形成了，物理学家的工作应当是，借助于理论的专门化和分化，使理论同越来越丰富的被研究过的现象一致起来。

谁也没有想过，整个物理学的基础可能需要从根本上加以改

① 此文写于1922年8月，发表在日本《改造》杂志，4卷，22期，1—8页。这里转译自《爱因斯坦科学著作集》俄文版，第4卷，1967年，55—60页。——编译者

造。在法拉第和麦克斯韦的研究之后，逐渐弄清楚了，力学的基础同电磁现象是矛盾的。这种变化在物理学家的观点中经历了几个发展阶段。最初，上述两位新理论的奠基人意识到，电磁现象不能用即时的超距作用力的理论来描述。

按照牛顿，凡是能引起质点加速的力，都可以归结为某些别的质点的即时传递作用，这些质点的每一个都给被考查质点以作用。麦克斯韦和法拉第把这个直接超距作用理论同电磁场理论相对比。按照电磁场理论，电磁力的传播不是由于即时的超距作用，而是由于空间的某种状态（以太，电磁场），它能传播这种力的作用。按照牛顿的理论，运动着的质点是能量的唯一载体，而在新理论中，具有能量并且可用空间坐标的连续函数来描述的场，同运动着的质点一样，也是物理实在。大家都知道，赫兹关于电力传播的实验促使这一理论得到了普遍承认。

起初物理学家并没有完全看清楚场论的革命性。麦克斯韦自己也相信，电磁过程可以看作是以太的运动，他甚至在推导出场方程时也运用了力学。但是，后来人们越来越清楚地理解到，电磁场方程不可能归结为力学方程。在 J. J. 汤姆孙（Thomson）发现了带电物体有电磁惯性以后，这种倾向更是加强了，阿布拉罕（Abraham）指出，电子的惯性只允许作纯电磁的解释。把惯性引进电磁过程，至少在原则上意味着完全改变物理学的基础。作为实在的元素，电磁场占了质点的地位。它在整个理论物理体系中成了基本的概念。大家知道，以纯电磁过程为基础的物质的物理体系，只是在一定程度上行得通。尤其是现在，我们知道，内聚力有纯电磁性质。

上面所说的绝没有把法拉第-麦克斯韦场论的全部结果讲完。麦克斯韦方程对洛伦兹变换协变的发现,导致狭义相对论,并且从而发现了惯性和能量的等效,把相对论推广到引力场(考虑到惯性质量和重力质量相等),从而导致了广义相对论。从广义相对论产生以来,牛顿理论的支柱垮了,以前,人们认为牛顿理论的支柱应当是任何自然科学的基础,而这个支柱就是欧几里得几何。在古代,这门科学是对固体进行极简单的实验的结果。同实验间接有关的各种有价值的想法,迫使物理学家不得不默认欧几里得几何所描述的是以不太大的速度运动着的和不受外力作用的固体相互排列的规律,而且不得不用高斯和黎曼所创立的更普遍的理论来代替欧几里得几何。看来,在广义相对论产生以后,由法拉第和麦克斯韦奠定基础的理论物理学的这一发展阶段已完成了。

近二十年来已经弄清楚,物理学的这个基础,是由于吸收法拉第-麦克斯韦场论而建立起来的,力学也同样是建立在这个基础上的,但是,这个基础抵抗不住新的实验数据的冲击。而且可以指望,科学的进步会引起它的基础的深刻变革,其深度不会比不上场论所带来的变革。但是,我们离开逻辑上明晰的基础还很远,暂时还不得不满足于弄明白现有的基础究竟不够到什么程度,它可以被认为成功到什么程度,可是以"量子论"命名的、为重要的古典物理现象建立理论的企图,仍然只具有初步的性质。

量子论的原理来源于热辐射理论,在那里,力学和电磁场的结合产生了同实验的矛盾,甚至产生了内在矛盾的结果。热辐射的基本问题可以用下述方式来表达。热力学指出,温度为 T 的不透明空腔里面的辐射,其组成完全同构成空腔的物质的性质无关。

如果 ρ 是单色辐射的密度(即 $\rho d\nu$,是频率在 ν 和 $\nu+d\nu$[①] 之间在空腔内单位体积的辐射能量),那么,ρ 就该是一个由 ν 和 T 完全确定了的函数。用纯热力学的探讨找不出这个函数。而且只有在辐射的发射和吸收过程的性质是已知的情况下,才能得到这个函数的明显的形式。

古典力学和麦克斯韦电动力学使 ρ 获得如下的表示式:

$$\rho=\alpha\nu^2 T. \tag{1}$$

然而这是不合用的,因为空腔内辐射密度的值 $\int_{\nu=0}^{\nu=\infty}\rho d\nu$ 会达到无穷大。

普朗克找到了一个同至今所有已知的实验可以一致的公式

$$\rho=\frac{8\pi h\nu^3}{c^3}\cdot\frac{1}{e^{\frac{h\nu}{kT}}-1}, \tag{2}$$

此处 k 是一个取决于原子绝对大小的常数,而 h 是一个为早先物理学所不知道的普适常数。这个常数可以被认为是量子论的基本常数。1900 年普朗克提出了这个公式的理论结论,它在不明显的形式下包含了一个同当时物理学中占统治地位的观点不相容的假说。由于近二十年来进行的研究工作,这个假说已在实验上和理论上得到了证明。在自然界里,无论什么地方发生了频率为 ν 的正弦振动过程,其能量的数值总是 $h\nu$ 的整倍数。在自然界里没有见到过正弦振动过程的能量的中间值。

根据这个假说,不仅成功地引出了普朗克的辐射公式(2),而且还得到了结晶固体的比热随温度变化的定律。但是所有这些公

① 俄译文为 $d\nu$,显然该是 $\nu+d\nu$。——编译者

式的结论都有内在矛盾，因为它们都运用了同古典物理学的基础不相容的新假说。

如果考虑到麦克斯韦电动力学和牛顿力学的巨大成就，而且我们今天要是没有这些理论就无所作为，那么就会明白，人们为什么要尽可能对量子论的基本假说提出疑问。但是，这些现象一方面直接证明着量子论；另一方面却又明确表示它同古典物理学的基础是不相容的。

按照麦克斯韦理论，由某一光源发射出来的辐射的能量密度，其变化同距离的平方成反比。因而，在单位时间里吸收的能量随着距离的增加会无限减少。由于分子的化学分解或者从原子中逐出电子都需要一定能量，而距离光源足够远的辐射是相当弱的，靠这样的辐射就不能引起这种化学过程。但是，同上面所说的刚相反，实验表明：辐射的化学作用和光电作用同辐射的密度完全无关。穿过物质的辐射的化学作用，仅仅同辐射的总能量有关，而同辐射在空间分布上的密度无关。此外，依据瓦尔堡(E. Warburg)的实验，我们开始知道，在基元化学过程中吸收的能量始终等于$h\nu$，而同辐射的能量在空间中的分布无关。由光电效应和伦琴射线作用下放出阴极射线的实验也得出同样结果。

现在我们知道，这能量直接取自辐射，而不是逐渐积累起来的。光的吸收是以单个基元行动发生的，其中每一个行动都完全吸收能量$h\nu$。这些基元过程对我们来说同样是不知道的。关于辐射，既然我们所知道的仅仅是它的动力学性质，那么显然就不得不按照牛顿的光的发射论的精神来建立辐射的分子理论。但是，根据这种理论来解释衍射和干涉现象，却遇到了不可克服的困难。

此外，显然可以认为，辐射场理论绝不会比由固体比热决定的固体中的弹性波理论更不正确。这两种理论同样是同量子论矛盾的，为了得到符合于实验的结果，它们都必须同量子论配合起来。

我们关于原子结构知识的迅速增长，特别应当归功于伟大的学者卢瑟福和玻尔，他们对量子论作了极其重要的总结，现在我们就来谈谈这个问题。还在卢瑟福-玻尔理论出现以前，就提出过这样一种假设：关于同某种光谱线有关的辐射的吸收（发射），应当对应于原子或分子从一个状态到另一状态的跃迁。由于原子的状态当然不能描述为正弦运动，这就产生了为适应当时情况而就任意的力学体系来总结量子论的问题。这个问题已经由玻尔、索末菲、埃普斯坦（P. S. Epstein）和施瓦兹希耳德（K. Schwarzschild）逐步成功地加以解决。这些研究者所获得的结果，已经由光谱学的数据完全证实，而且没有引起任何疑问。

如果某个力学体系的坐标是 q_ν，它同时间有周期性的关系，那么，对于每一个自由度 ν 来说，同坐标 q_ν 相对应的动量 p_ν $\left(p_\nu=\frac{\delta L(p,q)}{\delta q_\nu}\right)$ 就可以设想为一个只是同坐标 q_ν 有关的函数。因此，在每一个自由度 ν 中每一个周期的积分

$$\int p_\nu dq_\nu$$

都该是普朗克常数 h 的整数倍。因而，量子论所"容许"的状态，对于所谓"准周期"体系来说，是确定的。普遍规则在各种精细结构的情况中得到了证明（比如由埃普斯坦提出的关于斯塔克效应的理论）；因此，它基本上是正确的，显然没有引起疑问。

从一般理论观点来看，特别奇怪的是：一方面，正如已经指出

了的，不能认为力学是令人满意的，因为，以力学为基础的统计力学会得出同实验相矛盾的结果(比如固体的比热)。另一方面，在上述规则适用的范围内，力学定律以惊人的方式得到了证实。也许，在自然界里，只有准周期的基元过程，或者用更一般的术语来说，人们只会找到这样一种力学体系，它们有多少个单值积分，就有多少个自由度。如果注意到气体运动学理论，这种思想就显得是荒谬的。关于量子论在什么程度上要求限制古典力学(以及电动力学)的作用范围这个问题，今天也同十五年前一样，还没有人知道。

人们不止一次地提出过这样的意见，认为自然规律未必能用微分方程来描述。事实上，从量子论的观点来看，是否容许体系有这种状态呢？为了有可能回答这个问题，我们应当认为，体系运动的周期，全都只能按照量子规则形成。为了真正证明量子关系，显然需要新的数学语言。无论如何，用微分方程组和积分条件来记录自然规律，正如我们今天所做的那样，是同合理的想法矛盾的。理论物理学的基础重新受到震撼，实验要求我们能够在新的更高的水平上找到描述自然规律的方法。新思想要到什么时候才会出现呢？谁要是能够活到那个时候并且能够看到这一点，那该是多么幸福啊。

《爱因斯坦全集》日文版序言①

在我访问日本之际，改造出版社孜孜不倦的领导人完成了出版我的迄今为止已发表的科学论文全集的工作，现在我的日本同事们和学生们因此就可以方便地阅读这些论文了。我认为，我的愉快的义务是要为这一成就衷心感谢山本实彦(Yamamoto)先生，同样衷心感谢我的敬爱的亲密同事石原纯(Lshiwara)，他经受了翻译工作的巨大劳累；他的名气保证了译文忠实。

我们的科学进步得如此之快，以致大多数原始的论文很快失去了它的现实意义而显得过时了。但是，另一方面，根据原始论文来追踪理论的形成过程却始终具有一种特殊的魅力；而且这样一种研究，比起通过许多同时代人的工作对已完成的题目作出一种

① 这是爱因斯坦于1922年12月27日为日文版《爱因斯坦全集》所写的序言。这文集由石原纯、山田光雄、远藤美寿、阿部良夫译，东京改造社出版，系非卖品，共四卷。第一卷内容为狭义相对论，收了13篇论文，302页，1922年出版。第二卷，广义相对论，17篇论文，524页，1922年出版。第三卷，分子论，31篇论文，394页，1924年版；该卷原计划还包括14篇量子论方面的论文，因出版社受到1923年东京大地震的影响，未能刊印。第四卷，通俗讲话和杂文，11篇文章，429页。四卷共1649页，72篇著作。这个文集是爱因斯坦一生的第一个文集，虽名为“全集”，但缺漏很多，比如1916年的重要论文《广义相对论的基础》就被漏掉了。爱因斯坦1922年11月至12月访问日本时，该文集的第一卷已经出版，他写的这篇序言刊载在第二卷卷首，附有德文原文。这里译自该文集第二卷。由金炤同志译。——编译者

流畅的系统的叙述来，往往对于实质提供一种更深刻的理解。在这个意义上，我希望这部文集能丰富专门文献的内容。我特别愿意向青年同事们推荐1905年至1917年间发表的关于狭义相对论和广义相对论的论文，关于布朗运动的著作和量子论的著作，其中所包含的思想，在我看来，至今还没有受到充分的注意。

这是我的科学论文全集的第一个版本。它是用日文出版的，在我看来，这是日本科学生活和兴趣的强烈程度的一个新的证明。在这几个星期里，我不仅学会了尊敬日本为科学的园地，而且——更主要的是——也学会了从人类观点来爱日本这个国家。

关于诺贝尔奖

——1923年1月11日给N.玻尔的信[①]

我在日本启程之前不久收到了你热诚的来信。我可以毫不夸张地说，它像诺贝尔奖一样，也使我感到快乐。您怕在我之前获得这项奖，您的这种担心我觉得特别可爱——它显出玻尔的本色。你关于原子的最新论著在这次旅行中陪伴着我，也更增加了我对您的精神的敬佩。现在我终于相信，我已经明白电和引力之间的关系。爱丁顿比魏耳更接近本题。

这次旅行好极了。日本和日本人使我感到着迷，我确信您也会如此。而且，这样一次海上旅行对于一个喜爱遐想的人来说，那

---

① 译自《尼耳斯·玻尔全集》(*Niels Bohr Collected Works*)，第四卷，周期系(1920—1923年)，尼耳森(J. Rud Nielsen)编，阿姆斯特丹，北荷兰出版公司，1977年出版，686页。原文是德文，由周昌忠同志译。标题是我们加的。

爱因斯坦是1922年11月13日赴日本讲学途中经过上海时接到1921年度的诺贝尔物理奖已决定授予他的通知。诺贝尔奖授予爱因斯坦的问题已酝酿多年，但由于当时有不少人对相对论有偏见，直至1922年秋天瑞典科学院才决定回避相对论的争论，授予爱因斯坦以1921年度的诺贝尔物理奖，并决定把1922年度的奖授予N.玻尔。这两项决定于1922年11月同时发表。11月11日玻尔写信给在旅途中的爱因斯坦。爱因斯坦是1922年11月17日到达日本，12月27日离开的。他给玻尔的这封回信是1923年1月11日在日本邮船会社的"榛名丸"上写的，当时船正靠近新加坡。

玻尔于1922年12月10日(诺贝尔的忌辰)在斯德哥尔摩领取1922年度的奖，而爱因斯坦直到1923年7月11日才去领取1921年度的奖。——编者

是一段美好的生活经历——就像修道院那样。此外，赤道附近的温暖也很悦人心意，温和的雨水从天上懒洋洋地降下来，把宁静和单调的（*pflanzenhaftes*）朦胧幽暗向四周扩散——这封短信就是明证。

〔下略〕

附：

N.玻尔1922年11月11日给爱因斯坦的信①

关于授予诺贝尔奖一事，我很高兴地致以最衷心的祝贺。这种外界的推崇对您可能毫无意义，不过，这笔钱或许有助于改善您的工作条件。②

倘若我竟被考虑与您同时领受奖，这可以说是我从外部环境中可能得到的最大荣誉和欣慰。我知道，我是多么不配，但我想说，——且不管您在人类思想界中所作的崇高努力（*Einsatz*），——仅仅您在我从事的专门领域里所作的奠基性的贡献，如同卢瑟福和普朗克的贡献一样，在考虑给我这种荣誉之前，是应当得到整个外界的认可，我觉得这对我是莫大的幸福。

① 译自《尼耳斯·玻尔全集》，第四卷，周期系（1920—1923年），北荷兰公司，1977年出版，685页。原文是德文，由周昌忠同志译。——编者

② 1923年7月爱因斯坦领到诺贝尔奖金后，即全部转交给他的前妻米列娃·玛丽琦（Mileva Marič，1875—1948，1903年结婚，1919年离婚），作为她本人和两个儿子的生活费。——编者

尼耳斯·玻尔①

当后代人来写我们这个时代在物理学中所取得的进步的历史时，必然会把我们关于原子性质的知识所已取得的一个最重要的进展同尼耳斯·玻尔的名字连在一起。大家早已知道，在物质的终极构成方面古典力学破产了，也知道原子是由带正电荷的核和围绕着核的一层比较松弛的结构所组成的。但是，已在经验上知道得很清楚的光谱结构，同我们的旧理论所预期的有很大出入，以致谁也不能找到关于这些被观察到的规律的令人信服的理论解释。于是，玻尔于1913年根据量子论路线，对最简单的光谱想出了一种解释，对此，他在短时期内提出了许多定量的证明，这就使他的思辨所大胆选择的假说基础，很快地成了原子物理学的主要支柱。从玻尔作出最初发现以来，虽然还不到十年，但是，这个由他提出主要轮廓及其大部分内容的体系，却已经完全支配着物理学和化学，以致所有以前的体系在专家们看来都已经过时了。伦琴光谱理论、可见光谱理论和元素周期系，都主要以玻尔的观念为

---

① 此文写作年代不详，估计大概在1922—1923年间。这里译自《我的世界观》英译本(1934年)，67—68页。

尼耳斯·玻尔(Niels Bohr)，丹麦物理学家，生于1885年10月7日，卒于1962年11月18日。——编译者

基础。作为一位科学思想家，玻尔所以有那么惊人的吸引力，在于他具有大胆和谨慎这两种品质的难得的融合；很少有谁对隐秘的事物具有这样一种直觉的理解力，同时又兼有这样强有力的批判能力。他不但具有关于细节的全部知识，而且还始终坚定地注视着基本原理。他无疑是我们时代科学领域中最伟大的发现者之一。

大自然赋予我们的是渴望多于智慧

——1923年5月底给H.魏耳的明信片①

我即将把广义哈密顿函数的证明寄给您。您的新的思路是有趣的。总的说来，对于整个问题我再一次处于逆来顺受的心情。数学是好极了，但是大自然总是牵着我们的鼻子转。而且，有一个好笑的方面。我要从您相反的方向进行，然而我得到的方程组同您的特殊效应原理所得到的方程组完全一样——撇开您关于宇宙学部分的表示。我想扔掉各种势（*potentials*），可是它们又从后门爬了进来。整个思路必须制定出来，并且是非常优美的。但是在它之上是毫不容情的大自然的冷酷的微笑，大自然赋予我们的是渴望多于智慧。

---

① 译自塞利希著《阿耳伯特·爱因斯坦文献传记》，177页。标题是我们加的。——编译者

相对论的基本思想和问题①

如果考查一下相对论中今天在一定意义上可以认为是可靠的科学成就的那个部分，就可以发现在这个理论中起着主导作用的两个方面。

第一，全部研究的中心是这样一个问题：自然界中是否存在着物理学上看来是特殊的(特别优越的)运动状态？(物理学的相对性问题。)

第二，下面这个认识论的假设是基本性的：概念和判断只有当它们可以无歧义地同我们观测到的事实相比较时，才是有意义的。(要求概念和判断是有内容的。)

如果把上面两个方面应用于特定的场合，比如应用于古典力学，就可以把它们解释清楚了。首先我们看到，在物质所占有的每一点都存在着某种特别优越的运动状态，即物质在被考查的那一

---

① 这是爱因斯坦于1923年7月11日在瑞典哥德堡(Göteborg)举行的"北方国家自然科学家代表会议"上所作的报告。讲稿当年在斯德哥尔摩由皇家印刷所(Imprimerie royale)以单行本小册子出版，题名 *Grundgedanken und Probleme der Relativitätstheorie*。这里转译自《爱因斯坦科学著作集》俄文版，莫斯科，科学出版社，1966年，第2卷，120—129页。译稿曾由柳松同志校过。

爱因斯坦在作这个报告的当天接受了诺贝尔奖，而受奖时，他并没有按照传统的仪式发表讲话。值得注意的是，授予爱因斯坦诺贝尔奖的理由是他在光量子论方面的贡献，而没有提到相对论。——编译者

点的运动状态。然而我们所讨论的问题本质上只是来源于下面这样一个问题:对于一些有广延的区域,是否存在着物理学看来特殊的运动状态?从古典力学的观点来看,对这个问题应当作出肯定的回答:这种物理学上看来特殊的运动状态就是惯性系的运动状态。

这类表述,如同在相对论出现以前所有力学原理一般都具有的表述一样,远远不能满足上面指出的"有内容的要求"。运动只能理解为物体的相对运动。在力学中,一般讲到运动,总是意味着相对于坐标系的运动。然而,如果坐标系简单地被看作是某种想象的东西,那么这种理解就不符合"有内容的要求"。回到实验物理学以后,可以确信,在那里坐标系总是用"实际上绝对刚性的"物体来充当。此外,这里还假设:这些刚体可以像欧几里得几何中的形体那样相对静止地排列。在我们有权认为有这种绝对刚性的量具存在的限度内,不论是"坐标系"概念,还是物质相对于这个坐标系运动的概念,都能够符合于"有内容的要求"。同时,这种理解可以使"有内容的要求"同欧几里得几何相一致(适合于物理学的需要)。因此,关于欧几里得几何的正确性问题具有物理的意义;不论是在古典物理学中,还是在狭义相对论中,都必须预先假定它的正确性。

古典力学中顶好是利用下面表述的惯性定律,把惯性系和时间一道加以定义:规定这样的时间,并使坐标系具有这种运动状态(惯性系),该是可能的,对于这种坐标系,质点必须不承受作用力,不产生加速度,此外,关于这种时间,允许用从任何运动状态开始的、同样构造的时钟(具有周期过程的体系)来量度,而且这些量度结果是一致的。在这样的情况下，有无限多个惯性系，它们相对作匀速直线运动，因此也就有无限多个物理上看来特殊的、相互等效的运动状态。时间是绝对的，即同具体的惯性系的选取无关；它被多于逻辑上所必需的符号所规定，然而正如力学中所假设的那样，这不应当导致同实验的矛盾。首先我们注意到，从有内容的要求这一观点来看，这种观念的逻辑上的弱点就在于，我们没有任何确定质点是否受到作用力的实验标准；因此"惯性系"的概念在某种程度上仍然是成问题的。暂时我还不去考虑这种缺陷，对它的分析将导致广义相对论。

在关于力学原理的推论的叙述中，绝对刚体的概念（以及时钟的概念）起着基本的作用，对于这种概念可以用人所共知的理由提出异议。绝对刚体概念在自然界只能近似地实现，并且甚至不能以任意的近似程度来实现；因此这种概念并不严格地满足"有内容的要求"。还有，在全部物理学研究之前提出绝对刚体的（或者简单地说刚体的）概念，然后，归根到底，从最初的物理学定律出发，又在原子论的基础上把刚体建立起来，而最初的物理学定律本身却是用绝对刚性的量具的概念建立起来的，因此，这在逻辑上是不正确的。我们之所以指出这种方法论上的缺陷，是因为这种缺陷在同样的意义上也在相对论中存在，在我们这里所论述的相对论的概括性观念中存在。当然，从物理定律的本质开始，并且只对这种本质提出"有内容的要求"，即最终确立同经验世界的无歧义的联系，而不是在即使对于一个人为的、孤立的理论部分（即对于空间时间度规）来说也不完善的形式中来实现它，在逻辑上更为合理。然而，我们还没有能够建立起基本的自然规律，以便按照这条更加完善的道路前进，而不致有失去牢固的立足点的危险。在我们讨论的末尾部分，我们将看到，在最新的研究中已经包含了实现这种逻辑上更为彻底的方法的尝试，这种方法是以勒维-契维塔、魏耳和爱丁顿的思想为基础的。

根据上面所述，应当把什么东西理解为“特别优越的运动状态”的问题也变得明朗了。它们是在自然规律的表述形式方面特别优越的。处于这种运动状态的坐标系的特点在于：在这些坐标中表述的自然规律具有最简单的形式。按照古典力学，物理学中在这种意义上最优越的是惯性系的运动状态。按照古典力学，可以（绝对地）区分非加速运动和加速运动；此外，在古典力学中的速度仅仅是相对速度（取决于惯性系的选取），而加速运动和转动是绝对的（同惯性系的选取无关）。我们可以这样来表述：按照古典力学，存在着“速度的相对性”，然而没有“加速度的相对性”。在预先作了这些评述之后，我们就可以转入我们所考查的基本对象——相对论——并且描述迄今为止它的发展的原则性的方面。

狭义相对论是使物理学基础适合于麦克斯韦-洛伦兹电动力学的结果。根据以往的物理学，它采纳了欧几里得几何对于绝对刚体的空间排列规律的正确性的假说，采纳了惯性系和惯性定律。从自然规律形式化的观点来看，狭义相对论把所有惯性系都等效的定律看作是对于全部物理学都是正确的（狭义相对性原理）。从麦克斯韦-洛伦兹电动力学出发，这个理论采纳了真空中光速不变的定律（光速不变原理）。

为了使狭义相对性原理同光速不变原理相一致，必须放弃存在绝对的（符合于一切惯性系的）时间的假设。这样一来，我们就放弃了如下假说：同样构造的、随意运动的、以适当方式校准了的钟，应当这样运行，它们之中的任何两只钟的读数在相遇时都相互一致。赋予每一个惯性系以它自己的时间；惯性系的运动状态和它的时间应当按照有内容的要求以满足光速不变原理的方式来确定。这样定义的惯性系的存在以及惯性定律对于这些坐标系的有效性，都是被预先假定了的。对于任何一个惯性系，时间是用相对于这个惯性系为静止的和同样构造的钟来量度的。

用这些定义以及关于这些定义的不自相矛盾的假设中所隐含的假说，无歧义地建立了空间坐标和时间从一个惯性系变换到另一个惯性系的变换定律，这就是所谓洛伦兹变换。它的直接的物理意义在于绝对刚体和时钟相对于我们所考查的惯性系的运动对绝对刚体形状（洛伦兹收缩）和时钟过程的影响。按照狭义相对性原理，自然规律对于洛伦兹变换应当是协变的；因此，这理论给出了一般自然规律应当满足的准则。特别是，它得出了改变了形式的质点运动的牛顿定律，在这些运动定律中，真空中的光速是极限速度，并且意味着能量和惯性质量具有共同的本性。

狭义相对论得到了巨大的成就。它使力学和电动力学相互协调。它减少了电动力学中逻辑上互不相关的假说的数目。它对基本概念作了必不可少的方法论分析。它把动量守恒定律和能量守恒定律联结了起来，揭示了质量和能量的统一。可是它仍然不能使我们完全满意——且不说量子论的困难，对于这些困难的解决实际上迄今为止的一切理论都显得无能为力。同古典力学一样，狭义相对论在同所有其他的运动状态作比较时，保留了对某些特别优越的运动状态——惯性系的运动状态——的区分。老实说，带有这种保留甚至比起只对唯一的一个运动状态予以特殊看待(就像静态光以太理论中所做的那样),更难于协调一致,因为后者至少还想到这种特殊看待的实在基础:光以太。更为令人满意的应当是这样一种理论,它从一开始就不区分出任何特别优越的运动状态。此外,前面已经说到的惯性系的定义中和惯性定律的表述当中的含糊不清,也引起了人们的怀疑。下面的讨论将表明,从惯性质量同引力质量相等的经验规律来看,这些怀疑具有决定性的意义。

设 K 是没有引力场的惯性系,K'是相对于 K 有等加速度的坐标系。那么质点相对于坐标系 K'的行为就像 K'是一个其中有着均匀的引力场的惯性系一样。因此,从已知的引力场性质的经验事实来看,惯性系的定义是不合适的。自然会产生这样的想法:每一个以任何方式运动的参照系,从自然规律表述的观点来看,同任何其他参照系都是等效的,因而,在有限的尺度范围内,一般不存在物理学上需要特殊看待的(特别优越的)运动状态(广义相对性原理)。

要把这种思想贯彻到底,还得要求比狭义相对论更加深刻地改变理论的几何学-运动学基础。问题在于,从狭义相对论得到的洛伦兹收缩导致下列结果:在一个相对于某个惯性系 K(没有引力场)作任意运动的坐标系 K'来看,欧几里得几何学的定律对于(相对于 K'是静止的)绝对刚体的空间排列不成立。因而从有内容的要求这一观点来看,笛卡儿坐标系也就失去了意义。关于时间情况也很类似:根据同样构造的相对于 K'是静止的时钟的读数,或者根据光的传播定律作出的相对于坐标系 K'的时间定义,也已没有意义。总之,我们得到下列结果:引力场和度规只是同一个物理场所呈现的不同形式。

对这种场的形式描述可以用下面讨论的方法来实现。对于在任意的引力场中的质点的任意无限小的附近,可以规定一个处于这样运动状态的局部坐标系,相对于这个局部坐标来说,引力场并不存在(局部惯性系)。对于这种惯性系和这种无限小区域,我们可以认为狭义相对论的结果在第一级近似上成立。在每一个空间-时间点上具有无限多个这种局部惯性系,它们之间通过洛伦兹变换联系起来。洛伦兹变换的特征就在于它们使两个无限接近的事件之间的“间隔”ds保持不变,我们用下面的等式来定义ds:

$$ds^2=c^2dt^2-dx^2-dy^2-dz^2.$$

这个间隔可以用量杆和时钟来量度,因为x,y,z,t表示相对于局部惯性系量度的坐标和时间。

为了描述非无限小尺度的空间-时间区域,需要用到这样一种任意四维流形坐标(高斯坐标),它保证以四个数字x_1,x_2,x_3,x_4单值地表示每一个空间-时间点,并且是符合于这种四维流形的连续性的。广义相对性原理的数学表示就在于,反映一般自然规律的方程组对于所有这些坐标系都具有相同的形式。

因为局部惯性系的坐标的微分可以用某些高斯坐标系的微分dx_ν以线性关系来表示,这样,当利用高斯坐标系来表示两个事件之间的间隔ds时,就得到下面的表示式:

$$ds^2=\sum g_{\mu\nu}dx_\mu dx_\nu(g_{\mu\nu}=g_{\nu\mu}).$$

量$g_{\mu\nu}$是坐标x_ν的连续函数,它决定四维流形的度规,因为ds定义为用量杆和时钟(绝对的)来量度的量。然而正是这些量$g_{\mu\nu}$在高斯坐标系中同样也描述了引力场，引力场的本性和决定度规的物理原因的统一性我们早已确定了。狭义相对论在非无限小区域成立的这种特殊情况的特点就在于：通过适当地选取坐标系，量$g_{\mu\nu}$在这个非无限小区域内同坐标系无关。

按照广义相对论，在纯引力场中的质点运动定律用短程线方程来表示。实际上，短程线是数学上最简单的曲线，它在$g_{\mu\nu}$为常数的特殊情况下转变成直线。因此，我们在这里要办的事就是把伽利略惯性定律转换到广义相对论中去。

场方程的建立，在数学上归结为可以服从引力势$g_{\mu\nu}$的最简单的广义协变微分方程的问题。这些方程是这样确定的，它们应当包含关于x_ν的不高于二阶的$g_{\mu\nu}$的导数，并且这些导数只是线性地进入方程。考虑到这个条件，我们所考查的方程自然就成了牛顿引力理论的泊松方程向广义相对论的转换。

上述讨论过程导致了把牛顿理论作为第一级近似包含在里面的引力理论的建立，并且可以计算出同观测结果相符合的水星近日点运动、光线在太阳引力场的偏转和光谱线的红移[①]。

为了使广义相对论的基础理论完善化，还必须在这个理论中引进电磁场，它按照我们今天的信念，同时也是用来构成物质的基本组成的那种材料。也可以毫无困难地把麦克斯韦场方程转换到广义相对论。如果只假设这些方程不包含$g_{\mu\nu}$的高于一阶的导数，并且在局部惯性系中它们在通常的（麦克斯韦）形式下成立，那么这种转换完全是单值的，而且，引力场方程很容易用这种（麦克斯

① 不过，对于红移，同观测结果的符合还不是十分可靠。——原注

韦方程所遵循的)方式以电磁项来补充,它们必须考虑到电磁场的引力作用。

这些场方程提供不出某种物质理论。因此,为了在理论中引进作为场源的有重物质的作用,必须(如同在古典物理学中那样)在理论中引进物质作为近似的、现象学的概念。

相对性原理的直接结果不限于这些。现在我们来看一看那些接近于阐明的问题。牛顿已经意识到,惯性定律有一个方面是不能令人满意的,这一点到目前为止还没有提到;这就是:在同一切其他运动状态相比较时,物理学为什么要特殊看待惯性系运动状态,其真实原因在惯性定律中看不出来。当人们认为观察到的物体是质点的引力性质的原因时,并没有给质点的惯性指出任何物质因,而只指出虚构的原因(绝对空间,或惯性以太)。虽然这在逻辑上并不是不允许的,然而不能令人满意。由于这个原因,E. 马赫要求在这个意义上改变惯性定律,认为惯性也许应该理解为物体**相互之间**作加速运动的阻力,而同"空间"无关。在这种理解下,一个被加速的物体应当能够给予另一个物体以同样的加速作用(加速感应)。

上述解释还得到了广义相对论较有力的支持,它消除了惯性效应和引力效应之间的区别。它归结为下列要求:场 $g_{\mu\nu}$ 必须完全为物质所决定,准确到丝毫不存在那种由于坐标的自由选择而带来的任意性。还可以谈到有利于马赫要求的一点,即按照引力场方程,加速感应实际上是存在的,尽管它是如此之弱的效应,以致用力学实验不可能直接发现它。

如果把宇宙看作在空间上是有限的和封闭的,在广义相对论中就可以满足马赫的要求。由于这个假说，认为物质在宇宙中的平均密度是**非无限小**的看来也是可能的，而在空间上无限的（准欧几里得的）宇宙中它似乎应当变为零。然而不能不提到，为了这样地满足马赫假设，必须在场方程中引进一些项，它们既不是根据任何实验资料，而且在某种程度上也不是在逻辑上为这些方程的其他项所决定的。按照这种原因，上述"宇宙学问题"的解答暂时还不能认为是完全令人满意的。

今天特别激动人心的问题是引力场和电磁场的统一的本性的问题。追求统一的理论的思想，不可能同现有的按其本性完全互不相关的两种场的存在相协调。因此，已经出现了从数学上建立这种统一场论的企图，在这个理论中引力场和电磁场仅仅被看作是同一种统一场的两个不同分量，并且它的方程，从可能性方面来说，也不是由逻辑上互不相关的项所组成。

引力理论（从数学形式化观点来看就是黎曼几何）应当推广到把电磁场定律也包括在内。可惜，在这种尝试方面，我们还不能像建立引力理论那样得到实验事实（惯性质量同引力质量相等）的支持，而不得不仅限于数学上简单性的判据，而这不能摆脱任意性。现在，最有成效的是以勒维-契维塔、魏耳和爱丁顿的思想为基础的，想以更普遍的仿射联络理论来代替黎曼度规几何的尝试。

黎曼几何的特征性的假定是：两个无限接近的点可以同"间隔"ds 相对照，它的平方是坐标的微分的齐二次函数。由此可以得出结论：（在满足某些物质性条件的情况下）欧几里得几何学在任意无限小的区域内都成立。因此，在某一点 P 的每一个线元（或矢量），可以用在任何给定的无限接近的一点 P' 的平行于它并同它相等的线元(或矢量)来对照(仿射联络)。黎曼度规决定着某种仿射联络。反过来,如果数学上给定了仿射联络(无限小的平行变换定律),那么在一般情况下,不存在这种可由它导出仿射联络的黎曼度规定义。

黎曼几何的最重要观念(引力方程也是以它为基础的)是“空间弯曲”——而这又是仅仅以“仿射联络”为基础的。如果在某个连续区中给出这样的仿射联络,不是一开始就建立在度规的基础上,那么就得到了黎曼几何的推广,其中仍保留过去导出的最重要的量。在求得可以服从仿射联络的最简单的微分方程的同时,我们可以指望把引力方程作这样的推广,使它把电磁场规律也包含在内。这种指望确实得到了证实,然而当我们从这里面暂时还得不到某种新的物理学联系的时候,我们还不知道是否可以把这样得到的形式关系看作是对实际的物理学的充实。特别是,在我看来,只有当场论允许用它的不含有奇点的解来描述带电的基本粒子时,才可以认为它是令人满意的。

最后,不应当忘记,关于电的基本组成的理论不应当同量子论问题割裂开来。而对这个现代最深刻的物理学问题,相对论暂时还显得无能为力。不管怎样,即使有朝一日由于量子论问题的解决,一般方程的形式得到进一步深刻的改变,——哪怕完全改变我们用以描述基元过程的量——相对性原理在任何时候还是不能放弃的;迄今为止利用它所导出的定律,至少仍然保留其作为极限定律的意义。

评 J. 温特尼茨的《相对论和认识论》①

哲学家们的创造才能的缺陷，常常表现在他们不是根据自己的观点来系统地说明自己的对象，而相反，却是借用其他作者的现成论断，并且只想对他们进行批判或者评论。但是，对自己的力量有信心的作者亲自同他的对象进行斗争，系统地说明他的对象，只是在他独立地制定和贯彻了自己的观点以后，才把自己的分析结果同其他作者提出的原理进行比较。

在这个意义上，这本书的作者是一位能发展自己的观点的有独立精神的作者，同时他对问题的物理学方面和哲学方面都具有深刻的知识。他的哲学立场接近于施里克(Schlick)和赖兴巴赫(Reichenbach)，据我所知，他是唯一能够完全地对康德作出应有评价的人，但在康德的影响下，他并没有失去独立精神。我以为可以从整个上下文中选出一些论点，这些论点一方面从作者对康德的关系，另一方面，从作者对经验论者的关系，来确定作者的立场。

“必须再一次向经验论者强调指出，对他们来说，康德从来也

---

① 这是爱因斯坦对温特尼茨《相对论和认识论》(J. Winternitz：*Relativitätstheorie und Erkenntnisslehre*，莱比锡 B. G. Teubner 出版，1923 年)一书所写的书评，最初发表在德国《文学报》(*Literaturzeitung*)，1924 年，1 卷，45 期，20—22 页。这里转译自《爱因斯坦科学著作集》俄文版，第 4 卷，67—68 页。——编译者

没有存在过,自然界不是一种给予'经验'的东西,而是某种由思维依据它所固有的一些原则由某些经验事实创造出来的体系,这些经验事实本身是为数不多的和没有联系的。""我们辨别出长度、空间关系和运动等特性,就像辨别出颜色的细微差别一样,当然不会比后者更好一些。但是,既然我们是用远离这个直接知觉世界的基本数学概念,特别是用描述空间时间关系的可变的概念来建立规律体系的,而且这种规律体系必须满足直接的经验材料(在马赫的意义上),结果,我们就得到了关于自然界的科学,它不仅从事对事实进行记录、描述和分类。""先验的意味着……这种原则的必然性应当作为认识论的基本原则……。"其次,应当证明,至少可以指出一个这样的原则,这就是"因果性"原则。

总之,温特尼茨和康德一起断言,科学是由思维依据某些先验的原则建立起来的某种体系。我们的科学大厦是而且应当是建筑在某些原则的基础上的,而这些原则本身却不是来自经验,对此当然要毫不怀疑地加以接受。但是,当提出这些原则的意义问题,或者提出关于这些原则不能替代的问题时,我就发生怀疑了。是否可以认为,这些原则至少有一部分是被安排得使科学同这些原则的随便改变不能并存呢?还是应当认为这些原则是纯粹的约定,就像词典里词的排列原则那样呢?温特尼茨倾向于认为,第一种观点是正确的;而我认为,第二种观点是正确的。我以为,按照康德关于空间和时间的观念来批判地评价温特尼茨倒是很中肯的。

由于说明的精确,值得受到各种各样的赞扬,作者在230页中全面地成功地考查了如下一些问题:Ⅰ.关于自然科学的任务、方法和界限的导论。Ⅱ.空间和时间的相对性的含义。Ⅲ.物理学中的绝对空间。Ⅳ. 爱因斯坦狭义相对论的基本思想。Ⅴ. 四维空间。Ⅵ. 时间顺序和因果联系。Ⅶ. 几何学和经验。Ⅷ. 作为物理学假设的几何学。Ⅸ. 广义相对论和引力。Ⅹ. 广义相对论中的时间、空间和因果性。Ⅺ. 相对论同不同学派的斗争。

关于场论以及国际联盟

——1924 年 1 月 5 日给贝索的信①

我很久没有给你写信了，这期间经历了很多事情。但是，外部的经历只不过浮光掠影，科学的东西才是主要的。我正在专心致志地反复思考着的，是对量子实在性的理解；这个想法可称为定律的过度确定，即微分方程的数目超过场变量。这样，初始条件的非随意性就可以理解了，而又不放弃场论。当然，这条途径可能全然错误，但应当试一试，它无论如何在逻辑上是可能的。质点（电子）的运动方程已被完全抛弃；后者的力学特性由场定律来确定。目前的论文一经印出，我就寄给你。数学部分极其困难，同经验的关系很可惜变得越来越间接，然而，这是一个合乎逻辑的**可能性**：既符合实际，又没有 *sacrificium intellectus*（精神上的损失）。

〔中略〕

政局不怎么令人愉快——普鲁士人只是改头换面而已，骨子里还是照旧。

---

① 译自《爱因斯坦-贝索通信集》197—198 页。由李澍泖同志译。标题是我们加的。——编者

我终究还是很高兴的，没有上国际联盟的当①，因为如果时间和精力浪费了，那就可惜了。这种骗局同一切虚伪的事情所共有的唯一好处，就是恶人对美德的恭维，仅此而已。

① 爱因斯坦曾致函国际联盟知识界合作委员会，主张真正的科学国际化，猛烈抨击在战争期间“那些出卖了受委托保护神圣遗产的人们”。1923 年 3 月，爱因斯坦提出辞职。但在 1924 年 6 月，他重新成为委员。参见本文集第三卷，34 页。——编者

反对电子有自由意志的想法

——1924年4月29日给玻恩夫妇的信[①]

〔上略〕

玻尔关于辐射的意见[②]是很有趣的。但是，我绝不愿意被迫放弃严格的因果性，而对它不进行比我迄今所已进行过的更强有力的保卫。我觉得完全不能容忍这样的想法，即认为电子受到辐射的照射，不仅它的跳跃时刻，而且它的方向，都**由它自己的自由意志**去选择。在那种情况下，我宁愿做一个补鞋匠，或者甚至做一个赌场里的雇员，而不愿意做一个物理学家。固然，我要给量子以明确形式的尝试再三失败了，但是我绝不放弃希望。况且即使永

① 译自《玻恩-爱因斯坦通信集》，纽约，Walker，1971年英文版，82页。标题是我们加的。——编译者

② 指玻尔于1924年同克拉梅斯（H. Kramers）和斯雷特（J. C. Slater）合写的一篇论文中所表述的观点。玻尔等人为了解释辐射的波粒二象性，提出一个假说，认为辐射的波动在本性上是几率波，认为能量守恒和动量守恒定律对于单个的原子基元过程并不成立，只对于统计平均才成立。这个否定守恒定律的观点不久就被实验事实驳倒了。——编译者

远行不通，总还有那样的安慰：这种不成功完全是属于我的。①

〔下略〕

---

① 对此，M.玻恩于1965年作了这样的注释："在我们之间关于统计性定律的有效性的争论，其根本理由如下。爱因斯坦坚定地深信物理学能够供给我们关于客观存在的世界的知识。作为原子的量子现象领域中经验的结果，我同别的许多物理学家一起，逐渐转变到另一种观点上来，认为情况并不是那样的。认为在任何既定时刻，我们关于客观世界的知识只是一种粗糙的近似，由这种近似，应用某些像量子力学几率定律那样的规律，我们能预测未知的(比如未来的)状况。"玻恩对自己这种转变，在1956年出版的他的文集《我这一代的物理学》(*Physics in My Generation*)的序言中表述得更加清楚，不妨摘译下来作为参考：

"在1921年，我相信——我同当时多数物理学家共同这样相信——科学产生关于世界的客观知识，而这个世界是受决定论性定律支配的。在我看来，科学方法要胜过别的、比较主观的形成世界图像的办法——哲学、诗词和宗教；而且我还认为科学的无歧义的语言是走向人类之间进一步谅解的一个步骤。

"在1951年，我一点也不相信这些了。客观同主观之间的界线已经模糊了，决定论性定律已经被统计性定律代替了……

"……就这样，古典的科学的哲学变换成了现代的科学的哲学，这种哲学在尼耳斯·玻尔的互补原理中到达了顶峰。"对于玻恩所说的这种哲学转变，爱因斯坦始终采取抵制态度。——编译者

附：

M.玻恩 1925 年 7 月 15 日给爱因斯坦的信[①]

〔上略〕

关于物理学，首先，你对我的活动的客气的评语，[②]是出于你内心的好意。可是我充分意识到，我正在做的事情，比起你的思想和玻尔的思想来，那是非常平凡的东西。我的思想的盒子是非常摇晃不定的——里面东西不多，而且来回呱嗒呱嗒地响，它们没有明确的形式，并且愈来愈纷乱。你的脑袋，天晓得，看起来要灵巧得多；它的产品是清晰的、简洁的，并且是一针见血的。碰运气，我们可以在几年时间里弄懂它们。这就是在你和玻色(Bose)提出气体简并化统计时曾经出现的情况。幸而埃伦菲斯特(Ehrenfest)来到这里，使人们对它有所了解。随后我读了路易·德·布罗意(Louis de Broglie)的论文，并且逐渐明白它们搞的什么名堂。我现在相信，物质波理论可能是非常重要的。我们的埃耳沙赛(Elsasser)先生的考虑还未整理就绪。首先，显然他在计算中犯了一个相当大的错误，但是我仍然相信，他的意见的实质，特别是关于

① 这封信记载了量子力学创建时的一些情况，也反映了爱因斯坦对这项工作的关系。因此，它对于研究爱因斯坦的科学工作和思想是一个有价值的资料。这里译自《玻恩-爱因斯坦通信集》，纽约，Walker，1971 年英文版，83—85 页。——编译者

② 爱因斯坦给玻恩的原信没有保存下来。——编译者

电子的反射，还是能够补救的。我也稍微思考了一下德·布罗意波。在我看来，这些波同另一种用"空间"量子化对反射、衍射和干涉所作的神秘解释之间，存在着一种完全形式相同的联系，这种"空间"量子化是由康普顿（Compton）和唐内（Duane）提出来的，并经埃普斯坦（Epstein）和埃伦菲斯特严密研究过。

但是我的主要兴趣却在于有点神秘的微分演算，这种演算似乎是关于原子结构的量子理论所根据的。约尔丹（Jordan）和我正在系统地（虽然只用了最低限度的脑力劳动）审查古典的多周期体系同量子原子之间的每一个可设想的对应关系。关于这个题目的一篇论文马上就要发表，在这篇论文中我们审查了非周期场对原子的影响。这是考查原子碰撞中所出现过程（依照弗朗克的荧光猝灭、敏化荧光等等）的一种初步研究；我想，人们会理解所发生的事情的本质特征。各种原子所以有不同的行为，主要取决于它们究竟具有（平均的）偶极矩、四极矩，还是更高的电对称性。至于你对约尔丹论文的反对意见，我自己还是感到非常没有把握；但是由于我现在正从我自己的多少有点复杂的观点来抓紧研究这些东西，我要在这几天内把它们搞清楚。整个说来，你当然是正确的；可是约尔丹的意见所根据的是一种多少有点不同的考虑，因为他允许相干的光束，而你只提到不相干的光束。

即使约尔丹在这一点上是错误的，我现在认为很可能是如此，但他毕竟还是异常聪明和机灵的，并且能够远比我思维敏捷和更有把握。总之，我的几个青年人，海森伯、约尔丹和洪德（Hund）都是杰出的。我觉得，仅仅为了跟上他们的思想，在我这方面有时就需要作相当大的努力。他们对于所谓"项动物学"

(*term zoology*)[①]的精通真是惊人的。海森伯最近的论文马上就要发表,它看来有点神秘,但肯定是正确而深奥的;它使洪德能够把整个周期系及其一切复杂的多重谱线整理出头绪来。这篇论文也马上就要发表。此外,我正忙于同其他一些比较缺少独立工作能力的学生一遍又一遍地计算晶体点阵理论。我们刚完成了一篇博耳诺夫(Bollnow)的论文,它根据晶体点阵必须处于静电平衡的要求,计算出两个四角系晶体 TiO_2 的两种形式金红石(*rutile*)和锐锥矿(*anatase*)的晶轴之间的关系。其结果好极了。

我对于你认为引力[②]和电动力学的统一终于取得成功的看法极为高兴;你所提出的作用原理看来竟那么简单。只要我们有时间,约尔丹和我想对它试作某些改动。如果你能尽快把你关于这个题目的论文送给我们,我们一定感激不尽。这种事情比我们渺小的工作要深刻得多。我永远不敢去抓它。[③]

---

① “项动物学”的意义,参见后面所附的 M. 玻恩自己于 1965 年所作的注释。——编译者

② 此处“引力”疑是“引力论”。——编译者

③ 麦克斯·玻恩于 1965 年对自己这封信作了很长的注释,这个注释可以帮助我们了解量子力学诞生时的一些重要情况,因此也值得译出来向读者介绍:

“这封信是本书中到目前为止最有意义的,而且(对我来说)也是最重要的。

“气体简并性理论由印度物理学家玻色提出,马上被爱因斯坦接受,并且在他的一篇重要论文中加以进一步发展。他把辐射的统计性状从‘光子气体’(其统计特征不同于正常〔玻耳兹曼分布〕的气体)转移到通常的气体,这种气体在低温时应当显示出同正常性状有所变动(简并性)。但是最重要的还是它同德·布罗意的物质波的理论的联系。在爱因斯坦的怂恿下,我研究了德·布罗意理论,这理论是两三年前发表的。由于一种奇怪的巧合,正在那时,美国物理学家达维孙(Davisson)寄来了一封信,他用电子从金属表面上的反射得到了非常令人困惑的结果。这些结果有图和表加以证明。当时我同弗朗克讨论这封信,我们想起了达维孙曲线的奇特的最大值也许可以用电子的

〔下略〕

物质波在晶格中的衍射来解释。用德布罗意公式进行粗略计算，得出了具有正确数量级的波长。我们把这想法的发展委托给了我们的学生埃耳沙赛去做，他开头跟弗朗克搞实验工作，但现在想转搞理论。不顾这封信中所提到的困难，埃耳沙赛终于取得了成功。他的论文必须被承认是对德布罗意波动力学的第一个证实。

“我所提出的同唐内和康普顿的‘空间量子化’的联系确实是存在的；德·布罗意的自旋量子条件正是同一件事，不过是用不同的并且比较直觉的方式来表述罢了。唐内所说的在概念上把辐射过程分解为各个谐波部分，德·布罗意则认为这些谐波是真实的物质波，假设它们是取代粒子的。后来，我以另一种方式指明粒子和波动之间的关系，这在今天是得到完全公认的：波动表示粒子出现的几率的扩展。但是这不是详细追述这些问题的地方。我也不想在这里去讲‘神秘的’微分演算，这种演算是关于原子的量子理论的基础。我很想请大家注意范·德尔·韦尔登（van der Waerden）的书〔指 B. L. van der Waerden 编的《量子力学的渊源》（*Sources of Quantum Mechanics*），阿姆斯特丹，北荷兰出版公司，1967 年出版。——编译者〕，这本书里包含了所有比较重要的关于量子力学起源的论文，并且对这些论文之间的关系有一个充分的介绍。

“我对我的年轻的合作者海森伯、约尔丹和洪德的称赞，他们是当之无愧的。他们全都处于今天的第一流物理学家之列。我们用‘项动物学’这个说法来表明关于光谱线实验数据的编纂并且把它们解剖成为‘项’，而依照玻尔，‘项’是表示原子激发中的能级。对于这样求得的规律性，没有令人满意的理论，但必须承认这些规律性都是经验事实，它们有点像动物学中的种那样明显的特征。

“然后谈最重要的事情：关于海森伯新论文的几行字，这篇论文似乎显得‘神秘’，但无论如何是正确的。这必定是这样的一篇论文，在这篇论文中，他用公式来表述量子力学的基本概念，并且用简单的例子来解释这些概念。由于我对这个标志着物理思想革命开始时刻的回忆有点模糊，我写信问范·德尔·韦尔登教授，他证实了我的假设。他的书能够使读者完全详细地看到这一系列事件。我只要提一下那些同爱因斯坦的信直接有关的事情。

“海森伯于〔1925 年〕7 月 11 日或 12 日把他的手稿给了我，要我决定是否应当发表，并且问我它对我是否有些用处，因为他无法再推进一步。尽管我并没有立刻就读它，因为我当时感到疲倦，但是我必定在 7 月 15 日写信给爱因斯坦之前已经读了它。我不顾它的神秘的外表，而坚定地认为它是正确的，这就似乎表明当时我已经发现，海森伯的不寻常的演算实际上不过是人所共知的矩阵演算；而且，我也已经看出，海森伯对惯常的量子条件所作的新表述，表示了矩阵方程的对角线元素

$$pq-qp=\frac{h}{2\pi i},$$

因此，对于其余的元素，$pq-qp$ 这个量必定是零。如要情况正是如此，那么我是够谨慎了，而一点也没有把这情况告诉爱因斯坦，因为非对角线元素的消失是必须首先加以

证明的。范·德韦·韦尔登的书说明了他怎样在约尔丹的帮助下在这方面取得了成功，并且说明了海森伯、约尔丹和我自己的论文是怎样产生的。我所提到的洪德的论文，是继续海森伯另一个稍微早一点的研究。我之所以把这些事情讲得那么详细，尽管它们同爱因斯坦并无直接关系，那是因为我为这样的事实而自豪：我是第一个用'非可换的'符号写出量子力学公式的人。

"这封信中还讲到两个有重大意义的科学问题：爱因斯坦的场论（它企图把电动力学和引力统一起来）和天狼星的卫星。我认为我对于爱因斯坦想法的成功所表示的热忱是完全真诚的。在那些日子里，我们全都认为他直至逝世始终追求的这个目标是能够达到的，并且是非常重要的。当物理学中除了这两种场之外又出现了别种类型场的时候，我们中间很多人就有了较多的怀疑；所谓别种类型的场，首先是汤川秀树的介子场，它是电磁场的直接推广，并且描述了原子核力，以后又有一些属于别种基本粒子的场。从那之后，我们倾向于把爱因斯坦的不懈的努力看作是一种悲剧性的错误。"见《玻恩-爱因斯坦通信集》，1971年英文版，86—88页。——编译者

在量子问题上我相信自己走的路是正确的

——1924 年 5 月 24 日给贝索的信[①]

……自从美好的日本之行以来，我过着一种没有外界干扰的恬静生活，此行使我第一次看到一个健康的人类社会，它的成员在这个社会中能得到充分发展。唯一的对这种恬静生活的中断是我在基尔(Kiel)的逗留，在这里我稍微重温了一下技术上的往事。在科学方面，我几乎不停息地研究量子问题，我真诚地相信，我走的路是正确的——如果可以这样肯定的话。过去我在这个领域最成功的东西是我 1912 年[②]在《物理学的期刊》(*Physikal. Zeitschrift*)上发表的论文。我现在的努力正集中于把量子和麦克斯韦场结合起来。在近年来的实验结果当中，实际上只有施特恩(Stern)和盖尔拉赫(Gerlach)的实验，以及康普顿的实验(引起频率改变的伦琴射线散射)比较重要，前者证实量子状态的唯一存

---

① 译自《爱因斯坦-贝索通信集》202 页。由李澍泖同志译。标题是我们加的。——编者

② 原文如此，恐怕是 1917 年之误。指的大概是《关于辐射的量子理论》(参见本文集第二卷 392—409 页)。这篇论文最初是 1916 年发表的。1912 年爱因斯坦并没有在《物理学的期刊》上发表文章。——编者

在，后者证实光量子动量的实在性。

……我身体很好，其他方面也好。我的孩子特别使我高兴，他们长得很结实，这样诺贝尔奖金对他们就不会成为灾难，这笔奖金我已经给了我的前妻。政治局势稍趋安定，谢天谢地，众人对我不那么来扰乱了，这样，我的生活过得比较安静，不受打扰。经过大选，法国已经显示出，它懂得如何对待胜利①。人们可以把那些当选人赞颂为较小的祸害；至少在我看来是如此。

① 1923 年，法国总理雷蒙·庞加勒(Raymond Poincaré)下令占领鲁尔区，被人指斥为好战。1924 年 5 月，庞加勒政府被推翻，新的政府令法军撤出鲁尔区，以便德法和解。——原书编者

对玻尔等人否定守恒定律的评论

——1924年5月31日给 P. 埃伦菲斯特的信[1]

我在我们的学术讨论会上评论过玻尔、克拉末斯、斯莱特的论文。[2] 这种观念在我是老相识的，但我不认为它是真货。主要理由：

(1) 自然界似乎严格遵守守恒定律(弗朗克-赫兹(Franck-Hertz)〔实验〕，斯托克斯(Stokes)定则)。为什么超距作用却是例外？

---

① 译自马丁·克莱因(Martin J. Klein)：《玻尔-爱因斯坦对话的第一个回合》(*The First Phase of the Bohr-Einstein Dialogue*)，见罗素·麦科马克(Russell McCormmach)编《物理科学的历史研究》(*Historical Studies in the Physical Science*)，第2卷，1970年，美国费拉德尔菲亚(Philadelphia)宾夕法尼亚(Pennsylvania)大学出版社出版，32—33页。标题是我们加的。——编译者

② 指1924年发表在英国《哲学杂志》(*Philosophical Magazine*)47卷中的N.玻尔，H. A.克拉末斯(Kramers)和J. C.斯莱特(Slater)合写的长论文《辐射的量子理论》(*The Quantum Theory of Radiation*)。文中提出，能量和动量只有统计性的守恒；对于基元辐射过程，能量守恒和动量守恒定律都不成立。据斯莱特说，他本人当时并不同意这一观点，这是玻尔和克拉末斯强加于他的，而文章明白无误地是玻尔的风格。玻尔这一理论，不到一年就被两组关于康普顿(Compton)效应的实验推翻了。一组是德国物理学家玻特(W. Bothe)和盖革(H. Geiger)用计数器来进行的，另一组是美国物理学家康普顿(A. H. Compton)和西蒙(A. W. Semon)用威耳孙云室来进行的。——编译者

(2) 一只具有反射壁的装着辐射的箱子，在没有辐射的真空中，必定会出现一种不断在增强的布朗运动。

(3) 要最后放弃严格的因果性，在我是非常难以忍受的。

(4) 对于固体，人们也几乎不得不要求有一种**虚的**声(弹性)辐射场①的存在。因为要相信量子**力学**居然一定需要以一种物质的电理论作为它的基础，那是不容易的。

(5) 正常散射(不是在分子的本征频率上)的出现，很不符合这个方案，而正常散射是对于各种物体的光学性状的最重要标志。

① 玻尔等人这篇论文的核心是虚辐射场概念，这个概念是J.C.斯莱特首先提出来的。他假定：凡是在其一个定态中的原子，都围绕着一个虚辐射场，它是由具有可能的量子跃迁频率的振子产生的；这种虚辐射场，通过确定可能跃迁的几率，会提供出能量和动量的统计性的守恒。——编译者

卢克莱修《物性论》德译本序[①]

卢克莱修这本书对于每个还没有被我们时代的精神所完全征服的人，对于每个能够从旁观的角度去观察当代和评价当代人的精神成就的人，都会产生一种迷人的作用。我们将会知道，一个有思想而又关心自然科学的人——一个具有生动的感觉和思维能力，却完全不知道我们童年时代（即在我们还既不了解，也不能批判地去反对的时候）就学到了的那些现代自然科学成就的人，是怎样想象世界的。

应当给人留下深刻印象的是，卢克莱修——德谟克里特和伊壁鸠鲁的忠实的信徒——坚信万物的可知性及其因果关系。他认为原子只有几何的、机械的特性，不但完全相信有可能以遵循一定规律的不变的原子运动为基础来说明世界上一切变化着的东西，而且还认为可以为这一论点提出根据。生命现象也好，感官所感觉到的热、冷、色、香、味也好，全都被归结为原子运动。他把灵魂和理智都说成是由特别轻的原子构成的；他有时更彻底，竟把一定

---

① 这是爱因斯坦于 1924 年 6 月为 H. 狄耳斯（Diels）编译的卢克莱修《物性论》（T. Lucretius Carus：*De rerum natura*）所写的序言。该书共二卷，第一卷为拉丁文本，第二卷为德文译本，这篇序刊于第二卷。这里转译自《爱因斯坦科学著作集》俄文版，第 4 卷，1967 年，61—62 页。本文由陈筠泉同志译。——编者

的心情同物质的各种特性相提并论。

要使人们摆脱宗教迷信所灌输的，并为司祭们所赞助和利用的盲从的恐惧心，这就是卢克莱修著述的主要目的。这可不是闹着玩的。他要他的读者深信必须采用机械的原子世界图像，他多半是受着这种要求支配的，尽管他未敢冒险地对倾向于求实精神的罗马人公开说出这一点。他对伊壁鸠鲁的尊敬，总的说来就是对希腊文化和希腊语的尊重，那是令人感动的；他认为它们比拉丁文化和拉丁语高明得多。应当认为，当时能够说出这样的看法，那是罗马人的功劳。哪有一个当代民族会对它同时代的另一个民族抱这样崇高的感情并让它表达出来呢？

狄耳斯译的诗很容易读。常使我们不由自主地忘记摆在面前的是一个译本。

对恩格斯《自然辩证法》手稿的意见①

爱德华·伯恩施坦(Eduard Bernstein)先生把恩格斯的一部关于自然科学内容的手稿交给我,托付我发表意见,看这部手稿是否应该付印。我的意见如下:要是这部手稿出自一位并非作为一个历史人物而引人注意的作者,那么我就不会建议把它付印,因为

---

① 这是爱因斯坦于1924年6月30日写给E.伯恩施坦的意见。这里译自梁赞诺夫(Д. Рязанов)为1925年版《自然辩证法》所写的序言中所用的引文,见德文版《马克思恩格斯文库》(*Marx-Engels Archiv*),第2卷,法兰克福,1927年,141页。译时参考了俄文版《马克思恩格斯文库》,第2卷,莫斯科-列宁格勒,1925年,XXVI页。标题是我们加的。

按:伯恩施坦于恩格斯逝世(1895年)后,长期隐藏着《自然辩证法》手稿,制造各种借口,不让出版。1924年春天,联共(布)中央派梁赞诺夫到德国向伯恩施坦追查恩格斯的这部遗稿,伯恩施坦就把这部手稿送交爱因斯坦,要他发表意见。爱因斯坦虽然认为恩格斯的《自然辩证法》手稿是值得出版的,但对它的科学价值却作出了否定的评价。梁赞诺夫在他写的这篇序言中推测,当时伯恩施坦并没有把恩格斯的全部《自然辩证法》手稿送给爱因斯坦,而只送去一束主要关于电和磁的那部分手稿。美国哲学家西德尼·胡克(Sidney Hook)在他的著作《理性、社会神话和民主》(*Reason, Social Myths and Democracy*)中说,伯恩施坦于1929年在柏林告诉过他:爱因斯坦当时是看到了《自然辩证法》全部手稿的。在这本书中,胡克还引了爱因斯坦于1940年6月17日给他的这样一封信:

"爱德华·伯恩施坦送来全部手稿要我出主意,我的评语是对全部手稿而说的。我坚信,要是恩格斯本人能够看到,在这样长久的时间之后,他的这个谨慎的尝试竟被认为具有如此巨大的重要性,他会觉得好笑。"(见胡克:《理性、社会神话和民主》,纽约,人文学出版社,1940年,226页。)

不论从当代物理学的观点来看，还是从物理学史方面来说，这部手稿的内容都没有特殊的趣味。可是，我可以这样设想：如果考虑到这部著作对于阐明恩格斯的思想的意义是一个有趣的文献，那是可以出版的。

《自然辩证法》是恩格斯于1873—76年与1878—83年间陆续写成的。1895年恩格斯逝世后不久，德国社会民主党中央委托党员、物理学家列奥·阿龙斯(Martin Leo Arons，1860—1919)去审读马克思和恩格斯关于自然科学与数学的遗稿，考虑是否可以发表。阿龙斯到伦敦审读这些遗稿后，认为内容太陈旧，完全不能发表。1924年爱因斯坦对《自然辩证法》的评价基本上与阿龙斯一致。作为物理学家，所以会对《自然辩证法》产生否定的评价，显然是源于全书中最长的论文《电》。此文占全书1/5篇幅，1882年完稿。它一开头把当时的电学状况说成是“一堆陈旧的、不可靠的……杂乱的东西”，认为出路只有用化学方法才能给电和磁的理论奠定基础。事实上，在1820—64年间，无论在实验上和理论上，电和磁的研究都取得了辉煌成就；而且以后的历史进程与恩格斯的“预见”恰恰相反，在物理学上的电子论和原子结构理论建立后，化学才获得可靠的理论基础。——编译者

非欧几里得几何和物理学[①]

在思考非欧几里得几何同物理学的关系时，必然会涉及几何学同物理学之间的一般关系问题。我首先要注意后一个问题，同时尽可能设法不涉及有争论的哲学问题。

在古代，几何学无疑是半经验的科学，它有点像原始的物理学。一个大小可以忽略不计的物体，就作为一个点。一条直线，要么用视线方向上的一些点来定义，要么用拉紧的线来定义。

在这里，我们碰到的各种概念，就像通常所有的概念一样，都不是直接由经验得到的，或者换句话说，不是用逻辑方法由经验导出的，可是，终究同我们所感觉到的对象直接有关。在知识的这种状态下，关于点、直线、截段相等，以及角相等的命题，同时也就是同自然界对象有关的已知感觉的命题。

只要人们理解到，这种几何的大部分命题都能用纯粹逻辑方法从少数被称为公理的命题推导出来时，它就变成了数学科学。

---

① 此文发表在柏林出版的《新评论》(*Neue Rundschau*)，1925 年 1 月号，16—20 页。《西班牙美洲数学评论》(*Revists Matematica Hispano-Americana*) 1926 年 2 编 1 卷 72—76 页上登过它的拉丁文译文。为纪念洛巴切夫斯基创建非欧几何一百周年，爱因斯坦曾把本文的德文手稿寄到苏联。这里转译自苏联科学院自然科学史与技术史研究所编的论文集《爱因斯坦和物理数学思想的发展》(*Эйнштейн и Развитие Физико-математической Мысли*)，1962 年，莫斯科，苏联科学院出版社，5—9 页。——编译者

数学是这样一门科学,它只研究按一定规则建立起来的给定对象之间的逻辑关系。

在科学的兴趣范围内,关系的推导就占有主要地位。因为不依赖于那些不可靠的、带有偶然性的外部经验,而独立地去建立逻辑体系,对于人的精神来说,总是具有令人神往的诱惑力。

在几何体系中,只有基本概念(点、直线、截段等等)和所谓公理才是几何的经验起源的证据。人们总力求把这些逻辑上不能再简化的基本概念和公理的数目减少到最低限度。那种从模糊的经验领域里求得全部几何的意图,不知不觉地造成了错误的结论,这可以比作把古代英雄变成神。久而久之,人们就习惯于把基本概念和公理看成是"自明的",亦即看成是人类精神所固有的观念的对象和性质;按照这种观点,几何的基本概念同直觉的对象是相符合的,而不论以哪种方式来否定这条或那条公理,都不可能没有矛盾。可是,这些基本概念和公理应用于实在客体的可能性本身却成了问题,正是从这个问题中产生了康德的空间概念。

物理学为几何学拒绝其经验基础提供了第二个理由。按照物理学家对固体和光的性质所已形成的更为精确的观点,自然界里并没有其属性同欧几里得几何的基本概念完全符合的客体。固体不能被认为是绝对不变的,而光线实际上既不能准确地体现为直线,甚至一般地也不能体现为任何一维的形式。严格地说来,根据现代科学的见解,几何学如果单独拿出来,它总是同任何经验都不符合的;它应当和力学、光学等等一起来说明经验。而且,既然没有几何学的帮助,物理学的定律就无法表示,那么几何学就应当走在物理学的前面,因而几何学也应当被看作是这样的一门科学,它在逻辑上先于一切经验和一切经验科学。

十九世纪初，不仅对于数学家和哲学家，而且对于物理学家来说，欧几里得几何的基础也似乎是绝对不可动摇的，其原因就在这里。

对此还可以补充说，在整个十九世纪期间，如果一个物理学家并不特别关心认识论，那么几何学同物理学的相互关系问题还更要简单，更要概括，更要绝对。

物理学家不自觉地坚持的这种观点，符合于这样两条原则：欧几里得几何的概念和基本原理都是自明的；标有某些记号的固体体现着线段的几何概念，光线则体现着直线。

为了根本上改变这种状况，必须进行巨大的工作，这项工作差不多延续了一个世纪。值得注意的是，远在欧几里得几何的框架对于物理学显得过于狭窄之前，这项工作就已从纯粹的数学研究方面开始了。用数目最少的公理来奠定几何学的基础，曾经是数学的课题。在欧几里得的公理中，有一条公理，在数学家看来，就不像别的公理那样是直接自明的；在很长的时间内，数学家总想把它归并到别的公理中去，亦即想用别的公理来证明它。这条公理就是所谓平行公理。由于为它提供证明的一切努力都没有获得任何结果，渐渐地便作出了这样的假设，认为这种证明是不可能的，也就是说，这条公理不能归并到别的公理中去。如果能建立一种在逻辑上没有矛盾的科学体系，它同欧几里得几何的区别在于，而且仅仅在于，用另一条公理来代替平行公理，那么，就可以认为这个假设是被证明了。洛巴切夫斯基（Лобачевский）和玻约(Bolyai)父子分别从不同的侧面独立地得出了这种思想，并且令人信服地实现了它;他们的极为宝贵的功绩就在于此。

此后,数学家们不能不产生这样一种信念,即相信同欧几里得几何并存着的,还有别种同它在逻辑上完全平等的几何。当然也就发生了这样的问题:难道只有欧几里得几何才算是物理学的基础,任何别种几何都不行吗?这问题还以更加明确的形式提了出来:物理世界的几何究竟是怎样的?它究竟是欧几里得的还是任何别种的?

许多人都争论过这个问题有没有意义。为了说明这种争论,必须在下面两种观点中彻底坚持一种。第一种观点,同意几何"体"实际上体现着物理的固体,当然,这只要固体是遵守那些关于温度、机械应力等等已知的规则就行了。这是从事实际工作的实验物理学家的观点。如果几何的"截段"同自然界的一定客体相对应,那么几何的一切命题也都具有说明现实物体的性质。这种观点亥姆霍兹说得最明白,可以补充一句:要是没有这种观点,实际上就不可能通向相对论。

可是,从第二种观点来看,如果在原则上否认那些同几何的基本概念相对应的客体存在,那么,几何学本身就不能说明实在客体的任何状况。只有几何学同物理学一起才能说明这些状况。这种观点可能更适合于已有的物理学的系统叙述,它已被庞加勒特别清楚地说过了。按照这种观点,一切几何学的内容都是约定的;要解决究竟哪种几何比较好的问题,就要看在这种假设中,同经验显得最一致的物理学能"简单"到什么程度。

我们认为第一种观点最符合我们的知识的现状。按照这种观点,关于欧几里得几何适用或不适用的问题,具有明确的含义。欧几里得几何像一般几何一样，它有着数学科学的特点，因为由公理推导出定理，首先是纯粹逻辑的问题，但同时它又是物理科学，因为它的公理本身就包含着关于自然界客体的论断，这些论断的正确性只有通过实验才可以证明。

但是我们应该时时记住，有这样一种虚构的理想，以为自然界中实际上存在着不变的标尺；后来知道，这种想法要不是完全不适用，就是它只对某些特定的自然现象才有效。广义相对论已经证明，这种想法对于一切从天文学看来不是很小的区域都是不适用的；也许量子论将会证明这种想法对于原子大小数量级的范围也是不适用的。黎曼曾认为这两者都是可能的。

在几何学同物理学相互关系的思想发展上，黎曼的功绩是两重的。第一，他发现了一种同洛巴切夫斯基双曲面几何相对立的椭面几何；从而他第一个指出了有限广延的几何空间的可能性。这个思想立即被理解了，并且产生了物理空间是不是有限的问题。第二，黎曼大胆地创立了欧几里得几何或狭义非欧几何都无法相比的更为普遍的几何。这就是他所创立的"黎曼"几何。这种几何（也像狭义非欧几何那样），只在无限小的区域里才同欧几里得几何相一致。这种几何是把高斯的曲面理论运用到任意多维的连续区上的结果。根据这种更一般的几何学，空间的度规的性质以及在非无限小区域里安排无限个无穷小的不变体的各种可能性，都不是完全由几何公理来决定的。黎曼并没有因这个结论而困恼，也没有断言自己的体系在物理上是无意义的，他反而得出这样大胆的思想，认为物体的几何关系可能是由各种物理原因，即由各种力决定的。

由此，他用纯粹数学推理的方法，得出了关于几何学同物理学不可分割的思想；七十年后，这个思想实际上体现在那个把几何学同引力论融合成为一个整体的广义相对论中。

黎曼几何后来由于引进勒维-契维塔的无限小平行移动的概念而获得更加简单的形式，魏耳和爱丁顿又进一步推广了黎曼理论，希望在扩大了的概念体系中找到电动力学定律的根据。不论这些企图会得到什么样的结果，即使在现在，就已经有大量的根据可以说：从非欧几何发展起来的思想是极其富有成果的。

对魏耳、爱丁顿、舒滕工作的评价

——1925 年 6 月 5 日给贝索的信①

6 月 1 日，我从南美回来。这是一次大折磨，没有多大意思，不过，航海的时候，我还是有几个星期的休息。我深信，魏耳-爱丁顿-舒滕的思想体系(*die ganze Gedanken-Reihe Weyl-Eddington-Schouten*)在物理学上不会得出什么有用的东西，我现在找到另外一条路，它有较好的物理学根据。量子问题，在我看来，似乎需要一个特别的标量，对于它的引力我已发现一条可取的途径。此外，关于理想气体的量子理论，我已经研究完毕②，并已作进一步证明，它的结果现在似乎可以肯定。我已经很长时间没有听到皮卡德(Picard)的见解。他以前提出的，接近充分准确的结果是否定的③。也许数量级之间的关系只是很偶然的。

---

① 译自《爱因斯坦-贝索通信集》204 页。由李澍泖同志译。标题是我们加的。——编者

② 参见《理想气体的量子论》(*Zur Quantentheorie des idealen Gases*)，《普鲁士科学院会议报告》，1925 年，18—25 页。——原书编者

③ 如果是指瑞士物理学家奥古斯特·皮卡德(Auguste Piccard，1884—1962)——同温层和深海研究的先驱者，那么这里谈到的是他关于顺磁气体的实验，这实验导致魏斯(Weiss)的磁子说的摒弃。这次实验，与艾德蒙·鲍尔(Edmond Bauer，1880—1963)合作进行，时间早在 1918 年。——原书编者

我大概会到瑞士来参加国际联盟的会议①，如果这次会不在巴黎举行的话。在重大政治事件上，国际联盟的成绩可惜很微小，因此，人们已习惯于把它看作一个可以忽略的量。我几乎不想参加它的活动。

要想发现欧洲的可爱之处，非得去美洲看看不可。尽管那里的人偏见较少，但是多半都是空虚乏味的，比我们这里更甚。无论我到哪里，我都受到犹太人的热烈欢迎，因为在他们看来，我是犹太人合作的象征。这使我十分愉快，因为我预期犹太人的团结会产生令人喜悦的结果来。

① 1924年6月，爱因斯坦重新参加[国联]知识界合作委员会。——原书编者

关于仿射场论

——1925 年 7 月 28 日于日内瓦给贝索的信①

〔上略〕

我们互相独立引进一个仿射联络（$\Gamma^{\alpha}_{\mu\nu}$）和一个张量（g_{uv} 或 $g^{uv}g^{uv}$），并且对于 g^{uv} 和 $\Gamma^{\alpha}_{\mu\nu}$ 的任何（独立的）变化要求如下的变分计算法原则

$$\delta\left(\int g^{uv} \underbrace{R_{\mu\nu}}_{} d_{\tau}\right)=0 \qquad \text{黎曼张量}\left(-\frac{\partial \Gamma^{\alpha}_{\mu\nu}}{\partial x_{\alpha}}+\Gamma^{\alpha}_{\mu\beta}\Gamma^{\beta}_{\nu\alpha}\right).$$

假定 g^{uv} 和 $\Gamma^{\alpha}_{\mu v}$ 是对称的，就可得出真空中的旧引力定律。如果不要对称条件，就可以在一级近似中得出真空中的引力定律和麦克斯韦场定律，其中的 g^{uv} 的非对称部分就是电磁场。这是一个绝妙的可能性，它大概是符合实际的。现在的问题只是，这个场论是否同原子和量子的存在协调。在宏观世界里，我不怀疑它们的正确性。要是特殊问题的计算比较方便就好啦！不过，那里闹鬼只是暂时的。

〔中略〕

---

① 译自《爱因斯坦-贝索通信集》209 页。由李澍泖同志译。标题是我们加的。——编者

这封信是在国际联盟的一次单调无味的会议上写的。

又及

对薛定谔工作和海森伯-玻恩工作的评价

——1926 年 4 月 26 日给 E. 薛定谔的信①

多谢你的来信。我确信，通过你的关于量子条件的公式表述，你已作出了决定性的进展；我同样确信，海森伯-玻恩的路线已经走向歧途。在他们的方法中，体系的可加性条件不能得到满足。

现在，我发现一个必须考虑的事实，它几乎可以排除元球面波的存在，这样，我差不多相信，我建议的实验将得出否定的结果。原则上，它可以以下列方式最简单地实现：

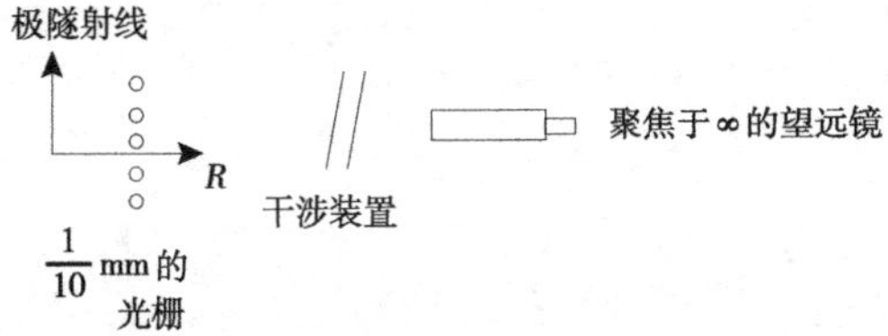

发射方向 R 对应于望远镜焦平面上的一点。由一个粒子沿

① 译自薛定谔、普朗克、爱因斯坦、洛伦兹：《关于波动力学的通信集》(Schrödinger, Planck, Einstein, Lorentz: *Briefe zur Wellenmechanik*)，普许布拉姆(K. Przibram)编辑，1963 年，维也纳，Springer 版，26 页。标题是我们加的。——编译者

R 方向发射的射线，要么射到望远镜，要么射不到望远镜（二者必居其一）；当粒子速度和程差之间有适当的关系时，干涉必定会被破坏，可是我不相信这一点。光栅的衍射像一种扰动那样起作用，但没有强到足以破坏实验的证明能力。

关于量子力学的哲学背景问题同海森伯的谈话(报道)①

〔上略〕

1926年春天,我[指海森伯。——编译者]应邀向这个著名的团体[指当时德国柏林大学物理系。——编译者]讲新的量子力学,而且因为这是我第一次有机会遇见这么多有名的人,我很用心地把当时这个最不合传统的理论的概念和数学基础说明清楚。我显然已经使爱因斯坦发生兴趣,因为他邀我同他一道走回家,以便我们可以更详细地讨论这些新的思想。

在路上,他问了我的学习和以前的研究情况。我们一到家,他就以一个同我最近工作的哲学背景有关的问题开始了这次谈话。"你向我们讲的,听起来极其离奇。你假定原子里面存在着电子,你这样做可能是完全正确的。但是你拒绝考虑它们的轨道,即使我们能够观察到电子在云室中的径迹。我非常想更多地听听你提出这种奇特假定的理由。"

---

① 这是爱因斯坦于1926年春天同W.海森伯一次谈话的报道。这个报道,以海森伯本人回忆的形式发表在他晚年写的《物理学及其他——遭遇和谈话》(W. Heisenberg: *Physics and Beyond——Encounters and Conversations*, A. J. Pomerans英译,伦敦George Allen和Unwin公司出版,1971年)一书中的第五章"量子力学以及同爱因斯坦的一次谈话(1925—1926年)",62—69页。标题是我们加的。——编译者

我当时一定回答:“我们不能观察到原子里面的电子轨道,但是一个原子在放电时所发出的辐射,能使我们推断出它的电子的频率和相应的振幅。甚至在比较老的物理学中,波数和振幅毕竟也还是可以用来代替电子的轨道。既然一个好的理论必须以直接可观察的量为依据,于是就以这些量为限,把它们仿佛当作是电子轨道的代表,我想那该是比较合适的。”

爱因斯坦反驳说:“难道你是认真地相信只有可观察量才应当进入物理理论吗?”

“你处理相对论不正是这样吗?”我有点惊讶地问道。“你毕竟还曾强调过这一事实,说绝对时间是不许可的,仅仅因为绝对时间是不能被观察的;而只有在运动的参照系或静止的参照系中存在的时钟读数才同时间的确定有关。”

爱因斯坦承认,“可能,我是用过这种推理。但是这仍然是毫无意义的。一个人把实际观察到的东西记在心中,会有启发性帮助的,我这样说,也许能够更加灵活地解释它。但是在原则上,试图单靠可观察量来建立理论,那是完全错误的。实际上,恰恰相反,是理论决定我们能够观察到的东西。你一定体会到,观察是一个十分复杂的过程。观察下的现象在我们的量度装置中产生某些事件。结果,进一步的过程又在这套装置中发生,它们通过复杂的途径最后产生了感觉印象,并帮助我们把这些感受在我们的意识中固定下来。沿着这整个途径——从现象到它固定在我们的意识中——在我们能够宣称已经在最低程度上观察了任何东西之前,我们必定能够说出自然界是怎样起作用的,必定至少用实践的语言知道了自然规律。只有理论,即只有关于自然规律的知识,才能使我们从感觉印象推论出基本现象。当我们宣称我们能够观察某种新事物时,我们实际上应当是说:虽然我们就要提出同旧规律不一致的新的自然规律,可是我们仍然假定,这些现存的规律——包括从现象到我们的意识这整个途径——以这样的方式起作用,使我们可以依靠它们,从而才可以谈论'观察到的结果'。

"比如,在相对论中,我们预先假设,即使在运动的参照系中,光线从时钟到观察者眼睛的行为或多或少总是像我们预期于它们的那样。在你的理论中,你十分明显地假定,光从振动的原子传播到分光镜或者眼睛的全部机制,正像人们经常所假设的那样在动作的,那就是说,实质上是按照麦克斯韦定律在动作的。如果不再是这样的情况,你大概就不能观察到任何你称之为可观察的量了。你宣称你引进的只是可观察的量,这就给你试图提出的理论假定了一种性质。你事实上是假定:你的理论在主要论点上同辐射现象的旧描述并不抵触。自然,你很可能是对的,但是你不能确信无疑。"

爱因斯坦的态度使我大吃一惊,虽然我觉得他的论据是令人信服的。因此我说:"一个好的理论最多不过是按照思维经济原则把观察结果凝聚起来,这种思想无疑是回到了马赫,而且实际上,据说你的相对论决定性地利用了马赫的概念。但是你刚才对我讲的,似乎表明恰恰相反。我该怎样解释这一切呢?或者不如说,你自己究竟是怎样想的呢?"[爱因斯坦回答如下:]

"这件事说来话长,不过,如果你高兴,我们可以讲讲它。马赫的思维经济概念可能包含有部分真理,但是我觉得它的确有点太浅薄。让我首先提出一些对它有利的论据。我们显然是通过我们的感觉来了解世界的。甚至小孩子学说话、学思考的时候，他们也是如此，通过一个单词，比如‘球’字，就认出了对高度复杂的但以某种方式相联系着的那些感觉印象进行描述的可能性。他们向大人学习这个词，并且为他们能使自己理解而感到满足。换句话说，我们可以论证，这个词的形成，因而‘球’这个概念的形成，就是一种思维经济，它能使孩子用简单的办法把那些很复杂的感觉印象结合起来。这里，马赫甚至也没有涉及这样的问题：在传达过程能够开始之前，一个人——或小孩子——必须具备哪样的心理素质或身体素质。谁都知道，对于动物，这种过程造成的影响是非常小的，不过，我们现在不必去谈它。当时马赫也认为，科学理论的形成，不管怎样复杂，是以类似的方式发生的。我们试图把现象加以整理，把它们化成一种简单的形式，一直到我们能借助少数简单的概念来描述可能是很大量的现象。

“这一切听起来是非常合理的，但是我们仍然应该问我们自己：这里是在什么意义上使用心理经济原则的。我们所考虑的究竟是心理上的经济还是逻辑上的经济呢？也就是说，我们所指的究竟是现象的主观方面还是现象的客观方面呢？这个孩子形成概念‘球’的时候，他用这个概念把复杂的感觉印象结合起来，他是采用纯粹心理上的简化呢？还是这个球实际上是存在的呢？马赫也许会回答，这两句话表示完全相同的事实。但是他这样说可就完全错了。首先，‘这个球实际上是存在的’这一断言也包含一些在将来会出现的种种可能的感觉印象的陈述。那么将来的可能性和期望就构成了我们的实在的一个很重要部分，完全不可被忽略掉。此外，我们应当记住，由感觉印象推断概念和事物，是我们一切思想的基本先决条件之一。因此,如果我们所要想说的只是感觉印象,我们就一定要摆脱我们的语言和思想。换句话说,马赫多少有点忽略了这样的事实:这个世界实际上是存在的,我们的感觉印象是以客观事物为基础的。

“我并不希望以一个实在论的一种朴素形式的拥护者的身份出现;我知道这些是很困难的问题,不过另一方面,我认为马赫关于观察的概念也太朴素了。他假装我们完全正确地理解‘观察’这个词的意思,并且以为这就使他不必去辨别‘客观的’现象和‘主观的’现象。难怪他的原则有这样一个可疑的商业上的名称:‘思维经济’。他的简单性这一观念在我看来也太主观。实际上,自然规律的简单性也是一种客观事实,而且正确的概念体系(*scheme*)必须使这种简单性的主观方面和客观方面保持平衡。但这是一个很困难的任务。我们不如回到你的演讲罢。

“恰好是因为我们正在讨论的问题,我非常怀疑,你的理论会有一天使你陷于困境。我想要详细地说明这一点。在进行观察的时候,你所作所为,好像一切都能照旧,也就是说,好像你还能使用旧的描述语言。可是在那种情况下,你也得说:在云室中,我们能够观察到电子的路径。同时,你又宣称,在原子里面没有电子的路径。这显然是胡扯,因为你大概不可能单单靠限制电子在其中运动的空间的办法来取消这路径。”

我竭力为新的量子力学辩护。“我们一时还想不出该用怎样的语言来讲原子里面的过程。固然我们有了一种数学的语言,那就是一种确定原子的定态或者从一个状态到另一状态的跃迁可能性的数学体系,但是我们还不知道——至少一般说来不知道——

怎样把这种语言同古典物理学的语言联系起来。当然,如果我们首先要把这种理论用于实验,我们就需要这种联系。因为到要做实验的时候,我们总是用传统的语言来谈论。所以我确实不能宣称我们已经'理解了'量子力学。我假定这个数学体系是行的,但是到目前为止还没有建立起同传统语言的联系。在这件事没有做到之前,我们不能希望不带内在矛盾地去谈论云室内的电子路径。因此,要解决你所提出的困难,大概还为时过早。"

爱因斯坦说:"很好,我接受这个意见。在几年之内我们会再谈论它。但是,也许我可以向你提另一个问题。像你在演讲中所阐述的,量子力学有两个不同的方面。一方面,如玻尔本人所正确强调过的,它解释了原子的稳定性;它使得同样的形式屡次重现。另一方面,它解释了自然界的奇特的不连续性和不守恒性,这是当我们注视闪烁屏上的闪光时十分清楚地观察到的。这两个方面显然是联结在一起的。在你的量子力学中,你对这两方面都应当加以考虑,比如,当你讲到原子发射光时,就该这样考虑。你能够算出定态的分立能量值。这样你的理论就能够说明某些形式的稳定性,这些形式彼此不能连续地合并,而必须有一定量值的差别,并且似乎是能够始终不断改进的。但是发射光时出现了什么呢?你知道,我曾提出,当一个原子从一个稳定的能值突然降到下一个稳定能值,它发射出能量差像一个能包一样,这就是所谓光量子。在那种情况下,我们有了一个特别清楚的关于不连续性的典型。你认为我的想法正确吗?或者,你能够以更精确的方式来描述从一个定态到另一个定态的跃迁吗?"

在我的回答中,一定说过这样的一些话:"玻尔曾经教导我,我们不能用传统的概念来描述这种过程,那就是说不能作为时间和空间中的过程来描述。关于这一点,当然我们讲得很少,事实上我们一点也不知道。在现阶段我不能说,我是否应当相信光量子。辐射十分明显包含着不连续的因素,这就是你所说的光量子。另一方面,也有一种连续的因素,比如在干涉现象中所出现的那样,用光的波动理论来描述要简单得多。但是,你问量子力学对这些极其困难的问题有什么新的说法,那当然是完全正当的。我相信,我们至少可以希望,量子力学总有一天会说点什么的。

"比如,我可以设想,如果我们考查一个原子同别的原子或辐射场发生作用时的能量起伏,我们就会得到有趣的答案。如果能量的变化必须是不连续的,像我们由你的光量子论所预期的那样,那么这种起伏,或者用更精确的数学术语来说,这种均方起伏(*mean square fluctuation*)就会比能量连续变化的更大。我倾向于相信量子力学会导致较大的值,并且由此确立了不连续性。另一方面,干涉实验中出现的连续因素也应当加以考虑。也许我们应当把从一个定态到另一个定态的跃迁设想作电影中的许多渐隐(*fade-out*)镜头。这种变化不是突然的——一幅画面当第二幅画面进入焦点时就逐渐消失,这样使得两幅画面有一段时间混在一起,分不清这个那个。同样,很可能有个中间状态,在这种状态中,我们无法说出原子究竟是在上面一个状态还是在下面一个状态。"

"你是在薄冰上行走,"爱因斯坦警告我。"因为你突然讲起关于自然界我们知道些什么,而不再讲自然界实际上在干什么。在科学中,我们应当关心的只是自然界在干什么。非常可能,你我对自然界的了解大不相同。但是谁会对那样的问题感兴趣呢?也许只有你和我。对所有别的人来说，那完全是无关紧要的事。换句话说，如果你的理论是正确的，你迟早总会告诉我，原子从一个定态转到另一个定态的时候，它在干什么。”

“也许如此，”我会这样回答。“但是在我看来，你使用语言似乎有点太严格了。可是我仍然要承认，我现在所能说的每一件事，听起来都会像是廉价的辩解。因此还不如让我们等着瞧原子理论会怎样发展罢。”

爱因斯坦怀疑地看了我一下。“在这么多关键问题还完全没有解决的时候，你怎么能够对你的理论真的有这么大的信心呢？”

在我作出回答之前，我一定想了好长时间。“正像你一样，我相信自然规律的简单性具有一种客观的特征，它并非只是思维经济的结果。如果自然界把我们引向极其简单而美丽的数学形式——我所说的形式是指假设、公理等等的贯彻一致的体系——引向前人所未见过的形式，我们就不得不认为这些形式是‘真’的，它们是显示出自然界的真正特征。也许这些形式还包括了我们对自然界的主观关系，它们反映了我们自己的思维经济的因素。但是，我们永远不能由我们自己来达到这些形式，它们是自然界显示给我们的，仅仅这一事实就有力地提示我们，我们一定是实体本身的一部分，并非只是我们关于实在的思维的一部分。

“你会反对我由谈论简单性和美而引进了真理的美学标准，我坦白承认，我被自然界向我们显示的数学体系的简单性和美强烈地吸引住了。你一定也有这样的感觉：自然界突然在我们面前展开这些关系的几乎令人震惊的简单性和完整性，而对此，我们中谁也没有一点准备。这种感觉完全不同于我们在特别出色地完成了一项指定工作时所感到的那种喜悦。这是一个理由,说明了为什么我希望我们所讨论的问题会以这样或那样的方式来解决。在目前情况下,数学体系的这种简单性有进一步的后果,那就是它应当有可能想出许多实验,而这些实验的结果是能够事先由理论加以预测的。如果事实上有实验证实这些预测,那么,认为这个理论在这一特殊领域内准确地反映了自然界,该是没有什么可怀疑的了。”

爱因斯坦同意,“实验的检验当然是任何理论的有效性的一个必不可少的先决条件。但是一个人不可能什么事都去试一试。这就是为什么我对你关于简单性的意见如此感兴趣的原因。可是,我却永远不会说我真正懂得了自然规律的简单性所包含的意思。”

经过一段相当长的时间谈论物理学中真理标准的作用之后,我告辞了。我下一次见到爱因斯坦,是一年半以后在布鲁塞尔的索耳未会议(Solvay Congress)上,在那次会上,量子理论的认识论基础和哲学基础再一次成为最热烈讨论的主题。

对统一场论以及对薛定谔和海森伯-狄拉克工作的评价

——1926 年 8 月 21 日给 A. 索末菲的信[①]

我现在才发现您的来信[②]，因为假期中我出外旅行去了。说真情，时常令人感到困难，但必定仍然存在着这样的情况：在拟议的报告中，我说不出什么在我看来是有意义的东西。所以我不得不沉默，而让这样的人去作报告，他能讲一些别人尚不知道的有意义的东西。您大概会同意这个谢绝的理由。我为了要找出引力和电磁之间的关系弄得自己疲惫不堪，不过我现在深信，到目前为止，我和别人在这个方向上所作的探索都是毫无结果的。

我愿意向您承认，自旋的电子是无可怀疑的。但是，从内部来了解它的必然性，目前还是希望不大。[③] 在这些对量子规则作深刻阐明的新尝试中，我最满意的是薛定谔的表述方式。但愿那里

---

① 译自《爱因斯坦-索末菲通信集》德文版，1968 年，107—108 页。标题是我们加的。——编译者

② 指索末菲于 1926 年 8 月 5 日给爱因斯坦的信。索末菲在这封信中邀请爱因斯坦去慕尼黑作学术报告。信的最后还讲到："您大概已经把自旋电子（那是不可缺少的！）编排到广义相对论里面去了吧？这该是相对论的最大胜利。"——编译者

③ P. A. M. 狄拉克通过 1928 年建立的以他命名的电子波动方程实现了这一点。——编译者

所引进的波场是能够从 n 维坐标的空间移植到三维或四维坐标空间的！海森伯-狄拉克的理论我固然不得不钦佩，但是我却闻不到真理的气味。

对薛定谔工作和对爱丁顿工作的评论

——1926 年 11 月 28 日给 A. 索末菲的信[①]

我的较好的自我曾经同我心目中的懒汉进行了绝望的斗争。但是因为这个较好的自我是比较明智的，也是比较软弱的，它已经作了让步，所以我现在不能为慕尼黑的报告提起劲来。[②] 上述这场斗争进行得多么激烈，你在斗争过程中是一清二楚的。

薛定谔理论的这些成就留下了巨大的印象，虽然我不知道，它比老的量子规则是不是要讲出更多的东西，即讲出某些符合实际事件一个方面的东西。究竟是不是真的人们已接近解决这个谜了呢？我寄上一篇小作品给您，其实它不过是往日的希望的一个雅致的坟墓而已。

爱丁顿的书[③]的确充满了非凡的智慧。但是我不能同意这样

---

① 译自《爱因斯坦-索末菲通信集》德文版，1968 年，109—110 页。标题是我们加的。——编译者

② 索末菲于 1926 年 10 月 31 日给爱因斯坦信，再次邀请他去慕尼黑讲学。从 1920 年 10 月开始，索末菲就邀请爱因斯坦去慕尼黑讲学，前后经历了五年之久，中间有过多次反复，结果终未实现。其中有一个政治性的原因，就是慕尼黑当时是希特勒的巢穴，是德国纳粹势力的大本营。——编译者

③ 指爱丁顿的《空间、时间和引力》(A. S. Eddington: *Space, Time and Gravitation*)。索末菲在 10 月 31 日的信中说他为这本书“陶醉了”；说“没有一本书写得如此之好”。——编译者

的倾向，即把自然规律仅仅理解为区分包含在其中的情况和不包含在其中的情况的一种分类纲目(*Ordnungsschemata*)。而且他还把相对论过分地说成是**逻辑上**的必然，这也是应当反对的。上帝似乎也能下决心，创造一个绝对静止的以太来代替相对论性的以太。当上帝必须在德·席特(de Sitter)的(本质上)同物质无关的这种意义上来安排以太时，这一点特别关系到爱丁顿究竟倾向于哪种信仰；因为一个“绝对的”函数对于以太终究同样合适。值得注意的是，在大多数〔人的〕头颅中是没有评价这种事态的器官的。

我深信上帝不是在掷骰子

——1926年12月4日给M.玻恩的信[①]

〔上略〕

量子力学固然是堂皇的。可是有一种内在的声音告诉我，它还不是那真实的东西。这理论说得很多，但是一点也没有真正使我们更加接近于"上帝"的秘密。我无论如何深信上帝不是在掷骰子。三维空间中的波动，它们的速度是受势能（比如橡皮筋）制约的。……我正在进行非常吃力的工作，要从已知的广义相对论的微分方程推导出当作奇点来看待的质点的运动方程。

① 译自《玻恩-爱因斯坦通信集》，纽约，Walker，1971年英文版，91页。标题是我们加的。

这封信的一个片断，玻恩于1955年7月16日在伯尔尼国际相对论讨论会上的报告《物理学和相对论》中引用过，见他的文集《我这一代的物理学》（*Physics in My Generation*），伦敦，Pergamon，1956年英文版，204页。但那上面注明爱因斯坦发信的日期是1926年12月12日。——编译者

对贝索的评价

——1926 年 12 月 21 日给 H. 仓格尔的信①

你曾告诉我，联邦专利局的专家贝索先生，由于处理文件太少，有被解雇的危险。你问我对贝索担任这项职务的能力有何看法。我乐意回答这个问题，因为，我是贝索先生多年的同事，对他以及他的业务能力和个人品质知之甚深。

贝索的长处是不寻常的智慧以及对职务上和道德上的责任从不退缩的献身精神，他的短处是过于缺少决断力。他在人生中获得的外部成就，同他的杰出能力以及他在技术和纯科学领域中的异常丰富的知识都不成比例，其原因就在于此。在专利局里，他签署的案卷很少，其原因也在于此。局里的每一个人都知道，遇到困难的情况时就可以向贝索请教。他对每份专利申请书的技术和法律方面都了解得异常迅速，他很乐意帮助同事迅速解决问题，可以

---

① 仓格尔（Heinrich Zangger，1874—1957），瑞士法医学家，曾任苏黎世大学法医学研究所所长。1926 年瑞士联邦专利局辞退一职员，他在为自己辩护时提到，他做的工作比贝索多，因此贝索也有被解雇的危险。为此，爱因斯坦给仓格尔和贝索本人都写了信，对贝索的人品和能力，做了全面评价。这两份资料作为附录收集在《爱因斯坦-贝索通信集》中。这里译自该通信集 544—545 页。由李澍泖同志译。标题是我们加的。——编者

说，他提供鉴别力，而别人提供意志和决断力。但是，如果他自己去处理一件事情，缺乏决断力就成为一个障碍。这就产生了这样一种可悲的情况：局里的最可贵的工作人员之一，我想说是他在许多方面几乎是无可替代的，在外表上竟给人一种缺乏效率的印象。

因此，我的看法是，贝索能够开展价值很高的咨询活动，把他从专利局赶走会构成一个严重的错误。还有，他的技术和法律知识，以及他的评判能力都是出类拔萃的，他的能力仅仅应用在清理专利文件上，而没有派以更重要的用场，从国家利益来看，只能使人感到遗憾。他能够，举例来说，在评判专利上诉案件和决定专利权（法律上的）归属方面，他可以成为一个极其宝贵的专家，如果他只是客观地说明情况，而由另一个人执笔与文章的话。在专利局里，这也是通常的惯例。

无论如何，如果要把他开除公职，我认为，这是一个重大错误，这个人具有如上所述的品质，那样做只会使一个杰出的人才无所作为。

这封信你可以随意使用。但愿它有助于这个人保持他的活动领域。

对米勒实验和量子力学的看法

——1925年12月25日给贝索的信[1]

……在这期间最令人高兴的事件莫如罗迦诺(Locarno)条约[2];对我这是一件真正的喜事。现在,政治家比教授更通情达理。你真的要去耶路撒冷吗?我们犹太人在那边做了不少事情,而且还像往常一样争吵不休。这使我有很多工作要做,因为,正如你所知,我已成为犹太圣人了。我也认为,米勒(Miller)[3]的实验中有温度误差。我从来没有认真看待它。我按照爱丁顿的见解所做的工作不得不放弃了。总之,我现在确信,魏耳-爱丁顿的思想体系(*Gedanken-Komplex*)没有多大用处。我认为,下列方程

---

① 译自《爱因斯坦-贝索通信集》215—216页。由李澍泖同志译。标题是我们加的。——编者

② 罗迦诺条约是法、英、德、意、比五国全权代表于1925年10月16日签订的,其内容为建立仲裁制度来解决争端。——原书编者

③ 米勒(D. C. Miller)当时为美国物理学会主席,在威尔逊山海拔1800米处做过试验,以为发现了约9公里/秒的"以太风"。他的结果发表在《美国科学院院刊》(*Proc. Nat. Academy Wash.*),11卷,306页(1925年)和《自然》周刊(*Nature*),116卷,49页(1925年),受到人们的怀疑。

杰拉耳德·霍耳顿(Gerald Holton)在《爱因斯坦、迈克耳孙和"决定性的"实验》(1969年)一文中谈到,1925年圣诞节,报界请爱因斯坦对米勒实验结果发表声明,他大概没有遵命,而在当天写信给他的朋友贝索,表示了自己的意见。——原书编者

$$R_{ik}-\frac{1}{4}g_{ik}R=-T_{ik}\text{（电磁的）}$$

是我们现有的最好方程。对于 14 个量 $g_{\mu\nu}$ 和 $\gamma_{\mu\nu}$，共有 9 个方程。最新的计算似乎可以证明，这些方程足以给定电子的运动。但是，量子在其中是否有地位，似乎还很可疑。

最近的理论所提供的最有趣东西可说是海森伯-玻恩-约尔丹关于量子态的理论。真是一种魔术般的计算，在那里，无穷行列式（矩阵）代替了笛卡儿坐标。极其巧妙，极其复杂，足以保护它不致为人们查出其谬误。

〔下略〕

牛顿力学及其对理论物理学发展的影响①

正好在二百年前牛顿闭上了他的眼睛。我们觉得有必要在这样的时刻来纪念这位杰出的天才，在他以前和以后，都还没有人能像他那样地决定着西方的思想、研究和实践的方向。他不仅作为某些关键性方法的发明者来说是杰出的，而且他在善于运用他那时的经验材料上也是独特的，同时他还对于数学和物理学的详细证明方法有惊人的创造才能。由于这些理由，他应当受到我们的最深挚的尊敬。可是，牛顿之所以成为这样的人物，还有比他的天才所许可的更为重要的东西，那就是因为命运使他处在人类理智的历史转折点上。为了清晰地看到这一点，我们必须明白，在牛顿以前，并没有一个关于物理因果性的完整体系，能够表示经验世界的任何深刻特征。

无疑，古代希腊伟大的唯物论者坚持主张：一切物质事件都应当归结为一系列完全有规律的原子运动，而不允许把任何生物的

---

① 这是爱因斯坦于1927年为纪念牛顿逝世二百周年而写的文章，最初发表在柏林《自然科学》周刊（*Naturwissenschaften*），15卷，273—276页。这里译自《思想和见解》，253—261页。

爱萨克·牛顿（Isaac Newton），英国物理学家和数学家，生于1642年12月25日，卒于1727年3月20日。——编译者

意志作为独立的原因。而且无疑笛卡儿按他自己的方式重新探索过这个问题。但在当时它始终不过是一个大胆的奢望，一个哲学学派的成问题的理想而已。在牛顿以前，还没有什么实际的结果来支持那种认为物理因果关系有完整链条的信念。

牛顿的目标是要回答这样的问题：有没有这样一条简单的规则，当所有天体在某一瞬间的运动状态已知时，能用这条规则完备地计算出我们太阳系中天体的运动？他碰到的是开普勒(Kepler)从第谷·布拉赫(Tycho Brahe)的观测结果推算出来的行星运动的经验定律，而这就需要解释。① 固然，这些定律对行星**如何**绕太阳运动的问题作了完满的回答：轨道的椭圆形，半径在相等时间内扫过相等的面积，长轴同公转周期之间的关系。但是这些定律并不满足因果性解释的要求。它们是三条逻辑上独立的规则，并没有揭示内在的相互关系。第三条定律不能简单地、定量地移用到太阳以外的其他中心体上(比如，行星绕太阳公转的周期同卫星绕行星旋转的周期之间并无关系)。但是，最重要的一点是：这些定律涉及的是整个运动，而不是**体系的运动状态怎样规定那个在时间上紧跟在它后面的运动状态**；按我们现在的说法，它们是积分定律而不是微分定律。

只有微分定律的形式才能完全满足近代物理学家对因果性的要求。微分定律的明晰概念是牛顿最伟大的理智成就之一。当时不仅需要这种概念，而且还需要一种数学的形式体系，这种形式体

① 今天任何人都知道，要从这种经验上确定的轨道来发现这些定律，需要何等辛勤的劳动。但是很少有人仔细想过开普勒从表观的轨道——即从地球上所观测到的运动——推出实在的轨道所用的卓绝的方法了。——原注

系当时只是一种初步的，还需要得到成体系的形式。牛顿在微积分里也找到了这种形式。在这里我们不必去考查莱布尼茨是否也独立地发现了这种数学方法。无论如何，对牛顿来说，把这种方法搞得更完善，是绝对必要的，因为只有这种方法才能为他提供表达他的思想的工具。

伽利略已经在认识运动定律上作了一个意义重大的开端。他发现了惯性定律和地球引力场中的自由落体定律：一个物体（更精确地说，是一个质点）在不受其他物体的作用时作匀速直线运动。自由落体在引力场中的竖直速度随着时间均匀增加。今天我们也许会以为从伽利略的发现到牛顿的运动定律只是走了很小的一步。但是应当注意，上面这两条陈述都是讲的整个运动，而牛顿的运动定律则回答这样的问题：在外力的作用下，质点的运动状态在一个无限短的时间内应该如何变化？只有考虑到在无限短的时间内发生了什么（微分定律），牛顿才得到一个适用于任何运动的公式。他从当时已经高度发展的静力学中取来了力的概念。只有在引进质量这个新概念之后，他才能把力和加速度联系起来，说来奇怪，这个新概念的支柱竟是一个虚构的定义。今天我们已经非常习惯于去形成那些相当于微商的概念，以致我们现在很难再理解那种由二次极限过程而得到普遍的微分定律所需要的非凡的抽象能力了，而在这个过程中，还必须创造出质量的概念。

但是运动的因果概念还远没有完成。因为只有在力是已知时才能由运动方程得出运动。牛顿设想，作用在一个物体上的力是由一切同该物体离得足够近的物体的位置所决定的，这种思想无疑是受了行星运动定律的启发。只有在这种关系建立起来以后，才得到了关于运动的完整因果概念。大家都知道，牛顿怎样从开普勒的行星运动定律出发解决了引力问题，并且由此发现了作用在星球上的推动力和引力在本质上是相同的。正是这种

运动定律加引力定律

的结合构成了一个奇妙的思想结构，通过这个结构，就有可能根据在一特定瞬间所得到的体系的状态，计算出它在过去和未来的状态，只要一切事件都是限于在引力的影响下发生的。牛顿的概念体系在逻辑上的完备性就在于：一个体系中各个物体的加速度的唯一原因就是**这些物体本身**。

以这里所简要说明的基础为根据，牛顿成功地解释了行星、卫星和彗星的运动，直至其最微末的细节，同样也解释了潮汐和地球的进动——这是无比辉煌的演绎成就。天体运动的原因就是我们在日常生活中非常熟悉的重力，这个发现必然给人以特别深刻的印象。

但是牛顿的成就的重要性，并不限于为实际的力学科学创造了一个可用的和逻辑上令人满意的基础；而且直到十九世纪末，它一直是理论物理学领域中每个工作者的纲领。一切物理事件都要追溯到那些服从牛顿运动定律的物体，这只要把力的定律加以扩充，使之适应于被考查的情况就行了。牛顿自己曾试图把这个纲领用于光学，假定光由惯性微粒组成。在牛顿运动定律用到连续分布的物体以后，甚至连光的波动论也利用了牛顿运动定律。牛顿的运动方程也是热的分子运动论的唯一基础，这不仅为人们发现能量守恒定律作了思想准备，而且还导致一种直至最后的细节都已经证实了的气体理论，以及关于热力学第二定律的本质的一

种更为深刻的看法。电学和磁学的发展也沿着牛顿的路线前进直至近代(带电的和磁性的实物,超距作用力)。甚至由法拉第和麦克斯韦所发动的电动力学和光学的革命,也完全是在牛顿思想的影响下发生的,这一革命是牛顿以后理论物理学中第一次重大的基本进展。麦克斯韦、玻耳兹曼和开耳芬勋爵不厌其烦地把电磁场和它们的动力学相互作用归结为假想的连续分布质点的机械作用。但是,由于这些努力没有成效,或者至少没有任何显著的成效,所以从十九世纪末叶以来,我们的基本观念便有了逐渐的变革;理论物理学越出了牛顿的框架,这个框架在将近二百年中给予科学以稳定性和思想指导。

牛顿的基本原理从逻辑的观点看来是如此完善,以致检验这些原理的动力只能来自经验事实的要求。在进入讨论以前,我必须强调指出,牛顿自己比他以后许多博学的科学家都更明白他的思想结构中固有的弱点。这一事实时常引起我对他的深挚的敬佩,因此我想花点时间来谈一谈这个问题。

Ⅰ.牛顿处处都明显地尽力把他的体系表现为由经验必然地决定的,并且尽力使他引用那些不能直接涉及对象的概念的数目尽可能地少;尽管如此,他还是创立了绝对空间和绝对时间的概念。因为这个缘故,近年来他常常受到批评。但是在这一点上牛顿是特别地始终不渝的。他已经认识到,可观察的几何量(质点彼此之间的距离)和它们在时间中的进程,并不能从物理方面完备地表征运动。他以著名的旋转水桶实验来证明这一点。因此,除了物体和随时间变化的距离以外,还必须有另一种决定运动的东西。他认为,这种“东西”就是对于“绝对空间”的关系。他晓得,如果他的运动定律要有任何意义,空间就必须具有一种物理的实在性,就像质点和它们的距离的实在性一样。

对这一点的清楚了解,既显示了牛顿的智慧,也暴露了他的理论的弱点。因为这一理论的逻辑结构,如果没有这个虚幻的概念,无疑会更加令人满意;在那种情况下,只有那些同知觉的关系完全清楚的东西(质点、距离)才会进入这些定律。

Ⅱ.引用那种直接的和即时传递的超距作用力来表示重力的效应,是同我们在日常生活中熟悉的大多数过程不相符的。对于这个反对意见,牛顿指出:他的引力相互作用定律,并不认为是最终的解释,而只是从经验中归纳出来的一条规则。

Ⅲ.物体的重量和惯性是由同一个量(它的质量)来决定的,对于这个极其值得注意的事实,牛顿的理论并没有作出解释。牛顿自己意识到这一事实是很奇特的。

这三点没有一点能算作对这个理论的逻辑上的反驳。在某种意义上来说,这不过是表示科学家在为用概念去完备地、统一地掌握自然现象而进行的斗争中那些没有得到满足的愿望。

被认为是整个理论物理学纲领的牛顿运动理论,从麦克斯韦的电学理论那里受到了第一次打击。人们已经明白,物体之间的电的和磁的相互作用,并不是即时传递的超距作用,而是由一种以有限速度通过空间传播的过程所引起。按照法拉第的概念,除了质点及其运动以外,还有一种新的物理实在,那就是"场"。最初人们坚持力学的观点,试图把场解释为一种充满空间的假想媒质(以太)的力学状态(运动的或者应力的状态)。但是当这种解释虽经顽强的努力而仍然无效时,人们便逐渐地习惯于这样的观念了,即认为“电磁场”是物理实在的最终的不能再简化的成分。我们应当感谢 H. 赫兹,因为他使场的概念干脆摆脱了由力学的概念武库而来的一切障碍。我们也应当感谢 H. A. 洛伦兹,因为他使场的概念摆脱了物质的基体;按照洛伦兹,唯一留下来可以作为场的基体的东西就是物理上的空虚空间(或以太),而这个空间即使在牛顿力学中也不是完全没有物理作用的。认识到这一点以后,再也没有人相信直接而即时的超距作用了,甚至在引力的范围内也是如此,虽然由于缺乏足够的实际知识,关于引力的场理论还没有清楚地揭示出来。牛顿的超距作用力的假说一旦被抛弃,电磁场理论的发展也就导致了这样的企图:想以电磁的路线来解释牛顿的运动定律,也就是想用一个以场论为基础的更加精确的运动定律来代替牛顿运动定律。虽然这种努力尚未完全成功,但是力学的基本概念已经不再被认为是物理世界体系(*physical cosmos*)的基本组成了。

麦克斯韦和洛伦兹的理论不可避免地会导致狭义相对论,狭义相对论既然放弃了绝对同时性观念,也就排除了超距作用力的存在。由这一理论可知:质量不是一个不变的量,而是依赖于(实际上是相当于)所含的能量。它也表明,牛顿的运动定律只能认为是对低速才有效的极限定律;它建立了一条新的运动定律来代替牛顿定律,在这条新定律里,真空中的光速是极限速度。

广义相对论成为场论纲领发展中的最后一步。从量上来说,它对牛顿的学说只作了很小的修改,但是在质上却是很深刻的。惯性、引力,以及物体和时钟的度规性状,都归结为单一的场的性质;这个场本身也假设是取决于物体的(牛顿的引力定律的推广,或者说得更恰当些，像泊松所表述的相当于牛顿引力定律的场定律的推广）。因此空间和时间被剥夺了的并不是它们的实在性，而是它们的因果的绝对性——即只起影响而不受影响的这种绝对性——牛顿为了用公式表述当时已知的定律，不得不把这种绝对性强加给它们。广义的惯性定律取代了牛顿运动定律的作用。这个简短的说明足以表明，牛顿理论的元素怎样让位给广义相对论，上述三个缺点从而怎样得到克服的。在广义相对论的框架里，运动定律看来似乎能够从相当于牛顿的力定律的场定律推出来。只有当这个目标完全达到了，才有可能谈到纯粹的场论。

在一种较为形式的意义上来说，牛顿力学也为场论开辟了道路。把牛顿力学应用于连续分布的质量，必然会导致偏微分方程的发现和应用，这种方程第一次为场论的定律准备了语言。就这种形式而论，牛顿的微分定律概念为后来的发展构成了第一个决定性的步骤。

到此为止，我们所说的是我们关于自然过程的观念的全部进展，它可以认为是牛顿思想的一种有系统的发展。但是，当改善场论的过程还在积极进行的时候，热辐射、光谱、放射性等事实，却已经显示出这整个概念体系适用的局限性，尽管这个体系在许多事例中已经取得巨大成就，今天我们仍然认为这个局限性实际上是无法克服的。许多物理学家断言——而且有许多有利于他们的有力论据——在这些事实面前，不仅微分定律，而且因果律本身（直到现在，这是一切自然科学的终极的基本假设）也已经破产了。甚至连要建立一个能同物理事件无歧义地对应的空间-时间结构的可能性也被否定了。一个力学体系只能具有分立的稳定能量值或稳定状态——正如为经验几乎直接表明的那样——初看起来似乎很难从运用微分方程的场论中推导出来。德布罗意-薛定谔方法在某种意义上是具有场论的特征的，它确实推算出只存在分立的状态，这同经验事实取得惊人的一致。它得到这个结果，是由于在微分方程的基础上考虑了特殊的共振条件，但是它必须放弃质点的定域和严格的因果律。谁敢在今天断定这样的问题：因果律和微分定律这两条牛顿的自然观的终极前提是不是一定要放弃呢？

对于量子理论的意见

——在第五次索耳未会议上的发言①

我应当要求大家原谅，我将在讨论中发言，而不能为量子力学的发展带来实质性的贡献。尽管如此，我还是愿意谈一点一般的看法。

由于对量子理论应用领域的不同估价，可以从两种观点来看待这理论。我想用简单的例子来研究的正是这些观点。

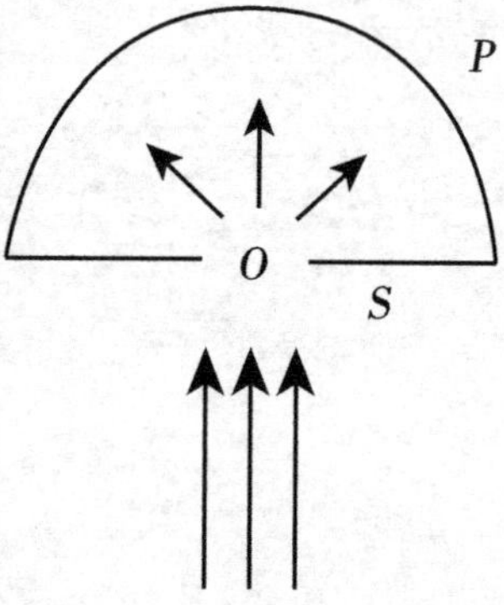

图 1

设 S 是一个遮光屏，在它上面开一个不大的孔 O(见图 1)，而 P 是一个大半径的半球面形的照相胶片。假定电子沿着箭头所指示的方向落到遮光屏 S 上。

---

① 这是爱因斯坦于 1927 年 10 月下旬在布鲁塞尔举行的索耳未(Solvay)第五次物理讨论会上的发言。在这次会上，爱因斯坦第一次公开表达了他同以玻尔为首的哥本哈根学派相对立的观点。这个发言记载在《在 1927 年 10 月 24—29 日索耳未国际物理组织主持的第五次物理学家布鲁塞尔会议上的报告和讨论集》(1928 年巴黎 Gantier-Villars 出版)，253—256 页，题名《电子和光子》(*Electrons et Photons*)。这里转译自《爱因斯坦科学著作集》俄文版，第 3 卷，1965 年，528—530 页。本文由顾为凯同志译。——编者

这些电子的一部分穿过孔 O。由于孔小，而电子具有速度，因此它们均匀地分布在所有的方向从而作用在胶片上。

把这过程看成是一个几乎垂直射到屏上并且在小孔 O 处经受了衍射的德·布罗意波的描述方式，对于量子论的这两种观点是共同的。在孔 O 的另一面，产生了球面波而传播到胶片上。这些球面波在 P 面上的强度确定着到达胶片上被研究的各部分的波的量度。

现在我们可以来说明两种观点的特点了。

1. 第一种观点。同德·布罗意-薛定谔波相对应的，不是一个电子，而是一团分布在空间中的电子云。量子论对于任何单个过程是什么也没有说的。它只给出关于一个相对说来无限多个基元过程的集合的知识。

2. 第二种观点。量子论力图完备地描述某些单个过程。落到遮光屏上的每个粒子，不是由位置和速度来表征，而是用一个有微小的幅度和在方向上有小的散度的德·布罗意-薛定谔波束来描述的。这个波束经受了衍射之后，它的一部分落到胶片 P 上。

根据第一种观点，即纯粹统计的观点，$|\psi|^2$ 表示在被观察的那一部分空间（比如胶片所在的那个地方）有电子云的一个粒子存在的几率。

根据第二种观点，$|\psi|^2$ 表示在所考察时刻的那一瞬间一个**特定的**粒子存在于所给定地方（比如放胶片的地方）的几率。这样，量子论是研究一些单个过程，并且力图充分地描述全部的事实和规律性。

就下述的意义来说，第二种观点比第一种观点要彻底得多：因为它包含着根据第一种观点从理论上所得到的全部结果，而相反的论断却不能成立。只有从第二种观点出发，才能在理论上推出：各个守恒定律对于一个基元过程也是成立的。也只有根据第二种观点，理论才能解释盖革(Geiger)和玻特(Bothe)的实验结果。只有第二种观点才能解释，为什么在威耳孙云室中 α 粒子群飞过时所形成的小水珠几乎是沿着直线分布的。

尽管如此，我还是不能不表示反对第二种观点的一些看法。到达胶片 P 的漫射波没有任何选定的方向。如果认为，$|\psi|^2$是简单地给出了在被观察的胶片的某一部分在给定的时刻某个粒子存在的几率，那么，由此就必须得出这样的结论：**一个同一的基元过程**在胶片的两个或者更多个地方起作用。然而，认为对应于$|\psi|^2$的，是表示一定粒子存在于完全确定的地方的几率，这样的一种解释就必须以完全特殊的超距作用为前提，而不允许连续分布在空间中并且同时在胶片的两个部分表现出自己的作用的波的存在。

我认为，这个异议并不放弃下述论点：薛定谔波不仅描述了传播过程，而且也能够确定在这个过程的时间内粒子的位置。我以为德布罗意在这个方向上的尝试是有根据的。如果只从薛定谔波来考虑，那么，就我所知，关于$|\psi|^2$的第二种解释是同相对性的假定相矛盾的。

我还想扼要地提出显示反对第二种观点的两种情况。这个观点同多维的概念(位形空间)密切联系着。因为只有那样的表示方式才有可能作出符合第二种观点的关于$|\psi|^2$的解释。我认为，对于这样的概念的异议是有原则性的。因为，在这样的表象中，一个体系的两种位形(两种表象的不同之处只在于两个相同的粒子交

换了地位)对应于两个位形空间的两个不同的点,这就同新的统计学的结果不相符合。此外,对于仅仅在近距离起作用的力,要用位形空间来表示,比用三维或者四维空间来表示,显得更不自然。

量子力学的真理性同古典光学差不多

——1927 年 11 月 9 日给 A. 索末菲的信[①]

我颇有兴趣地读完了您的理论，[②]我得到的印象是，它确实在原则上挽救了早期金属的电子理论中真实的东西。您没有到这里来，实在可惜。我真相信，如果您是在这里同这些人共事，他们在人事关系上会使您较少失望。[③] 我认为，就有重物质来说，“量子力学”所含有的真理差不多同不用量子的光学理论同样多。它们似乎都是一种正确的统计规律理论，但对于单个基元过程还缺乏充分的理解。[④]

---

① 译自《爱因斯坦-索末菲通信集》德文版，1968 年，111—112 页。标题是我们加的。——编译者

② 索末菲于 1927 年 11 月 1 日给爱因斯坦的信曾附上一篇论文的摘要。这篇论文题名《在费米统计学基础上的金属电子理论》。——编译者

③ 柏林大学曾聘请索末菲为普朗克的继任者，而他谢绝了，结果由薛定谔担任此职。1927 年 7 月慕尼黑大学选举校长，索末菲本来是应当当选的，但由于纳粹分子的反对而落选了。为此索末菲很生气，后悔自己当初没有去柏林。——编译者

④ 爱因斯坦这种态度，同样表现在 1930 年 8 月 14 日给索末菲的信中。他说：“您的关于波动力学的书我觉得是很可赞美的。整个发展虽然取得巨大的成就，但并不使我很满意。”——编译者

物理学的基本概念及其最近的变化[①]

虽然我们的世界作为感性知觉的对象只给我们展示着现象之间不清楚的相互关系，而我们的行动在我们看来都是自由的，也就是不服从任何客观规律的，但我们还是感到需要把事件解释为必然的，完全服从（因果性）规律的。这种需要无疑是在文化发展过程中所获得的理性经验的产物。另一方面，原始人根据同自己的意志活动的类比，企图把所有发生的事件都归因于某种看不见的精灵的意志的表现。因此，关于对自然界作严格因果解释的假设并不是起源于人类精神。它是人类理智长期适应的结果。

相信自然现象必然遵守因果规律，归根到底仅仅是以有限的成就为基础的，这些成就是作为人类理智为确立自然现象之间的相互关系所作的努力的结果而获得的。因而，这种信心没有绝对的性质。直到现在，许多人倾向于不同意自然规律（不管它们是怎样的）都是颠扑不破的假设。认为我们的意志的表现取决于一连串事件的严格的序列，并且不相信我们的行为是什么联系也没有的，这对我们来说是不容易的。“人能做他所想做的，但不能要他

① 这是爱因斯坦于1928年春天在瑞士达伏斯（Davos）养病时为同时在那里疗养的青年所作的演讲。讲稿原文未刊印过，英译本发表在美国《圣路易邮报》（*St. Louis Post-Dispatch*）1928年12月9日的增刊上。这里转译自《爱因斯坦科学著作集》俄文版，第4卷，1967年，103—108页。——编译者

所想要的。”[①]这句名言对于骄傲的人类来说是一剂苦药。谁还会否认，近百年来，人们不仅吞下了这剂苦药，而且还感到完全习惯了呢？虽然我们相信，实际生活不可能没有自由意志的幻想，但是从哲学心理方面并没有给因果性必然出现的学说带来多少严重的危险。尤其是，关于内分泌和催眠状态对心理反应的作用的知识，关于某些毒物的影响，使得那些企图从这方面攻击因果性原理的反对论调都销声匿迹了。

今天，对这个颠扑不破的因果性的信仰，恰恰受到了物理学的那些代表人物的威胁，而这种信仰，曾经在他们前面，作为首要的和能力无限的向导指示着他们的道路。[②] 这种趋势理应得到一切有思想的人的密切注意，为了了解这种趋势，我们应当对物理学的基本概念直至目前的发展，作一个概括的考查。

科学力求理解感性知觉材料之间的关系，也就是用概念来建立一种逻辑结构，使这些关系作为逻辑结果而纳入这样的逻辑结构。对构造全部结构的概念和规则的选择是自由的。只有结果才是选择的根据。那就是说，选择应当造成感性经验材料之间的正确关系。

最初，物理学的发展从科学以前的思想那里借用了数、空间、时间、物体等概念，并且以为这些概念已经够用了。首先产生了关于物体之间的空间关系而不考虑在时间上变化的理论，这就是欧

① 这是叔本华的话，爱因斯坦经常引用。——编译者

② 这一句，俄译同英译出入很大，甚至有两处意思完全相反。这里根据 R. W. 克拉克《爱因斯坦传》(R. W. Clark：*Einstein, the Life and Times*，纽约，世界出版公司，1971 年版)所引的片断英译文译出。——编译者

几里得几何。古代希腊人的不朽功绩在于建立了概念的第一个逻辑体系，说明了某些自然客体的行为。在欧几里得几何以后，接着产生了关于物体的空间位置随时间变化的理论，这就是古典力学，古典力学的原理是由伽利略和牛顿奠定的。欧几里得几何就是它的基础。这个理论的建立，首先是为了说明天体运动。它的主要原理可以概括如下：质点在它同其余所有质点有足够距离的时候，作等速直线运动。如果其他物体处于足够近的地方，那么质点就以加速度运动，它对其余物体的位置完全决定着这种加速度。决定这个加速度的大小就关系到相互作用的自然力的专门假说。关于万有引力的假说就是这样的假说之一。它的完整的数学表述是由牛顿提出的。

这种严格的因果性纲领得到了扩大，不只可以解释狭义的力学现象。物体中发生的和不直接属于力学现象的其他现象，也被成功地解释为比较小的物质的运动和平衡。聚集状态和温度的变化以及化学变化就是这样解释的。把所有过程都归结为力学的企图，必然导致原子论。只要以适当的方式推广关于作用力性质的假说，好像所有现象就可以认为是严格服从因果性的，并且是属于力学的。

古代希腊的伟大的唯物论者已经说明了这个纲领，他们相信，实在仅仅是由质点组成的，除了按牛顿定律发生的运动以外，质点没有任何别的变化。

遵循这个纲领，获得了出色的成就。天体力学、技术力学、热的理论、晶体理论，甚至化学都在这个基础上蓬勃地繁荣起来了，在它们的历程中在原则上没有碰到过任何特殊的困难。初看起来,电磁理论和光学同这个公式并不矛盾,而且是属于这个范畴的。今天不变的基体(电子、质子)的存在,是已经确认的事实。

现在,我们确实知道,牛顿的基本概念和假说,只是某种近似的真理。在研究电和光的规律时,第一次产生了建立新的基本概念的必要性。在十九世纪前半期,光的波动性质已经很明显了,它仍然同假想的物体——光以太联系在一起。可是我们对光的本性的知识愈准确,要把那些可以不矛盾地说明它们的力学本性说成是光以太就愈困难。按照已经提出的假设,以太是物质实体的一个变种,同物理学的其余"摸得着的有重物质"很少有共同之处。结果是,由牛顿建造起来的宏伟大厦失去了它原有的结构上的统一。

此后不久,法拉第和麦克斯韦的研究,揭示了电和光之间的密切联系,并且弄清楚了有一个基本概念还是经不住事实的反对。(即时传递的)超距作用力的概念就是这样的概念。新的基本概念即"场"的概念占了它的地位。现在,一个带电物体已经不可能对另一个带电物体直接发生作用。它由场围着,场在时间和空间上的变化服从自己的特殊定律。这个场甚至能脱离物体。在讲到场时,指的是空间的能量状态,在数学上是用连续函数描述的,并且同物质的基本粒子一样,在物理学上是实在的。不久就发现,这个基本概念应当是超结构的,那就是说,电子和质子应当被认为仅仅是场的本质上不同的点。从电磁场定律推出力学的企图,导致电磁力学的建立。

这样就奠定了同牛顿的物理学原则上不同的物理学的基础,同时在逻辑的一贯性上明显地超过牛顿的物理学。因此,相对论不过是场论的下一个发展阶段。相对论指出，事件的同时性没有绝对的性质，欧几里得几何不能准确地实现。物体相互排列的定律原来是引力场的本性，引力场的规律性被发现了。

这样，场论就动摇了时间、空间和物质等基本概念。但是，大厦的一个支柱是毫不动摇的：这就是因果性的假说。自然界的规律是这样的，根据世界在某一时刻的状态，应当无歧义地得出它在过去和未来的其他一切状态。

但是，现在对这样理解的因果性原理发生了严重的怀疑。这些怀疑并不取决于学者们对新的轰动一时的消息的追求。那些表面上同严格的因果性理论相矛盾的事实，才是引起怀疑的推动力。显然，最终被判定为物理实在的场，不一定能说明那些同辐射和原子结构有关的单个事实。正是在这里，我们碰到了问题的错综复杂，新的一代的物理学家正表现出巨大的理智力量在斗争着。①

大家知道，用紫外光，尤其是用伦琴射线，比用红光或黄光，能引起能量大得多的基元化学过程。但是，重要的不是辐射的强度，而是它的颜色或频率。实验已经证明，吸收物体在基元的吸收行动中所得到的能量，仅仅取决于入射辐射的频率。场论不能说明这一事实。按照场论，能量的局部集中，应当仅仅取决于辐射的强度，而绝不取决于辐射的频率。根据场论，不能理解为什么一定颜色的辐射总是只能发射或吸收确定的分量（就能量而言）。

电子绕原子核旋转（这是自然界里经常遇到的现象的一个例

---

① 这一句是根据 R. W. 克拉克《爱因斯坦传》中所引的片断英译文译出的。——编译者

子)也呈现出某种类似的现象。这些现象对应于完全确定的能量值,如果用迄今已被公认的力学理论来观察这些现象,那是绝对无法理解的。已经证明,物质结构同这些具有分立能量值的状态有关。可以高度准确地计算这些结构和条件的理论已经建立起来了,这些理论就在这种结构和条件下得到改变。可是,这些理论的特征是要牺牲严格的因果性;它们在本质上是一种统计性理论。

其次应当说明我们对统计性理论的理解。统计性定律在旧物理学中也起过重要作用。如果在容器中有处于很低的压力下的气体,它通过很小的孔同真空连接起来,那么有时,比如隔 10 秒钟,气体分子会从容器转入外部空间。因此,分子在一秒钟内离开容器的几率就等于 1/10。这是统计的论断。可是,直到最近还没有谁怀疑过,气体分子相互之间以及气体分子同容器壁之间碰撞的准确的定律,是这种规律性的基础。为了准确地预言分子什么时候离开空虚的容器,我们在原则上应当承认所有这些定律,并且能在数学上描述所有分子在某一时刻的运动状态。在这种情况下,统计性定律只是把严格的因果性定律和被考察体系原来的实在状态的不完备知识或不准确估计组合起来的结果。

按照现代理论,自然规律的基础不是因果性的,相反,本质上具有统计性质。比如,如果我有几个处在状态 A 的原子,那么它们能随着光的发射自发地跃迁到状态 B。这个原子在给定的时刻实际完成这种跃迁是有确定的几率的。即使在这些理论中,原子的状态可以高度准确地描述出来(对此我表示怀疑),我还是不能依据自然规律来预言,这个或那个原子实际上是在什么时候跃迁到状态 B 的。这意味着原则上拒绝因果性。人们断言,一切自然规律“在原则上”都是统计性的，只是由于我们观察操作不完善，我们才受骗去信仰严格的因果性。①

在放弃了严格的因果性以后，合理的科学也能存在，这种情况本身就很有趣。此外，不能否认，放弃严格的因果性在理论物理学领域里获得了重要成就。但是，我应当承认，我的科学本能反对放弃严格的因果性。可是毕竟不得不承认，我们并不想理解这种对我们的前辈来说似乎是自明的严格因果性的要求。

我不能不提到具有决定意义和永久性质的最新成就之一。辐射的特性已经说过了，它导致把辐射同气体相比较，辐射的微粒子在光线方向运动，并带有仅仅取决于辐射的颜色即频率的能量。同样，不久以前产生的物质的波动理论，却把波场同运动着的粒子相对照。这种类比的结果得到了这样一种粒子流，它的特性同光线和伦琴射线的干涉现象中所观察到的特性是一致的。这种观点已得到了实验上的证实。已经证明，阴极射线束，即一种运动着的带电粒子的全体，在通过分子晶格以后会偏斜，就像伦琴射线或光线通过衍射栅以后会偏斜一样。在这里我们碰到的是物质的新特性，这种特性不能用那些至今还流行的因果性的理论来解释。

① 这一句是根据 R. W. 克拉克《爱因斯坦传》中所引的片断英译文译出的。——编译者

测不准关系和海森伯-玻尔的绥靖哲学

——1928 年 5 月 31 日给 E. 薛定谔的信[①]

我想你已经击中问题的要害[②]。不错，以任意大范围的循环变数来限制 Δp 的数值这样的遁词确是很巧妙的。[③] 但是，测不准关系的这样一种解释不是很清楚的。正因为它是为自由粒子而设想出来的，所以它自然仅仅适用于那种情况。你主张 p,q 的概念应当放弃，如果它们只能具有这样一种“动摇不定的意义”的话。这在我看来是完全合理的。海森伯-玻尔的绥靖哲学(*Beruhigungsphilosophie*)——或绥靖宗教？——是如此精心策划的，使它得以向那些信徒暂时提供了一个舒适的软枕。那种人不是那么

① 译自普许布拉姆(K. Przibram)编的薛定谔、普朗克、爱因斯坦、洛伦兹:《关于波动力学通信集》(*Briefe zur Wellenmechanik*)，1963 年，维也纳，Springer 版，29 页。本文由戈革同志译。校时参照了 M. J. Klein 的英译本(1967 年纽约版)。标题是我们加的。——编者

② 指薛定谔对玻尔于 1928 年 5 月 25 日给他的一封信的意见。——编者

③ 薛定谔于 1928 年 5 月 13 日给玻尔的信中，对玻尔的《量子假设和原子论的新发展》〔《自然科学》(*Naturwissenschaften*)1928 年 16 期 245 页〕一文的抽印本表示谢意。他注意到海森伯的测不准关系在一些情况下阻碍区分两个邻近的量子状态，并以理想气体的一个分子的运动的角变量和作用量这一对共轭量为例，看到旧的经验概念的适用界限，这些概念应当用新的不受限制的概念体系来代替。玻尔在 1928 年 5 月 25 日的回信中对此进行了反驳，认为没有理由要放弃旧的概念，一切困难可以通过互补原理来消除掉。——编者

容易从这个软枕上惊醒的，那就让他们躺着吧。

但是这种宗教对我的影响是极小的，所以在一切情况下我总是

不说：E 和 ν，

而宁愿说：E 或 ν；

而且实际上：不是 ν，而是 E（它才是终极实在的）。但是，在数学上我还是看不出它的眉目来。我的脑子现在是太疲乏了。如果你乐意再来看我一次，那是你的美意，我当感激不尽。

评 M. E. 梅耶松的《相对论的演绎法》①

不难指出这本书为什么有它的独特的特点。它的作者不仅理解作为现代物理学特征的思想方式，而且对哲学史和精密科学也有深刻的了解——他对心理学的真知灼见，使他得以揭示作出精神产品的各种内在联系和动机。我们看到，逻辑学家的技巧、心理学家的本能、渊博的知识和朴素的措辞，在这里幸运地融合在一起。

梅耶松的基本指导原则似乎是：要达到关于知识的理论，不可能通过对逻辑性的思维和思辨进行分析，而只能通过对经验的观察资料进行考查和直觉的理解。他所说的"经验的观察资料"，是由实际上呈现在我们面前的一批科学结果和关于这批结果的由来

① 此文最初以法文发表在《法国和外国哲学评论》(*Revue philosophigue de la France et de l'étranger*)，1928 年，105 卷，161—166 页，由 Andrè Metz 译为法文。这里译自米利奇·恰佩克(Milič Čapek)编的《空间和时间概念》(*The Concepts of Space and Time*)，荷兰多德雷赫特(Dordrecht)，Reidel 出版公司，1976 年版，363—367 页。本文由周昌忠同志译。

埃米耳·梅耶松(M. Émile Meyerson，1859—1933)，法国哲学家。生于波兰卢布林，在德国学化学，后定居巴黎。最初任化学技师，后全力研究化学史。1889 年以后转向哲学。受到黑格尔辩证法的影响，反对马赫的认识论，认为自然科学的原理是因果性的原理。主要著作有《同一性和实在》(1908 年)，《科学中的说明》(1921 年)，《思想的途径》(三卷本，1931 年)，《量子物理学中的实在和决定论》(1933 年)。爱因斯坦评论的这本《相对论的演绎法》(*La déduction relativiste*)，1925 年，巴黎 Poyot 出版。——编者

的历史记载所组成的。作者似乎已经感觉到，主要问题在于科学知识和实验数据之间的关系：在各门科学中，我们谈论归纳法能够谈到什么程度，谈论演绎法能够谈到什么程度？

他既排斥实用主义，也排斥纯粹的实证论；他甚至相当愤怒地抨击它们。虽然事件和经验事实是整个科学的基础，但是它们并不构成科学的内容和它的真正本质：它们不过是组成这门科学的题材的资料。对实验事实之间的经验关系的简单观察，在他看来，并不能代表科学的唯一目的。事实上，表现在我们的“自然规律”中的普遍性的联系，不是仅仅由观察资料建立起来的；除非我们从理性的构造着手，否则，这些联系就无法表述和推导出来，而理性的构造不能只是经验的结果。其次，科学并不满足于提出经验规律；它倒是试图建造这样一个逻辑体系，这个体系是以为数最少的前提为根据，并把一切自然规律都包括在它的结论之中。这个体系——或者更确切地说它所代表的许多概念的总体——是同经验的对象相对应的。另一方面，这个体系，理性要使它同全部实验数据，也就是同我们所经验到的一切一致起来，它必须符合科学以前关于实物世界的观念。因此，整个科学是建立在哲学实在论体系之上的。而且，按照梅耶松〔的见解〕，把所有实验规律都归结为一些在逻辑上可推演的命题，是全部科学研究的最终目的，是我们始终朝着前进的目标，尽管我们深信只可能取得部分的成功。

从这个观点看来，梅耶松是一个理性论者，不是一个经验论者。可是，他的立场究竟不同于康德意义上的批判唯心论。的确，我们正在寻求的这个体系中，没有一个特点、没有一个细节能够由于我们思想的本性，而先验地知道它必定是属于这个体系的。关于逻辑和因果性的形式也同样如此。我们没有权利问科学体系**必须**怎样来构造，而只能问：在它已经完成的各个发展阶段上，它实际上**曾经是**怎样建造起来的？所以，从逻辑观点看来，这个体系的逻辑基础以及它的内部结构都是"约定的"。它们之所以能站得住脚，在于这个体系在事实面前的有效性，在于它的思想的统一性，也在于它所要求的前提为数很少。

梅耶松用"**相对主义**"这个术语来命名由相对论推演出来的体系。我们必须小心，绝不可错误地把这个体系看作是同古典物理学的思想方式截然不同的一种新的思想方式（像该书某些段落可能就会使人产生这样的联想）。相对论绝没有这样的意图。认为物理学上没有特许的运动状态这一思想，即相对性原理，从关于光、惯性和引力的大量观测看来似乎是可信的。相对论从这条原理出发，并把它表述成下列命题："物理方程对于四维空-时连续区中的点的任何变换都必定是协变的。"我们以往所熟悉的物理学基本定律，经过最小可能的修改后，都是适应这条原理的。如果仅仅以相对性原理——或者更恰当地说是协变原理——本身作为唯一基础来建立理论物理学大厦，这个基础就显得太一般了。它并不是完全新的物理学理论；它只不过是根据相对性原理进行修改了的物理学理论。在我看来，作者在经过全面的考虑以后，是完全赞同这个观点的，因为他常常坚持主张，相对论的思想本质上是同科学已经显现出来的规律和总趋势相一致的。（《相对论的演绎法》，xi，61 和 227 以后各页，特别是 247 和 251 页。）

另一方面，就相对性原理本身来考虑，由经验建立这条原理，似乎要远胜于由以前的科学修改而成的目前形式的理论来建立它。现在，我们还没有把握，但是却有理由相信："度规场"和"电磁场"这两个概念显得是不足以解释量子论方面的事实的。但是，那种以为相对性原理本身因此就可以被驳倒的想法，简直不值得去认真考虑。

可是，梅耶松认为重要的是，物理学的理论结构，由于它适应了相对性原理，在前所未知的程度上具有一种严格的逻辑演绎体系的特征。梅耶松不知道这种演绎的和高度抽象的特征正是招致非难的原因；他反而在这里发现了精密科学发展史所显现出来的总趋势的一个实例：为了整个体系的逻辑统一性，公理和方法的方便性(*convenience*)——就这个词的心理意义来说——看来是越来越被牺牲掉。

这种演绎的和构造的特征使得梅耶松可以把相对论同黑格尔和笛卡儿的体系作出了极为机智的比较。他把这三种理论所以能各自在它们那个时代取得成功的原因，归诸它们在逻辑联系和演绎推理上的严谨性。人的思想不满足于建立起各种关系；它还想要**理解**。梅耶松认为，相对论之所以胜过前两种理论，是由于它在量上的精密，也由于它能够适应大量实验事实。他发现笛卡儿理论同相对论者的理论还有一个共同之处，这就是，两者都把物理概念和空间概念(也就是说几何概念)同化了。必须指出，在相对论中，只有在像魏尔(Weyl)和爱丁顿(Eddington)的理论中那样(在几何学上)推导出电磁场之后，我们方才能够完全认识到这一点。

这里我们要再一次注意，在解释梅耶松的某些话时，必须避免发生混淆，特别是他说的"相对论把物理学还原成了几何学"。认为有了相对论,(度规)几何学如果还是被看成截然不同于迄今归于“物理学”的那些学科,那么它已经失去了独立存在的地位,这一看法是完全正确的。梅耶松能够从爱丁顿谈到宇宙的“几何理论”的著作中引用一段话(《相对论的演绎法》137页)。甚至在相对论以前,也没有理由认为几何学同物理学相反,是一门先验的科学。按照广义相对论,度规张量规定没有电磁效应的情况下量杆和时钟的行为以及可以自由位移的固体运动。

这个张量所以被称为“几何学的”,是因为它的相应的数学形式最初出现在用“几何学”这个名词来称呼的那门科学里。认为凡是有这种形式在其中起作用的科学,都要给加上“几何学”这个名称,根据是不足的,即使我们运用我们已从几何学中熟知的那些符号进行比较来加以说明时也是如此。类似的论据会使麦克斯韦和赫兹把空虚空间中的电磁方程看作是“几何学的”方程,因为这些方程中出现了矢量这个几何学的概念。

与此相反,魏耳和爱丁顿的表示电场的理论,其本质不在于把这种场并入几何学,而在于它们指出了一条可能的途径,来达到从单一的观点来表示引力和电磁,而在此以前,同它们相对应的两种场一直被认为是逻辑上彼此无关的形式。因此,我认为,“几何学的”这个词按这种思想方法来使用时是毫无意义的。而且,梅耶松提出的相对论性物理学和几何学之间的类比,有着更深远得多的意义。他在从哲学观点出发考察这些新理论所引起的革命时,从中看到了以往科学进展业已显现出来的一种趋势的表现,不过在这里更加显而易见——这种趋势就是把“流形”简化成其最简单的表示,也就是说把它消融于**空间**中。梅耶松以相对论本身证明,这种曾为笛卡儿梦想过的完全的简化，实际上是不可能的。因此，他正确地着重指出，许多人在解释相对论时都错误地谈论什么“时间的空间化”。时间和空间融合成同一个**连续区**，但是这个连续区不是各向同性的。空间距离元和时间间隔元在本性上仍旧是截然不同的，甚至在给出两个无限接近的事件的世界线间隔之平方的公式中也是截然不同的。

他所痛斥的这种倾向，虽然往往隐而不见，但是在物理学家的头脑里却确实有，而且是根深蒂固的，就像那些庸俗化者，甚至许多科学家，在他们解释相对论时的胡言乱语所毫不含糊地表现出来的那样。

我深信，在所有从认识论的观点来论述相对论的著作中，梅耶松的书是最出色的一种。我所仅有的遗憾是，他似乎不知道施利克(Schlick)和赖兴巴赫(Reichenbach)两人的著作，他要是知道的话，一定会赞赏它们的价值的。

统一场论的重大发展

——1929年1月5日给贝索的信①

〔上略〕

我现在不时地一个人住在一个乡村别墅里，过上几个星期，自己做饭，就像过去的隐士那样。这样一个人就会惊奇地发现，日子又长又美，而且人们在剩余时间里所从事的种种事务性的和消遣性的活动大部分都是不必要的。我怀着愉快的心情，专心致志地读了萧伯纳的一本论社会主义的书②，他是一个聪明能干的人，对于人类活动颇有真知灼见。我想设法替这本书宣传宣传。但是，最美好的东西却是我整天和深更半夜的思索与计算才得到的，现在已经大功告成，就放在我面前，已压缩成七页，题为《关于统一场论》③。它显得有点古色古香，我的同事，还有你，我的好友，你们一定会长时间地伸出舌头来啧啧称奇，因为，在这些方程里没有普朗克的 h。但是，当人们真正达到统计学癖好的最大极限时，他就会满怀懊悔之心重又回到时间-空间概念中去，这时这

---

① 本文译自《爱因斯坦-贝索通信集》240页。由李澍泖同志译。标题是我们加的。——编者

② 即《有智慧的妇女的社会主义和资本主义指南》(*The Intelligent Woman's Guide to Socialism and Capitalism*)，出版于1928年。——原书编者

③ 见本文集第二卷，493—501页。——编者

些方程才会成为出发点。说真的，我已发现一种几何学，它不仅有黎曼度规，而且还有绝对平行性（*Fern-parallelismus*），以前我们直觉地把这种平行性看作是欧几里得几何的一种特点，具有这种流行的最简单的场方程能导致已知的电和引力的定律。即使方程 $R_{ik}=0$，也得束之高阁而不顾它已有的结果。我一定很快地把这篇论文寄给你。如果你不伸舌头，你就是个伪善之徒，我了解你，我的孩子，就像柏林人要说的那样。

感谢斯托多拉①

要是斯托多拉生在文艺复兴时代，他会成为一个伟大的画家和雕刻家，因为想象力和创造天才是他的为人的推动力量。多少世纪以来，有这样的性格的人常常被科学所吸引。在科学的领域里，时代的创造性的冲动有力地迸发出来，在这里，对美的感觉和热爱找到了比门外汉所能想象得更多的表现机会。在他作为一个教师的多年来(1892—1929)富有成果的活动中，他在学生中唤起的激动实在是巨大的，提起他和他的工作，没有一个人的眼睛不是闪闪发光的。

如果他的工作的主要源泉是创造的天才，那么，另一方面，他的力量却在于对知识的情不自禁的切望和他的科学思想的非凡的清晰。当写这些感谢词的作者，作为苏黎世大学新任命的理论物理学教师，②看到斯托多拉的高大形象，为了了解这门科学的发展

---

① 这是爱因斯坦于1929年春天为斯托多拉从苏黎世联邦工业大学教席退休所写文章，发表在当时的《新苏黎世时报》(*Neue Zürich Zeitung*)上。这里译自塞利希：《阿耳伯特·爱因斯坦文献传记》，111—112页。标题是我们加的。

斯托多拉(Aurel Stodola)，瑞士机械工程师，被誉为“汽轮机和燃气轮机之父”。1859年5月10日生于捷克，1892年起任苏黎世工业大学教授，直至1929年退休。1942年12月25日去世。——编译者

② 爱因斯坦于1909年10月离开伯尔尼专利局，任苏黎世大学理论物理学副教授。1911年3月去布拉格大学任理论物理学教授，1912年10月又回苏黎世任母校苏黎世联邦工业大学理论物理学教授。——编译者

而迈进课堂，这部分由于对真正知识的探索，部分由于要对作者本人所已掌握的知识进行评价；当时作者既是愉快的，又十分自然地怀着敬畏。当他[①]的同事[②]讲完课之后，他就提出不是显而易见的，而是常常需要以最生动活泼的方式加以正当评论的深刻问题。在这个具有巨大感染力的人的前面，作者的胆怯在谈话中很快就消失了，因为善良和赞同的意愿总是在启发他的言辞。

如果说有什么东西可以使同他对话的人感到抑制，那就是斯托多拉的根深蒂固的谦逊态度。他的精神上的和善温柔同他思想上的顽强坚韧形成奇特的和罕见的对照。人们的苦难，特别是由人们自己所造成的苦难以及他们的愚钝和粗暴，沉重地压在他心上。他深刻了解我们时代的社会问题。他是一个孤独的人，如同所有的个人主义者一样，对于人折磨人的那种可怕的事情的责任感，以及对于群众处于悲惨的境地的无能为力的感觉，都使他感到苦恼。虽然他有了特殊的成就和深受爱戴，但是他的感受力还是使他痛苦地感到孤独。

可是，他的丰富多彩的天性给他带来了补偿：从爱好音乐和钟爱他的两个女儿而得到报答。他在两个女儿身上过度地耗费了他的心血。他最近失去了他的女儿海伦(Helene)。他在巨大的悲痛的时刻所写的讣文，表示出一种罕见的精神上的和谐。这个不可思议的人的精神财富在他的悲痛中特别显露出来。

---

① 指斯托多拉。——编译者

② 指爱因斯坦本人。——编译者

关于科学的真理①

（一）“科学的真理”这个名词，即使要给它一个准确的意义也是困难的。“真理”这个词的意义随着我们所讲的究竟是经验事实，是数学命题，还是科学理论，而各不相同。“宗教的真理”，对我来说，是完全莫名其妙的。

（二）科学研究能破除迷信，因为它鼓励人们根据因果关系来思考和观察事物。在一切比较高级的科学工作的背后，必定有一种关于世界的合理性或者可理解性的信念，这有点像宗教的感情。

（三）同深挚的感情结合在一起的、对经验世界中所显示出来的高超的理性的坚定信仰，这就是我的上帝概念。照通常的说法，这可以叫做“泛神论的”概念（斯宾诺莎）。

（四）至于宗教派别的传统，我只能从历史上和从心理学上来考查；它们对于我再没有别的意义。

---

① 这是爱因斯坦对一位日本学者所提问题的答复，发表在1929年柏林出版的庆祝爱因斯坦50岁生日的小册子《庆祝五十寿辰……柏林犹太之友宗西诺协会敬献》（*Gelegentliches... zum Fünfzigsten Geburtstag... Dargebracht von der Soncino-Gesellschaft der Freunde der Jüdischen*）。这里译自《思想和见解》261—262页。——编译者

我信仰斯宾诺莎的上帝[①]

我信仰斯宾诺莎的那个在存在事物的有秩序的和谐中显示出来的上帝，而不信仰那个同人类的命运和行为有牵累的上帝。

① 这是爱因斯坦对纽约犹太教堂牧师（拉比）赫伯特·哥耳德斯坦（Herbert Goldstein）所提问题的答复。哥耳德斯坦于1929年4月24日从纽约发了一个仅有五个词（指英文）的海底电报到柏林，问爱因斯坦"你信仰上帝吗？"并要他也用电报回答。爱因斯坦在当日就发了回电。第二天（4月25日）《纽约时报》上发表了这个电报。这里译自R. W. 克拉克《爱因斯坦传》（Ronald W. Clark：*Einstein*，*The Life and Times*），纽约，世界出版公司，1971年，413页。标题是我们加的。——编译者

空间-时间[①]

相对论引起了空间和时间的科学概念的根本改变，用明可夫斯基的名言来说——“从今以后，空间本身和时间本身都已成为阴影，只有两者的结合才保持独立的存在。”这种结合叫做“时间-空间”，是目前这个条目的主题。因为这两个概念相当难懂，多数读者最好也许先读一下《相对论》那个条目，以便对这个主题有一比较初步的了解。

我们的一切思想和概念都是由感觉经验所引起的，它们只有在涉及这些感觉经验时才有意义。但是另一方面，它们又都是我们头脑的自发活动的产物；所以它们绝不是这些感觉经验内容的逻辑推论。因此，如果我们要掌握抽象观念复合的本质，我们就必须一方面研究这些概念同那些对它们所作的论断之间的相互关系；另一方面，我们还必须研究它们同经验是怎样联系起来的。

就概念彼此相互关系及其同经验的关系所涉及的方式而论，科学的概念体系同日常生活的概念体系之间并没有原则的区别。科学概念体系来自日常生活的概念体系，并且根据这门科学的目的和要求，作了修改而得以完成。

---

① 这是爱因斯坦为《不列颠百科全书》(*Encyclopaedia Britannica*)所写的《空间-时间》条目。这里译自该百科全书1929年版，21卷，105—108页。——编译者

一个概念愈是普遍，它愈是频繁地进入我们的思维之中；它同感觉经验的关系愈间接，我们要了解它的意义也就愈困难；对于那些我们从童年时代起就用惯了的科学以前的（*Pre-scientific*）概念来说，尤其是如此。试想一想那些同“何处”、“何时”、“何故”、“存在”等词有关的概念，为了阐明这些概念，已出了无数哲学著作。我们在自己的思辨中所过的日子，并不见得比一条想尽量弄明白水是什么的鱼来得美妙。

空　间

在本节中我们要论述“何处”的意义，即空间的意义。在我们个人的原始感觉经验里，似乎并不含有那种可称为空间的性质。倒不如说，所谓空间似乎就是经验的物质客体的一种秩序。所以，先要有“物质客体”概念，然后才能有关于空间的种种概念。“物质客体”在逻辑上是一个原始的概念。如果我们分析像“靠近”、“接触”等有关空间的概念，也就是说，如果我们想尽量弄清楚它们在经验中的对应物，这就容易明白了。“客体”这个概念是一种手段，用来分别说明某些经验复合群在时间上的持久性或者连续性。客体的存在因此具有概念的本性，客体这个概念的意义完全取决于它们同原始感觉经验群的（直觉）联系。这种联系产生了这样一种错觉，好像原始经验向我们直接显示出物体的关系（但这种关系毕竟只有在它们被思维的时候才存在）。

在上述意义上，我们得到了两个物体接触的（间接）经验。我们只要注意到这一点就够了，因为我们目前要把这个论断所涉及的各个经验挑出来是不会得到什么的。许多物体可以用各种各样的方式彼此发生永久的接触。我们就是在这种意义上来说物体的位置关系(*Lagenbeziehungen*)的。这种位置关系的普遍规律,实质上就是几何学所涉及的问题。如果我们不愿意把几何学里出现的命题,看作仅仅是一些依照一定原则建立起来的空洞语词之间的关系,那么这种说法至少是不错的。

科学以前的思想——那么,我们在科学以前的思想中也碰得到的"空间"概念,它的意义究竟是什么呢?科学以前的思想中的空间概念是以这样的一句话来表征的:"我们能够想象东西不存在,但是不能想象它们所占据的空间不存在。"那好像在没有任何经验以前,我们就已有了空间概念,甚至还可以有空间的表象,同时又好像我们借助这种先验的概念,把我们的感觉经验安排起秩序来。另一方面,空间显现为一种物理实在,就像物质客体一样,显现为一种离开我们思想而独立存在的东西。在这种空间观点的影响下,甚至几何学的基本概念如点、直线、平面都被认为是具有自明的特征的。关于这些位形的基本原理都被认为是必然有效的,同时也是具有客观内容的。对于像"三个经验上既定的物体(实际上是无限小的)在一条直线上"这类陈述,可以毫不迟疑地给以客观的意义,而不必对这种断言下物理的定义。这种对几何概念和命题的直接实在意义的显然的盲目信任,只是在非欧几里得几何引进来以后才动摇了。

以地球为参照——如果我们从一切空间概念都同固体的接触经验有关这个观点出发,就容易理解"空间"概念是怎样产生的,也就是说,一个同物体无关但体现它们的位置可能性(*Lagerungsmöglichkeiten*)的东西是怎样提出来的。如果我们有一系列彼此相接触并且相对静止的物体，那么其中某些物体就能被另一些所代替。这种允许替换的性质被解释为“有效空间”。空间显示出刚体所以能占据不同位置的性质。认为空间本身是具有统一性的某种东西，这种观点也许是由于这样的情况：在科学以前的思想中，认为物体的一切位置都是参照一个物体(参照体)，即地球，而言的。在科学思想中，地球用坐标系来表示。应当有可能把无限个物体一个靠一个地排列在一起，这样的断言表示空间是无限的。在科学以前的思想中，“空间”和“时间”概念同“参照体”这概念根本难以互相区分。空间里的一个位置或者一个点，总是意味着参照体上的一个质点。

欧几里得几何——如果我们考查一个欧几里得几何，就可以清楚地看出它所涉及的是那些支配刚体位置的定律。它利用了这样的天才思想：把有关物体及其相对位置的一切关系都追溯到最简单的“截段”(*Strecke*)概念上去。“截段”表示一种刚体，在它上面规定了两个质点(标记)。截段(和角)相等的概念涉及有关重合的实验；同样的讲法也可用到关于全等的那些定理上去。如今欧几里得几何，在它从欧几里得传到我们手里的形式中，所使用的基本概念“直线”和“平面”，同关于刚体位置的经验似乎并无对应，或者无论怎样说，两者并没有那么直接的对应。(关于这一点，必须指出，直线的概念可以归结为截段的概念。这个暗示是包含在如下的定理中：“直线是两点间最短的连线。”这条定理同样适合于作为直线的定义，尽管这定义在演绎的逻辑结构里不起什么作用。)此外，几何学家很少有兴趣去阐明他们的基本概念同经验的关系，而比较感兴趣的倒是从一开头就宣布的几条公理去逻辑地推导出几何命题来。

让我们扼要地讲一下欧几里得几何的基础是怎样从截段的概念得出的。我们从截段的相等(截段相等公理)出发。假定两个不相等的截段,其中一个总是比另一个大。凡是适用于截段不相等的那些公理也同样适用于数的不相等。如果适当选取 CA',就可以使三个截段 $\overline{AB}'$,$\overline{BC}'$,$\overline{CA}'$ 的标记 BB',CC',AA' 互相叠合在一起,而形成一个三角形 ABC。截段 CA' 有一个上限,这个上限使这种构造刚刚成为可能。在这种情况下,A,(BB') 和 C 这三个点都是在一条"直线"上(定义)。这导致了如下一些概念:用等于一个截段自身的量产生另一个截段;把一个截段分成一些相等的部分;借助于量杆,用数字来表示截段(两点之间空间间隔的定义)。

在以这种方式得到两点之间的间隔概念或者截段的长度概念时,要用分析法得到欧几里得几何,我们只需要下面这条公理(毕达哥拉斯定理)。对于空间(参照体)的每一点,都可以由这样的方式来规定——或者反过来——三个数(坐标)x,y,z,使下述定理对每两个点 $A(x_1,y_1,z_1)$ 和 $B(x_2,y_2,z_2)$ 都成立:

$$\text{量度数 } AB=\sqrt{(x_2-x_1)^2+(y_2-y_1)^2+(z_2-z_1)^2}。$$

欧几里得几何另外的一切概念和命题,都能由此纯逻辑地从这个基础上建立起来,特别是那些关于直线和平面的命题也能这样建立起来。这些意见当然不是企图用来代替欧几里得几何的严密的公理学的结构。我们只不过想用说得通的道理来说明几何学的一切概念都可以怎样追溯到截段的概念上去。我们同样可以把欧几里得几何的整个基础概括在上述那条定理之中。那么,同经验基础的关系就要由一条补充定理来提出。坐标可以而且**必须**这样来选取:使两对由等间隔分开的点(这个等间隔正如借助于毕达哥拉斯定理所算得的那样),可以和同一个(在一个固体上)适当选取的截段相重合。欧几里得几何的概念和命题都可以从毕达哥拉斯命题推导出来,而不需要引进刚体;但是这些概念和命题却因此不会再有可以检验的内容了。它们并不是“真”的命题,而不过是具有纯粹形式内容的逻辑上正确的命题。

困难——上面所表述的对几何学的解释,碰到了一个严重的困难,那就是经验的刚体同几何体并没有**严格**的对应。不存在绝对确定的标记,而且温度、压力和别的一些情况都会改变那些关于位置的定律。我们还必须记住,物理学所假设的物质结构的组成成分(比如原子和电子),在原则上同刚体也是不相称的,虽然如此,可是人们仍然把几何学的概念用到它们身上和它们的各个部分上去。为了这个理由,坚持原则的思想家不愿意承认事实的实在内容(*reale Tatschenbestände*)只同几何单独相对应。他们宁愿承认,同经验内容(*Erfahrungsbestände*)相对应的,倒是几何和物理两者的结合。

这种观点比起前面所讲的观点来,肯定是较少有隙可乘;它是唯一能贯彻一致的同原子论相对比的观点。然而也不宜就放弃第一种观点,因为几何学是由此发源的。这种关系本质上是根据于这样的信念:理想刚体是一种完全生根在自然规律中的抽象。

几何学的基础——我们现在来谈这样一个问题:在几何学(空间的理论)以及在它的基础里,什么东西是先验地确定了的或者是先验地必然的呢?以前我们以为每样东西都如此;现在我们认为没有一样东西是这样的。距离概念在逻辑上既然是任意的,那就不需要有同它对应的东西，即使是近似地对应。对于直线、平面、三维性，以及毕达哥拉斯定理的有效性，都可以类似地这样来说。甚至连续区理论也绝不是由人类思维的本性得出来的，所以从认识论的观点来看，纯粹拓扑学的关系并不比别的关系有更大的权威性。

早期的物理概念——我们还应当论述空间概念中那些随着相对论的来临所作的修改。为此，我们必须从不同于上面所讲的观点来考查早期物理学中的空间概念。如果我们把毕达哥拉斯定理用于无限靠近的各个点上，那么它就成为

$$ds^2 = dx^2 + dy^2 + dz^2,$$

此处 ds 表示它们之间的可量度的间距。对于经验上既定的 ds 来说，对每一对点的组合，坐标系还是不能完全为这个方程所决定。除了平直的移动，一个坐标系还可以转动。在分析上这就表示：欧几里得几何的关系对于坐标的线性正交变换都是协变的。

把欧几里得几何用到相对论以前的力学上去时，通过坐标系的选取，加进了另一种不确定性：坐标系的运动状态在一定程度上是任意的，那就是说，以$x' = x - vt$,

$$y' = y,$$

$$z' = z,$$

这样形式的坐标代换显然也是可能的。另一方面，对于同这些方程所表示的运动状态不同的那些运动状态，早期力学就不允许把坐标系用上去。我们是在这个意义上谈论“惯性系”的。就几何关系来说，我们就在这些偏爱的惯性系中碰到了空间的一种新的性质。比较精确地考查起来，这不单是空间的一种性质，而是由时间

和空间共同组成的四维连续区的一种性质。

时间的出现——在这里，时间第一次明显地进入我们的讨论中。空间(位置)和时间在应用时总是一道出现的。世界上发生的每一事件都是由空间坐标 x, y, z 和时间坐标 t 来确定。因此，物理的描述一开头就一直是四维的。但是这个四维连续区似乎分解为空间的三维连续区和时间的一维连续区。这种明显的分解，其根源在于一种错觉，认为"同时性"这概念的意义是自明的，而这种错觉来自这样的事实：由于光的作用，我们收到附近事件的信息几乎是即时的。

这个关于同时性绝对意义的信念，被那个支配光在真空中传播的定律，也就是说被麦克斯韦-洛伦兹电动力学打破了。两个无限靠近的点能用光信号联系起来，只要它们适合于关系

$$ds^2 = c^2 dt^2 - dx^2 - dy^2 - dz^2 = 0.$$

进一步的结果是：对于两个任意选取的无限靠近的空间-时间点，ds 的数值同所选的特殊惯性系无关。同这一点相符合，我们发现从一个惯性系转移到另一惯性系时，那些能成立的线性变换方程，一般不能使事件的时间值保持不变。这就表明：要不是以随心所欲的方式，空间的四维连续区是不能分解为时间连续区和空间连续区的。这个不变量 ds 可以用量杆和时钟来量出。

四维几何学——以不变量 ds 为基础，可以建立起一种四维几何学，它在很大程度上是同三维欧几里得几何相类似的。这样一来，物理学就变成了四维连续区里的一种静力学。除了维数的不同，后一种连续区同欧几里得几何的连续区的区别在于 ds^2 可以比零大或者比零小。同这相对应的，我们区分出类时(*time -like*)

线元和类空(*space-like*)线元。它们之间的边界可以用从每一点发出的“光锥”(*light-cone*)元 $ds^2=0$ 来标示。如果我们只考虑那些属于同一时间值的线元,我们就得到

$$-ds^2=dx^2+dy^2+dz^2.$$

这些线元 ds 可以同静止的距离真正对应起来,并且像前面所说的,欧几里得几何对这些线元是成立的。

狭义相对论和广义相对论的结果——空间和时间理论受到狭义相对论的修改。空间理论又被广义相对论作了进一步的修改,因为这理论否认空间-时间连续区的三维空间截面是具有欧几里得几何特征的。由此它断定:欧几里得几何对于那些连续接触的物体的相对位置并不成立。

由于惯性质量同引力质量相等的经验定律,导致我们去把连续区的状态(就它是参照非惯性系而论)解释为引力场,并且把非惯性系看作是同惯性系等效的。对于这样一种由坐标的非线性变换同惯性系联系起来的坐标来说,度规不变量 ds^2 具有如下的一般形式:

$$ds^2=\sum_{\mu\nu}g_{\mu\nu}dx_\mu dx_\nu,$$

此处各个 $g_{\mu\nu}$ 都是坐标的函数,此处的总和是对于指标的一切组合 11,12,…,44 的累加。这些 $g_{\mu\nu}$ 的可变性就相当于一个引力场的存在。如果引力场是充分普遍的,那就根本不可能找到一个惯性系,也就是说,找不到这样一种坐标系,相对于它,ds^2 可以写成前面所表示的那种简单形式:

$$ds^2=c^2dt^2-dx^2-dy^2-dz^2;$$

但是即使在这种情况下，在空间-时间点的无限邻近处还是有一个局部坐标系，相对于它，刚才讲到的 ds^2 的那种简单形式仍然成立。这件事导致了一种几何学，它是在广义相对论诞生前半个多世纪就已由黎曼天才地创造出来，黎曼预言到它对物理学会有很大的重要性。

黎曼几何——n 维空间的黎曼几何同 n 维空间的欧几里得几何的关系，正像一般的曲面几何同平面几何的关系一样。对于曲面上一个点的无限邻近区域，有一个局部坐标系，在这坐标系中，两个无限靠近的点的距离 ds 是由如下的方程来规定的：

$$ds^2 = dx^2 + dy^2.$$

但对于任何一个任意的（高斯）坐标系，在曲面的非无限小的区域里，如下形式

$$ds^2 = g_{11} dx_1{}^2 + 2g_{12} dx_1 dx_2 + g_{22} dx_2{}^2$$

成立。如果各个 $g_{\mu\nu}$ 都规定为 x_1 和 x_2 的函数，那么这曲面在几何上就完全确定下来了。这是因为对于曲面上每一对无限靠近的点，我们都能由这个公式算出连接这两个点的微小杆尺的长度 ds；并且借助于这个公式，曲面上由这些小杆所构成的一切网络也都能计算出来。特别是曲面上每一点的"曲率"都能被算出来；曲率这个量所表示的是：在所考查的点紧邻的区域中，支配那些微小杆尺位置的定律同平面几何的定律偏差到什么程度，偏差的方式如何？

高斯的这个曲面理论被黎曼推广到任意维数的连续区上去，从而为广义相对论铺平了道路。因为前面已指出：对应于空间-时间中两个邻近的点，有一个数 ds，它能用量杆和时钟（在类时线元

的情况下，事实上只要用时钟）来量度。这个量代替了三维几何里的微小杆尺的长度而出现在数学理论中。$\int ds$ 具有稳定值的曲线，决定着引力场中质点和光的路线，而空间的“曲率”则取决于分布在空间中的物质。

正像在欧几里得几何中，空间概念关系到刚体的位置可能性一样，在广义相对论中，空间-时间概念关系到刚体和时钟的性状。可是，空间-时间连续区不同于空间连续区，因为支配这些物体（时钟和量杆）性状的定律是同这些物体所在的地方有关的。连续区（或者那些描述它的量）明显地出现在自然规律中，并且反过来，连续区的这些性质是由物理因素所决定的。把空间和时间联结起来的那些关系不能再同物理本身分开来。至于空间-时间连续区作为一个整体可以有些什么性质，我们一点也没有肯定的知识。可是通过广义相对论，取得最大可能性的是这样的观点：连续区在它的类时范围内是无限的，但在它的类空范围内却是有限的。

时　间

物理学的时间概念同科学思想以外的时间概念是一致的。因为后者来源于个人经验的时间次序，而这种次序我们必须作为事先规定了的东西来接受。人们经验到“现在”这一瞬间，或者更准确地说，经验到目前的感觉经验（*Sinnen-Erlebnis*）同（以前的）感觉经验的回忆的结合。那就是感觉经验所以像是形成一个系列，即那个由“早”、“迟”来表示的时间系列。这种经验系列被认为是一个一维连续区。经验系列能够重复，因此能被认识。它们也能作不完全精确的重复，这时，某些事件可以被另一些事件所代替，但对我们来说，经验系列仍不失其可重复的特征。我们就以这样的方式形成了作为一维构架的时间概念，它可以通过各种方式用经验来填满。同一个经验系列适合于同一主观时间间隔。

从这个“主观”时间（*Ich-Zeit*）过渡到科学以前思维的时间概念，同下面这样一个观念的形成有关，这观念就是认为存在着一个同主体无关的实在的外在世界。在这个意义上，（客观的）事件就同主观经验对应起来。在同一意义上，把经验的“主观”时间归属于一个与之相对应的“客观”事件的时间。所不同于经验的是，外界事件和它们在时间上的次序必须对一切主体都是成立的。

如果对应于一系列外界事件的经验的时间次序对于所有的人都是一样的，那么这种客观化的过程就不会碰到困难。对于那些在我们日常生活中直接的视觉来说，这种对应是严格正确的。认为客观的时间次序是存在的这样一个观念，所以能在非常大的范围里确立起来，理由就在于此。在比较精细地去形成外界事件的客观世界这个观念时，就觉得必须以比较复杂的方式使事件同经验相互关联起来。起初这是用那些由本能得到的思维规律和思维方式来进行的，在那里，空间概念起着特殊的突出作用。这种精练过程最后导致自然科学。

时间的量度借助于时钟的作用。时钟是这样的一种东西，它自动地、相继地经历一系列（实际上）相等的事件（周期）。它所经历过的周期的数目（钟时间）用来作为时间的量度。如果事件是发生在钟所在的贴近处，那么这个定义的意义是显而易见的；因为在这种情况下，一切观察者所观察（用眼睛）到的同这事件同时的钟时间都相同，而同他们的位置无关。在相对论未提出之前，人们都假定同时性这个概念对于空间上分隔开的事件也有绝对的客观意义。

这个假定被光传播定律的发现所推翻。因为如果在空虚空间里，光的速度是一个同所参照的惯性系的选取（或者同惯性系的运动状态）无关的量，那么对于那些发生在空间中隔离开的点上的事件的同时性概念，就不能给以绝对的意义。事实上倒是必须给每一惯性系规定一种特殊时间。如果不用坐标系（惯性系）来做参照基准，要断言空间中不同点上的事件是同时发生的，那就毫无意义。由此得出的结果是，空间和时间融合成为一个均匀的四维连续区。

物理学中的空间、以太和场的问题①

科学思想是科学以前的思想的一种发展。由于空间概念在后者已经是基本的概念,我们就应当从科学以前思想中的空间概念入手。考查概念的方法有两种,而这两者对于理解这些概念都是不可缺少的。第一种是逻辑分析方法。它回答这样的问题:概念同判断是怎样相互依存的?我们是在比较可靠的基础上来回答这一问题的。数学之所以能这样令人信服,就在于这种可靠性。但这种可靠性是以空无内容作为代价而取得的。概念只有在它们同感觉经验联系起来时才能得到内容,哪怕这联系是多么间接的。但是这种联系不能由逻辑的研究揭示出来;它只能由经验得出来。可是,决定概念体系的认识价值的,也正是这种联系。

举一个例子来说。假设有一位属于未来文化的考古学家,他找到了一本没有图形的欧几里得几何教本。他会发现"点"、"直线"、"平面"这些词是怎样用在命题中的。他也会看出这些命题是怎样相互推演出来的。他甚至还能按照已认到的规则构造出新的

---

① 译自《我的世界观》1934 年英文版 82—100 页和《思想和见解》276—285 页。此文写作时间大概是 1930 年。按 1930 年爱因斯坦曾为在柏林举行的第二届世界动力学术会议作过题为《物理学中的空间、场和以太问题》的报告,同年又在《哲学论坛》(*Forum Philosophicum*)第 1 卷上发表题为《物理学中的空间、以太和场》的论文,所有这三篇文章实质相似,但文字各不相同。——编译者

命题。但是只要“点”、“直线”、“平面”等等没有向他传达什么，那么对他来说，构造出这些命题，依然不过是一种空洞的文字游戏。只有当这些词是传达了某些东西，几何学对他才会具有一些实在的内容。对于分析力学也是这样，实际上对于逻辑演绎科学的任何一种说明也都是这样。

说“直线”、“点”、“相交”等等传达了某些东西，究竟指的是什么意思呢？这话的意思是，人们能指出这些词所涉及的是哪些感觉经验。这个逻辑以外的问题是几何学的本性问题，这位考古学家只能凭直觉来解决它，即只能通过对他的经验的考查，看他是不是能够发现有什么东西是对应于理论中的那些原始名词，以及对应于这些名词所规定的公理的。只有在这种意义上，由概念所表示的实体的本性问题，才能合理地提出来。

对于我们的科学以前的概念来说，我们关于本体论问题所处的地位非常像这位考古学家。可以说，我们已经忘却了究竟是经验世界里的哪些特征使得我们能够造出这些概念，而且要是不戴上概念的传统解释的眼镜，我们就非常难以想象经验世界。另外还有一种困难：我们的语言不得不用到同这种原始概念不可分割地联系着的词。当我们试图说明科学以前的空间概念的根本性质时，这些都是我们所面临的障碍。

在我们转到空间问题以前，先一般地讲一下对于概念的看法：概念同感觉经验有关，但在逻辑意义上，它们绝不能由感觉经验推导出来。由于这个缘故，我始终未能理解为什么要去寻求康德所说的那种先验的东西。在任何本体论问题中，我们唯一可能做的是，在感觉经验的复合中找出这些概念所指的那些特征。

现在来看空间概念:它似乎要以固体概念为前提。那些大概能引起空间概念的感觉经验复合和感觉印象的本性,常为人们所描述。某些视觉印象同触觉印象之间有对应关系,这些印象(触觉、视觉)在时间上可以继续追踪下去,以及它们随时都可以重复,这些就是上述感觉印象的特征。固体概念一旦从刚才所说的经验关系中形成——这概念绝不是以空间概念或空间关系概念为前提的——以后,就要从理智上去掌握这样一些固体之间的关系,这种愿望必然引起了一些同它们的空间关系相对应的概念。两个固体可以互相接触,也可以互相分开。在后一种情况下,两者之间可以插进第三个物体,而丝毫不牵动它们;在前一种情况下,就不可能如此。这些空间关系正像物体本身一样,显然都是实在的。如果有两个物体,它们对于填满一个这样的间隔是等效的,那么它们对于填满别的间隔也会是等效的。由此可见,间隔同选择哪种特殊物体来填满它无关;这对于空间关系同样是普遍正确的。显而易见,这种无关性是构成纯粹几何概念之所以有用的一个主要条件,它不一定是先验的东西。依我看来,这个间隔的概念是全部空间概念的出发点,它同选择哪种特殊物体来占据它无关。

因此,从感觉经验的观点来考查,空间概念的发展,依照上述的简要说明,似乎是遵循如下的图式——固体;固体的空间关系;间隔;空间。照这样的方式看来,空间好像同固体一样,在同样意义上也是一种实在的东西。

显然,作为一种实在事物的空间概念早已存在于科学以外的概念世界里。但是欧几里得的数学对这概念本身却一无所知;它只限于客体以及客体之间的空间关系这些概念。点、平面、直线、截段都是理想化的固体。一切空间关系都归结为接触关系（直线和平面的相交，在直线上的点，等等）。在这个概念体系里根本没有出现实间是连续区的概念。这概念是笛卡儿用空间坐标来描述空间中的点时才第一次被引进来。在这里，几何图形第一次有几分显现为那个被设想为三维连续区的无限空间的一部分。

笛卡儿处理空间方法的巨大优越性绝不限于把分析用于几何学。最主要之点倒似乎是：希腊人在几何描述中偏爱于某些特殊的对象（直线、平面）；而对于别的对象（比如椭圆）要作这种描述，那只得借助于点、直线和平面来作图或者下定义的。相反，在笛卡儿的处理方法中，比如所有各种面，在原则上都是有同等地位的，在建立几何学时，一点也不随意偏爱于平直的构造。

就几何学被看作是关于支配实际刚体相互空间关系的定律的科学而论，应当认为它是物理学的一个最古老的分支。正如我已经讲过的，即使没有空间概念本身，这门科学也还是能够过得去的，对于它来说，理想的物质形式——点、直线、平面、截段——就已足够了。相反，像笛卡儿所想象的整个空间，却是牛顿物理学所绝对必需的。因为动力学不是单靠质点和质点之间的距离（可随时间变化）这些概念所能对付得了的。在牛顿的运动方程中，加速度概念是主要的角色，它不能单独由质点之间随时间变化的间距来规定。只有参照整个空间，牛顿的加速度才能设想或者规定下来。这样，就在空间概念的几何实在性之外，又给空间加上一个能确定惯性的新职能。当牛顿说空间是绝对的时候，他无疑是指空间的这种实在的意义，这使他必须把一种完全确定的运动状态加给空间，而这种运动状态看来是不能由力学现象完全确定下来的。

这种空间在另一种意义上也被认为是绝对的;空间确定惯性的这种作用被认为是自主的,也就是说,它不受任何物理环境所影响;它影响物体,但没有什么东西能够影响它。

但是直到最近,物理学家心目中的空间仍然不过是一切事件的被动的容器,它并不参与物理事件。由于光的波动论和法拉第与麦克斯韦的电磁场理论,思想才开始发生新的转变。由此弄明白了,在自由空间里,存在着以波动形式传播的状态,也存在着定域的场,这种场能够对移到那里的带电体或者磁极给以力的作用。既然在十九世纪的物理学家看来,要把物理作用或者物理状态加给空间本身完全是荒谬的,他们就以有重物质为模型,想出一种充满整个空间的媒质——以太,它的作用应该像电磁现象的媒介物,因而也是光的媒介物。被想象为构成电磁场的这种媒质的状态,起初是以固体的弹性变形为模型,从力学上去想象的。可是以太的这种力学理论从未取得真正成功,因此人们就逐渐放弃了要对以太场的本性作更精细解释的打算。于是以太就成为这样一种物质,它的唯一职能是作为电场的基体,而电场由于其本性,是不能作进一步分析的。由此得到如下的图像:空间充满着以太,而有重物质的粒子或原子则浸游在其中;至于物质的原子结构已经在世纪交替的时候巩固地建立起来了。

既然物体之间的相互作用假定是通过场来实现的,那么在以太中也一定有引力场,但它的场定律在那时还找不到明确的形式。以太只被假定为一切越过空间起作用的力的场所。既然知道了带电物体运动时产生磁场,磁场的能量为惯性提供了一种模型,惯性也就好像是一种定域在以太中的场作用。

以太的力学性质最初是神秘的。后来出现了 H. A. 洛伦兹的伟大发现。那时已知道的一切电磁现象都可以根据下面两条假定来解释：以太是牢固地固定在空间里的——也就是说，它完全不能运动；而电则是牢固地依附在可动的基本粒子上的。洛伦兹的发现在今天可以表述如下：物理空间和以太不过是同一事物的两种名称；场是空间的物理状态。因为要是不能把特殊的运动状态加给以太，似乎就没有任何理由要把它作为一种同空间并列的特殊实体引进来。但〔当时的〕物理学家们还是同这样的思想方法相去甚远；在他们看来，空间仍然是一种刚性的、均匀的东西，它不能变化，也就是不能具有各种不同的状态。只有黎曼这个孤独而不为人所理解的天才，在上世纪中叶，刻苦地获得了空间的一种新概念，在那里，空间被剥夺了它的刚性，并且认识到空间有可能参与物理事件。由于这个理智上的成就是出现在法拉第和麦克斯韦的电场理论之前，这就更加值得我们钦佩了。随后出现了狭义相对论，它认识到一切惯性系在物理上的等效性。在联系到电动力学或者光的传播定律时，揭示了时间和空间的不可分割性。在此以前，人们暗中假定：事件的四维连续区能以客观的方式分解为时间和空间——也就是说，在事件的世界里，给“现在”以绝对的意义。随着同时性的相对性的发现，空间和时间就融合为一个单一的连续区，正像以前的空间三维连续区一样。物理空间因此扩大为四维空间，它也包括了时间的一维。狭义相对论的四维空间像牛顿的空间一样的刚硬和绝对。

相对论是说明理论科学在现代发展的基本特征的一个良好的例子。初始的假说变得愈来愈抽象，离经验愈来愈远。另一方面，它更接近一切科学的伟大目标:要从尽可能少的假说或者公理出发,通过逻辑的演绎,概括尽可能多的经验事实。同时,从公理引向经验事实或者可证实的结论的思路也就愈来愈长,愈来愈微妙。理论科学家在他探索理论时,就不得不愈来愈听从纯粹数学的、形式的考虑,因为实验家的物理经验不能把他提高到最抽象的领域中去。适用于科学幼年时代的以归纳为主的方法,正在让位给探索性的演绎法。这样一种理论结构,在它能导出那些可以同经验作比较的结论之前,需要加以非常彻底的精心推敲。在这里,所观察到的事实无疑地也还是最高的裁决者;但是,公理同它们的可证实的结论被一条很宽的鸿沟分隔开来,在没有通过极其辛勤而艰巨的思考把这两者连接起来以前,它不能作出裁决。理论家在着手这项十分艰巨的工作时,应当清醒地意识到,他的努力也许只会使他的理论注定要受到致命的打击。对于承担这种劳动的理论家,不应当吹毛求疵地说他是"异想天开";相反,应当允许他有权去自由发挥他的幻想,因为除此以外就没有别的道路可以达到目的。他的幻想并不是无聊的白日做梦,而是为求得逻辑上最简单的可能性及其结论的探索。为了使听众或读者更愿来注意地听取下面一连串的想法,就需要作这样的恳求;就是这条思路,它把我们从狭义相对论引导到广义相对论,从而再引导到它最近的一个分支,即统一场论。在作这样的说明时,免不了要用到数学符号。

我们从狭义相对论讲起。这理论也还是直接以一条经验定律为根据的,这条定律就是光速不变定律。设 P 是空虚空间中的一个点,P' 是同它相隔距离 $d\sigma$ 而无限接近的另一个点。设有一道闪光在时间 t 从 P 处射出,而在 $t+dt$ 到达 P'。那么

$$d\sigma^2=c^2dt^2.$$

如果 dx_1, dx_2, dx_3 是 $d\sigma$ 的正交投影，并且引进虚时间坐标 $\sqrt{-1}ct=x_4$，那么上述光速不变定律就取如下形式

$$ds^2=dx_1{}^2+dx_x{}^2+dx_3{}^2+dx_4{}^2=0.$$

既然这个公式是表示一种实在的情况，我们就可以给 ds 这个量以一种实在的意义，即使假设四维连续区中所选取的两个邻近点的 ds 并不等于零，情况也是如此。这件事可以这样来表示：狭义相对论的四维空间(带有虚的时间坐标)具有欧几里得的度规。

这种度规所以称为欧几里得度规，那是同下面这件事有关。在三维连续区里假定这样的一种度规，就完全相当于假定欧几里得几何的公理。因此，定义度规的方程就不过是把毕达哥拉斯定理用于坐标的微分罢了。

在狭义相对论中，许可的坐标改变(通过变换)是这样的：在新坐标系中，ds^2 这个量(基本不变量)也等于坐标微分的平方之和。这种变换叫做洛伦兹变换。

狭义相对论的启发性方法可由下述原理来表征：只有这样的一些方程才有资格表示自然规律，那就是，在坐标用洛伦兹变换作了改变以后，这些方程的形式仍不改变(方程对于洛伦兹变换的协变性)。

这个方法使我们发现了动量同能量之间，电场强度同磁场强度之间，静电力同动电力之间，以及惯性质量同能量之间的必然联系；物理学中独立概念和基本方程的数目就因而减少了。

这个方法指向它本身范围之外。难道表示自然规律的方程只对洛伦兹变换是协变的，而对别的变换就不协变吗？那样提出问

题实在没有什么意思，因为所有方程组都可用广义坐标来表示。我们应当问的是：自然规律是不是这样构成的，通过任何一组**特殊**的坐标选择，这些规律不作实质性的简化？

我们只要顺便提一下，我们的关于惯性质量同重力质量相等这条经验定律提示我们，要给这个问题以肯定的回答。如果我们把一切坐标系对于表述自然规律的等效性提升为原理，那么我们就得到了广义相对论，只要我们至少在四维空间的无限小部分仍然还保留光速不变定律，或者换句话说，保留欧几里得度规的客观意义这条假说就行了。

这就是说：对于空间的非无限小区域，假设有广义黎曼度规存在（这在物理学上是有深远意义的），它的形式如下：

$$ds^2=\sum_{\mu\nu}g_{\mu\nu}dx_\mu dx_\nu,$$

此处的总和是关于指标从 1,1 到 4,4 全部组合的累加。

这种空间的结构同欧几里得空间的结构有一个方面是根本不同的。系数 $g_{\mu\nu}$ 暂时是坐标 x_1 到 x_4 的任何一个函数，空间的结构却要等到 $g_{\mu\nu}$ 这些函数都确实知道了以后才能真正确定下来。人们也可以说：这样一种空间的结构本身完全是未定的。只有规定了那些为 $g_{\mu\nu}$ 的度规场所满足的定律，空间的结构才能比较严格地确定下来。根据物理上的理由，这就是假定：度规场同时也就是引力场。

既然引力场是由物体的组态来确定，并且随它而变化的，那么这种空间的几何结构也该取决于物理的因素。因此，依照这种理论，空间——正如黎曼所猜测的那样——不再是绝对的了；它的结构取决于物理的影响。(物理的)几何学已不再像欧几里得几何那样是一门孤立的科学了。

因此,引力问题就归结为这样一个数学问题:要找出最简单的基本方程,这些方程对于任何坐标变换都是协变的。这是一个十分明确的问题,它至少是可以解决的。

我不想在这里讲这个理论的实验证实,而只想立刻说明一下,为什么这理论不能永远满足于这一点成就。引力固然已经从空间结构推演出来了,但是除了引力场,还有电磁场。首先,这个电磁场就必须作为一种同引力无关的实体而引到这理论中来。考虑到电磁场的存在,基本场方程必须加进一些项。但是,认为有两种彼此独立的空间结构,即度规-引力结构和电磁结构,这种想法对于理论家来说是无法容忍的。这就使我们相信:这两种场必定对应于一个统一的空间结构。①

表现为广义相对论的一种数学上独立的扩充的“统一场论”,就企图使场论满足上述这个最后假设。其形式问题应当这样提出:有没有这样一种连续区理论,在那里除度规以外还有一种新的结构元素,它同度规结合成为一个整体?如果有这样的理论,那么能支配这种连续区的最简单场定律是什么?最后,这些场定律是否完全适合于表示引力场和电磁场的性质?此外,还有一个问题:微粒(电子和质子)是否能看成是场的特别密集的地方,而其运动则是由场方程所决定?在目前,要回答前面三个问题,只有一个办

① 《思想和见解》中此文到此为止,下面系根据《我的世界观》英译本译出。——编译者

法。它所依据的空间结构可描述如下,而这种描述同样也可适用于任何维空间。

空间具有黎曼度规。这就是说,在每一点 P 的无限小的邻近处,欧几里得几何是成立的。因此,在每一点 P 的邻近,都有一个局部的笛卡儿坐标系,对于这个坐标系来说,度规可以根据毕达哥拉斯定理计算出来。如果我们现在设想从这些局部坐标系的各根正轴截取长度 1,我们就得到正交的"n 维局部标架"。这种 n 维局部标架在空间里别的任何点 P'上也都可以找到。因此,如果有一条从 P 点或者 P'点出发的线元(PG 或 $P'G'$)是已定的,那么这条线元的量值,就可借助于有关的 n 维局部标架,由它的局部坐标用毕达哥拉斯定理计算出来。所以在讲到两条线元 PG 同 $P'G'$ 的数值相等时,是有其确定意义的。

现在必须注意,局部的正交 n 维标架不是用度规就可完全确定的。因为我们还可以完全自由地选择 n 维标架的取向,而在按照毕达哥拉斯定理计算线元的长短时,其结果不会引起任何变化。由此可知,在一个其结构仅仅由黎曼度规组成的空间里,两条线元 PG 和 $P'G'$可以在它们的量值上作比较,但在方向上却不行;特别是说两条线元相互平行,那就毫无意义。所以就这方面来说,纯粹的度规(黎曼的)空间在结构上要比欧几里得空间贫乏。

我们既然要寻求一种在结构上比黎曼空间更加丰富的空间,最容易想到的是在黎曼空间里加进方向关系,也就是加进平行性。因此,对于通过 P 点的每一个方向,假定都有一个通过 P'的确定的方向,并且假定这种相互关系是一种确定的关系。这样相互发生关系的两个方向,我们称之为"平行"。假定这种平行关系还进一步满足角一致性的条件：如果 PG 和 PK 是在 P 点的两个方向，$P'G'$ 和 $P'K'$ 是通过 P' 点的两个对应的平行方向，那么 KPG 同 $K'P'G'$ 这两只角（可用欧几里得的方法在局部坐标系中量得）应当相等。

这样，空间的基本结构就完全确定下来了。数学上对它最便当的描述如下：在定点 P 处，我们假定有一正交的 n 维标架，它的取向是经过自由选取而确定的。在空间其他任何点 P' 处，我们把它的局部 n 维标架照这样来取方向：使它的各根轴都同 P 点的对应轴相平行。规定了上述的空间结构，并且自由选定了在一个点 P 上的 n 维标架的取向，那么所有的 n 维标架就都完全确定下来了。现在让我们设想空间 P 中任何一个高斯坐标系，并且在每一点上 n 维标架的轴都投影到这个高斯坐标系上。这个有 n^2 个分量的系集就完备地描述了这种空间的结构。

在某种意义上说，这种空间结构是介乎黎曼结构和欧几里得结构之间的。它不同于黎曼结构的，是给直线的存在留有余地，所谓直线就是指这样的一种线，它的一切线元都是两两相互平行的。这里所讲到的几何也不同于欧几里得几何，那在于它不存在平行四边形。如果在线段 PG 的两端 P 和 G 引出两条相等而平行的线段 PP' 和 GG'，那么，一般说来，$P'G'$ 同 PG 既不相等，也不平行。

到目前为止，已经解决了的数学问题是：可能支配上述这种空间结构的最简单的条件是什么？还要加以研究的主要问题是：用回答前一问题的方程的不带奇点的解，对于物理上的场和基元实体究竟能够表示到什么程度？

关于实在的本性问题
同泰戈尔的谈话①

爱因斯坦：您信仰同世界隔离的神吗？

泰戈尔：我信仰的不是同世界隔离的神。人类的不可穷尽的个人正在认识着宇宙。没有什么东西是人类的个人所不可理解的。这就证明了，宇宙的真理就是人的真理。

为了说明我的想法，我要引证一个科学事实。物质是由质子和电子所组成，在两者的中间没有任何东西；但物质也可能是一种连续的东西，即各个电子和质子之间可能并无空隙。同样，人类虽然是由个人所组成，但在各个个人之间却存在着人的相互联系，这种联系使人类社会具有像生命机体一样的统一性。整个宇宙也同我们相联系，就像同个人相联系一样。这就是人的宇宙。

---

① 这是1930年7月14日印度唯心哲学家、诗人、神秘主义者拉宾德拉那特·泰戈尔（Rabindranath Tagore，1861—1941）到柏林西南郊卡普特（Caputh）访问爱因斯坦的对话记录。这篇记录同时发表在1931年9月11日出版的《美国希伯来人》（*American Hebrew*）和印度加尔各答《现代评论》（*Modern Review*），1931年，49卷，42—43页上。这里转译自《爱因斯坦科学著作集》俄文版，第4卷，1967年，130—133页。本文由贾泽林同志译，经陈筠泉同志校过。其中爱因斯坦谈话的一些重要段落，曾参照R. W. 克拉克《爱因斯坦传》中所引的片断英译文作了些改动。标题是我们加的。——编者

在艺术、文学和人的宗教意识中，我对上述思想都进行过认真的研究。

爱因斯坦：关于宇宙的本性，有两种不同的看法：

1）世界是依存于人的统一整体；

2）世界是离开人的精神而独立的实在。

泰戈尔：当我们的宇宙同永恒的人是和谐一致的时候，我们就把宇宙当作真理来认识，并且觉得它就是美。

爱因斯坦：但这都纯粹是人对宇宙的看法。

泰戈尔：不可能有别的看法。这个世界就是人的世界。关于世界的科学观念就是科学家的观念。因此，独立于我们之外的世界是不存在的。我们的世界是相对的，它的实在性有赖于我们的意识。赋予这个世界以确实性的那种理性和审美的标准是存在的，这就是永恒的人的标准，其感觉是同我们的感觉相同的。

爱因斯坦：您的永恒的人就是人的本质的体现。

泰戈尔：是的，是永恒本质的体现。我们须得通过自己的感情和活动来认识它。我们将认识那**最高的人**，这种人没有我们所固有的那种局限性。科学就是研究那种不受个别人局限的东西，科学是超出个人的人的真理世界。宗教将认识这些真理，并在这些真理和我们更深刻的需要之间确立起联系；我们个人对真理的认识具有普遍意义。宗教赋予真理以价值，而我们则将认识真理，并且感觉到自己同真理的和谐。

爱因斯坦：这就是说，真和美都不是离开人而独立的东西。

泰戈尔：是的。

爱因斯坦：如果不再有人类，是不是贝耳维德勒（Belvedere）的阿波罗(Apollo)像[①]也就不再是美的了？

泰戈尔：是的。

爱因斯坦：对美的这种看法，我同意。但是我不能同意你对真理的看法。

泰戈尔：为什么？要知道真理是要由人来认识的。

爱因斯坦：我不能证明我的看法是正确的，但这却是我的宗教。

泰戈尔：美蕴藏在完美无缺的和谐的理想中，完美的和谐体现在万能的人之中；真理就是对万能精神的完全的理解力，我们这些个人，在屡犯大大小小的错误中，在不断积累经验中，以及在使自己的精神不断受到启示中，逐渐接近了真理；要不是这样，我们怎么能够认识真理呢？

爱因斯坦：我虽然不能证明科学真理必须被看作是一种其正确性不以人为转移的真理，但是我毫不动摇地确信这一点。比如，我相信几何学中的毕达哥拉斯定理陈述了某种不以人的存在为转移的近似正确的东西。无论如何，只要有离开人而独立的**实在**，那也就有同这个实在有关系的真理；而对前者的否定，同样就要引起对后者的否定。

泰戈尔：体现在**万能的人**之中的真理，实质上应当是人的真理，否则我们这些个人所能认识的一切就永远不能被称之为真理，至少不能被称为科学真理，我们可以凭借逻辑过程，换言之，通过思维器官即人的器官而接近科学真理。按照印度哲学的看法，

① 贝耳维德勒是梵蒂冈教皇宫殿的一部分，里面收藏有古典艺术的珍品，其中有希腊神话人物阿波罗的雕像。——编者

存在着梵或绝对真理，而这是个别个人的精神所不能认识的，或者不能用语言来表述的。这种绝对真理只有通过个人完全入化于无限之中才能被认识。这种真理不可能属于科学。我们所说的那个真理的本性，具有外在性质，也就是说，它对人的精神来说是一种真理，因此这个真理就是人的真理。这个真理可以被称为**玛牙**①或幻觉。

爱因斯坦：按照您的看法，也可以说按照印度哲学的看法，我们不是同个别人的幻觉，而是同整个人类的幻觉发生关系了。

泰戈尔：在科学中，我们遵守规约，抛弃一切受我们个人精神深刻影响的束缚，这样我们就可以认识那个体现在**万能的人**的精神中的真理。

爱因斯坦：真理是否以我们的意识为转移？这是问题的所在。

泰戈尔：我们称为真理的东西，存在于实在的主观和客观两方面的和谐中，其中每一方面都从属于**万能的人**。

爱因斯坦：即使在我们日常生活中，我们也不得不认为我们所用的物品都具有离开人而独立的实在性。我们之所以这样认为，那是为了要用一种合理的方式来确定我们感官所提供的各种材料之间的相互关系。比如，即使房子里空无一人，这张桌子仍然处在它所在的地方。

泰戈尔：是的，虽然个人的精神不能认识桌子，可是万能的精神却不是不能认识它的。同我的精神相同的精神能够感受我所感受到的桌子。

---

① 玛牙（*maya*），或译“幻”，是印度宗教哲学中的女神，万物之母。——编译者

爱因斯坦：相信真理是离开人类而存在的，我们这种自然观是不能得到解释或证明的。但是，这是谁也不能缺少的一种信仰——甚至原始人也不可能没有。我们认为真理具有一种超乎人类的客观性，这种离开我们的存在、我们的经验以及我们的精神而独立的实在，是我们必不可少的——尽管我们还讲不出它究竟意味着什么。

泰戈尔：科学证实了这一点：桌子作为一种固体只是一种外观，也就是说，只存在人的精神认为是桌子的那种东西，如果人的精神不存在，它也就不存在。同时还必须承认：桌子的基本的物理实在性不是别的，而不过是许多单独的、旋转着的电力中心，因此它也是属于人的精神的。

在认识真理的过程中，在万能的人的精神同个别个人的有限理智之间发生了永恒的冲突。在我们的科学、哲学和我们的伦理学中，认识真理的过程是从不间断的。无论如何，如果真有某种离开人而独立的绝对真理，那么这种真理对我们来说也是绝对不存在的。

不难理解有这样的精神，从这种精神来说，事件的连续性不是发生在空间中，而只是发生在时间中，这种连续性有如乐曲的连续性。对这种精神来说，实在性的观念同音乐的实在性相仿佛，而毕达哥拉斯的几何学对音乐的实在性则是毫无意义的。纸的实在性同文学的实在性有天壤之别。文学对于纸蛀虫的精神来说是根本不存在的，但是文学之作为真理，对人的精神来说，则具有比纸本身远大得多的价值。同样，如果存在着某种同人的精神既没有理性关系也没有感性关系的真理，那么只要我们还是具有人的精神的一种生物，这种真理就仍将什么都不是。

爱因斯坦：在这种情况下，我比您更带有宗教感情。

泰戈尔：我的宗教就在于认识**永恒的人即万能的人**的灵魂，就在于我自身的存在之中。它曾是我在吉伯特讲座所讲的题材，我讲的题目就是“人的**宗教**”。

马赫同相对论的关系

——1930 年 9 月 18 日给 A. 魏纳的信[①]

我同马赫之间并无特别重要的信函来往。可是，马赫的确通过他的著作对我的发展有相当大的影响。至于我这一生的工作究竟在多大程度上受到他的影响，对我来说是不可能弄明白的。马赫在晚年曾在相对论上花了一些精力，而且在他的一本著作的最后一版的序言[②]中，甚至曾经用颇为激烈的言辞表明他对于相对论的摈斥。然而，无可怀疑，这是由于年事日高而逐渐消失了接受〔新思想〕的能力的缘故，因为这个理论的思想的整个方向是同马赫的思想一致的，所以，可以十分正确地认为马赫是广义相对论的先驱。

---

① 这是爱因斯坦于 1930 年 9 月 18 日给阿明·魏纳(Armin Weiner)的信。这封信最初发表在霍耳顿(G. Holton)1965 年的论文《实在在哪里？爱因斯坦的回答》中。这里译自联合国教科文组织纪念爱因斯坦逝世十周年讨论会的文集《科学和综合》(*Science and Synthesis*)，柏林，Springer，1971 年版，54—55 页。本文由何成钧同志译。标题是我们加的。——编者

② 指 1921 年出版的《光学原理》，但这篇序言写于 1913 年 7 月 25 日。参见本书 105 页的脚注。——编者

约翰内斯·开普勒[①]

在像我们这个令人焦虑和动荡不定的时代，难以在人性中和在人类事务的进程中找到乐趣，在这个时候来想念起像开普勒那样高尚而淳朴的人物，就特别感到欣慰。在开普勒所生活的时代，人们还根本没有确信自然界是受着规律支配的。他在没有人支持和极少有人了解的情况下，全靠自己的努力，专心致志地以几十年艰辛的和坚忍的工作，从事于行星运动的经验研究以及这种运动的数学定律的研究，使他获得这种力量的，是他对自然规律存在的信仰，这种信仰该是多么深挚呀！如果我们要恰当地对他表示敬意并纪念他，我们就应当尽可能清楚地了解他的问题，以及解决这问题的各个步骤。

哥白尼使最有才智的人看到了这样的事实：要清楚理解行星在天空中的表观运动，最好的办法是把它们看作是绕着太阳转的，而太阳被认为是静止的。要是行星是沿着绕太阳的圆周作匀速运动的，那么要发现从地球上看去这些运动该是怎样的，就比较容易

---

① 这是爱因斯坦为纪念开普勒逝世300周年而写的文章，发表在1930年11月9日的德国《法兰克福日报》(*Frankfurter Zeitung*)上。这里译自《思想和见解》，262—266页。

约翰内斯·开普勒(Johannes Kepler)，德国天文学家，生于1571年12月27日，卒于1630年11月15日。——编译者

了。可是所要研究的现象比这更加复杂得多,因此这任务也就要困难得多了。首先是要从第谷·布喇埃(Tycho Brahe)的观测结果,在经验上来确定这些运动。然后才有可能去考虑发现这些运动所遵循的普遍规律。

要测定绕太阳的实际运动,也已经是一项很艰难的工作了。要了解这一点,必须体会下面的事。人们永远不能看到一颗行星在任何已定时刻所处的实际位置,而只能从地球上看到它那时是在什么方向上,而地球本身又是以一种未知的方式绕着太阳运动。因此这些困难似乎实在是无法克服的。

开普勒不得不去发现一种方法,把这种杂乱无章的情况整理出头绪来。在开头,他看到首先要试图找出地球本身的运动。要是只存在太阳、地球和恒星,而没有别的行星,那么这简直就会是不可能的了。因为在那样的场合下,除了太阳-地球直线的方向在一年中的变化情况(太阳对于恒星的表观运动)以外,再没有别的东西可以在经验上确定下来了。这样就有可能发现:太阳-地球的这些方向全部是在一个对于恒星是静止的平面上,至少按照当时还没有望远镜的时代所能达到的观测的准确度说来是如此。用这一办法也能确定太阳-地球直线绕太阳旋转的方式。结果是:这种运动的角速度在一年之中呈现出有规律的变化。但是这并没有什么大用处,因为人们依然不知道地球同太阳之间的距离在一年之中是怎样变化的。只有当人们知道了这种变化以后,才能确定地球轨道的真实形状以及它的运行方式。

开普勒找出了一条摆脱这困境的奇迹般的出路。首先,从对太阳的观测得知:在一年的不同时间里,太阳在对于恒星背景的表观路程上，它的速率是各不相同的；可是在天文年的同一点上，这种运动的角速度却总是相同的。因此，当地球-太阳直线指向同一恒星区域时，这直线的转动速率也总是相同的。这样就有理由假定地球的轨道是闭合的，地球每一年都在那上面作同样的运动——这件事绝不是先验地明显的。对于哥白尼体系的信徒说来，也就几乎可以肯定，这个假定必然也可以用到别的行星轨道上去。

这样做肯定使事情方便得多了。但是怎样来确定地球轨道的真实形状呢？设想在轨道平面的某处有一盏明亮的灯 M。我们知道，要是这盏灯的位置永远固定不动，那么它就可以成为测定地球轨道的三角测量的一个定点，地球上的居民在每年的任何时候都能见到它。假设这盏灯 M 离开太阳比地球离开太阳还要远。借助这样一盏灯，就有可能确定地球的轨道，其办法如下：

首先，每年都会有这样一个时刻，那时地球 E 恰巧是在太阳 S 和灯 M 的连线上。如果在这时刻我们从地球 E 来看灯 M，我们的视线就会同 SM（太阳-灯）线重合。假定把后者在天空中记下来。现在设想地球是在不同的位置和不同的时间。既然太阳 S 和灯 M 从地球上都可以看见，那么三角形 SEM 中的 E 角是已知的了。然而我们通过对太阳的直接观测，也知道了 SE 相对于恒星的方向，而 SM 线相对于恒星的方向则是已一劳永逸地确定了的。我们也知道三角形 SEM 在 S 处的角度。因此，我们在纸上随意画下底边 SM，靠着我们对 E 角和 S 角的知识，就可以画出三角形 SEM 来。我们可以在一年里经常这样做；每次我们都会在纸上得到地球 E 相对于那条永远固定的底边 SM 的位置，并且给它注上日期。由此，就在经验上确定了地球的轨道，当然，它的绝对大小一时还是谈不上的。

但是，你们会说，开普勒从哪里去找他的这盏灯 M 呢？他的天才，以及在这种场合下显得仁慈的自然界施给他这盏灯。比如，天上有一颗行星叫火星；而火星年——即火星绕太阳走一圈——的时间长度是已知的。总会有这样一天，那时太阳、地球和火星都非常接近于在一条直线上。由于火星是在闭合的轨道上运行的，火星在每隔一火星年之后总要又出现在这个位置上。因此，在这些已知时刻，SM 总是表现为同一条底边，而地球却总是在它的轨道的不同的点上。在这些时刻，对太阳和火星的观测于是就成为测定地球真轨道的手段，火星在那时就起着我们所想象的那盏灯的作用。开普勒就这样发现了地球轨道的真实形状以及地球在这轨道上运行的方式，我们这些后来的人——欧洲人，德国人，乃至施伐本人[①]——都应当为此而钦佩并且尊敬他。

既然地球的轨道已由经验测定出来了，SE 线在任何时刻的真实位置和长度也就知道了，那么再要从观测结果算出别的行星的轨道和运动，对于开普勒来说就不是太困难的了——至少在原则上是如此。但这还是一项非常繁重的工作，特别是考虑到当时的数学状况，就更是如此。

现在来讲开普勒一生中同样也是艰苦的第二部分工作。轨道已经从经验知道了，但是它们的定律还必须从经验数据里猜测出

① 施伐本(Schwaben 或者 Swabia)是德国南部巴伐利亚西南的一个行政区，开普勒和爱因斯坦都出生在那里。——编译者

来。首先他必须猜测轨道所描出的曲线的数学性质，然后把它用到一大堆数字上去试试看。如果不适合，就必须想出另一假说，再试一试。经过了无数次的探索以后，才发觉合乎事实的推测是：行星轨道是一种椭圆，而太阳的位置是在它的一个焦点上。开普勒也发现了行星在公转一圈中速率变化的规律，那就是：太阳-行星直线在相等的时间间隔里所扫过的面积相等。最后他还发现了：行星绕太阳公转的周期的平方，同椭圆长轴的立方成正比。

我们在赞赏这位卓越人物的同时，又带着另一种赞赏和敬仰的感情，但这种感情的对象不是人，而是我们出生于其中的自然界的神秘的和谐。古代人已设计出一些曲线，用来表示规律性的最简单的可想象的形式。在这中间，除了直线和圆以外，最重要的就是椭圆和双曲线。我们看到，这最后两种在天体的轨道中体现了出来——至少是非常近乎如此。

这好像是说：在我们还未能在事物中发现形式之前，人的头脑应当先独立地把形式构造出来。开普勒的惊人成就，是证实下面这条真理的一个特别美妙的例子，这条真理是：知识不能单从经验中得出，而只能从理智的发明同观察到的事实两者的比较中得出。

宗教和科学[①]

人类所做和所想的一切都关系到要满足迫切的需要和减轻苦痛。如果人们想要了解精神活动和它的发展，就要经常记住这一点。感情和愿望是人类一切努力和创造背后的动力，不管呈现在我们面前的这种努力和创造外表上多么高超。那么，引导我们到最广义的宗教思想和宗教信仰的感情和需要究竟又是些什么呢？只要稍微考查一下就足以使我们明白，支配着宗教思想和宗教经验生长的是各式各样的情感。在原始人心里，引起宗教观念的最主要的是恐惧——对饥饿、野兽、疾病和死亡的恐惧。因为在这一阶段的人类生活中，对因果关系的理解通常还没有很好发展，于是人类的心里就造出一些多少可以同他们自己相类似的虚幻的东西[②]来，以为那些使人恐惧的事情都取决于它们的意志和行动。所以人们就企图求得它们的恩宠，按照代代相传的传统，通过一些动作和祭献，以邀宠于它们，或者使它们对人有好感。在这个意义上，我把它叫做恐惧宗教。这种宗教虽然不是由一些什么人创造出

---

① 此文最初发表在1930年11月9日的《纽约时报杂志》（*New York Times Magazine*）上，德文原稿则发表在1930年11月11日的《柏林日报》（*Berliner Tageblatt*）上。这里译自《思想和见解》36—40页。——编译者

② 即鬼神。——编译者

来的，但由于形成了一个特殊的僧侣阶级，它就具有很大的稳定性；僧侣阶级把自己作为人民和他们所害怕的鬼神之间的中间人，并且在这基础上建立起自己的霸权。在很多情况下，那些由别的因素而获得一定地位的首领、统治者或者特权阶级，为了巩固他们的世俗权力，就把这种权力同僧侣的职司结合起来；或者是政治上的统治者同僧侣阶级为了他们各自的利益而合作起来去进行共同的事业。

社会冲动是形成宗教的另一个源泉。父亲、母亲和范围更大的人类集体的领袖都不免要死和犯错误。求得引导、慈爱和扶助的愿望形成了社会的或者道德的上帝概念。就是这个上帝，他保护人、支配人、奖励人和惩罚人；上帝按照信仰者的眼光所及的范围来爱护和抚育部族的生命，或者是人类的生命，或者甚至是生命本身；他是人在悲痛和愿望不能满足时的安慰者；他又是死者灵魂的保护者。这就是社会的或者道德的上帝概念。

犹太民族的经典美妙地说明了从恐惧宗教到道德宗教的发展，这种发展在《新约全书》里还继续着。一切文明人，特别是东方人的宗教，主要都是道德宗教。从恐惧宗教发展到道德宗教，实在是民族生活的一大进步。但是我们必须防止这样一种偏见，以为原始宗教完全是以恐惧为基础，而文明人的宗教则纯粹以道德为基础。实际上，一切宗教都是这两种类型的不同程度的混合，其区别在于：随着社会生活水平的提高，道德性的宗教也就愈占优势。

所有这些类型的宗教所共有的，是它们的上帝概念的拟人化的特征。一般地说，只有具有非凡天才的个人和具有特别高尚品格的集体，才能大大超出这个水平。但是属于所有这些人的还有第三个宗教经验的阶段，尽管它的纯粹形式是难以找到的；我把它叫做宇宙宗教感情。要向完全没有这种感情的人阐明它是什么，那是非常困难的，特别是因为没有什么拟人化的上帝概念同它相对应。

人们感觉到人的愿望和目的都属徒然，而又感觉到自然界里和思维世界里却显示出崇高庄严和不可思议的秩序。个人的生活给他的感受好像监狱一样，他要求把宇宙作为单一的有意义的整体来体验。宇宙宗教感情的开端早已出现在早期的历史发展阶段中，比如在大卫的许多《诗篇》中，以及在某些犹太教的先知那里。佛教所包含的这种成分还要强烈得多，这特别可以从叔本华的绝妙著作中读到。

一切时代的宗教天才之所以超凡出众，就在于他们具有这种宗教感情，这种宗教感情不知道什么教条，也不知道照人的形象而想象成的上帝；因而也不可能有哪个教会会拿它来作为中心教义的基础。因此，恰恰在每个时代的异端者中间，我们倒可以找到那些洋溢着这种最高宗教感情的人，他们在很多场合被他们的同时代人看作是无神论者，有时也被看作是圣人。用这样的眼光来看，像德谟克里特（Democritus）、阿昔西的方济各（Francis of Assisi）[①]和斯宾诺莎（Spinoza）这些人彼此都极为近似。

如果宇宙宗教感情不能提出什么关于上帝的明确观念，也不能提出什么神学来，那么它又怎么能够从一个人传到另一个人呢？照我的看法，在能够接受这种感情的人中间，把这种感情激发起

① 方济各（Francis 或 Francesco，1182—1226），意大利阿昔西人，是方济各教派（即圣芳济会）的创始人，标榜以贞洁、顺从和无财产为其根本戒律。中世纪著名的唯名论哲学家威廉·奥卡姆和罗哲·培根都属于这一教派。——编译者

来，并且使它保持蓬勃的生气，这正是艺术和科学的最重要的功能。

由此我们得到了一个同通常理解很不相同的关于科学同宗教关系的概念。当人们从历史上来看这问题时，他们总是倾向于认为科学同宗教是势不两立的对立物，其理由是非常明显的。凡是彻底深信因果律的普遍作用的人，对那种由神来干预事件进程的观念，是片刻也不能容忍的——当然要假定他是真正严肃地接受因果性假说的。他用不着恐惧的宗教，也用不着社会的或者道德的宗教。一个有赏有罚的上帝，是他所不能想象的，理由很简单：一个人的行动总是受外部和内部的必然性决定的，因此在上帝眼里，就不能要他负什么责任，正像一个无生命的物体不能对它的行动负责一样。有人因此责备科学损害道德，但是这种责备是不公正的。一个人的伦理行为应当有效地建立在同情心、教育，以及社会联系和社会需要上；而宗教基础则是没有必要的。如果一个人因为害怕死后受罚和希望死后得赏，才来约束自己，那实在是太糟糕了。

由此不难看出，为什么教会总是要同科学斗争，并且迫害热忱从事科学的人。另一方面，我认为宇宙宗教感情是科学研究的最强有力、最高尚的动机。只有那些作了巨大努力，尤其是表现出热忱献身——要是没有这种热忱，就不能在理论科学的开辟性工作中取得成就——的人，才会理解这样一种感情的力量，唯有这种力量，才能作出那种确实是远离直接现实生活的工作。为了清理出天体力学的原理，开普勒和牛顿花费了多年寂寞的劳动，他们对宇宙合理性——而它只不过是那个显示在这世界上的理性的一点微弱反映——的信念该是多么深挚，他们要了解它的愿望又该是多么热切！那些主要从实际结果来认识科学研究的人，对于下面这样一些人的精神状态容易得出完全错误的看法：这些人受着一个怀疑的世界包围，但却为分散在全世界和各个世纪的志同道合的人指出了道路。只有献身于同样目的的人，才能深切地体会到究竟是什么在鼓舞着这些人，并且给他们以力量，使他们不顾无尽的挫折而坚定不移地忠诚于他们的志向。给人以这种力量的，就是宇宙宗教感情。有一位当代的人说得不错，他说，在我们这个唯物主义时代，只有严肃的科学工作者才是深信宗教的人。

科学的宗教精神[①]

你很难在造诣较深的科学家中间找到一个没有自己的宗教感情的人。但是这种宗教感情同普通人的不一样。在后者看来，上帝是这样的一种神，人们希望得到它的保佑，而害怕受到它的惩罚；这种感情类似于孩子对父亲的那种感情的升华，对于这种神，人们同它建立起多少像是个人之间的那种亲切关系，尽管它被渲染成为多么可敬畏的东西。

可是科学家却一心一意相信普遍的因果关系。在他看来，未来同过去一样，它的每一细节都是必然的和确定的。道德不是什么神圣的东西；它纯粹是人的事情。他的宗教感情所采取的形式是对自然规律的和谐所感到的狂喜的惊奇，因为这种和谐显示出这样一种高超的理性，同它相比，人类一切有系统的思想和行动都只是它的一种微不足道的反映。只要他能够从自私欲望的束缚中摆脱出来，这种感情就成了他生活和工作的指导原则。这样的感情同那种使自古以来一切宗教天才着迷的感情无疑是非常相像的。

---

① 本文写作年代不详。这里译自《我的世界观》英译本（1934 年版）267—268 页和《思想和见解》40 页。——编译者

论 科 学[①]

我相信直觉和灵感。

……有时我感到是在正确的道路上，可是不能说明自己的信心。当1919年日食证明了我的推测时，我一点也不惊奇。要是这件事没有发生，我倒会非常惊讶。想象力比知识更重要，因为知识是有限的，而想象力概括着世界上的一切，推动着进步，并且是知识进化的源泉。严格地说，想象力是科学研究中的实在因素。

相信世界在本质上是有秩序的和可认识的这一信念，是一切科学工作的基础。这种信念是建筑在宗教感情上的。我的宗教感情就是对我们的软弱的理性所能达到的不大一部分实在中占优势的那种秩序怀着尊敬的赞赏心情。

科学在发展逻辑思维和研究实在的合理态度时，能在很大程度上削弱世上流行的迷信。毫无疑问，任何科学工作，除完全不需要理性干预的工作以外，都是从世界的合理性和可理解性这种坚

---

① 此文原载于《宇宙宗教以及其他见解和警句》(*Cosmic Religion, with other Opinions and Aphorisms*)，纽约，1931年英文版，97—103页。这里转译自《爱因斯坦科学著作集》俄文版，第4卷，1967年，142—146页。——编译者

定的信念出发的(这种信念是宗教感情的亲属)。

音乐和物理学领域中的研究工作在起源上是不同的,可是被共同的目标联系着,这就是对表达未知的东西的企求。它们的反应是不同的,可是它们互相补充着。至于艺术上和科学上的创造,那么,在这里我完全同意叔本华的意见,认为摆脱日常生活的单调乏味,和在这个充满着由我们创造的形象的世界中寻找避难所的愿望,才是它们的最强有力的动机。这个世界可以由音乐的音符组成,也可以由数学的公式组成。我们试图创造合理的世界图像,使我们在那里面就像感到在家里一样,并且可以获得我们在日常生活中不能达到的安定。

科学是为科学而存在的,就像艺术是为艺术而存在的一样,它既不从事自我表白,也不从事荒谬的证明。

规律绝不会是精确的,因为我们是借助于概念来表达规律的,而即使概念会发展,在将来仍然会被证明是不充分的。在任何论题和任何证明的底层都留着绝对正确的教条的痕迹。

每一个自然科学工作者都应当具有特殊的宗教感情,因为他不能表达他所了解的而且正好是由他首先想出来的那些相互关系。他觉得自己是个孩子,要由成年人中某个人来领导。

我们只要用我们的感官就可以认识宇宙,我们的感官间接地反映着实在世界的客体。

追求真理的学者不会考虑到战争。①

除了我们的宇宙以外，没有别的宇宙。宇宙不是我们的表象的一部分。当然，不应当从字面上去理解用地球仪所作的比喻。我曾用这些比喻作为符号。哲学上和逻辑上的大多数错误是由于人类理智倾向于把符号当作某种实在的东西而发生的。

我看图画，可是我的想象力不能描述它的创作者的外貌。我看表，可是我也不能想象创造它们的钟表匠的外貌是怎样的。人类理智不能接受四维。他怎么能理解上帝呢？对于上帝来说，一千年和一千维都呈现为一。

你看这只在地球表面生存过的完全压扁了的臭虫。这只臭虫也许被赋予分析的理智，能研究物理学，甚至写书。它的世界将是二维的。在思想上和数学上，它甚至能理解第三维，可是它不能把第三维直觉地想象出来。人就同这只不幸的臭虫完全一样，处在这样的情况中，只有一点区别，那就是人是三维的。在数学上，人能想象第四维，可是在物理上，人不能看到和直觉地想象第四维。对于他来说，第四维只是在数学上存在着。他的理智不能理解第四维。

① 可是两年以后，爱因斯坦就改变了这种态度。他认识到面临着德国纳粹这样凶恶的敌人，人们只有靠武装来保卫自己。——编译者

牛顿的《光学》序①

幸运啊牛顿，幸福啊科学的童年！谁要是有闲暇和宁静来读这本书，就会重新生活于伟大的牛顿在他青年时代所经历的那些奇妙的事件当中。对于他，自然界是一本打开的书，一本他读起来毫不费力的书。他用来使经验材料变得有秩序的概念，仿佛是从经验本身，从他那些像摆弄玩具似的而又亲切地加以详尽描述的美丽的实验中，自动地涌溢出来一样。他把实验家、理论家、工匠和——并不是最不重要的——讲解能手兼于一身。他在我们面前显得很坚强，有信心，而又孤独：他的创造的乐趣和细致精密都显现在每一个词句和每一幅插图之中。

反射，折射，透镜成像，眼睛作用的方式，光的分解为各种颜色以及各种不同颜色的光的再合成，反射望远镜的发明，颜色理论的最初基础，虹霓的初步理论，都历历在目，而最后出现的，是作为下一步理论巨大进展的起源的他对于薄膜颜色的观察，这一步要等一百多年以后由于托马斯·杨(Thomas Young)的到来才得以实现。

---

① 这是爱因斯坦为牛顿的《光学》第4版1931年重印本所写的序言。这里译自爱萨克·牛顿爵士(Sir Isaac Newton)：《光学——论光的反射、折射、拐折和颜色》(*Opticks: or A Treatise of the Reflections, Refractions, Inflections and Colours of Light*)，1931年，伦敦，Bell公司版，vii—viii页。——编译者

牛顿的时代早已被淡忘了，他那一代人的充满着疑虑的努力和痛苦遭遇已经从我们的视野中消失；很少一些伟大的思想家和艺术家的作品留下来了，这给我们以及我们的后代带来了欢欣和高尚的情操。牛顿的各种发现已进入公认的知识宝库：尽管如此，他的光学著作的这个新版本①，还是应当受到我们怀着衷心感激的心情去欢迎，因为只有这本书，才能使我们有幸看到这位无比人物本人的活动。

---

① 牛顿《光学》的第一版系1704年出版，第二版1717年出版，第三版1721年出版，第四版1730年出版，1931年的这个新版本是根据1730年第四版的重印本。据原第四版的出版说明报道：牛顿曾亲自对《光学》第三版作了订正，并在他逝世（1727年）前交给了出版商；第四版就是根据牛顿的订正付印的。——编译者

量子力学中过去和未来的知识[①]

同 R.C. 托耳曼和 B. 波多耳斯基合写

大家都知道，量子力学原理限制着准确预测粒子未来路径的可能性。但有时却以为量子力学会允许准确地描述粒子过去的路径。

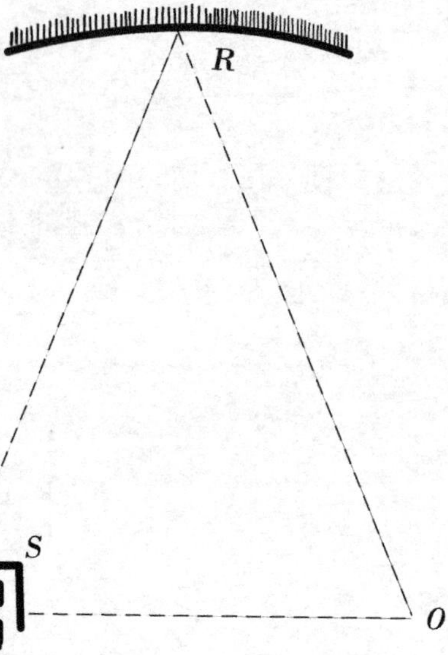

① 这是爱因斯坦于1931年2月26日同美国物理学家托耳曼(R. C. Tolman)和波多耳斯基(B. Podolsky)合写的一封信，发表在美国《物理学评论》(*Physical Review*)，37卷，780—781页。这里译自该杂志。——编译者

现在这封信的目的是要讨论一个简单的理想实验，它表明描述一个粒子过去路径的可能性会导致对第二个粒子未来行为的预测，而这种预测是量子力学所不许可的。因此应当得出这样的结论：量子力学原理实际上包含着一种描述过去事件的不确定性，这同预测未来事件的不确定性相类似。对于手头这个例子，将证明：对过去的描述所以有这种不确定性，是因为从动量的量度中所能得到的知识是受到限制的。

想象一个小盒子 B，如图中所示，里面装着许多处于热扰动中的完全一样的粒子，并且盒上备有两个由盖子 S 关着的小孔。这个盖子能自动打开一段时间，然后又自动关闭，而盒里的粒子数目是这样选定的，使得有如下情况出现：当盖子打开的时候，有一个粒子离开了盒子而沿直线 SO 跑到 O 处的观测者，并有第二个粒子沿着较长的路径 SRO，在椭球面反射体 R 上经历了弹性反射。

为了要测定已经离开的粒子的总能量，这个盒子在盖子打开之前和之后都准确地称过，并且在 O 处的观测者备有观测粒子到达的工具，有一只量度它们到达时间的钟，还有某种量度动量的仪器。再者，距离 SO 和 SRO 都是事先准确量过的，——距离 SO 足够远，使 O 处钟的快慢在称盒子重量时不至于受引力作用的扰乱，而距离 SRO 非常长，这是为了在第二个粒子到达前有可能重新称量这个盒子。

现在让我们假定在 O 处的观测者在第一个粒子沿着路径 SO 接近他时量了它的动量，然后量出它到达的时间。当然，后一观测，比如借助于 γ 射线的照射，会以一未知的方式改变粒子的动量。但是，知道粒子过去的动量，因而也知道它过去的速度和能量，似乎就有可能从第一个粒子到达的已知时间计算出什么时候盖子必须是开着，并且从盖子打开时盒子里所含能量的已知损失也可能计算出第二个粒子的能量和速度。因此，似乎就有可能来事先预测第二个粒子的能量和它到达的时间，这是一个矛盾的结果，因为能量和时间在量子力学里是不可对易的量。

对于这个表观的悖论的解释必定在于这样的情况，即第一个粒子过去的运动状况不是像所假设那样能被准确地测定。事实上，我们不得不下这样的结论：不可能有一种量度粒子动量的方法，可以不改变这个动量的数值的。比如，对于从一个逼近的粒子反射出去的红外线的多普勒效应的观察方法的分析表明：即使在粒子同所用的光量子碰撞之前和碰撞之后粒子的动量都可以测定，它仍然留下了同光量子发生碰撞的时间的不确定性。因此，在我们这例子中，虽然在第一个粒子同红外线相互作用之前和之后，它的速度都是能测定的，但还是不可能测定沿着路径 SO 上发生速度变化的准确位置，而这是为了得到盖子打开的准确时间所必需的。

因此就得出这样的结论：量子力学原理在描述过去事件时必定带有不确定性，这同预测未来事件时的不确定性相类似。也要注意到：尽管有可能先来量一个粒子的动量，并且跟着来测定位置，但这些知识仍然不足以完全画出这个粒子的过去的路径，因为已经证明：没有一种量度粒子动量的方法能不改变其原有数值的。最后，要特别强调一下这样一个值得注意的结论：对于宏观现象（比如盖子的打开和关闭）的时间的确定，量子力学原理确实会加以限制。

关于螺旋星云红移的发现

——1931年3月1日给贝索的信[①]

十分感谢你的来信和小册子。后者我很喜欢，我相信，那里详述的计划[②]的确很有价值，也有获得成功的可能。请把你的报告寄给巴黎“国际知识界合作委员会”的新的负责人，他善于判断，请在附函中告诉他，你是根据我的要求把小册子寄给他的。即使此事并不直属他的职权范围，他总可以把它转交到合适的人手里，因为这个人很熟悉和日内瓦机构有关的各种人物。

美国之行十分有趣，尽管还是很累。威尔逊山天文台的人都很优秀。他们最近发现，螺旋星云在宇宙空间几乎是均匀地分布的，并显示出一个在很大程度上与距离成正比的多普勒效应，[③]这种效应却很容易从相对论推导出来（无宇宙学项）。难处在于，物质的膨胀可以追溯到时间起源点，即可推到10^{10}或10^{11}年。由于对多普勒效应的不同解释会遇到巨大的困难，因此，这情况是很引人入胜的。

---

① 译自《爱因斯坦-贝索通信集》268—269页。由李澍泖同志译。标题是我们加的。——编者

② 贝索的备忘录有14张打字页，题为《发明专利权与保健。一个拥有专利决定权的职业病理及毒物研究所》。在文中，贝索指出该所的宗旨在于维护公共卫生，类似今天的环境保护。对此，爱因斯坦表示热烈支持。——原书编者

③ 指美国天文学家哈勃(E. P. Hubble)于1929年发现的河外星系光谱线同距离成正比的红移现象。——编者

关于统一场论和经济问题的讨论

——1931 年 10 月 30 日给贝索的信①

我们的研究得出的唯一结果是引力和电的统一。在这里，后者的方程就是(用相对论写出的)真空中的麦克斯韦方程。所以，这里并没有什么物理学进展可言，除了如下一点：在这个理论里，麦克斯韦方程不但是一级近似的结果，而且从理性观点来说，它们同真空中的引力场方程具有同等的理论基础。在这里，没有电密度和质量密度；论证的美妙也就到此为止；这就同量子问题的情况一样，后者迄今为止也无法从场论观点去解决(正如从量子力学观点还未能去解决相对论问题那样)。微妙之处在于：在四维空间中引用了五维矢量 a^{σ}，这些矢量由一种线性机制同空间联系起来。假定 a^{δ} 为属于 a^{σ} 的四维矢量，就可得如下的关系式

$$a^{s}=\gamma_{\sigma}^{s}\cdot a^{\sigma}.$$

这样，在理论中，只有那些同由 γ_{σ}^{s} 引入而出现的特殊关系式无关的方程才具有意义。在四维空间中(a^{σ})的无穷小位移可以确定，同样与此有关的五维曲率也如此。这就提供了场的方程。上述这些不过是为了使你对这方法有一个了解。

---

① 译自《爱因斯坦-贝索通信集》274—276 页。由李澍泖同志译。标题是我们加的。——编者

你关于黄金对于国际贸易的价值的看法，我很赞赏；但是，这并不成为支持金**本位**的理由。金本位对纸币持有者不能提供保证，因为，当公众认真要把纸币兑换成黄金时，黄金的支付往往就在这时停止了。在一个地方黄金奇缺时，金本位就成了灾难，因为那时支付手段和信贷量的减缩就会自然而然地发生，而为了心理上的原因而固定下来的物价却跟不上。我深信，国家最好取消黄金准备金，代之而行的是，依据法定办法长期地保持平均物价。

在熟悉统计数字的专家看来，建立一个封闭的欧洲市场虽说可行，但在当前的人口密度之下却并非有利。单独对于德国来说应是可行的，假如只维持一个可怜的生活水平的话。但是，由于**服装**，这件事完全行不通（对棉花根本不行，对羊毛也不利）。根本**没有**什么东西能**为**封闭市场辩护（保护农民吗？由于新生产方法的缘故，不会）；从政治教育的观点来看，简直是很可怕的。

现在来谈你的问题[①]。我从直觉来回答，并不囿于实际知识。

---

① 1931年9月31日贝索来信中提出的问题如下：

1. 欧洲是否会由于它过去的优越地位消失而崩溃？

2. 或者，欧洲崩溃的危险是否由于欧洲对美国的“负债”而引起的？

3. 或者，危险是否由于债权国（法国、美国）根本不知道他们自己究竟对负债国想要什么？

4. 或者，危险是否存在于对自己的劳动越来越漠不关心和毫无兴趣？而且不仅仅工厂工人如此！

5. 或者是否在于，人对人的信任对于每一个个人都是必不可少的，这种人与人之间的信任变得危险起来（在每一个警察后面不能再放一个警察），滥用的可能性变得太大了？以前，人们通常可以信赖医生（举例说），而现在一般说来他却是不能信赖的了（保险基金管理处）。

也许这对于我们的文化是个生死攸关的问题。在历史上，忠诚和信任的普遍缺乏总是成功地被消除了的。为此需要正直而又勇敢地乐于遵守残存的礼仪这样一个根本态度。

只要缺乏信任，崩溃很快就会发生，最后由于使用有毒物质毒害群众而引起。

因此,大可不必相信我。

1.优越地位消失。当然是贫困的一个原因,但不是危机的决定性原因。否则,美国受的影响就会少得多(而原料生产国必定会相应地较前好转,但情况不是这样)。

2.负债不起主要作用,因为对于美国来说,征兆与此相反。

3.这不取决于法国的态度。

4.我不相信心理的原因;心理状态才是最稳定的。

5.缺乏信任?它仅仅起次要的重大作用。它本身是危机的后果,不是危机的原因。

6.生活水平的提高只能造成商品的短缺,而不是这种停滞。过度工业化。对,也不对,这要看你怎么看。不过,我相信,我已接近问题的核心。

具体地说:我们的劳动市场所依赖的是,当生产机构进行技术上最有利的运转时,所有能劳动的人都能用得上。但情形已完全不再是如此(当劳动时间被自由经济的因素所决定时)。由此得出如下循环:失业──→购买力下降──→失业增加──→购买力更猛烈地下降──→以此类推。在我看来,通过技术进步来提高人的劳动生产力,这一点是主要的。办法是:从法律上减少雇员的(平均的)

---

6. 这种事件是否首先影响德国,因为它的最有首创精神的、最强大的、最集中的经济核心,只有在农业的工业化和欧洲以外国家的继续工业化的基础上,也就是说,只有以这种继续发展的准备工作为基础,才能够繁荣昌盛?并且由于停滞,甚至由于生产速度的放慢,它是否失去它的粮食?

7. 德国的广大阶层靠借贷很快提高了生活水平,这一情况是否起主要作用?——编译者劳动时间，直至失业现象的消失，同时，把最低工资确定到这样的水平，以便购买力同生产出来的货物量相适应，使物价不致因此而发生波动（由于心理上的原因，波动是不利的）。最后，我认为，对外贸易必须由国家机构控制，以便在同那些不参加这种规定的国家发生互相影响时，不招致损失。

当然，实行这样的计划，要以摆脱政治上的肮脏交易为先决条件。

现在我被你提的问题吸引住了，我也许在冬天里到瑞士来，因为这里已使我感到过于炎热了。①

① 这时，德国的经济危机越来越尖锐、危险，有采取绝望的政治解决的苗头。爱因斯坦完全认识到“这里过于炎热”。但是，他还没有决心最后离开这个国家。——原书编者

麦克斯韦对物理实在观念发展的影响[①]

相信有一个离开知觉主体而独立的外在世界，是一切自然科学的基础。但是，既然感官知觉只是间接地提供关于这个外在世界或“物理实在”的信息，我们就只能用思辨的方法来把握它。由此可知，我们关于物理实在的观念绝不会是最终的。为了以逻辑上最完善的方式来正确地处理所知觉到的事实，我们必须经常准备改变这些观念——也就是说，准备改变物理学的公理基础。事实上，看一下物理学的发展就可以明白，它在历史进程中已经经历了影响深远的变化。

自从牛顿奠定理论物理学的基础以来，物理学的公理基础——换句话说，就是我们关于实在的结构的概念——的最伟大的变革，是由法拉第和麦克斯韦在电磁现象方面的工作所引起的。我们试图在下面同时看看物理学的早期和后期的发展，以便使这一点更加清楚。

---

① 这是爱因斯坦于1931年为纪念麦克斯韦诞辰一百周年而写的文章，最初发表在《詹姆斯·克拉克·麦克斯韦纪念集》(*James Clerk Maxwell*: *A Commemoration Volume*)，剑桥大学出版社，1931年，66—73页。该书有中译本，系1936年由商务印书馆出版，译者周梦麐，书名《马克士威》。这里译自《思想和见解》，266—270页。

詹姆斯·克拉克·麦克斯韦，英国物理学家，生于1831年11月13日，卒于1879年11月5日。——编译者按照牛顿的体系，物理实在是由空间、时间、质点和力（质点的相互作用）等概念来表征的。在牛顿的观点中，各种物理事件都被看作是质点在空间中受一些不变的定律支配着的运动。就实在是能够改变的这方面来说，当我们讲到实在中所发生的变化的，质点是我们表示实在的唯一形式，是实在的唯一代表。可感觉到的物体显然是质点概念的根源；人们把质点设想为一种类似于可动物体的东西，但剥夺了这些物体的广延性、形状、空间方位等特征，以及一切"内部"性质，而只留下惯性、移动以及力的概念。物体曾在心理上引导我们形成"质点"概念，而现在它本身却必须被看作是由许多质点组成的质点系。应当注意，这种理论纲领本质上是原子论的和机械论的。一切事件都要用纯粹机械的方式来解释——也就是说，完全要被解释为一些按照牛顿运动定律的质点运动。

这个体系的最不能令人满意的地方（除了最近又一次被提出的"绝对空间"概念所引起的困难以外），在于它对光的描述，牛顿为了适应他的体系，也设想光是由质点所组成的。那么当光被吸收的时候，组成光的质点会变成什么呢？这问题甚至在当时就已经是一个亟待解决的问题了。而且，为了分别地表示有重物质和光，就必须假定有两种完全不同的质点，在讨论中把两种完全不同的质点引进来，无论如何是不能令人满意的。后来又加上了电的微粒，成为第三种质点，而且它又具有完全不同的特征。此外，决定事件的相互作用力，必须完全以任意的方式加以假定，这也是一个根本的弱点。尽管如此，这种实在概念还是取得了许多成就，可是人们为什么又会感到不得不舍弃它呢？

牛顿为了把他的体系完全用数学形式表达出来，他必须发明微商概念，并以全微分方程的形式来表述运动定律——这也许是个人在思维中所曾作出的最伟大的进展。为了这个目的，偏微分方程还不是必需的，牛顿并没有系统地用过它们；但是它们对于表述可变形物体的力学却是必需的；这同下面这样的事实有关：在这些问题中，物体被假定是**怎样**由质点所组成的这一问题，在开始时并不重要。

因此，偏微分方程进入理论物理学时是婢女，但是逐渐变成了主妇。这是在十九世纪开始的，那时，光的波动论在观察到的事实的压力下已经确立起来了。空虚空间里的光被解释为以太的振动，当然，要把以太看成是质点的凝聚体，这在当时似乎是无聊的。在这里，偏微分方程第一次作为物理学的基元实在的自然表示而出现。因此，在理论物理学的一个特殊部门里，连续的场同质点一起看来好像都是物理实在的代表。这种二元论至今仍然存在，它必然会使每一个思想有条不紊的人感到不安。

即使物理实在的观念已经不再是纯粹原子论的了，可是它在当时仍然是纯粹**机械论的**；人们仍然试图把一切事件都解释为惯性物体的运动；确实似乎也想不出别的方法来考察事物了。然后，发生了这样一次伟大的变革，它是同法拉第、麦克斯韦和赫兹的名字永远连在一起的。这次革命的最大部分出自麦克斯韦。他指出，当时已知的全部光和电磁现象，都可以用他的著名的两组微分方程来表示，在这些方程里，电场和磁场表现为倚变数。麦克斯韦确实曾试图用一种机械模型的理智构造去解释或者证明这些方程。

但是他同时运用了几种这样的结构，而并不认真地采用其中任何一种，所以唯有这些方程看来才是根本的东西，在这里，场强度是终极的实体，它不能简化为别的任何东西。到世纪交替时，电磁场概念作为一种终极实体已经被普遍接受，而且严肃的思想家已经不再相信有理由或者有可能对麦克斯韦方程作机械论的解释了。相反，不久，他们事实上曾试图借助于麦克斯韦理论，根据场论路线来解释质点及其惯性，但是这种企图没有完全成功。

撇开麦克斯韦的一生工作在物理学的各个重要部门中所产生的各个重要结果不谈，而集中注意于他在我们关于物理实在的本性的概念中所造成的变革，我们可以说：在麦克斯韦以前，人们以为，物理实在——就它应当代表自然界中的事件而论——是质点，质点的变化完全是由那些服从全微分方程的运动所组成的。在麦克斯韦以后，他们则认为，物理实在是由连续的场来代表的，它服从偏微分方程，不能对它作机械论的解释。实在概念的这一变革，是物理学自牛顿以来的一次最深刻和最富有成效的变革；但同时必须承认，这个纲领还远没有完全实现。以后发展起来的一些成功的物理学体系，倒该说都是这两个纲领的折中，正因为是折中，所以这些体系都带有一种暂时的、逻辑上不完备的特征，尽管它们在某些细节上也许已经达到了巨大的进步。

这些体系中首先要提到的是洛伦兹的电子论，在这个理论中，场和电微粒一起表现为对理解实在有同等价值的元素。随后出现了狭义相对论和广义相对论，它们虽然完全是以那些同场论有关的观念为依据的，但是到目前为止，还不能避免独立地引进质点和全微分方程。

理论物理学最近的和最成功的创造，即量子力学，根本不同于我们为简明起见称为牛顿的和麦克斯韦的这两个纲领。因为量子力学定律中出现的各种量，并不要求描述物理实在本身，而只是描述我们所考查的物理实在出现的**几率**。照我的见解，我们应当把这种理论的逻辑上最完备的说明归功于狄拉克。他正确地指出，比如要给光子以这样一种理论上的描述，说它会提出足够的信息，使人们能决定光子是否会通过一面斜放在它的通路上的偏振镜，这大概是困难的。

我仍然倾向于这样的看法：物理学家不会长期满足于对实在的这种间接的描述，即使这种理论终于能以令人满意的方式适应广义相对性的假设。我确信，今后我们必将回过头来力求实现可以恰当地称为麦克斯韦纲领的那个纲领——即用那些满足偏微分方程而不带有奇点的场来描述物理实在。

关于测不准关系(报道)[①]

海森伯发现的测不准关系[②]断言:粒子的速度和坐标不可能以同样的精确度来测定,而只能测定这两个量——坐标或速度——中的一个。一个量测定得愈精确,另一个量就愈不精确。设想一个装有自动开闭阀门的盒子,盒子里面还有一只表;当盒子的阀门打开时,有一列包含一百个波长的单色光发射出去,然后从一面安置在已知距离(几个光年)的镜子上反射回来,再回到观察地点。发出的光能(颜色)可以通过称量波列发出前和发出后的盒子的重量来测定,发射出光的时间由表来测定。在这个非常巧妙的理想实验的例子里,爱因斯坦证明,藉助于在观测地点所作的量度,不可能同时预言光的颜色和到达时间。只有一个测定——时间或者颜色——可以精确地完成,而且,按照爱因斯坦的看法,在光从盒子里发出去之后,立即可以决定我们想测定的是这两个量度中的哪一个。美国物理学家托耳曼这样地推广这个理想实验:对于出去的光,这两个量中只有一个是可以准确地测出来的。

---

① 这是爱因斯坦于1931年11月4日在柏林物理学会上所作报告的报道摘要。原来的题目是“*Über die Unbestimmtheitsrelation*”,发表在《应用化学期刊》(*Zeitschrilft für angewandte Chemie*),1932年,45卷,23页。这里转译自《爱因斯坦科学著作集》俄文版,第3卷,1966年,534页。本文由顾为凯同志译,庆承瑞同志校。——编者

② 参看海森伯,《应用化学期刊》,1930年,43卷,853页。——原注

在哥伦比亚大学的讲话[①]

科学作为一种现存的和完成的东西，是人们所知道的最客观的，同人无关的东西。但是，科学作为一种尚在制定中的东西，作为一种被追求的目的，却同人类其他一切事业一样，是主观的，受心理状态制约的。所以，科学的目的和意义是什么这个问题，在不同时期，从不同的人那里，所得到的回答是完全不同的。

当然，大家都同意，科学必须建立各种经验事实之间的联系，这种联系使我们能够根据那些已经经验到的事实去预见以后发生的事实。固然，按照许多实证论者的意见，尽可能完善地解决这项任务，就是科学的唯一目的。

但是，我不相信，如此原始的理想竟能高度地鼓舞起研究者的热情，并由此产生真正伟大的成就。在研究者的不倦的努力后面，潜存着一种强烈得多的，而且也是一种比较神秘的推动力：这就是人们希望去理解的存在和实在。但是，实际上人们却害怕用这样

---

① 这是爱因斯坦于1932年1月15日在纽约哥伦比亚大学所作的讲话。2月间，他在洛杉矶对加利福尼亚大学学生也发表了同样的讲话。这篇讲稿最初发表在洛杉矶美国图书协会于1932年出版的小册子《宇宙的建设者》(*Builders of the Universe*)91—96页(R. C. Tolman英译，并附有德文原文)。这里译自《宇宙的建设者》，译时曾参考《我的世界观》的英译本(1934年版，137—139页)。标题是我们加的。——编译者

的字眼，因为，当人们在这样一句普遍陈述中必须解释“实在”和“理解”的真正意义是什么时，就会立刻陷入困难。

如果我们去掉这一陈述的神秘因素，那么我们的意思就是：我们在寻求一个能把观察到的事实联结在一起的思想体系，它将具有最大可能的简单性。我们所谓的简单性，并不是指学生在精通这种体系时产生的困难最小，而是指这体系所包含的彼此独立的假设或公理最少；因为这些逻辑上彼此独立的公理的内容，正是那种尚未理解的东西的残余。——

当一个人在讲科学问题时，“我”这个渺小的字眼在他的解释中应当没有地位。但是，当他是在讲科学的目的和目标时，他就应当允许讲到他自己。因为一个人所经验到的没有比他自己的目标和愿望更直接的了。十分有力地吸引住我的特殊目标，是物理学领域中的逻辑的统一。开头使我烦恼的是电动力学必须挑选一种比别种运动状态都优越的运动状态，而这种优先选择在实验上却没有任何根据。这样就出现了狭义相对论；而且，它还把电场和磁场融合成一个可理解的统一体，对于质量和能量，以及动量和能量也都如此。后来，由于力求理解惯性和引力的统一性质而产生了广义相对论，它也避免了那些在表述基本定律的过程中由于使用了特殊坐标系而隐蔽着的暗含的公理。

现在，特别令人不安的是，引力场和电场必须作为两个彼此独立的基本概念进入这个理论。经过多年努力以后——我相信是这样——通过一种新的数学方法，已经得到了一种适当的逻辑统一，这种方法是我同我的卓越的合作者迈尔（W. Mayer）博士一起发明的。

可是还留下一项同样重要的任务，它常常被提出，但是迄今还没有找到令人满意的解决，那就是要用场论来解释原子结构。所有这些努力所依据的是，相信存在应当有一个完全和谐的结构。今天我们比以往任何时候都更没有理由容许我们自己被迫放弃这个奇妙的信念。

关于因果性和自由意志问题
同J.墨菲的谈话①

墨菲：我同我们的朋友普朗克合作出了一本主要是讨论因果性问题和人类自由意志的书。

爱因斯坦：老实说，当人们说到人类的自由意志时，我不懂得他们说的是什么意思。比如我觉得我要这个东西或者要那个东西；但我完全不懂得这同自由有什么关系。我觉得我要点着我的烟斗，并且那样做了；但我怎么能够把这同自由的观念联系起来呢？在点着烟斗的**意志**活动的背后又是什么呢？难道是另一种意志活动吗？叔本华说过：人能做他所想做的，但不能要他所想要的。(*Der Mensch kann was er will; er kann aber nicht wollen was er will.*)

墨菲：但现在物理科学中的时髦，是把自由意志这类东西加到无机自然界的常规过程上去。

爱因斯坦：那种胡说不仅仅是胡说，而且是令人讨厌的胡说。

---

① 这是爱因斯坦于1932年6月间同英国作家詹姆斯·墨菲(James Murphy)的谈话记录。墨菲译了普朗克的几篇论物理学中哲学问题的文章，编成书，题名为《科学往何处去?》，请爱因斯坦写序，并且同他作了这样的对话。他又把这篇对话作为这本书的《跋》。这里译自该书(Max Planck:*Where Is Science Going?* James Murphy 英译)，1933年，伦敦，Allen and Unwin公司版，201—213页。标题是我们加的。该书曾出过中译本，题名《科学到何处去》，皮仲和译，1934年上海辛垦书店出版。——编译者

墨菲：是的，不过科学家却把它美其名曰非决定论。

爱因斯坦：可要注意，非决定论完全是一个不合逻辑的概念。他们所说的非决定论是什么意思呢？如果现在我说一个放射性原子的平均寿命是如此如此，那是一种表示某种秩序的陈述，这秩序就是规律性(*Gesetzlichkeit*)。但这观念本身并不意味着因果观念。我们称它为平均定律；但不是所有的这种定律都必须具有因果意义。同时，如果我说：这样一个原子的平均寿命是不确定的，意思就是它同因果观念无关，那么我就是在胡说。我可以说我将在明天某一不确定的时间碰到你。但这并不意味着时间不是确定的。不管我来不来，那个时间还是要来到的。这里的问题在于把主观世界同客观世界混同起来了。属于量子物理学的非决定论，是主观的非决定论。它必定同某种东西有关，否则非决定论就毫无意义，这里所涉及的问题，是我们自己无能为力去弄清楚单个原子的过程和预见它们的行动。说火车到达柏林是不确定的，要不是你说明对什么来说它是不确定的，这话就毫无意义。如果它终于到达了，它就是被某种东西所决定的。原子过程也是一样。

墨菲：那么你是在怎样的意义上把决定论用到自然界中去的呢？它的意思是不是说：自然界中每一事件都是由另一个我们称之为原因的事件引起来的呢？

爱因斯坦：我不能那样说。首先我认为在整个这个因果问题上碰到很多误解，那是由于迄今所流行的因果原理的表述方式是相当不成熟的。当亚里士多德和经院哲学家们给他们所谓的原因下定义时，科学意义上的客观实验这个观念还没有产生。因此，他们就满足于关于原因的形而上学概念的定义。康德也是这样。牛顿本人似乎领会到,因果原理这个科学以前的讲法,对于近代物理学来说,会被判明是不充分的。牛顿只是满足于描述事件在自然界中出现时的有规律的秩序,并且根据数学定律构成他的综合。现在我相信,控制自然界的规律,要比今天我们说某一事件是另一事件的**原因**时所猜测的更为严格和更有束缚力。我们这里的概念是限于在一段时间内的一个事件。它是从整个过程中剖析出来的。我们目前应用因果原理的粗糙办法是十分肤浅的。我们像一个用韵脚来评判一首诗的好坏却又不懂得格律的小孩子一样。或者说我们像一个初学钢琴的少年,刚刚弄明白了一个键同直接在它前面或者后面的那个键的关系那样。就一定的范围而论,这对于要弹一首非常简单和非常原始的乐曲的人也许是很够了;但是这还解释不了巴赫(Bach)的《赋格曲》。量子物理学向我们显示了非常复杂的过程,为了适应这些过程,我们必须进一步扩大和改善我们的因果性概念。

墨菲：你会吃力不讨好的,因为你赶不上时髦。如果你允许我作一小段讲话,我就讲出来。这不是因为我喜欢听自己的讲话,尽管我当然是爱说话的——有哪个爱尔兰人不爱说话呢?——倒是因为我应当高兴地知道你对它的反应。

爱因斯坦：当然(*Gewiss*)。

墨菲：希腊人以命运或者天数的作用作为他们戏剧的基础;那个时代的戏剧好像是来自非理性的意识作用深处的宗教仪式。它不像萧伯纳的戏剧那样,只是在发议论。你记得《阿特鲁斯》(*Atreus*)这出悲剧吗,在那里,命运或者注定的因果报应是贯穿剧本的唯一的简单线索。

爱因斯坦：命运或者天数同因果原理不是一样的东西。

…………………

〔中间是墨菲几段很长的离题较远的谈话，从略〕

爱因斯坦：但我可以想象，对于科学家来说，没有比科学这一观念更不能令人满意的了。它几乎同艺术之对于艺术家和宗教之对于牧师一样地不妙。你所讲的确实有点道理。并且我相信目前成为时髦的把物理科学的公理应用到人类生活上去，那不仅是完全错误的，而且也是应当受到谴责的。我觉得今天在物理学中所讨论的因果性问题，在科学领域内不是一个新的现象。量子物理学中所用到的方法，在生物学中早已用上了，因为自然界的生物过程本身还不能追查出来，使人们明白它们之间的关系，因此生物学定律总是具有统计的特征。我不了解，即使因果原理在现代物理学中要受到限制，为什么就会产生那么多的喧嚷，因为这究竟不是一种新的情况。

墨菲：当然它并没有引起任何新的情况；但目前物理科学的活力是生物科学所不能比拟的。对于我们是不是起源于猿猴的问题，除了那些以为这样讲是对猿猴粗暴无礼的动物爱好者之外，人们已不再那么感兴趣了。而且对于生物学本身，人们也没有像达尔文和赫胥黎时代那样有广泛的兴趣了。公众兴趣的重心已转移到物理学上来。这就是对物理学中任何新提法，公众都会根据各人自己的习惯有所反应的缘故。

爱因斯坦：我完全同意我们的朋友普朗克对这一原理所取的立场，但是你应当记住普朗克已经说过和写过的东西。他承认在目前情况下，因果原理不可能应用到原子物理学的内部过程上去；但他断然地反对这样的命题：我们由这种不适用性（*Unbrauchbarkeit*）所得到的结论是，外界实在不存在因果过程。在这里，普朗克实际上并没有提出任何确定的观点。他只不过反对某些量子物理学家的强词夺理的主张；在这里我是完全同意他的。当你提到人们讲起自然界中像自由意志这类东西时，我很难给以适当的回答。这种观念当然是荒谬的。

墨菲：那么我想你会同意，对于那个我们为了方便可以称之为海森伯的测不准原理很特别的应用，物理学并没有为它提供任何根据。

爱因斯坦：我当然同意。

墨菲：可是你该知道，某些地位确实很高而同时又很有名望的英国物理学家，却竭力宣扬那些被你和普朗克以及同你们一起的许多人称之为毫无根据的结论。

爱因斯坦：当物理学家又兼为文学家的时候，你应当把这两种行当分别开来。在英国，你们有伟大的英国文学和伟大的风格素养。

墨菲：文学厌恶那种对逻辑真理的理智的爱（*amor intellectualis*），而这却为科学家所热爱。也许英国科学家在文学的园地里，好像树叶上的毛虫那样改变了他们的颜色，以便不被人识破。

爱因斯坦：我的意思是说，英国有些科学著作家在他们的通俗书籍里是不讲究逻辑的，是浪漫的，但在他们的科学工作中，他们却是严谨的逻辑推理者。

科学家的目的是要得到关于自然界的一个逻辑上前后一贯的摹写。逻辑之对于他，有如比例和透视规律之对于画家一样；而且我同意昂利·庞加勒，相信科学是值得追求的，因为它揭示了自然界的美。这里我要说的是，科学家所得到的报酬是在于昂利·庞加勒所说的理解的乐趣，而不是在于他的任何发现可以导致应用的可能性。我以为科学家是满足于以数学形式构成一幅完全和谐的图像的，通过数学公式把图像的各个部分联系起来，他就十分满意了，而不再去过问这些是不是外在世界中因果作用定律的证明，以及证明到什么程度。

墨菲：教授，请你注意当你在开你的游艇时在湖上时常出现的一种现象。当然，在卡普特[1]的平静水面上它不是很常见的，因为四面都是平地，而且你也碰不到突然的风暴。但如果你是在我们北方的一个湖里顶着风开船，你总是在不可预测的气流的袭击下多少冒着可能覆舟的危险。我所想起的是：我认为实证论者在这里很容易放冷枪，在风浪交加时击中你的要害。如果你说科学家满足于在他的精神构造中寻求数学逻辑，那么你马上就会被别人援引去支持主观唯心论，这种主观唯心论正是一些像阿瑟·爱丁顿爵士那样的现代科学家所拥护的。

爱因斯坦：那可就滑稽了。

墨菲：当然，这也许是一个不正当的结论；但是你曾被英国报纸广泛地引证，他们把你看作是赞成把外在世界说成是由意识派生

---

① 卡普特(Caputh)在柏林西南郊，是当时爱因斯坦的避暑别墅的所在地。——编译者

出来的这样一种理论的人。我曾不得不提醒我在英国的一位朋友注意这种事情。他就是焦德(Joad),写过一本出色的书,叫《科学的哲学各个侧面》(*Philosophical Aspects of Science*)。这本书是反对阿瑟·爱丁顿爵士和詹姆斯·秦斯爵士所采取的态度的,你的名字是作为赞同他们的理论而被提到。

爱因斯坦:没有一位物理学家会相信那些。要不然,他就不会是一位物理学家。你所提到的那些物理学家也不是这样的。你应当分清什么是文学上的时髦,什么是科学的说明。这些人是天才的科学家,他们的文学的表现形式不应该被当作是他们科学信念的表述。如果谁都不相信星星是实际存在的,那么,为什么还要特意去看星星呢?在这里我完全同意普朗克。我们不能从逻辑上来证明外在世界的存在,正如你不能从逻辑上来证明我现在是在同你谈话,或者证明我是在这里一样。但是,你是知道我是在这里的,而且没有一个主观唯心论者能够使你相信同这相反的命题。

〔下面是墨菲的话,接着是墨菲同普朗克的谈话记录,都从略。〕

祝贺阿诺耳德·柏林内尔七十岁生日①

我要趁这个机会向我的朋友柏林内尔和本文的读者说明为什么我对他和他的工作的评价如此之高。我们所以必须在此地这样做，那是因为这是我们可以谈论这些事情的唯一机会；由于我们在客观性方面的素养，我们把任何有关个人的事情都视为禁忌，这种禁忌，只有碰到像目前这样一个绝对例外的机会时，我们这些凡人才可以违犯它一下。

在这段随便的插话之后，现在回到客观性上来。科学研究的领域已大大地扩张了，每一门科学的理论知识都已变得非常深奥。但是人类智慧的融会贯通的能力总是被严格限制着的。因此，不可避免地，研究者个人的活动势必限于愈来愈狭小的人类知识部门里。更糟糕的是，这种专门化的结果，使我们愈来愈难以随着科学进步的步调来对科学的全貌作个哪怕是大略的了解，而要是没有这种了解，真正的研究精神必定要受到损害。情况的发展很像

---

① 此文最初发表在德国《自然科学》周刊(*Naturwissenschaften*)，20卷，913页，1932年。这里译自《思想和见解》，68—70页。

阿诺耳德·柏林内尔(Arnold Berliner)，德国物理学家，犹太人，生于1862年12月26日，从1913年起担任《自然科学》周刊编辑，直至1935年被纳粹免职。1942年3月22日他在将被纳粹流放前于柏林自杀。——编译者

《圣经》中的巴贝耳(Babel)通天塔的故事①所象征的那样。每一位严肃的科学工作者都痛苦地意识到,他们被违反本意地放逐到一个在不断缩小着的知识领域里,这是一种威胁,它会使研究者丧失广阔的眼界,并且使他下降到一个匠人的水平。

我们都已受到这种祸害,却没有作过任何努力来减轻它。但是在德语世界里,终于有柏林内尔出来,他以最可钦佩的方式对此作了补救。他明白现有的这些通俗刊物足以引导和鼓励外行的人;但是他也认识到,一个经过精心编辑、内容均衡的刊物,对于增进科学家的见闻是必需的,因为科学家为了能够形成他自己的判断,要求熟悉科学的问题、方法和结果的发展。通过多年艰辛的工作,他以巨大的才智和极大的决心献身于这个目的,为我们大家,也为科学服务,对此,我们无论怎样感谢也是不会过分的。

他必须得到有成就的科学家的合作,并且引导他们用非专家也能懂得的形式来讲出他们所应当讲的东西。他时常告诉我他为这个目的所作过的斗争,他用下面这个谜语来向我描述他的困难:问:科学作家是什么东西?回答:是一种介于含羞草和刺猬之间的东西。柏林内尔的成就之所以可能,只是因为他始终保持着那么强烈的愿望,要对一个尽可能大的科学研究领域求得明晰的、广博的见解。这种感情也驱使他以多年顽强的劳动写了一本物理学教科书。前几天有位医科学生同我谈起这本书时说:“要是没有这本书,我真不知道我怎么能够利用我的空余时间对现代物理学的原

① 这个故事是说:古代人类原是一个集体,后来想建造一座高塔通到天上。由于这象征人类的自满和自豪,使上帝震怒。作为惩罚,上帝就扰乱了人们的语言,使邻人之间都不能以言语相通,结果大家只好散伙,各走各的路。——编译者

理得到一个清楚的观念。”

柏林内尔为科学的明晰性和广博的见解所进行的奋斗，使科学的问题、方法和结果在很多人的心里获得充沛的生命力。我们这个时代的科学生活，要是没有他的刊物，简直会是不可想象的了。使知识活了起来，并且使它保持生气勃勃，这同解决专门问题是一样重要的。

评理论物理学中问题的提法上的变化[①]

我们用感性知觉只能间接地得到关于外在世界的客体的知识。广义的物理学所面临的任务是建立这样一些关于实际发生的事件和现象的概念，以便在那些为我们的感官所感知的知觉之间确立起有规律的联系。显然，只有借助于思辨的理论才能完成这个任务。

现在，大家都知道，科学不能仅仅在经验的基础上成长起来，在建立科学时，我们免不了要自由地创造概念，而这些概念的适用性可以后验地（*a posteriori*）用经验方法来检验。这种状况被前几代人疏忽了，他们以为，理论应当用纯粹归纳的方法来建立，而避免自由地创造性地创造概念。科学的状况愈原始，研究者要保留这种幻想就愈容易，因为他似乎是个经验论者。直至十九世纪，许多人还相信牛顿的原则——“我不作假说”（*hypotheses non fingo*）——应当是任何健全的自然科学的基础。

近来，改造整个理论物理学体系，已经导致承认科学的思辨性质，这已经成为公共的财富。

---

① 本文最初发表在《伊曼努尔·李布曼纪念刊》（*Emmanuel Libman Anniversary Volumes*），第一卷，纽约，国际版，1932 年，363—364 页。这里转译自《爱因斯坦科学著作集》俄文版，第 4 卷，1967 年，167—169 页。——编译者

我们还没有提出关于任何理论的“真理性”问题，我们只要问：理论究竟在什么程度上是有用的，借助于理论能得到哪些结果。如果最初是把理论想象为对实在客体的描述，那么，在较晚的时期，理论就被认为仅仅是自然界里发生的过程的一种“模型”。至于最近的发展阶段，量子力学甚至部分地否定了关于理论的模型性质这一概念。因为任何理论研究都具有思辨的性质，量子力学在用最低限度的理论元素所取得成就中看出了自己的主要目的。为了这个目的，量子力学甚至宁愿牺牲严格的因果性原理。

在这里，我只想从很肤浅的观点来看看我们关于物理实在的观念所经历的变化。

从笛卡儿和牛顿的时代起，首先企图把物理现象单纯地归结为不变的原子的运动。空间、时间、原子(后者被赋予惯性和相互作用力)，似乎成为任何物理理论的全部可能有的基础。

在法拉第和麦克斯韦引进电磁场概念以后，上述这些概念的第一个重大转折点来临了。场概念同物质粒子概念一起，成了基本的独立概念。

在上世纪末，甚至形成了把物质粒子归结为场概念的倾向。粒子是能荷载电荷的物质元素，被认为是场的凝聚的区域。

相对论在其现在的形式中可以认为是场论的一个篇章。相对论把空间和时间的属性也归结为连续的场，并且使度规几何失去了它的先验性质，而几何同其余物理学科的区别就在于这种性质。

粒子理论同场论在数学结构上大不相同。第一种理论企图用有限个数但数目非常之大的同时间有关的参数来表示实在。所有这些参数都满足一些微分方程。相反，第二种理论只用到很小个数的空间坐标和时间(或者四维的空间-时间坐标)的连续函数。

理论物理学的最年轻的领域——量子力学——追随粒子理论。但是它否认有可能用时间的函数来表示粒子的坐标,从而拒绝建立关于实在现象的模型。量子力学引进粒子位形的几率作为基本概念来代替上述概念。量子力学所研究的,不是描述粒子位形的变化连贯性的微分方程组,而是一个(或几个)指出位形几率怎样随时间变化的微分方程。

理论物理学的目前形势的特征是,迄今已知的每一个理论方向,在一定范围内都可以很好地描述现象,但是在这范围以外,它的适用性就受到限制。人们特别尖锐地感觉到,场论和量子力学得不到逻辑上令人满意的综合。大家相信,未来的统一理论的必要组成部分会包含上述两种理论。可是,谁也不能断言,他抱着无限的自我牺牲精神所从事的工作是很有成效的。甚至自然界摆在我们面前的那些很伤脑筋的谜,也没有能够引起任何人的怀疑;可是,我还是在想,我们这一代人的乐观主义,绝不是以清醒地估计了这一问题的困难为基础的。

关于理论物理学的方法[①]

如果你们想要从理论物理学家那里发现有关他们所用方法的任何东西，我劝你们就得严格遵守这样一条原则：不要听他们的言论，而要注意他们的行动。对于这个领域的发现者来说，他的想象力的产物似乎是如此必然和自然的，以致他会认为，而且希望别人也会认为，它们不是思维的创造，而是既定的实在。

这些话听起来似乎是在请你们离开这个讲堂。你们会对自己说，这个人自己就是从事实际工作的物理学家，因此，他应当把一切关于理论科学结构的问题都留给认识论者去研究。

针对这种批评，我可以从个人的观点来为自己辩护，这只要使你们相信，我不是自己要来的，而是应别人的亲切邀请，才来登上这个为纪念一个终生为知识的统一而艰苦奋斗的人而设立的讲座。可是，客观上，我要做的事可以从下面的理由来证明是正当的：对于一个毕生竭尽全力以求清理和改善科学基础的人，人们去了解他怎样看待他自己所研究的那个科学分支的，这也许毕竟是一件有意义的事。他对这门科学的过去和现在的看法，也许太过于依赖他对

---

① 这是爱因斯坦于 1933 年 6 月 10 日在英国牛津大学所作的斯宾塞(Herbert Spencer)讲座的讲话。讲稿当年曾以单行本由牛津 Clarendon 出版，题名《*On the Method of Theoretical Physics*》。这里译自《思想和见解》，270—276 页。——编译者

未来的希望和当前的目标；但这是任何一个深深地沉溺于观念世界里的人所不可避免的命运。他的情况同历史学家一样，历史学家也以同样的方法——虽然这也许是无意识地——围绕着他自己对人类社会问题已经形成的理想，把各个实际事件组织起来。

现在让我们来考查一下理论体系的发展，并且特别注意理论内容同经验事实的总和之间的关系。我们所关心的是，我们这门科学里的知识的两个不可分割的部分，即经验知识和理性知识之间的永恒对立。

我们推崇古代希腊是西方科学的摇篮。在那里，世界第一次目睹了一个逻辑体系的奇迹，这个逻辑体系如此精密地一步一步推进，以致它的每一个命题都是绝对不容置疑的——我这里说的就是欧几里得几何。推理的这种可赞叹的胜利，使人类理智获得了为取得以后的成就所必需的信心。如果欧几里得未能激起你少年时代的热情，那么你就不是一个天生的科学思想家。

但是在人类成熟到能获得一种概括全部实在的科学以前，还需要有另一种基本的真理，这种真理只是随着开普勒和伽利略的到来才成为哲学家的公共财富。纯粹的逻辑思维不能给我们任何关于经验世界的知识；一切关于实在的知识，都是从经验开始，又终结于经验。用纯粹逻辑方法所得到的命题，对于实在来说是完全空洞的。由于伽利略看到了这一点，尤其是由于他向科学界谆谆不倦地教导了这一点，他才成为近代物理学之父——事实上也成为整个近代科学之父。

然而，如果经验是我们关于实在的知识的起点和终点，那么纯粹理性在科学中的作用又是怎样的呢？

理论物理学的完整体系是由概念、被认为对这些概念是有效的基本定律，以及用逻辑推理得到的结论这三者所构成的。这些结论必须同我们的各个单独的经验相符合；在任何理论著作中，导出这些结论的逻辑演绎几乎占据了全部篇幅。

在欧几里得几何里，情况也正是这样；不过，在那里，基本定律被称为公理，而且也不存在结论必须同任何经验相符合的问题。但是，如果人们认为欧几里得几何是实际的刚体在空间里的可能的相互关系的科学，也就是说，把它当作一门物理科学来处理，而不是把它从原来的经验内容里抽象出来，那么几何学和理论物理学在逻辑上的同一性就完整无缺了。

我们就这样规定了纯粹理性和经验在物理学理论体系中的地位。这种体系的结构是理性的产品；经验内容及其相互关系都必须在理论的结论中表示出来。整个体系，特别是那些作为它的基础的概念和基本原理，其唯一价值和根据，就在于这种表示的可能性。此外，这些概念和基本原理都是人类理智的自由发明，既不能用这种理智的本性，也不能以其他任何先验的方式来证明它们是正确的。

这些不能在逻辑上进一步简化的基本概念和基本假设，组成了理论的根本部分，它们不是理性所能触动的。一切理论的崇高目标，就在于使这些不能简化的元素尽可能简单，并且在数目上尽可能少，同时不至于放弃对任何经验内容的适当表示。

我刚才简略阐述了的观点，即科学理论基础具有纯粹虚构的特征的观点，绝不是十八世纪和十九世纪流行的观点。但是，它目前正在不断地占领着阵地，因为，逻辑结构变得愈来愈简单——也就是说，支持这个结构所必需的逻辑上独立的概念元素愈来愈少——以基本概念和基本定律作为一方，以那些必须同我们的经验发生关系的结论作为另一方，两者之间在思维上的距离也就愈来愈大了。

理论物理学的广博而合用的体系的首创者牛顿却相信，他的体系的基本概念和基本定律是能够从经验中推导出来的。这无疑就是他所说的“我不作假说”(*hypotheses non fingo*)的意义。

事实上，在那个时候，时间和空间概念看来没有出现什么困难。质量、惯性和力的概念，以及把它们联系起来的定律，似乎都是直接从经验中推导出来的。一旦这个基础被接受了，引力的表示式似乎就可以从经验中推论出来，而且有理由希望对于别的力也能如此。

我们固然能从牛顿对他的体系的表述方式中看出，那个包含着绝对静止概念的绝对空间概念，使他感到不安；他了解到，在经验中似乎没有同这个绝对静止概念相对应的东西。他对于引进超距作用力也不是很放心的。但是，他的学说在实践上的巨大成就，也许足以阻止他和十八、十九世纪的物理学家们去认识他的体系的基础的虚构特征。

相反，那时的自然哲学家，大多数都有这样想法，即认为物理学的基本概念和假设，在逻辑意义上并不是人类思想的自由发明，而是可以用“抽象法”——即用逻辑方法——从经验中推导出来。实际上，只是由于出现了广义相对论，人们才清楚认识到这种见解的错误。广义相对论表明，人们可以在完全不同于牛顿的基础上，以更加令人满意和更加完备的方式，来考虑范围更广泛的经验事实。但是，完全撇开这种理论还是那种理论优越的问题不谈，基本原理的虚构特征却是完全明显的，因为我们能够指出两条根本不同的原理，而两者在很大程度上都同经验相符合；这一点同时又证明，要在逻辑上从基本经验推出力学的基本概念和基本假设的任何企图，都是注定要失败的。

如果理论物理学的公理基础真的不能从经验中抽取出来，而必须自由地发明出来，那么我们到底能不能希望找到一条正确的道路呢？不仅如此，而且还要问，在我们的幻想之外，是否还存在着这样一条正确的道路呢？如果有一些理论(比如古典力学)能够在很大程度上妥当地处理经验，可是没有抓住问题的根本，那么我们究竟能不能希望由经验来做我们可靠的指导呢？我可以毫不犹疑地回答:照我的见解，确实有这样一条正确的道路，而且我们是有能力去找到它的。迄今为止，我们的经验已经使我们有理由相信，自然界是可以想象到的最简单的数学观念的实际体现。我坚信，我们能够用纯粹数学的构造来发现概念以及把这些概念联系起来的定律，这些概念和定律是理解自然现象的钥匙。经验可以提示合适的数学概念，但是数学概念无论如何却不能从经验中推导出来。当然，经验始终是数学构造的物理效用的唯一判据。但是这种创造的原理却存在于数学之中。因此，在某种意义上，我认为，像古代人所梦想的，纯粹思维能够把握实在，这种看法是正确的。

为了证明这种信念，我不得不运用数学概念。物理世界是由四维连续区来表示的。如果我假定这连续区里有一种黎曼度规，并且去探求这种度规能满足的那些最简单的定律，那么，我就得到了空虚空间里的相对论性的引力论。如果我假定在这空间里有一个矢量场或者有一个能从其中推出的反对称张量场，并且要寻求这种场所能满足的最简单的定律，那么我就得到了关于空虚空间的麦克斯韦方程。

在这里，对于空间里电的密度不等于零的那些部分，我们还是缺少理论。德布罗意曾推测有一种波场存在，它可以用来说明物质的某些量子性质。狄拉克发现旋量(*spinor*)是一种新的场量；它的最简单的方程在很大程度上能使人推出电子的性质。后来，在同我的同事伐耳特·迈尔(Walter Mayer)博士合作下，我发现，这些旋量形成一种新的场的特例，在数学上同四维体系相联系，我们称之为"半矢量"。这种半矢量所服从的最简单的方程，为理解两种基本粒子①的存在提供了线索，这两种粒子具有不同的静止质量②和相反的等量电荷。除了通常的矢量，这些半矢量就是四维度规连续区中所能有的数学上最简单的场，它们似乎能以自然的方式描述带电粒子的某些根本性质。

我们应当注意的要点是，所有这些构造和把它们联系起来的定律，都能由寻求数学上最简单的概念和它们之间的关系这一原则来得到。理论家深入地把握实在的希望就在于：数学上存在的简单的场的类型，以及它们之间可能存在的简单方程，两者的数目都是有限的。

同时，这种场论的重大障碍在于物质和能量的原子结构概念。因为这种理论就它仅仅使用空间的连续函数来说，基本上是非原

① 指质子和电子。——编译者

② 原文是"有重质量"。——编译者

子的，这同古典力学相反，古典力学的最重要的元素是质点，它本身就已经妥当地说明了物质的原子结构。

现代量子论，在同德布罗意、薛定谔和狄拉克的名字联系在一起的形式中，用的是连续函数，它已经靠一种大胆的解释克服了这些困难；这种解释是由麦克斯·玻恩首先以清楚的形式提出来的。根据这种解释，方程中出现的空间函数，并不要求成为一种原子结构的数学模型。这些函数只是决定，当进行量度时，在特定地点或者特定运动状态中找到这种结构的数学几率。这种想法在逻辑上是无可非议的，并且已经取得了重大的成就。但是，可惜它使人们不得不使用这样一种连续区，其维数并不是物理学迄今所加给空间（四维）的，而是随着构成被考查体系的粒子数目无限地增加。我不得不承认，对这种解释，我只能给以暂时的重要性。我仍然相信可能有一种实在的模型——那就是说，相信有这样一种理论，它所表示的是事物本身，而不仅是它们出现的几率。

另一方面，我以为我们必须放弃粒子在理论模型中完全定域的观念。我以为这是海森伯测不准原理的永久性的结果。但是，在原子论这个词的真实意义上（不仅是根据一种解释），要在数学模型中没有粒子的定域，那是完全可以想象的。比如，为了说明电的原子特征，场方程只需要引导到如下结论：在边界上电的密度到等于零的三维空间区域永远包含着大小由整数表示的总电荷。在连续区理论中，原子特征将由积分定律满意地表示出来，而不必确定那些组成原子结构的实体的位置。

要等到用这种方式把原子结构成功地表示出来以后，我才认为量子之谜算是得到了解决。

广义相对论的来源①

我高兴地答应你们的请求，来讲一点关于我自己的科学工作的历史。这倒不是因为我对自己所作的努力的重要性有一种夸张的看法，而是因为要写别人的工作历史，就需要在一定程度上吸收别人的想法，这是有素养的历史学家才很在行的事；至于要说明一个人自己以前的思想，显然就要无比地容易了。在这里，人们有一个为别的任何人所没有的极为有利的条件，因此不该为了谦虚而放弃这个机会。

至少可以这样说，当我通过狭义相对论得到了一切所谓惯性系对于表示自然规律的等效性时（1905 年），就自然地引起了这样的问题：坐标系有没有更进一步的等效性呢？换个提法：如果速度概念只能有相对的意义，难道我们还应当固执地把加速度当作一个绝对的概念吗？

从纯粹的运动学观点来看，无论如何不会怀疑一切运动的相对性；但是在物理学上说起来，惯性系似乎占有一种特选的地位，它使得一切依照别种方式运动的坐标系的使用都显得很别扭。

我当然是熟悉马赫的观点的，依照他的观点，似乎可以设想：

---

① 这是爱因斯坦于 1933 年 6 月 20 日在英国格拉斯哥（Glasgow）大学所作的报告。讲稿当年以单行本由格拉斯哥 Jackson 出版，题名（*Origins of the Generai Theory of Relativity*）。这里译自《思想和见解》，285—290 页。——编译者

惯性阻力所抗拒的，并不是加速度本身，而是相对于世界上存在着的其他物体的加速度。这个想法有点迷住了我，但它并没有为新理论提供有用的基础。

当我试图在狭义相对论的框子里处理引力定律时，我第一次向这问题的解决接近了一步。像当时多数作者一样，我试图作出引力的**场定律**，由于取消了绝对同时性观念，已经不可能，至少不能以任何自然的方式引进直接的超距作用。

最简单的做法当然是保留拉普拉斯的引力标量势，并且用一个关于时间的微分项，以明显的方式来补足泊松方程，使狭义相对论得到满足。引力场中质点的运动定律也必须适应狭义相对论。这里的道路还没有那么明确无误地标出来，因为物体的惯性质量也许同引力势有关。事实上，由于能量的惯性原理，这一点是意料得到的。

可是这些研究所得的结果却引起了我强烈的怀疑。依照古典力学，物体在竖直引力场中的竖直加速度，同该物体的速度的水平分量无关。因此，在这样的引力场里，一个力学体系或者它的重心的竖直加速度的产生，同它内在的动能无关。但在我所提出的理论中，落体的加速度同它的水平速度或者这体系的内能却不是无关的。

这不符合这样一个古老的实验事实：在引力场中一切物体都具有同一加速度。这条定律也可以表述为惯性质量同引力质量相等的定律，它当时就使我认识到它的全部重要性。我为它的存在感到极为惊奇，并猜想其中必定有某种可以更加深入地了解惯性和引力的线索。甚至在我还不知道厄缶(Eötvös)的令人钦佩的实验结果之前——如果我没有记错，我是到后来才知道这些实验的——我也未曾认真怀疑过这定律的严格可靠性。于是我就把按上述方式在狭义相对论的框架里处理引力问题的企图当作不合适的东西而抛弃了。这种企图显然无法正确处理引力的最基本的特性。惯性质量同引力质量相等的原理现在可以十分清楚地表述如下：在均匀的引力场里，一切运动都像在不存在引力场时对于一个均匀加速的坐标系所发生的一样。如果这条原理对于无论哪种事件都成立（"等效原理"），那么这就表明：如果我们要得到一种关于引力场的自然的理论，就需要把相对性原理推广到彼此相互作非匀速运动的坐标系上去。这些想法使我从1908年忙到1911年，我曾试图从这些想法推出特殊的结论来；关于这些结论，我不打算在这里多讲。当时一个重要的事是发现了：合理的引力论只能希望从推广相对性原理而得到。

因此，所需要的是建立这样一种理论，它的方程在坐标的非线性变换的情况下，其形式保持不变。至于这种理论究竟可适用于任何（连续的）坐标变换，还是只适用于某些坐标变换，在那时我可说不上了。

不久我看出，接受了等效原理所要求的非线性变换，对于坐标的简单物理解释，无可避免地是致命的——那就是说，不能再要求：坐标差应当表示那些用理想标尺或理想时钟所测得的直接量度结果。我被这一点知识大大困惑住了，因为它使我花了很长时间才看清坐标在物理学中的意义究竟是什么。直到1912年，我找不到摆脱这种困境的出路，后来我找到了出路，那是由于作了如下的考查：

必须找到惯性定律的一个新的表述方式，如果用惯性系作为坐标系，当不存在“真正的引力场”时，这个表述方式就变为伽利略惯性原理的表述方式。伽利略的表述方式相当于：一个不受力作用的质点，在四维空间里要用一条直线来表示，也就是说用一条最短的线，或者说得比较准确些，用一条极值线来表示。这个概念先得有线元的长度概念，也就是说先得有度规概念。在狭义相对论中，如明可夫斯基所已指出的，这度规是一种准欧几里得（*quasi-Euclidean*）度规，就是说，线元“长度”ds的平方是坐标微分的某种二次函数。

如果用非线性变换而引进别的坐标，那么ds^2仍然是坐标微分的一个齐次函数，但是这个函数的系数（$g_{\mu\nu}$）不再是常数，而成为坐标的某些函数了。用数学的语言来说，这意味着物理空间（四维的）有黎曼度规。这度规的类时极值线，提供除了引力以外不受其他力作用的质点的运动定律。这种度规的系数（$g_{\mu\nu}$）同时又描述了相对于所选坐标系的引力场。这样就找到了等效原理的自然表述方式，把它扩充到无论哪种引力场上，就构成了一个完全自然的假说。

因此，上述难题的答案就是：坐标的微分没有物理意义，只有同它们相对应的黎曼度规才有物理意义。现在就找到了广义相对论的有用基础。但还有两个问题要解决。

(1) 如果场定律是用狭义相对论的语言来表述的，那么怎样把它转移到黎曼度规的情况中来呢？

(2) 确定黎曼度规（即$g_{\mu\nu}$）本身的微分定律是怎样的呢？

我从1912年到1914年同我的朋友格罗斯曼（Grossmann）一

起研究这些问题。我们发现，在里奇(Ricci)和勒维-契维塔(Levi-Civita)的绝对微分学中，解决问题(1)的数学方法已经现成地在我们手边。

至于问题(2)，它的解决显然要求(由 $g_{\mu\nu}$)构成二阶微分不变式。我们立即看到，这些已经由黎曼建立起来了(曲率张量)。在广义相对论发表前两年，我们就已在考虑关于引力的正确的场方程，但那时我们未能看出怎样可以把它们用于物理学中。相反，我确实感觉到，它们不能正确对待经验。而且我还相信，根据一般的考查，我能证明：对于任何坐标变换都不变的引力定律，同因果性原理是矛盾的。这些都是思想上的错误，它们耗费了我两年极端艰苦的工作，直到1915年年底，我才最后认清了它们的本来面目，在我懊丧地回到黎曼的曲率以后，又成功地把这理论同天文学上的经验事实结合了起来。

从已得到的知识来看，这愉快的成就简直好像是理所当然的，而且任何有才智的学生不要碰到太多困难就能掌握它。但是，在黑暗中焦急地探索着的年代里，怀着热烈的向往，时而充满自信，时而精疲力竭，而最后终于看到了光明——所有这些，只有亲身经历过的人才能体会到。

保耳·埃伦菲斯特的工作及其为人[①]

现在时常发生品格高尚的人用自己的自由意志而离开人世的事，以致我们对于这样的结局不再感到不寻常了。然而要作出死别的决定，一般都是由于无法——或者至少不愿意——屈从新的、更困难的**外界**生活条件。因为感到**内心**冲突无法容忍而了结自己的天然生命，即使在今天，在精神健全的人中间，也极少发生，这只有在那些最清高、道德最高尚的人才有可能。就是由于这种悲剧性的内心冲突，我们的朋友保耳·埃伦菲斯特死了。完全了解他的人，也像我一样，知道这个无瑕的人大概是良心冲突的牺牲者；这种冲突以这样或那样形式绝不饶过年过半百的大学教师。

我是二十二年前认识他的。他从俄国径来布拉格看我，[当时]在俄国，犹太人是禁止在高等学校里教书的。他想在中欧或者西欧找工作。但我们很少谈到那些，因为当时的科学状况几乎吸

---

① 本文最初发表在1934年荷兰《莱顿大学生联合会年鉴》(*Almanak van het Leidsche Studentencorps*，莱顿 S. C. Doesburg 出版)。这里译自1950年出版的爱因斯坦文集《晚年集》(*Out of My Later Years*)，伦敦，Thames 和 Hudson 版，236—239页。标题照原来所用的。(《晚年集》中的标题为"悼念保耳·埃伦菲斯特"。)

保耳·埃伦菲斯特(Paul Ehrenfest)，犹太人，荷兰莱顿大学物理学教授，1880年1月18日生于维也纳，1911年以后成为爱因斯坦知交，1933年9月25日厌世自杀。——编译者

引了我们的全部兴趣。我们两人都体会到，古典力学和电场理论在热辐射现象和分子过程（热的统计理论）面前都告失败，但似乎还没有可以摆脱这种困境的出路。普朗克的辐射理论——尽管我们两人对它都大为赞赏——的逻辑缺陷，在我们看来是很明显的。我们也讨论了相对论，他对相对论有某些怀疑，但这种怀疑是带有他的独特的批判性见解的。几个小时内，我们就成了真正的朋友——好像我们的梦想和志向都彼此心领意会。一直到他逝世，我们始终保持着亲密的友谊。

他的才干在于，他具有充分发展了的非凡的能力，去掌握理论观念的本质，剥掉理论的数学外衣，直到清楚地显露出简单的基本观念。这种能力使他成为无与伦比的教师。由于这个缘故，他常被邀请去参加科学会议；因为他总是把明确性和尖锐性带进任何讨论中去。他反对马虎和啰唆，必要的时候，他会使用敏锐的机智，甚至直率的粗鲁态度。他的某些发言几乎可以被解释为妄自尊大，然而他的悲剧却正在于几乎是病态的缺乏自信。他的批判才能超过他的建设能力，这件事使他经常受苦。不妨说，他的批判的判断力，甚至在他自己思想的产物出生以前，就已夺去了他对它们的爱。

我们第一次会面后不久，埃伦菲斯特的外界经历中出现了一个重大的转折点。我们尊敬的老师洛伦兹正切望辞退正规的大学教职，他认为，埃伦菲斯特是一位能鼓舞人的教师，就推荐他作为自己的继任者。一个广阔的天地展现在这个还是年轻的人的面前。他不仅是我所知道的我们这一专业里的最好的教师；而且也全心全意地关怀人——尤其是他的学生——的发展和命运。了解别人，得到他们的友谊和信任，帮助任何被卷入外界斗争或者内心斗争中的人，鼓励年轻的人才——所有这些都是他的真正的专长，几乎胜过他在科学问题上的钻研。他在莱顿的学生和同事都爱戴他、尊敬他。他们了解他的极端的热忱，他的那种同愿为人服务和乐于助人的精神完全协调的性格。难道他不应当是一个幸福的人吗？

说实在话，他比我所接近的任何人都感到不幸福。原因是他觉得自己不能胜任他所面临的崇高任务。大家对他的敬重能有什么用呢？他的这种客观上没有根据的不胜任的感觉，不断地折磨他，时常剥夺他平静的研究工作所必需的心情的安宁。他受到很大的苦痛，以致不得不在消遣中找安慰。他经常作无目的的旅行，他对无线电的入迷，以及他的不平静生活的其他许多特征，都不是出于安静和无害的嗜好的需要，而是出于一种奇怪的冲动，是为了逃避我已提到过的那种精神的冲突。

最近几年中，这种情况恶化了，那是由于理论物理学新近经历了奇特的狂暴发展。一个人要学习并且讲授那些在他心里不能完全接受的东西，总是一件困难的事，对于一个耿直成性的人，一个认为明确就意味着一切的人，这更是一种双倍的困难。况且，年过半百的人要适应新思想总会碰到愈来愈大的困难。我不知道有多少读者在读了这几行之后能充分体会到那种悲剧。然而主要地正是这一点，使他厌世自杀。

我认为，言过其实的自我批评的倾向，同少年时代的经验有关。无知和自私的教师对青少年心灵的摧残所引起屈辱和精神压抑，是永不能解脱的，而且常常使以后的生活受到有害的影响。就埃伦菲斯特来说，这种经验的强烈，可由他不肯把他心爱的孩子送进任何学校这件事来判明。

在埃伦菲斯特的生活中，他同朋友的关系所起的作用，要远大过大多数人。他实际上是受他的同情心所支配，同时也受以道义判断为根据的憎恶所支配。他一生中最强的关系是同他的那位既是妻子又是工作同志[①]的关系，这是一位非常坚强和非常坚定的人物，才智上也同他相当。也许她并不完全像他本人那样伶俐，那样多才，那样敏感，但是她的平静，她对别人的独立性，她在一切困难面前的坚定，她在思想、感情和行动上的正直——所有这些都使他得到幸福，而他也以敬重和钟爱来报答她，这种敬爱的感情，在我一生中是不常见到的。同她的分离，对他来说是致命的，这是一种可怕的经历，他那已受创伤的灵魂再也经受不起这种波折了。

他的精神的力量和正直，他的丰美心灵的仁慈和温暖，以及他那压抑不住的幽默和锐利的机智，都丰富了我们活着的人的生活——我们都知道他的去世对我们是多么大的损失。他将永远活在他的学生的心里，也将永远活在其志向曾受到他的人格教导的一切人的心里。

① 指塔姬雅娜·埃伦菲斯特(Tatyana Ehrenfest)，她是俄罗斯人，也是一位理论物理学家。他们夫妻俩于1911年曾共同发表关于统计力学的逻辑基础的论文。——编译者

能认为量子力学对物理实在的描述是完备的吗?①

——同B.波多耳斯基和N.罗森合著

[提要]在一种完备的理论中,对于每一个实在的元素都该有一个对应的元素。使一个物理量成为实在的,它的充足条件是:要是体系不受干扰,就有可能对它作出确定的预测。在量子力学里,如果两个物理量是由两个不可对易的算符来描述的,那么对于其中之一的知识,就会排除对另一个物理量的知识。因此,要么,(1)量子力学中由波动函数所提供的关于实在的描述是不完备的;要么,(2)这两个量不可能同时是实在的。考查一下这样的问题,即要根据对一个体系的量度来预测另一个以前曾同它发生过相互作用的体系,所得的结果是:如果(1)不成立,那么(2)也不成立。由此可得出这样的结论:波动函数所提供的关于实在的描述是不完备的。

一

对于一种物理理论的任何严肃的考查,都必须考虑到那个独

① 这篇论文是爱因斯坦同美国物理学家波多耳斯基(B. Podolsky)和罗森(N. Roscn)合著的,发表在1935年5月15日出版的美国《物理学评论》(*Physical Review*),47卷,777—780页。这里译自该杂志。——编译者

立于任何理论之外的客观实在同理论所使用的物理概念之间的区别。这些概念是用来对应客观实在的，我们利用它们来为自己描绘出实在的图像。

为了要判断一种物理理论成功与否，我们不妨提出这样两个问题：(1)这理论是正确的吗？(2)这理论所作的描述是完备的吗？只有在对这两个问题都具有肯定的答案时，这种理论的一些概念才可说是令人满意的。理论的正确性是由理论的结论同人的经验的符合程度来判断的。只有通过经验，我们才能对实在作出一些推断，而在物理学里，这些经验是采取实验和量度的形式的。关于量子力学，我们这里所要讨论的是第(2)个问题。

不管给**完备**这个名词以怎样的意义，对于一种完备的理论，下面的要求看来总是必要的：**物理实在的每一元素都必须在这物理理论中有它的对应。**我们把这叫做完备性的条件。只要我们能够决定什么是物理实在的元素，那么第(2)个问题就容易回答了。

物理实在的元素并不能由先验的哲学思考来决定，而必须由实验和量度的结果来得到。然而，就我们的目的来说，并不需要一个关于实在的广泛的定义。我们将满足于下面这样的判据，这判据我们认为是合理的。**要是对于一个体系没有任何干扰，我们能够确定地预测(即几率等于1)一个物理量的值，那么对应于这一物理量，必定存在着一个物理实在的元素。**我们觉得，这个判据虽然远远不能包括尽一切认识物理实在的可能办法，但只要具备了所要求的条件，它至少给我们提供了这样的一种办法。只要不把这判据看成是实在的必要条件，而只看成是一个充足条件，那么这个判据同古典的以及量子力学的实在观念都是符合的。

为了说明这一观念，让我们考查一下具有一个自由度的粒子的行为的量子力学描述。**状态**这概念是这个理论中的基本概念，它被假定完全是用波动函数 ψ 来表征的，ψ 是一些被选用来描述粒子行为的变量的一种函数。对应于每一可观察的物理量 A，都有一个算符，对于这个算符可以用同一字母来命名。

假定 ψ 是算符 A 的本征函数，也就是说，如果

$$\psi' \equiv A\psi = a\psi, \tag{1}$$

此处 a 是一个数，那么当粒子处在由 ψ 所规定的状态时，物理量 A 必定具有值 a。按照我们对实在所提出的判据，对于一个处在由满足方程(1)的 ψ 所规定的状态中的粒子来说，就有一个物理实在的元素同物理量 A 相对应。比如，设

$$\psi = e^{(2\pi i/h)p_0 x}, \tag{2}$$

此处 h 是普朗克常数，p_0 是某个常数，x 是独立变量。由于对应于粒子动量的算符是

$$p = (h/2\pi i)\partial/\partial x, \tag{3}$$

我们就得到

$$\psi' = p\psi = (h/2\pi i)\partial\psi/\partial x = p_0\psi. \tag{4}$$

由此可见，在方程(2)所规定的状态中，动量必定具有值 p_0。因此，我们可以说：粒子处在方程(2)所规定的状态时，它的动量是实在的。

但另一方面，如果方程(1)不成立，那么我们就不能说物理量 A 具有一个特定的数值。比如，粒子的坐标就是这种情况。对应于粒子坐标的算符，比如说 q，那就是乘上一个独立变量的算符。因此

$$q\psi = x\psi \neq a\psi. \tag{5}$$

按照量子力学，我们只能说量出的坐标的值处于 a 和 b 之间的相对几率该是

$$P(a,b) = \int_a^b \bar{\psi}\,\psi\,\mathrm{d}x = \int_a^b \mathrm{d}x = b - a. \tag{6}$$

因为这个几率同 a 无关，而只同 $b-a$ 这个差有关，我们就看得出，坐标的所有值都具有相等的几率。

因此，对于一个处在方程(2)所规定的状态中的粒子，一个确定的坐标值是不可预测的，而只可由直接的量度来求得。但是这样的量度要干扰粒子，从而也要改变它的状态。在坐标被测定以后，粒子就不会再处在那个为方程(2)所规定的状态了。在量子力学中，通常由此所得出的结论是：**当粒子的动量是已知时，它的坐标就不具有物理实在性。**

更一般地说，在量子力学中得到证明的是：如果对应于两个物理量（比如说 A 和 B）的算符是不可对易的，也就是说，如果 $AB \neq BA$，那么，要得到其中一个物理量的准确知识，就会排除另一个物理量的这样的准确知识。而且，任何一种想在实验上测定后者的企图，都将改变体系的状态，使得前者的知识受到破坏。

由此可见：要么，(1)**由波动函数所提供的关于实在的量子力学的描述是不完备的**；要么，(2)**当对应于两个物理量的算符不可对易时，这两个物理量就不能同时是实在的。**因为要是这两个物理量同时都是实在的——从而都具有确定的值——那么依照完备性条件，这些值就应该进入那种完备的描述中。要是波动函数对于实在能够提供出这样的完备的描述，那么它就该含有这些数值；于是它们都该是可预测的。实际情况既然并不如此，我们就只剩

下在上述两种说法中进行非彼即此的抉择了。

在量子力学中，通常都假定：同一个体系所处的状态相对应的波动函数，**确实**包含着这体系的物理实在的完备描述。乍看起来，这种假定是完全合理的，因为由波动函数所能得到的知识似乎是严格对应于那些不改变体系的状态而能量度的东西。但是，我们将证明：这个假定同上述关于实在的判据一起，将导致矛盾。

二

为此目的，我们假设有两个体系，Ⅰ和Ⅱ，在时间 $t=0$ 到 $t=T$ 之间允许它们相互发生作用，而在此以后，假定这两部分不再有任何相互作用。我们进一步假定这两个体系在 $t=0$ 以前的状态都是已知的。这样我们就可以借助于薛定谔方程来算出此后任何时刻，特别是对于 $t>T$ 的任何时间，组合体系Ⅰ+Ⅱ的状态。让我们用 Ψ 来表示所对应的波动函数。可是，我们还是不能算出在相互作用之后这两个体系中任何一个所处的状态。根据量子力学，这只能借助于所谓**波包缩拢**的进一步量度程序来达到。让我们就来考查一下这一程序的要点。

设 $a_1, a_2, a_3, \cdots$，是属于体系Ⅰ的某种物理量 A 的本征值，而 $u_1(x_1), u_2(x_1), u_3(x_1), \cdots$，是所对应的本征函数，此处 x_1 代表那些用来描述第一个体系的变量。由此，把 Ψ 看作是 x_1 的函数，可将它表示为

$$\Psi(x_1, x_2)=\sum_{n=1}^{\infty}\psi_n(x_2)u_n(x_1), \tag{7}$$

此处 x_2 代表那些用来描述第二个体系的变量。这里的 $\psi_n(x_2)$ 仅

仅被看作是 Ψ 展开为正交函数 $u_n(x_1)$ 的阶数的系数。现在假定量 A 是被量度了，并量得它具有值 a_k。由此得出结论：在这样的量度之后，第一个体系是处在一种为波动函数 $u_k(x_1)$ 所规定的状态，而第二个体系则是处在为波动函数 $\psi_k(x_2)$ 所规定的状态。这就是波包缩拢的过程；为无穷级数(7)所规定的波包，缩拢为只有一项 $\psi_k(x_2)u_k(x_1)$ 了。

函数集 $u_n(x_1)$ 是由所选取的物理量 A 来决定的。如果我们选取另一物理量，比如说 B，来代替它，设 B 具有本征值 $b_1, b_2, b_3, \cdots$，并且具有本征函数 $v_1(x_1), v_2(x_1), v_3(x_1), \cdots$。那么，代替方程(7)，我们得到展开式：

$$\Psi(x_1, x_2) = \sum_{s=1}^{\infty} \varphi_s(x_2) v_s(x_1), \tag{8}$$

此处 φ_s 是新的系数。如果现在测定了量 B，并且得知它具有值 b_r，那么我们可下结论说：在量度以后，第一个体系是处在为 $v_r(x_1)$ 所规定的状态，而第二个体系则是处在为 $\varphi_r(x_2)$ 所规定的状态。

由此我们可以看出：作为对于第一个体系所进行的两种不同的量度的结果，第二个体系可以处在由两个不同的波动函数所规定的状态。另一方面，由于在量度时两个体系不再相互作用，那么，对第一个体系所能做的无论什么事，其结果都不会使第二个体系发生任何实在的变化。这当然只不过是两个体系之间不存在相互作用这个意义的一种表述而已。因此，**对于同一实在**（同第一个体系发生相互作用后的第二个体系），**却可能给以两种不同的波动函数**（在我们的例子中就是 ψ_k 和 φ_r）。

现在可以发现，波动函数 ψ_k 和 φ_r 是两个不可对易的算符的本征函数，这两个算符分别对应于某种物理量 P 和 Q。最好用一个例子来表明这种情况实际上是可能的。让我们假定这两个体系就是两个粒子，并且

$$\Psi(x_1,x_2)=\int_{-\infty}^{\infty} e^{(2\pi i/h)(x_1-x_2+x_0)p}dp, \tag{9}$$

此处 x_0 是某个常数。设 A 是第一个粒子的动量；那么，像我们在方程(4)中所见到的那样，对应于本征值 p 的本征函数将是

$$u_p(x_1)=e^{(2\pi i/h)px_1}. \tag{10}$$

由于这里我们讲的是连续谱的情形，方程(7)现在该写成

$$\Psi(x_1,x_2)=\int_{-\infty}^{\infty}\psi_p(x_2)u_p(x_1)dp, \tag{11}$$

此处

$$\psi_p(x_2)=e^{-(2\pi i/h)(x_2-x_0)p}. \tag{12}$$

然而这个 ψ_p 是算符

$$P=(h/2\pi i)\partial/\partial x_2 \tag{13}$$

的本征函数，它对应于第二个粒子动量的本征值 $-p$。另一方面，如果 B 是第一个粒子的坐标，那么对应于本征值 x，它该有本征函数

$$v_x(x_1)=\delta(x_1-x), \tag{14}$$

此处 $\delta(x_1-x)$ 是著名的狄拉克 δ 函数。在这种情况下，方程(8)变成

$$\Psi(x_1,x_2)=\int_{-\infty}^{\infty}\varphi_x(x_2)v_x(x_1)dx, \tag{15}$$

此处

$$\varphi_x(x_2)=\int_{-\infty}^{\infty}e^{(2\pi i/h)(x-x_2+x_0)p}dp=h\delta(x-x_2+x_0). \tag{16}$$

但是这个 φ_x 是算符

$$Q=x_2 \tag{17}$$

的本征函数,它对应于第二个粒子的坐标本征值 $x+x_0$。由于

$$PQ-QP=h/2\pi i, \tag{18}$$

我们就已证明了:ψ_k 和 φ_r 一般有可能是对应于两个物理量的两个不可对易的算符的本征函数。

现在回到方程(7)和(8)所考查的普遍情况。我们假定 ψ_k 和 φ_r 的确是不可对易算符 P 和 Q 的本征函数,并且分别对应于本征值 p_k 和 q_r,那么,在对第二个体系不作任何干扰的情况下,通过量度 A 或者 B,我们就能确定地预知量 P 的值(即 p_k),或者量 Q 的值(即 q_r)。依照我们关于实在性的判据,我们必须认为,在第一种情形下,量 P 是一个实在的元素;而在第二种情形下,量 Q 是一个实在的元素。但是,如我们所看到的,波动函数 ψ_k 和 φ_r 两者却都属于同一实在。

以上我们证明了:要么,(1)于波动函数所作的关于实在的量子力学的描述是不完备的;要么,(2)当对应于两个物理量的算符是不可对易的时候,这两个量就不可能同时具有实在性。因而,从波动函数是给予物理实在以完备的描述这一假定出发,我们就得到了这样的结论:对应于不可对易算符的两个物理量,是能够同时具有实在性的。于是,否定了(1),就导致了对唯一的另一可能选择(2)的否定。由此,我们不得不作出这样的结论:波动函数所提供的关于物理实在的量子力学描述是不完备的。

人们可以以我们对实在性的判据限制得不够严格为理由来反对这个结论。的确,如果人们坚持主张,两个或者两个以上的物理量,**只有它们能够同时被量出或者被预测**,才能被认为同时是实在

的元素，那么他们就不会得出我们这个结论。从这一观点来看，因为对于 P 和 Q 两个量所能预测的，要么是这个量，要么是那个量，而不是两者同时都可能被预测，所以它们就不可能同时是实在的。这就使得 P 和 Q 的实在性要取决于对第一个体系所进行的量度程序，而这量度对于第二个体系是没有任何干扰的。不可能指望一个关于实在的合理定义会容许这一点的。

当我们这样证明了波动函数提供不出一种关于物理实在的完备的描述的时候，我们还是没有解决这样的描述究竟是否存在的问题。可是我们相信这样的一种理论是可能的。

生活和工作的感受

——1935年夏给妹妹的信[①]

人人都抱怨我懒于写信。完全正当。我的信件很多不是我亲自写的。并且是很一般性的。那是受到管制的,因为杜卡斯小姐[②]拿着她的便笺本进来逼着我口述。不然的话,我在这个国家就会享受到值得羡慕的自由了。我的最大的愉快是在康涅狄格(Connecticut)河上驾驶游艇,那里其实只不过是一个沿岸风景如画的大海湾。在人口过多的欧洲很难想象到如此荒无人烟、未受破坏的自然。但是,夏季即将过去,我们的优雅的普林斯顿又会再一次染上它那温室般的学术气氛。可是,这也有它的可爱之处,因为我现在有了我自己的房子。在最有希望的开头之后,工作进展

---

① 这是爱因斯坦1935年夏天给意大利佛罗伦萨(Florence)的妹妹玛雅(Maja)的信。当时爱因斯坦在美国东北部康涅狄格州长岛海峡康涅狄格河口的旧莱姆(Old Lyme)租了一幢房子,全家在那里过暑假。这里译自塞利希:《阿耳伯特·爱因斯坦文献传记》,204—205页。

玛雅,1881年11月18日生于慕尼黑,青年时代学罗曼语文学,1910年同保罗·温特勒(Paul Winteler)结婚。1939年从意大利到美国,直至1951年6月25日逝世都住在普林斯顿爱因斯坦家里。——编者

② 杜卡斯小姐即海伦·杜卡斯(Helen Dukas),1928年4月起担任爱因斯坦私人秘书,一直住在爱因斯坦家里。1955年爱因斯坦逝世后,是爱因斯坦遗产的继承人。——编译者

缓慢而且伤脑筋。

在物理学基础的研究方面,我们在进行尝试性的探索,尽管谁也信不过别人抱有很大希望的尝试。一个人直到他最后取得进展之前,总是处在紧张状态之中。我还是有可以自慰的地方,我所做的主要工作已被公认为我们科学的主要部分。我们时代的巨大的政治动乱是如此令人沮丧,使人感到在他自己的一代中是完全孤立的。看起来,人们好像失去了追求正义和尊严的热情,不再欣赏更可称颂的那些时代的人们以空前的牺牲所取得的成就了。有时好像是永远在走下坡路。甚至在理智的努力中,虚假的成功往往抑制了真正的关键性的努力。一切人类的价值的基础是道德。我们的摩西之所以伟大,唯一的原因就在于他在原始时代就看到了这一点。对比之下,请看看现在的人吧!

关于量子力学描述的完备性问题

——1935 年 9 月 11 日给 K. R. 波普的信①

我已读了你的论文，我大体上同意。② 只是我不相信可能得到“超纯态”，说它会允许我们以“不能许可的”精密度去预测光子的位置和动量(颜色)。你所提出的方法(装有快速开关的屏和一组有选择性的玻璃滤色器)，我认为原则上是无效的，因为我坚定地相信，这种滤色器会像分光镜的光栅一样“模糊”位置的界限。

我的论据如下。试考查一个短的光信号(它的位置精确)。为要比较容易看出吸收性滤色器的作用，我假定这信号被分解为很多个准单色波列 W_n。设吸收滤色器把除了一种颜色 W_1 以外的一切颜色 W_n 都吸收掉。现在这未被吸收的波群将有可观的空间广延度(它的位置界限被“模糊”了)，因为它是准单色的；这意味着滤色器必然会“模糊”位置的界限。

总之，我实在完全不喜欢死抱住可观察的东西这个当今正时

① 译自卡尔·波普：《科学发现的逻辑》(Karl R. Popper：*The Logic of Scientific Discovery*)，1959 年，伦敦，Hutchinson 版，457—464 页。标题是我们加的。——编译者

② 要点在于：ψ 函数所表征是许多个体系的统计集合，而不是一个单个体系。这也是后面要详细说明的考查的结果。这种观点使得比较严格地去区别“纯”态和“不纯”态成为没有必要的了。——原注

髦的(*modische*)"实证论"倾向。在原子大小的范围内,人们不能以任所欲为的精确度来作预测,我认为这是无关紧要的,而且我认为(顺便说一下,也像你一样)理论不能从观察到的结果编造出来,而只能被发明出来。

我手头没有那篇我同罗森先生和波多耳斯基先生合写的论文①的抄本,可是我还能扼要地告诉你它的全部内容。

问题可以这样来提:从今天的量子论观点来看,我们的实验结果的统计特征是否**只是从外面给体系干扰的结果?这干扰包括对它的量度**,而体系的本身——用 ψ 函数来描述——则以决定论性的方式行动。海森伯玩弄(*liebäugelf*)这种解释,但并不一贯地采用它。然而人们也可以这样来提问题:依照薛定谔方程,ψ 函数随时间的变化是决定论性的,我们是否应当认为这 ψ 函数就是关于物理实在的**完备**描述呢?由此,我们是否应当把这个从外面对体系的(不完全知道的)干扰看作是对我们的预测只有统计特征这件事的唯一说明呢?

我们得到的答案是:ψ 函数不应当被看作是关于一个体系的物理状态的一种完备的描述。

我们考查一个复合体系,它由 A 和 B 两个局部体系合成,这两部分只是在很短时间里发生相互作用。

我们假定在相互作用——比如两个自由粒子的碰撞——发生**之前**,这个复合体系的 ψ 函数我们是知道的。那么薛定谔方程会

① 指前面一篇论文《能认为量子力学对物理实在的描述是完备的吗?》——编译者

给我们在相互作用之**后**这个复合体系的 ψ 函数。

假定现在（在相互作用之后）对局部体系 A 进行完整的（*Vollständige*）量度，这可由不同的方式来进行，但取决于所要精密量度的那些变数——比如动量**或者**位置坐标。量子力学由此会给我们关于局部体系 B 的 ψ 函数，并且**根据我们对 A 所施行的量度种类的不同，而给我们以不同的 ψ 函数**。

现在要假定 B 的物理状态可以取决于某种施行于体系 A 的量度，那是不合理的，因为现在 A 是同 B 分离开了〔这样，A 不再同 B 发生相互作用〕；而这意味着两个不同的 ψ 函数是属于同一个 B 的物理状态。由于一种关于物理状态的**完备**描述必然应当是一种**无歧义**的描述（除去像单位、坐标的选取等表面上的东西之外），因此不可能把 ψ 函数看作是关于体系状态的**完备**描述。

当然，正统的量子理论家会说不存在完备的描述这样的事情，只能存在体系**集合**的统计描述，而不可能有**一个单独**体系的描述。首先，他应当这样明白地**说出来**；其次，我不相信我们应当永远满足于对自然界的如此马虎、如此肤浅的描述。

这是应当注意的，我所能得到关于体系 B 的某些精密的预测（按照对 A 量度所自由选取的方法），彼此之间很可能就有像存在于动量量度和位置量度之间的那种关系。因此人们很难拒绝这样的结论：体系 B 的确有一确定的动量和一确定的位置坐标。因为如果由于这样的自由选取〔那就是对它不作干扰〕，我能够预测某种东西，那么这个东西必定是存在于实在之中。

在我看来，像现在所用的这种在原则上是统计性的描述的〔方法〕，只能是一种暂时的过渡状态。

我要再说一遍[①]:你说不可能从决定论性的理论导出统计性的结论来,我认为这是不正确的。只要想一下古典统计力学(气体理论,或者布朗运动理论)就行了。比如:一个质点以恒定速率在一个闭合的圆上运动;我能够算出在一给定的时间它在圆周的一个给定部分内出现的几率。关键只是在于:我并不知道起始状态,或者,我并没有精确地知道它!

① 这是指爱因斯坦以前给波普的一封信中已说过的话。——编译者

悼念玛丽·居里[①]

在像居里夫人这样一位崇高人物结束她的一生的时候，我们不要仅仅满足于回忆她的工作成果对人类已经作出的贡献。第一流人物对于时代和历史进程的意义，在其道德品质方面，也许比单纯的才智成就方面还要大。即使是后者，它们取决于品格的程度，也远超过通常所认为的那样。

我幸运地同居里夫人有二十年崇高而真挚的友谊。我对她的人格的伟大愈来愈感到钦佩。她的坚强，她的意志的纯洁，她的律己之严，她的客观，她的公正不阿的判断——所有这一切都难得地集中在一个人的身上。她在任何时候都意识到自己是社会的公仆，她的极端的谦虚，永远不给自满留下任何余地。由于社会的严酷和不平等，她的心情总是抑郁的。这就使得她具有那样严肃的外貌，很容易使那些不接近她的人发生误解——这是一种无法用任何艺术气质来解脱的少见的严肃性。一旦她认识到某一条道路是正确的，她就毫不妥协地并且极端顽强地坚持走下去。

---

① 这是爱因斯坦于1935年11月23日在纽约罗里奇(Roerich)博物馆举行的居里夫人悼念会上的演讲。这里译自《晚年集》227—228页。

居里夫人原名玛丽亚·斯克洛多芙斯卡(Marja Sklodowska)，波兰物理学家和化学家，生于1867年11月7日，卒于1934年7月4日。她的丈夫皮埃尔·居里(Picrre Curie，1859—1906)，是法国物理学家。——编译者她一生中最伟大的科学功绩——证明放射性元素的存在并把它们分离出来——所以能取得，不仅是靠着大胆的直觉，而且也靠着在难以想象的极端困难情况下工作的热忱和顽强，这样的困难，在实验科学的历史中是罕见的。

居里夫人的品德力量和热忱，哪怕只要有一小部分存在于欧洲的知识分子中间，欧洲就会面临一个比较光明的未来。

物理学和实在[①]

一 关于科学方法的一般考查

常听人说,科学家是蹩脚的哲学家,这句话肯定不是没有道理的。那么,对于物理学家来说,让哲学家去作哲学推理,又有什么不对呢?当物理学家相信他有一个由一些基本定律和基本概念组成的严密体系可供他使用,而且这些概念和定律都确立得如此之好,以致怀疑的风浪不能波及它们,在那样的时候,上述说法固然可能是对的;但是像现在这样,当物理学的这些基础本身成为问题的时候,那就不可能是对的了。像目前这个时候,经验迫使我们去寻求更新、更可靠的基础,物理学家就不可以简单地放弃对理论基础作批判性的思考,而听任哲学家去做;因为他自己最晓得,也最确切地感觉到鞋子究竟是在哪里夹脚的。在寻求新的基础时,他必须在自己的思想上尽力弄清楚他所用的概念究竟有多少根据,有多大的必要性。

整个科学不过是日常思维的一种提炼。正因为如此,物理学家的批判性的思考就不可能只限于检查他自己特殊领域里的概

---

① 此文最初发表在1936年3月出版的美国《富兰克林研究所学报》(*The Journal of the Franklin Institute*),221卷,3期,313—347页。这里译自《思想和见解》290—323页。——编译者

念。如果他不去批判地考查一个更加困难得多的问题，即分析日常思维的本性问题，他就不能前进一步。

我们的心理经验包括一个丰富多彩的序列：感觉经验，对它们的记忆形象，表象和情感。物理学同心理学完全不同，它只直接处理感觉经验以及对它们之间关系的“理解”。但是，甚至连日常思维中的“实在的外在世界”这一概念也完全是以感觉印象为根据的。

现在我们首先应当注意到：要区别感觉印象和表象，那是不可能的；或者，至少这种区别不可能是绝对确定的。这个问题也涉及实在的观念，我们不去卷入这个问题，而把感觉经验的存在看作是既定的，也就是说，把它看作是一种特殊的心理经验。

我相信，在建立“实在的外在世界”时，第一步是形成有形物体(*bodily object*)的概念和各种不同的有形物体的概念。在我们的许多感觉经验当中，我们在头脑里任意取出某些反复出现的感觉印象的复合（部分地同那些被解释为标记别人的感觉经验的感觉印象结合在一起），并且给它们一个概念——有形物体的概念。从逻辑上来看，这概念并不等同于上述那些感觉印象的总和；它却是人类（或者动物）头脑的一种自由创造。但另一方面，这个概念的意义和根据都唯一地归源于那个使我们联想起它的感觉印象的总和。

第二步见之于这样的事实：在我们的思维（它决定我们的期望）中，我们给有形物体这个概念以一种独立的意义，它高度独立于那个原来产生这个概念的感觉印象。这就是我们在把“实在的存在”加给有形物体时所指的意思。这样一种处置的理由，唯一地是以下面的事实为根据，即借助于这些概念以及它们之间的心理上的关系，我们就能够在感觉印象的迷宫里找到方向。这些观念和关系，虽然都是头脑里的自由创造，但是比起单个的感觉经验本身来，我们觉得它们更强有力，更不可改变，而单个感觉经验所不同于幻想或者错觉结果的那种特征，是永远无法完全保证的。另一方面，这些概念和关系，实际上，关于实在物体的假设，一般说来，关于"实在世界"的存在这假设，确实只有在同感觉印象相联系(在这些感觉印象之间形成了一种心理上的联系)时，才站得住脚。

借助于思维(运用概念，创造并且使用概念之间的确定的函数关系，并且把感觉经验同这些概念对应起来)，我们的全部感觉经验就能够整理出秩序来，这是一个使我们叹服的事实，但却是一个我们永远无法理解的事实。可以说："世界的永久秘密就在于它的可理解性。"要是没有这种可理解性，关于实在的外在世界的假设就会是毫无意义的，这是伊曼努耳·康德的伟大的认识之一。

这里所说的"可理解性"这个词是在最谨慎的意义上来使用的。它的含义是：感觉印象之间产生了某种秩序，这种秩序的产生，是通过普遍概念及其相互关系的创造，并且通过这些概念同感觉经验的某种确定的关系。就是在这个意义上，我们的感觉经验世界是可理解的。它是可理解的这件事，是一个奇迹。

照我的见解，关于各个概念的形成和它们之间的联系方式，以及我们怎样把这些概念同感觉经验对应起来，这中间并没有什么东西是能够先验地说出来的。在创造这种感觉经验的秩序时，指导我们的是：只有成功与否才是决定因素。所需要的只是定下一套规则，因为没有这样的规则，就不可能取得所希望有的知识。人们可以把这些规则同游戏的规则相比较,在游戏中,规则本身是随意的,但只有严格遵守它们,游戏才有可能。可是,这种规定永无终极。它只有用于某一特殊领域,才会有效(也就是不存在康德意义下的终极范畴)。

日常思维的基本概念同感觉经验的复合之间的联系,只能被直觉地了解,它不能适应科学的逻辑规定。全部这些联系——没有一个这种联系是能够用概念的词句来表达的——是把科学这座大厦同概念的逻辑空架子区别开来的唯一的东西。借助于这些联系,科学的纯粹概念的命题就成为关于感觉经验复合的普遍陈述。

我们把那种同典型的感觉经验的复合直接地并且直觉地联系在一起的概念叫做"原始概念"。其他一切观念——从物理学的观点来看——只在它们通过命题同原始观念联系在一起的时候才具有意义。这些命题,一部分是概念的定义(以及那些在逻辑上从这些概念推导出来的陈述);一部分是不能从定义推导出来的命题,它们至少表示"原始概念"之间的间接关系,从而也就表示感觉经验之间的间接关系。后一种命题是"关于实在的陈述",即自然规律,那就是这样一些命题,当它们用于原始概念所概括的感觉经验时,它们应当显示出有效性来。至于哪些命题应当被看作是定义,哪些应当被看作是自然规律,这问题主要取决于所选用的表示方法。只有当人们从物理学观点来检验所考查的整个概念体系不空虚到什么程度的时候,作出这种区别才真正成为绝对必要的。

科学体系的层次

科学的目的,一方面是尽可能完备地理解全部感觉经验之间的关系；另一方面是**通过最少个数的原始概念和原始关系**[①]**的使用**来达到这个目的。（在世界图像中尽可能地寻求逻辑的统一，即逻辑元素最少。）

科学用到全部的原始概念，即那些同感觉经验直接联系着的概念，以及联系这些概念的命题。在发展的第一阶段，科学并不包含别的任何东西。我们的日常思维大致是适合这个水平的。但这种情况不能满足真正有科学头脑的人；因为这样得到的全部概念和关系完全没有逻辑的统一性。为了弥补这个缺陷，人们创造出一个包括数目较少的概念和关系的体系，在这个体系中，“第一层”的原始概念和原始关系，作为逻辑上的导出概念和导出关系而保留下来。这个新的“第二级体系”，由于具有自己的基本概念（第二层的概念），而有了较高的逻辑统一性，但这是以那些基本概念不再同感觉经验的复合有直接联系为代价的。对逻辑统一性的进一步的追求，使我们达到了第三级体系，为了要推演出第二层的（因此也是间接地推出第一层的）概念和关系，这个体系的概念和关系数目还要少。这种过程如此继续下去，一直到我们得到了这样一个体系：它具有可想象的最大的统一性和最少的逻辑基础概念，而这个体系同那些由我们的感官所作的观察仍然是相容的。我们不知道这种抱负是不是一定会得到一个决定性的体系。如果去征求人们的意见，他们会倾向于否定的回答。可是当人们为这问题而斗争的时候，他们绝不会放弃这样的希望：认为这个最伟大的目的

① 根据本文以及爱因斯坦在别的文章中的用语，这里的“原始概念和原始关系”显然是指“基本概念和基本关系”。照爱因斯坦的理解，“原始”是指直接同感觉经验相对应的，“基本”是作为逻辑推理的“基础”，两者的意义有严格区别。——编译者

在很大程度上确实是能够达到的。

抽象法或者归纳法理论的信徒也许会把我们的各个层次叫做"抽象的程度";但是我不认为这是合理的,因为它掩盖了概念对于感觉经验的逻辑独立性。这种关系不像肉汤同肉的关系,而倒有点像衣帽间牌子上的号码同大衣的关系。

这些层次而且也不是清楚地分隔开的。甚至哪些概念属于第一层,也不是绝对清楚的。事实上,我们所处理的是自由形成的概念,这些概念对于实际应用具有足够的确定性,同感觉经验的复合有这样一种直觉的联系:在经验的任何既定情况下,对于一个断言的是否成立,都是毫不含糊的。重要的是,要把许许多多接近经验的概念和命题表述为那些从基本概念和基本关系的基础(要尽可能狭小)上逻辑地推导出来的命题,而这些基本概念和基本关系(公理)本身是可以自由选定的。可是这种选择的自由是一种特殊的自由;它完全不同于作家写小说时的自由。它倒多少有点像一个人在猜一个设计得很巧妙的字谜时的那种自由。他固然可以猜想以无论什么字作为谜底;但是只有一个字才真正完全解决了这个字谜。相信为我们的五官所能知觉的自然界具有这样一种巧妙隽永的字谜的特征,那是一个信仰的问题。迄今科学所取得的成就,确实给这种信仰以一定的鼓舞。

前面所讲的许多层次,相当于为统一性而斗争的发展过程中所取得的进步的几个阶段。对于终极目的来说,中间层次只有暂时的性质。它们终究要作为不相干的东西而消失掉。但我们必须面对今天的科学,在今天的科学中,这些层次代表着尚无定论的各个部分的成就,它们相互支持,但又相互威胁,因为今天的概念体系包含着根深蒂固的不协调，这是我们以后要讲到的。

下面所讲的目的，是要表明为了达到逻辑上尽可能一致的物理学的基础，人类的构造性思维已经走上什么道路。

二 力学以及把力学作为全部物理学基础的企图

我们的感觉经验，更概括地说，我们的一切经验都有一个重要性质，那就是它们的时间次序。这种次序导致主观时间这种心理概念，把我们的经验排成一个有秩序的纲目。然后主观时间通过有形物体概念和空间概念导致客观时间概念，就如我们以后会看到的那样。

可是在客观时间观念之前，先有空间概念；而在空间概念之前，我们又发现有形物体的概念。后者是直接同感觉经验的复合相联系的。我们已经指出，作为"有形物体"观念的特征是这样一种性质，它使我们把这观念同一种存在对应起来，这种存在同(主观的)时间无关，而且也同它是由我们的感官所知觉的这一事实无关。尽管我们知觉到它会随时间变化，但我们还是这样做了。庞加勒曾经正当地强调这样的事实：我们分辨出有形物体的两种变化，即"状态的变化"和"位置的变化"。他说，位置变化是这样一种变化，通过我们身体的随意的运动，可以使它倒过来。

有这样一些有形物体，在一定的知觉范围内，我们应当说它们没有状态变化，而只有位置变化，这一事实对于空间概念的形成，有根本的重要性(在一定程度上，甚至对于有形物体观念本身的根据也有其根本的重要性)。让我们把这种物体叫做"实际上刚性的"物体。

如果我们把两个实际上刚性的物体作为我们知觉的对象来同时进行考查(就是说把它们当作一个单位),那么在这整体中就存在着这样一些变化,它们无论如何不能被看作是整体的位置变化,尽管两个组成成分中每一个都发生了位置的变化。这就导致两个物体的"相对位置变化"这个观念;并且由此也导致两个物体的"相对位置"这个观念。而且还发现在这些相对位置中间,有一种特殊的相对位置,我们叫它为"接触"。① 两个物体在三个或者更多的"点"上作永久接触,就意味着它们结合成一个准刚性复合体。不妨说第二个物体由此在第一个物体上形成了(准刚性)延伸,而在第二个物体上又可继续形成准刚性延伸,如此类推。物体的准刚性延伸的可能性是无限的。一个物体 B_0 的所有这种可想象的准刚性延伸的全体,就是它所决定的无限"空间"。

照我的见解,处于任何任意状况的一切有形物体,都能同某一既定物体 B_0(参照体)的准刚性延伸相接触,这一事实是我们的空间概念的经验基础。在科学以前的思考中,坚固的地壳起着 B_0 及其延伸的作用。几何(*geometry*)这个名称,就表示空间概念同那个作为始终存在着的参照体的地球,是在我们的心理上联系在一起的。②

---

① 我们之所以能够只用我们自己创造的,而不能对其下定义的概念来谈论这些物体,那是由于事物的本性。然而重要的是,我们只使用这样一些概念,它们同我们的经验的对应关系我们觉得是无可怀疑的。——原注

② 几何"*geometry*"是由"*geo*"和"*metry*"两字组成。"*geo*"希腊文是"*ge*",即"地球";"*metry*"是"测量"。"几何"在希腊文的原意就是"关于地球表面面积测量的科学"。——编译者

“空间”这个大胆的观念，发生在一切科学的几何学之前，并且把我们关于有形物体位置关系的心理概念转化成这些有形物体在“空间”里的位置的观念。这观念本身表示形式上的大大简化。通过这种空间概念，人们还得到了这样一种看法：对位置的任何描述都意味着对接触的描述。有形物体的一个点处在空间的 P 点上，这个陈述就意味着这物体在所考查的点上同那个标准参照体 B_0（假设是适当延伸了的）的 P 点相接触。

在希腊的几何学中，空间只起定性的作用，因为物体的位置同空间的关系固然被看作是既定的，但不是用数字来描述的。笛卡儿第一个采用这种数字描述方法。用他的语言来说，欧几里得几何的全部内容能够公理化地建立在下面两个陈述上：(1)刚体上两个定点决定一个截段。(2)我们可以把三个数 x_1, x_2, x_3 以下面的方式同空间的点联系起来：①对于所考查的每一个其端点的坐标为 $x_1', x_2', x_3'; x_1'', x_2'', x_3''$ 的截段 $p'-p''$ 来说，表示式

$$s^2=(x_1''-x_1')^2+(x_2''-x_2')^2+(x_3''-x_3')^2$$

同这物体的位置无关，也同其他任何物体的位置无关。

（正）数 s 叫做截段的长度，或者叫做空间两个点 p' 和 p'' 之间的距离（空间这两个点是同截段的 p' 点和 p'' 点相重合的）。

这个表述方式是有意这样选取的，使它不仅清楚地表达欧几里得几何的逻辑的和公理学的内容，而且也要清楚地表达它的经验内容。欧几里得几何的纯逻辑的（公理学的）表示，固然有较大

---

① 原文中，这些 x 有时是大写，有时是小写，为了前后一致，译文中一律用小写。——编译者

的简单性和明确性这个优点，可是它为此所付出的代价是放弃概念构造同感觉经验之间的联系，而几何学对于物理学的意义仅仅是建筑在这种联系之上的。致命的错误在于：认为先于一切经验的逻辑必然性是欧几里得几何的基础，而空间概念是从属于它的。这个致命错误是由这样的事实所引起的：欧几里得几何的公理构造所依据的经验基础已被遗忘了。

只要人们能够说自然界中存在着刚体，欧几里得几何就是一种物理科学，它必须由感觉经验来证实。它关系到这样一些定律的全体，这些定律对于刚体之间的相对位置必定永远有效。人们可以看出，像物理学中原来所使用的那种空间的物理观念，也是同刚体的存在密切联系着的。

从物理学家的观点来看，欧几里得几何的核心要点在于这样的事实：它的定律同物体的特殊性质无关，而它所讨论的是物体之间的相对位置。它的形式上的简单性是由均匀性和各向同性（以及同样的实体的存在）这些性质来表征的。

空间概念固然是有用的，但对于几何学本身，即对于刚体之间相对位置的规律的公式表述来说，却不是不可缺少的。与此相反，客观时间这个概念却是同空间连续区概念联结在一起的，而没有客观时间概念，古典力学基础的公式表述就不可能。

引进客观时间，免不了要作两个彼此各不相关的假设。

1. 按经验的时间序列同"时钟"（即周期循环的封闭体系）读数之间的联系，引进客观的当地时间。

2. 对于整个空间里的各个事件，引进客观时间观念，只要按这种观念，当地时间观念就扩充成为物理学中的时间观念。

先讲1。照我看，它并不意味着一种“循环论证”(*petitio principii*)①，只要当人们在弄清楚时间概念的来源和经验内容时，把周期循环这个概念放在时间概念前面就行了。这种想法正好相当于刚性(或者准刚性)物体的概念在空间概念解释中的居先地位。

进一步讨论2。在相对论发表以前流行着一种错觉——认为从经验的观点来看，关于空间上分隔开的各个事件的同时性的意义，以及由此而得出的物理时间的意义，都是先验地明白的——这种错觉的根源在于，我们在日常经验中能够把光的传播时间略而不计。因此，我们习惯于不去注意“同时看见”同“同时发生”之间的区别；结果，时间同当地时间之间的差别也给弄模糊了。

这种缺乏明确性，从它的经验的意义的观点来看，是同古典力学中的时间观念分不开的；在同我们的感觉经验无关地作出空间和时间的公理表述时，这种不明确性就被掩盖住了。观念的这种使用——摆脱了这些观念据以存在的经验基础——不一定会损害科学。可是人们很容易由此而错误地相信，这些被忘了来源的观念，在逻辑上是必然的，因而也是不可更动的；这种错误对于科学的进步会构成严重的危险。

客观时间概念的这种缺乏明确性，就其经验解释来说，是以前的哲学家始终未看到的，但这对于力学的发展，因而也对于一般物理学的发展倒是幸运的。他们充分信赖空间-时间构造的实在意义，由此发展了力学的基础，关于这个基础，我们纲领式地表征如下：

① 直译是“窃取论点”，是指以争论未决的论点作为论据的一种逻辑上的错误。——编译者

(a) 质点概念：质点是这样的一种有形物体——就它的位置和运动而论——它能足够准确地被描述为一个具有坐标 x_1, x_2, x_3 的点。它的运动（对"空间"B_0 的关系）就由作为时间函数的 x_1, x_2, x_3 来描述。

(b) 惯性定律：一个质点离开其他一切质点都足够远时，它的加速度的各个分量就都消失了。

(c)（对于质点的）运动定律：力＝质量×加速度。

(d) 力（质点之间的相互作用）的定律。

在这里，(b)不过是(c)的一个重要的特例。只有规定了力的定律，才能有真正的理论。为了使一个质点系——各个质点通过力彼此永远联系在一起——可以像一个质点一样地行动，这些力首先必须服从的只是作用同反作用相等的定律。

这些基本定律，同牛顿引力定律合在一起，构成了天体力学的基础。在这个牛顿力学中，同上述从刚体导出的空间概念形成对照，空间 B_0 是以一种含有一个新观念 的形式引进来的；(b)和(c)不是对于无论哪个 B_0 都断定是有效的（对于既定的力定律来说），它们只是对于一种适当运动状态中的 B_0（惯性系）才有效。由于这个事实，坐标空间获得了一种独立的物理性质，这种性质并不包含在纯粹几何的空间观念中，这种情况给牛顿提供了大可思考的东西（水桶实验）。①

① 这个理论的这一缺点只能由这样一种力学的表述方式来消除，即要求它对于一切的 B_0 都是有效的。这是导致广义相对论的步骤之一。第二个缺点在于力学本身提不出理由来说明质点的引力质量同惯性质量相等，这也只有靠引进广义相对论来消除。——原注

古典力学只是一个概括性的纲领;它只有通过力的定律(d)的明白表示才成为一种理论,就像在天体力学方面牛顿非常成功地做到的那样。从基础的最大逻辑简单性这个目的来看,这种理论的方法是有缺陷的,因为力的定律不能由逻辑的和形式的考查而获得,这样,力的定律的选择,就先验地在很大程度上是随意的。牛顿的引力定律所以比其他可想象的力定律出名,也仅仅是由于它的**成果**。

尽管我们今天确实知道古典力学不能用来作为统治全部物理学的基础,可是它在物理学中仍然占领着我们全部思想的中心。其理由在于,不管从牛顿时代以来所达到的重大进步,我们还是没有达到一个新的物理学基础,它可以使我们确信,我们研究的所有各种现象,以及各种成功的局部理论体系,都能在逻辑上从它推导出来。下面我试图扼要地讲一下事实究竟是怎样的。

首先我们试图在思想上弄清楚,用古典力学体系作为整个物理学的基础,它本身能胜任到怎样的程度。由于我们这里所讨论的只是物理学的基础以及它的发展,就不需要涉及力学的纯粹**形式的**进展(拉格朗日方程,正则方程,等等)。可是有一**点**看来是不可缺少的。"质点"这个观念对于力学是基本的。如果现在我们企图发展这样一种有形物体的力学,这种有形物体本身**不**能当作质点来处理——严格说来,"我们感官可感知的"任何对象都属于这一范畴——那么就会产生这样的问题:我们怎样把这种物体设想为由质点构成的,以及我们应当假定作用在它们之间的是怎么样的力?如果力学要想**完备地**描述物体,那就不能不提出这个问题。

假定质点以及作用于其间的力的定律都是不变的,这是符合于力学的自然倾向的。因为时间上的变化会是在力学解释的范围之外。由此，我们能看出，古典力学必定把我们引导到物质的原子论性的构造。我们现在特别清楚地领会到，那些相信理论是从经验归纳出来的理论家是多么错误呀。甚至伟大的牛顿也不能摆脱这种错误（“*Hypotheses non fingo*”①）。

为了要免于无望地沉迷于这条（原子论的）思路上，科学就首先以如下的方式继续前进。如果一个体系的势能是定为它的组态的一种函数，那么这种体系的力学就确定了。现在如果作用力是这样的一种力，它保证体系的组态维持着一定的结构性质，那么这种组态就可以用数目较小的组态变数 q_r 来作足够准确的描述；在这样的场合下，势能被认为只同**这些**变量有关（比如，用六个变数来描述实际刚体的组态）。

力学应用的另一种方法，是所谓连续媒质力学，它不去考虑把物质再分为“实在的”质点。这种力学是以一种假想来表征的，即假定物质的密度和速度对于坐标和时间的依存关系都是连续的，而且相互作用中那个不是明白规定的部分能被看作是表面力（压力），这种力也是位置的连续函数。属于这一类的有流体动力学理论和固体弹性理论。这些理论通过一些假想，避免明显地引进质点，从古典力学基础的见解来看，这种假想只能有近似的意义。

除了它们的伟大**实际**意义以外，科学的这些部门——通过发展新的数学概念——还创造了一些形式的工具（偏微分方程），这些工具是为以后寻求全部物理学新基础的努力所必需的。

① “我不作假说。”——原注

力学应用的这两种方式都属于所谓“现象论的”(*phenomenological*)物理学。这种物理学的特征是:它尽量使用那些接近经验的概念,但是由此,在很大程度上就必须放弃基础的统一性。热、电和光都用那些不同于力学量的各个状态变数和物质常数来描述;至于要在它们的相互关系以及同时间的关系中去决定全部这些变数的任务,主要只能由经验来解决。麦克斯韦的许多同时代人,在这种表示方式中看到了物理学的终极目的,他们想象这个目的只能纯粹归纳地从经验得出,因为这样所使用的概念同经验比较接近。从认识论的观点来看,St. 密尔[①]和 E. 马赫大概就根据这个理由来决定他们的立场的。

依我看,牛顿力学的最伟大成就,在于它的贯彻一致的应用已经超出了这种现象论的观点,特别是在热现象领域内。在气体分子运动论和一般的统计力学里,出现的就是这种情况。前者把理想气体的状态方程、黏滞性、扩散,以及气体的热传导和气体的辐射度现象联系起来,并且给这些现象以逻辑的联系,而从直接经验的观点来看,它们相互之间一点关系也没有。后者对于热力学的观念和定律提供了力学解释,并且由此发现了热的古典理论的观念和定律可以应用的限度。这种分子运动论,就其基础的逻辑统一性来说,远胜于现象论的物理学,而且还得出了关于原子和分子真实大小的确定数值,这些数值是从几个各不相干的方法得来的,因此是无可怀疑的。这些决定性的进步是由于把原子论性的实体

① 约翰·斯图亚特·密尔(John Stuart Mill,1806—1873),英国哲学家和经济学家,著有《推理的和归纳的逻辑体系》。——编译者

同质点对应起来而取得的，而这种实体的构造性思辨的特征是显然的。从来没有人会希望去"直接感知"一个原子。关于那些同实验事实有比较直接联系的变量(比如：温度，压力，速率)的各种定律，都是借助于繁复的计算从基本观念推导出来的。这样，原来较多的是现象论地构造成的物理学(至少是其中一部分)，根据原子和分子的牛顿力学，都归结到一个更远离直接实验，但在性质上更加一致的基础。

三 场的概念

牛顿力学在解释光和电的现象时，比起他在上述各领域内所取得的成就要小得多。固然，牛顿在他的光的发射论中曾试图把光归结为质点的运动。可是后来，由于光的偏振、衍射和干涉等现象，迫使这理论作愈来愈不自然的修改，而惠更斯的光的波动论就占了优势。也许这个光波动论的根源主要是晶体光学现象和声学理论，而声学理论在当时已经有了一定程度的精心研究。应当承认，惠更斯的理论在最初也是以古典力学为根据的；穿透一切的以太必须被假定为波的载体，但是没有一个已知的现象提示出以太是怎样由质点构成的。人们永远无法得到一幅关于支配以太的内力的清晰图像，也得不到一幅关于以太和"有重"物质之间起作用的力的图像。因此，这种理论的基础始终是一团漆黑。其真正基础是一个偏微分方程，但是要把它归结为力学的元素，却总是有问题的。

对于电和磁现象的理论概念，人们又引进了一种特殊的物质，人们假定在这些物质之间存在着超距作用力，这种力类似牛顿的引力。但这种特殊的物质好像没有惯性这个基本特性；而作用在这些物质和有重物质之间的力仍然是不清楚的。除了这些困难，还要加上这两种物质的极性特征，这同古典力学的纲领是不调和的。当知道了电动力学现象以后，这个理论的基础变得更加不能令人满意了，尽管这些现象能够使物理学家通过电动力学现象来解释磁的现象，并且由此使磁性物质的假定成为多余。这个进步实在是由增加相互作用力的复杂性而换取得来的，在运动着的带电物体之间，必须假定有这些力存在着。

法拉第和麦克斯韦的电场理论摆脱了这种不能令人满意的状况，这大概是牛顿时代以来物理学的基础所经历的最深刻的变化。而且，这种变化是构造性思辨的方向上这样的一个步骤，它使理论基础同感觉经验之间的距离增长了。只有当带电体被带进场时，场的存在才真正显示出来。麦克斯韦的微分方程把电场和磁场的空间和时间的微分系数联系在一起。带电物体不过是电场中散度不等于零的地方。光波显现为空间中电磁场的波动过程。

固然，麦克斯韦还是试图用机械的以太模型从力学上来解释他的场论。但随着海因利希·赫兹对这理论所作的新的表示——清除了任何不必要的附加物——之后，这些企图就逐渐销声匿迹了，因此，在这理论中，场最后取得了根本的地位，这个位置在牛顿力学中是被质点占据着的。可是最初，这情况只适合于空虚空间中的电磁场。

这理论在开始阶段，对于物质的内部还是十分不能令人满意的，因为在那里必须引进两种电矢量，它们由一些取决于媒质本性的关系联系着，而这些关系是难以进行任何理论分析的。关于磁场，以及关于电流密度同场之间的关系，也产生了类似的情况。

H. A. 洛伦兹在这里找到了一条出路，它同时也表明是一条通向运动物体电动力学理论的道路，这理论或多或少避免了随意的假定。他的理论建筑在下面几个基本假说上：

场的基体无论在哪里（包括在有重物体的内部）都是空虚的空间。物质同电磁现象发生关系，只是由于物质的基本粒子带有不变的电荷，并且因此，这些粒子一方面受着有重动力的作用；另一方面又具有产生场的特性。基本粒子服从质点的牛顿运动定律。

H. A. 洛伦兹得到他的关于牛顿力学和麦克斯韦场论的综合，就是以此为基础的。这个理论的弱点在于：它试图通过偏微分方程（关于空虚空间的麦克斯韦的场方程）和全微分方程（质点的运动方程）的结合来确定现象，这种做法显然是不自然的。这种观点的不合适，表现在粒子的大小必须假定不是无限小的，所以要这样假定，是为了防止粒子表面上的电磁场会变成无限大。而且这理论对于各个粒子上把电荷保持住的巨大的力，也无法作出任何解释。为了至少能在大体上正确地解释各种现象，H. A. 洛伦兹在他的理论中接受了这些弱点，而对于这些弱点他是很清楚的。

此外，有一种考虑指向洛伦兹理论的框架以外。在带电体周围有一个对它的惯性作用（表观的）贡献的磁场。难道不可能从电磁学来解释粒子的**总**惯性吗？显然，只有当这些粒子能被解释为电磁偏微分方程的正则解时，这问题才能得到满意的解决。可是原来形式的麦克斯韦方程并不允许对粒子作这样的解释，因为同它们对应的解含有一个奇点。因此，理论物理学家曾经长期地试图通过修改麦克斯韦方程来达到这个目的。可是这些企图并没有成功。这样,建立物质的纯电磁场理论这个目标一时还没有达到,尽管在原则上是不能反对有达到这个目标的可能性的。由于没有任何导致解决问题的系统方法,使人们丧失了在这方向上作进一步努力的勇气。可是在我看来,可以肯定的是:在任何一个贯彻一致的场论的基础中,场这个概念以外不应当再出现粒子概念。整个理论必须只以偏微分方程和它们的不带奇点的解为根据。

四 相对论

没有一种归纳法能够导致物理学的基本概念。对这个事实的不了解,铸成了十九世纪多少研究者在哲学上的根本错误。这也许就是分子论和麦克斯韦理论只有在比较晚近的年代里才能确立起来的缘故。逻辑思维必然是演绎的;它以假设的概念和公理为基础。我们怎样能够指望来选择这些概念和公理,使我们可以希望那些从它们导出来的推论得以证实呢?

最美满的情况显然是出现在这样的场合中:在那里,新的基本假说是由经验世界本身所提示的。作为热力学基础的永动机不存在这一假说,就为经验所提示的基本假说提供了一个例子;伽利略的惯性原理也是这样。而且,在同一范畴里,我们也找到了相对论的基本假说,这理论导致了场论的一个料想不到的扩充和推广,也导致了古典力学基础的更换。

麦克斯韦-洛伦兹理论的成就,使人们对空虚空间电磁场方程的有效性深信不疑,因此,也特别相信这样的断言:光是以某一不变的速率 c“在空间里”行进的。这个光速不变的断言对于任何惯性系都有效吗?如果不是这样,那么一个特殊的惯性系,或者更为准确地说，一个特殊的运动状态(属于一个参照体的)就该同一切别的运动状态有所区别。可是这看来同一切力学的和电磁-光学的实验事实相矛盾。

为了这些理由，就必须把光速不变定律对于一切惯性系的有效性，提高到原理的地位上来。由此，空间坐标 x_1, x_2, x_3 和时间 x_4 就应当依照"洛伦兹变换"来变换，这种变换是由表示式

$$ds^2 = dx_1{}^2 + dx_2{}^2 + dx_3{}^2 - dx_4{}^2$$

(如果时间单位是按照使光速 $c=1$ 这样的要求而选取的)的不变性来表征的。

通过这样的程序，时间就失去了绝对的特征，而同"空间"坐标结合在一起，好像具有(近乎)同样的代数学上的特征。时间的绝对性，尤其是同时性的绝对性被破坏了，而四维的描述作为唯一适当的描述被引进来了。

同样，为了说明一切惯性系对于一切自然现象的等效性，必须假设一切表示普遍定律的物理方程组对于洛伦兹变换都是不变的。对这个要求的琢磨，就形成了狭义相对论的内容。

这个理论是同麦克斯韦方程相容的，却不见容于古典力学的基础。质点的运动方程固然能够加以修改(质点的动量和动能的表示式也随着它们作修改)，使它们满足这个理论；但是相互作用力这个概念，以及由此而来的体系的势能概念，都失去了它们的基础，因为这些概念都是以绝对同时性这个观念为根据的。由微分方程规定的场代替了力。

由于上述理论只允许由场来产生相互作用，那就要求有一个关于引力的场论。要建立一种理论，像在牛顿的理论中那样，能够

把引力场归结为一个偏微分方程的标量解，确实并不困难。可是牛顿引力论中所表示的实验事实却引向另一个方向，那就是广义相对论的方向。

古典力学有一个不能令人满意的方面：在它的基本定律中，同一个质量常数扮演着两个不同的角色，即运动定律中的"惯性质量"和引力定律中的"引力质量"。结果是，物体在纯引力场里的加速度同它的质料无关；或者说，在均匀加速的坐标系（相对于一个"惯性系"是加速的）里，运动的情况就像在一个均匀的引力场（对于一个"不动的"坐标系）里一样。如果人们假定，这两种情况的等效性是完全的，那就使我们的理论思考适应了引力质量同惯性质量相等这一事实。

从这一点出发，就知道在原则上不再有任何理由来偏爱"惯性系"；并且，我们必须承认，坐标（x_1, x_2, x_3, x_4）的**非线性**变换也具有同等地位。如果我们对狭义相对论的坐标系作这样的变换，那么度规

$$ds^2 = dx_1{}^2 + dx_2{}^2 + dx_3{}^2 + dx_4{}^2$$

就转换成一个具有如下形式的广义（黎曼的）度规：

$$ds^2 = g_{\mu\nu} dx_\mu dx_\nu \text{（关于 } \mu \text{ 和 } \nu \text{ 累加起来）}$$

此处各个 $g_{\mu\nu}$ 对于 μ 和 ν 都是对称的，都是 $x_1, \cdots, x_4$ 的某种函数，对于新坐标系来说，它们既描述度规性质，也描述引力场。

可是上述关于力学基础解释的改进，必须付出代价，那就是——比较严密地考查后就会明白——新坐标不能再像它们在原来坐标系（没有引力场的惯性系）中那样，可以解释为刚体和时钟量度的结果。

走向广义相对论的道路是由于有了下面的假设而打通的：上述用函数 $g_{\mu\nu}$（就是说，由黎曼度规）来表示的关于空间场特性的这种表示，也适合于**一般**的情况，在一般的情况中，不存在这样的一种坐标系，相对于这种坐标系的度规会采取狭义相对论的简单的准欧几里得形式。

这样，坐标本身就不再表示度规关系，而只是表示那些坐标彼此稍有不同的物体之间的"邻接性"。一切的坐标变换都应当是许可的，只要这些变换不带奇点。自然界的普遍规律，只有用那些对于任意选取的上述变换都是协变的方程来表示，才有意义（广义协变性假设）。

广义相对论的第一个目标是要提出一个雏形，它虽然满足不了构成一个完整体系的所有要求，却能够以尽可能简单的方式同"直接可观察的事实"相联系。如果这理论只限于纯引力力学，牛顿的引力论就能用来作为一个模型。这个雏形可以表征如下：

1. 保留质点及其质量的概念。得出一个关于它的运动定律，这个运动定律是翻译成为广义相对论语言的惯性定律。这定律是一组全微分方程，它们具有短程线的特征。

2. 牛顿的引力相互作用定律为一组能由 $g_{\mu\nu}$ 张量组成的最简单的广义协变的微分方程所代替。它是通过使一次降秩的黎曼曲率张量等于零（$R_{\mu\nu}=0$）而构成的。

这套表述方式使我们能够处理行星问题。更准确地说，它使我们能够处理质量实际上可忽略的质点在一种（中心对称）引力场里运动的问题，这种引力场是由一个假定是"静止"的质点所产生的。它不考虑"运动着的"质点对引力场的反作用，也不考虑处在中心的质量是怎样产生这引力场的。

同古典力学的类比,表明下面是一条完成这理论的道路。人们这样来构成场方程:

$$R_{ik}-\frac{1}{2}g_{ik}R=-T_{ik},$$

此处 R 表示黎曼曲率的标量,T_{ik} 是用现象论表示的物质的能量张量。方程的左边是按照使它的散度恒等于零这样的要求而选定的。于是右边的散度也等于零,这就产生了取微分方程形式的物质"运动方程",这些运动方程适用于 T_{ik} 为描述物质只引进另外**四个**独立函数(比如密度、压力和速度分量,此处,在速度分量之间有一个恒等式,而在压力和密度之间有一个条件方程)的情况。

通过这套表述方式,人们把整个引力力学归结为求一组协变偏微分方程的解。这理论避免了一切我们曾责备过古典力学基础的那些缺点。就我们所知,它足以表示天体力学所观察到的事实。但是它像这样一座建筑物,一个侧翼是用精致的大理古砌成的(方程的左边),而另一个侧翼则是由次等的木料构成的(方程的右边)。物质的现象论的表示,事实上只不过是一种粗糙的代用品,用以代替那种对物质的一切已知性质都能恰当对待的表示。

把麦克斯韦的电磁场理论同引力场理论联系起来并没有什么困难,只要我们所考虑的只限于那种没有有重物质和没有电密度的空间就行了。全部必须做的是,上述方程的右边的 T_{ik} 要加上空虚空间里电磁场的能量张量;并且把麦克斯韦关于空虚空间的场方程写成广义协变形式,再加到经过前面那样修改过的一组方程中去。在这些条件下,所有这些方程之间会存在足够数目的微分恒等式，以保证它们的一致性。我们不妨补充一句：整个这一方程组的这种必然的形式性质，还留下 T_{ik} 这个部分的正负号听凭人们任意选取，这个事实以后变得很重要。

希望这种理论的基础有最大可能的统一性，这个愿望产生了一些尝试，想把引力场和电磁场包括在一个统一形式的图像之中。这里我们应当特别提到卡鲁查(Kaluza)和克莱因(Klein)的五维理论。我曾经非常仔细地考查过这种可能性，觉得比较妥当的还是承认原来的理论缺乏内在的一致性，因为我并不认为作为五维理论基础的全部假说所包含的任意性要比原来的理论更少。同样的意见也可用于这理论的投影形式，这种工作曾特别为冯·丹茨希(v. Dantzig)和泡利(Pauli)精心琢磨过。

前面所考查的，只是没有物质的场的理论。为要得到一个关于原子构成的物质的完备理论，我们应该怎样从这一点继续前进呢？在这种理论中，奇点肯定必须排除，因为要是不排除奇点，微分方程就不会完全地确定总场。这里，在广义相对论的场论中，我们面临着同样的关于物质的场论表示问题，正像我们原来在纯麦克斯韦理论中所碰到过的一样。

在这里，粒子的场论构造这个企图看来又导致了奇点。这里，也还是通过采用新的场变量，并且通过精心修改和扩充场方程组，来克服这个缺点。可是近来，我在罗森(Rosen)博士的合作下发现：上述引力和电的场方程的最简单的结合，产生了可以表示为不带奇点的中心对称的解（关于纯引力场的施瓦兹希耳德(Schwarzschild)的著名的中心对称解，以及关于电场的同时也考虑到它的引力作用的赖斯内(Reissner)的解）。我们将在第六节里扼要地讲到它。这样,似乎就可能得到一个关于物质及其相互作用的纯粹场论,而用不着附加的假说,并且,这个场论在接受经验事实的考验时,除了纯粹数学的困难,不导致别的什么困难,可是这些数学上的困难却是非常严重的。

五 量子论和物理学的基础

我们这一代的理论物理学家正期望着建立一个新的物理学理论基础,它所使用的基本概念是大大不同于迄今所考查的场论的概念。其原因在于,人们发现,关于所谓量子现象的数学表示,必须采用完全新的方法。

正如相对论所揭示的,古典力学的失败是同光的有限速度(它不是∞)相联系的,另一方面,在我们这世纪的开头,又发现了力学推论同实验事实之间的其他各种不协调,这些不协调是同普朗克常数 h 的有限值(它不是零)相联系的。特别是,分子力学要求固体的热函和(单色的)辐射密度都应当随着绝对温度的下降而**按比例**减少,可是经验却表明,它们的减少比绝对温度的下降要快得多。要对这现象作理论解释,就必须假定力学体系的能量不能擅取任意数值,而只能取某些分立的值,这些值的数学表示式总是同普朗克常数 h 有关。而且,这个概念对于原子论(玻尔的理论)是必不可少的。关于这些状态之间的相互跃迁——有或者没有辐射的发射或吸收——不能得出因果性定律,而只能得出统计性定律;同样的结论也适用于原子的放射性衰变,对放射性衰变的缜密研究大约是同时作出的。物理学家曾花了二十多年时间,企图寻找关于体系和现象的这种“量子特征”的统一解释,而无所获。这种企图大约在十年以前成功了，那是通过两种完全不同的理论研究方法而取得的。我们把其中的一个归功于海森伯和狄拉克，另一个归功于德布罗意和薛定谔。两种方法的数学等效性不久就为薛定谔认识到。我将试图在这里勾画出德布罗意和薛定谔的思想路线，因为它比较接近物理学家的思想方法；我还要把这样的描述同某些一般性的考查结合起来。

问题首先是：对于一个在古典力学意义上被规定了的体系（能量函数是坐标 q_r 以及与之对应的动量 p_r 的既定函数），人们怎样能够给它定出一系列分立的能量数值 H_σ 呢？普朗克常数 h 把频率 H_σ/h 同能量数值 H_σ 联系起来。因此，它足以给体系定出一系列分立的**频率**数值。这使我们回想起这样的事实：在声学里，一系列分立的频率数值是同线性偏微分方程（对于既定的边界条件），即同正弦周期解相对应的。薛定谔给自己规定的任务是，以类似的方式，把一个关于标量函数 ψ 的偏微分方程，同既定的能量函数 $\varepsilon(q_r, p_r)$ 对应起来，此处 q_r 和时间 t 都是独立变量。这样，他就成功地以令人满意的方式由方程的周期解确实得出了（对于复数值函数 ψ）正如统计理论所要求的那种能量 H_σ 的理论数值。

固然，不可能把薛定谔方程的确定解 $\psi(q_r, t)$ 同质点力学意义上的一种确定的运动联系起来。这意味着 ψ 函数并不决定，无论如何并不**严格**决定 q_r（作为时间 t 的函数）的经历。可是依照玻恩的见解，关于 ψ 函数的物理意义的解释可能表明如下：$\psi\bar{\psi}$（复数值函数 ψ 的绝对值的平方）是在时间 t 的时刻在 q_r 的位形空间里所考查的那个点上的几率密度。因此，薛定谔方程的内容就可以用一种容易理解的但不是十分准确的方式表征如下：这个方程决定着体系的统计系综的几率密度在位形空间里是怎样随时间而变化的。简略地说:薛定谔方程决定着 q_r 的函数 ψ 随时间的变化。

必须提到,这理论的结果包含着——作为极限值——质点力学的结果,只要薛定谔问题的解中所碰到的波长到处都很小,以致对于位形空间里一个波长的距离来说,势能的变化实际上都是无限小的。在这些条件下,下面的情况确实能得到证明:我们在位形空间里选取一个区域 G_0,虽然它对波长来说是大的(在任何方向都如此),但对所考查的位形空间的大小来说却是小的。在这些条件下,对于起始时间 t_0,可以这样来选取函数 ψ,使它在区域 G_0 的外面等于零,并且,依照薛定谔方程,以如下的方式来变化:在以后的时间里,ψ 还是保持着这种性质——至少大体上如此——只不过在这以后的时间 t 时,这个 ψ 不为零的区域离开了区域 G_0,而进入另一区域 G。这样,人们就能以一定的近似程度来谈论整个区域 G 的运动,并且可由位形空间里一个点的运动来近似代表这个运动。这样,这种运动就同古典力学方程所要求的运动相符合了。

由粒子射线产生干涉的实验,辉煌地证明了这理论所假定的运动现象的波动特征果真合乎事实。除此以外,这个理论在说明一个体系在外力作用下从一个量子态跃迁到另一量子态的统计定律时,也轻而易举地取得了成功,而从古典力学观点来看,这好像是一个奇迹。这里,外力是由势能的一些同时间有关的微小附加项来表示的。在古典力学中,这些附加项只能产生体系的相应的微小变化,而现在在量子力学中,它们却能产生任何大小的变化,无论多大都可以,只是几率相应地很小,这个结论同经验完全符合。这个理论还提供了关于放射性衰变定律的一个至少是概括性的理解。

也许以前从来没有一种理论发展成像量子理论那样，能对如此庞杂的一群经验现象提供解释和计算的钥匙。可是，尽管如此，我却相信这理论在我们寻求物理学的统一基础时，容易诱骗我们陷入错误，因为，在我的信念中，它是对实在事物的一种**不完备**的表示，尽管它是仅有的一种能够用力和质点这些基本概念建造起来的理论（对古典力学的量子修正）。这种描述的不完备性，必然导致定律的统计性（不完备性）。我现在要对这个意见说明我的理由。

我首先要问：ψ 函数对于一个力学体系的实在状态能描述到怎样的程度？让我们假定 ψ_r 是薛定谔方程的周期解（按照能量数值增加的次序来排列）。至于单个 ψ_r 对物理状态描述的**完备**程度问题，我暂且不加考虑。体系最初是在最低能量 ε_1 的状态 ψ_1。然后，在一个有限的时间里，有一个小的干扰力作用在这个体系上。那么，在更后的一个时刻，人们由薛定谔方程得到一个如下形式的 ψ 函数：

$$\psi=\sum c_r\psi_r,$$

此处 c_r 是（复数）常数。如果 ψ_r 是“归一化”了的，那么 $|c_1|$ 是接近于 1，$|c_2|$ 等等同 1 相比是很小的。人们现在会问：ψ 是不是描述体系的一个实在状态？如果回答是对的，那么我们除了给这个状态以一个确定的能量 ε，简直不能有别的做法，①具体地说，ε 这个

① 因为根据相对论的一个完全确立了的结论，一个完整体系（静止时）的能量等于它的惯性（整个来说）。可是这必须有一完全确定的数值。——原注

能量要比ε_1稍大些(在任何场合下,$\varepsilon_1<\varepsilon<\varepsilon_2$)。但这样的假定同弗朗克(J. Franck)和赫兹(G. Hertz)所做过的电子碰撞实验是矛盾的,要是人们考虑到密利根(Millikan)关于电的分立本性的证明的话。事实上,这些实验导致这样的结论:在那些量子数值之间的能量数值是不存在的。由此得知,我们的函数ψ无论如何不是描述体系的一个均匀状态,而只不过是表示一种统计的描述,在那里,c_r表示单个能量数值的几率。因此,似乎很明白,玻恩关于量子论的统计解释,是唯一可能的解释。ψ函数所描述的无论如何不能是单个体系的状态;它所涉及的是许多个体系,从统计力学的意义来说,就是"系综"。如果说,除去某些特殊情况,ψ函数只提供可量度的量的**统计**数据,其理由不仅在于**量度操作**带进了一些只能在统计上掌握的未知因素,而且也因为ψ函数在任何意义上都不描述**一个**单个体系的状态。不管单个体系有没有受到外界的作用,薛定谔方程都决定着系综所经历的时间变化。

这种解释也消除了前不久我自己和两位同事所说明的那个悖论①,这个悖论同下面问题有关。

考查一个由两个局部体系A和B所组成的力学体系,这两个局部体系只在有限时间里发生相互作用。假设在它们发生相互作用以前的ψ函数是已知的。那么薛定谔方程就会提供相互作用发生以后的ψ函数。让我们现在通过量度,尽可能完备地来测定局部体系A的物理状态。那么量子力学允许我们由所进行的量度

① 指1935年发表的论文《能认为量子力学对物理实在的描述是完备的吗?》(见本书460页)中所提出来的悖论。这个悖论通常称为"爱因斯坦-波多耳斯基-罗森悖论"。——编译者

和整个体系的 ψ 函数，来确定局部体系 B 的 ψ 函数。可是由这样的确定所得到的结果，却要取决于已被量度的 A 的物理量(可观察量)究竟是**哪一个**(比如究竟是坐标，**还是**是动量)。既然 B 在相互作用后只能有**一个**物理状态，要认为这个状态竟取决于我们对那个同 B 分隔开的体系 A 所进行的量度，那是不合理的，所以可以下结论说：ψ 函数同物理状态**不是**无歧义地相对应的。几个 ψ 函数同体系 B 的同一物理状态的这种对应关系，再一次表明 ψ 函数不能解释为对单个体系的物理状态的一种(完备的)描述。在这里，也正是 ψ 函数同系综的对应关系消除了一切困难。①

量子力学以这种简单的方式提供了那些关于从一个状态到另一状态的(表观上)不连续跃迁的陈述，而实际上并没有对特殊过程作出描述——同这个事实联系在一起的还有另一个事实，那就是这理论实际上并不对单个体系起作用，而只对许多体系的总和起作用。我们的第一个例子中，系数 c_r 在外力作用下实际上变动很小。根据量子力学的这种解释，人们就可以理解，为什么这理论能轻而易举地说明这样的事实：微弱的扰动力能够使一个体系的物理状态产生任何大小的变化。这种扰动力在系综中实在只产生**统计密度**的相应的微小变化，因此也只产生 ψ 函数的无限微弱的变化，这件事的数学描述，同那个关于单个体系所经历到的非无限小变化的数学描述相比，碰到的困难要少得多。这种考查方式对于单个体系所发生的情况，实在是完全弄不清楚的；这个谜一样的

① 比如，对于 A 的量度要引起一个向较狭小的系综的跃迁。后者(因此它的 ψ 函数也一样)取决于使系综收缩所根据的是哪一种观点。——原注

事件被统计的方法从描述中完全排除了。

但现在我要问：难道真有哪位物理学家会相信，我们永远丝毫也不能洞察到各个单个体系中，各个单个体系的结构中，以及它们的因果联系中的这些重要变化，而不管威耳孙云室和盖革计数器这些奇迹般的发明已经把这些单个事件展示在我们的眼前这一事实吗？要相信这一点，在逻辑上是可能的，并且不会有矛盾；但是，它同我的科学本能非常格格不入，我不能放弃对更完备的概念的探求。

在这些考虑之外，我们还应当加上属于另外一类的一些考虑，这另一些考虑看来也表明量子力学所采用的方法对整个物理学不大可能提供出有用的基础。在薛定谔方程中，绝对时间，以及势能，扮演着决定性的角色，而这两个概念已由相对论认识到是原则上不能允许的。如果人们想摆脱这种困难，就必须把这个理论建立在场和场定律上，而不是建立在相互作用力上。这就引导我们把量子力学的统计方法用到场上来，也就是说，用到那些有无限多个自由度的体系上来。尽管迄今所作的尝试都局限于线性方程，而我们从广义相对论的结果知道，这还是很不够的，但是这些非常巧妙的尝试到目前为止所碰到的复杂性已经够吓人的了。如果人们想服从广义相对论的要求，这些复杂性肯定还会增加，而这种要求的合理性原则上是没有人怀疑的。

的确，已经有人指出，空间-时间连续区的引进，从一切在微小尺度上出现的东西都具有分子结构的观点来看，可以认为是违反自然的。有人认为：海森伯方法的成功，也许指出了描述自然界的一种纯代数的方法，那就是要从物理学中排除连续函数。但由此我们也必须在原则上放弃空间-时间连续区。可以设想，人类的才能总有一天会找到一些方法，使人们有可能沿着这条道路前进。可是目前这个时候，这种纲领看来就像是企图在真空里呼吸一样。

没有疑问，量子力学已抓住了许多真理，对未来的任何理论基础来说，它都将是一块试金石，因为它必须能够作为一个极限情况从那个基础推演出来，正像静电学能够从麦克斯韦电磁场方程推演出来，或者像热力学能够从古典力学推演出来一样。可是我不相信量子力学能够用来作为探求这种基础的**出发点**，正像人们不能相反地从热力学（关系到统计力学）中找到力学的基础一样。

鉴于这样的情况，严肃地考虑是不是场物理学的基础用**任何**办法也不能同量子现象协调起来这个问题，看来是完全合理的。场论难道不是用目前已有的数学工具能够适应广义相对论要求的唯一的基础吗？认为这种尝试是没有希望的，这种信念在今天的物理学家中间流行着，它的根源也许在于一个无根据的假定，即认为这种理论，在第一级近似中必须导致微粒运动的古典力学方程，或者至少要导致全微分方程。事实上，到现在为止，用不带奇点的场的理论来描述微粒，我们还从未取得成功，而且我们不能先验地断言这种实体的行为。但有**一件事**是肯定的：如果有一种场论对微粒终于作出了不带奇点的表示，那么这些微粒在时间上的行为，就唯一地由场的微分方程来决定了。

六 相对论和微粒

我现在要证明，根据广义相对论，场方程有不带奇点的解，这种解能解释成为表示微粒的。这里我只限于中性粒子，因为新近发表的同罗森博士合作的另一篇论文中，我已详尽地处理了这个问题，同时因为在这种情况下，问题的实质能完全显示出来。

引力场是完全用张量 $g_{\mu\nu}$ 来描述的。在三指标符号 $\Gamma^{\sigma}_{\mu\nu}$ 中也出现了抗变的 $g^{\mu\nu}$，它的定义是 $g_{\mu\nu}$ 的子式除以行列式 $g(=|g_{\alpha\beta}|)$. 要使 R_{ik} 成为确定的并且是非无限小的，就必须要求在连续区每一点的邻近都有这样一个坐标系，用这个坐标系来表示，$g_{\mu\nu}$ 及其第一阶微分系数都是连续的并且是可微分的，这还不够，还必须使行列式 g 无论在哪里都不能等于零。可是，如果人们把微分方程 $R_{ik}=0$ 用 $g^2R_{ik}=0$ 来代替，那么上述最后一个限制就不存在了，因为这个方程的左边是 g_{ik} 及其导数的有理整函数。

这些方程有由施瓦兹·希耳德得出的中心对称解

$$ds^2=-\frac{1}{1-2m/r}dr^2-r^2(d\theta^2+\sin^2\theta d\varphi^2)+(1-\frac{2m}{r})dt^2.$$

这个解在 $r=2m$ 处有一奇点，因为 dr^2 的系数（即 g_{11}）在这个超曲面上变成无限。可是，如果我们把变数 r 用下列方程定义的 ρ 来代替：

$$\rho^2=r-2m,$$

我们就得到

$$ds^2=-4(2m+\rho^2)d\rho^2-(2m+\rho^2)^2(d\theta^2+\sin^2\theta d\varphi^2)+\frac{\rho^2}{2m+\rho^2}dt^2.$$

这个解对于 ρ 的一切数值都是正则的。对于 $\rho=0$，dt^2 的系数（即 g_{44}）也等于零，这件事固然得出了对于这个数值的行列式 g 等于零的结果；但用这些实际采用的场方程的写法，它并不构成奇点。

如果 ρ 从 $-\infty$ 变到 $+\infty$，那么 r 就从 $+\infty$ 变到 $r=2m$，然后又回到 $+\infty$；但对于 $r<2m$ 的那些 r 值，并没有对应的 ρ 的实数值。因此，通过把物理空间表示为由两片沿着超曲面 $\rho=0$（也就是 $r=2m$）相接触的同样的“叶”所组成，而在这个超曲面上，行列式 g 等于零，施瓦兹·希耳德解就变成一个正则解。让我们把两片（同样的）“叶”之间的这种连接叫做“桥”。因此，有限区域里两片“叶”之间的这种桥的存在，就相当于物质的中性粒子的存在，而这种粒子可用一种不带奇点的方式来描述。

解决几个中性粒子的运动问题，显然就等于去发现引力方程（写成不带分母的形式）的那些含有几个“桥”的解。

由于“桥”在本性上是一种分立的元素，因此，上述概念就先验地对应于物质的原子论性的结构。而且，我们看出中性粒子的质量常数 m 必然是正的，因为没有一个不带奇点的解能同一个 m 是负值的施瓦兹·希耳德解相对应。只有考查多桥问题，才能证明这种理论方法是否能解释经验上显示出来的自然界中所找到的那些粒子质量的等同性，以及它是否能说明那些已为量子力学那么奇妙地理解到的事实。

以类似的方式，也可能说明引力方程同电方程的结合（在引力方程中适当选取电的部分的正负号）产生电微粒的不带奇点的桥表示。这种解中最简单的是关于无引力质量的电粒子的解。

只要解决多桥问题所碰到的巨大的数学困难还没有克服，从物理学家的观点来看，就无法讲到这理论的实效。可是事实上，它却是把一种可能解释物质性质的场论不断加以提炼的第一个尝试。为了支持这种尝试，人们还应当再加上一个理由：它所根据的，是今天已知的可能最简单的相对论性场方程。

总　结

物理学构成一种处在不断进化过程中的思想的逻辑体系，它的基础可以说是不能用归纳法从经验中提取出来的，而只能靠自由发明来得到。这种体系的根据(真理内容)在于导出的命题可由感觉经验来证实，而感觉经验对这基础的关系，只能直觉地去领悟。进化是循着不断增加逻辑基础简单性的方向前进的。为了要进一步接近这个目标，我们必须听从这样的事实：逻辑基础愈来愈远离经验事实，而且我们从根本基础通向那些同感觉经验相关联的导出命题的思想路线，也不断地变得愈来愈艰难、愈来愈漫长了。

我们的目的是要尽可能简明地勾画出，基本概念是怎样依赖于经验事实，也依赖于为达到体系内部完整所作的努力而发展起来的。这些考查是为了阐明我所见到的目前的状况。(概括性的历史说明总免不了要带主观的色彩。)

我试图论证有形物体、空间、主观时间和客观时间这些概念相互之间，以及它们同我们的经验本性之间是怎样联系着的。在古典力学里，空间和时间概念都变成独立的概念。有形物体这个概念在这个基础中为质点概念所代替，因此，力学基本上就变成了原子论性的了。当人们企图使力学成为一切物理学的基础时，光和电产生了无法克服的困难。我们由此被引到电的场论，并且随后又企图把物理学全部建立在场的概念上(在企图同古典力学妥协以后)。这种企图导致了相对论(空间和时间观念进化成具有度规结构的连续区观念)。

此外,我试图论证,为什么我认为量子力学似乎不能为物理学提供一个适宜的基础:如果有人试图把理论的量子描述当作单个物理体系或者单个事件的**完备**描述,那么,他就要陷入矛盾。

另一方面,场论目前还未能解释物质的分子结构和量子现象。可是我们已经指出,认定场论用它的方法来解决这些问题是无能为力的,这种信念所根据的不过是偏见。

悼念马尔塞耳·格罗斯曼

——1936年给格罗斯曼夫人的信①

昨天在一堆没有拆开的信中我发现了一个镶黑边的信封，拆开一看，才知道我亲爱的老朋友格罗斯曼已经去世了。可怕的命运追逐着如此大有作为的年轻人。您为他忍受痛苦，并且以高尚的精神力量承受了它。我必须告诉您，您是我〔们〕这一代人中真正受我真挚的钦佩和尊敬的很少几个妇女之一。坚决地并且不带〔个人〕打算地献出自己的一生——就是一个男人也是最难下这个决心的。我回忆我们的学生时代。他是一个无可指责的学生；我自己却是一个离经叛道的和好梦想的人。他同老师的关系搞得很好，而且谅解一切；而我却是一个流浪汉，心怀不满，也不为人所喜欢。但是我们却是好朋友，我们每两三个星期就要到"都会"咖啡店去，一边喝冰咖啡，一边聊天，这是我最愉快的回忆。后来，我们的学业结束了——我突然被人抛弃，站在生活的门槛上不知如何是好。但是他支援了我，感谢他和他父亲的帮助，我后来在专利局

---

① 译自塞利希：《阿耳伯特·爱因斯坦文献传记》，207—208页。标题是我们加的。

马尔塞耳·格罗斯曼（Marcel Grossmann），是爱因斯坦大学时代的同学，1878年4月9日生于布达佩斯，1936年9月7日病逝于苏黎世。关于他们两人的友谊，参见爱因斯坦逝世前一个月写的《自述片断》（见本文集第一卷，47—54页）。——编译者

找到了一个跟着哈勒(Haller)工作的职位。这对我是一种拯救,要不然,即使未必死去,我也会在智力上被摧毁了。

而且,十年以后,在广义相对论的形式体系方面,我们一道狂热地工作。这项工作由于我去柏林而没有完成,在柏林我一个人继续搞下去。以后他病了。我的儿子阿耳伯特①在苏黎世读书期间,他的病征已经看得出来了。我常常怀着巨大的痛苦想念着他,但是,只有在我来到苏黎世访问时,我们才能偶尔见面。虽然我从柏林的一个朋友那里知道这种病,他的病会拖得这么久,却是我不能想象的。然而,他并没有死去,一直到我也成为一个老年人了——内心上是孤独的,已经度过了全部命运历程,也许还可以平静地再活几年。但有一件事还是美好的:我们整个一生始终是朋友。我依然尊敬您所做的一切,因为这都是您为他而做的。

我从心坎里向您表示同情,祝愿您得到平静和安慰。

① 即汉斯·阿耳伯特·爱因斯坦(Hans Albert Einstein,1904—1973),以后成为水利学家,三十年代后也定居在美国。——编译者

《物理学的进化》的两个片断①

——同 L. 英费耳德合著

哲学背景②

科学研究的结果，往往使那些范围远远超出有限的科学领域本身的问题的哲学观点发生变化。科学的目的是什么？对一个企图描述自然界的理论应该要求什么？这些问题，虽然超越了物理学的界限，但却同它有密切的关系，因为科学形成了这些问题由以产生的资料。哲学的推广必须以科学成果为基础。可是哲学的推广一经建立并广泛地被人们接受以后，它们又常常促使科学思想的进一步发展，因为它们能指示科学从许多可能着手的路线中选择一条路线。等到这种已经接受了的观点被推翻以后，又会有一种意想不到的和全然不同的发展，它又成为一种新的哲学观点的

① 《物理学的进化——从早期概念到相对性和量子各种观念的生长》(*The Evolution of Physics—The Growth of Ideas from the Early Concepts to Relativity and Quanta*)是爱因斯坦同波兰物理学家英费耳德(Leopold Infeld)在1937年3—9月间合著的通俗册子，1938年以英文(在纽约和剑桥)和德文(在莱顿)同时出版。该书实际上是由英费耳德计划和执笔的，爱因斯坦只不过参加提纲的讨论，并且在听取英费耳德逐篇读了初稿后提出一些修改意见。商务印书馆曾于1947年出版过该书的节译本，1962年上海科学技术出版社又出版了周肇威的译本。这里选译自英文本，译时曾参考周肇威同志的中译本。——编译者

② 见《物理学的进化》，1938年剑桥英文版55—59页。——编译者

源泉。除非我们从物理学史中举出例子来加以说明，否则这些话听起来就一定是很含糊和空泛的。

这里我们试图来描述那些关于科学目的的最初的哲学观念。这些观念大大地影响了物理学的发展，一直到差不多一百年以前，它们才被新的证据、新的事实和新的理论所推翻，而这些新的证据、事实和理论又构成了科学的新背景。

从希腊哲学到现代物理学的整个科学史中，不断有人力图把表面上复杂的自然现象归结为一些简单的基本观念和关系。这就是一切自然哲学的基本原理。它也表现在原子论者的著作中。在2300年前，德谟克利特写道：

“依照惯常的说法，甜就是甜，苦就是苦，冷就是冷，热就是热，颜色就是颜色。但是实际上只有原子和虚空。也就是说，感觉上的东西被认为是实在的，而习惯上也就是这样看的，但是真正说起来，它们都不是实在的。只有原子和虚空才是实在的。”

这种观念，在古代哲学中，不过是想象力的一种天才的虚构而已。把相继发生的事件联系在一起的自然规律，希腊人是不知道的。把理论和实验联系起来的科学，事实上是从伽利略的工作开始的。我们已经追寻过那些导致运动定律的最初线索。在两百年的科学研究中，力和物质是理解自然界的一切努力中的基本概念。要是没有其中的一个概念，就不可能想象另一个概念，因为物质总是通过它对别的物质的作用，作为力的源泉而显示其存在的。

让我们来考查一个最简单的例子：两个粒子，它们之间有力作用着。最容易想象到的力是吸引力和排斥力。在这两种情况中，力的矢量都在物质粒子的连线上。简单性的要求导致粒子相互吸引或排斥的图像；关于作用力方向的任何别的假定都会得出复杂得多的图像。我们对**力矢量**的长度也能作一个同样简单的假定吗？即使我们想避免过分特殊的假定，但还是可以说这样的一件事：作用于任何两个已知粒子之间的力，都像万有引力一样，只同它们之间的距离有关。这似乎已足够简单的了。更要复杂得多的力也可以想象到，比如那些不仅同距离有关，而且也同两个粒子的速度有关的力。以物质和力作为我们的基本概念，我们难以想象出还有比这样沿着粒子的连线发生作用，而且只同距离有关的力更简单的假定了。但是只用这样一种力是否有可能来描述一切物理现象呢？

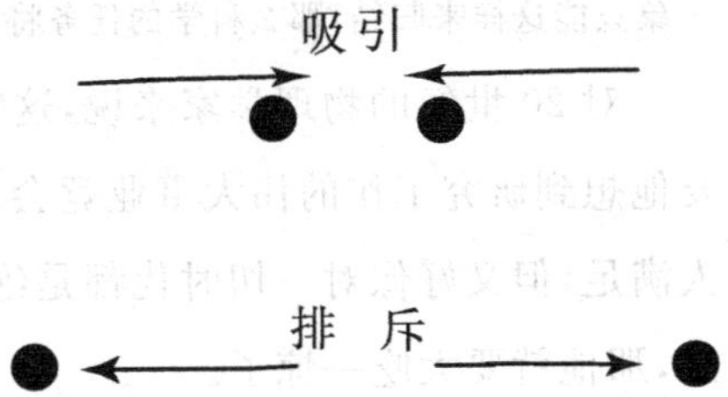

力学在它的一切部门中所取得的伟大成就，它在天文学发展上的惊人成功，力学观念对于那些具有显然不同特征和非力学性质的问题的应用，所有这些都使我们相信，用不变的物体之间的简单的力来解释一切自然现象是可能的。在伽利略时代以后的两百年间，这样的一种努力有意识地或无意识地表现在几乎所有的科学创造中。大约在十九世纪中叶，亥姆霍兹(Helmholtz)把它清楚地表述如下：

> "因此，最后我们看得出，物理的物质科学的问题，就是要把自然现象归结为不变的吸引力或者排斥力，而这些力的强度完全只同距离有关。解决这些问题的可能性，是要完全了解自然界的先决条件。"

因此，照亥姆霍兹说来，科学发展的路线是已经决定了的，它严格遵循着这样一条固定的途径：

“只要把自然现象归结为简单的力这件事完成了，并且证明了自然现象只能这样来归结，那么科学的任务将就此终结了。”

对20世纪的物理学家来说，这种观点看来是呆滞而天真的。要他想到研究工作的伟大事业竟会这样迅速完成，一幅既不能令人满足，但又好像对一切时代都是绝对正确的宇宙图像会建立起来，那他就要大吃一惊了。

即使根据这种主张，一切事件都可用简单的力来描述，但还有一个问题没有解决，那就是力对于距离的关系究竟是怎样的问题。对不同的现象来说，这种关系可能是不同的。对于不同的事件必须引进许多种不同的力，这从哲学的观点来看当然是不能令人满意的。可是亥姆霍兹陈述得最清楚的这种所谓**机械观**，在当时却起了很重要的作用。物质的分子运动论的发展就是直接受机械观影响的最伟大成就之一。

〔下略〕

物理学和实在①

这里所讲的物理学的发展，只是用粗线条描述了最基本的观念，而由此又能作出怎样的一般结论呢？

科学并不就是一些定律的汇集，也不是许多各不相关的事实的目录。它是人类头脑用其自由发明出来的观念和概念所作的创造。物理理论试图作出一幅实在的图像，并建立起它同广阔的感

① 这是《物理学的进化》一书的最后一节，见1938年剑桥英文版310—313页。——编译者

觉印象世界的联系。我们头脑里的构造究竟能否站得住脚，唯一的是要看我们的理论是否已构成了并用什么方法构成了这样一种联系。

我们已经看到，物理学的进展创造了新的实在。但这根创造的链条能够追溯到远在物理学的出发点之前。客体的概念是最原始的概念之一。一棵树、一匹马以至一个任何物体的概念，都是一些根据经验得来的创造，虽然产生这些创造的印象比起物理现象的世界来还是比较原始的。猫捉弄老鼠，也是在通过思维创造它自己的原始的实在。猫见到老鼠时总是以同样方法来对付，这表明猫也形成了概念和理论，这些概念和理论就是它贯穿在它自己的感觉印象世界中的准绳。

"三棵树"和"两棵树"有些不同。而"两棵树"又不同于"两块石头"。从客体中产生，又从客体中抽象出来的这些纯粹的数的概念 2，3，4，…都是在思维着的头脑的创造，它们描述着我们世界的实在。

头脑里关于时间的主观感觉，使我们能够排列我们的印象，使我们说得出某一事件是在另一事件的前面。但是用一只钟把每一时刻都联系上一个数，把时间看成是一个一维的连续区，那就已经是一项发明了。因此，欧几里得几何和非欧几里得几何的概念，以及把我们的空间看作是一个三维连续区，这些也都是发明。

物理学实际上起始于质量、力和惯性系的发明。所有这些概念都是一些自由的发明。它们导致了机械观的建立。对于 19 世纪初叶的物理学家来说，我们的外在世界的实在是由粒子组成的，在粒子之间作用的是简单的力，这些力只同距离有关。只要有可能，物理学家总要力图保住他的这样的信念：用这些关于实在的基本概念，就可以成功地解释自然界的一切事件。关于磁针偏转的困难，关于以太结构的困难，都诱导我们去创造一种更加精巧奥妙的实在。于是就出现了电磁场的重大发明。对于整理和理解事件，重要的也许不是物体的行为，而是物体之间的某种东西的行为，即场的行为，要充分地领会这件事，那是需要一种大胆的科学想象力的。

以后的发展既摧毁了旧概念，又创立了新概念。绝对时间和惯性坐标系被相对论抛弃了。一切事件的背景不再是一维的时间和三维的空间连续区了，而是具有新的变换性质的四维的时间-空间连续区了，这又是另一个自由的发明。惯性坐标系不再需要了。任何一种坐标系对于描述自然界的事件都是同样适用的。

量子论又创造了我们的实在的新的根本特色。不连续性代替了连续性。所出现的不是掌管个体的定律，而是关于几率的定律。

现代物理学所创造的实在同以前的实在固然相去很远，但是每一种物理学理论的目的依然是相同的。

为了整理和理解我们的感觉印象世界，我们试图借助物理理论找出一条道路，以通过观察到的事实的迷宫。我们希望观察到的事实能从我们的实在概念逻辑地推论出来。要是不相信我们的理论构造能够掌握实在，要是不相信我们世界的内在和谐，那就不可能有科学。这种信念是，并且永远是一切科学创造的根本动力。在我们的一切努力中，在每一次新旧观点之间的戏剧性的冲突中，我们都认识到求理解的永恒的欲望，以及对于我们世界的和谐的坚定信念，都随着求理解的障碍的增长而不断地加强。

我还是以昔日的喜悦努力钻研问题

——1937 年 6 月 9 日给贝索的信[①]

……我现在像个老光棍似的，住在绿荫丛中的一间漂亮的小房子里，还是以昔日的喜悦努力钻研问题。这里好的是我能够同年轻的同行一起合作共事。值得注意的是，我在这漫长的一生中总是跟犹太人合作共事。

我们经过长期的艰苦工作终于发现，作了相对论性的修正以后的相对论性的麦克斯韦方程不能解决物质粒子的问题。但是，最近我发现，在麦克斯韦理论中存在一种极为自然的修改，根据这种修改，势就不出现于变分原理中。我很想知道，我们是否能达到目的。

一个人的兴趣爱好极其深邃，以致他同别的人多少有点疏远，这也是件好事，因为，否则的话，就很难保持这种生活的乐趣。过几天我又要到海边去驾驶游艇，好让我这个老头经过夏季又能精神抖擞起来。在这个国家里，大自然风光明媚。

……据说在美国，凡是真正通晓一门手艺的人都有机会。凭运气通常是根本行不通的(我是一个幸运的例子)。

---

① 译自《爱因斯坦-贝索通信集》313—314 页。由李澍泖同志译。标题是我们加的。——编者

引力问题使我从怀疑的经验论转向信仰唯理论

——1938年1月24日给C.兰佐斯的信①

从有点像马赫的那种怀疑的经验论出发，经过引力问题，我转变成为一个信仰理性论的人，也就是说，成为一个到数学的简单性中去寻求真理的唯一可靠源泉的人。逻辑上简单的东西，当然不一定就是物理上真实的东西。但是，物理上真实的东西一定是逻辑上简单的东西，也就是说，它在基础上具有统一性。

---

① 这是爱因斯坦于1938年1月24日给兰佐斯(C. Lanczos)的信。这封信最初发表在霍耳顿(G. Holton)1965年的论文《实在在哪里？爱因斯坦的回答》中。这里译自联合国教科文组织纪念爱因斯坦逝世十周年讨论会的文集《科学和综合》(*Science and Synthesis*)，柏林，Springer，1971年版，64页。标题是我们加的。——编译者

关于实证论的统治及其他

——1938 年 4 月 10 日给 M. 索洛文的信[1]

〔上略〕

这本书[2]是为了给英费耳德找点临时生活费而写的，他申请的公费已遭到拒绝。这本书的内容曾经过我们很认真很仔细的研究，特别是在认识论的观点方面。正如在马赫时代曾经非常有害地为一种教条唯物论所统治一样，当今则过分地受到一种主观主义和实证论的统治。对于把自然界看成是客观实在的观点，现在人们认为这是一种过时了的偏见，而认为量子理论家们的观点是天经地义。对暗示的顺从，人比马还要驯服。每个时代都有它的时髦的东西，而大多数人从来看不见统治他们的暴君。

假如这种现象仅仅限于科学方面，人们尽可以一笑置之。可是在政治生活中情况更糟，甚至一直关系到我们的生命。气候是如此之恶劣：简直没有一点亮光，一边是一些坏心肠的傻子，一边是可鄙的自私，当然，在美国也不可能两样，一切总是迟早要来到

---

① 译自爱因斯坦：《给莫里斯·索洛文的通信集》，柏林，德国科学出版社，1960 年，70—71 页。本文由邹国兴同志译。标题是我们加的。——编译者

② 指爱因斯坦同英费耳德合著的《物理学的进化》，参见本书 515 页脚注①。——编译者

的。美国对你不适合，必须年轻时候来，通过这里的模子铸造才行，如果你不想在这里饿死的话。至于我，在这里是受到高度评价的，但只是像博物馆里的古董或者一个稀奇物品一样。我还是起劲地工作着，几个大胆的有勇气的青年同事在支持我。我还可以思想，但工作能力降低了。然后：死了也并不坏。

关于完备的描述和实在的问题

——1939年8月9日给E.薛定谔的信[①]

〔上略〕

现在谈物理学。我仍旧确认物质的波动表示是状态的一种不完备的表示，尽管实际上已证明它本身是多么有用。揭示这一点的最妙的办法，就是你所提出的关于猫（同爆炸结合在一起的放射性衰变）的考查。[②] 在一定的时间，一部分 ψ 函数对应于活猫，而另一部分 ψ 函数却对应于被炸得粉身碎骨的猫。

如果人们企图把 ψ 函数解释成为一种关于状态（同是否被观察到无关）的完备描述。那么这不过是意味着：在特定时间，猫既

---

① 译自薛定谔、普朗克、爱因斯坦、洛伦兹：《关于波动力学的通信集》，德文版，1963年，32—33页。标题是我们加的。——编译者

② 这是指薛定谔的"杀猫"的理想实验。见《自然科学》（*Naturwissenschaften*）周刊，1935年，23卷，812页上薛定谔的论文《量子力学的现状》。文中讨论波动力学的几率解释时，提到这样一个理想实验："把一只猫和一个破裂装置封闭在一只钢箱中（必须防止猫同破裂装置直接接触），在盖革计数器中有小量放射性物质，其量很小，以致在一小时内可能只有一个原子衰变，也可能不发生衰变；如果发生衰变，计数器便作出反应，并通过继电器，操纵一个小锤，把一个盛有氢氰酸的小瓶打碎。如果整个体系经过一小时，在这段时间里没有任何一个原子发生衰变，我们就可以说，猫还活着。如果有原子衰变发生，猫就应该被毒死。因此，整个体系的 ψ 函数（波动函数）将是这样的形式：代表活猫的那个部分的波动函数同代表死猫的那个部分的波动函数相等地混合在一起，或者是模糊不清。"但是爱因斯坦在这里把这个实验装置简化了，用炸药爆炸来代替毒药毒杀。——编译者

不是活的，也没有被炸得粉身碎骨。但是，无论是哪种情况，都是可以通过观察而实现的。

如果人们拒绝这种解释，那就必然要假定：ψ 函数并不表示实在的状态，而是表示我们关于状态知识的容量。这是玻恩的解释，今天大多数理论家大概都赞同的。可是这样一来，那些能够用公式列出的自然规律，就不能应用于某种存在物随着时间而进行的变化，而只能应用于我们正当期望的容量的时间变化。

这两种观点在逻辑上都是无可非议的；但是我无法相信其中究竟哪一种观点将会最终得到证实。

也有这样的神秘主义者，他认为，凡是要探究某种同观察无关而独立存在着的东西，也就是说要究问猫在对它进行观察之前的一个特定时刻是否活着这样的问题，都是不科学的，该加以禁止（玻尔）。由此，这两种解释就融合成为一种温和的迷雾，我觉得它并不比上述任何一种解释要好些，在这两种解释中都采取了实在概念这种观点。

我仍旧确信，这种最值得注意的情况之所以会发生，是由于我们还没有得到一种关于实在状态的完备的描述。

当然，我承认，关于单个状态的这样一种完备的描述不是全部都可以观察的，然而从一种合理的观点来看，人们也绝不能作这样的要求。——

我写这封信给你，并不幻想要说服你，唯一意图是让你了解我的观点，而这种观点已经使我陷于十分孤立。我也已经把它带到一种可以说是真正数学理论的地步，不过对它的检验自然是很困难的。——

关于理论物理学基础的考查[①]

科学是这样一种企图，它要把我们杂乱无章的感觉经验同一种逻辑上贯彻一致的思想体系对应起来。在这种体系中，单个经验同理论结构的相互关系，必须使所得到的对应是唯一的，并且是令人信服的。

感觉经验是既定的素材。但是要说明感觉经验的理论却是人造的。它是一个极其艰辛的适应过程的产物：假设性的，永远不会是完全最后定论的，始终要遭到质问和怀疑。

形成概念的科学方法之不同于我们在日常生活中所用的方法时，不是在根本上，而只是在于概念和结论有比较严格的定义；在于实验材料的选择比较谨慎和有系统；同时也在于逻辑上比较经济。最后这一点，我们的意思是指这样的一种努力，它要把一切概念和一切相互关系，都归结为尽可能少的一些逻辑上独立的基本概念和公理。

我们所说的物理学，包括这样一类的自然科学：它们的概念是以量度作为根据的；而且它们的概念和命题可用数学公式来表示。

---

① 这是爱因斯坦于 1940 年 5 月 15 日在华盛顿第八届“美国科学会议”上的报告。讲稿最初发表在 1940 年 5 月 24 日出版的美国《科学》(*Science*)周刊，91 卷，487—492 页。这篇译文曾刊载在《自然辩证法研究通讯》1957 年第 3 期上，现在根据《思想和见解》323—335 页重新作了校订。标题照最初发表的。——编译者

因此，在我们全部知识中，那个能够用数学语言来表达的部分，就划为物理学的领域。随着科学的进步，物理学的领域扩张到这样程度，它似乎只受这种方法本身的界限所限制。

物理学研究的大部分工作，是致力于要发展物理学的各个分科，每一分科的目的都是要对那些多少有一定范围的经验作理论上的理解，而且每一分科中的定律和概念都要同经验保持尽可能密切的联系。正是这样一门科学，随着它的不断的专门化，在上几个世纪中，使实际生活起了革命，并且产生了这样一种可能性，使人类可以最后从辛苦的体力劳动的重负下解放出来。

另一方面，从一开始就一直存在着这样的企图：要寻找一个关于所有这些学科的统一的理论基础，它由最少数的概念和基本关系所组成，从它那里，可用逻辑方法推导出各个分科的一切概念和一切关系。这就是我们所以要探求整个物理学的基础的用意所在。认为这个终极目标是可以达到的，这样一个深挚的信念，是经常鼓舞着研究者的强烈热情的主要源泉。正是为了这个理由，下面就专门谈论物理学的基础。

由前面所说，显然可见，这里的基础这个词，并不意味同建筑的基础在所有方面有什么雷同之处。从逻辑上来看，各条物理定律当然都是建立在这种基础上面的。建筑物会被大风暴或者洪水严重毁坏，然而它的基础却仍安然无恙；但是在科学中，逻辑的基础所受到的来自新经验或者新知识的危险，总是要比那些同实验有较密切接触的分科来得大。基础同所有各个部分相联系，这是它的巨大意义之所在，但是在面临任何新因素时，这也正是它的最大危险。了解到这一点，我们会觉得奇怪，为什么在那些所谓物理科学的革命时代，它的基础的改变，并不见得比实际的情况更加频繁和更加彻底。

第一个企图奠定统一的理论基础的是牛顿。在他的体系中，每样东西都归结为如下的几个概念：(1)具有不变质量的质点；(2)任何两个质点之间的超距作用；(3)关于质点的运动定律。严格说来，这里并没有什么包罗万象的基础，因为它只列出一条关于引力的超距作用的明确定律；而对于别的超距作用，除了作用和反作用相等这条定律之外，并没有先验地确立起什么。此外，牛顿自己也充分理解到，作为物理学上有效因素的空间和时间，是他的体系的基本元素，尽管他对此只作了暗示，而未明说。

牛顿的这个基础判明是卓有成效的，到十九世纪末为止，它一直被看作是最终完成了的基础。它不仅给出了天体运动的结果，直到最详细的细节，而且还提供了一种关于分立物质和连续物质的力学理论，提供了一种对能量守恒原理的简单解释，也提供了一种完整的和辉煌的热理论。在牛顿体系里，对电动力学事实的解释则是比较勉强的；在所有这一切中，最难令人信服的，从一开头就是光的理论。

牛顿不相信光的波动论，那是不足为奇的，因为这样的理论最不适合他的理论基础。要假定空间里充满着一种由质点组成的媒质，这些质点传播着光波，但却不显示出任何别的力学性质，这个假定在他看来，一定是十分不自然的。对于光的波动本性的最有力的经验证据，如不变的传播速率、干涉、衍射、偏振等，当时要不是还不知道，就是还未经整理总结。所以他有理由固守他的发射论。

在十九世纪，这场争论以波动论的胜利而告结束。然而当时还没有对物理学的力学基础产生严重的怀疑，这首先是因为谁也不知道还可以从哪里找到另一种基础。只是在不可抗拒的事实的压力下，才慢慢发展起一种新的物理学的基础，即场物理学。

从牛顿时代起，超距作用的理论始终被认为是不自然的。曾作过不少努力，企图用一种动力学理论来解释引力，那是一种以假设的质点的撞击力为根据的理论。但是这些企图都很肤浅，得不出什么结果。空间（或者惯性系）在力学的基础中所扮演的奇特的角色，也被清楚地认识到了，并且为恩斯特·马赫特别透彻地批判过。

伟大的变革是由法拉第、麦克斯韦和赫兹带来的——事实上这是半不自觉的，并且是违反他们的意志的。所有这三位，在他们的一生中都始终认为自己是力学理论的信徒。赫兹发现了电磁场方程的最简单形式，并且宣称任何导出这些方程的理论都是麦克斯韦理论。可是在接近他的短促生命的末期，他写了一篇论文，在这篇论文里，他提出一种摆脱力概念的力学理论，以作为物理学的基础。

对于我们，法拉第的一些观念，可以说是同我们母亲的奶一道吮吸来的，它们的伟大和大胆是难以估量的。对于一切要把电磁现象归之于带电粒子之间彼此相互反应的超距作用的这种企图，法拉第必定是以其准确无误的本能看出了它们的人为的本性。散布在一张纸上的许多铁屑中的每个颗粒，怎么会知道附近的导体中有带电粒子在巡回流动呢？所有这些带电粒子合起来好像在周围空间里造成一种状态，使铁屑以一定的秩序排列着。这些空间状态，今天叫做场，只要它们的几何结构和相互依存作用一旦正确地掌握住了，他深信就可以找出神秘的电磁相互作用的线索。他把这些场设想为一种充满空间的媒质中的机械的应力状态，这类似于弹性膨胀体中的应力状态。因为在那个时候，对于这些在空间里显然是连续分布着的状态，这是唯一可能设想的办法。在背后保留着关于这些场的独特的力学解释——从法拉第时代的力学传统来看，这是对科学良心的一种安慰。借助于这些新的场概念，法拉第就成功地对他和他的先辈所发现的全部电磁现象形成了一个定性的概念。关于这些场的时间-空间定律的严密公式表述，则是麦克斯韦的工作。当他用他自己所建立的微分方程，证明了电磁场是以偏振波的形式，并且以光速在传播着的时候，可想象到他当时是怎样的感觉呀！世界上很少有人能够有幸享受到这样的经验。在那个激动的时刻里，他必定猜想不到，好像已完全解决了的光的那个谜一样的本性，却还会继续迷惑了以后好几代人。在这个时期，物理学家们花了好几十年时间才理解到麦克斯韦发现的全部意义，由此可见，他的天才迫使他的同行们在概念上要作多么勇敢的跃进。只是等到赫兹以实验证实了麦克斯韦电磁波的存在以后，对新理论的抵抗才被打垮。

但是，如果电磁场可以独立于物质源而以波动的形式存在着，那么，静电的相互作用就不可再解释为超距作用了。这对于电的作用既然正确，那么对于引力也不能否认了。牛顿的超距作用到处都退让给以有限速度传播着的场了。

牛顿的基础现在只剩下受运动定律支配的质点了。但是 J. J. 汤姆孙指出：依照麦克斯韦的理论，运动着的带电体必定具有磁场，磁场的能量正好是给带电体增加的动能。既然一部分的动能是由场能组成的，难道全部的动能就可以不是吗？作为物质的根本性质的惯性，是否也许能在场的理论中得到解释呢？这就产生了用场论来说明物质的问题，它的答案会提供出对物质的原子结构的解释。人们不久就看出，麦克斯韦的理论不能实现这个纲领。从那时以来，曾有许多科学家热情地通过推广来寻求一种包含物质理论的完整的场论；但是到目前为止，这种努力都还未成功。要构成一种理论，仅有一个关于目标的清楚想法，那是不够的。还必须有一个形式观点，以便对无限种的可能性加以充分的限制。直到现在，这种观点还没有找到；因此，场论还没有成功地提供出关于整个物理学的基础。

有好几十年时间，多数物理学家都固执着这样的一种信念，认为必定能为麦克斯韦理论找到一种力学的根基。但由于他们努力的结果不能令人满意，就逐渐承认新的场概念是不可简约的基本——换句话说，物理学家不得已只好放弃力学的基础这个想法。

这样，物理学家就坚持了场论纲领，但是这个纲领不能称为基础，因为谁也不敢说是否有一个贯彻一致的场论，它一方面既能解释引力；另一方面又能解释物质的基本组成成分。在这种情况下，就有必要把物质粒子看作是服从牛顿运动定律的质点。这就是洛伦兹在创立他的电子论和动体电磁现象理论时所用的方法。

这就是在世纪交替时基本概念所达到的地步。当时对于全部新现象的理论的洞察和了解有莫大的进展；但是物理学统一基础的建立看来却的确很渺茫。而且这种情况又由于随后的发展而更加恶化起来。本世纪的发展是由两个在本质上各自独立的理论体系来表征的，那就是相对论和量子论。这两个体系彼此没有直接的矛盾；但是似乎很难融合成一个统一的理论。我们必须扼要地讨论这两个体系的基本观念。

相对论是要从逻辑经济上来改善世纪交替时所存在的物理学基础而产生的。所谓狭义的或者有限制的相对论所根据的事实是：在洛伦兹变换下，麦克斯韦方程（光在空虚空间里传播的定律因而也一样）变换成同一形式。麦克斯韦方程的这种形式上的性质，为我们一个十分可靠的经验知识所补充，那就是：参照于一切惯性系，物理定律都是相同的。这导致了如下的结果：洛伦兹变换——用于空间和时间坐标——必定支配着从一个惯性系到任何别的惯性系的转移。狭义相对论的内容因此可用一句话来总结：一切自然规律都必定受到这样的限制，使它们对于洛伦兹变换都是协变的。由此得知，两个隔开的事件的同时性不是一个不变的概念，刚体的大小和时钟的快慢都同它们的运动状态有关。另一个结果是在物体速率比光速并不很小的情况下修改了牛顿运动定律。它还导出了质能相当原理，把质量守恒定律和能量守恒定律合并成一个定律。一旦指明了同时性是相对的，并且同参照系有关，物理学基础中保留超距作用的任何可能性就都消失了，因为这个概念是以同时性的绝对性为前提的（即必须有可能说出“在同一时刻”两个相互作用着的质点所处的位置）。

广义相对论来源于企图解释一个从伽利略和牛顿时代起就早已知道的，但一向逃避了一切理论说明的事实：物体的惯性和重量，本身是两种完全不同的东西，但却用同一个常数（质量）去量度。从这个相当性得知，不可能用实验去发现一个坐标系究竟是在加速的，还是在沿直线匀速运动着，而所观察到的结果则是由引力场所引起的（这就是广义相对论的等效原理）。一旦引力引了进来，它就粉碎了惯性系这个概念。这里可注意的是，惯性系是伽利略-牛顿力学的一个弱点。因为在那里要预先假定物理空间有这样一种神秘的性质，它限制着适用于表述惯性定律和牛顿运动定律的坐标系的种类。

下面的假设能免除这些困难：自然规律必须作这样的公式表述，它们的形式对于无论哪一种运动状态的坐标系都是完全一样的。要完成这项工作，那是广义相对论的任务。另一方面，我们从狭义相对论推知时间-空间连续区中黎曼度规的存在，依照等效原理，它既描述了引力场，也描述了空间的度规性质。要是假定引力的场方程是二阶的微分方程，场定律就可以明确地确定下来了。

除了这个结果，这理论还使场物理学摆脱了无能为力的状态，这毛病同在牛顿力学中的一样，是由于把那些独立的物理性质加给空间而引起的，而这些性质一直被惯性系的使用掩盖着。但是还不能断言，广义相对论中今天可看作是定论的那些部分，已为物理学提供了一个完整的和令人满意的基础。首先，出现在它里面的总场是由逻辑上毫无关系的两个部分，即引力部分和电磁部分所组成的。其次，像以前的场论一样，这理论直到现在还未提出一个关于物质的原子论性结构的解释。这种失败，也许同它对理解量子现象至今尚无贡献这一事实多少有点关系。为了理解这些现象，物理学家被迫采用了一些完全新的方法，现在我们就来讨论这些新方法的根本特征。

1900 年，在纯理论研究的进程中，麦克斯·普朗克作出了一个非常值得注意的发现：作为温度的函数的物体辐射定律，不能单独从麦克斯韦的电动力学定律里推导出来。为了得到同有关实验相一致的结果，必须把那些具有一定频率的辐射看作好像是由一些能量原子所组成，而单个能量原子所具有的能量是 $h\nu$，此处 h 是普朗克的普适常数。随后几年，证明了光无论在哪里都是以这样的能量子形式产生或者被吸收的。特别是尼耳斯·玻尔，由于他假定原子只能具有分立的能量值，而它们之间不连续的跃迁都同这种能量子的发射或者吸收有关，他就能够大体上了解到原子的结构。这就帮助说明了这样的事实：元素及其化合物在气态时，所辐射和所吸收的光，只能具有某些明锐确定的频率。所有这些，在此以前存在着的各种理论的框框里都是完全无法说明的。显然，至少在原子论性现象的领域里，所发生的每件事情的特征，都是由分立的状态，以及它们之间看来是不连续的跃迁所规定的，普朗克常数 h 在这里起着决定性的作用。

下一步骤是德布罗意所采取的。他向自己提出这样的问题：借助于现行的概念，分立的状态可作怎样的理解呢？他想起了同驻波的类比，就像在声学中风琴管和弦的本征频率的情况那样。这里所需要的这样一种波动作用固然还不知道；但是用上普朗克常数 h，就可以把它们构造出来，并且列出它们的数学定律。德布罗意设想，电子绕原子核的转动是同这种假设的波列有关，并且通过对应波的驻定特征，对玻尔的“容许的”轨道的分立特征就能有所理解。

既然力学中质点的运动是由作用于它们的力或者力场来决定的，那么可以料想到，那些力场也会以类似的方式来影响德布罗意的波场。埃尔温·薛定谔指出怎样去计算这种影响，他用一种巧妙的方法来重新解释古典力学的某些公式。他甚至不要增加任何假说,就成功地发展了波动力学理论,使它适用于含有任意个质点(那就是说有任意个自由度)的任何力学体系。这是可能的,因为由 n 个质点所组成的力学体系,在数学上有很大程度是相当于一个在 $3n$ 维空间里运动着的单个质点。

根据这个理论,许许多多用别的理论好像完全无法理解的事实都得到了意外美妙的说明。但是,够奇怪的,有一点它却失败了:已经证明,不可能使这些薛定谔波同质点的确定运动联系起来——而这,归根到底却是整个结构的本来目的。

这困难好像是不可克服的,直到玻恩才用一个料想不到的简单方法跨了过去。德布罗意-薛定谔波场不可解释为一种关于一个事件怎样在时间和空间里实际发生的数学描述,尽管它们同这样的事件当然是有关系的。说得恰当些,它们是我们实际上所能知道的关于体系的一种数学描述。它们只能用来在统计上陈述和预测我们对这个体系所能进行的一切量度的结果。

让我举个简单例子来说明量子力学的这些普遍的特点:我们考查一个质点,它被一些强度是有限的力限制在一个有限的区域 G 内。如果质点的动能是在某一极限以下,那么根据古典力学,质点就永远不能离开 G 这个区域。可是根据量子力学,过了一段不能直接预测的时间之后,质点却可能沿一个不能预测的方向离开区域 G,而跑到周围的空间里去。依照伽莫夫(Gamov),这个例子就是放射性蜕变的一个简化的模型。

这例子的量子理论处理如下:在时间 t_0,薛定谔波系全部是在 G 里面。但是从时间 t_0 以后,这些波沿着一切方向离开 G 的内部,这样,外出波的幅要小于 G 里面波系的初幅。外面的波愈扩散开，G里面的波幅就愈缩小，因而后来从G发出的波的强度也就相应地减小。只有经过无限的时间以后，G里面的波才都跑光，而外面的波则不断扩散到更大的空间中去。

但是这种波动过程同我们所关心的那个原来的对象，即原来被包围在G内的粒子有什么相干呢？要回答这问题，我们必须设想某种装置，使我们能对粒子进行量度。比如，让我们设想在周围空间的某处有一块屏幕，当粒子碰上来时就被粘住。于是，根据波射到屏上一个点的强度，我们就可断定粒子在那时射到屏上这一点的几率。当这粒子一射到屏上任何一个特定点，整个波场就立即失去了它全部的物理意义；它的唯一目的就在于对粒子射到屏上的位置和时间（或者，比如，它射到屏上时的动量）作出几率预测。

其他一切例子也都相类似。这理论的目的是要确定在某一时刻对体系量度结果的几率。但是，它并不指望要对空间和时间里实际上存在着的或者进行着的事情作出数学的表示。在这一点上，今天的量子理论是根本不同于以前的一切物理学理论的，不管是力学的理论还是场的理论。它不对实际的空间-时间事件作模型的描述，而只为可能的量度给出那些作为时间函数的几率分布。

必须承认，这个新理论的概念不是来源于任何胡思乱想，而是由于经验事实的压力。想直接求助于空间-时间模型，来表示光和物质现象中所出现的粒子和波动的特性，所有这样的企图到目前为止都以失败告终。而且海森伯已经令人信服地指出，从经验的观点来看，由于我们实验仪器的原子论性的结构，关于自然界的严格决定论性的结构的任何判断，肯定是被排除了。因此，希望任何未来的知识能迫使物理学重新放弃我们目前的统计性的理论基础，而支持能直接处理物理实在的决定论性的理论基础，那也许是办不到的。在逻辑上，这问题似乎摆着两种可能性，原则上我们就在这两者之间进行选择。归根结底，作为选择依据的是，究竟哪一种描述所产生的表述方式在逻辑上说来是属于最简单的基础的。在目前，我们完全没有任何决定论性的理论，它既能直接描述事件本身，而又同事实相符合。

暂时我们还得承认，我们还没有任何全面的物理学的理论根基，可被看作是物理学的逻辑基础的。到目前为止，场论在分子领域里失败了。各方面都同意，唯一可能作为量子力学根基的原理，该是一种能够把场论翻译成量子统计学形式的原理。至于这种原理实际上能否以一种令人满意的方式得出来，那是谁也不敢说的。

有些物理学家，包括我自己在内，不能相信：我们必须实际地并且永远地放弃那种在空间和时间里直接表示物理实在的想法；或者我们必须接受这样的观点，说自然界中的事件是像碰运气的赌博那样的。对于每个人，他所能选择的奋斗方向是宽广的；而且每个人也都可以从莱辛的这样一句精辟的名言里得到安慰：对真理的追求要比对真理的占有更为可贵。①

① 对莱辛这句话，爱因斯坦有另一种说法，见本书54页。——编译者

科学的共同语言①

走向语言的第一步是把声音或者其他可供交往用的符号同感觉印象联系起来。所有群居的动物好像都已有了——至少在一定程度上——这种原始的交往手段。当人们采用了另外一些符号，使那些表示感觉印象的符号相互间建立起关系，并且为人们所理解时，语言就达到了较高的发展阶段。在这个阶段，已经有可能报道一系列多少有点复杂的印象；我们可以说这时语言已经产生了。如果语言的目的是导致理解，那么在符号之间的关系中必须具有一些规则，同时，在符号和印象之间又必须有着固定的对应关系。由同一种语言结合起来的人们，在他们童年时期，主要是靠直觉来领会这些规则和关系的。当人们意识到符号之间的规则时，所谓语法就建立起来了。

在开始阶段，词都可直接同印象对应起来。在较后阶段，则由于有些词只有当它们同别的词（比如像"是"、"或者"、"事物"这些词）联在一起使用时，才表示知觉之间的关系，那种直接的对应关系就此消失。在这样的情况下，指示知觉的是词组，而不是单词。当语

① 这是爱因斯坦于1941年9月28日为伦敦"科学讨论会"所作的广播讲话，讲稿最初发表在伦敦的《科学进步》(*Advancement of Science*)，第2卷，第5期上。这里译自《思想和见解》，335—337页。——编译者

言由此而部分地独立于印象的背景时,就得到了较大的内在一致性。

在这个进一步的发展阶段,经常使用所谓抽象的概念;而只有在这个阶段,语言才成为真正的推理工具。但也正是这种发展使语言成为错误和欺诈的危险源泉。一切都取决于词和词的组合同印象世界对应的程度。

使语言和思维具有这样一种密切关系的究竟是什么呢?是不是不用语言就没有思维,就是说,在不一定需要用词来表达的概念和概念的组合中,是不是就没有思维?我们每个人都不是曾经在已经明白了"事物"之间的关系之后还要为推敲词而煞费苦心吗?

如果一个人构成或者可能构成他的概念时可以不用周围的语言来指导,那么我们就可能倾向于认为思维的作用是同语言完全无关的。但是在这样的条件下生长起来的一个人的精神状态会是非常贫乏的。因此,我们可以下结论说,一个人的智力发展和他形成概念的方法在很大程度上是取决于语言的。这使我们体会到,语言的相同,多少就意味着精神状态的相同。在这个意义上,思维同语言是联结在一起的。

科学语言同我们通常所了解的语言有什么不同呢?科学的语言怎么会是国际性的呢?就概念的相互关系以及概念同感觉材料的对应关系来说,科学所追求的是概念的最大的敏锐性和明晰性。让我们举欧几里得几何和代数的语言为例来说明这一点。它们使用少数独立引进的概念及其符号,比如整数、直线、点,同时也使用一些表示基本运算的符号,这种运算就是那些基本概念之间的关系。这是构成或者说定义其他一切陈述和概念的基础。以概念和陈述作为一方,以感觉材料作为另一方,这两方面的联系是通过足够完善的计数和量度工作而建立起来的。

科学概念和科学语言的超国家性质，是由于它们是由一切国家和一切时代的最好的头脑所建立起来的。他们在单独的但就最后的效果来说却是合作的努力中，为技术革命创造出精神工具，这个革命已在上几个世纪改变了人类的生活。他们的概念体系在杂乱无章的知觉中被用来作为一种指针，使我们懂得从特殊的观察中去掌握普遍真理。

科学方法带给人类哪些希望和忧虑呢？我不认为这是提问题的正确方法。这个工具在人的手中究竟会产生出些什么，那完全取决于人类所向往的目标的性质。只要存在着这些目标，科学方法就提供了实现这些目标的手段。可是它不能提供这些目标本身。科学方法本身不会引我们到那里去的，要是没有追求清晰理解的热忱，根本就不会产生科学方法。

手段的完善和目标的混乱，似乎是——照我的见解——我们这时代的特征。如果我们真诚地并且热情地期望安全、幸福和一切人们的才能的自由发展，我们并不缺少去接近这种状态的手段。哪怕只有一小部分人愿为这样的目标努力，最后也会证明这些目标是高超的。

伐耳特·能斯特的工作及其为人[①]

伐耳特·能斯特(Walther Nernst)最近逝世了,在我的一生中同我关系密切的学者中间,他是最有特色也最有趣的人物之一。他从不错过柏林的任何一次物理讨论会,他的简明的意见表明他具有一种确实惊人的科学本能,他既具有能得心应手地运用大量事实材料的卓越知识,而又杰出地精通实验方法和实验技术。尽管有时我们对他的孩子气的自负和自满报以温厚的微笑,但是大家对他不仅是真诚地赞赏,而且还有私人的情谊。只要他的自我中心的弱点不出现,他就显示出一种非常难得的客观性,一种对关键问题的准确无误的判断力,和一种追求自然界内在相互关系的知识的真挚热忱。要是没有这种热忱,他的独特的多产的创造,以及他对本世纪开头三十多年科学生活的重要影响,就会是不可能的了。

他追随阿雷纽斯(Arrhenius)、奥斯特瓦耳德(Ostwald)和范特霍夫(Van't Hoff),而作为这个朝代的最后一人,他们的研究是以热力学、渗透压力和离子理论为基础的。一直到 1905 年,他的

---

① 此文最初发表在 1942 年 2 月出版的美国《科学月刊》(*The Scientific Monthly*,华盛顿)上。这里译自《晚年集》,233—235 页。标题照最初发表时所用的。

伐耳特·能斯特(Walther Hermann Nernst),德国物理学家,生于 1864 年 6 月 25 日,卒于 1941 年 11 月 18 日。——编译者

工作还主要局限于这些观念的范围。他的理论装备多少是初步的,但是他以罕有的机敏掌握着它。比如我可举出:浓度局部变化溶液中的电动势理论,溶解度由于加进溶解质而下降的理论。在这个时期,他发明了用惠斯通电桥来测定导电体的介电常数的巧妙的衡消法(用交流电,以电话机作为指示器,在比较电桥支路中补偿电容量)。

这个最初的多产时期,他的工作大部分是关于方法论的改进和对一个领域的探索的完成,而这个领域的原理在能斯特以前早就已为人所共知。这项工作逐渐把他引向一个普遍性的问题,这问题可以表征如下:由一个体系在各种状况下的已知能量,是不是有可能算出它从一个状态过渡到另一状态时所能得到的有用的功呢?能斯特认识到,单凭热力学方程,要在理论上从能量差 U 来确定过渡功 A,那是不可能的。从热力学就能推论出:在绝对零度时,A 和 U 两个量必定相等。但是对于任意的温度,人们不能从 U 推出 A,即使用 U 来表示的能量值或者能量差对于一切状况都是已知的。除非引进一个关于这些量在低温下的反应的假定,这种计算就不可能进行。这个假定由于它很简单,看起来是很明显的。这就是:在低温下,A 变得同温度无关。把这个假定作为一个假说(热理论的第三条主要原理)引进来,是能斯特对理论科学的最大贡献。普朗克后来找到一个理论上更加令人满意的解答;那就是,熵在绝对零度时消失了。

从关于热的较陈旧的观点来看,这个第三条主要原理所要求的物体在低温下的反应很古怪。要考查这条原理的正确性,低温下的量热学方法必须作重大改进。高温量热学方面的不少进步也要归功于能斯特。通过所有这些研究，也通过那些以他的不疲倦的发明天才向他那个领域里的实验家所提供的许多启发性的建议，他非常有效地推进了他那一代的研究工作。量子论一开头就得到那些量热学研究的重要结果的帮助，在玻尔的原子论使光谱学成为最重要的实验领域之前，情况尤其如此。能斯特的标准著作《理论化学》，不仅给学生，而且也给学者们以丰富的启发性的思想；它在理论上是初步的，但却很机智、生动，并且充满着各色各样相互关系的暗示。这真正反映了他的才智的特征。

能斯特不是一个偏于一方面的学者。他的健全的公共意识使他成功地参与实际生活的一切领域，他的每一次谈话，都多少显示出风趣。他所不同于他的几乎所有本国人的，是他显然摆脱了偏见。他既不是国家主义者，也不是军国主义者。他对事对人的判断，几乎唯一地是根据他们的直接成就，而不是根据一种社会和伦理的理想。这是他摆脱偏见的结果。同时，他对文学也很感兴趣，而且还具有一种在像他那样工作任务繁重的人中间难以找到的幽默感。他是一个不同凡响的人；我从未碰到过一个在任何本质方面类似他那样的人。

统一场论方面的一个新尝试

——1942年8月给贝索的信①

我欠你的信债有点不像话了。不过,我这就写给你,因为你触动了我的兴趣爱好。现在要谈的是关于总场(引力和电)的统一概念这个老问题。你一定知道,迄今的尝试(主要是从魏耳和卡鲁查那里来的)全都已经失败。我的新尝试同以前的有这样一个共同点,就是我设法去找在形式上有点类似于真空引力方程而又同总场有关的东西,把它作为总场方程。

卡鲁查是这样做过的:他不用具有如下度规的四维空间

$$\begin{matrix} g_{11}, \cdots, g_{14} \\ \cdots\cdots\cdots\cdots \\ \cdots\cdots\cdots\cdots \\ g_{14}, \cdots, g_{44} \end{matrix}$$

而是用具有如下度规的五维空间

$$\begin{matrix} g_{11}, \cdots, g_{14} & g_{15} \\ g_{21}, \cdots, g_{24} & g_{25} \\ \cdots\cdots\cdots\cdots\cdots & \end{matrix}$$

这里 g 只同 $x^1 \cdots x^4$ 有关,但同 x^5 无关。

---

① 译自《爱因斯坦-贝索通信集》366—368页。由李澍泖同志译。标题是我们加的。——编者

$g_{41},\cdots,g_{44}\ \ g_{45}$

$g_{51},\cdots,g_{54}\ \ 1$

我的新尝试的出发点是，在黎曼几何学中 $g_{ik}(g^{ik})$ 的归一化的子行列式的构成具有根本意义。因为这种构成有可能从一个协变矢量 A_s 构成抗变矢量 $A^r=g^{rs}A_s$. 在黎曼那里，张量 g_{ik} 是对称的。但是归一化了的子行列式本身并不要求对称结构。这样，就可以联想到，以一个非对称的 g_{ik} 来代替对称的 g_{ik}，但这是不合理的，因为，一个非对称张量会分解为一个对称的和一个反对称张量之和：

$$g_{ik}=s_{ik}+a_{ik}\left|\begin{array}{l}s_{ik}=s_{ki}\\ a_{ik}=-a_{ki}.\end{array}\right.$$

这样，在我们面前就有两个互相独立地变换的场，而不是一个统一的场。

我现在所做的，你也许会觉得有点狂乱，也许真是这样。但是，应该考虑到，如果不按一般的办法用统计学的方式来处理，波粒二象性本身就要求出现某种前所未闻的事情。而我一如既往，不认为统计学的方法是终极的方法。

我考虑这样一个空间，它的四个坐标 $x^1\cdots x^4$ 都是复数。因此，它实际上是一个 8 维空间。每一个坐标 x^i 都有相应的复共轭 $\overline{x^i}$，每一个矢量 A^i 都有四个复分量和四个共轭分量 $\overline{A^i}$，黎曼度规在这里就为如下形式的度规所代替：

$$g_{ik}dx^i d\overline{x^k}.$$

这应当是实数，它就要求 $g_{ik}=\overline{g_{ki}}$（厄米度规）。g_{ik} 都是 x^i 和 $\overline{x_i}$ 的分析函数。

于是，这问题同黎曼的〔问题〕完全类似。g_{ik} 应该满足什么样的二阶微分方程呢？这里不再要求对实坐标 x^i 的任意的连续的变换的协变性，而是（本质上）对如下类型的变换的协变性

$$\overset{x}{x}{}^{i}=f^{i}(x^{s})$$

$$\overset{x}{x}{}^{i}=\overline{f}^{i}(x^{s}).$$

困难在于，首先有许多方程组都能满足这些条件。但是，我发现，如果处置得当，这些困难会迎刃而解，就同在黎曼那里一模一样。

然而，积分是很难的，不那么快就能断定这个漂亮的空中楼阁是否有一点同上帝所完成的工作有关。我一旦有了哪怕是微小的有根据的信念，我就很愿意告诉你。

爱萨克·牛顿[①]

理性用它的那个永远完成不了的任务来衡量,当然是微弱的。它比起人类的愚蠢和激情来,的确是微弱的,我们必须承认,这种愚蠢和激情不论在大小事情上都几乎完全控制着我们的命运。然而,理解力的产品要比喧嚷纷扰的世代经久,它能经历好多世纪而继续发出光和热。为了在这不平静的日子里由这种思想得到安慰,就让我们来纪念这位在三百年前来到人间的牛顿吧。

想起他就要想起他的工作。因为像他这样一个人,只有把他的一生看作是为寻求永恒真理而斗争的舞台上的一幕,才能理解他。在牛顿以前很久,已经有一些有胆识的思想家认为,从简单的物理假说出发,通过纯逻辑的演绎,应当有可能对感官所能知觉的现象作出令人信服的解释。但是,是牛顿才第一个成功地找到了一个用公式清楚表述的基础,从这基础出发,他能用数学的思维,逻辑地、定量地演绎出范围很广的现象,并且能同经验相符合。的确,他完全可以希望他的力学根本基础总有一天能为了解一切现

---

① 这是爱因斯坦为纪念牛顿诞生300周年而写的文章,发表在1942年12月25日的英国《曼彻斯特卫报》(*The Manchester Guardian*)上。这里译自《晚年集》,219—223页。

爱萨克·牛顿(Isaac Newton),英国物理学家和数学家,生于1642年12月25日,卒于1727年3月20日。——编译者

象提供一把钥匙。他的学生们正是——比他自己还要更有信心地——这样想的，他的继承者们一直到18世纪末也还是这样想的。这个奇迹怎么会在他的头脑中产生出来呢？读者请原谅我提出这个不合逻辑的问题。因为要是依靠理性，我们就能够对付“怎么会”的问题，那么按照字面原意来说的那种奇迹也就不成其为问题了。本来理智每一活动的目标，就是要把“奇迹”转变为理智所已掌握的东西。如果在这种情况下，奇迹确实可以转变，那么我们对牛顿的才智，就只会更加钦佩。

伽利略通过对一些最简单的经验事实的天才的解释，建立了这样的命题：凡是不受外力作用的物体，永远保持着它原来的速度（和方向）；如果它改变了速度（或者它运动的方向），那么这个变化必定是由于外在的原因。

如果要在数量上利用这一知识，速度和速度变率——在任何被设想为无大小的物体（质点）的运动情况下，那就是加速度——这两个概念首先必须以数学的准确性来表述。这项任务导致牛顿发明了微积分的基础。

这本身就是一个第一流的创造性的成就。但是对于作为一个物理学家的牛顿来说，他发明这种新的概念语言，只是为了建立普遍运动定律的需要。对于一个既定的物体，他现在必须提出这样的假说：那个在大小和方向上都已由他精确表述了的加速度，是同作用在这物体上的力成比例的。这个表征物体的加速能力的比例系数，完备地描述了这个（无大小的）物体的力学性质；这样就发现了质量这个基本概念。

上面所讲的一切，可以说——不过是以极其谨慎的方式来讲的——是对于那些已为伽利略认识其本质了的事情的一种精密表述。但这还不足以解决主要问题。换句话说,只有当作用在物体上的力的方向和大小在任何时候都是已知的情况下,才能从运动定律得出物体的运动。这样,这个问题就归结为另一个问题:怎样去找出作用力。考虑到宇宙间物体相互所产生影响的无限复杂性,一个胆量不及牛顿的人必定会觉得毫无希望。何况我们所知觉到的运动,又绝不是无大小的点——也就是说可以看作为质点——的运动。牛顿怎样来对待这种混乱状况呢?

如果我们推着一辆在地平面上无摩擦运动着的车子,那么我们作用在它上面的力就是直接给定了的。这是一种理想状况,运动定律是由此导出来的。我们这里所处理的虽不是一个无大小的点,但这似乎无关紧要。

那么,空中落体的情况又是怎样的呢?如果人们把自由落体运动作为整体来看,那么它就差不多同无大小的质点一样简单。它是向下加速的。依照伽利略,这加速度同物体的本性和速度都无关。当然,地球对于这加速度的存在必定起决定作用。因此,似乎仅仅由于地球的存在,就有一个力作用在这物体上。地球是由许多部分组成的。似乎不免要得出这样的想法,认为它的每一部分都在影响落体,而所有这些影响都结合在一起。因此,似乎由于这些物体本身的存在,就有一种力通过空间在它们之间相互作用着。这些力似乎同速度无关,而只同产生这些力的各种物体的相对位置以及它们在数量方面的特性有关。这个数量方面的特性可能取决于物体的质量,因为从力学观点来看,质量似乎表示物体的特征。物体的这种古怪的超距作用可以叫做引力。

现在如果要得到关于这种作用的精确知识,那只要求出两个具有一定质量、相隔一定距离的物体之间的相互作用的力有多大就行了。至于它们的方向,大概就是连接它们的直线。由此,最后剩下未知的,就只是这力对两物体之间的距离的依存关系。但是这不能先验地知道。这里只能依靠经验。

然而,确是有这种可供牛顿利用的经验。月球的加速度可从它的轨道知道,它能同地球表面上自由落体的加速度作比较。此外,行星绕太阳的运动已经由开普勒很准确地测定出来,并且概括成几条简单的经验定律。这样就有可能来断定由地球产生的引力作用和由太阳产生的引力作用对距离因素的依存关系。牛顿发现,这一切都可以用一种同距离平方成反比的力来解释。由此,目标就达到了,天体力学这门科学也就诞生了,这门科学已无数次地为牛顿自己和他以后的人所证实。那么,物理学的其余部分又怎样呢?引力和运动定律不能解释每样事情。决定固体各个部分平衡的是什么呢?怎样去解释光?怎样去解释电的现象?引进了质点和各种超距作用力,似乎万事万物都可望从运动定律推演出来。

这个希望并没有得到满足,没有谁再相信我们的一切问题都能在这个基础上求得解决。但是今天的物理学家的思想,在很大程度上还是为牛顿的基本概念所左右。至今还没有可能用一个同样无所不包的统一概念,来代替牛顿的关于宇宙的统一概念。但要是没有牛顿的明晰的体系,我们到现在为止所取得的收获就会成为不可能。

那些为现代技术发展所不可缺少的理智工具,主要来自对星的观察。对于技术在我们这个时代的误用,像牛顿那样的有创造能力的思想家，也像星本身一样，是不负什么责任的；他们的思想由于凝视这些星而展翅高飞。我之所以要说这些话，是因为在我们这个时代里，为知识而尊重知识的精神，已不再像文艺复兴时那几个世纪那样的强烈了。

论伯特兰·罗素的认识论①

当编者要我写点关于罗素的东西时，由于我对这位作者的钦佩和尊敬，我立刻就答应了。我由于读罗素的著作而度过了无数愉快的时刻，除索尔斯坦·凡布伦②外，对当代任何别的科学作家，我都不能这样说。然而，不久我就发现，作出这样的诺言，比履行它要容易得多。我已经答应对一个作为哲学家和认识论者的罗素说几句话。当我满怀信心地开始这项工作以后，很快就认识到，我已经冒险地进入了一个多么难以捉摸的领域；由于缺乏经验，到目前为止，我不得不把自己谨慎地限制在物理学领域里。物理学的当前困难，迫使物理学家比其前辈更深入地去掌握哲学问题。虽然我不想在这里谈那些困难，但是，正因为我对这些困难比对其他任何事情都更关心，所以我才采取了这篇论文中所概述的立场。

许多世纪以来，在哲学思想的进展中，下面这个问题起着主导作用：纯粹思维不依靠感官知觉能够提供怎样的知识？究竟有没

① 译自P.A.希耳普(Schilpp)编的"当代哲学家丛书"之一《伯特兰·罗素的哲学》(*The Philosophy of Bertrand Russell*)，1944年，纽约，Tuder版，278—291页。

罗素(Bertrand Arthur William Russell)，英国数学家和唯心论哲学家，生于1872年5月18日，卒于1970年2月2日。1920—21年曾来中国讲学。——编译者

② 凡布伦(Thorstein Veblen，1857—1929)美国经济学家、作家和教师，长期担任美国《政治经济学》杂志编辑。他是现代资产阶级技治主义的创导人之一。——编译者

有这样的知识？如果没有，那么，我们的知识同感官印象所提供的素材之间的正确关系应该怎样？对于这样的问题以及其他一些同它们密切有关的问题，哲学上的见解几乎是无限混乱的。然而，在这个相对地说没有什么成果的英勇奋斗的过程中，仍然可以看出一个有系统的发展趋势，那就是：对于用纯粹思维去认识“客观世界”，去认识那个同纯粹“概念和观念”世界相对立的“事物”世界的一切企图，愈来愈感到怀疑了。附带说一句，正像站在一个真正的哲学家的立场上一样，引号在这里是用来引进一种不合法的概念的，虽然在哲学警察看来，这种概念是可疑的，但是还得请读者暂时容忍一下。

在哲学的童年时代，人们相当普遍地相信，只要用纯粹的思辨就可以发现一切可知的东西。任何人都不难理解，这是一种幻想，只要他暂时忘却他从后来的哲学和自然科学所学到的东西；而且，当他发现，柏拉图认为，更高的实在是“理念”，而不是经验上可以知觉的事物时，也不会感到诧异了。甚至在斯宾诺莎那里，以及后来在黑格尔那里，这种偏见似乎仍然是一种起重要作用的有生气的力量。固然有人甚至可以提出这样的问题：要是没有这种幻想，能否在哲学思想领域中取得真正伟大的成就呢？但是，我们不想问这个问题。

这种比较贵族化的关于思维的无限洞察力的幻想，有比较平民化的朴素实在论的幻想作为它的对立面。按照朴素实在论，事物“都是”像它们通过我们的感官而被我们知觉到的那样。这种幻想支配着人和动物的日常生活；它也是一切科学，尤其是自然科学的出发点。

克服这两种幻想的努力不能是彼此无关的。克服朴素实在论比较简单。罗素在他的《意义和真理的探究》(*An Inquiry Into Meaning and Truth*)一书的引言中,已经以一种非常含蓄的方式表征了这个过程:

我们全部从"朴素实在论"出发,即从这样的原则出发:事物都是像它们外观所表现的那样。我们以为草是绿的,石头是硬的,雪是冷的。但是,物理学却使我们确信,草的绿,石头的硬和雪的冷,并不是我们在自己的经验中所知道的绿、硬和冷,而是一些很不相同的东西。一位观察者,当他以为自己在观察一块石头时,如果相信物理学,那么他实际上是在观察石头对他的作用。因此,科学似乎在同它自己作对:当它很想是客观的时候,却发现同自己的意志相反,陷入了主观性。朴素实在论导致物理学,而物理学如果是正确的,却证明朴素实在论是错误的。因此,如果朴素实在论是正确的话,它就应该是错误的;因此它是错误的。(14—15 页)

且不谈它们的巧妙的说明方式,这些话说出了我以前从没有想到过的东西。因为,从表面上看来,贝克莱和休谟的思维方式同自然科学的思维方式似乎是对立的。然而刚才引用的罗素的这段话,揭露了一种联系:如果贝克莱所根据的是这样的事实,即通过我们的感觉,我们所直接掌握到的,不是外在世界的"事物",而达到我们感觉器官的只是那些同"事物"的存在有因果联系的事件;那么,这样一种考虑,正是由于我们对物理学的思维方式的信任,才取得它的有说服力的特征的。因为,如果人们甚至在最一般的特征上也对物理学的思维方式表示怀疑,那就没有必要在客体和视觉作用之间插进任何东西,使客体从主体分离开来,并且使"客体的存在"成为问题。

然而，也正是这样一种物理学的思维方式及其实际成就，已经动摇了那种以为用纯粹思辨的思维就能理解事物及其关系的信心。人们逐渐承认了这样一种信念，认为一切关于事物的认识，不过是对感觉所提供的素材的一种加工。以这样一般的（而且故意说得含混些的）形式表达出来的这句话，今天大概是已经被公认了的。但是，这种信念的依据，不是在于假定有谁实际上已经证明了用纯粹思辨方法不可能得到关于实在的知识，而是在于这样的事实：唯有经验（在上述意义上的经验）的程序才证明它有资格作为知识的源泉。伽利略和休谟首先充分明确而果决地确认了这一原理。

休谟看到，我们必须认为是根本的那些概念，比如因果联系，不能从感觉所给我们的材料中得出。这种见解使他对无论哪种知识都采取怀疑态度。如果人们读过休谟的著作，他们就会惊奇，在他以后，居然会有许多而往往还是很受人尊敬的哲学家写出那么多的晦涩的废话，甚至还能找到感激它的读者。休谟对他以后最优秀的哲学家的发展有着永恒的影响。人们在阅读罗素的哲学分析时就会感觉到他，罗素的敏锐而又简洁的表达方式，常常使我想起休谟。

人们总是强烈地愿望有可靠的知识。这就是为什么休谟的明确主张会非常令人震惊，他认为：作为我们的知识的唯一源泉的感觉材料，通过习惯，能够把我们引向信仰和期望，但不能引向知识，更不能引向对于那些合乎规律的关系的理解。然后，康德带着这样一种观念登上舞台，虽然从他所给予这观念的形式来看，这种观念肯定是站不住脚的，但是它仍然意味着向解决休谟的两难论题迈进了一步,这两难论题是:凡是起源于经验的知识,都是靠不住的(休谟)。因此,如果我们有确实可靠的知识,那必定是以理性本身为依据的。比如,在几何命题中和在因果原理中,情况就被认为是如此。所以说,这些和某些别种类型的知识都是思想工具的一部分,因而不需要从感觉材料中得来(也就是说它们是先验的知识)。今天当然人人都知道,上述这些概念并不含有康德所给予它们的那种确定性和固有的必然性。可是,在我看来,在康德对这个问题的陈述中,下面这一点还是正确的:我们在思维中有一定的"权利"来使用概念,而如果从逻辑观点来看,却没有一条从感觉经验材料到达这些概念的通道。

事实上,我相信,甚至可以断言:在我们的思维和我们的语言表述中所出现的各种概念,从逻辑上来看,都是思维的自由创造,它们不能从感觉经验中归纳地得到。这一点之所以不那么容易被注意到,那只是因为我们习惯于把某些概念和概念的关系(命题)如此确定地同某些感觉经验结合起来,以致我们意识不到有这样一条逻辑上不能逾越的鸿沟,它把感觉经验的世界同概念和命题的世界分隔开来。

因此,比如整数系,显然就是人类头脑的一种发明,一种自己创造的工具,它使某些感觉经验的整理简化了。但是,没有方法可使这种概念直接从感觉经验中产生出来。我所以在这里故意选择数的概念,是因为它属于科学以前的思维,而且还因为它的构造性的特征仍然是容易看出来的。可是,我们越是转向日常生活的最原始的概念,就越难在大量根深蒂固的积习中认清这种概念是思维的一种独立创造。这样,就会产生一种致命的想法——所谓致命的，是对于理解这里的情况而说的——按照这种想法，概念是通过“抽象”，即通过去掉它的一部分内容，从经验中产生出来的。现在我要说明，为什么我以为这种想法是致命的。

人们一旦熟悉了休谟的批判，就很容易相信，所有那些不能从感觉材料中推出的概念和命题，因为它们有“形而上学”的特征，都要从思维中被清洗掉。因为，一切思维只有通过它同感觉材料的关系才能得到物质的内容。我认为，后一命题是完全正确的；但是以这一命题作为基础的思维规定却是错误的。因为只要彻底贯彻这种主张，就会把任何思维都当作“形而上学”的而绝对地排斥掉。

为了使思维不致蜕变为“形而上学”或空谈，只要概念体系中有足够的命题同感觉经验有足够巩固的联系就行了，同时，从整理和通盘考查感觉经验的任务来看，概念体系应当表现得尽可能统一和经济。可是，除此以外，这种“体系”(在逻辑上来看)就不过是一种按照(在逻辑上)任意规定的游戏规则来对符号进行的自由游戏。这一切都适用于日常生活中的思想，也同样适用于科学中比较有意识和有系统地构造出来的思想。

现在，如果我提出以下说明，其意义就很清楚了：休谟由于他的清晰的批判，不仅决定性地推进了哲学，而且也为哲学造成了一种危险，虽然这并不是他的过失，但是，随着他的批判，就产生了一种致命的“对形而上学的恐惧”，它已经成为现代经验论哲学推理的一种疾病；这种疾病是在早期的云雾中的哲学推理的对立物，这种哲学推理认为，感觉所给予的东西是可以忽略的，而且是可以不需要的。

不论人们多么推崇罗素在他的近著《意义和真理》中所给予我

们的敏锐的分析，我仍然以为，即使在那儿，这种对形而上学的恐惧的幽灵也造成了一些损害。比如，在我看来，由于这种恐惧，就引起了把“事物”设想为“一束性质”(*a bundle of qualities*)，而“性质”则必须从感觉材料中取得。于是，如果两个事物的一切性质都一致，那么我们就说它们是同一个事物，这就迫使人们把事物之间的几何关系也算作是它们的性质了。(否则，人们就不得不把巴黎和纽约的埃菲尔铁塔(Eiffel Tower)①看成是“同一个事物”了。)②相反，如果把事物(物理意义上的客体)作为一个独立概念，连同有关的空间-时间结构一起带进这个体系中来，我就看不出这会造成什么“形而上学”的危险。

关于罗素的这些努力，我特别高兴地注意到，在这本书的最后一章里，他终于弄清楚了：人们没有“形而上学”毕竟是不行的。但即使在这里，我仍然要反对他在字里行间闪现着的内心上的不安。

① 原文如此。但据我们所知，埃菲尔铁塔是在巴黎，纽约并没有这样的塔。《思想和见解》的英译文中把这一短句改为“巴黎的埃菲尔铁塔和纽约的摩天楼”，似较妥当些，但从原文的上下文看来，也不见得十分确切，因两者除了都是很高之外，并没有更多的类似之处。——编译者

② 参看罗素的《意义和真理的探究》第119—120页，“固有名词”章。——原注

附：

罗素的答复[①]

〔上略〕

爱因斯坦竟愿意为本书写这样一篇文章，我觉得是一种荣誉，他的夸奖使我非常高兴。但讲到这篇文章的实质，我却感到困难：它那么扼要地讲了那么多重要的东西，使我不知道究竟应当用一句话还是应当用一本书来回答，甚至也不知道我究竟在多大程度上同意或者不同意他的话。当他说对"形而上学"的恐惧是当代的通病时，我是倾向于同意他的；我发现人们常常由于坚信没有任何真正困难的事情而不愿意对问题追根究底。我也觉得很多人是以宗派的偏见来决定问题，而不是以对有关问题所作的缜密考查为根据的。特别是一想到经验论，人们总是确信它是大家都可以公认的东西，这不是由于它的真正价值，而是因为经验论是时髦的货色。至于我，对经验论是有偏好的，但是我深信：真理无论怎样，它总不会完全是在任何一个派别的一边。

我希望爱因斯坦将来会有机会来展开这篇文章所提出的某些意见。比如："在我们的思维和语言表述中所出现的概念，从逻辑上

---

① 译自希耳普编的《伯特兰·罗素的哲学》，纽约，1944年版，696—698页。——编译者

来看,都是思维的自由创造,它们不能从感觉经验归纳地得到。”数是作为一个例子。但我觉得由于对它所作解释不同,这可以是正确的,也可以是错误的。我们无疑是受到经验的激发而创造出数的概念的——比如十进位制同我们十个指头的关系就足以证明这一点。如果人们能够想象太阳上存在着有智慧的生物,那么,由于那里一切东西全是气态的,①就可以推测到他们不会有数的概念,更谈不上有“事物”这一概念。他们也许会有数学,但其最基本的部门应当是拓扑学。太阳上的某个爱因斯坦也许会发明算术,并且想象出一个能应用到它的世界,但这个课题对于学童来说会被认为是太难了。反过来,要是赫拉克利特生长在北方,那里河流在冬天都结成了冰,他也许就创造不出他的哲学。温度对于“形而上学”的影响会成为某个新的格利佛②的一个有趣的主题。我认为这种想法的一般趋向,就是给那种以为概念的起源是同可感觉经验无关的观点打上一个问号。

爱因斯坦像别的许多人一样,反对我把各个“事物”归结为一束束性质。关于这一点,后面我还要再说到;现在我只要讲明:它是奥卡姆剃刀③的一种应用。保留“事物”,并不能使我们省去性

---

① 比较确切地说来,应当说是等离子态的,因此,太阳上也就根本不可能有生物。——编译者

② 格利佛(Gulliver)是英国文学家斯威夫特(J. Swift,1667—1745)写的一本讽刺性的幻想小说《格利佛游记》中的主人翁,他游历了“大人国”、“小人国”等处。——编译者

③ 奥卡姆(William of Occam),原名威廉,英国伦敦南面的奥卡姆地方人,大约生于1300年,卒于1349或1350年,英国经院哲学家,唯名论的代表人物。他认为物质本身就是实在的,不需要加给它什么“形式”,提出要用剃刀把那些空洞的“形式”、“概念”统统剃掉。他又主张:“如无必要,不要增加实在的东西的数目。”这些观点就被后世的哲学家称为“奥卡姆剃刀”。——编译者

质，其实，相反，性质的束却完全可以起那些“事物”（假定有必要用到它们）所能起的作用。我以为这很像用相似类的类（*classes of similar classes*）来代替那些被称为“数”的特殊的假设的实体。

要在这篇回答里恰当地讨论爱因斯坦文章中所提出的一切问题，那是做不到的，因为这些问题太大了；因此，我就不得不满足于笼统地表明一下那种在空间和时间（说得恰当点，是空间-时间）允许的情况下我所应当说明的东西。

〔下略〕

客观世界的完备定律及其他

——1944 年 9 月 7 日给 M. 玻恩的信[①]

读到你的信我多么高兴，使我惊奇的是，我觉得不得不给你写信，虽然并没有人反对我这样做。可是我不能用英文写，因为拼法捉摸不准。我读英文写的东西，只是听人家读给我听的，因而记不住书写的文字是什么样子的。

你还记得大约二十五年前的一件事吗？那时我们一道乘电车赶到国会大厦，深信我们能够有效地帮助那里的人们转变为忠实的民主主义者。对于我们都已是四十来岁的人来说，我们多么天真呀。当我想起这件事，我不禁要发笑。我们两人都领会不到，脊髓竟会比脑髓本身起着远为重要的作用，而且它的支配力量要大得多。

我现在不得不回忆起这件事，以免我重复那些日子里的悲剧性的错误。我们实在不应当为下面的事感到惊奇：科学家（他们中的绝大多数）对这条规律并不例外，如果他们有所区别，那不是由于他们的推理的力量，而是由于他们个人的气质，比如像劳厄那样

---

① 译自《玻恩-爱因斯坦通信集》，纽约，Walker，1971 年英文版，148—149 页。标题是我们加的。——编译者

的情况。[①] 看到他在强烈的正义感影响之下，怎样一步一步地使自己同那些凡夫俗子的传统决裂，那是很有意思的。医务人员对伦理规范方面的成就已经少得惊人，而要期望那些具有机械的和特殊的思想方法的纯科学家来产生伦理影响，那更要少得多了。你要给尼耳斯·玻尔分派合适的圣职，[②]当然是完全正确的。因为有这样一种希望：他会把他的教士的那一方面从物理学分离出来，而以另一种方式使用它。撇开这一点不说，从这样一种事业中我还是指望不到多少东西。对于什么是应该的和什么是不应该的这种感情，就像树木一样地生长和死亡，没有任何一种肥料会使它起死回生。个人所能做的就是作出好榜样，要有勇气在风言冷语的社会中坚定地高举伦理的信念。长期以来，我就以此律己，取得了不同程度的成绩。

我并不过分认真对待你所说的“我觉得太老了……”，因为我自己也体会到这种感觉。有时候（这种情况已越来越频繁）它冒出来，随后又平息下去。我们毕竟能够平静地接受自然的安排，让我们逐渐地化为尘土，如果自然不喜欢采取更快一点的办法的话。

---

① 这是爱因斯坦对 M. 玻恩 1944 年 7 月 15 日信中告诉他的一个消息的反应。玻恩在那封信中说：“德国科学家大多数同纳粹合作，甚至连海森伯也（我从可靠的来源获悉）十分卖力地为这些恶棍工作——只有少数几个例外，比如 V. 劳厄和哈恩。”——编译者

② 这也是针对 M. 玻恩 1944 年 7 月 15 日信中的一段话而说的。玻恩说，他认为必须有一个科学界应该遵循的“国际性的伦理规范”；又说“我们科学家应该团结起来，以协助建立合理的世界秩序”。他表示，他要“尽力而为”，并且要找尼耳斯·玻尔参与其事。——编译者

我以巨大的兴趣读了你反对黑格尔主义的讲话①。它向我们搞理论的人表现出吉诃德的特色,或者我是不是该说引诱者的特色?只要这种罪恶(倒不如说,这种坏事)在哪里统统消失,哪里的顽固的反对派就占统治。因此我深信,"犹太人的物理学"②是杀不绝的。而且我必须坦率地说,你的议论使我想起了美妙的格言:"青年婊子——老年顽固",尤其是当我想起了麦克斯·玻恩的时候。但是我不能真的相信你已经完全地、老老实实地奋斗出一条通向后一范畴的道路。

在我们的科学期望中,我们已成为对立的两极。你信仰掷骰子的上帝,我却信仰客观存在的世界中的完备定律和秩序,而我正试图用放荡不羁的思辨方式去把握这个世界。我坚定地**相信**,但是我希望:③有人会发现一种比我的命运所能找到的更加合乎实

---

① 指M.玻恩的《物理学中的实验和理论》(*Experiment and Theory in Physics*),剑桥大学出版社,1943年。对此,玻恩自己于1965年作了这样的注释:"我的小册子尖锐地攻击了天文学家爱丁顿(Eddington)和米耳恩(Milne)的某些论文;他们两人虽然以完全不同的方式,但都试图单独用纯粹思维去解原子世界和宇宙之谜。直至今天,我仍然相信我的论证是合理的,但是另一方面,爱因斯坦在这一点上是完全正确的,那就是,没有大胆的思想,单靠经验论就会使人一无所获。他是一位发现正确比例的能手。"——编译者

② 这是第一次世界大战结束以后德国科学界中以勒纳德(P. Lenard)和斯塔克(J. Stark)为首的法西斯分子攻击爱因斯坦的一顶帽子。他们把以相对论为代表的现代物理理论的研究斥之为"犹太人的物理学",说是独断主义的,而标榜他们自己的所谓"德国人的物理学"则是崇尚实用主义的。——编译者

③ 1948年3月,M.玻恩把他准备出版的一部讲稿《因果和机遇的自然哲学》寄给爱因斯坦,请他提意见。该稿中引用了这封信的最后一段。1948年3月31日M.玻恩给爱因斯坦的信中提到这一句,值得转录下来作为参考:

"'我坚定地**相信**,但是我希望……'我承认这句话是稀奇的。但是'相信'两字被你加了着重号。我把它删掉,打算代之以'我希望……'。"见《玻恩-爱因斯坦通信集》,纽约Walker 1971年版,165页。——编译者

在论的办法，或者说得妥当点，会发现一种更加明确的基础。甚至量子理论开头所取得的伟大成就也不能使我相信那种基本的骰子游戏，尽管我充分意识到我们年轻的同事们会把我这种看法解释为衰老的一种后果。毫无疑问，有朝一日我们总会看到谁的本能的态度是正确的。

关于数学领域的创造心理

——给J.阿达马的信①

我在下面尽我的能力试图简明地回答你的问题。我对自己的那些回答并不满意；如果你认为它对于你所从事的很有意思和很困难的工作有任何用处的话，我还愿回答更多的问题。

(A) 写下来的词句或说出来的语言在我的思维机制里似乎不起任何作用。那些似乎可用来作为思维元素的心理实体，是一些能够“随意地”使之再现并且结合起来的符号和多少有点清晰的印象。

当然，在那些元素和有关的逻辑概念之间有着某种联系。也很清楚，希望在最后得到逻辑上相联系的概念这一愿望，就是用上

---

① 译自法国数学家阿达马所著的《论数学领域中的创造心理》(Jacques S. Hadamard: *An Essay on the Psychology of Invention in the Mathematical Field*)，普林斯顿大学出版社，1945年版，附录Ⅱ，142—143页。标题是我们加的。

据阿达马自己的说明，他曾把他自己所研究的问题向许多有关科学家征询意见。爱因斯坦复信中的(A)、(B)、(C)相当于这样的问题：数学家们所使用的是怎样的内在印象或精神印象，使用哪一种“内在语言”；根据他们所研究的课题，究竟它们是动觉的、听觉的、视觉的，还是混合的。

(D)是关于通常思维的心理类型，而不是关于研究思维的。

(E)相当于这样的问题：特别在研究思维中，精神图像或者内在语言究竟是以完全意识呈现出来，还是以边缘意识(*fringe-consciousness*)呈现出来的；可用精神图像或语词来表示的论据又是怎样的。——编译者

述元素进行这种相当模糊活动的情绪上的基础。但是从心理学的观点来看,在创造性思维同语词或其他可以与别人交往的符号的逻辑构造之间有任何联系之前,这种结合的活动似乎就是创造性思维的基本特征。

(B) 对我来说,上述那些元素是视觉型的,也有一些是肌肉型的。只在第二阶段中,当上述联想活动充分建立起来并且能够随意再现的时候,才有必要费神地去寻求惯用的词或者其他符号。

(C) 依照前面所说,对上述元素所进行的活动的目的,是要同某些正在探求的逻辑联系作类比。

(D) 视觉的和动觉的。对我来说,在语词出现的阶段中,这些语词纯粹是听觉的,但它们只在上面已经提到的第二阶段中才参与进来。

(E) 我以为你所讲的完全意识是一种永不能完全达到的极限。我以为这同那种被称为意识的狭隘性(*Enge des Bewusstseins*)有关。

附注:麦克斯·魏特墨(Max Wertheimer)教授曾试图研究可再现元素的单纯联想或者单纯组合同理解(*Organisches Begreifen*)之间的区别;我不能判断他的心理分析在多大程度上抓住了要点。

关于哲学和科学问题的谈话(报道)

——1945年1月同A.施特恩的谈话①

相对论的创造者阿耳伯特·爱因斯坦已经从普林斯顿高等学术研究院(Institute for Advanced Study)的教授职位中以荣誉退职教授的名义退休了。这个消息,于1945年4月发表在研究院的公报中,将会使这位伟大的物理学家的敬慕者和弟子们感到遗憾。他的功绩已经被英国科学院②称为"牛顿以来物理学上最伟大的进步"。

可是,退休并不意味着爱因斯坦已经放弃今后一切科学活动。一个公务人员能够退休,一个有才智的人却不能退休。只要爱因斯坦的非凡的心灵还活着,它就不会停止对宇宙的最后秘密的沉思。他自己的哲学,他称之为"宇宙的宗教",鼓舞他始终忠诚于他所献身的事业:探索"自然界里和思维世界里所显示出来的〔崇高

---

① 这是爱因斯坦于1945年1月用德语同阿耳弗雷德·施特恩(Alfred Stern)进行的谈话。施特恩是在马亚圭斯(Mayagüez)的波多黎各大学的哲学教授和美国加州理工学院的哲学退职教授。这次谈话是在爱因斯坦从普林斯顿高等学术研究院正式退休的时候,用英文发表在纽约出版的《当代犹太纪录》(*Contemporary Jewish Record*),1945年6月,8卷,3期,245—249页。本文在付印前经爱因斯坦本人看过。这里译自阿耳弗雷德·施特恩编的他本人的论文集《意义的探索》(*The Search for Meaning*),美国田纳西州孟菲斯(Memphis)的孟菲斯大学出版社,1971年,55—59页。标题是我们加的。——编译者

② 原文如此,应该是指英国皇家学会。——编译者

庄严和〕不可思议的秩序”。①

退休以前不久，我有幸得到爱因斯坦教授的邀请，到他在新泽西州普林斯顿的朴素的家里作客。在喝茶时，我们讨论了科学问题以及其他所有各方面的问题。爱因斯坦教授告诉我，他的相对论的某些变化，他现在正在苦心推敲中（他的退休不像会中断这项工作）。

爱因斯坦教授不是一个住在象牙之塔里的科学家。他充分了解到，科学家不是生活在抽象的空间中，而是生活在一定的社会、道德和政治的气候中，而这种气候是受他工作所在的那个国土所制约的。对他来说，那个国土就是他居住了十三年的美国。在开始讨论理论问题之前，他详细地谈到今天科学在美国和全世界的任务。

欧洲成为废墟的结果，知识界的中心正处于从旧世界向新世界的转移中，这不但导致了美国的知识分子增加，而且使欧洲最杰出的知识分子对这个国家有更好的了解。爱因斯坦说：

“我深深钦佩美国科学机构的研究工作的成果。要是把美国科学研究的日益增长的优势归功于美国大学的实验室有较多的可供使用的资金这个唯一的因素，那就错了。在我取得的生活在这个国家的权利这些年中，我终于认识到还有别的因素在起着决定性的作用：研究人员的专心致志，他们的耐心，他们的同志精神和他们的合作的本能。在美国，‘我们’比‘我’更受到强调。这就说

① 阿耳伯特·爱因斯坦：《宗教和科学》（纽约，Covici Friede，1931年）。——原注〔参见本文集第一卷，403页。——编译者〕

明了美国人所以能够比较轻而易举地创建起那些活动起来没有摩擦并且分工完善的机构——这不论是在大学实验室里,在工厂里,还是在慈善事业领域里,都是如此。”

爱因斯坦继续说:“个人在美国比在欧洲有更大的社会倾向性。由于这个缘故,在财富分配上的极端不平等没有导致像在欧洲那样严重的后果。富人的社会责任感在这里有更大的发展,因此,美国的资本家对于把他们的很大一部分财产和事业交给社会感到十分自然。而且强有力的公众舆论也要求他们这样做。在美国,最重要的文化规划——比如大学和研究机构的基金和维持费——能够寄托于私人的主动精神,而在欧洲这总是由国家处理的。”

我们的谈话转向科学的实际后果,在这里,这位伟大的和平主义者看到科学被用于破坏而表示深切的遗憾。他批评在作战技术上的一切重大发明都是为着进攻而不是为着防御,对于我提的问题:原子蜕变究竟会不会在不久就能为战争释放出巨大的原子能,这位伟大的物理学家回答说:“不幸,这样一种可能性完全不是空想。当军事技术能够运用核原子能时,那就不会一栋栋房屋或者一片片房屋在几秒钟里被毁——而将是整个城市被毁。”①

但是我们丢开了这个悲惨的话题,转到较为宁静的纯科学的领域。在回答我关于相对论的目前状况时,它的创建者发表了如下的谈话:

“广义相对论一直到现在还不是理论物理学中的最后定论。

① 这些话是在广岛和长崎上空原子弹爆炸之前七个月讲的。——原注

无疑地，正像当初它明确建立时的那样，会继续保留下来的是：没有绝对的运动，并且必须在物理学定律中把这一点表示出来。但是广义相对论用来描述空间性质的特殊方式却是暂时的，而不是注定永远不变的。"

"相对论就像我当初建立起来的那样，至今还不能解释原子论和量子现象。它也还没有把电磁场和引力场的现象包括在一个共同的数学公式中。这一点就证明相对论的原始形式并不是最后的。它的基础固然是不可动摇的，但是它的表达方法却是在进化的过程之中：我现在正在专心致志地努力于这种进化和相对论的推广。"

谈到这项工作的逻辑运算，爱因斯坦教授说：

"证实一个理论的最困难的任务总是：必须把这个理论的推论发展到使它们成为在经验上可检验的地步。〔理论的〕基础和可检验的推论之间的距离变得越来越大。我现在竭尽全力要去解决引力理论和电磁理论之间的二元性，要把它们归并为同一个数学形式。"

我们谈到了"因果性"的危机，这是由于海森伯的"耸人听闻的测不准原理"使物理学现在正在经历着的。在这一问题上，我提醒爱因斯坦，正是他自己的"光子"，即光量子理论，给海森伯带来了他的测不准原理。

爱因斯坦说："确实如此。"

"然而，我可不喜欢说什么有一种光子的'理论'。它并不是一种理论。它是一个简单的发现，使我认为光不仅是由一些波，而且也是由一些叫做光子的微粒组成的。因此有必要考虑这样的事实:光是具有原子结构的[1],并且是有重量的。"

就我们所知,海森伯断定对微粒的一切测量必定都是不准确的,因为在测量时,它受到光子的影响,光子撞击它,使它改变了位置和速度——也就是说改变了它的能量和动量。由此得出了:要准确地知道世界的现状是不可能的。如果我们不能确知世界的现状,也就不能预知它的未来状态。由此,海森伯推断"因果律失效",而用盖然论(*probabilism*)来代替古典的决定论(*determinism*)。

我问他,对于这种根本否定,他的态度如何。爱因斯坦回答说:

"我们必须把作为指向理论的一个公设的因果性和作为指向可观察量的一个公设的因果性区别开来。后者这一要求始终得不到满足——经验的因果性并不存在——而且以后还将仍然如此。我认为,把因果性看成现在和将来之间时间上必然的序列,这样一种公式是太狭窄了。那只是因果律的一种形式——而不是唯一的形式。按照广义相对论,时间失去了它的独立性,变成了称之为**世界**的四维〔坐标〕系的一个坐标。在四维空间的世界里,因果性只是两个间断(*breaks*)之间的一种联系。这就构成了因果律,因为它符合广义相对论。"

我提醒爱因斯坦,海森伯曾经排斥在可观察的、统计的世界后面隐藏着一个受因果性支配的实在世界这样的观念。海森伯写过:"物理学只是被假定为用形式的方法描述知觉之间的联

---

① 指光是由不可分的粒子组成的。——编译者

系。……既然所有的实验都服从量子力学定律,因果律的无效是确实得到证明了的。”

对于这个观点,爱因斯坦教授说:

“量子力学无可怀疑地是一个富有成效的学说,但是它并没有接触到事物的究竟,我绝不相信它构成真正的自然观。我相信,我们能够描述自然界,而自然界的规律不是只讲可能性及其变化,而是讲实体(*entity*)在时间上的变化。**我不是一个实证论者**,我相信外部实在的世界构成一个我们不可放弃的基础。实证论声称:凡是不能观察到的,都是不存在的。但是这种观点在科学上是站不住脚的,因为人们究竟‘能够’观察什么或者‘不能够’观察什么,那是不可能作出有效的断言的。倒是必须说:只有我们观察到的东西才是存在的。但是这种说法显然也是错误的,因为可观察的世界并不‘存在’。我们所观察到的不是世界。”

这位伟大的物理学家继续说:“量子力学不再认为物理学规律是关于存在的规律,并且把它自身限于只讲那些关于存在的某些可能性的规律。当一个体系的几率为已知时,它就能算出另一时间值的几率;于是,按照量子理论,所有物理定律都同几率有关,而同客观的实体无关。”

爱因斯坦补充说:

“可是我相信,我们需要有一个概念世界来把我们的感觉变成可以为思想所利用的东西。认为我们知觉到这个世界,那是幻想。当我们说我们知觉到这个世界,我们就已经把我们的感觉转化成概念的东西了。我的感觉所给予我们的东西,只有通过一种概念的构造,才能变成一种世界观。因此不能断言可观察世界的后面不存在一个〔客观的实在〕世界,因为这种可观察的世界本身并不存在——也就是说,世界并不是由我们的感觉给予我们的。”

爱因斯坦带有几乎是宗教的热忱谈到对宇宙的了解这类根本问题,这使我理解了我在他的一本书中所读过的话:“在我们这个讲究物质享受的时代,唯有那些具有深挚宗教感情的人才是认真探索的人。”

关于宇宙学问题的评注

——《相对论的意义》第二版(1945年)的附录①

(1) 虽然从相对论的观点来看,在引力方程里引进"宇宙学项"是可能的,但从逻辑的经济观点来看,却不能这样做。正如弗里德曼(Фриедманн)所首先指出的,如果承认两个质点的度规距离可随时间而变化,那么就能使那个到处是非无限小的物质密度同引力方程的原有形式调和起来。②

(2) 只要要求宇宙在**空间上**是各向同性的,就可得出弗里德曼的形式。因此无疑地,它是适合于宇宙学问题的普遍形式的。

(3) 略去空间曲率的影响,就可以得到平均密度同哈布耳膨胀之间的关系,这关系在数量级上已得到经验的证实。

还可以得到从膨胀开始到现在的时间,其数值的数量级是10^9年。这个时间的短促是不符合恒星发展的理论的。

---

① 这是1945年出版的《相对论的意义》第二版的附录的最后一节。这个附录主要是讨论宇宙学问题,其最后一节原来的标题是"摘要以及其他的评注"。这里译自该书第五版(*The Meaning of Relativity*,普林斯顿大学出版社出版,1955年),127—132页。标题是我们加的。——编译者

② 倘若哈布耳(Hubble)的膨胀是在广义相对论的创立时期发现的,宇宙学项就绝不会引进来。现在看来,场方程里引进这样一个项,更是缺少根据,因为它的引进已失却了原来的唯一根据——即要求导致宇宙学问题的自然解法。——原注

(4) 后者的结果不因空间曲率的引进而有所改变;它也不因考虑到星和星系彼此间相对的无规则运动而有所改变。

(5) 有人试图不用多普勒效应来解释哈布耳的光谱线的移动。可是在已知的物理事实中,并没有支持这种想法的。根据这种假说,就有可能用一根刚性杆把两颗星 S_1 和 S_2 连接起来。如果沿着杆的光的波长个数在路上应当随时间而变化,那么从 S_1 发送到 S_2 并且又反射回来的单色光,就会以不同的频率(由 S_1 上的时钟量出)回到 S_1。这意味着在各地量得的光速要取决于时间,这甚至同狭义相对论也是矛盾的。此外,还应当注意到,在 S_1 和 S_2 之间来回往返的光信号就构成一只"钟",但它却不能同那只在 S_1 上的钟(比如原子钟)保持不变的关系。这就意味着不存在相对论意义上的度规。这不仅会使人失去对于一切由相对论所得出的那些关系的理解,而且也不符合这样的事实:某些原子论性的形式并不是以"相似性"而是以"全等性"相关联起来的(锐光谱线、原子体积等等的存在)。

可是以上的考查是以波动论为根据的,也许上述假说的某些创议者会设想光的膨胀过程是完全不遵照波动论的,而多少是有点像康普顿效应那样的。关于这种没有散射过程的假定,就构成了一种假说,它从我们现有的知识来看,是证据不足的。它也无法解释为什么频率的相对移动会同原来的频率无关。因此人们不得不认为哈布耳的发现就是星系的膨胀。

(6) 假定"世界的起始"(膨胀的开始)大约只在 10^9 年以前,对这个假定的怀疑,既有经验性的根源,也有理论性的根源。天文学家倾向于把不同光谱型的星看作是均匀发展的年龄等级,这种发展过程所需要的时间要远超过 10^9 年。因此,这样的一种理论实际上是同相对论性方程所论证的结果相矛盾的。可是在我看来,星体的"演化理论"所根据的基础要比场方程脆弱。

理论上的怀疑所根据的是,在开始膨胀时,度规成为奇异的,而密度 ρ 成为无限大。在这里,应当注意到:目前相对论所根据的是,把物理实在分为两方面,一方面是度规场(引力);另一方面是电磁场和物质。实际上空间也许是具有均匀的特征的,而目前的理论只能作为极限情况才有效。对于很大的场密度和物质密度,场方程以至这些方程中的场变量都不会有实在的意义。所以人们不可假定这些方程对于很高的场密度和物质密度仍然是有效的,也不可下结论说"膨胀的起始"就必定意味着数学上的奇点。总之,我们必须明白,这些方程不可扩展到这样的一些区域中去。

可是这种考虑并不改变如下的事实:从现存的星和星系的发展观点来看,"世界的起始"实际上是这样的一种起始,在那时,这些星和星系都还没有作为单独的实体而存在。

(7) 然而有一些经验的论据是**支持**这理论所需要的动态空间概念的。尽管铀在进行比较快的分解,而且也看不出有创造铀的可能,但是为什么仍然有铀存在着呢?为什么空间不是充满辐射,使得夜间的天空看起来像一张白炽的曲面呢?这是一个老问题,从静态世界的观点来看,它至今还找不到一个令人满意的答案。但要研究这类问题,就会走得太远了。

(8) 由于上述理由,看来我们必须认真接受膨胀宇宙这个观念,尽管这个膨胀的宇宙的"年龄"不长。要是这样做了,主要的问题就变成:空间究竟是具有正的还是负的空间曲率呢?对此,我们要加以如下的评论。

从经验的观点来看，这个决定最后归结于$\frac{1}{3}\kappa\rho-h^2$这个表示式是正的（球面的情况）还是负的（伪球面的（*pseudospherical*）情况）问题。我以为这是最重要的问题。根据目前天文学的状况，要作经验上的决定，看来不是不可能的。因为h（哈布耳膨胀）有比较为大家所公认的值，一切就取决于尽可能准确地测定ρ。

要证明世界是球面的，那是可以想象的。（要证明它是伪球面的，那就难以想象了。）这是由于人们总是能够给ρ定出下界，而不能定出上界。情况所以如此，那是因为我们简直无法形成一种看法，来说明ρ究竟有多大一部分是由天文学上观测不到的（没有辐射的）物体所给予的。我要稍微详细地来讨论这问题。

人们只要考虑到所有辐射星体的质量，就能定出ρ的下界ρ_s。如果看起来$\rho_s>\frac{3h^2}{\kappa}$，那就要断定是支持球面空间的。如果看来$\rho_s<\frac{3h^2}{\kappa}$，那就必须试图确定无辐射的物体所分担的部分$\rho_d$。我们要证明，$\frac{\rho_d}{\rho_s}$的下界还是能够求出来的。

我们考查这样一个天体，它包含有许多单个星体，并且在足够的准确度上可看作是一个稳定的体系，比如是一个球状星团（其视差是已知的）。由光谱观测得到的速度，就能确定引力场（在好像是合理的假定下），由此也就能确定那些产生这个场的质量。这样算出的质量能够同星团中可见的星的质量作比较，这样，对于产生场的质量比星团中可见的星的质量究竟大多少，至少得到了一个粗略的近似值。对于这个特殊的星团，我们就因此估计出了$\frac{\rho_d}{\rho_s}$。

既然无辐射的星平均要比辐射的星小，由于它们同星团中的各个星之间的相互作用，它们比起较大的星来，平均倾向于较大的速度。所以它们比起大的星来，会更快地从星团里“蒸发”掉。因此可以期望，小的天体在星团里面出现的相对频数会比在星团外面出现的小。由此可以得到一个在整个空间里$\frac{\rho_d}{\rho_s}$这个比率的下界$[\frac{\rho_d}{\rho_s}]_k$（上述星团中的密度关系）。于是得到空间里全部质量的平均密度的下界是：

$$\rho_s\left[1+[\frac{\rho_d}{\rho_s}]_k\right].$$

如果这个量大于$\frac{3h^2}{\kappa}$，那么就可断定空间是具有球面特征的。另一方面，我却想不出有什么可以确定ρ的上界的可靠方法。

(9)最后，但不是最不重要的：宇宙的年龄，按照这里所用的意义来说，无疑地必定大过由放射性矿物所推断出的坚固地壳的年龄。既然由这些矿物所测定的年龄在任何方面都是可靠的，那么，如果发觉这里所提出的宇宙学的理论同任何这样的结果有矛盾，它就要被推翻。在这种情况下，我看不出有合理的解决办法。

以广义相对论为根据的空间结构

——《狭义与广义相对论浅说》英译本第 14 版(1946 年)的附录①

自从这本小册子第一版发行以来,我们关于整个空间结构的知识("宇宙学问题")已有重大发展,即使在一本关于这个问题的通俗著作中也应当提到这一发展。

我原来对于这个问题的考虑是以下面两条假说为根据的:

(1) 在整个空间里,存在着物质的平均密度,它到处都是相同的,并且不等于零。

(2) 空间的大小("半径")同时间无关。

按照广义相对论,这两条假说表明是没有矛盾的,但只有在把一个假设的项加进场方程之后才如此,而这一项并不是理论本身所要求的,并且从理论的观点来看,它也不像是自然的("场方程的宇宙学项")。

假说(2)在我当时看来是不可避免的,因为那时我认为,如果人们要离开它,就会陷入无底的玄想。

① 这是爱因斯坦所著的《狭义与广义相对论浅说》的附录四,副标题中说明是"对第 32 节的补充"。这个附录可能是英译本第 14 版(1946 年)时加进去的,写作时间可能在 1945—1946 年。这里译自该书英译本第 17 版(1957 年),133—134 页。——编译者

可是在二十年代，俄国数学家弗里德曼就已指出，有另一不同的假说，从纯粹的理论观点看来是自然的。他了解到，如果人们决心抛弃假说(2)，那么可以不必把那个比较不自然的宇宙学项引进引力场方程，就能够保住假说(1)。那就是说，原来的场方程允许有这样的一个其“宇宙半径”是随时间而变化(膨胀空间)的解。在那个意义上，依照弗里德曼的见解，人们可以说：这个理论要求空间是膨胀的。

几年以后，哈布耳通过对河外星云(“银河系”)的专门研究，指出它们所发射的光谱线显示出一种红向移动，这红向移动随着星云的距离而有规律地增长。对于我们的现有知识来说，这只能依照多普勒原理解释为整个星体的一种膨胀运动——根据弗里德曼，这正是引力场方程所要求的。因此，哈布耳的发现在某种程度上可以认为是对这理论的一种证实。

然而这里却引起了一种不可思议的困难。把哈布耳所发现的银河光谱线的移动解释为一种膨胀(从理论观点来看，这几乎是无可怀疑的)，由此得出的这种膨胀的起始大约“只”在 10^9 年以前，可是物理天文学却揭示出：单个星和星系的发展所需要的时间大概比这要长得多。这种矛盾该怎样克服，实在无法知道。

我还要再讲一句：膨胀空间的理论同天文学的经验数据合在一起，无法决定(三维)空间究竟是有限的还是无限的，而原来的“静态”空间假说则得出了空间的闭合性(有限性)。

质能相当性的初浅推导①

关于质能相当性定律的下面这个推导，以前未曾发表过，它有两个优点。尽管它用到了狭义相对论的原理，但不必预先要求这个理论的形式结构，而只用到三条事先已知的定律：

(1) 动量守恒定律。

(2) 辐射压的表示式；那就是在一固定方向运动着的一组辐射的动量。

(3) 关于光行差(地球的运动对于恒星表观位置的影响——布雷德利(Bradley))的著名表示式。

我们现在考查如下这样一个体系。设物体 B 相对于〔坐标〕系 K_0 来说在空间中是自由地静止的。两组各有能量$\dfrac{E}{2}$的辐射 S 和S'

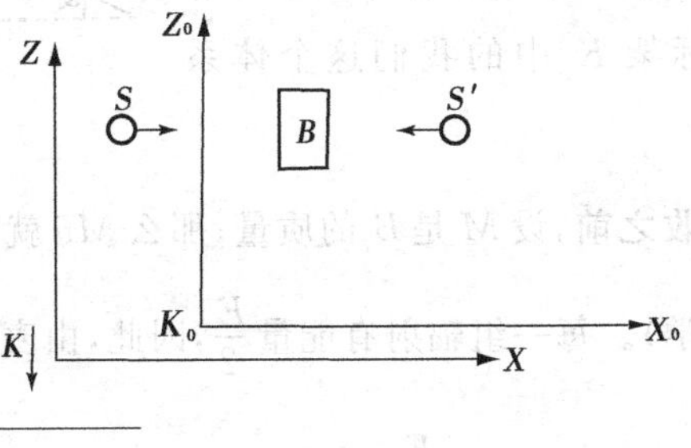

① 此文最初发表在 1946 年 1 月于纽约出版的《技术杂志》(*Technion Journal*，是海法(Haifa)希伯来工学院美国协进会的年刊)，第 5 卷，16—17 页。这里译自《晚年集》，116—119 页。——编译者

分别沿着正的和负的 x_0 方向在运动着，最后都被 B 吸收了。由于这种吸收，B 的能量增加了 E。因为对称的缘故，物体 B 对于 K_0 仍然是静止的。

现在我们从〔坐标〕系 K 来考查这同一过程。K 对于 K_0 是以恒定速度 v 沿着负 z_0 方向运动着。对于 K 来说，这一过程的描述如下：

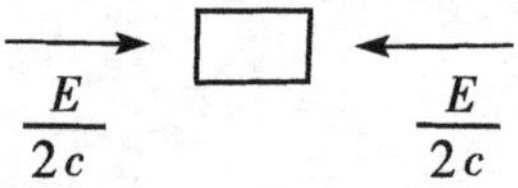

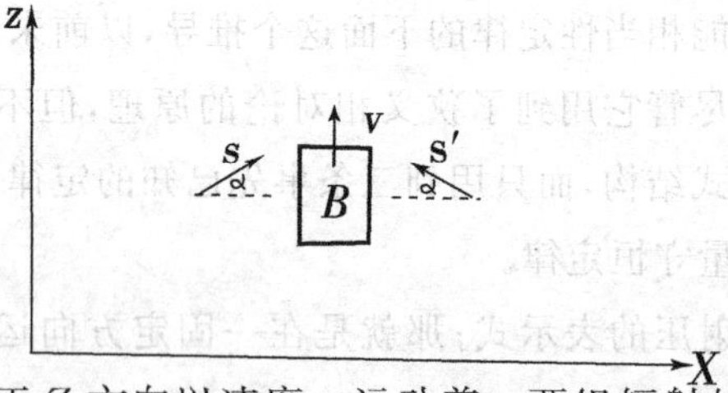

物体 B 沿正 Z 方向以速度 v 运动着。两组辐射的方向，现在对于 K 都同 x 轴作一交角 α。光行差定律说：在第一级近似中，$\alpha=\frac{c}{v}$，此处 c 是光速。从 K_0 来看，我们知道 B 在吸收 S 和 S' 时，速度 v 保持不变。

现在我们把关于 z 方向的动量守恒定律用到坐标架 K 中的我们这个体系上。

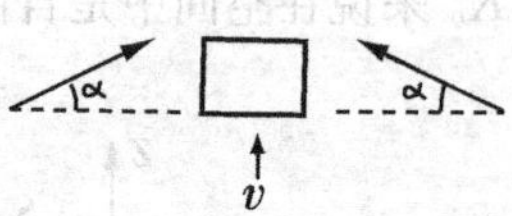

Ⅰ. **在吸收之前**，设 M 是 B 的质量；那么 Mv 就表示 B 的动量（按照古典力学）。每一组辐射有能量 $\frac{E}{2}$，因此，由麦克斯韦理论的一个著名结论，它具有动量 $\frac{E}{2c}$。严格地说来，这是相对于 K_0 的 S 的动量。但是，当 v 比起 c 来是很小的时候，相对于 K 的动量，除了一个第二数量级的量$\left(\frac{v^2}{c^2}\text{比 }1\right)$以外，该是同一数值。这个动量的 z 分量是$\frac{E}{2c}\sin\alpha$，或者说$\frac{E}{2c}\alpha$ 也已够精确了（除了一些数量级较高的量），那就是$\frac{E}{2}\cdot\frac{v}{c^2}$。由此，$S$ 和 S'合起来共有一个在 z 方向上的动量 $E\frac{v}{c^2}$，所以在吸收之前，这体系的总动量是

$$Mv+\frac{E}{c^2}\cdot v.$$

Ⅱ. 吸收之后，设 M'是 B 的质量。我们这里先预料这样的可能性：质量随着能量 E 的吸收而增加（为了使我们考查的最后结果贯彻一致，必然要如此）。体系在吸收后的动量因而是

$$M'v.$$

我们现在假定动量守恒定律成立，并且把它用到 z 方向上去。这就得出了方程

$$Mv+\frac{E}{c^2}v=M'v,$$

或者

$$M'-M=\frac{E}{c^2}.$$

这个方程就表示质能相当定律。能量增加 E 同质量增加$\frac{E}{c^2}$联系在一起。按照通常的定义，既然能量还留下一个附加常数未定，我们就可以适当选取这个附加常数，使

$$E=Mc^2.$$

$E = mc^2$：我们时代最迫切的问题①

为了理解质能相当性定律，我们必须回溯到两条在相对论以前的物理学中占有很高地位的彼此各不相干的守恒原理，或者叫“平衡”原理。这就是能量守恒原理和质量守恒原理。其中第一条早在十七世纪就已由莱布尼茨提出，而在十九世纪它本质上作为力学原理的一个推论而发展起来。

比如，考查一个摆，它的锤在 A 和 B 两点之间来回摆动。质量为 m 的锤在这两点比它在路程中最低的点 C 处高出 h（见图）。相反地，在 C 处，提升高度消失了，而摆锤却得到了速度 v，这样好像提升高度可以完全转换成速度，反过来也一样。准确的关系可表示为 $mgh = \frac{m}{2}v^2$，此处 g 代表重力加速度。这里有趣的是，这个关系同摆的长度以及摆锤运动时所经过的路程的形状都无关。

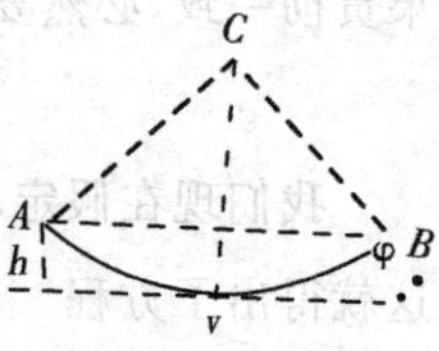

爱因斯坦手稿上的图

重要的在于，有某种东西在整个过程中保持不变，这种东西就是能量。在 A 处和在 B 处，它是位置的能量，即“势”能；在 C

① 此文最初发表在 1946 年 4 月出版的纽约《科学画刊》(*Science Illustrated*) 创刊号中。这里译自《思想和见解》，337—341 页。标题照原来《科学画刊》上所用的。——编译者

处,它是运动的能量,即“动”能。如果这个概念是正确的,那么 $mgh+m\frac{v^2}{2}$ 这个和对于摆的任何位置都应当有同一数值,只要 h 被了解为代表超过 C 的高度,v 是在摆的路程中那个点上的速度。实际上所看到的情况确实是这样。这条原理的推广,给了我们机械能守恒定律。但是,当摩擦使摆停下来时会发生什么呢?

答案是在热现象的研究中找到的。根据热是从热体流向冷体的一种不可毁灭的物质这样的假定,这种研究似乎给了我们一条“热守恒”原理。但另一方面,从太古时代起就知道热可由摩擦产生,像印第安人的取火钻那样。物理学家曾经长期不能说明这种热的“产生”。以后知道,对于由摩擦产生的任何一定数量的热,必须消耗一份在数量上成准确比例的能量。只有在成功地确立了这样的认识时,他们的困难才得以克服。这样我们就得到了“功热相当”原理。比如,就我们的摆这个例子来说,机械能就逐渐由于摩擦而转化成热。

这样,机械能守恒同热能守恒这两条原理就合并成一条原理了。于是物理学家相信守恒原理能进一步扩充,把化学过程和电磁过程也包括进去——简言之,能用到一切领域中去。在我们的物理体系中,好像有一个能量总和,它经历一切可能出现的变化都始终保持不变。

现在讲质量守恒原理。质量是由物体反抗它的加速度的阻力来定义的(惯性质量)。它也是由物体的重量来量度的(重力质量)。这两个根本不同的定义却导致物体质量的同一数值,这件事本身就是非常惊人的。根据这条原理——即,在任何物理变化和化学变化下质量保持不变——质量好像是物质的基本的(因为是不变的)性质。加热、熔解、汽化,或者结合成化学化合物,都不会改变总质量。

物理学家一直到几十年以前都还承认这条原理。但是它碰到了狭义相对论,却证明是不适当的了。它因而同能量原理合并在一起——正像在大约六十年以前,机械能守恒原理同热守恒原理结合在一起一样。我们不妨说,能量守恒原理以前并吞了热守恒原理,现在又进而并吞了质量守恒原理,从而独自占领着整个领域。

习惯上把质能相当性表示为(尽管有点不精确)这样的公式:$E=mc^2$,这里 c 代表光速,大约每秒 300000 公里。E 是静止物体所含的能量;m 是它的质量。属于质量 m 的能量等于这质量乘以光的巨大速率的平方——那就是说,对于每一单位质量都有一巨大数量的能量。

但是如果每一克物质都含有这样巨大的能量,为什么它会那么长期地没有引人注意呢?答案是够简单的:只要没有能量向外面放出,就不能观察到它。好比一个非常有钱的人,他从来不花费或者付出一分钱,那就没有谁能够说出他究竟有多少钱。

现在我可把这关系反过来,说能量增加 E,必定伴随着质量增加$\frac{E}{c^2}$,我能够方便地把能量供给物体——比如,我把它加热十度。那么,为什么不去量度同这个变化相联系的质量增加或者重量增加呢?这里的困难是,在质量增加中,这个分数的分母里出现了非常大的因子 c^2,在这样的情况下,这个增加太小了,不能被直接量出;即使用最灵敏的天平也称不出来。

要使质量增加到能够被量出来，每单位质量的能量变化就必须非常之大。我们只知道有一个领域，在那里，每单位质量会放出那么多的能量；那就是放射性蜕变。扼要地说来，这种过程如下：一个质量为 M 的原子分裂成质量各为 M' 和 M'' 的两个原子，它们分开时各自带有巨大的动能。如果我们设想使这两个原子都静止下来——也就是说，我们从它们那里取走这种运动能量——那么，合起来看，它们的能量比原来的原子就要少得多。根据相当性原理，蜕变产物的质量总和 $\boldsymbol{M'}+\boldsymbol{M''}$ 必定也要比蜕变原子的原来质量 $\boldsymbol{M}$ 少些——这同旧的质量守恒原理相矛盾。两者的相对差在数值上大约是千分之一的数量级。

虽然我们实际上不能称出单个原子的重量，可是却有准确地量出它们重量的间接方法。我们同样也能测定那些传给蜕变产物 M' 和 M'' 的动能。这样就有可能来检验和证实这个相当性公式。而且，这条定律也使我们能够从精密测得的原子量，来预先算出我们想象中的任何一种原子蜕变会放出多少能量。当然，关于这种蜕变反应究竟能否——或者怎样——实现，这条定律可说不出什么。

借助上述那个有钱的人，能够说明所发生的事。原子 $\boldsymbol{M}$ 是一个有钱的守财奴，他在一生中不让出一分钱（能量）。但是在他的遗嘱中，他把他的财产留给他的两个儿子 $\boldsymbol{M'}$ 和 $\boldsymbol{M''}$，条件是要他们给公家以小量的钱，其数目少于全部遗产（**能量或者质量**）的千分之一。两个儿子共有的钱比父亲要少些（**质量 $\boldsymbol{M'}+\boldsymbol{M''}$ 的和比放射性原子的质量 M 稍为少些**）。给公家的部分虽然比较小，但也已经是非常之大了（**作为动能来看**），以致带来了一种严重的祸害威胁。避免这种威胁已成为我们这个时代的最迫切的问题。

R. 凯泽尔的《斯宾诺莎》序[1]

敏锐的人们具有强烈的敏感性，在遇到我们时代的骇人听闻的事件时，难道能避免沮丧和孤独的感情吗？关于人类始终不渝地向进步方向发展的信念，鼓舞着十九世纪的人们，现在，这种信念已经让位给普遍的失望。当然，谁也不能否认科学领域中已经取得的成就和技术上的新发明，可是，我们根据自己固有的经验知道，所有这些成就既不能从本质上多少减轻那些落在人们身上的艰难，也不能使人们的行为高尚起来。对一切现象，其中也包括属于心理领域和社会领域的现象，已经习惯于作因果解释，使细心的有思想的知识分子失去了坚定的信心以及前代人在传统的宗教（它是受到政权支持的）中能找到的那种慰藉。现在的情况，在某种程度上也就像是从天真的童年天堂里被驱逐出来的一样。

概括地说，这就是当代有思想的人所经受的灾难。他常常想要减轻自己的不幸，同时产生一种古怪然而肤浅的怀疑态度，或者采取任何能避免外界刺激的方法。这种努力是徒然的，因为不可

---

① 这是爱因斯坦为他的女婿鲁道夫·凯泽尔（Rudolf Kayser）所著的《斯宾诺莎：一位精神英雄的形象》（*Spinoza: Portrait of a Spiritual Hero*，1946 年，纽约哲学丛书版）一书而写的序言。这里转译自《爱因斯坦科学著作集》俄文版，第 4 卷，1967 年，253—254 页。——编译者

能长期靠麻醉剂过日子，而不靠通常合用的食物来过日子。

一般说，只要我们不是精神病学家，我们就很少知道人们是怎样同这种情况作斗争的；可是，同这些事有关的精神病学家们却往往没有能力独立解决精神上的冲突。除了这些情况以外，我们很少知道我们同时代人怎样解决个人同既定的人性和非人性的条件的关系问题，怎样获得内心的宁静和信心，而没有这些，就既不可能和谐地生活，也不可能进行工作。此外，只有不多的一些人才具有如此清晰的思想，使他能对周围的人们以明白易懂的形式来叙述自己的主观经验。

由于上述原因，对于我们这个时代的人来说，了解卓越的人物的生活和斗争具有特别重要的意义，他们碰上了同样的精神上的困难，并且克服了这些困难，他们的传记和著作可以帮助我们了解他们的英雄业绩的本质。

巴卢赫·斯宾诺莎(Baruch Spinoza)在这些人物中间是占有杰出地位的人物之一。正因为如此，我们由于提请读者注意的这本书，而了解到这个人物的生活和斗争时，感到非常满意。作者没有用哲学家的批判的观点来评价斯宾诺莎。作者的态度是有同情心的历史学家的态度，直觉地理解到这个纯洁而孤独灵魂活动的原因。当然，阅读凯泽尔的著作并不能代替对斯宾诺莎自己著作的详细研究，然而可以使我们更加接近斯宾诺莎，从而更便于理解他的思想。

虽然斯宾诺莎生活在三百年前，但是精神环境好像同我们很接近，在这种条件下，他不得不斗争。斯宾诺莎完全相信一切现象的因果依存性，当时试图理解自然现象间的因果联系已经有了非常质朴的成就。斯宾诺莎相信一切现象的因果依存性，不仅同无生命的自然界有关，而且同人的感觉和行动有关。他绝不怀疑我们的自由的（即不受因果性制约的）意志是幻想，认为这种幻想是由那些没有被我们注意到的在我们内部起作用的原因所决定的。在研究这种因果联系时，他看到了医治恐惧、仇恨和苦恼的手段，这是有思想的人能够提出的唯一的手段。他不仅清楚准确地说明自己的推理，并且以自己的全部生活作为例子来证明自己的信念是有充分理由的。

悼念保耳·朗之万①

保耳·朗之万的噩耗给我的打击,比在这如此充满着沮丧的不幸的年头里多数的事件都要大。为什么会这样呢?难道他那充满丰硕的创造性成果的长寿的一生不是同他自己很协调一致吗?难道他不是由于对知识问题的敏锐的眼光而受到大家的尊敬,由于对每一高尚事业的热忱,对一切人抱谅解的好意而普遍受到爱戴吗?个人的生命既然是有自然的界限的,使得它在结束时会像一件艺术作品那样表现出来,这难道还不能使我们感到一定的满足吗?

保耳·朗之万的去世所带来的伤感之所以特别沉痛,是因为它给了我十分孤独和凄凉的感觉。像他那样对事物本性有明晰的眼光,而同时又具有为真正的人道而挑战的强烈感情和从事斗争行动的能力,在无论哪个时代都是非常少见的。这样一个人逝世了,他所留下的空隙,对于残生者似乎是难以忍受的。

朗之万在科学思考方面具有非凡的明确性和敏捷性,同时对于关键问题又有一种可靠的直觉眼力。这些品质使得他的讲课对不止一代的法国理论物理学家产生了决定性的影响。可是,朗之万关于实验

---

① 此文最初发表在巴黎《思想》(*La Pensee*)杂志 1947 年 2—3 月号。这里译自《晚年集》,231—232 页。

朗之万(Paul Langevin),法国物理学家和进步的社会活动家,生于 1872 年 1 月 23 日,卒于 1946 年 12 月 19 日。第二次世界大战期间参加抗德斗争曾被捕入狱。——编译者

技术也知道得很多，他的批评和建设性的建议总是带来丰硕的成果。他自己的独创性的研究工作也决定性地影响科学的发展，这主要是在磁学和离子理论的领域里。但由于他的任务繁重——他总是自愿承担任务的——他自己的研究工作受到了限制，这使得他的劳动成果出现在别的科学家的著作中的要比在他自己著作中的多得多。

在我看来，要是别处没有人已经发展了狭义相对论，他一定会把它发展起来，这该是一种必然的结果；因为他已经清楚地看到了它的本质方面。另一件可钦佩的事，是在德布罗意的观念——随后薛定谔由此发展成了波动力学的方法——还没有统一成为一个贯彻一致的理论之前，他就已经充分地估计到这些观念的意义。我清楚地记得他告诉我这件事的时候所表现的喜悦和兴奋——我也还记得，我听取了他的意见，但带着犹豫和怀疑。

朗之万整个一生，都由于醒悟到我们的社会制度和经济制度的缺陷和不平等，而深受其苦。可是他还坚信理性和知识的力量。他的心地是那么纯洁，以致他深信，凡是人一旦看到了理性和正义的光辉，他就应当准备完全的自我牺牲。理性是他的信念——这信念不仅带来了光明，也带来了解放。他为促进全人类的幸福生活的愿望，也许比他为纯粹知识启蒙的热望还要强烈。正因为这样，他花了很多的时间和精力用于政治启蒙。从来没有一个求助于他的社会良心的人是空手回去的。也正因为他为人的这种道义上的伟大，他受到了许多比较无聊的知识分子的刻骨仇视。他却完全谅解他们，由于他的好心肠，他从不怀恨任何人。

由于我认识了这样一位纯净洁白和光明正大的人物，我不能不表示感激。

物理学应当阐明时间和空间中的实在

——1947年3月3日给M.玻恩的信[①]

〔上略〕

我不能为我在物理学上的态度，提出一个会使你认为完全有理的论证。我当然承认，统计的处理有相当程度的有效性，而这种处理对于现存形式体系这个框架的必要性，还是你首先清楚地认识到的。我不能认真地相信它，因为这种理论无法符合这样的原则[②]，即物理学应当阐明时间和空间中的实在，而用不着超距的鬼怪作用。不过我还未能坚定地相信真的能够用一种连续场论来达到，虽然我已经发现这样做的一条可能道路，而且这条道路到目前为止好像是十分合理的。计算的困难非常之大，以致在我自己能够完全相信它之前很久，我就要去啃泥土了。但是我完全相信，终于会有人提出一种理论，在这理论中用定律联系起来的对象，并不是几率，而是所考查的事实，就像直至最近以前习惯上认为理所当

---

① 译自《玻恩-爱因斯坦通信集》，纽约，Walker，1971年英文版，158页。标题是我们加的。

这段信的头尾两部分曾发表在1948年出版的玻恩的《关于因果和机遇的自然哲学》一书中，但那上面注的发信日期为1947年12月3日。——编译者

② 这里德文是“原则”(*Grundsatz*)，英译本为“观念”。——编译者

然的那样。然而我不能为这种信念提供出逻辑的根据，而只能拿出我的小指来作证，也就是说，在我自己的皮肤[①]之外，我提供不出凭据，能够要求得到无论怎样的尊重。

〔下略〕

① 此处“皮肤”两字被玻恩改为“手”字。他在1948年3月31日给爱因斯坦的信中说，他体会“皮肤”的意思就是“手”。（见《玻恩-爱因斯坦通信集》，1971年英文版，165页。）——编译者

对马赫的评价及其他

——1948 年 1 月 6 日给贝索的信①

……关于马赫，我想把他的一般的影响和他对我的影响区别开来。马赫进行过重要的专门科学研究工作(如冲击波的发现，用的是一个真正天才的光学方法)。我们要谈的不是这一点，而是他对物理学基础的一般态度所产生的影响。我认为，他的伟大功绩在于：他松动了在 18 和十九世纪统治着物理学基础的那种教条主义。尤其是在《力学》和《热学》中，他总是努力证明概念是怎样来自经验的。他坚信不疑地采取这样的立场：认为这些概念，甚至是最基本的概念，都只能从经验得到它们的根据，它们在**逻辑上**绝不是必然的。尤其是他曾产生过这样有益的影响：他曾明确指出，最重要的物理学问题并不是数学演绎性的东西，而是涉及基础概念的问题。我看到他的弱点在于：他多少有点相信，科学不过是对经验材料的一种"整理"；也就是说，他没有认识到概念的形成中的那自由构造的元素。他在某种程度上认为，理论产生于**发现**，而不是产生于**发明**。他甚至走到这种地步：他不仅把"感觉"当作有待理解的材料，

① 译自《爱因斯坦-贝索通信集》390—392 页。由李澍泖同志译。标题是我们加的。——编者

而且在一定程度上把它看成是建造实在世界的材料；因此，他相信能够克服心理学和物理学之间的差别。如果他是十分彻底的，他就会不仅否定原子论，而且还会否定物理实在这个概念。

至于说到马赫对我的发展的影响，它的确是很大的。我还记得十分清楚，在我求学的最初年代里，你曾经唤起我对他的《力学》和《热学》的注意，这两本书给了我深刻的印象。它们对我自己的工作究竟有多大影响，坦白地说，我并不清楚。就我所意识到的来说，D. 休谟对我的直接影响更要大些。我在伯尔尼曾经同康拉德·哈比希特和索洛文一道读过他的著作。[1] 但是，正如我说过的，我无法分析那些在我的下意识的思维中扎了根的东西。此外，有趣的是，马赫曾激烈地反对狭义相对论。（他没有活到看见广义相对论。）在他看来，这个理论是不能许可地思辨的。他不明白，这种思辨性在牛顿力学里也有，而且一切可以设想的理论里也都有。在这方面，各种理论之间只存在程度上的差异，从基本概念到可以受经验检验的结论的思维道路具有不同的长短和曲折。

明可夫斯基的功绩是，在相对论中引入了四维张量理论，没有它，广义相对论的数学表述就不可能实现。这不仅是一种“游戏”，而是一个重要的形式上的贡献。

认为布朗运动一定推翻力学的基础，这种说法是不正确的。我的确曾从力学推导出这种运动（并不知道别人已经观察过这类东西）。说玻尔的电子轨道的条件是从我的量子研究工作中引申出来的，也是不正确的。人们只能说，如果保持原子的力学图像，

① 参见本书 768—771 页的脚注。——编者

就一定会得出这样的规则。(你当然知道,我认为现代统计性量子理论尽管已经取得实际的成功,但不是一条好的途径。我的情况就像犹太人面对着“救世主”似的。)就对行动采取什么态度而论,我同意你的爱敌人的观点。然而,对我来说,思想的基础是信仰无限制的因果性,“我对他恨不起来,因为他所做的原是他该做的”。因此,我更接近斯宾诺莎,而不接近先知们。所以,“罪孽”对我是不存在的。

我坚信,如果你具有专注的热情,你一定能够在科学领域中孕育出一些有价值的东西。蝴蝶不是鼹鼠;但是,任何蝴蝶都不应为此而惋惜。

对玻恩《关于因果和机遇的自然哲学》书稿的意见

——1948 年 3 月 18 日给 M. 玻恩的信及其附件[①]

今天我在我的斗室里，即在研究院[②]里我的办公桌上寻找东西。可是我没有找到我所要找的东西，却找到了你的信，我以前把它当作印刷品(因为信封很大)，因而同别的许多印刷品放在一起没有拆开。现在我当然已经读了它，并且读得很有兴趣，以致我迟了一个钟头回家吃中饭。

在你所引用的我的信中，有几个误解的地方，这大概是由于我的字迹潦草，你从我的旁注中会看出，这些地方是歪曲了原意的。但是即使已经印了出来，也不是什么大灾难，就是在这样的情况下，“纸的耐性”也还一定会保持着。我用几个尖酸的旁注进行了报复，这会逗你欢喜；因为我相信你是欣赏粗鲁的语言的，这样毕竟也就适应了苏格兰的气候。[③]

我们不能在一起悠闲地度过一些时间，这实在有点遗憾。由

---

① 译自《玻恩-爱因斯坦通信集》，纽约，Walker，1971 年英文版，162—165 页。标题是我们加的。——编译者

② 指普林斯顿高等学术研究院。——编译者

③ 当时 M. 玻恩在苏格兰的格拉斯哥大学任教。——编译者

于我实在非常了解你为什么要把我看作是一个不悔改的老罪人。但是我相信你并没有了解我是怎样走过我这条孤独的道路的；即使没有丝毫的可能性会使你赞同我的看法，也肯定会让你觉得有趣。我要把你的实证论的哲学看法撕得粉碎，以此来自娱。但是看来，在我们活着的时候，这是不可能实现的。

〔下略〕

附件：

对《关于因果和机遇的自然哲学》的最后一章《形而上学的结论》的批注

玻恩的论述[①]	爱因斯坦的旁注[②]
（1）……我要收集一些不能进一步加以简化而必须靠一种信仰的活动接受下来的基本假设。 如果把因果性定义为如下一种信念，即相信可观测情况之间存在着物理的相互依存性，那么因果性也就是这样一种原理。然而这种相依性在空间和时间方面（邻接性，居先性）以及	（1）我完全明白，在可观察量方面并不存在因果性；我认为这种认识是确定无疑了的。但是在我看来，不应当由此下结论说**理论**也必须以统计学的基本定律为基础。尽管可能是观测工具的（分子）结

①参见 M. 玻恩《关于因果和机遇的自然哲学》中译本（侯德彭译），商务印书馆，1964 年，127—131 页。这里的译文有改动。——编译者

②爱因斯坦的批注见 M. 玻恩 1965 年所写的通信集的注释。这个对照的表格形式是我们列的。——编译者

在观测的无限精确度方面（决定性）的一切规定，我认为都不是基本的，而不过是实际经验规律的推论。

构引起可观察量的统计特征，但是，最后要使理论基础摆脱统计概念，那是合适的。

（2）另一个形而上学的原理是结合在几率观念里面的。它是这样的一个信念，即相信统计计算的预言超过大脑的活动，在实在世界中是可以信赖的。

（2）我当然同意这一点。

（3）关于简单性问题，在许多场合中会是意见纷纭的。难道爱因斯坦的引力论比牛顿的引力论简单吗？有素养的数学家会回答是的，这是指基础的逻辑简单性而说的；可是别的人会强调说不，因为它的形式体系复杂得可怕。

（3）唯一事关紧要的是**基础**的**逻辑**简单性。

（4）我要讨论的最后一个信念，可以叫做客观性原理。它提供了一个把主观印象和客观事实区别开来的准则，也就是用另一些为别人可加以检验的东西来代替既定的感觉材料。

（4）脸红，玻恩，脸红！

（5）我认为，客观性原理可以用于人的每一个经验，但往往用得完全不得其所。比如：什么是巴哈（Bach）的赋

（5）呸！

格曲(*fugue*)？是这支乐曲的一切印本或手抄本、唱片、演奏时发出的音波等等的不变截面或者共同内容吗？作为一个音乐爱好者，我说不是！……

写在该章最后的评注

评注：在你的文稿后面部分没有旁注的地方，你不可解释为同意。整个东西是相当草率地想出来的，为此，我必须恭敬地给你一个耳光。我正想要解释[①]，当我说我们应当尽力掌握物理实在时，我所指的是什么意思。关于物理学的基本公理究竟是什么，我们大家都有一些想法。量子或者粒子当然不在此列；场，按照法拉第和麦克斯韦的见解，也许可能是的，但不一定。但是，不论我们把什么样的东西看成是存在(实在)，它总是以某种方式限定在时间和空间之中。也就是说，空间 A 部分中的实在(在理论上)总是独立"存在"着，而同空间 B 中被看成是实在的东西无关。当一个物理体系扩展在空间 A 和 B 两个部分时，那么，在 B 中所存在的总该是同 A 中所存在的无关地独立存在着。于是在 B 中实际存在的，应当同空间 A 部分中所进行的无论哪一种量度都无关；它同空间 A 中究竟是否进行了任何量度也不相干。如果人们坚持这个纲领，那么就难以认为量子理论的描述是关于物理上实在的东西的一种完备的表示。如果人们不顾这一点，还要那样认为，那么

① 当时爱因斯坦正在准备写《量子力学和实在》一文(见本书 607—612 页)。——编译者

就不得不假定，作为在 A 中的一次量度的结果，B 中物理上实在的东西要经受一次突然变化。我的物理学本能对这种观点愤愤不平。可是，如果人们抛弃了这样的假定：凡是在空间不同部分所存在的都有它自己的、独立的、真正的存在；那么，我简直就看不出想要物理学进行描述的究竟是什么。因为，被认为是“体系”的东西，归根结底不过是一种约定，而且我也看不出怎么能够以这样的方式来客观地划分世界，使我们能够对世界的各个部分进行陈述。①

① 玻恩对爱因斯坦这封信的反应如下：

玻恩于 1965 年在《通信集》中写着这样的注释：“根据这封信，爱因斯坦相信我不会赞同这种看法，即使我们有机会当面进行讨论。他把我的哲学思想叫做‘实证论的’，并且幸灾乐祸地要把它撕得粉碎。我自己当然不认为我的哲学是实证论的一个变种，只要这种哲学是意味着只有感觉印象才有权利要求成为实在，而别的任何东西，不仅科学理论，而且人们关于日常生活的实际事物的观念，都不过是为了在各种感觉印象之间建立合理的关系而构造出来和创造出来的。”见《玻恩-爱因斯坦通信集》，1971 年英文版，165 页。

玻恩于 1948 年 3 月 31 日给爱因斯坦的回信中说：“我愿意恭恭敬敬地领受你的耳光和训斥。这是无可奈何的。但是为了充分理解你所批评的东西，人们当然也必须熟悉前面的六次演讲(指《关于因果和机遇的自然哲学》一书中前面九章的内容——编译者)。但是我完全确信，要使你转变到我的观点上来，这些演讲是无能为力的。我要很好地使用你的批注，只要我有时间，我要改进我的措辞。你不喜欢我提出的‘观察中不变的东西’(*observational invariants*)，实在使我感到非常遗憾。这些东西来源于魏特墨(Wertheimer)的完形(*Gestalt*)，不过是以一种新的形式。我很重视这一点。但是你因为我的实证论思想而责备我，这使我感到恼火；那种哲学实在是我最不愿意去找的。我实在受不了那些家伙。”见《玻恩-爱因斯坦通信集》，1971 年英文版，165—166 页。——编译者

悼念麦克斯·普朗克[①]

一个以伟大的创造性观念造福于世界的人,不需要后人来赞扬。他的成就本身就已经给了他一个更高的报答。

今天,所有追求真理和知识的人们的代表,从世界各地聚集到这里,这是一件好事——确实也是必要的。大家来到这里,就证明即使在我们这样的时代,政治狂热和暴力像剑一样悬在痛苦和恐惧的人的头上,可是我们追求真理的理想的鲜明旗帜还是高举着。这种理想,是一条永远联结一切时代和一切地方的科学家的纽带,它在麦克斯·普朗克身上体现得非常完满。

虽然希腊人早已想到了物质的原子论性的本性,十九世纪的科学家又把这概念的近真性提到很高程度。但是第一次准确地测定——同别的假定无关——原子的绝对大小,却是由普朗克的辐射定律得出来的。不仅如此,他还令人信服地指出:在物质的原子论性的结构以外,还有一种能量的原子论性的结构,它受普适常数 h 支配着,而这个常数就是由普朗克引进来的。

---

① 这是爱因斯坦于1948年4月在麦克斯·普朗克追悼会上宣读的悼念词。这里译自《晚年集》229—230页和《思想和见解》78—79页。

普朗克(Max Karl Ernst Ludwig Planck),德国物理学家,生于1858年4月23日,卒于1947年10月4日。——编译者

这一发现成为二十世纪整个物理学研究的基础，从那个时候起几乎完全决定了物理学的发展。要是没有这一发现，那就不可能建立起分子、原子以及支配它们变化的能量过程的有用的理论。而且，它还粉碎了古典力学和电动力学的整个框架，并给科学提出了一项新任务：为全部物理学找出一个新的概念基础。尽管已取得了一部分显著的结果，但这问题还远没有得到圆满的解决。

为了对这个人表示敬意，美国科学院希望，为纯粹知识的自由研究，将不会受到阻碍和损害。

量子力学和实在①

下面我将扼要地并且以一种初浅的方式来说明，为什么我认为量子力学的方法是根本不能令人满意的。不过我要立即声明，我并不想否认这个理论是标志着物理知识中的一个重大的进步，在某种意义上甚至是决定性的进步。我设想，这个理论很可能成为以后一种理论的一部分，就像几何光学现在合并在波动光学里面一样：相互关系仍然保持着，但其基础将被一个包罗得更广泛的基础所加深或代替。

I

我考查一个自由粒子，它在一定时间是用空间中局限的 ψ 函数来描述的（在量子力学的意义上是完备地描述的）。这样，这个粒子既不具有明晰规定的动量，也不具有明晰规定的位置。我将在哪一种意义上来设想这种表示是描述单个的实在事态呢？有两种可能的观点在我看来是可能的而且是明显的，我们要权衡一个

① 这是爱因斯坦于1948年3—4月间写的论文，发表在苏黎世《辩证法》（*Dialectica*）杂志1948年320—324页上。这里译自《玻恩-爱因斯坦通信集》，纽约，Walker，1971年英文版，168—173页。译时曾参考《学习译丛》1957年第12期上从俄文转译的中译文（题为《量子力学和现实》，树松译，罗劲柏校）。——编译者

观点对另一种观点的优劣：

(a)这个(自由)粒子实际上是具有确定的位置和确定的动量的，尽管这两者不能在同一单个情况下同时由量度来查明。按照这一观点，ψ 函数是表示对实在事态的一种**不完备**的描述。

这个观点不是物理学家所公认的观点。承认了这种观点，就会引起这样一个企图，即对于实在事态，不仅要得到不完备的描述，也要得到一种完备的描述，并且还要去发现关于这种描述的物理定律。量子力学的理论框架于是就要被炸破。

(b)实际上，粒子既没有确定的动量，也没有确定的位置；用 ψ 函数来表示的描述在原则上是完备的描述。由量度位置所得到的粒子的明晰规定的位置，不能解释为量度以前的粒子位置。作为量度的结果而出现的明晰的定域化，只是作为量度的不可避免的(但不是不重要的)操作结果所引起的。量度的结果不仅取决于粒子的实在情况，而且也取决于量度机制的本性，这种本性在原则上并不完全知道。在量度动量或者任何别的关于粒子的可观察量时，也出现了类似的情况。这大概是目前物理学家们所喜欢的解释；而且人们不得不承认，这种解释很自然地是在量子力学框架内对海森伯原理所表述的经验事态唯一的正确看法。

按照这种观点，两个具有不是无足轻重的差别的 ψ 函数，总是描述两个不同的实在状况(比如，具有确定位置的粒子和具有确定动量的粒子)。

上述说法，就实际情况在细节上加以必要的修改(*mutatis mutandis*)，对于描述那些由几个粒子组成的体系也是成立的。在这里，我们也假定(在解释 Ib 的意义上)ψ 函数完备地描述着实在事态，而两个(本质上)不同的 ψ 函数描述着两个不同的实在事态，即使在作一种完备量度时它们会导致相同的结果也如此。如果量度结果相符，那就归因于量度装置的影响，这影响部分是未知的。

Ⅱ

如果有人问，不论量子力学如何，物理观念世界的特征是什么？那么，他首先感受到的是：物理概念关系到一个实在的外在世界，就是说，关系到像物体、场等等这些东西而建立起来的观念，它们要求被认为是同知觉主体无关的“实际存在”——另一方面，这些观念又已经尽可能地同感觉材料巩固地联系着。这些物理客体的进一层的特征是：它们被认为是分布在空间-时间连续区中的。物理学中事物的这种分布的一个本质方面是：它们要求在某一时间各自独立存在着，只要这些客体“是处于空间的不同部分之中”。要是不作出这种假定，即不承认空间中彼此远离的客体存在（“自在”）的独立性——这种假定首先来源于日常思维——那么，惯常意义上的物理思维也就不可能了。要是不作出这种清楚的区分，也就很难看出有什么办法可以建立和检验物理定律。这个原则在场论中推到了极端，那是由于把那些作为场论基础的并且各自独立存在的基元客体，以及为场论所假设的那些基本定律，都定域在无限小的（四维）空间元里面。

下述观念表征着在空间中远离的两个客体（A 和 B）的相对独立性：作用于 A 的外界影响对 B 并没有直接影响。这就是人所共知的“邻接性原理”（*principle of contiguity*），这原理只有在场论中才得到贯彻使用。要是把这条公理完全取消，那么，（准）封闭体系的存在这一观念，从而那些在公认的意义上可用经验来检验的定律的设立，都会成为不可能了。

Ⅲ

现在我作这样的论断：量子力学的解释（按照Ib）同原理Ⅱ是不相容的。

让我们考查一个物理体系 S_{12}，它由两个局部体系 S_1 和 S_2 所组成。这两个局部体系在早先一个时候可能曾处于物理的相互作用的状态。可是我们是在这种相互作用早已结束（以后）的一个时候来考查它们的。设整个体系用两个局部体系的坐标 q_1，…和 q_2，…的 ψ 函数 ψ_{12}，在量子力学意义上作完备的描述（ψ_{12}不能表示为一个具有形式 $\psi_1\psi_2$ 的乘积，而只能是这样一些乘积的总和）。在时刻 t，让这两个局部体系在空间这样地彼此分开，使得只有当 q_1，…属于空间有限部分 R_1，而 q_2，…属于一个同 R_1 分开的部分 R_2 时，ψ_{12}才不是0。

单个局部体系 S_1 和 S_2 的 ψ 函数因而在开头是未知的，也就是说，它们根本不存在。可是，如果在量子力学意义上对局部体系 S_2 的完备量度也是可以得到的，那么量子力学方法允许我们由 ψ_{12}来确定 S_2 的 ψ_2，代替原来的 S_{12}的 ψ_{12}，这样就得到局部体系 S_2 的 ψ 函数 ψ_2。

但是，在量子理论意义上的这种完备量度是对局部体系 S_1 施行的，也就是说，我们在进行量度的是哪一种可观察量，对于这种测定是关系重大的。比如，如果 S_1 是由一个单个粒子组成，那么我们就选择量度它的位置**或者**量度它的动量分量。所得出的 ψ_2

取决于这种选择，所以，根据对 S_1 所进行的量度的选择，对 S_2 以后所进行的量度就得到不同种类的(统计)预测。从 Ib 解释的观点来看，这意味着：根据对 S_1 的完备量度的选择，对 S_2 就造成了不同的实在情况，它可以用 ψ_2，$\underline{\psi_2}$，$\underline{\underline{\psi_2}}$，等等来作不同的描述。

单独从量子力学的观点来看，这并不出现任何困难。因为，根据对 S_1 所进行的量度的选择，就造成不同的实在情况；因而也就不会出现一定要把两个或更多个不同的 ψ 函数 ψ_2，$\underline{\psi_2}$…加给同一个体系 S_2 这种事情了。

可是，当人们试图坚持量子力学的原理，同时又坚持原理Ⅱ，即又坚持存在于空间两个分离开的部分 R_1 和 R_2 中的实在事态的独立存在，情况就不同了。因为在我们这个例子中，对 S_1 的完备量度是表示一种仅仅对空间部分 R_1 发生影响的物理操作。这样一种操作对于一个遥远的空间部分 R_2 中的物理实在无论如何不会有直接影响。由此推知，作为对于 S_1 进行完备量度的结果，我们所得到的关于 S_2 的每一条陈述，对体系 S_2 都必定有效，即使对 S_1 并没有进行过任何量度也如此。这该意味着：凡是能由确定 ψ_2 或 ψ_2 而推导出来的所有陈述，对 S_2 都必定同时有效。这当然是不可能的，只要 ψ_2，ψ_2，等等对 S_2 来说该表示不同的实在事态，这也就是说，我们同 ψ 函数的 Ib 解释发生了冲突。

在我看来，毫无疑问，那些认为量子力学的描述方法在原则上是最后确定了的物理学家们，会以如下方式反对这条思想路线：他们会甩掉关于出现于空间不同部分的物理实在的独立存在这一要求Ⅱ；他们会有根据地指出，量子理论没有一个地方是明显使用这一要求的。

我承认这一点，但是要指出：当我考查我所知的物理现象时，尤其是考查那些为量子力学如此成功地概括了的物理现象时，我仍然不能在任何地方发现任何这样的事实，好像有可能使得要求Ⅱ必须放弃。

因此，我倾向于相信，在Ⅰa意义上的量子力学的描述，必须被认为是对实在的一种不完备的和间接的描述，有朝一日终究要被一种更加完备和更加直接的描述所代替。

依我看来，在探求整个物理学的统一基础时，人们千万得注意，不要太教条主义地拘泥于现行的理论。

为《量子力学和实在》一文给 M. 玻恩的信[①]

我寄给你一篇短论文，由于泡利的建议，我已把这篇论文寄到瑞士去付印。我请求你克服你很长时期以来在这方面的厌恶情绪来读这篇短文，就像你还没有形成你自己的任何见解，而是一位刚刚从火星上来的客人一样。并不是由于我认为我能够影响你的见解，我才请求你这样做的，而是由于我认为这篇东西会比你已知道的任何别的文章能更好地帮助你了解我的主要动机。可是，它倾向于表达消极方面的，而不是像我用相对论性群来表示一个有启发性的极限原理时所具有的那种信心。无论如何，我愿以极大的兴趣来听取你的反论证，当然，这些反论证该超出如下的明显事实：量子力学是到目前为止唯一能够概括光和物质的波动-粒子特征的。

① 发信的日期是 1948 年 4 月 5 日，信中附有爱因斯坦刚写好的一篇论文《量子力学和实在》。这里译自《玻恩-爱因斯坦通信集》，纽约，Walker，1971 年英文版，168 页。标题是我们加的。——编译者

关于托勒玫、亚里士多德、广义相对论场论及其他

——1948年11月25日给M.索洛文的信[①]

〔上略〕

我们直到现在都很好。我妹妹[②]的病已渐愈，虽然她明显地衰弱了。每天晚上我都念一些东西给她听，比如今天我念了托勒玫(Ptolemaeus)反对阿里斯塔克(Aristarchus)关于地动说以及地绕日运动的说法所提出的奇怪的论据。这使我联想起现代某些物理学家的论证来，它们确实很精细，很权威，但缺乏直觉。在理论方面对论证进行研究和检验，确实是一个直觉的问题。

在我的科学工作方面，我总是为同样的数学困难所阻，因此，我还不可能对我的广义相对论场论加以肯定或加以否定，虽然我有一个很强的年轻的数学助手。我完成不了这项工作了；它将被遗忘，但是将来会被重新发现。历史上这样的先例很多。

在我每天晚上向我妹妹念的读物里面，有些是亚里士多德的哲学著作。老实说，亚里士多德的这些东西实在使人感到很失望。

---

① 译自爱因斯坦：《给莫里斯·索洛文通信集》，柏林，科学出版社，1960年，88—91页。本文由邹国兴同志译。标题是我们加的。——编者

② 指玛雅·温特勒-爱因斯坦(Maja Winteler-Einstein)。她从1939年起住在爱因斯坦家，1946年因中风引起瘫痪，1951年去世。——编者

要是这些东西不是写得如此隐晦和含糊，这种哲学就不会延续存在到这样长久。可是，大部分人对这些著作的词句却表示了神圣的敬意，其实他们根本不懂这些词句本身的意义；正相反，这些人却把他们所能够了解的哲学家说成是皮毛不足道的。好一个谦虚的态度！

对我们这个小小的犹太民族，英国人表示了狠恶的情绪；我以前以为他们不可能是这样的。但他们的对内政策是值得表扬的。也许只有英国人才能够不通过革命最后摆脱他们的太古老的资本主义。客观地说来，他们的境遇比法国要坏，因为法国人口较少，不必靠进口过日子。

前几个月里，康拉德·哈比希特(Conrad Habicht)[①]的一个儿子来到我这里。这是一个很好、很健壮的青年，他还是一个学数学的。我又一次得到老头子的消息。在伯尔尼时，我们确曾度过非常愉快的日子。在我们欢乐的科学院[②]里，我们曾经很愉快地共同学习了不少东西。比起后来我所看到的许多可尊敬的科学院来，我们的科学院实际上要严肃得多，要不稚气得多。

老年人能够同世事保持一定的距离，这是年老的好事之一。不过，你当然并不一定要为此而衰老。

---

① C.哈比希特是爱因斯坦于 1901 年在瑞士夏夫豪森(Schaffhausen)当家庭教师时认识的朋友，1902 年在伯尔尼参加了爱因斯坦和 M.索洛文的学习活动，1904 年离伯尔尼到瑞士东部的希尔斯(Schiers)任数学物理教师。——编者

② 这里所说的“科学院”，是指爱因斯坦在伯尔尼时期，1902—1905 年间同 M.索洛文和 C.哈比希特三人在业余时间共同进行的学习活动，他们三人自称为“奥林比亚科学院”。参阅爱因斯坦 1953 年 4 月 3 日写的《“奥林比亚科学院”颂词》及有关材料(见本书 768—771 页)。——编者

相对性：相对论的本质①

数学只研究概念之间的相互关系，而不考虑它们对于经验的关系。物理学也研究数学概念；但这些概念只是由于明白地确定了它们对于经验对象的关系，才得到物理的内容。运动、空间、时间这些概念的情况尤其是这样。

相对论是这样一种物理理论，它是以关于这三个概念的贯彻一致的物理解释为基础的。"相对论"这名称同下述事实有关：从可能的经验观点来看，运动总是显示为一个物体对另一个物体的**相对**运动（比如汽车对于地面，或者地球对于太阳和恒星）。运动绝不可能作为"对于空间的运动"，或者所谓"绝对运动"而被观察到的。"相对性原理"在其最广泛的意义上是包含在如下的陈述里：全部物理现象都具有这样的特征，它们不为"绝对运动"概念的引进提供任何根据；或者用比较简短但不那么精确的话来说：没有绝对运动。

从这样一种否定的陈述中，我们似乎看不出什么东西。但实际上，它是对于（可以想象的）自然规律的一个严格的限制。在这个意义上，相对论同热力学之间存在着一种类似性。后者所根据

---

① 这是爱因斯坦于1948年为《美国人民百科全书》(*The American People's Encyclopedia*，1949年，芝加哥Spencer出版)所写的一个条目。这里译自《晚年集》，41—48页。(《晚年集》中此文的标题是"相对论"。)——编译者

的也是一条否定的陈述："永动机是不存在的。"

相对论的发展分为两个步骤："狭义相对论"和"广义相对论"。后者把前者的有效性看作是一种极限情况，并且是它的贯彻一致的延续。

A. 狭义相对论

古典力学中空间和时间的物理解释

从物理学的观点来看，几何学就是相互静止的刚体彼此能够据以相互配置（比如，三角形由三根其端点永远连接在一起的棒所构成）的那些定律的全体。人们假定，按照这种解释的欧几里得定律是有效的。在这种解释中，"空间"原则上是一个无限的刚体（或者骨架），其他一切物体的位置都同它发生关系（参照体）。解析几何（笛卡儿）用三根相互垂直的刚性杆作为表示空间的参照体，而空间中各个点的"坐标"(x,y,z)则是以垂直投影（并且借助于刚性的单位尺度）这个人所共知的办法来量度的。

物理学研究空间和时间里的"事件"。对于每一事件，除了它的空间坐标 x,y,z 以外，还有一个时间值 t，后者被认为是用一只空间大小可以忽略的时钟（理想的周期过程）来量的。这只时钟 C 被看作静止在坐标系的一个点上，比如在原点（$x=y=z=0$）上。在点 $P(x,y,z)$ 上发生的事件的时间则是这样来定义的：时钟 C 上所指示的时间同这事件是同时的。这里"同时"这一概念假定不需要特别定义就有其物理意义。这是不够严格的，只是因为借助于光（从日常经验的观点来看，它的速度实际上是无限的），空间上分隔开的事件的同时性看起来好像是可以立刻确定下来，这种不严格性才似乎是无害的。

狭义相对论消除了这种不严格性，它用光信号从物理上来定义同时性。在 P 处发生的事件的时间 t，是从这个事件发出的光信号到达时钟 C 时 C 上的读数，减去光信号走这段距离所需的时间。作这种改正时，要预先假定（假设）光的速度是不变的。

这个定义把空间上分隔开的两个事件的同时性概念归结为同一地点上出现的两个事件——光信号到达 C 和 C 的读数——的同时性（重合）的概念。

古典力学所根据的是伽利略原理：一个物体只要不受别的物体的作用，它总是沿着直线作匀速运动。这条陈述不能对任意运动着的坐标系都有效。它只能对所谓"惯性系"才有效。惯性系是一些相互作直线匀速运动的坐标系。在古典物理学中，所有定律只是对一切惯性系才有效（狭义相对性原理）。

现在容易理解那个导致狭义相对论的困境。经验和理论都已逐渐导致这样的信念：认为光在空虚空间里总是以同一速度 c 行进，这速度同光的颜色和光源的运动状态都无关（光速不变原理——下面叫它"L 原理"）。现在，粗浅的直觉考查似乎表明，同一支光线对于一切惯性系**不能**都以同一速度 c 运动的。L 原理似乎同狭义相对性原理相矛盾。

可是，结果弄清楚了，这矛盾只是表面上的，它本质上是由于对时间的绝对性的成见，或者说得确切些，是由于对分隔开的事件的同时性的绝对性有成见。我们刚才看到，一个事件的 x,y,z 和 t，目前只能参照于某一选定的坐标系（惯性系）来确定。事件的 x,y,z,t 从一个惯性系转移到另一惯性系的变换（坐标变换）问题，如果没有特别的物理假定，那是不能解决的。可是下面这个假设对问题的解决正好足够：**L 原理对于一切惯性系都成立**（把狭义相对性原理用于 L 原理）。凡是这样规定的变换，对于 x,y,z,t 都是线性的，它们叫做洛伦兹变换。洛伦兹变换在形式上可以由下面这样的要求来表征：由两个无限靠近的事件的坐标差 dx，dy，dz，$\mathrm{d}t$ 所构成的表示式

$$dx^2+dy^2+dz^2-c^2\mathrm{d}t^2$$

是不变的。（就是说，通过这种变换，它转换成一个由新坐标系的坐标差所构成的**同样**的表示式。）

借助于洛伦兹变换，狭义相对性原理可以这样来表述：自然规律对于洛伦兹变换是不变的。（就是说，如果人们借助于关于 x，y,z,t 的洛伦兹变换而引用了新的惯性系，那么，自然规律并不改变它的形式。）

狭义相对论导致了对空间和时间的物理概念的清楚理解，并且由此认识到运动着的量杆和时钟的行为。它在原则上取消了绝对同时性概念，从而也取消了牛顿所理解的那个即时超距作用概念。它指出，在处理同光速相比不是小到可忽略的运动时，运动定律必须加以怎样的修改。它导致了麦克斯韦电磁场方程的形式上的澄清；特别是导致了对电场和磁场本质上的同一性的理解。它把动量守恒和能量守恒这两条定律统一成一条定律，并且指出了质量同能量的等效性。从形式的观点来看，狭义相对论的成就可以表征如下：它一般地指出了普适常数 c（光速）在自然规律中所起的作用，并且表明以时间作为一方，空间坐标作为另一方，两者进入自然规律的形式之间存在着密切的联系。

B. 广义相对论

狭义相对论在一个基本点上保留了古典力学的基础，那就是这样的陈述：自然规律只对惯性系才有效。对于坐标所“许可的”变换（即那些使定律的形式保持不变的变换）**只能**是（线性）洛伦兹变换。这种限制果真有物理事实为根据吗？下面的论证令人信服地否定了它。

等效原理。物体有惯性质量（对加速度的抵抗），又有引力质量（它决定物体在一既定的引力场中的重量，比如在地面上的重量）。这两个量，按照它们的定义是那么不同，但按照经验，它们却是用同一个数值来量度的。这里面必定有更深一层的理由。这个事实也可以这样来描述：在引力场中，不同的质量得到同一加速度。最后，它也可以表述成这样：物体在引力场中的行为好像在没有引力场中一样，只要在没有引力场的情况下是用一个均匀加速的坐标系（代替惯性系）作为参照系。

因此，似乎没有理由可以禁止对后一情况作如下的解释。人们认为这个坐标系是“静止的”，并且认为那个对它说来是存在的“表观的”引力场，是一个“真正的”引力场。这种由坐标系的加速度所“产生”的引力场当然会是无限扩延的，而这是不可能由有限范围里的有引力的物体产生出来的；可是，如果我们要寻求一种类似场的理论，这件事难不倒我们。按照这种解释，惯性系就失去了它的意义，并且也“说明”了引力质量同惯性质量之所以相等。（根据描述方式的不同，物质的这个同一性质可以表现为重量，也可以表现为惯性。）

从形式上看，承认那种对原来的“惯性”坐标加速运动着的坐标系，就意味着承认非线性的坐标变换，因而大大扩充了不变性这个观念，即大大扩充了相对性原理。

首先，用狭义相对论的结果所作的透彻的讨论表明，坐标经过这样的推广后，不能再被直接解释为量度的结果了。只有坐标差同那些描述引力场的场量合起来才能确定事件之间的可量度的距离。在人们不得不承认非线性坐标变换也是等效坐标系之间的变换之后，最简单的要求看来是承认一切连续的坐标变换（它们形成一个群），也就是说，要承认任何以正则函数来描述场的曲线坐标系（广义相性原理）。

现在不难了解为什么广义相对性原理（**以等效原理为基础**）会导致引力理论。有一种特殊的空间，我们可以认为它的物理结构（场）根据狭义相对论是完全知道了的。这就是没有电磁场也没有物质的空虚空间。这种空间完全由它的“度规”性质来确定：设 $dx_0, dy_0, dz_0, \mathrm{d}t_0$ 是两个无限接近的点（事件）的坐标差；那么

(1) $$ds^2 = dx_0{}^2 + dy_0{}^2 + dz_0{}^2 - c^2\mathrm{d}t_0{}^2$$

是一个可量度的量，它同惯性系的特殊选取无关。如果通过一般的坐标变换，在这空间里引进新的坐标 x_1, x_2, x_3, x_4，那么对于同一对点，ds^2 这个量表现为这样的形式

(2) $$ds^2 = \sum g_{ik} dx^i dx^k$$ （关于 i 和 k 都从 1 到 4 累加起来），

此处 $g_{ik} = g_{ki}$，这些 g_{ik} 形成一个“对称张量”，并且都是 $x_1, \cdots, x_4$ 的连续函数，按照“等效原理”，它们描述一种特殊的引力场（即可以再变换成形式(1)的引力场）。根据黎曼关于度规空间的研究，这种 g_{ik} 场的数学性质能被确凿地规定下来（“黎曼条件”）。然而

我们所要寻求的是“一般”引力场所满足的方程。我们自然要假定它们也能被描述成 g_{ik} 类型的张量场，但一般不允许变换成形式(1)，这就是说，它们不满足“黎曼条件”，而只满足一些较宽的条件，这些条件也像黎曼条件一样是同坐标的选取无关的（也就是广义不变的）。作简单的形式考查，就可得到同黎曼条件有密切联系的较宽的条件。这些条件就是纯引力场（存在于物质的外面并且没有电磁场）的方程。

这些方程以近似定律的形式得出了牛顿引力力学方程，还得出一些已为观察所证实的微小的效应（光线受到星体引力场的偏转，引力势对于发射光频率的影响，行星椭圆轨道的缓慢转动——水星近日点的运动）。它们还进一步解释了各个银河系的膨胀运动，这运动是由那些银河系所发出的光的红移表现出来的。

可是广义相对论还不完备，因为广义相对性原理只能满意地用于引力场，而不能用于总场。我们还没有确实地知道究竟该用怎么样的数学结构形式来描述空间里的总场，以及这种总场所遵循的究竟是怎么样的广义不变定律。但有一件事似乎可以肯定，那就是，广义相对性原理对于总场问题的解决，会证明是一个必要而有效的工具。

对批评的回答①

——对汇集在论文集《阿耳伯特·爱因斯坦：哲学家-科学家》中各篇论文的意见

作为开场白，我必须说明，要公正地表达我对收在这部文集中各篇论文的意见，这项任务对我来说可不是轻而易举的。其原因在于，各篇论文涉及的问题实在太多了，这些问题在我们的知识的目前情况下，只是松弛地互相联系着。最初我企图逐篇讨论这些论文。可是我放弃了这种做法，因为得不到哪怕是大体上有共同性的结果，读起来很难有什么用处，也不会有什么趣味。因此，最后我决定尽可能按问题来安排这些意见。

此外，经过一番徒劳无功的努力以后，我发现，作为某些论文的基础的精神状态同我自己的根本不同，以致我不可能就它们说出任何有用的意见。这不应当被解释为，我认为这些论文——只要它们的内容能为我所理解——没有那些同我的思想方式比较接近的论文那样重要，对于后者我想奉献下面的意见。

首先我要提到的是伏耳夫冈·泡利(Wolfgang Pauli)和麦克

---

① 这是爱因斯坦于1949年2月1日完稿的对汇集在《阿耳伯特·爱因斯坦：哲学家-科学家》(*Albert Einstein*: *Philosopher-Scientist*)一书中的各篇论文的答复。这个论文集是以庆祝爱因斯坦七十岁生日的名义出版的，由希耳普(P. A. Schilpp)编，作为“当代哲学家丛书”之一，1949年纽约Tudor出版公司出版。这里译自该书665—688页。标题是我们加的，原文的标题现改为副题。——编译者

斯·玻恩的论文。他们概括地叙述了我的关于量子和统计学工作的内容,叙述了它们的内在的一贯性以及它们在最近半个世纪物理学发展中的作用。他们做这件事是值得称赞的:因为只有那些成功地为他们那个时代的有问题的形势奋斗过的人,才能深入地洞察那样的形势;不像后来的历史学家那样,要他从他那一代看来是已经确立了的甚至是自明的概念和观点中进行抽象,那是会感到困难的。两位作者表示不赞成我拒绝当代统计性量子理论的基本观念,因为我不相信,这种基本概念将为整个物理学提供有用的基础。关于这一点后面再谈。

现在我来谈那个也许是最有趣的问题,这个问题绝对必须同我的非常可尊敬的同事玻恩、泡利、海特勒(Heitler)、玻尔和马格瑙(Margenau)的详细的论据联系起来讨论。他们全都坚定地相信,一切粒子的二象性(粒子性和波动性)之谜,在统计性的量子理论中本质上已经找到了最终的解答。他们根据这种理论的成就认为它已经证明:对于体系的理论上完备的描述,本质上只涉及这个体系的可量度的量的统计论断。他们显然全都以为,海森伯的测不准关系(它的正确性,照我的观点看来,有理由可认为是最终证明了的),从本质上有利于一切在上述意义上可想象的合理的物理理论的特征。下面我想要列举一些理由,表明我为什么不能附和几乎所有当代理论物理学家的见解。事实上,我坚定地相信:当代量子理论的本质上的统计特征,完全是由于这种理论所运用的是一种对物理体系的不完备的描述。

可是,首先,读者应当相信,我完全承认统计性的量子理论已经为理论物理学带来了极其重大的进展。在力学问题领域——就是说，凡是由假定质点之间的势能就能够充分准确地考查结构之间以及结构的各个部分之间的相互作用的整个领域——中，〔这个理论〕甚至现在还表现为这样一种体系，这种体系以其自圆其说的特征，正确地描述那些可陈述的现象之间的经验关系，就像它们在理论上所预期的那样。这个理论是迄今为止唯一能把物质的粒子的和波动的两重特征以逻辑上令人满意的方式统一起来的理论；而且，包含在其中的（可检验的）关系，在由测不准关系所确定的自然界限之内，是**完备的**。这个理论所提供的形式关系——即其整个数学形式体系——大概一定会以逻辑推论的形式被包含在未来任何有用的理论之中。

从原则的立场来看，这理论中不能使我满意的，是它对于那个在我看来是全部物理学的纲领性的目标的态度，这个目标就是：要对任何（单个的）实在状况（假定它是不依赖于任何观察或者证实的动作而存在的）作完备的描述。那些具有实证论倾向的现代物理学家，一听到这样一种说法，总要报以遗憾的微笑。他会对自己说："这里我们听到了一种空洞的、抱有赤裸裸的形而上学偏见的说法，而克服这种偏见，正是最近二十五年来物理学家在认识论上的主要成就。有谁曾经知觉到'实在的物理状况'呢？一个有理性的人怎么能够直到今天还会相信，拖出这样一个无血的幽灵，就能驳倒我们的根本知识和根本理解呢？"忍耐点吧！上面的简要评述并不是要说服任何人；这不过是为了指出这样一种观点，在这种观点周围自动聚集着如下这些必须考虑的基本事实。对此，我想这样来进行：首先，我想在简单的特殊情况中表明，在我看来什么是本质的，然后，我想对有关的某些更一般的观念提出几点意见。

我们先来考查这样一个物理体系，它是一个具有确定的平均衰变期的放射性原子，并且实际上准确地被定位在坐标系的某一点上。放射过程是发射一个（比较轻的）粒子。为简单起见，我们忽略蜕变过程后剩余原子的运动。于是我们可以仿效伽莫夫，用一个由闭合的势垒围起来的、原子数量级的空间来代替原子的剩余部分，在 $t=0$ 时，这势垒包围着要被发射的粒子。于是，正如大家所知道的，这样概括地说明的放射过程，在基本的量子力学意义上，是由三维的 ψ 函数来描述的，在 $t=0$ 时，这个函数只在势垒内部不等于零，但在正的时间，便扩展到外部空间里去。这个 ψ 函数提供粒子在某一选定时刻实际处在空间某一选定部位的几率（即通过对位置的量度确定发现它在那里的几率）。另一方面，ψ 函数却不包含任何**关于**这个放射性原子的**蜕变时刻**的论断。

现在我们提出这样一个问题：这种理论的描述能不能认为是关于单个原子蜕变的**完备的**描述呢？直接看来好像有理的回答是：不。因为首先人们倾向于假定，单个原子是在一定时刻衰变的；可是，这样一个确定的时间值并不包含在用 ψ 函数的描述之中。因而，如果单个原子有一个确定的蜕变时刻，那么关于单个原子的用 ψ 函数的描述，就必须被解释为一种不完备的描述。在这种情况下，ψ 函数应当被认为不是关于单个体系的而是关于理想系综的描述。在这种情况下，人们不得不相信，关于单个体系的完备描述终究应当是可能的；但是，在统计性的量子理论的概念世界里，并没有这样的完备描述存在的余地。

对此，量子理论家会回答说：这种考虑是否成立，取决于单个原子确实有一个确定的衰变时刻（一个同任何观察无关的时刻）这个论断是否成立。可是，照我的观点来看，这种论断不仅是任意的，而且实际上是毫无意义的。说蜕变有一个确定的时刻存在这一论断，只有当我原则上能在经验上测定这个时刻时才有意义。可是，这样一种论断(它最终引导到企图证明粒子在力垒之外存在)，涉及了对我们所关心的这个体系的一定的干扰；这样测定的结果并不能得出一个关于未被干扰的体系的状况的结论。因此，放射性原子有一个确定的蜕变时间的假定，是一点根据也没有的；因此，认为 ψ 函数不可能是关于单个体系的完备描述，这也是没有得到证明的。所谓困难全部是由于人们把某些不可观察的东西假定为“实在的”东西而引起的。(这就是量子理论家的回答。)

在这种论证中我所不喜欢的，是那种基本的实证论态度，这种态度从我的观点看来是站不住脚的，我以为它会变成同贝克莱(Berkeley)的原理“存在就是被知觉”(*esse est percipi*)一样的东西。“存在”总是由我们在精神上构成的某种东西，也就是由我们自由地假定(在逻辑意义上)的某种东西。这样的构造的根据并不在于它们起源于感觉所给予的东西。这种类型的推导(在逻辑的可推演性的意义上)，是无论什么地方都不会有的，即使在科学以前的思想领域里也不会有的。对我们表现为“实在”的这种构造的根据，只是在于它们具有使感觉上给予的材料成为可以理解的那种性质(这种说法很模糊，在这里是由于我力求简洁而不得不如此)。应用到特别选定的例子，这个考查告诉我们如下的事：

人们不可以只问：“单个原子转变的确定时刻是存在的吗？”而应当问：“在我们的全部理论构造的框架里，断定单个原子转变在时间上有一个确定的点存在，这是合理的吗？”人们甚至不可以问，这种论断**意味着**什么。人们只能问，这样一个命题，在所选定的概念体系的框架里——从它在理论上掌握经验所给予的材料的能力来着眼——是否合理。

在这种情况下，量子理论家采取这样的立场，认为 ψ 函数所作的描述，仅仅涉及理想体系的总和，而绝不涉及单个体系，他可以不管三七廿一地假定：这种转变有一个时间上确定的点。但是，如果他认为，用 ψ 函数所作的描述应当被理解为单个体系的**完备**地描述这一假定是对的话，那么他就必须拒绝有一个特定的蜕变时间的假设。他可以有理由指出，要测定一个孤立体系的蜕变时刻是不可能的，除非要受到具有这样一种特征的干扰，这种干扰在严格检查这情况时是不能忽略的。比如，从转变已经发生的经验陈述中，就不可能下结论说，如果体系没有受到干扰，情况是否还会如此。

据我所知，是 E. 薛定谔第一个注意到要修改这种考查，修改结果表明这种解释是行不通的。人们所要考查的不是只包含单个放射性原子（及其转变过程）的体系，而是一个包括测定放射性变化的工具——比如带有自动记录装置的盖革计数器——的体系。设后者有一条用钟表装置推动的记录带，当计数器有脉冲时，记录带上就做上记号。从量子力学的观点上来看，这整个体系固然很复杂，而且它的组态空间又具有很高的维数。但是，从量子力学的立场来看，原则上并不反对去处理这整个体系。在这里，理论所决定的也是关于每一时刻的一切坐标的每一种组态的几率。如果人们考查这坐标的一切组态，而其时间同放射性原子的平均衰变期差不多，那么在纸条上就（最多）有一个这样的记录记号。纸条上的记号的一个确定的位置,对应于一种坐标组态。可是,因为这理论只提供可想象的坐标组态的相对几率,所以它也只提供纸条上的记号的位置的相对几率,而不是这个记号的确定的位置。

在这种考查中,纸条上的记号的位置,起着蜕变时间在原有考查中所起的作用。引进这个附有记录装置的体系的理由如下。记录带上的记号的定位,是完全属于宏观概念领域的事情,它不同于单个原子的蜕变时刻。如果我们企图把量子理论的描述理解为单个体系的完备描述,那么我们势必要作这样的解释:纸条上的记号的位置不是属于体系本身(*per se*)的,这个位置的存在本质上取决于对记录带所进行的观察。这样一种解释,从纯粹逻辑观点来看,当然绝不是荒谬的;然而,很难有人会愿意认真地去考虑这种解释。因为在宏观领域中,人们必须坚持在空间和时间里的实在论描述的纲领,这被认为是当然的;然而在微观领域中,人们却比较容易倾向于放弃这个纲领,或者至少要修改这个纲领。

这种讨论只能得出如下的结论。如果人们企图坚持这样的命题,说统计性的量子理论原则上能够产生单个物理体系的完备描述,那么就会得到一些很讲不通的理论概念。另一方面,如果人们认为量子力学的描述是关于系综的描述,那么这些理论解释上的困难就会消失。

我达到这个结论,是由于根本不同的考虑的结果。我确信,凡是不怕麻烦去忠实地贯彻这种思想的人,最后都不得不得出量子理论描述的这种解释(ψ 函数应该被理解为不是关于单个体系的描述,而是关于系综的描述)。

粗略地说,结论是:在统计性的量子理论框架里,不存在关于单个体系的完备描述这样的事情。更慎重些,可以这样说:企图把量子理论的描述想象为单个体系的完备描述,那就会得出不自然的理论解释,如果人们承认这种描述所涉及的是系综而不是单个体系,那么这种不自然的理论解释就立刻会成为不必要的了。在那种情况下,为了避开"物理实在"而如临深渊,如履薄冰,就完全成为多余的了。可是,要避开这种几乎是最明显的解释,是有着一个简单的心理上的理由的。因为,如果统计性的量子理论并不妄想完备地描述单个体系(及其在时间上的发展),显然就不可避免地要向别处去寻找单个体系的完备描述了;在这样做的时候,一开始就很清楚,这样一种描述的元素并不包含在统计性的量子理论的概念体系里。为此人们应当承认,在原则上,这个概念体系不能用来作为理论物理学的基础。假定要作完备的物理描述的努力成功了,那么统计性的量子理论,在未来物理学的框架里,就会占有一种类似统计力学在古典力学框架里的地位。我相当坚定地相信,理论物理学的发展会是这样的;但这条道路是漫长而崎岖的。

我现在设想一个量子理论家,他甚至会承认量子理论所描述的是系综,而不是单个体系,但却固执地认为统计性的量子理论的描述方式的根本特征在将来也会保留下来。他可以争辩如下:不错,我承认,量子理论的描述是单个体系的不完备的描述。我甚至承认,完备的理论描述在原则上是可想象的。但是我认为,寻找这种完备的描述已证明是无目的的。因为自然界的合规律性是这样构成的:定律可以在我们的不完备的描述的框架里完备地并且适当地表述出来。

对此我只能作如下的回答:你的观点——当作理论上的可能

性——是无可争辩的。可是，认为普遍定律的适当表达方式必然要利用完备描述所必需的**一切**概念元素，这种期望，对于我则更加自然。而且，完全不必奇怪，在应用不完备描述时，从这样的描述中所能得出的，(大概)只是统计性的陈述。如果前进到完备的描述应当是可能的，那么定律多半会表示这种描述的一切概念元素之间的关系，它本身同统计学却毫无关系。

关于概念的一般性质，以及关于概念——比如实在这个概念——是形而上学的东西(因而应当加以拒绝)这样的暗示，还要讲几点意见。以"感官印象"(及其回忆)为一方，以纯粹观念为另一方，两者之间的区别是概念上的基本区别，它是科学的思维和科学以前的思维所必要的前提。这种区别并没有概念上的定义(除了循环定义，即隐蔽地利用被定义对象的那些定义)。也不能认为，这种区别有像红与蓝之间的区别那样的根据。然而，为了能够克服唯我论，就需要作这种区别。解决办法是：我们要运用这种区别，而不管别人的责难，说这样做，我们就犯了形而上学的"原罪"。① 我们认为这种区别是一个范畴，我们运用这范畴，是为了使我们可以更好地掌握直接感觉的世界。这种区别的"意义"和根据就在于这方面的成就。但这还只是第一步。我们说感官印象是受"客观的"因素，也受"主观的"因素制约的。对于这种概念上的区别也没有逻辑-哲学上的根据。但是，如果我们拒绝它，我们就不能避免唯我论。它也是每一种物理思维的前提。在这里唯一的

① "原罪"系基督教中的名词。基督教的神话中说亚当和夏娃因吃了坠落的苹果而生的人类都是有罪的，这种罪恶同道德上的罪恶不同，是与生俱来的，而且人人都有，故称"原罪"。——编译者

根据也在于它的效用。这里我们涉及的是“范畴”或者思维图式，对范畴的选择，在原则上，我们是完全不受约束的，而且范畴的合格与否，只能由运用范畴使全部意识内容成为“易领悟的”程度来判断。上面提到的“客观因素”是这样一些概念和概念关系的总和，它们被认为是不依赖于经验，即不依赖于知觉的。只要我们是在这样纲领式地确定下来的思维领域里活动，我们就是在进行物理的思维。如果物理的思维，能在多次指出过的意义上，用它在精神上掌握经验的能力来证明自己正确，那么我们就认为它是“关于实在的知识”。

按照上面所说的，物理学中的“实在”应当被认为是一种纲领，然而，我们并不是被迫先验地抓住这纲领不放。在“宏观”领域里，大概没有人会倾向于放弃这个纲领（纸带上的记号的位置是“实在”的）。但是，“宏观”和“微观”是如此相互联系着的，以致单独在“微观”领域中放弃这个纲领似乎是行不通的。我也不能在量子领域的可观察事实范围内的任何地方看出有这样做的任何根据，除非人们真是先验地抓住这样的命题不放，即认为用量子力学的统计图式对自然界所作的描述是终极的。

这里所提倡的理论态度同康德的区别仅仅在于，我们并不认为“范畴”是不变的（受悟性的本性制约的），而认为（在逻辑的意义上）是自由的约定。要是不一般地规定范畴和概念，思维就会像在真空里呼吸一样是不可能的，仅就这一点而论，这些范畴才好像是先验的。

从这些不充分的意见里，人们可以看出，我一定以为，容许理论描述直接依赖于经验的论断是错误的；我觉得，比如在玻尔的互补原理中就有这样的意思，这个原理，尽管我曾作了很大的努力，还是不能得到它的明确表述。从我的观点来看，这样的陈述或量度只能作为物理描述的特例（即其部分）而出现，我不能给它以高于其余物理描述的任何特殊地位。

上面提到的玻尔和泡利的论文，包含着对我在物理统计和量子领域中的努力的历史评价，以及以最友好的方式所表示的责难。这种责难的最简单的说法是："僵硬地墨守古典理论。"对于这种责难要不是提出申辩，就应当认罪。可是，无论采取哪一种做法都会有很多困难，因为"古典理论"究竟指的是什么，绝不是一目了然的。牛顿的理论应该得到古典理论的名称。然而它已经被抛弃了，因为麦克斯韦和赫兹指出，超距力的观念必须放弃，而且人们要是没有连续"场"的观念就会一事无成。连续场被认为是唯一可以接受的基本概念，它也必须作为质点理论的基础，这种意见不久取得了胜利。现在这种概念也成了所谓"古典的"了；但是并没有由此生长出严整的、原则上完备的**理论**。麦克斯韦的电场理论仍然是未完成的作品，因为它未能建立起关于电荷密度行为的定律，而没有电荷密度，当然也就不可能有电磁场这样的东西。同样，广义相对论后来提供了引力的场论，但却提供不出产生场的物质的理论。（这些意见预先假定下面这件事是自明的：场论不可包含任何奇点，也就是不可包含场定律在其中是无效的空间的任何位置或部分。）

因而，严格地说，今天并没有古典场论这样的东西；所以，人们也不可能僵硬地墨守这种场论。然而，场论作为这样一种纲领倒确实是存在的："四维〔连续区〕中的连续函数是这理论的基本概念。”严格坚持这种纲领，我可以断言是正当的。它的更深刻的根据如下：引力论向我表明，这些方程的非线性性质，终于使这个理论给出结构（被定域的东西）之间的相互作用。但是，如果不运用广义相对性原理（在一般连续坐标变换下的不变性），要在理论上寻找非线性方程就没有希望（因为可能性太多种多样了）。可是，在这中间如果人们企图离开上述纲领，看来就不可能形成这个原理。我所不能避免的强制性就在于此。这就是我的理由。

然而，我不得不作些自白来削弱这种理由。如果不管量子结构，那么只要指出，人们很难怀疑属于一个点的元光锥的物理实在性，就可以有理由“在运算上”引进 g_{ik}。在这样做时，人们无形中利用了任意明锐的光信号的存在。可是，对于量子事实来说，这样的信号必然具有无限高的频率和能量，因此会引起被测定的场的完全破坏。除非人们把自己局限于“宏观”领域，引进 g_{ik} 的这种物理学上的根据已经失去意义。因而，把广义相对论的形式基础用于“微观”领域，只能基于这样的事实，即张量是所能考虑的形式上最简单的协变结构。可是，这种论证对于那些完全怀疑我们应当信守连续区的人来说并不重要。我完全尊重他们的怀疑——除此以外还有什么出路呢？

现在，我来谈一下相对论同哲学的关系问题。这里有赖兴巴赫（Reichenbach）的论文，由于推理严谨和论断锐利，对它不得不作一简短的评论。罗伯孙（Robertson）的主要从一般认识论观点上的透彻的讨论也是有趣的，虽然它只局限于“相对论和几何学”这样一个比较狭窄的题目。如果问：你认为赖兴巴赫在这里所论断的是正确的吗？我只能以派勒特(Pilate)[1]的著名问话来回答：“什么是真理？”

首先，让我们好好地研究一下这样的问题：几何学——从物理学观点来看——是能证实（或者否证）的吗？赖兴巴赫同亥姆霍兹一样，都说：是的，只要经验所给的固体能体现“距离”概念就行了。庞加勒说不，因此受到赖兴巴赫的指责。于是发生了如下的简短对话：

庞加勒：经验所给的物体不是刚性的，从而不能用来体现几何的间隔。因此，几何定理是不能证实的。

赖兴巴赫：我承认，没有什么物体可以**直接**据以提出间隔的“实在定义”。然而，这个实在的定义能因考虑到热容量关系、弹性、电致伸缩和磁致伸缩等等而得到。古典物理学确已经证明，这确实是可能的而且没有矛盾。

庞加勒：在得到被你修改了的实在定义时，你已经运用了物理定律，它的公式表述（在这种情况下）必须以欧几里得几何为前提。因而，你所说的证明不仅涉及几何学，而且涉及构成其基础的物理定律的整个体系。因此几何学本身的检验是不可思议的。——为什么我不能因此完全按照自己的方便来选择几何（即选欧几里得几何）使其余的（在通常意义上的“物理的”）定律适合于这种选择而同经验完全不发生矛盾呢？

（谈话不能以这样的方式继续下去，因为作者本人对作为思想

① 派勒特，拉丁文是 Pontius Pilatus，旧译本丢·彼拉多，是纪元一世纪罗马帝国驻犹太的总督。他审判耶稣，并且把耶稣钉死在十字架上。——编译者

家和作家的庞加勒的卓越地位的尊敬不容许这样做;因此下面将用一个无名的非实证论者来代替庞加勒。——)

赖兴巴赫:这种想法里有十分吸引人的东西。但是,另一方面,值得注意的是,坚持长度的客观意义和把坐标的差解释为距离(在相对论以前的物理学中)并没有引起混乱。根据这种令人惊奇的事实,难道我们不应当进一步哪怕是暂时地运用可量度的长度概念,就像有刚性的量杆之类的东西存在那样吗?爱因斯坦如果不坚持长度的客观意义,他事实上——即使不是理论上——无论如何不可能建立广义相对论。

同庞加勒的建议相反,应当指出,真正的关键不仅在于几何学本身的最大可能的简单性,而在于全部物理学(包括几何学)的最大可能的简单性。今天我们之所以认为坚持欧几里得几何的建议是不适当的而必须拒绝,首先涉及的正是这个问题。

非实证论者:在上述情况下,如果你认为距离是一个合法的概念,那么它同你的基本原理(意义=可证实性)的关系又该怎样呢?难道你能不达到这样的地步,即必须否定几何概念和定理的意义而承认它们只有在完备地发展了的相对论(但是相对论作为一个完成的产物根本还不存在)里才有意义吗?难道你能不承认,照你对"意义"这个词的理解,物理理论的单个概念和单个论断都根本不可能具有什么"意义",而对整个体系也只有在使经验所给的东西成为"可理解的"这一点上才具有"意义"的吗?如果单个概念仅仅在理论的逻辑结构的框架里才是必需的,而理论又仅仅在它的整体中才是有效的,那么为什么理论中出现的单个概念无论如何总得要加以特殊的论证呢?

而且，在我看来，你似乎根本没有公正地对待康德的真正重大的哲学成就。康德从休谟那里已经知道，有些概念（比如因果关系）在我们的思维中起着支配作用，然而，这些概念不能用逻辑方法从经验所给的东西中推论出来（不错，有些经验论者承认这一事实，但是似乎老是把它们又忘了）。根据什么理由来运用这些概念呢？假定他已经在这样的意义上作了回答：为了理解经验所给的东西，思维是必要的，**而且概念和“范畴”作为思维的不可缺少的元素也是必要的**。如果他始终满足于这种回答，那么他就会避免怀疑论，而你也就找不到他的过错了。可是，他被错误意见迷惑住了——在他那个时代这是难以避免的——认为欧几里得几何对于思维是必需的，并且提供了关于“外界”知觉对象的**可靠的**（即不依赖于感觉经验的）知识。他从这个容易理解的错误中得出结论说：有先验综合判断存在，这种判断只是由理性产生的，因此这种判断能要求有绝对的有效性。我想，你的非难主要不是针对康德本人，而是针对那些今天仍然坚持“先验综合判断”的错误的人。——

作为认识论研究班讨论的基础，我很难想出还有什么比赖兴巴赫的简短论文（最好同罗伯孙的论文一起）更有刺激性的了。

至此已经讨论的问题同布里奇曼（Bridgman）的论文有密切关系，因此我可以很简要地说出自己的意见，而不必太担心我会被误解。为了使一个逻辑体系能被认为是物理理论，没有必要要求它的全部论断都能被独立地解释，并且“在操作上”是可“检验”的；事实上，这种要求从来没有一个理论达到过，而且也根本不可能达到。为了使一个理论能被认为是**物理的**理论，只要它一般地包含着经验上可以检验的论断就行了。

这种说法是完全不严谨的，因为“可检验性”是这样一种性质，它不仅涉及论断本身，并且也涉及其中包含的概念同经验的对应关系。但是对于我来说，讨论这个棘手问题也许是不必要的，因为在这一点上大概不会存在任何重大的意见分歧。——

马格瑙(Margenau)。他这篇论文包含了某些新颖的具体意见，我必须分别加以考虑：

对他的第1节：“爱因斯坦的见解……包含着理性论和极端经验论的特征……”①这意见是完全正确的。为什么会产生这种摇摆呢？一个逻辑的概念体系，如果它的概念和论断必然同经验世界发生关系，那么它就是物理学。无论谁想要建立这样一种体系，就会在任意选择中遇到一种危险的障碍（富有的困境(*embarras de richesse*)）。这就是为什么他要力求把他的概念尽可能直接而必然地同经验世界联系起来。在这种情况下，他的态度是经验论的。这条途径常常是有成效的，但是它总是受到怀疑，因为，特殊概念和个别论断毕竟只能断定经验所给的东西同整个体系发生关系时所碰到的某件事。因此他认识到，从经验所给的东西到概念世界不存在逻辑的途径。他的态度于是比较接近理性论了，因为他认识到体系的逻辑独立性。这种态度的危险在于，人们在探求这种体系时会失去同经验世界的一切接触。我认为在这两个极端之间摇摆是不可避免的。

① 马格瑙的原文这一句是：“爱因斯坦的见解，不能贴上任何一个流行的哲学态度的名称的标签；它包含着理性论和极端经验论的特征，但在逻辑上并不是孤立的。”见希耳普编：《阿耳伯特·爱因斯坦：哲学家-科学家》，1951年英文版，247页。——编译者

对于他的第 2 节：我不是在康德的传统中成长起来的，而是很晚才了解到他的学说中除了那些在今天看来是十分明显的错误以外还具有的真正价值。它包含在这样一句话里："实在不是给予我们的，而是（作为一个谜）提示给我们的（*aufgegeben*）。"这显然意味着：有这样一种人与人之间相互理解的概念构造，其根据纯粹在于它的有效。这种种概念构造确切地谈到了"实在"（通过定义），而关于"实在的本性"的每一个进一步提问都显得空无内容。

对于他的第 4 节：这种讨论根本不能使我信服。因为它本身很清楚，理论的每一个量值和每一个论断都要求有"客观意义"（在这理论的框架里）。只有当我们认为一个理论具有群特征时，就是说，如果我们假定或者假设同样的物理状况容许有几种描述方式，而其中每一种都被认为是同样有根据的时候，才会发生问题。因为在这种情况下，我们显然不能认为单个的（不能消去的）量值具有完全客观的意义（比如粒子速度的 x 分量或者粒子的 x 坐标）。这种情况在物理学中经常存在，在这种情况下，我们必须把客观意义限于只给理论的普遍定律，也就是说，我们必须要求：这些定律对于体系的每一种被这个群认为是合理的描述都是有效的。因此，不是"客观性"要预先假定有群特征，而是群特征迫使我们去精炼客观性概念。对理论来说，设立群特征，有重要的启发作用，因为这种特征总是大大地限制着数学上有意义的定律的种类。

接着提出了这样的主张，说这群特征决定着定律必然具有微分方程的形式；我却根本看不出这一点。然后，马格瑙坚持说，用微分方程（特别是用偏微分方程）来表示的定律是"最缺乏规定的"（*least specific*）。他把这种论点建筑在什么基础上呢？如果它们能被证明是正确的，那么把物理学奠基在微分方程上的企图，无疑会变成没有希望的了。可是，我们还远不能判断：要考查的那种微分定律究竟是否会具有任何到处都没有奇点的解；如果有，这样的解是否太多了。

现在就爱因斯坦-波多耳斯基-罗森悖论的讨论讲一点意见。我并不认为马格瑙保卫“正统的”量子观点（“正统的”是指这样的论点：ψ 函数**彻底地**表征了单个体系）已经击中要害。在我知道其观点的“正统的”量子理论家中间，我以为尼耳斯·玻尔对这问题的观点最近乎公正。翻译成我自己的表述方式，他论证如下：

如果两个局部体系 A 和 B 形成一个总体系，这个总体系是由它的 ψ 函数 $\psi(AB)$ 来描述的[①]，那就没有理由说，分别加以考查的局部体系 A 和 B 是什么互不相干的独立存在（实在的状态），**即使这两个局部体系在被考查的特定时间在空间上是彼此分隔开的也不行。**因此，认为在后一种情况下，B 的实在状况不会受到任何对 A 进行量度的（直接）影响，这种论断在量子理论的框架里是没有根据的，而且（正如这个悖论所表明的）是不能接受的。

在用这种方法研究问题时，显然，这个悖论在迫使我们放弃下述两个论断之一：

（1）用 ψ 函数所作的描述是**完备的**；

（2）空间上分隔开的客体的实在状态是彼此独立的。

另一方面，如果人们认为 ψ 函数是关于（统计）系综的描述，那就可以坚持（2）（因而也就要放弃（1））。可是，这种观点炸破了“正

① 此处 $\psi(AB)$ 原文是：$\psi/(AB)$。——编译者

统的量子理论"的框架。

对马格瑙的第7节再发表些意见。在表述量子力学的特征时，可找到一句简短的话："在古典水平上，量子力学相当于普通的动力学。"这是完全正确的——但是要加个条件(*cum grano salis*)①；而恰恰是这个条件对解释问题有重要意义。

如果我们所说的是宏观物体(弹子或者星体)，那么我们处理的就是很短的德布罗意波，它决定着这种物体的重心的行为。这就是为什么在一段适当时间内，有可能以这样的方式来处理量子理论的描述，使得在用宏观的方式来看时，它对位置和动量的描述都变得足够精确。这种明锐性也会在一段长时间内继续存在，而且这样表示的准点(*quasi-points*)也就像古典力学中的质点一样行动，那也是不错的。可是，这理论又表明，在足够长的时间以后，ψ 函数的点状特征对重心坐标就会完全消失，以致人们就不能再说什么重心的准定域(*quasi-localization*)了。于是，比如在单个宏观质点的情况下，其图像就变得十分类似于单个自由电子了。

现在，如果按照正统观点，我把 ψ 函数看作关于单个物体的实在状况的完备描述，我就不得不把(宏观)物体位置的本质上不受限制的不明确性当作**实在的**。可是，另一方面，我们知道，在用一盏对坐标系静止的灯来照亮物体时，我们会得到位置的(宏观地判断的)精确的测定。为了理解这一点，我必须假定，那种精确地测定的位置，不仅取决于被观察的物体的实在状况，而且也取决于那个照明作用。这又是一个悖论(同上述例子中纸带上的记号相类

① 拉丁文"*cum grano salis*"直译是"加一粒盐"。——编译者

似）。只有人们放弃正统观点，这个鬼才会消失，而按照正统观点，ψ函数被认为是单个体系的完备描述。

也许，所有这些考查都像是不必要的学究气的吹毛求疵，它同物理学本身毫无关系。可是，认为人们应当在什么方向上去寻求未来的物理学的概念基础，这种信念却正有赖于这样的考查。

这些关于量子理论解释的说明，已经拖得太长了。我想重复一下我同一位重要的理论物理学家所作的简要谈话，来结束这些说明。他说："我倾向于相信传心术(*telepathy*)。"我说："它同物理学的关系，也许比它同心理学的关系更密切。"他说："是的。"——

伦岑(Lenzen)和诺思罗普(Northrop)的论文，两者的目的是系统地论述我偶尔发表的一些关于认识论的言论。伦岑根据那些言论构成了一幅概略的总图像，在这幅图像里他小心地并且精巧地补充了我的言论中所遗漏的东西。我以为那里所说的一切都是令人信服的和正确的。诺思罗普用这些言论作为对几个主要认识论体系进行对比批判的出发点。在这个批判中，我看到了一篇不带偏见的思考和简洁的讨论的杰作，这种讨论在任何地方都没有离开实质问题。

认识论同科学的相互关系是值得注意的。它们互为依存。认识论要是不同科学接触，就会成为一个空架子。科学要是没有认识论——只要这真是可以设想的——就是原始的混乱的东西。可是，寻求一个明确体系的认识论者，一旦他要力求贯彻这样的体系，他就会倾向于按照他的体系的意义来解释科学的思想内容，同时排斥那些不适合于他的体系的东西。然而，科学家对认识论体系的追求却没有可能走得那么远。他感激地接受认识论的概念分析;但是,经验事实给他规定的外部条件,不容许他在构造他的概念世界时过分拘泥于一种认识论体系。因而,从一个有体系的认识论者看来,他必定像一个肆无忌惮的机会主义者:就他力求描述一个独立于知觉作用以外的世界而论,他像一个**实在论者**;就他把概念和理论看成是人的精神的自由发明(不能从经验所给的东西中逻辑地推导出来)而论,他像一个**唯心论者**;就他认为他的概念和理论**只有**在它们对感觉经验之间的关系提供出逻辑表示的限度内才能站得住脚而论,他像一个**实证论者**。就他认为逻辑简单性的观点是他的研究工作所不可缺少的一个有效工具而论,他甚至还可以像一个**柏拉图主义者**或者**毕达哥拉斯主义者**。

这一切在伦岑和诺思罗普的论文中都有很好的说明。———

现在,对 E. A. 米耳恩(Milne),G. 勒梅特尔(Lemaître)和 L. 英费耳德(Infeld)关于宇宙学问题的论文发表些意见。

关于米耳恩的巧妙的意见,我只能说,我觉得它们的理论基础太狭窄。按照我的观点,在宇宙学领域中,人们如果不运用广义相对性原理,那就无论如何不能从理论上得到有点可靠的结果。

对于勒梅特尔赞成引力方程中所谓"宇宙学常数"的论据,我应当承认,在我看来,这些论据,在我们知识的现状下,是不足以令人信服的。

引进这样的常数,意味着相当程度放弃理论的逻辑简单性,在我看来,只有在没有理由怀疑空间的本性在本质上是静止的时候,这种放弃才是不可避免的。在哈布耳发现星系"膨胀"以后,以及弗里德曼发现没有补充项的方程包含膨胀宇宙中存在物质的平均

(正的)密度的可能性以来,我以为,要引进这样的常数,从理论观点来看,在目前是没有根据的。

关于空间膨胀到现在的全部时间,根据形式最简单的方程所得的结果,比地球上矿物的确实已经知道的可靠年龄还小,这使情况变得复杂了。但是,引进"宇宙学常数"绝对提供不出摆脱这种困难的自然的出路。这种困难是由哈布耳的膨胀常数的数值和矿物的年龄量度产生的,它同任何宇宙学的理论完全无关,只要人们把哈布耳效应解释为多普勒效应,情况就如此。

一切最终都取决于这样的问题:(如果人们考虑到宇宙大小的范围)能不能认为谱线是"原时"(*Eigen-Zeit*)ds($ds^2=g_{ik}dx_idx_k$)的一种量度呢?有没有这样的自然客体,它体现为一种同它在四维空间里的位置无关的"自然量杆"呢?对这个问题的肯定的回答,使广义相对论的发明**在心理上**成为可能;可是这个假定在逻辑上是不必要的。对于构成现在的相对论,下面几点是必不可少的:

(1) 物理事物是由连续函数,即四个坐标的场变量来描述的。只要保持拓扑学上的关系,这四个坐标就可以自由选择。

(2) 场变量都是张量的分量;在这些张量中,描述引力场的是一个对称张量 g_{ik}。

(3) 存在着(在宏观领域中)量度不变量 ds 的物理客体。

如果(1)和(2)被接受了,(3)也就似乎讲得通,但不是必然的。数学理论的构造则仅仅依靠(1)和(2)。

合乎(1)和(2)的作为一个整体的**完备的**物理学理论还不存在。如果它已经存在,那就没有假设(3)的余地了。因为用来作为量度工具的客体不会导致一种同场方程所包含的客体相并列的独立的存在。——没有必要让人们对宇宙学的考查受到这种怀疑态度的限制；但是人们也不应当在一开始就对这些宇宙学的考查不加理会。———

这些思考把我引向卡尔·门格尔(Karl Menger)的论文。因为量子事实使人们怀疑，那个由(1)和(2)来表征的纲领的最终有效性也会发生问题。有可能只怀疑(2)，在这样做时，不放弃(1)，而怀疑能用微分方程适当地表述定律的可能性。我以为——我相信门格尔博士也是如此——在不久将来，就会出现为了抛弃(1)和(2)所作的更根本的努力。只要没有那些看来有充分构造力量的新概念，怀疑仍然会继续存在；不幸，这就是我自己的情况。我所以要坚持连续区，并不是由于偏见，而是由于我已经不能想出任何有系统的东西来代替它。要在本质上(或者比较近似地)保持四维性，而〔同时〕又抛弃连续区，那该怎么办呢？———

L.英费耳德的论文，是可以单独了解的，它卓越地介绍了所谓相对论的"宇宙学问题"，批判地检查了一切主要的论点。———

麦克斯·冯·劳厄(Max von Laue)：关于守恒假设的发展的历史研究，照我的见解，是有永久价值的。我认为值得把这篇论文单独出版，使学生容易读到它。———

尽管作了认真的努力，我还是不能完全理解H.丁格耳(Dingle)的论文，甚至不能完全理解这篇论文的目的。是不是要通过假设洛伦兹不变式所没有的新的群特征来扩充狭义相对论的观念呢？这些假设是根据经验建立起来的呢，还是只作为一种尝试而"设立"的呢？相信有这种群特征存在是以什么为依据的呢？———

库尔特·哥德耳(Kurt Gödel)的论文，照我的见解，对广义相对论，特别是对时间概念的分析，是一个重要贡献。这里涉及的问题，还在建立广义相对论的时候就已经使我不安了，而我至今还未能把它澄清。完全撇开相对论同唯心论哲学，或者同问题的任何哲学表述公式的关系，这个问题就表现如下：

如果 P 是一个世界点（*world-point*），有一个“光锥”（$ds^2=0$）属于它。我们通过 P 画一根“类时”世界线，在这条线上观察两个由 P 分开的邻近的世界点 A 和 B。倘使在世界线上加一个箭头，并且断言 B 在 P **之前**，A 在 P **之后**，这会有什么意义呢？相对论中世界点之间的时间关系，是否仍然是一种非对称的关系呢？或者，从物理学观点来看，使箭头表示相反方向，并断言 A 在 P **之前**，B 在 P **之后**，是否有同样的根据呢？

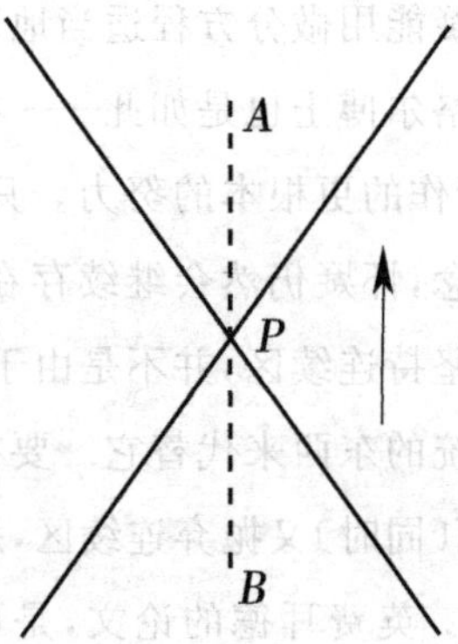

首先，两者之间任意选择的可能性被否定了，只要我们有理由说：如果有可能从 B 到 A，而没有可能从 A 到 B 发送（拍电报）一个信号（也经过 P 附近），那么就可以保证时间的单向的（非对称的）特征，也就是说箭头的方向不能自由选择。这里重要的是，发送信号在热力学意义上是一个不可逆的过程，是一个同熵的增大有关的过程（然而，**按照我们现在的知识**，一切基元过程都是可逆的）。

因此，如果 B 和 A 是两个足够靠近的世界点，它们能够用一条类时线连接起来,那么“B 在 A 之前”这个论断就有物理意义。但是,如果这些可以用类时线连接起来的点隔得相当远,那么这个论断是否还有意义呢?如果有一个可以用类时线连接起来的点系存在,其中每一点在时间上都在前面一点之前,**而且如果这点系本身是闭合的**,那么上述论断当然就没有意义。在这种情况下,对于宇宙学意义上离得很远的世界点来说,“早-迟”的区别就被抛弃了,而哥德耳先生所说的那些关于因果联系的**方向**的悖论就出现了。

引力方程(其 Λ 常数不等于零)的这种宇宙学的解,已经由哥德耳先生求出来了。根据物理上的理由来估计这些解是否不会被摒弃,那是很有趣的。

* * *

我苦恼地感到我在这个回答中不仅说得太冗长,而且也有点尖锐。下面的说法可以作为我的辩解:人们只会同他的兄弟或者亲密的朋友发生真正的争吵;至于别人,那就太疏远了。——

后记:上述意见涉及的是 1949 年 1 月底在我手头的一些论文。因为这本书要在 3 月间出版,所以正是写下这些意见的好时机。

在这些意见写完以后,我知道书的出版要推迟了,并且还收到了另外几篇重要论文。然而,我决定,不再扩大我的已经变得太长的意见,并且不再对那些在我的意见写完以后来到我手里的论文表示任何意见。

七十岁生日时的心情

——1949 年 3 月 28 日给 M. 索洛文的信①

你的热情的来信使我非常感动,同在这个不幸时刻(七十岁)我所收到的无数其他的来信相对比,你的信完全不同。你一定想象我在此时此刻一定以满意的心情来回顾我一生的成就。但是,仔细分析一下,却完全不是这么一回事。我感到在我的工作中没有任何一个概念会很牢靠地站得住的,我也不能肯定我所走的道路一般是正确的。当代人把我看成是一个邪教徒而同时又是一个反动派,活得太长了,而真正的爱因斯坦早已死了。所有这些都只是短见而已,但是确实有一种不满足的心情发自我自己的内心,这种心情是很自然的,只要一个人是诚实的,是有批判精神的;幽默感和谦虚经常使我们保持一种平衡,即使受到外界的影响也是如此。

你所说的关于人与人之间接触的经验之谈,真是太有道理了。做正确的事,什么人都不会两样。最痛苦的是大规模发生的社会事件。完全受盲目的冲动所驱使,所支配。美国、英国、俄国以及其他小国——都见鬼去吧,而事情仍将照旧。

① 译自爱因斯坦:《给莫里斯·索洛文的通信集》,柏林,德国科学出版社,1960 年,94—95 页。本文由邹国兴同志译。标题是我们加的。——编者

世间最美好的东西，莫过于有几个头脑和心地都很正直的严正的朋友，他们之间相互了解，正如我们两人一样。

你所收集的和所讲的关于赫拉克利特(Heraklit)的东西，使我感到好奇。我认为他是一个非常执意的和相当晦涩的人物。可惜这样的巨人却只能透过一层浓雾去观察。

《伽利略在狱中》读后感

——1949 年 7 月 4 日给麦克斯·布罗德的信[①]

我已经把《伽利略》这本书读了三分之一。对于体现出通常叫做历史的那些人物的活动，能够获得如此深切入微的洞察，这对我来说，是不可思议的。既然这是一个论述遥远的历史事件的问题，实际上似乎不大可能，也没有多大意义。

至于伽利略本人，我想象中的他却十分不同。当然，毫无疑问，他渴望认识真理，历史上这样的人是少有的。但是，作为一个成熟的人，他竟认为值得去顶着如此多的反对，企图把他已经发现的真理灌输给浅薄的和心地狭窄的群众，我觉得这是难以置信的。对他来说，耗费他的晚年去做这样的事，难道真的是如此重要吗？他被迫宣布放弃他的主张实际上并不重要，因为伽利略的论据对于所有那些寻求知识的人都是可利用的，任何一个有知识的人必定都知道他在宗教法庭上的否认是在受威胁的情况下做出来的。

---

① 译自塞利希：《阿耳伯特·爱因斯坦文献传记》，122—123 页。标题是我们加的。麦克斯·布罗德(Max Brod)是爱因斯坦在布拉格时(1911—1912 年)的音乐朋友，常给爱因斯坦的小提琴伴奏钢琴。他曾写过一本小说《第谷·布拉埃的通向上帝的道路》(*Tycho Brahe's Path to God*)。小说中描写的开普勒就是爱因斯坦的化身。1949 年他又发表了一本小说《伽利略在狱中》(*Galileo in Prison*)。爱因斯坦在收到他送的这本新小说后，给他写了这封回信。——编译者

此外，认为年迈的、有着刚强的理智独立性的伽利略，应该置身于虎穴，去同罗马的神甫和政客去争吵，这同我自己的想法也有矛盾，除非这件事真是不可避免的。

无论如何，我不能想象我自己会采取这样的步骤来保卫我的相对论。读到这几行时，我倒感到：同我相较，真理是无比强大的，而且在我看来，试图用长矛和瘦马去保卫相对论，这是可笑的并且是吉诃德式的。……小说对背景的描述给我以深刻的印象。单凭本能，要根据现有的贫乏知识，以这样一种生动和令人信服的方式来重现人们的活动，那一定要付出巨大的精力。

对量子力学的看法

——1949年7月24日给贝索的信[①]

〔上略〕

我觉得，我当时曾收到安娜(Anna)的信[②]。那时候，我还抱有一个幻想，即通过理性的宣讲，一个人还能为人类多少出一点力，这本来是可以做得到的，只要所宣讲的内容不引起人们狂热的反感——然而这却是一个在真正重要的领域里从来没有满足过的条件。尽管我很明白这一点，但是，我还是经常有机会就说出我对一般事物的信念，因为我想，如果那些有自己看法的人们沉默下来，那么，一切就会更糟。

……

我对统计性量子理论的反感不是针对它的定量的内容，而是针对人们现在认为这样处理物理学基础在**本质上**已是最后方式的这种信仰。我很高兴，你读了我的短文[③]。你是否注意到泡利对

① 译自《爱因斯坦-贝索通信集》402—403页。由李澍泖同志译。标题是我们加的。——编者

② 指贝索妻安娜1931年给爱因斯坦的信。她在信中建议爱因斯坦发起一个运动，以建立专供各种学者和思想家聚会讨论人类重大问题的保护区，就像保护稀有动植物的国立公园那样。——编者

③ 指《量子力学和实在》，见本文集第一卷，607—612页。——编者

此回答得多么不合逻辑？他否认这种描述是不完备的，但是立刻又说，函数 ψ 是体系整体的一个**统计性的**描述。其实，这只不过是上述说法的另一种翻版而已：（个别的）单个体系的描述是不完备的！暂时的成功较之原则性的考虑，对于几乎所有的人，都具有更大的说服力，时兴的东西总是使人迷惑，即使在一段时间内。关于这个题目，我还写了一些别的东西。这是对我同行的批评的回答，它将发表在《当代哲学家丛书》中一本专门献给我的文集之中。[①]这样，至少后人可以知道我对此是怎样想的。

经过几年来的努力，我终于找到引力场方程的一种自然的推广，[②]由此我期望，它是一个切实可行的总场理论。但是，要找到有关的积分却很难。因此，我还没有正反两方面的确凿论据。一切迹象都指出今天的数学还做不到这一点。但是，我没有放弃斗争，而是在日日夜夜地折磨自己。

一个人被工作弄得神魂颠倒直至生命的最后一息，这的确是幸运。否则，世人的荒唐和愚蠢，主要在政治上表现出来的荒唐和愚蠢，就会使他痛苦得难以忍受。

---

① 即《对批评的回答》一文，见本文集第一卷，623—647 页。——编者

② 见爱因斯坦前一年的论文《广义引力论》，本文集第二卷，620—631 页。——编者

关于统一场论

——1949 年 8 月 16 日给贝索的信①

我深信，以统计学为基础的理论，尽管取得很大的成功，但还是停留在事物的表面，人们必须以广义相对论的原理为依据，即以真空引力方程的推广为依据。

我们不用对称张量 g_{ik} 作为基础，而是用不对称张量，以及一个“位移”Γ_{ik}^{l}，这位移对下标是不对称的。g_{ik} 的反对称部分应当大致对应于电磁场的麦克斯韦张量。

在 g 和 Γ 之间应有如下的关系式

$$g_{ik,l}-g_{sk}\Gamma_{il}^{s}-g_{is}\Gamma_{lk}^{s}=0. \qquad (1)$$

代替量的对称性是下列的一个通性：当 g_{ik} 被 $g_{ki}(=\tilde{g}_{ik})$，Γ_{ik}^{l} 被 $\Gamma_{ki}^{l}(=\tilde{\Gamma}_{ik}^{l})$取代时，方程保持等效。根据(1)式，你可以很容易检验。

不对称的 g_{ik} 的引入可以由下述事实得到论据，抗变的 g^{ik} 同在对称理论中一样，可以用下式来定义：

$$g_{is}g^{ls}=g_{si}g^{sl}=\delta_{i}^{l},$$

---

① 译自《爱因斯坦-贝索通信集》409—411 页。由李澍泖同志译。标题是我们加的。——编者

这对于张量的缩并具有根本重要性。

绝对微分法在这里变得复杂了，这是由于存在着不同的绝对导数，比如，这要看是用 Γ^l_{ik}，还是用$\widetilde{\Gamma}^l_{ik}$。

使一矢量沿着一个无限小的曲面元的边缘作“平行位移”，人们就可以从 Γ^l_{ik} 推导出曲面在这个曲面元上的曲率张量(R^i_{klm})。

如果把曲率张量对指标 i 和 m 进行缩并，就可得一张量 R_{kl}，它并非完全“厄米型的”(*hermitisch*)，也就是说，先要对它进行一点修改，使它满足 $R_{ik}=\widetilde{R}_{ki}$ 的条件。符号～在这里的意思是，在 $\widetilde{R}_{ki}$ 中，用$\widetilde{\Gamma}$来代替 Γ。

这样就可以期待，场方程会简单地采取如下形式：

$$R_{ik}=0,$$

只要 R_{ik} 是“厄米型的”曲率张量。

但是，问题却没有这样简单。实际情况如下。首先，$\Gamma^l_{\underset{\vee}{ik}}$(反对称部分)是一个张量，$\Gamma^s_{\underset{\vee}{is}}$ 是一个矢量。

这个矢量就不能不假定为 0，即

$$\Gamma^s_{\underset{\vee}{is}}=0 \qquad (2)，共 4 个方程，$$

以便使 R_{ik} 是厄米型的。

代替 $R_{ik}=0$，人们应取

$$\left(R_{\underline{ik}}=\frac{1}{2}(R_{ik}+R_{ki})\right)R_{\underline{ik}}=0 \qquad (3)\ 10 个方程，$$

$$R_{\underset{\vee}{ik},l}+R_{\underset{\vee}{kl},i}+R_{\underset{\vee}{li},k}=0 \qquad (4)\ 4 个方程。$$

现在你也许会问：是不是上帝贴着耳朵把这告诉你的？可惜并非如此。不过，办法是：在方程之间一定有恒等式使它们能够相容。

设想,利用(1)式,Γ用 g 来表示,那就有 16 个待决定的场变量。为了使这些方程能相容,上述 18 个方程中,只有 12(16-4)个是彼此独立的。所以,在方程之间一定要有 6(18-12)个恒等式,以便使它们“相容”(即,可以从一个交点延伸)。这些恒等式就是找出[相互独立场]方程的方法(然而,这是不会“自行”解决的)。

这就是事情的轮廓。过些时候,我将寄给你一篇文章(首先要付印),文章对这个问题作了直截了当的说明。① 在这理论里是否有些**真实的东西**,我不知道,因为我找不到没有奇点的有决定意义的解。这是极其困难的,因为按照Γ去解线性方程(1)是不可能的。

不幸的是,从逻辑上看来很简单的事情,计算起来却很复杂。

---

① 参见《在广义相对论中粒子的运动》(同英费耳德合著),《加拿大数学杂志》,3卷(1949年),209—241页。——原书编者

要接近事物的本质是万分困难的

——1950年4月15日给贝索的信①

你在4月11日信中提出的问题是很自然的，但是，暂时回答不了。其原因在于，在一个前后一致的场论中，对于场并没有真正的定义。确实，这使人面临一种堂吉诃德式的处境，因为根本无法保证，是否有一天能够知道这个理论是"正确"的。先验地说来，没有通向经验的桥梁。举例说，没有严格符合字义的"粒子"，因为这不能是用到处是连续的甚至是解析函数来描述实在的纲领的一部分。在理论中，比如，存在着一个对称的 $g_{\underline{ik}}(\equiv g_{ik}+g_{ki})$。这里还有一条测地线。可是，究竟这些测地线是否具有某种物理意义，人们预先是完全没有把握的，即使从近似意义上来说也是如此。

因此，事情就只能是，同经验上已知的东西相比较，只能期待这样的结果：找出这方程组的严格的解，这些解"反映"了经验的"已知"形象和它们之间的相互影响。问题极为复杂，因此，现代物理学家们抱有怀疑态度是可以理解的。他们暂时有正当理由拒绝接受我的方法，把它看成是不中用的。但是，从长远看来不会是这样的。他们慢慢地会看出，用准经验方法不能钻进事物的深处。

---

① 译自《爱因斯坦-贝索通信集》438—439页。由李澍泖同志译。标题是我们加的。——编者

要真正了解我这个信念，你要**反复**玩味我在论文集中的答复文章[①]，以及《科学》杂志(*Scientia*)中的短文[②]。实际上，中心问题不是“因果性”问题，而是实在的存在问题，以及是否存在某种对于在理论上加以描述的实在严格有效的(非统计学的)定律的问题。对于可观察事物不存在这样的定律，是至为明显的。但问题是：有什么东西可以代替作为理论纲领的“实在”？我用你的语言陈述如下：如果“云”并不是一个唯一事实的表示，而只不过是“几率云”，那么，在云的后面一定有一个具有更多特征的东西。设想这同理论毫不相干，似乎是相当荒谬的。因此，人们通常断定，函数 ψ 能充分表述个别情况，而只有当别人以此为依据把他们逼入困境时，才放弃这个函数。

近来，我经常思考一个数学问题。从一个适当的变分原理可以导出下列方程组的相容性

$$g^{ik}_{+-;l}=0 \quad \Gamma_i=0 \begin{cases} R_{\underline{ik}}=0 & (10\text{ 个方程}), \\ R_{\underset{\vee}{ik},l}+R_{\underset{\vee}{kl},i}+R_{\underset{\vee}{li},k}=0 & (4\text{ 个方程})。\end{cases}$$

另一方面，形式上的考虑驱使我们采用较强的方程组，这个方程组中最后两个方程用

$$R_{ik}=0 \qquad (16\text{ 个方程})$$

来代替。但是，在这个较强的方程组中，相容性是成问题的；也就是说，人们最初不知道，它的解的流形是否够大。我在经过许多错

① 即《对批评的回答》，见本文集第一卷，623—647 页。——编者

② G. 乔治(G. Giorgi)：《谈最近关于爱因斯坦相对论的争辩》，《科学》杂志，米兰，84 卷(1949 年)，77—81 页。该文最后肯定说：“已经搜集到大量结果都能为爱因斯坦的构造作证。”——原书编者

误和努力以后，才能证实相容性。当然，对于理论的“真理性”并没有证明什么；但是，这样对理论所提出的最重要的**形式的**批评（*formale Gegengrund*）却被排除掉了。

在我的漫长生涯中我学到了一点：要接近“**他**”①是万分困难的，如果不想停留在表面上的话。

① 原文是“*Ihm*”，指的是“上帝”，即事物的本质。——编者

《约翰内斯·开普勒的生平和书信》序①

这位无与伦比的人物的一些信件已由包姆加特先生的翻译而使英文读者能够读到了。这些信件的时间是从1596年到1631年。信的选择,首先是要使读者能获得一个作为人的开普勒的形象;而没有企图要把他的科学成就及其无比的影响放到显著地位上。不过,知道那个时候科学状况的读者,从这些信件里,还是能够在这方面知道一些有价值的东西的。

在那里,我们见到一个非常敏感的人,他热情地、全心全意地去探求对自然过程特征的比较深入的了解,而不顾一切内心的和外界的困难,终于达到了这个崇高的目标。开普勒的一生致力于解决一个双重问题。太阳和行星对于恒星背景的表观位置的改变,由直接观察到的,它们的形式是很复杂的;由此,为巨大的辛勤劳动所观察到和记录下来的,实际上不是行星在空间里的运动,而是地球-行星方向在时间进程中所经历的移动。

① 译自卡罗拉·包姆加特编译:《约翰内斯·开普勒的生平和书信》(Carola Baumgardt, *Johannes Kepler: Life and Letters*),纽约,哲学图书公司,1951年,9—13页。此文写作时间是1949年。《晚年集》中也有这篇文章,但删了开头的一段。——编译者

自从哥白尼使那一小群能够了解的人相信，太阳在这过程中应当被看作是不动的，而行星——包括地球——应当被看作是绕着太阳在运动的，以后出现的第一个大问题是：要测定行星（包括地球）的真运动，就好像它们是由一个在最近的恒星上的观察者用完美的体视双管望远镜所看到的那样。这就是开普勒的第一个大问题。第二个问题是包含在这样的疑问里：这些运动所遵循的是怎样的数学定律呢？显然，如果人类智慧有可能解决第二个问题，那就必须以第一个问题的解决为其前提。要检验一个解释某种过程的理论之前，应当先知道那个过程。

开普勒解决第一个问题所根据的是一种真正受到灵感的想法，它使测定地球的真轨道成为可能。为了能够画出那条轨道，除了太阳，还需要行星空间里的第二个定点。如果有可利用的这样的第二个点，那么就可以用它和太阳来作为量角度的参照点，而用测量和绘图时所常用的三角测量的同样方法来测定地球的真轨道。

可是能从哪里去找到这样的第二个定点呢？因为除了太阳，所有能看得见的客体，它们所作的运动在细节上都是未知的。开普勒的回答是：火星的表观运动是已非常精密地知道了的，这包括它绕太阳一周的时间（“火星年”）。每过了一个火星年，火星大概都在（行星）空间的同一地点。如果我们暂且只限于使用时间的这样一些点，那么，对于这些时间，火星就代表了行星空间里的一个定点，这个点在三角测量中就可以用得上了。

应用这条原理，开普勒首先测定了地球在行星空间里的真运动。既然地球本身在任何时候都可用来作为一个三角测量的点，所以他也就能由他的观察来测定其他行星的真运动。

就这样，开普勒取得了建立三条基本定律的基础，这三条定律在未来一切时代都将永远同他的名字联系在一起。要发现这些定律，并且这样精密地来确定它们，需要何等发明天才，需要何等辛勤的、顽强的工作；对此，今天在事后，没有谁能给以充分估量的。

读者从这些信里，就应当知道开普勒是在何等艰苦的条件下完成这项巨大的工作的。他没有因为贫困，也没有因为那些有权支配着他的生活和工作条件的同时代人的不了解，而使自己失却战斗力或者灰心丧气。而且他所研究的课题还给宣扬真理的他以直接的危险。但开普勒还是属于这样的一类少数人，他们要是不能在每一领域里都为自己的信念进行公开辩护，就绝不甘心。可是，他也不是在同别人的论战中得到浓厚乐趣的那种人，而伽利略很明显地就是这样一种人，伽利略的那种动人的带刺的话，甚至在今天也还为有见识的读者所喜爱。开普勒是一个虔诚的新教徒，但他对于他并不赞成教会的一切决定这件事却不保守秘密。为了这个缘故，他被看作是一种温和的异教徒，并且，也受到了这样的待遇。

这引导我来谈那些为开普勒所必须克服的内心上的困难——这些困难我已经暗示过了。它们不像外界困难那样容易被发觉。开普勒只有在很大程度上从他所出身的精神传统中胜利地解放出来以后，他一生的工作才成为可能。这件事所意味的，不仅是一个以教会权威为根据的宗教传统问题，而且也关系到那些关于宇宙中和人类范围内作用的性质和限度的普遍概念，以及对思维和经验在科学中的相对重要性的看法问题。

他必须在科学研究中摆脱唯灵论的途径，唯灵论是一种引向一些隐蔽目的的思维方式。他首先必须认识到：即使是最明晰的逻辑数学理论，它本身也不能使真理得到保证；要不是用自然科学中的最准确的观察来检验，它也会是毫无意义的。要是没有这样的哲学态度，开普勒的工作会是不可能的。他虽然没有讲到它，但在他的信中反映出了这种内心的斗争。读者应当注意到那些关于占星术的意见。它们表明那个已被战胜了的内部敌人已成为无害的了，尽管它还没有完全死去。

关于迈克耳孙实验、相对论起源等问题的谈话(报道)

——1950年2月4日同R.S.香克兰的谈话[①]

〔上略〕

第一次去普林斯顿访问爱因斯坦教授,主要是想弄清楚他对迈克耳孙-莫雷实验的真实感觉是怎样的,以及这实验对于他创建狭义相对论究竟有多大程度的影响。……

〔中略〕

……当我问他,他是怎么知道迈克耳孙-莫雷实验的,他告诉我,他是通过H.A.洛伦兹的著作[②]知道它的,但是**只有在1905**

---

① 香克兰(R.S.Shankland)是美国俄亥俄州(Ohio)克利夫兰(Cleveland)开斯(Case)工学院物理学教授,1950－54年间去普林斯顿访问过爱因斯坦五次,谈话的主要内容是迈克耳孙实验和相对论问题,也涉及了量子力学、科学史和政治等问题。每次谈话,香克兰都做了记录,1962年他把这些记录加以整理,以报道的形式发表在《美国物理学期刊》(*American Journal of Physics*)1963年1月号中(31卷,47—57页),题名《同爱因斯坦的谈话》(*Conversation with Albert Einstein*)。这里摘译了其中三次谈话(第一、三、四次),按年代分成三篇(另外两篇见本书708—712页和763—764页),并且分别另加上标题。——编译者

② 指洛伦兹1887年和以后的许多论文。——原注

年以后它才引起他的注意![1] 他说:“否则,我会在我的论文[2]中提到它的。”他继续说,对他影响最大的实验结果,是对星的光行差的观察[3]和斐索(Fizeau)对流水中光速的量度[4]。他说:“它们已足够了。”我使他回想起迈克耳孙和莫雷于1886年在开斯以大大改进了的技术对菲涅耳曳引系数(*Fresnel dragging coefficient*)作了非常精确的测定,并且给他看在我的论文中所引的他们所得到的数值。对此,他点头表示同意,但当我补充说,我认为斐索原来的结果只是定性的,他摇动烟斗,并且笑着说:“哦,它胜过了那个!”他认为塞曼(Zeeman)后来严格地重做这个实验[5],是做得很漂亮的。我对他讲到我在学生时代从他的狭义相对论的速度合成定律找出了他得到菲涅耳曳引系数的方法,那是多么优美呀,当时他看来实在高兴。

我问爱因斯坦教授,他在1905年以前对狭义相对论进行工作的时间有多长。他告诉我,他从16岁开始,共进行了十年工作;起初作为一个学生,当然只能花一部分时间在这上面,但这问题总是缠着他。他放弃了许多无效的尝试,“直至最后,我终于醒悟到时间是可疑的”!在他早期想得到一个同实验事实一致的理论所作

① 爱因斯坦所说的这一情况值得注意。通常大家总以为爱因斯坦创建相对论的思想是直接从迈克耳孙-莫雷实验得到启示的,爱因斯坦本人却否认了这种说法。他在1952年12月给克利夫兰物理学会和1954年2月给达文波特(F. G. Davenport)的信中都重申了这一情况。——编译者

② 指爱因斯坦1905年发表的《论动体的电动力学》,见本文集第二卷。——编译者

③ 指1728年布雷德利(J. Bradley)的工作。——原注

④ 指1851年H. L. 斐索的工作。——原注

⑤ 指1914年P. 塞曼的工作。——原注

的一切努力统统失败以后，只有在那个时候，才有可能创立狭义相对论。

这引导他相当详细地来评论精神过程的本性，因为它们似乎不是完全一步一步地走向答案的，他强调指出，我们穿越问题的思想路线是多么迂回呀。“只有在最后，才完全有可能看出问题中的条理来。”

我让他看在我的论文中关于迈克耳孙-莫雷实验和狭义相对论是怎么写的。对此，他读得很热心，喷着他的烟斗，点头表示赞许。当我提出，对费兹杰惹德的贡献所给予的注意也许有点过分了，他说：“哦，不，他有试图清除混乱的想法。”

爱因斯坦同迈克耳孙第一次会见是在帕萨迪纳（Pasadena），认为他是“一个伟大的天才——在这一领域中他总是会被这样认为的”。爱因斯坦还补充说，迈克耳孙受过的数学或理论训练很少，又没有理论方面的同事的指导①，而能够设计出迈克耳孙-莫雷实验，那是非常惊人的。迈克耳孙完全不理解有关的理论，但对一个判决实验的本质却有本能的感觉，爱因斯坦认为这是他的天才的最实在的标志。他所以能够感觉到这一点，在很大程度上要归功于他对科学的艺术家的感触和手法，尤其是对于对称和形式的感觉。当爱因斯坦想起迈克耳孙的艺术家的性格时，他现出了

① 一般说来，这是真实的，但是詹姆斯·克拉克·麦克斯韦的间接影响，使迈克耳孙不把他的兴趣从光速量度转到别的问题上去，却可能是起了决定作用的。当1879年迈克耳孙在航海历书事务所工作时，他有可能读到麦克斯韦1879年3月19日给戴维·彼克·陶德（David Peck Todd）的一封信〔见英国《自然》周刊21卷314页（1880年）；英国《皇家学会会刊》A 30卷109页（1880年）〕，这封信讨论了用光学观测来检验地球通过空间运动的可能性的基本内容。——原注

会心的微笑——在这里两人有着一种血缘的联系。这种艺术家的形象在迈克耳孙-莫雷实验中是显而易见的。爱因斯坦说:“多数人会认为这个实验是愚蠢的。”我评论到迈克耳孙的卓越的眼光,以及它所给他在光学实验中的巨大优点。爱因斯坦眼睛发亮起来,并且说:“哦,可是在这双眼睛后面的是他的伟大的头脑!”

我讲到那些驳倒了里兹(Ritz)光发射学说的实验,尤其是德·席特(de Sitter)的分光双星(*spectroscopic binaries*)的工作,并且也讲到米勒(D. C. Miller)在开斯改良了迈克耳孙-莫雷实验用太阳光所得到的否定结果。他说他充分了解德·席特,但他又告诉我,他认为沿着这条路线的最有决定性的实验,是勒纳德(Lenard)的一个学生(托马什克(R. Tomaschek)①)在海德堡(Heidelberg)用星光来重做的迈克耳孙-莫雷实验;因为在这里,涉及了很大的径向速度所造成的否定结果,对于确立光速同光源运动的无关性,真正是确定不移的。这里我们对爱因斯坦的为人有了一个正确的衡量。勒纳德同斯塔克(Stark)一起,是所有德国科学家中最激烈的纳粹分子,但爱因斯坦讲到他时,语气完全是公正的,没有一点恶意和挖苦的味道。

这导致他来讨论光的发射学说,他告诉我,在1905年以前,他考虑过并且放弃了(里兹)发射学说。他所以要放弃这条路径,是因为他可以料想到,没有哪一种形式的微分方程会具有表示这样一种波动的解,这些波动的速度是同光源的运动有关的。在这种情况下,发射学说会导致这样的一种相关系(*phase relations*):传

① 见德国《物理学杂志》,73卷,105页(1924年)。——原注

播的光会糟糕地完全“混杂在一起”，甚至可以“向着自己后退”。他问我：“你懂那意思吗?”我说不懂，他仔细地全部重述一遍。当他再讲到“混杂在一起”那部分时，他用双手在他脸部的前面挥动，并且对这种想法纵声大笑。

然后他继续说：“在一既定的情况下，理论的可能性是比较少的，也是比较简单的，在它们中间的选择，往往能够用十分一般的论证作出来。考查这些，会告诉我们什么是可能的，却不能告诉我们实在是什么。”

当我提出，里兹学说是几个关于光的发射学说中的最好一个，他摇了摇头，回答道：在某些方面里兹学说是很糟糕的。但是他马上补充：“当里兹揭示了频率差在光谱系中是决定性的东西时，他是作出了伟大的贡献。”

然后我问爱因斯坦教授，他是否认为迈克耳孙和盖耳(H.G. Gale)用干涉仪对地球转动的量度是重要的。他说：“哦，是重要的，那是关于一个小速度和大面积的萨尼亚克(G. Sagnac)实验。”他认为迈克耳孙-盖耳实验是非常漂亮的，但却补充说，至于它的结果，并“不存在理论上的怀疑”。

接着扼要地谈论到新的统一场论。他说必须设法使它也包括“原子性”(*atomicity*)。当我问起他是否想到过有什么同这个新理论有关的实验，他说：“没有，一切进展现在都必须等待数学上的巨大发展。”这理论的非线性偏微分方程的解必须是严密的才会有用，任何用近似方法(比如微扰理论)所得出的解都是没有用处的。他觉得，只有等到得出了这种严格解的时候，才有可能看到“原子性的”现象会适合于统一场图像，只要做不到这一点，情况就一直会非常难以令人满意的。

在这里,爱因斯坦对原子论和量子力学作了某些一般性的考查,一开头他就说:“你知道,在量子理论问题上,我同我的大多数同行的意见是不一致的。”他认为,在他们目前的方法中,他们不是“面对事实”的。事实上,他讲的比这还要强烈得多,有几次他说,他们“抛弃了理性”,又说量子力学的物理学“回避实在和理性”。他几次讲到玻尔,对于玻尔他是非常喜欢和称赞的,但是在许多基本路线上他表示不同意。他说玻尔的思想是非常清楚的,可是“当他一写下来,就变得非常晦涩”,而且“**他自以为是一个先知**”。这里我难以判定爱因斯坦究竟是有点顽固不化,还是他真的确信为了使量子力学有进一步发展的可能,必须在这一基本路线上改变观点。

我们的谈话随后又回到迈克耳孙-莫雷实验和狭义相对论上来。我不得不感觉到,这个优美的狭义理论,这个他青年时代努力的产物,就占据他的心头。我问他,他是不是认为值得把迈克耳孙-莫雷实验的历史写出来。他说:“是的,当然值得,但是你必须像马赫写《发展中的力学》那样来写。”于是他告诉我他对科学史著作的一些想法。“几乎所有的科学史家都是语言学家,这些人不了解物理学家所追求的是什么,他们是怎样思索他们的问题,并且怎样同他们的问题进行苦斗的。甚至关于伽利略的著作,多数也都写得很蹩脚。”必须找到一种写作的方法,它能表达出那些导致发现的思想过程。物理学家在这方面是没有多大用处的,因为他们大多数没有“历史感”。但是他认为马赫的《发展中的力学》是真正伟大的著作之一,并且是科学史著作的典范。他说“马赫并不**知道**

先前工作者怎样考虑他们问题的真实情况，”但是爱因斯坦觉得，马赫有足够的洞察力，因而他所说的无论如何很像是正确的。同他们的问题进行斗争，千方百计地寻找答案，而这种答案最后往往是通过非常间接的办法得到的，这就是正确的图像。对于劳厄的科学著作，他也表示了最崇高的敬意。

〔下略〕

关于广义引力论[①]

《科学的美国人》的编者要我写点东西，讲一下我刚发表的最近的工作。那是关于场物理学基础的数学研究。

有些读者会弄不明白：我们在学校里的时候不是已经全部学过物理学的基础吗？根据解释的不同，可以回答"是"或者"不是"。我们已熟悉那样一些概念和普遍关系，它们能使我们理解经验的一个极大范围，并且使这些经验可以用数学来处理。从一定的意义来说，这些概念和关系甚至可能是最后定论了的。比如，光的折射定律，以压力、容积、温度、热和功这些概念为基础的古典热力学关系，以及关于永动机不存在的假说，都确实如此。

那么，究竟是什么迫使我们去设计一个又一个理论呢？我们究竟为什么要设计理论呢？后一问题的答案简单地说来是：因为我们爱好"理解"，就是爱好通过逻辑过程把现象归结为某种已知的或者（看来是）明显的东西。当我们碰到不能用现有理论去"解释"的新事实时，首先必需的是新理论。但是这种建立新理论的动机，可以说是平凡的，是从外面强加上去的。另外还有一种重要性并不更小些的比较微妙的动机。这就是力求整个理论前提的统一

---

① 本文最初发表在《科学的美国人》（*Scientific American*）月刊，182 卷第 4 期，1950 年 4 月号。这里译自《思想和见解》，341—356 页。——编译者

和简化(也就是解释为一种逻辑原理的马赫的经济原理)。

存在着求理解的热情,正像存在着对音乐的热情一样。那种热情,在儿童中间是相当常见的,但多数人以后就失去了。要是没有这种热情,就不会有数学,也不会有自然科学。求理解的热情一再地导致了这样一种幻想,以为人可以不要任何经验基础,而只要通过纯粹的思维——简言之,即通过形而上学——就能在理性上了解客观世界。我相信每一个真正的理论家都是一种温和的形而上学者,尽管他可以把自己想象成一个多么纯粹的"实证论者"。形而上学者相信:凡是逻辑上简单的,就是实在的。温和的形而上学者相信:逻辑上简单的东西不一定都在经验到的实在中体现出来,但是,根据一个建立在一些具有最大简单性的前提之上的概念体系,能够"理解"所有感觉经验的总和。怀疑论者会说,这是一种"不可思议的信条"。事情虽然如此,但是这个"不可思议的信条"已由科学的发展给以惊人的支持。

原子论的兴起是一个很好的例子。留基伯(Leucippus)怎么会想出这种大胆的观念呢?当水凝结成冰——看起来完全不同于水——时,为什么冰融解了又变成一种同原来的水似乎不能辨别的东西呢?留基伯觉得奇怪,并且寻求"解释"。他不得不作出这样一条结论:在这些转变中,事物的"本质"完全没有变化。也许事物是由不变的粒子所组成的,变化只是一种它们在空间排列上的变化。对于一切反复现出大致相同性质的物质客体,难道不会也是这样的吗?

这个观念在西方思想长期休眠中并未完全绝灭。在留基伯以后两千年,伯努利(Bernoulli)对气体为什么会有压力作用在容器壁上觉得奇怪。从牛顿力学来看，这是不是应当由气体各个部分的相互排斥来“解释”呢？这个假说看来是荒唐的，因为在别的一切方面都不变时，气体压力却同温度有关。要假定牛顿的相互作用力取决于温度，这就同牛顿力学的精神相违背。既然伯努利是晓得原子论的概念的，他就必然会下这样的结论：原子（或者分子）同容器的壁相碰撞，这样就产生了压力。总之，人们必须假定原子是在运动着的；要不然，人们怎么能够说明气体的温度变化呢？

简单的力学考查表明，这种压力只同粒子的动能以及它们在空间中的密度有关。这就应当使那个时代的物理学家得出这样的结论：热是由原子的无规则运动所组成。要是他们当时给这种考虑以应有的认真对待，那么就应当会大大推进热理论的发展——尤其是热同机械能等效性的发现。

这个例子可用来说明两件事。理论观念（在这例子里是原子论）的产生，不是离开经验而独立的；它也不能通过纯粹逻辑的程序从经验中推导出来。它是由创造性的行为产生出来的。一个理论观念一旦获得了，人们就不妨抓紧它，一直到了它导致一个站不住脚的结论为止。

至于我最近的理论工作，我不认为有理由可以向对科学有兴趣的广大读者作详细的介绍。只有对于那些已为经验适当证实了的理论才可以那样做。到目前为止，表明有利于这里所讨论的这个理论的，首要的是它的前提的简单性，以及它同已知事实（即纯引力场定律）的密切联系。可是，广大读者也许会有兴趣去熟悉一下能导致这种极端思辨性努力的一连串思想。此外，还将说明，碰到了哪几种困难，而它们又是在哪种意义上被克服的。

在牛顿的物理学中，物体的理论描述所根据的基本理论概念，是质点或者粒子。这样，物质先验地被看作是不连续的。这就使它必然认为质点相互之间的作用是"超距作用"。既然后一概念显得同日常经验格格不入，牛顿同时代的人——牛顿自己其实也是如此——都觉得它难以接受，那是再自然不过的。可是由于牛顿体系的几乎是不可思议的成就，后几代的物理学家就习惯于超距作用这个观念。此后一段长时期中，任何怀疑都被埋葬了。

但在十九世纪后半期，人们知道了电动力学定律，结果晓得这些定律不能令人满意地合并到牛顿体系里去。人们不禁会去深思：倘使法拉第受过正规的大学教育，他会发现电磁感应定律吗？他没有背上传统思想的包袱，觉得把"场"作为实在的一个独立元素引进来，可以帮助他整理经验事实。充分了解场概念的意义的是麦克斯韦；他作出了这样的基本发现：在电场和磁场的微分方程中，电动力学定律找到了它们的自然的表述形式。这些方程意味着某些波的存在，它们的性质相当于那时候所知道的光的性质。

这样把光学合并到电磁理论中去，是寻求物理学基础统一的最伟大胜利之一；早在为赫兹的实验工作所确证之前很久，麦克斯韦就以纯理论的论证达到了这个统一。这种新的看法使得人们有可能省掉超距作用的假说，至少在电磁现象里是如此；居间的场现在好像是物体之间电磁相互作用的唯一载体，而场的行为则完全取决于那些用微分方程来表示的邻接过程（*contiguous process*）。

现在产生了这样一个问题：既然场即使在真空里也存在，那么应当把场想象为"载体"的一种状态呢，还是应当赋予它一种不能归结为别的任何东西的独立存在呢？换句话说，有没有一种负载场的“以太”呢？比如，以太负载光波时，就认为它是在波动的状态中。

这问题有一个自然的答案：因为人们不能省掉场概念，那就不如不另外引进带有假说性质的载体。然而，最早认识到场概念是不可避免的那些先驱者，还是不可能不犹豫地接受这种简单的观点，因为他们所浸染的机械论的传统思想还是太强了。但是在随后的几十年中，这种观点不知不觉地被采纳了。

把场作为基本概念引进来，给整个理论带来了一种不一致性。麦克斯韦理论尽管能恰当地描述带电粒子在它们彼此相互作用时的行为，却不能解释电密度的行为，就是说，它提不出关于粒子本身的理论。因此，就必然要根据旧理论把这些粒子当作质点来处理。要把连续的场的观念同在空间里不连续的质点的观念结合在一起，显得不一致。贯彻一致的场论，要求理论中的一切元素，不仅在时间上，而且在空间上，以及在空间的一切点上都是连续的。因此，在场论中，物质粒子就没有作为基本概念的资格。这样，即使不去说还没有把引力场包括进去这件事，麦克斯韦的电动力学也不能认为是一个完备的理论。

如果空间坐标和时间受到一种特殊的线性变换——洛伦兹变换——那么，关于空虚空间的麦克斯韦方程就保持不变（对于洛伦兹变换的“协变性”）。当然，对于由两个或者更多个这种变换所组成的变换，协变性仍然成立；这叫做洛伦兹变换的“群”性质。

麦克斯韦方程蕴涵着“洛伦兹群”，但洛伦兹群并不蕴涵麦克斯韦方程。洛伦兹群的确可以同麦克斯韦方程无关地定义为这样一种线性变换群，它使一种特殊的速度——光的速度——的数值保持不变。这些变换适用于从一个“惯性系”向另一个同它作相对匀速运动的惯性系的转移。这种变换群的最突出的新奇性质在于它抛弃了空间上彼此隔开的事件的同时概念的绝对特征。由于这个缘故,可指望一切物理方程对于洛伦兹变换都是协变的(**狭义相对论**)。这样,由麦克斯韦方程引导出一条有启发性的原理,它的有效性远远超出这些方程本身适用的和有效的范围。

狭义相对论同牛顿力学在这样一点上是共同的:两种理论的定律都假定只适合于某些坐标系,即那些名为“惯性系”的坐标系。惯性系是处于这样一种运动状态中的坐标系:在其中“不受力”的质点,对于这个坐标系没有加速度。可是如果没有独立的办法来辨认出力的不存在,这个定义也是落空的。但是,如果把引力看作是一种“场”,那就不存在这种辨认方法。

设 A 是一个对“惯性系”I 作均匀加速的坐标系。凡是对于 I 不是加速的质点,对于 A 都是加速的,所有这些质点的加速度的量值和方向都相同。它们的行为好像是对于 A 存在着引力场,因为加速度同物体的特殊本性无关,这正是引力场的一个特征性的性质。没有理由可排除把这行为解释作“真正”引力场效应的可能性(**等效原理**)。这种解释意味着 A 是一个“惯性系”,尽管它对于另一惯性系是加速的(对这个论证来说,重要的是:认为引进独立的引力场是合理的,尽管并未规定出产生这个场的物体。因此,对于牛顿,这样的论证必定显得没有说服力)。这样,惯性系概念、惯性定律,以及运动定律,也就都丧失了它们的具体意义——不仅在古典力学里,在狭义相对论里也如此。而且,把这一连串思想贯彻到底,就得出:对于 A 来说,时间不能用相同的钟来量;其实,甚至坐标差的直接物理意义,一般地也失去了。鉴于所有这些困难,人们究竟是不是应当尽力坚持惯性系概念,而放弃对引力现象的基本特征(在牛顿的体系里表现为惯性质量同引力质量的等效性)作解释的企图呢?凡是相信自然界是可理解的人,一定回答:不。

等效原理的要点是:为了要说明惯性质量同引力质量的相等,在这理论中必须允许四个坐标的非线性变换。就是说,洛伦兹变换群,因而,"许可"坐标系的集,都必须加以扩充。

那么,怎么样的坐标变换群能用来代替洛伦兹变换群呢?数学提示了一个以高斯和黎曼的基本研究为根据的答案:合适的代替物是坐标的一切连续(解析的)变换群。在这样一些变换下,只有一件事保持不变,那就是邻近的点具有近似相同的坐标;坐标系仅仅表示空间中点的拓扑次序(包括它的四维特征)。表示自然规律的方程,对于坐标的一切连续变换,都必定是协变的。这就是**广义相对性**原理。

刚才讲的这套做法,克服了力学基础中的一个缺陷。这个缺陷,牛顿已经注意到了,莱布尼茨批评过,两百年后马赫也批评过,那就是:惯性抵抗加速度,但是加速度又相对于什么呢?在古典力学的框架里,唯一的答案是:惯性抵抗那个**相对于空间**的加速度。这是空间的一种物理性质——空间对物体发生作用,但是物体却不对空间发生作用。这也许就是牛顿所说的"空间是绝对的"(*spatium est absolutum*)这一断言的较深一层的意义。但是这观念引起了某些人,特别是莱布尼茨的不安,他不认为空间是独立存在的,而认为它只是"事物"的一种性质(物理对象的邻接性)。要是他的这些不无道理的怀疑在那个时候取得了胜利,那对物理学很难说是一种恩惠，因为要把他的观念贯彻到底所必需的经验基础和理论基础，在十七世纪都还是无法得到的。

根据广义相对论，抽掉任何物理内容的空间概念是不存在的。空间的物理实在表现为场，场的分量是四个独立变量——空间和时间的坐标——的连续函数。表示物理实在的空间特征的，正是这种特殊的依存关系。

既然广义相对论意味着用**连续的**场来表示物理实在，粒子或者质点概念就不能起基本作用，运动概念也不能起这种作用。粒子只能表现为空间中场强度或者能量密度特别大的有限区域。

相对论性的理论必须回答两个问题：(1)场的数学特征是什么？(2)适用于这种场的方程是怎样的？

关于第一个问题：从数学观点来看，场在本质上是由它的各个分量在坐标变换时所经历的变换方式来表征的。关于第二个问题：这些方程必须在满足广义相对论假设的同时，使场确定**到足够程度**。至于这种要求能否满足，那是要取决于场类型的选择。

企图根据这种高度抽象的纲领来理解经验数据之间的相互关系，初看起来几乎是无望的。事实上，这套做法等于提出这样的问题：哪一种最简单的客体(场)能够要求哪一种最简单的性质，而同时又保持住广义相对性原理呢？从形式逻辑的立场来看，且完全不管“简单”这个概念还有歧义，问题的双重性就已经像一场灾难。而且从物理学的立场来看，要假定一个“逻辑上简单的”理论也就应当是“真的”，那是没有什么保证的。

然而任何理论都是思辨性的。当一个理论的基本概念(比如力、压力、质量这些概念)比较“接近于经验”时，它的思辨特征就不可能那么容易识别出来。可是如果有这样一种理论，为了要从前提推出那些能同观察相对照的结论，需要应用繁难复杂的逻辑过程，那么任何人都会看得出这种理论的思辨性。在这种场合下，那些对认识论分析没有经验的人，以及那些在他们所熟悉的领域里觉察不到理论思维的不可靠性的人，几乎不可避免地都会感到厌恶。

另一方面也该承认，如果理论的基本概念和基本假说是"接近于经验"的，这理论就具有重大的优点，对这样一种理论给以较大的信任，那肯定也是理所当然的。特别是因为要由经验来反驳这种理论，所费的时间和精力都要比较少得多，完全走错路的危险也就比较少。但随着我们知识深度的增加，在我们探求物理理论基础的逻辑简单性和统一性时，我们势必愈来愈要放弃这种优点。必须承认，为了要得到逻辑的简单性而放弃"对经验的接近"，在这方面，广义相对论已经走得比以前的各种物理理论都要远得多了。对于引力论来说，情况已经是这样，至于企图概括总场性质的引力论的新的推广，就更是如此了。在这个推广的理论中，要从理论的前提导出那些能同经验数据相对照的结论来，中间的程序是太难了，以致到目前为止还没有得到这样的结果。在目前，支持这个理论的，是它的逻辑简单性和"刚性"。这里刚性意味着不管这理论是对的还是错的，它都是无可修改的。

妨碍相对论发展的最大内在困难是问题的双重性，就像我们已提出过的两个问题所指明的那样。这种双重性正说明了为什么这理论的发展是发生在时间隔得那么久的两个阶段上。第一阶段是引力论，它以前述等效原理为基础，并且根据如下的考虑：依照狭义相对论，光有一不变的传播速度。如果光线在真空里从一点出发，这个点由三维坐标系里的坐标 x_1，x_2 和 x_3 来标示，那时时间是 x_4，它以一个球面波扩展开，在时间 x_4+dx_4 时到达一个邻近点（x_1+dx_1，x_2+dx_2，x_3+dx_3）。引进光速 c，我们写出表示式：

$$\sqrt{dx_1{}^2+dx_2{}^2+dx_3{}^2}=cdx_4.$$

这也可写成这样的形式：

$$dx_1{}^2+dx_2{}^2+dx_3{}^2-c^2dx_4{}^2=0.$$

这个表示式表示四维空间-时间里两个邻近点之间的一种客观关系；只要坐标变换是限于狭义相对论的，它就对于一切惯性系都有效。可是如果根据广义相对性原理，允许坐标的任意连续变换，这关系就失去了这种形式。这关系因而具有更加普遍的形式：

$$\sum_{ik} g_{ik}dx_idx_k=0.$$

这些 g_{ik} 是坐标的某种函数，当施行连续坐标变换时，这些函数以一定方式变换着。依据等效原理，这些 g_{ik} 函数描述一种特殊的引力场：一种能由“无场”空间的变换而得到的场。g_{ik} 满足一种特殊的变换定律。从数学上来说，它们是一个“张量”的分量，这个张量具有一种在一切变换中都保存着的对称性；这种对称性可表述如下：

$$g_{ik}=g_{ki}.$$

这就引起了如下想法：即使场**不能**仅仅用坐标变换从狭义相对论的空虚空间得到，我们是不是还可以给这种对称的张量以客观的意义呢？尽管我们不能指望这种对称张量会描述最一般的场，但它还是完全可以描述“纯引力场”这样的特殊情况。因此，至少对于一个特殊情况，广义相对论所必须假设的，显然就是这样一种场：对称张量场。

于是只留下第二个问题：对于对称张量场，能够假设出哪一种广义协变的场定律呢？

在我们这个时代要回答这个问题并不困难，因为必要的数学概念早已在手头，它的形式就是曲面的度规理论，是一个世纪以前由高斯创造，并且由黎曼扩充到有任意维数的流形上去。这种纯粹形式研究的结果有许多惊人的地方。对于 g_{ik}，能被假设为场定律的微分方程不能低于二阶的，就是说，它们至少必须包含 g_{ik} 关于坐标的二阶导数。假定场定律中不出现高于二阶的导数，**广义相对性原理在数学上就决定了这个场定律。**这个方程组能写成如下形式：

$$R_{ik}=0.$$

R_{ik} 的变换方式同 g_{ik} 一样，就是说它们也形成一个对称张量。

只要物体是用场的奇点来表示的，这些微分方程就完全代替了牛顿的天体运动理论。换句话说，它们包含力定律，也包含运动定律，却排除了“惯性系”。

物体表现为奇点这一事实，表明物体本身不能由对称的 g_{ik} 场，或者“引力场”来解释。甚至只存在**正的**引力物体这件事，也不能够从这个理论推演出来。显然，一个完备的相对论性的场论所根据的必定是一种性质更加复杂的场，那就是对称张量场的一种推广。

在考查这种推广以前，有两点同引力论有关的意见对于以后的解释是事关紧要的。

第一点意见是:广义相对性原理对理论的可能性加以极其严格的限制。要是没有这种限制性的原理,实际上任何人都不可能找到引力方程,甚至用狭义相对性原理也做不到,尽管人们知道场应当用对称张量来描述。除非采用广义相对性原理,无论积累多少事实也不能导致这些方程。这就是为什么我以为,要不是一开始就使基本概念合乎广义相对性,一切想得到一种关于物理基础的比较深入知识的企图,都注定是无望的。这种情况使我们在寻求物理学的基本概念和基本关系时,难以使用我们的哪怕是非常广泛的经验知识,它迫使我们大大使用自由思辨,使用的程度远超过多数物理学家目前所采取的。我看不出有任何理由要假定广义相对性原理的推测性意义只限于引力,而又假定物理学的其余部分能根据狭义相对论分隔开来处理,同时还要希望此后整个物理学会彻底地适合于广义相对论性的图式。我不认为这种态度在客观上能站得住,尽管从历史上来看是可理解的。我们今天所知道的引力效应比较小,这不能成为在基本性的理论研究中可以无视广义相对性原理的决定性的理由。换句话说,我不相信提出这样的问题是正当的:要是没有引力,物理学会像什么样子?

我们必须注意的第二点是:引力方程是关于对称张量 g_{ik} 的十个分量的十个微分方程。在非广义相对论性的理论中,如果方程的数目等于未知函数的数目,那么一个体系通常是不会被过度确定的。这些解的流形是这样的:在通解中,有一定个数的三变量函数可以任意选取。对于广义相对论性的理论,这不能指望是当然的事。对于坐标系的自由选取,蕴涵着在这些解的十个函数(或者场的分量)当中,有四个能通过坐标系的适当选取,使它们具有所规定的数值。换句话说,广义相对性原理蕴涵着:要由微分方程来确定的函数个数不是10,而是10－4＝6。对于这六个函数,只能假设有六个独立的微分方程。在引力场的十个微分方程当中,应当只有六个是彼此独立的,而其余四个必定借助于四个关系(恒等式)同那六个相联系的。在十个引力方程的左边 R_{ik} 中间确实存在着四个恒等式——"毕安期(Bianchi)恒等式"——这就保证了这十个方程的"相容性"。

在像这样的情况——场变量的个数等于微分方程的个数——下,如果这些方程都能从变分原理得到,那么相容性总是可以保证的。引力方程的情况正是这样。

可是,这十个微分方程不能完全由六个微分方程来代替。这一方程组实在是"过度确定"的,但由于这些恒等式的存在,这种过度确定并不失去它的相容性,就是说,这些解的流形并没有受到苛刻的限制。引力方程包含物体的运动方程这件事,同这种(许可的)过度确定有密切联系。

作了这样的准备以后,现在就容易了解目前这项研究的本质,而不必进入它的数学的细节。问题是要建立关于总场的相对论性理论。解决的最重要线索是:对于纯引力场这样的特殊情况,解已经存在了。我们所要探求的理论,因此必定是引力场理论的推广。第一个问题是:对称张量场的自然推广是什么?

这个问题自身不能得到回答,而只能同下面另一个问题结合起来解决,那就是:怎样推广这种场才能提供出最自然的理论体系?现在讨论的这个理论所引为根据的答案是:对称张量场必须由一个非对称张量场来代替。这就意味着，对于场分量，必须抛弃 $g_{ik}=g_{ki}$ 这个条件。在那种情况下，场就有十六个独立分量，而不是十个独立分量了。

留下来的还有建立关于非对称张量场的相对论性微分方程的任务。在企图解决这个问题时，人们碰到了一个在对称场的情况中所没有的困难。广义相对性原理并不足以完全确定场方程，这主要是因为单单场的对称部分的变换定律并不涉及反对称部分的分量；反过来也一样。也许这就是为什么场的这种推广在以前简直从未尝试过的缘故。只有在这个理论的形式体系中起作用的是总场，而不是由对称部分和反对称部分分别起作用时，才能表明场的这两个部分的结合是一种自然的程序。

结果是，这个要求确实能以自然的方式得到满足。但是甚至这个要求和广义相对性原理合起来也还不足以唯一地确定场方程。让我们记住这一个方程组必须满足另一个条件：这些方程必须是相容的。前面已经讲过，如果这些方程能从变分原理推导出来，那么这个条件就满足了。

这个目的无疑已经达到了，尽管不是通过像对称场情况下那么一条自然的道路。发觉这个目的竟能由两条不同道路来达到，那是有点令人不放心的。这些变分原理提供出两个方程组——让我们把它们记作 E_1 和 E_2——它们彼此是不同的（尽管只有微小的差别），每个都显示出各自特有的不完备性。因此，甚至相容性条件也不足以唯一地确定这个方程组。

事实上，正是 E_1 和 E_2 这两个方程组的形式缺陷指示了一条可能的出路。有第三个方程组 E_3 存在，它没有 E_1 和 E_2 这两个方程组的形式缺陷，它代表两者在下面这意义上的结合，即 E_3 的每一个解也都是 E_1 和 E_2 的解。这提示着 E_3 可能就是我们所要寻求的那个方程组。那么，为什么不假设 E_3 就是这个方程组呢？要是没有进一步分析，这种做法是靠不住的，因为 E_1 的相容性和 E_2 的相容性并不蕴涵较强的方程组 E_3 的相容性，在 E_3 那里，方程的个数比场分量的个数多了四个。

独立的考查表明：撇开相容性的问题不管，这个较强的方程组 E_3 总是引力方程的唯一真正的自然推广。

但是从 E_1 和 E_2 这两个方程组都是相容的这样一种相容性的意义来看，E_3 却不是一个相容的方程组，因为 E_1 和 E_2 的相容性是由足够个数的恒等式来保证的，这意味着，凡是在一定的时间值上满足这些方程的场，都有一个连续的广延，表示四维空间中的一个解。可是方程组 E_3 却不能以同样方式扩延开。用古典力学的语言，我们可以说：在方程组 E_3 的情况中，"初始条件"不能自由选定。真正重要的是要回答这样的问题：关于 E_3 这一个方程组，解的流形是不是具有像对于一个物理理论所必须要求的那样的广延性呢？这个纯数学问题到目前尚未解决。

怀疑论者会说："很可能，这个方程组从逻辑的立场来看是合理的。但是这并不证明它符合于自然界。"你是对的，亲爱的怀疑论者。唯有经验能够判定真理。然而，如果我们成功地用公式表述了一个富有意义的、严谨的问题，我们就已取得了一些成绩。不管已知的经验事实多么丰富，要证实或者要驳倒都不会是容易的。要从这些方程去推导出那些能够同经验对照的结论，将需要艰苦的努力，也许还需要新的数学方法。

关于统计论同决定论的对立问题

——1950 年 6 月 12 日给 M. 索洛文的信[①]

〔上略〕

关于统计论同决定论的对立问题，是这样的：从直接经验的观点来看，并没有精确的决定论。这一点大家完全同意。问题在于：对自然界的理论描述，究竟应不应该是决定论的。此外，特别存在着这样的问题：究竟是不是存在一个原则上完全非统计性的关于实在(就单个事件而论)的概念图像？只是在这一点上，人们的意见才有分歧。

① 译自爱因斯坦：《给莫里斯·索洛文的通信集》，柏林，德国科学出版社，1960 年，98—99 页。本文由邹国兴同志译。标题是我们加的。——编者

关于描述完备性的争论

——1950 年 9 月 15 日给 M. 玻恩的信[①]

〔上略〕

量子理论中我称为描述的不完备性，在相对论中并无类似的东西。简言之，那是因为 ψ 函数不能描述单个体系的某些性质，而这种体系的“实在性”是我们当中谁也不怀疑的（比如一个宏观的参数）。

拿一个能够绕着一个轴自由转动的（宏观的）物体来说，它的状态完全由角来确定。设初始状态（角和角动量）完全像量子理论所允许的那样确切程度来定义。那么薛定谔方程就对以后任何时间间隔给出了 ψ 函数。如果这时间足够长，一切角（实际上）都变成具有同样几率。但是如是进行一次观察（比如，用手电的闪光去看），就会（足够准确地）观察到一个确定的角。这并不证明这个角在被观察到以前就具有一个确定的数值——但是我们相信情况确是这样，因为我们都受到宏观尺度实在性要求的约束。那么，在这实例中，ψ 函数就不能完全表示实际情况。这就是我所说的“不完备的描述”。

---

① 译自《玻恩-爱因斯坦通信集》，纽约，Walker，1971 年英文版，188—189 页。标题是我们加的。——编译者

到此为止,你也许不会反对。但是你大概会采取这样的立场,认为完备的描述是毫无用处的,因为对这个例子不存在数学的关系。我不是说我能够驳倒这种观点。但是我的本能告诉我,对于关系的完备的公式表示是同它的实际状态的完备描述紧紧相连的。我确信这一点,尽管到现在为止,**成功**的希望是很少的。我也相信,只要概念用得恰当,就像在热力学的那种意义上一样,目前流行的这种公式表示是正确的。我并不希望能说服你或者别的任何人——我只是希望你了解我的思路。

从你来信的最后一段,我看到你也认为量子理论的描述(关于系综的)是不完备的。但是你毕竟相信,按照实证论的格言"存在就是被知觉"(*esse est percipi*),对于完备描述的(完备的)定律并不存在。好吧,这是纲领性的态度问题,而不是知识。这就是我们的态度真正分歧之所在。暂时,在我的观点上我是孤单的——正像莱布尼茨对于牛顿理论的绝对空间那样。

〔下略〕

关于“实在”问题的讨论

——1950年10月13日给H.L.塞缪耳的信[①]

我现在读了你的书[②]。最使我产生好感的是在你的批评和建议中所流露出来的独立思想。你要求物理学应当描述“物理上实在的”东西。如果物理学家企图处理像数那样的纯粹虚构的概念，你说他们就不可能达到他们的目的。你得到了这样的印象，认为当代物理学所依据的概念，有点类似于“没有猫的猫的微笑”。

可是事实上，“实在”绝不是直接给予我们的。给予我们的只不过是我们的知觉材料；而其中只有那些容许用无歧义的语言来表述的材料才构成科学的原料。从知觉材料到达“实在”，到达理智，只有一条途径，那就是有意识的或无意识的理智构造的途径，它完全是自由地和任意地进行的。日常思维中属于“实在”领域的最基本的概念，是持续存在着的客体这个概念，比如我房子里的桌子这样的概念。但是给予我们的不是桌子本身，而不过是一种感觉的复合，对这个感觉的复合，我给它以“桌子”的名称和概念。这

① 这是爱因斯坦于1950年10月13日给英国作家塞缪耳子爵(Herbet Louis Samuel)的信，最初发表在1951年出版的塞缪耳著作《论物理学》(*Essay in Physics*)中。这里译自塞缪耳的《对实在的探索》(*In Search of Reality*)，1957年，牛津，Basil Blackwell版，169—171页。标题是我们加的。——编译者

② 指H.L.塞缪耳《论物理学》一书。——编译者

是一种以直觉为基础的思辨方法。在我看来，这对于认识如下的事实是极为重要的：这样的概念像其他一切概念一样，都是思辨-构造类型的概念。否则，人们就不可能正确对待那些在物理学上要求描述实在的概念，而且有被如下的幻觉引入歧途的危险，那就是以为我们日常经验的“实在”是“真正存在的”，而物理学的某些概念只是“单纯的观念”，它们同“实在”之间被一条不可逾越的鸿沟分隔开。但是事实上，断定“实在”是独立于我的感觉而存在的，这是理智构造的结果。我们恰巧相信这种构造，要超过用我们的感觉所作的那些解释。由此使我们相信如下陈述：“那几棵树在能被我们知觉到它们以前很久就已经存在着。”

这些事实可以用一个悖论来表述，那就是，我们所知道的实在唯一地是由“幻想”所组成的。我们对于那些有关实在的想法表示信赖或相信，仅仅根据于如下的事实：这些概念和关系同我们的感觉具有“对应”的关系。我们的陈述的“真理”内容就在这里建立起来。在日常生活中和在科学中就都是这样。如果现在在物理学中，我们的概念同感觉的这种对应或相关愈来愈间接，我们就没有权利可以责备这门科学是用幻想来代替实在。只有当我们能够指明某一特殊理论的概念不可能以适当的方式同我们的经验相关联的时候，上述的那种批评才能站得住脚。

我们要选择哪些元素来构成物理实在，那是自由的。我们的选择是否妥当，完全取决于结果是否成功。比如，欧几里得几何作为一种数学体系来考查，它仅仅是同空洞的概念（直线、平面、点，等等，都不过是“幻想”）打交道。但是，如果人们添加上要用刚性杆来代替直线，那么几何学就变成一种**物理理论**。于是定理（像毕达哥拉斯定理)就同实在发生了关系。另一方面,如果人们注意到量杆(它们在经验上是由我们随意安排的)并不是“刚性的”,那么就失去了同欧几里得几何的简单相互关系。但是这一事实是不是揭示了欧几里得几何是一种纯粹的幻想呢?**不是的**,而是在几何学定理和量杆(或者一般地说来,是外在世界)之间存在着一种颇为复杂的对应关系,它要考虑到弹性、热膨胀,等等。由此,几何学重新获得了物理的意义。几何学可以是真的,也可以是假的,这要看它有没有能力在我们经验之间建立起一些正确的并且可验证的关系。

但是现在我听到你说:“不错,可是实在世界的存在,同我们有没有一个关于它的理论这件事毫无关系。”在我看来,这样的说法只不过意味着:“我**相信**存在着这样一种适当的理论,它所依据的是一种关于在空间-时间中扩延的假想客体及其有规律的关系的假定。”这种信仰在我们身上是根深蒂固的,因为它作为科学以前的一种思想基础,实际上是不可或缺的。科学接受了这一信仰,但加以根本改造,对于这些元素究竟属于哪种类型,在原则上不加限制。在牛顿的体系中,它们是空间、质点和运动。牛顿完全清楚地认识到,在他的体系中,空间和时间正如同质点一样是实在的东西。因为,如果人们除了物体之外,不承认空间和时间也是实在的东西,那么惯性定律和加速度概念就完全失却意义。“加速”只不过意味着“相对于空间的加速”。

自从法拉第和麦克斯韦的时代以来,已建立起这样一种信念:作为一种构造“实在”的基本元素或基石,“物体”(*mass*)被“场”代替了。怎么有可能把光(它只能表现为一种“场”)化归为运动着的物质元素呢？这曾经拼命地尝试过，但未获成功，最后终于放弃了这一企图。由狭义相对论得出的关于“静态以太”不存在的信念，只是物理学的基本概念从“物体”过渡到“场”的最后一步；所谓物理学的基本概念，就是在关于“实在”的逻辑构造中的一种不可简化的概念元素。因此，我认为，要把物体看成是某种“实在的”东西，而把场看成只是一种“幻想”，那是不公正的。

场论的纲领有一个重大优点，它使独立的空间概念（有别于空间内容）成为多余的。空间因而仅仅是场的四维性，而不再是某种孤立存在的东西。这是广义相对论的贡献，到目前为止，它似乎并未引起物理学家们的注意。

至于那些认为当代量子理论是一种在原则上最后完成了的知识的人们，他们事实上是在如下两种可能的解释中间摇摆着：

（1）存在一种物理实在。但是它的定律不容许作任何有别于统计的表述。

（2）根本不存在那种对应于物理状态的东西。一切“存在”的东西都不过是关于观察情况的几率。

在下面这一点上，我们是一致的：我们都认为这两种解释都是没有把握的，并且我们都相信可能有一种理论，它能够得出一种关于实在的完备描述，它的定律规定着事物本身之间的关系，而不单是它们的几率之间的关系。

但是我不认为当代物理学家们的这种信仰在**哲学上**是可以驳倒的。因为在我看来，理智上的退让不能斥之为逻辑上是不可能的。在这里，我只好信赖我的直觉。

实在和完备的描述

——1950 年 12 月 22 日给 E. 薛定谔的信[①]

在当代物理学家中(除了劳厄),唯有你才了解到人是不能回避"实在"这一前提的——只要人是诚实的话。多数人简直不知道他们正在同实在——作为某种同实验证明无关而独立的实在——玩弄着多么危险的游戏。他们或多或少相信:量子理论提供了一种关于实在的描述,甚至还是一种**完备**的描述。但是,你的放在箱子里的放射性原子+盖革计数器+放大器+炸药装置+猫这样一个体系,却最巧妙地反驳了这种观点;[②]在这体系中,体系的 ψ 函数是把活猫和炸得粉身碎骨的死猫这两种状况都包括在内。猫的状态是不是只是在一个物理学家在某一时刻察看情况时创造出来的呢?实际上,谁也不怀疑猫的存在与否是同观察动作无关的。但是,这样一来,用 ψ 函数所作的描述就肯定是不完备的了,而且完备的描述必定是存在的。如果人们(在原则上)把量子理论看成是最后完成了的,那么人们就必须相信,完备的描述是没有什么意

---

① 译自薛定谔、普朗克、爱因斯坦、洛伦兹:《关于波动力学的通信集》,1963 年德文版,36 页。本文由戈革同志译。标题是我们加的。——编者

② 这是指薛定谔 1935 年提出来的"杀猫"的理想实验。其内容请参阅本书第 332 页的脚注。——编者

思的，因为并无可供描述的规律。要真是这样，那么，物理学就只能引起零售商和工程师的兴趣；这一切就不过是一种可怜而拙劣的工作。

你很正确地强调指出，完备的描述不能建立在加速度概念之上；而在我看来，它也同样不能建立在粒子概念之上。在我们这行业的工具库里，只剩下了场的概念；但是，这一概念究竟能否坚持下去，只有鬼才知道。我想，只要人们没有真正可靠的理由来反对，就值得坚持这一点，即坚持连续区这一概念。

但是在我看来，理论的原则上的统计性，肯定不过是描述不完备的后果。这里并不涉及理论的决定论的性质；只要人们还不知道要确定"初态"(起始式样)时需要给予些什么，理论的决定论的性质当然就是一个完全模糊的概念。

要我们看到自己还是处在襁褓时代，那是有点难受的，因此，人们拒绝承认(即使是对自己)它，也就不足为奇了。

物理学、哲学和科学进步[①]

我想，在过去的二十年中，我已经足够成为一个美国人了，应当不太害怕医生了。去年，我甚至有机会根据自己的经验确信，医生学会使他们的病人减轻痛苦的本领已熟练到何等程度。可是，我所以对医生有深挚的尊敬感，还有另一个原因。人类活动的所有领域的专业化，无疑造成了前所未见的成就，当然，这是靠个人所能了解的领域来判断的。因此，在我们的时代，往往是这么难找到有谁会很好的缝补衣服和修理家具，更不要说修理钟表了。就各种职业来说，其中包括研究工作，情况也好不了多少。每一个有教养的人都知道这一点。由于知识的增长，有重大意义的专业化是不可避免的，医学也是如此，可是，在这里专业化有一个天然的界限。如果人体的某一部分出了毛病，那么，只有很好地了解整个复杂机体的人，才能医好它；在更复杂的情况下，只有这样的人才能正确地理解病因。因此，对于医生来说，普遍的因果关系的深刻知识具有头等重要意义。至于外科医生，除此以外，还需要有两种特长：特别可靠的感官和手，以及罕见的镇静。如果在他剖开躯体

① 这是爱因斯坦于1950年在国际外科医学院讲话的记录稿，发表在《国际外科医学院学报》(*Journal of the International College of Surgeons*)，1950年，14卷，755—758页。这里转译自《爱因斯坦科学著作集》俄文版，第4卷，1967年，316—321页。——编译者

以后，发现某种异常的情况，那就必须当机立断，决定应当做什么和应当避免什么。在这种情况下，需要有强有力的人物。正是这种情况激起了我深挚的尊敬感。

我觉得，今天有可能向离我自己的专业很远的领域里工作的学者们讲话，自然使我想要触及一般的认识论问题，换句话说，就是想要踏上哲学的薄冰。

如果把哲学理解为在最普遍和最广泛的形式中对知识的追求，那么，显然，哲学就可以被认为是全部科学研究之母。可是，科学的各个领域对那些研究哲学的学者们也发生强烈的影响，此外，还强烈地影响着每一代的哲学思想。我们就根据这种观点来看看近百年来物理学的发展。

还在文艺复兴时代，物理学就想找到决定物体在时间和空间里的行为的普遍规律。哲学是研究这些物体的存在问题的。对于物理学来说，天体和地球上的物体，以及各种化学上的品种，都是**存在于**时间和空间里的实在的客体；物理学的任务仅在于用假设从经验材料中总结出这些规律。这些规律必须在一切情况下都是无例外地正确的。如果从这种规律推出的结果被实验推翻了，那么，即使只有一个事例，这条规律就被认为是错误的。此外，实在的外在世界的规律在下述意义中被认为是完备的：如果客体在某一时刻的状态完全是已知的，那么，它们在任何时刻的状态就完全是由自然规律决定的。当我们谈论“因果性”时指的就是这一点。大体上这就是一百年前物理学思想的界限。

事实上这个基础甚至比我们所指出的还要狭窄。人们认为，外在世界的客体，是由相互作用着的不变的质点组成的。作用在这些质点上的力是已知的，质点在这些力的作用下处于不停的运动中，所有观察到的现象最终都可以归结为质点的运动。

从哲学观点来看，这种世界观同朴素实在论紧密地联系着，因为，后者的拥护者认为，我们的世界的客体是感性知觉直接给予我们的。但是，引进不变的质点，意味着向高度精练的实在论进了一步，因为，从一开始就很清楚，引进这种原子性的元素不是以直接的观察为依据的。

随着法拉第-麦克斯韦的电磁场理论的产生，要进一步改进实在论概念就成为不可避免的了。人们认为，有必要把最简单的实在那个角色说成是在空间里连续分布的电磁场，而过去这个角色被说成是有重物质。当然，场的概念并非直接来自感性知觉。甚至出现了仅仅把连续的场设想为物理实在，而在理论中不引进作为独立实体的质点这种倾向。

直到四分之一世纪以前，人们所持的物理思想的界限，其特征可以归纳如下。

存在着不依赖于认识和知觉的物理实在。它可以用描述空间和时间里的现象的理论体系来完备地理解；但是，这种体系的根据仅仅在于它的经验的证实。自然规律是数学的规律，它们表示可以用数学描述的理论体系的各个元素之间的关系。由这些规律应得出上述意义的严格的因果性。

在大量实验数据的压力下，现在几乎所有的物理学家都相信，这种思想基础虽然也包罗着足够广泛的现象，但需要更换。现代物理学家们认为，不仅严格因果性的要求，而且关于不依赖于任何测量或观察的实在的假设，都是不能令人满意的。

请允许我说明，我所指的是光的例子。让单色光束射在能反射的和透明的薄板上。入射的光束就分解为透过的和被反射的光束。显然，整个过程可以用电磁场来精确地和完备地描述。这个理论的解释不仅可以找到两支光束的方向、强度和偏振，而且可以惊人准确地描述干涉现象，这种现象是在两支光束用某种装置叠加在一起时产生的。

但是，人们已经指出，光有原子性的能量结构，或者，正如人们所接受的说法，光是由光子组成的。如果有一支光束落在物体上而产生一种基元吸收作用，那么，这时被吸收的能量值同光的强度无关。由此我们应当作出结论，断定这现象是由一个光子而不是由几个光子决定的：两支光束能互相干涉，而光的吸收却是由一个光子决定的。

显然，麦克斯韦的场论考虑不到光子的各种属性的综合。它没有给我们任何手段去理解吸收辐射能量的原子化的性质。可是，如果企图把光子想象为在空间中运动着的点状结构，那么这种光子就应当要么通过薄板，要么被薄板所反射，因为光子的能量是不可分的。这个解释遇到了两个困难。首先假定，达到薄板的光子是简单的物理客体，它由方向、颜色和偏振来表征。在每一个单个光子的情况下，光子究竟是通过薄板还是被薄板反射，这该取决于什么呢？大概不可能找到充分的理由可以从这两种可能性中选择一种，而且很难相信，一般的会有这样的理由。此外，关于光子的点状结构的概念不能解释只在两支光束相互作用时所发生的干涉现象。

物理学家们从如此困难的状况中找到了如下的出路。他们保留光的波动描述,可是,现在波场已不是实在的场,它的能量是在空间里分布的,而完全只是有下述物理意义的数学结构:在某个既定区域里波场的强度是光子在其中出现的几率的量度。只有这个几率可以在实验上根据光的吸收而量度出来。

看来,在以几率分布的场代替最初的场论意义上的场以后,我们得到的方法,超出了光的理论的范围,在相应的变化中,得到的是最有用的有重物质的理论。为取得这个理论的特殊成就,不得不付出双倍代价:放弃因果性的要求(它在原子领域中绝不能检验)和保留描述空间和时间里的实在的物理客体的企图。使用了间接的描述来代替这种描述,借助于这种间接的描述可以计算出我们能得到的任何量度结果的几率。

这就是本世纪以来提出的一些基本的物理学思想。我们想了解,这些思想的发展对生物学家,或者更确切一点,对他们的研究目的方面的哲学观点发生了什么影响。当然,在这里,应当在最广泛的意义上来了解物理学;换句话说,它包含了研究无机界的全部科学。

在这方面使我想起了牛顿的天体力学概念对物理学发展的富有成果的影响。牛顿指出,在适当运用质量、加速度和力(力被认为是取决于质量的配置的)的概念时,就能够理解行星的运动。这些概念看来是颇为自然的,甚至是必然的,以致大家都以充分的信心从其中看到了理解无机界的全部过程的钥匙。然后,在这些概念的基础上建立起连续媒质力学,在这个范围内,力的概念是靠其中包含应力而被总结出来的。但是,为了完成这个理论,必须引进热的概念——温度和热量。虽然关于这些概念是否能归结为力学概念的问题,在长时期中始终没有解决,可是,随着气体运动论和在更广泛意义上的统计力学的发展,终于得到了对这个问题的令人满意的回答。

当时,物理学像天体力学的小妹妹一样随之发展,而生物学则又是像物理学的小妹妹一样随之发展。一百年前,在自然科学家的头脑里,认为物理学的力学基础已经一劳永逸地建立起来,这一看法大概不会有任何怀疑。他们把无机物的过程想象为特殊的钟表机构,所有零件完全已知,虽然它们的相互作用很复杂,不容许作详细分析。可是,对于实验家和理论家的孜孜不倦的努力会逐步引向完全理解全部过程,是没有任何怀疑的。既然物理学的基本规律看来已经可靠地建立起来了,大概不能期望它们在有机界里会是不正确的。在我看来,为了发展生物学,不仅多半是从物理研究中借用的工具和方法都是重要的,而且在十九世纪存在着的对于物理学基础的可靠性的牢固信念也是重要的。因为,如果不相信最终的成功,谁也不会去从事这种规模的事业。

幸而,在我们的时代,生物学为了获得解决它们的更深刻的问题的信心,已经不得不转向新的物理学。幸而,我们现在知道,对力学基础的信心是建筑在幻想上的,而且生物学的大姐姐尽管在细节上有惊人的结果,已经不再认为自己已经理解自然现象的本质。这一点甚至从它们深入探讨自己的研究对象时显得如此困难就可以看出。一百年前各种哲学议论已经被轻蔑地抛弃了。

伽利略时代产生的科学思想,已经发生了深刻的变化,在这种影响下,不知不觉地产生了这样一个问题:在所有这些变化以后,一般说是否还保留某些不变的东西?要指出从伽利略时代保存下来的科学思想的某些重要特点是不困难的。

第一，思维本身始终不会得到关于外界客体的知识。感性知觉是一切研究的出发点。只有考虑到理论思维同感觉经验材料的全部总和的关系，才能达到理论思维的真理性。

第二，所有基本概念都可以归结为空间-时间的概念。只有这些概念才作为“自然规律”出现；在这个意义上，所有科学思维都是“几何的”。按推论，自然规律的真理性是无限的。一旦发现由自然规律得到的一个结果哪怕只同一个实验上确立的事实相矛盾，这条自然规律也就是不正确的。

第三，空间-时间规律是**完备的**。这意味着，没有一条自然规律不能归结为某种用空间-时间概念的语言来表述的规律。根据这条原理得出的结论是，举例说吧，相信心理现象以及它们之间的关系，最终也可以归结为神经系统中进行的物理过程和化学过程。按照这条原理，在自然现象的因果体系中，没有非物理的因素；在这种意义上，在科学思维的范围里，既没有“自由意志”的地位，也没有所谓“活力论”的地位。

在这方面还有一点意见。虽然现代量子理论包含着因果性概念的有点儿削弱了的变种，但是，从上述理由中已经可以看出，它毕竟没有为自由意志的拥护者打开后门。那些决定无机界现象的过程，在热力学意义上是不可逆的，这样就完全排除了由于分子过程所带来的统计因素。

我们是否永远保留这个信念呢？我想，对于这个问题，最好是报以微笑。

对实在的理性本质的信赖及其他

——1951 年 1 月 1 日给 M. 索洛文的信①

〔上略〕

德国的军国主义化自从 1848 年以后不久就已开始了；这是自从普鲁士的势力在德国占了上风的时候开始的，而在普鲁士，军国主义由来已久。我想一个世纪可能是军国主义化发展过程所需要的不能再少的特征时间。

关于开普勒那篇文章②的结论：重点是要读者注意一个从历史上和心理上看来都很有兴趣的观点。固然，对当时流行的占星术，开普勒是表示拒绝的；但是他又曾经表示过这样的想法，即认为完全有可能存在着一种合理的占星术。这一点不足为奇，因为原始人所特有的那种关于拜神教式的因果联系的假设，它本身并不是完全没有道理的；而只有在人们获得的系统经验的压力之下，这种假设才慢慢地被科学所抛弃。开普勒的研究工作，对这一变革过程自然作过很大贡献，而且在他的精神上一定发生过非常激

---

① 译自爱因斯坦：《给莫里斯·索洛文通信集》，柏林，德国科学出版社，1960 年，102—105 页。本文由邹国兴同志译。标题是我们加的。——编者

② 指爱因斯坦 1949 年写的《约翰内斯·开普勒的生平和书信》序。见本书 660—663 页。——编者

烈而艰苦的内心斗争。

你不喜欢用“宗教”这个词来表述斯宾诺莎哲学中最清楚表示出来的一种感情的和心理的态度，对此我可以理解。但是，我没有找到一个比“宗教的”这个词更好的词汇来表达〔我们〕对实在（*Realität*）的理性本质的信赖（*Vertrauen*）；实在的这种理性本质至少在一定程度是人的理性可以接近的。在这种〔信赖的〕感情不存在的地方，科学就退化为毫无生气的经验（*Empirie*）。尽管牧师们会因此发财，我可毫不在意。而且对此也无可奈何。

我不能同意你对科学和道德及其固定目标的批评。我们所谓的科学的唯一目的是提出“**是**”什么的问题。至于决定“**应该是**”什么的问题，却是一个同它完全无关的独立问题，而且不能通过方法论的途径来解决。只有在逻辑联系方面，科学才能为道德问题提供一定的规范，也只有在怎样实现道德所企求的目标这个问题上，科学才能提出一些方法；至于怎样决定这些道德目标的本身，就完全超出科学的范围了。至少，这些就是我的看法。如果你不同意这种看法，那么我要极端诚恳地问你：究竟是谁的荒谬见解出现在这本书里，是我的，还是你的？

D. D. 汝内斯编《斯宾诺莎词典》序[①]

我很用心地读了这本《斯宾诺莎词典》。这本书在我看来，是对哲学文献的一个有价值的贡献。斯宾诺莎，由于他严格坚持论证的几何形式，在伟大的古典思想家中，是最不容易接近的一个。他清楚地看出，用几何的论证形式多少可以保险不出谬论，可是事实上，对于所有那些还没接触到这位哲学家的中心思想就过早地失去耐心和气力的读者，斯宾诺莎却由于这样的论证形式给他们造成了困难。

许多人曾经试图用现代语言来表现斯宾诺莎的思想——这是一种大胆妄为的事情，无法保证不会作出错误的解释。而在斯宾诺莎的全部著作中，人们到处会看到明确清晰的命题，这些命题是简洁表述的杰作。

我们面前这本书，除了斯宾诺莎自己的话，没有别人的一个字。依照字母顺序，就会找到用斯宾诺莎自己的话所作的定义、命题和解释；用这些话来说明基本论点多少还是比较容易理解，而不带有讨厌的形式主义。

---

① 这是爱因斯坦于 1951 年为 D. D. 汝内斯(Dagobert D. Runes)编的《斯宾诺莎词典》(*Spinoza Dictionary*)所写的序言。这里译自该书 1951 年纽约哲学图书公司版。——编译者

编者的目的当然不是使读者有了这本书就不必去读原著了。不过，如果读者没有希望找到弄通斯宾诺莎著作的途径，在这里他倒会找到一个可靠的向导。至于那些仍然有的不够清晰的地方，只是由于斯宾诺莎本人为清晰而进行的努力还没有达到十全十美。

举例来说，这里会找到关于"实体"（*substance*）和"样式"（*modes*）的详细陈述，从这些陈述中就可以看出这种艰苦的努力。在这里会找到这样的庄严概念：思维（心灵）和广延（自然论地理解世界）只不过是同一个"实体"表现在概念解释上的两个不同的形式。（可是我这种说法也正犯了我上面所提到的那种罪过。好吧，人人都可以用自己的方式去解释斯宾诺莎的原文。）毫无疑问，我们的哲学家完全承认，心灵同身体的相互作用问题，以及两者之中哪一个是"第一性"的问题，都是没有意义的。[①]

《伦理学》的宏伟的思想在这本书中阐明得一清二楚，这位伟大而热情的人物的英雄幻想也同样地被阐明得一清二楚。

---

① 这是指斯宾诺莎的"身心平行论"的思想。斯宾诺莎在《伦理学》第三部分"论情感的起源和性质"中"命题二"说："身体不能决定心灵，使它思想，心灵也不能决定身体，使它动或静，更不能决定它使它成为任何别的东西，如果有任何别的东西的话。"（见《伦理学》，商务印书馆 1959 年版，92 页）在这条命题的附释中说："心灵同身体是同一的东西，不过有时借思维的属性，有时借广延的属性去理解罢了。"（参见上述书，93 页。）——编译者

五十年思考还不能回答光量子是什么

——1951 年 12 月 12 日给贝索的信[①]

老朋友嘛，我算得上，但是，对于“伟大的”这类称呼，我只能说“*nebbich*”(卑微无可足道之意——译者)，如果你熟悉我们祖先的这个生动词汇的话。它浑然一体地表达同情和鄙夷的意思。整整五十年的自觉思考没有使我更接近于解答“光量子是什么”这个问题。的确，现在每一个无赖都相信，他懂得它，可是他在欺骗他自己。关于引力方程的自然推广，我现在已经更有把握，可是我还说不出其中是否蕴藏着某些物理上真实的东西。它全部建筑在不对称张量 $g_{ik}(\neq g_{ki})$之上。

你能够忍受阿勒施[②]，为此你该得诺贝尔和平奖。即使你已申请受洗，你肯定不会入地狱的。

作为非犹太人，你没有一定要学会祖先的语言的责任，而我，“犹太圣人”，我却不能不感到惭愧，我对于这种语言简直一无所知。我宁可惭愧，而不愿学它……

---

① 译自《爱因斯坦-贝索通信集》453—454 页。由李澍泖同志译。标题是我们加的。——编者

② 据贝索 1938 年 9 月 29 日给爱因斯坦信中所述，阿勒施(Allesch，即 Joséphine Anna Gergely)是维也纳女画家，1905 年生，是贝索的朋友。——编者

泡利·温特勒[①]的画，我很喜欢。他不时地有信来，终究表示对玛雅怀有眷恋之情，对此我原来是不相信的。我也很怀念她[②]。在她患病的那几年，我们俩读了不少各个时代的最好的书。她最喜爱伯特兰·罗素，我也如此。他的风格令人赞叹，一直到高龄他依然像某一类型的调皮少年。

我不时地设法真诚地同这里的人交谈或写信，因为他们最能够在军国主义思想上超过德国人。暴民是最容易干坏事的，理智的话他们听不进去。我因此名声有点低落；然而由此也可看出我没有太忽视我的职责，这是我可以告慰的（正如以前在那个幸福的专利局里时候那样）。我乐意回想那个时代。

① 泡利·温特勒(Pauli Winteler)，即保耳·温特勒(Paul Winteler 1882—1952)，爱因斯坦的妹夫，也是贝索妻子的弟弟。——编者

② 玛雅(Maja Winteler-Einstein)是爱因斯坦的妹妹，比爱因斯坦小两岁，1939年离开欧洲以后，一直住在爱因斯坦家里。于1946年因中风瘫痪，1951年6月25日去世。参见本文集第一卷614页。——编者

关于相对论和量子论问题的谈话(报道)

——1952年2月2日同R. S. 香克兰的谈话①

我问他有没有听到过辛格(J. L. Synge)最近的工作。② 他说没有,我就告诉他我们之间的通信,并且说明了我对辛格关于相对论刚体概念的理论的理解,以及这理论对于米勒(D. C. Miller)在迈克耳孙-莫雷实验中所得结果的可能关系。他非常强烈地感觉到辛格的方法是不会有什么意义的,辛格所设计的这类实验中的无论哪一个都同相对论有关的问题(包括相对论的刚体概念)毫不相干。当我告诉他,辛格预测,由于干涉仪的加速度,会产生一个微小的正效应,爱因斯坦就问:“什么加速度,是仪器的转动吗?”我告诉他,据我理解,它是由于地球对其轴转动的加速度,通过(辛格所假定的)“销”给干涉仪以可能的直接影响,他用力地摇着他的头,回答说:“这不会有联系。所有这样的加速度,包括由科里奥利(Coriolis)力所产生的任何加速度,都完全无法同重力分辨开来。”

---

① 这是爱因斯坦同香克兰(R. S. Shankland)所作的第三次谈话,由香克兰记录。这里译自《美国物理学期刊》,1963年1月号,31卷,52—54页。标题是我们加的。关于谈话的情况,请参阅本书664页的脚注①。——编译者

② 见辛格和伽德纳(G. H. F. Gardner)1952年发表在英国《自然》周刊170卷243页上的文章。——原注

爱因斯坦以强烈的语气说,他觉得辛格的方法不会有什么意义。他觉得即使辛格设计出一种实验,并且找到了肯定的结果,也还是完全毫无关系。他确信,所有关于“销”的连接和仪器的刚性这类问题,在相对论中统统是没有意义的。但是他强调,“刚性”问题极为重要,需要加以研究。他相当详细地讲了相对论中的刚性问题,强调它的重要性有如信号传播的有限速度等问题。但是他告诉我,同“实在”相对应的关于刚性的有意义的定义或理论是不存在的,因为迄今所研究的只是这样的一些刚体,它们要不是没有质量的,就是它们的行为是可以在完全没有外力的情况下加以处理的。

他然后提起我以前曾经告诉过他的一件事,即米勒在威耳孙山所得的结果可以用他的分析方法来解释,他确认这比起辛格的解释来,是一个比较适当的解释。他一再告诉我,洛伦兹始终无法解释米勒的结果,并且认为对它不能置之不理,尽管爱因斯坦不太清楚洛伦兹是不是真的相信米勒的结果。

我问爱因斯坦,辛格用狭义相对论来处理有关加速度的问题是不是站得住,他说:“站得住的,只要重力没有进来,那是完全正确的;在一切别的情况下,狭义相对论都是可以适用的。虽然,用广义相对论来处理也许会更好些,但这并不是必要的。”

随后我问起他1931年在柏林所作的关于迈克耳孙的悼词,特别是提到他讲起迈克耳孙-莫雷实验以及它同广义相对论的关系。他显然已经忘记了那个悼词,他说得很少,因此这问题落了空。但是,当他想起迈克耳孙时,他的眼睛炯炯有神,并且一再地称他是“艺术家”。我告诉他,迈克耳孙的女儿(多萝西·迈克耳孙·斯蒂文斯(Dorothy Michelson Stevens)小姐)告诉过我,爱因斯坦访问过她的父母在加利福尼亚的家庭，他爽朗地微笑起来，似乎是在极愉快地回想这件事。他非常赞赏迈克耳孙-盖耳实验，但说起初他并不了解它是怎样做的。

我再提到辛格所建议的实验——把米勒的装置同约斯(G. Joos)的装置①中关于"销"等等的可能区别作了对比——但是他只摇了摇头。显然他已完全忘记了约斯的工作。

我接着问爱因斯坦关于他早期同德布罗意工作的关系。他告诉我，在他研究气体的简并时，他作出了一种关于熵的统计起伏的理论，这理论含有一个"波动项"，他证明这同德布罗意的物质波的观念有密切关系。

他继续说，在量子理论中他是"处在对立的地位"，因为他认为 ψ 函数并不表示实在。他说量子力学是一条漂亮的"捷径"，它成功地避免了许多困难和那种艰苦的工作，而这种艰苦工作是最后的正确理论所必须面临并且必须加以解决的。他详细地谈了 ψ 函数的描述，特别是关于把电子局限在测不准原理所许可的范围内的波包。(他不用测不准原理这名称来叫它，也没有提到海森伯。)关于位置、速度、ψ 函数随时间的扩散等等的描述，他统统不喜欢。他强调，量子理论只允许用来确定那个被观察作用完全改变了的粒子的位置。但是他又毫不犹豫地承认，量子理论对于描述量子(静止的)状态提供了目前所知的唯一办法。他认为 ψ 所描述的并不是"实在"，所有量子理论家都是"目光短小"的(他用手蒙住他的眼睛来表示给我看)。在议论量子观点并不是完备的时候，他强调

① 见德国《物理学杂志》，1930 年，第 7 卷，385 页。——原注

它无法解释基元电荷的守恒性。但是他补充说:“只要量子理论是有用的,要使用它还是正确的,尽管它并不是一种完备的描述。”他告诉我,奥本海默(J. R. Oppenheimer)确信量子理论提供了一种完备的解和完备的描述,但他补充说:“我很少同他谈到这个问题。”爱因斯坦确认,最后的正确理论必定从广义相对论出发(然而他又说,他自己在这个方向上所作的努力也许是错误的)。

量子理论的困难在原子核理论里正变得非常尖锐,爱因斯坦认为,这种理论就其目前的状况来说是没有希望的。他认为,正是核物理学中事实和实验数据在成倍地增多,情况不会得到澄清,也引导不出最后的正确理论。这显然是同流行的观点相对立的,流行的观点是:实验事实最后会显露出规律性,因而暗示会导致一种理论的解决。他完全不同意这种观点,并且一再强调,即使在原子问题上,量子理论的描述也还是不能令人满意的。他讲到核物理学使用的大机器,他担心从这里会产生科学方法的真正危险。它们使我们成为“工具的奴隶”,而新的观念会被丢弃或者根本不去寻找。

我问他有没有看到过狄拉克在《自然》周刊上一篇关于以太的文章,[①]他说没有,并问我这篇文章的内容。我稍微告诉他一些,当我讲到测不准原理同确定空间唯一参照方向的不可能性之间的关系时,他说:“我不喜欢它!”他继续说,如果人们所需要的性质是在物质、场方程等被引进以前就存在于空间之中,那么你就得需要**以太**,但是这种需要并不存在。他接着解释了为什么“麦克斯韦方

① 见英国《自然》周刊,1951年,168卷,906页。——原注

程并不是实在”，但是我并没有接下去谈这个问题。

他然后想起辛格及其工作，问我他是不是有点像哲学家。他再一次说，没有必要去做更多的实验，像辛格所得到的那样一些结果，会发现是“风马牛各不相关”的。他同我说，不要去做任何这类实验了。

青年时代二三事

——1952 年 3 月 6 日给贝索的信[①]

我已经知道那个倒霉的塞利希(*Unseeliger* Seelig),他正在研究我的童尸(*Kinderleiche*)。[②] 这样做有一定的道理,因为,关于我这一辈子的靠后一些的年代已经报道得相当详尽,而我在瑞士成长的年代却不是这样。这就给人一种不正确的印象,仿佛我是在柏林诞生的!

应当提到,我们每天从专利局回家,一路上都讨论科学问题。同莫理斯·索洛文(现在巴黎)以及哈比希特兄弟俩(康拉德和保耳)的友谊也应该提到,我是在夏夫豪森当家庭教师时认识他们两人的。保耳·哈〔比希特〕不久前已经去世。他曾经为我设计了一个静电感应启动机,结合倍增装置可对低电压进行静电测量。我同康·哈比希特和索洛文在伯尔尼的时候,经常一起在晚上阅读

---

① 译自《爱因斯坦-贝索通信集》464—465 页。由李澍泖同志译。标题是我们加的。——编者

② 卡尔·塞利希(Carl Seelig),瑞士传记作家,曾为斯维夫特(Swift),诺瓦里斯(Novalis),布许纳(Büchner)等人写过传,1962 年他出版了一本《爱因斯坦文献传记》(*Albert Einstein. A Documentary Biography*)。他为搜集爱因斯坦传记材料,曾写信给贝索。1952 年 2 月 20 日贝索给爱因斯坦信中转述了塞利希询问的问题。爱因斯坦复信时,第一句用了俏皮的德文,因为“塞利希”这个人名与“幸福的”(*Selig*)同音,于是写成了“倒霉的塞利希”。——编者

和讨论哲学著作,我们主要研究D.休谟(用了一个很好的德文译本)。除庞加勒和马赫以外,休谟的著作对我的发展有一定的影响。在我的求学时代,当我们在卡普罗蒂(Caprotti)太太家里相识以后,是你向我推荐马赫著作的。

现在回答你的问题。反对聘任我的,不是格鲁内尔(Gruner)①,而是当时一个叫做福斯特(Forster)②的物理学正教授,关于他的不称职,在青年人中流传过一些刻薄的故事(格鲁内尔对我一向是很友好的)。至于解剖学教授,我想不起来,记不清了。往往有这种情形,在一个小小的系里,有两三个老怪人,就像我们现在这样的,凑合在一起,发号施令。

把我聘请到苏黎世来的那个苏黎世大学教授是物理学家克莱内(Kleiner),我的博士论文是在他指导下写成的。③我在伯尔尼新任编外讲师以后,他特意到伯尔尼来听我的课(你和沙万(Chavan)是仅有的听我课的人)。后来他不无道理地说,讲课不怎么好。我表示同意,并且俏皮地指出,他们其实用不着聘请我。但是,他还是聘请了。

有一个同学,他的笔记本在我准备学位考试时大大帮助了我。

---

① 保耳·格鲁内尔(Paul Gruner,1869—1957),1892年起在苏黎世,1903年以后在伯尔尼大学任理论物理学教授。——编者

② 福斯特(Aimé Forster,1843—1926),夏夫豪森人,先后在德国、瑞士伯尔尼念书;26岁时任伯尔尼大学实验物理学教授,前后任职共55年。他是应用X射线的先驱者。他在1896年2月22日照出第一张X光相片,只比伦琴(Roentgen)的发现晚两个月。——原书编者

③ 克莱内(Alfred Kleiner,1849—1916),苏黎世人,曾任苏黎世联邦工业大学物理学编外讲师,苏黎世大学物理学教授兼系主任。他指导爱因斯坦写的论文是《分子大小的新测定法》,见本文集第二卷,60—79页。——编者

他就是日后在工业大学继承菲德勒(Fiedler)①的马赛耳·格罗斯曼,后来我们一起在苏黎世研究广义相对论,那时广义相对论不过粗具雏形而已。他不幸死于动脉硬化症,死时年纪还很轻。他是我的一个亲密朋友。他父亲曾把我推荐给他的朋友哈勒(Haller)②。否则,我的处境可能会很糟的。③

我还要告诉你,在广义相对论的推广方面,我在几个星期前已经取得决定性的进展。

至今,对于对称场的场方程,在理论上没有明白地肯定。现在,通过场的群特性的扩大,已经把这个缺点解决了。

除了变换不变性(*Transformation-Invarianz*)之外,对不对称的"位移场"Γ^l_{ik}的下列变换也应有不变性:

$$\Gamma^{l*}_{ik}=\Gamma^l_{ik}+\delta^l_i\cdot\lambda_k,$$

此处 λ_k 是一个任意矢量。

在这个扩大了的群中,旧的引力方程已不再是协变的了,虽然这个方程的任何一个解都是新方程组的解。这个普遍性场论因此变得有说服力,一如旧引力理论。这个理论的物理检验还没有在视界里出现,现在物理学家由于坚信规律的本质上的统计性质,对于这个理论就难以接受。

---

① 菲德勒(Wilhelm Fiedler,1832—1912),德国数学家,1875 年入瑞士籍,1867 至 1907 年,在苏黎世联邦工业大学讲授画法几何学。——原书编者

② 弗里德里希·哈勒(Friedrich Haller,1844—1936),当时瑞士专利局局长。——编者

③ 关于前面所说的一些情况,参见本书 55—57 页的正文和脚注。——编者

关于相对论诞生的年份

——1952年3月11日给C.塞利希的信[①]

从构思狭义相对论这个观念到写成适用于发表的论文，中间花费了五六个星期。但是这难以认为是一个生日，因为论据和基石在这以前很多年时间内就已经在进行准备，虽然那段时间并没有带来最后的解决。[②] 我们不能准确地定出广义相对论的生日。第一个决定性的想法诞生于1911年（等效原理）。为此而发表的论文的题目是《关于引力对光传播的影响》（《物理学杂志》1911

---

① 这是爱因斯坦回答他的传记作家C.塞利希向他提出的问题：相对论的诞生是不是能够像普朗克的量子论那样准确地定在某一年？这里译自塞利希：《阿耳伯特·爱因斯坦文献传记》英译本，伦敦，Staples，1956年版，68—69页。标题是我们加的。——编译者

② 建成狭义相对论的决定性步骤是：发现通常的同时性概念的内在矛盾。爱因斯坦曾告诉他的同班同学埃拉特（J. Ehrat），他于1905年在伯尔尼有一天早晨起床时想到：对于一个观察者来说是同时的两个事件，对别的观察者来说就不一定是同时的。他也曾告诉德国物理学家詹姆斯·弗朗克（James Franck）："我曾问自己，我发现相对论的特殊情况究竟是怎样出现的。当时似乎处于如下的情况。正常的成年人绝不会为空间-时间问题伤脑筋。在他看来，关于这个问题所应该思考的一切事情，在童年时代都早已经思考过了。相反地，我〔的智力〕却发展得很缓慢，在我已经长大的时候，才开始想搞清楚空间和时间问题。其结果，我钻研这个问题比通常的儿童要更深一些。"参见塞利希：《阿耳伯特·爱因斯坦文献传记》，英译本，70—71页。——编译者

年)。[①] 从那时起,我对广义相对性的信念是坚定不移的。

不过,还要克服一些重大的困难,只有到了 1915 和 1916 年间,我才真正加以解决。至于引力论的推广,自从 1916 年以后就一直盘踞在我的脑海里。经过许多错误的起点以后,我在 1946 年想出了这个理论的基础(《相对论性引力论的一种推广》,《数学杂志》,1946 年),[②]在这以后我对此坚信不疑。

从那时起,我对这个理论的基础作了些改进。关于这种理论基础〔改进〕的一个重要结果还没有印出来;但将发表在祝贺路易·德布洛意六十岁生日的文集中。[③]

① 见本文集第二卷,231—243 页。按:等效原理最初是在 1907 年提出来的,见本文集第二卷,198—208 页:《关于相对性原理和由此得出的结论》一文中的第五章《相对性原理和引力》。因此,这里说的 1911 年是不够准确的。——编译者

② 事实上是 1945 年和 1946 年发表的两篇连续的论文,见本文集第二卷,593—619 页。——编译者

③ 指的是 1952 年写的论文《关于广义相对论的实际情况》及其导言《关于一些基本概念的绪论》。参见本文集第一卷,724—728 页。——编译者

特殊和一般，直觉和逻辑

——1952年3月20日给贝索的信[①]

〔上略〕

88页上的那段话[②]意思是这样的：广泛的事实材料对于建立可望成功的理论是必不可少的。材料本身并不是一个演绎性理论的出发点；但是，在这材料的影响下，可以找到一个普遍原理，这个原理又可以作为逻辑性（演绎性）理论的出发点。但是，从经验材料到逻辑性演绎以之为基础的普遍原理，在这两者之间并没有一条逻辑的道路。

因此，我不相信，存在着通过归纳达到认识的弥耳（J. S. Mill）道路，至少作为逻辑方法是不存在的。举例来说，我想，并不存在可以从中推导出数的概念的任何经验。

---

① 译自《爱因斯坦-贝索通信集》467—468页。由李澍泖同志译。标题是我们加的。——编者

② 指《阿耳伯特·爱因斯坦：哲学家-科学家》一书《自述》中的一段话。据1952年2月28日贝索给爱因斯坦的信，贝索要求解释的那一段话是："经验事实不论收集得多么丰富，仍然不能引导到提出如此复杂的方程。一个理论可以用经验来检验，但是并没有从经验建立理论的道路。……方程只有通过发现逻辑上简单的数学条件才能找到，这种数学条件完全地或者几乎完全地决定着这些方程。但是，人们一旦有了那些足够强有力的条件，那么，为了创立理论，就只需要少量的关于事实的知识。"见本文集第一卷，42—44页。——编者

理论越向前发展,以下情况就越清楚:从经验事实中是不能归纳出基本规律来的(比如,引力场方程或量子力学中的薛定谔方程)。

一般地可以这样说:从特殊到一般的道路是直觉性的,而从一般到特殊的道路则是逻辑性的。

此外,我就不知道,你所要问的,我在这里是否答对了。你来信中的意见总是不够明确和直截了当。讲究更大的准确性往往流于肤浅,但是却能使对方感到易懂。

客观世界的规律性和“奇迹”

——1952年3月30日给M.索洛文的信[①]

〔上略〕

来信说你对我下面的观点感到很奇怪，即我认为人类世界的可理解性（如果允许我们这样讲的话）是一个奇迹，或者是一个永恒的神秘。先验地，我们好像可以很自然地认为世界是完全紊乱的，人的思维完全无法掌握。我们也可以（而且**确实应该**）设想世界是服从一定规律的，但这些规律只是思维的安排能力所造成的，就像语言中字母的排列顺序那样的规律。但是，像牛顿引力理论所创造的规律性则是一种完全不同性质的规律性。即使这个理论中的公理是人造的，但是理论的完全成功暗示了客观世界的高度规律性。这是人们不可能先验地预先设想的。这就是我所说的“奇迹”，而且它随着我们的认识的不断发展而加强。

在这一点上充分暴露了实证论者和职业无神论者的弱点。这些人总是感到很幸福的，因为他们在自己的意识中不但否认神的存在，而且还否认世界有“奇迹”。奇怪的是，我们应该满意于承认

---

① 译自爱因斯坦：《给莫里斯·索洛文的通信集》，柏林，德国科学出版社，1960年，114—117页。本文由邹国兴同志译。标题是我们加的。——编者

“奇迹”的存在，即使我们不能在合法的道路上进一步走得更远(证明其存在)。在这里，我之所以要特别加上这一句，目的是使你不要以为我由于年迈力衰现在已成为神父牧师们的猎物了。

〔下略〕

关于广义引力论的实验问题

——答《通俗科学月刊》——读者的信[①]

外行人对我的工作的意义得到一种夸张的印象，这不是我的过错。实际上，这是由于通俗科学的作者，特别是由于报纸的记者，他们把每样事情都尽量说得耸人听闻。

现在让我来回答你的问题。由推广相对论性的引力方程，也就是用纯粹数学方法，我试图寻求关于总场的简单相对论性方程。当我这样做时，我希望用这种办法得到的方程会适用于实在世界。

要判断这想法对不对，必须求出这些表述经验上已知事实的方程的解。到目前为止，我的努力尚未成功，也没有任何别的人得到成功，因此还完全不可能说这理论是不是“真的”。所以有这种情况，原因在于数学问题的复杂性。

---

① 这是爱因斯坦答复美国《通俗科学月刊》(*Popular Science Monthly*)一位读者的信，发表在1952年4月出版的该刊160卷，第4期，18页上。这里译自该刊，标题是我们加的。

《通俗科学月刊》读者的原信如下：

“我想知道关于阿耳伯特·爱因斯坦的新引力论所得到的进展，在这个理论中，他试图用一个无所不包的公式把一切已知的物理现象都相互联系起来。前些时候，他说，这将揭开宇宙的秘密，因此我奇怪，为什么这个伟大的科学成就，没有继续作为报纸的第一版新闻。”

“到目前为止，有没有开始做关于它的实际实验呢？”——编译者为要向外行人说明这种情况,让我打个比方。

牛顿的行星运动理论是以行星绕太阳运动的开普勒的经验定律为依据的。这些比较简单的定律是相当准确的,因为太阳的质量很大,而行星的质量比较小,所以行星之间的相互作用几乎不影响它们的运动。牛顿以假说的形式提出了他的在引力影响下固体的运动定律。

这是一个由少数几个简单得惊人的假定所构成的理论。为了要证明这理论是正确的,他必须算出对应于这些假说的行星路径,使他能判断这样算出的路径同那些由开普勒的经验结果所得出的路径是否一致。

从这理论的简单假说来计算这些路径,是一个困难的数学问题,而牛顿的天才成功地得到了这个问题的解。这样,牛顿理论才得以验证。

可是,倘若组成行星系的各个星体的质量大致相等,彼此的距离也全都近乎相等,那么,它们的路径就会复杂到这样程度,以致它们的真正形状既不能从经验上来确定和描绘其特征,也无法从理论元素去计算出来。要是这种情况存在的话,我们也许永远不会知道牛顿的理论是否正确。

关于一些基本概念的绪论

——祝贺德·布罗意六十岁生日的赠文[①]

对本论文集中那篇由我同考夫曼(B. Kaufman)夫人合作的论文[②],我想预先用比较易于表达我的思想的唯一语言来说几句话。这些话都是我为自己辩解的。这些话应当说明:尽管我同德·布罗意在颇为年轻的时候,就令人羡慕地已经共同经历了不连续的量子态和共振态之间的内在联系的幻想般的发现,但是为什么我仍然要不息地探索着另一条道路,希望由此解决,或者至少有助于着手解决量子之谜。这种探索是由于统计性量子理论的基础使我感到在原则上的一种深刻的不安。而我也十分了解,L.德·布罗意本人对此也不是完全没有这种感受的。这从他对那个业已从事了二十多年的波动性量子理论的补充研究中,就可以明显地看出来,这种研究是企图在古典力学概念(质点、势能)的框架里,来完备地描述体系随时间而变的位形,而这一思想——波导理论(*Thé-*

---

① 这是爱因斯坦于1952年为祝贺L.德·布罗意六十岁生日而写的论文,德文原文发表在1953年巴黎Albin Michel出版的论文集《路易·德·布罗意,物理学家和思想家》(*Louis de Broglie, Physicien et Penseur*),4—15页。这里译自该论文集。

L.德·布罗意(Louis Victor de Broglie),法国物理学家,生于1892年8月19日。——编译者

② 即《关于广义引力论的实际状况》(*Sur l'étet actuel de la théorie générale de la grayitation*),发表在上述论文集的321—336页。——编译者

orie de l'onde pilote)——玻姆(D. Bohm)先生不久前在不知悉德·布罗意工作的情况下也想到了。

我毫不怀疑,只要人们把质点和势能这两个基本概念作为描述的基础,那么现在流行的量子理论(更准确地说,是"量子力学")就该算是最完善、最符合经验的理论了。然而我对这理论感到不满,那是因为这理论中对"ψ 函数"的解释是因人而异的。而我的见解无论如何是从一个为现代大多数理论家所坚决拒绝的命题出发的,这命题是:

像物理体系的**"实在状态"这样的事是存在的**,它不依赖于观察或量度而客观地存在着,并且原则上是可以用物理的表述方法来描述的。(然而究竟应当采用什么合适的表述方法和基本概念呢,(质点?场?还是首先一定要找出规定方法?)在我看来,现在还不知道。)这一关于实在的命题,由于它带有"形而上学"的性质,所以不具有自明的命题所具有的那种意义;实在说来,它只有**纲领式的**(*Programmatisch*)性质。但是一切人,包括量子理论家在内,只要他们不论及量子理论的基础,也都坚持这个关于实在的命题。比如,谁也不会怀疑,即使不存在现实的或潜在的观察者,月球的重心在某一确定时刻总有一个确定的位置。如果人们放弃这个从纯逻辑看来是任意的关于实在的命题,那就很难回避唯我论了。根据以上所论述的精神,我不会因为把"体系的实在状态"作为我思考的中心而感到羞愧。

毫无疑问,ψ 函数是一种关于"实在状态"的描述。然而问题在于:关于实在状态的这种描述所表征的,究竟是完备的,还是不完备的呢?人们在回答这问题时总是要陷入困境。首先假定:这种描述是完备的。这样，一个飘浮在空间里的不受力的物体，它——听其自然地——遵照薛定谔方程变化得愈久，它（相对于惯性系）的位置就愈不确定。但是以后用光所作出的观察却报道它有一个近乎确定的位置。如果由 ψ 函数所作的描述确实是对于这个体系的完备的描述，那么，人们必定会作出这样的结论，说所观察到的近乎确定的位置，正是观察的结果，而在观察之前，这是不存在的。可是，如果问题所涉及的是一个宏观物体，而不是一个电子或原子，那么直觉上就会感到上述结论是无可容忍的。（根据这种理论，如果物体具有相当大的质量，要产生一个十分不确定的位形就需要很长时间，这件事在这里也帮不上忙；因为，对于那些仍可用显微镜来观察的物体来说，这样的时间也绝不是怎么可观的。）而且，按照这种理论的精神，绝不能认为初始时间的位形**必须是**近乎确定的。

因此，人们觉得不得不把 ψ 函数对于体系的描述看成是一种对实在状态的不完备的描述。导致同一结论的，还有另一种考虑。量子理论的结构是这样组成的：在一个由两个局部体系所构成的体系中，其中一个局部体系的 ψ 函数，是随着人们对另一局部体系所采取的（完备的）量度方式的不同而不同的。如果在量度时，这两个局部体系在空间上是分隔开的，上述结论也该成立。如果 ψ 函数是**完备地**描述了实在状态，那就意味着，对于第二个局部体系所进行的量度，要影响第一个局部体系的实在状态，这也就等于说，空间上彼此分隔开的东西是直接耦合在一起的。人们也一定会直觉地认为这是不可能的。于是又得到了这样的一个结论：必须把 ψ 函数对状态所作的描述看作是一种不完备的描述。

其次假定:ψ 函数的描述是不完备的。这样,人们就会感觉到自己亟须得出这样一个结论,说必定有一种完备的描述。由此,人们也会得到这样一种观点:真正的自然规律所必须概括的是完备描述的资料,而不是不完备描述的资料。进一步人们还很难避免这样的怀疑,即认为这理论的统计性是由描述的不完备性所决定的,至于事物本身究竟是怎样的,则同它毫不相干。

这样的考虑,在建立"波导理论"的过程中可能起过作用;无论如何,这理论可避免上述那些困难。L. 德布罗意最近告诉大家,他为什么离开了这条出路。在我看来,统计性量子理论不是一个建立完备理论的有益的出发点,这就像那个以古典力学和渗透压定律为基础的布朗运动理论,不是一个建立运动分子力学的有益的出发点一样,倘使布朗运动理论在时间上是先于后一理论的话。

我的这个意见也从下面的考虑得到加强。统计性量子理论的建立,部分地是由于任意弱的相互作用似乎只能引起体系状态的非无限小的变化。比如在康普顿效应中,一个具有任意小的振幅和非无限小的广延的波列,似乎能够把某一非无限小的能量传递给电子。虽然,看来弱场并不能直接促使一份非无限小的能量的传递,而只能影响这种传递的微小几率。可是,为了能够把这变化的几率理解为电子的状态的实际变化,人们必须设想有"量子态"的变化,这种量子态在这里是由电子的各个具有不同能量的状态相叠加而成的,而每一个状态都具有一个几率振幅。这样,人们就有可能使弱场的作用符合于那个几率,即符合于状态的微小变化,并且从而能够在数学上把那种似乎是不连续的非无限小的速度变化过程归结为一种几率振幅的连续变化。

人们为这种归结所付出的代价是：引进一种由无限多个不同能量的状态所组合成的实在状态。这种代价之所以必要，是由于人们相信可以从本质上认识那种作用（这里是弱的但不是无限小的波场）的物理本性。同它有关的是，人们在量子理论中坚持了力和势能的古典概念，而只有运动定律才为某种全新的定律所代替。这个理论在数学结构上的完整性及其有意义的成果，使人们看不到我们所作的这种牺牲巨大。

然而，在我看来，人们终于会认识到，必定有某种东西可代替作用力和势能的作用（或者康普顿效应中的波场的作用），这种东西同电子本身一样，也具有一种原子性的结构，这样，就根本没有那些作为致动原因的“弱场”或力了，也没有那种混合状态了。

还有最后一点意见：我通过引力方程的推广，使广义相对论趋于完善，这种努力起始于这样的设想：合理的广义相对性场论也许能够为完备的量子理论提供一个解决办法。这是一个不算过分的希望，可是完全没有论证。有这样一条反对这意见的重要理由：以微分方程为基础的关于实在的描述（场论），可能根本为实在的原子性所不容许。但是就我所能论断的来说，这个想法并没有勉强的性质，而到今天为止，我还根本没有别的方法可用来表述广义相对性的规律。

关于思维同经验的联系问题

——1952 年 5 月 7 日给 M. 索洛文的信[①]

〔上略〕

关于那个认识论问题，你完全没有了解我的意思，可能是我没有讲清楚。事情可以用下图来说明：

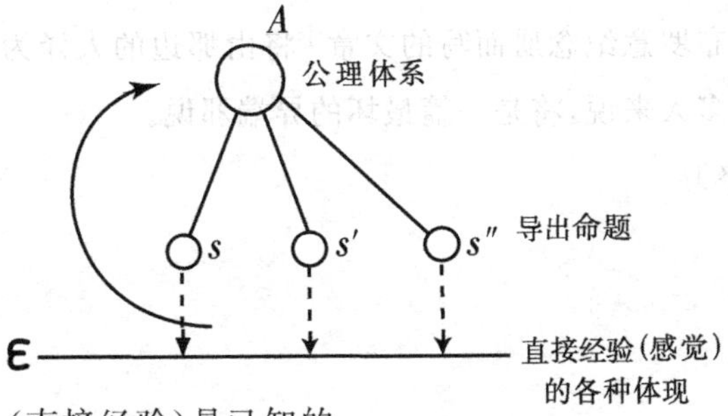

(1) ε(直接经验)是已知的。

(2) A 是假设或者公理。由它们推出一定的结论来。

从心理状态方面来说，A 是以 ε 为基础的。但是在 A 同 ε 之间不存在任何必然的逻辑联系，而只有一个不是必然的直觉的(心理的)联系，它不是必然的，是可以改变的。

(3) 由 A **通过逻辑道路**推导出各个个别的结论 S。S 可以假

---

① 译自爱因斯坦：《给莫里斯·索洛文的通信集》，柏林，德国科学出版社，1960 年，120—121 页。本文由邹国兴同志译。标题是我们加的。——编者

定是正确的。

(4) S 然后可以同 ε 联系起来(用实验验证)。这一步骤实际上也是属于超逻辑的(直觉的),因为 S 中出现的概念同直接经验 ε 之间不存在必然的逻辑联系。

但是 S 同 ε 之间的联系实际上比 A 同 ε 的关系要不确定得多,松弛得多(比如,狗的概念同对应的直接经验)。如果这种对应不能可靠无误地建立起来(虽然在逻辑上它是无法理解的),那么逻辑机器对于"理解真理"将是毫无价值(比如,神学)。——

这一切的中心问题就是思维领域同感官的直接经验之间的永恒存在的有问题的联系。

为德布罗意纪念册而写的文章①将由那边的人译为法文。其内容对许多人来说,将是一篇最坏的异端邪说。

〔下略〕

① 指《关于一些基本概念的绪论》一文,见本书 724—728 页。——编者

相对论和空间问题①

牛顿物理学的特征在于它不得不认为空间和时间像物质一样，都是独立而实在的存在，这是因为在牛顿运动定律中出现了加速度的观念。但是在这理论中，加速度只能指"对于空间的加速度"。为了使人们能把那个出现在运动定律中的加速度看作一个具有任何意义的量，牛顿的空间因而必须被认为是"静止"的，或者至少是"非加速"的。对于时间也差不多一样，时间当然也同样进入加速度概念里。说一定要认为空间本身和它的运动状态都同样具有物理实在性，对此，牛顿自己和他同时代的最有批判眼光的人都是感到不安的；但是如果人们要想给力学以清晰的意义，在当时却没有别的办法。

一定要认为一般空间，特别是空虚空间是具有物理实在性的，那无疑是个苛刻的要求。自古以来，哲学家就一再地反对这样一种冒昧的做法。笛卡儿多少是以如下的方式来论证的：空间就是广延，但是广延同物体有关；于是，没有不存在物体的空间，因而也就没有空虚空间。这个论据的弱点主要是如下所述。说广延这概

① 本文是爱因斯坦为《狭义与广义相对论浅说》英译本第 15 版(*Relativity, the Special and the General Theory: A Popular Exposition*，伦敦 Methuen 出版，1954 年)写的附录五，写作时间大概在 1952 年上半年。这里译自该书第 17 版(1957 年)，135—157 页。——编译者

念来源于我们把一些固体摆开或者相互接触的经验，那当然是正确的。但不能由此下结论说，广延这概念就没有理由可适用于那些本身不产生这概念的情况。概念的这种推广究竟是否合理，那是可以由它对理解经验结果的价值来加以间接的判断的。因此，断定说广延只限于物体，这种断言本身肯定是没有根据的。但是我们以后会看到，广义相对论却绕着弯儿来证实了笛卡儿的想法。使笛卡儿得到他的那个非常吸引人的观点的，无疑是这样的感觉：要是没有迫不得已的必要，人们不应当认为像空间那样一种不能被"直接经验到的"①东西是具有实在性的。

空间观念的心理根源，或者这观念的必要性的心理根源，绝没有像它根据我们通常的思想习惯所能看出的那样明显。古代的几何学家所处理的是概念上的对象（直线、点、面），而不是像以后的解析几何那样去真正处理空间本身。然而空间观念是由某些原始经验所提示的。假设已制造出了一只箱子。物体能以一定的方式放在箱子里面，把它装满。这种排列的可能性是物质客体"箱子"的一种性质，是随着箱子一起被规定了的，它就是箱子"所包围的空间"。这是一种随着箱子的不同而不同的东西，同箱子里究竟是不是有任何物体（在无论什么时刻），十分自然地都被认为是毫无关系的。当箱子里没有物体时，它的空间就似乎是"空虚"的。

到此为止，我们的空间概念一直同箱子联系在一起。可是事实证明，构成箱子空间的装填的可能性是同箱壁的厚薄无关的。能不能使这厚度减到零而这个"空间"不至于因此消失呢？这种极

① 这种讲法是要有条件地（*cum grano salis*）加以理解的。——原注

限过程显然很自然，现在它在我们的思想中留下没有箱子的空间，这是一种自明的东西，虽然要是我们忘掉了这概念的根源，它就会显得非常不真实了。人们可以了解，笛卡儿反对把空间看作是一种独立于物质客体的，可以不要物质而存在的东西。①（但这并没有妨碍他在他的解析几何里把空间当作一个基本概念来处理。）水银气压计里真空的引起注意，无疑就最后解除了笛卡儿学派的武装。但是无可否认，甚至在这初始阶段，这种空间概念，也就是被认为是一种独立实在的东西的空间，早就已粘上了某种不能令人满意的东西。

物体装填空间（箱子）的方式是三维欧几里得几何的课题，欧几里得几何的公理体系结构容易瞒骗我们，使我们忘掉它所涉及的是那些可以成为现实的情况。

如果空间概念是以上述方式形成的，并且是由“装填”箱子的经验推出来的，那么这空间本来是一种**有界的**空间。可是这种限制看来不是本质的，因为显然总可以用更大的箱子来包住较小的箱子。这样，空间就显得像是无界的了。

我不想在这里考查空间的三维性和它的欧几里得性质这两概念怎样可以追溯到比较原始的经验，而是要首先从另外一些观点来考查空间概念在物理思想发展中的作用。

如果在一只较大的箱子 S 的中空空间里放着一只相对静止的较小箱子 s，那么 s 的中空空间是 S 的中空空间的一部分，包含

① 康德企图通过否认空间的客观性来消除这困难，可是这种企图是难以认真地去对待的。箱子里面的空间所固有的装填可能性，像箱子本身，以及那些能装在箱子里面的物体一样，在同样意义上都是客观的。——原注

二者的这同一“空间”,既属于大箱子,也属于小箱子。可是当 s 对于 S 是在运动时,这概念就不那么简单了。在这种情况下,人们倾向于认为 s 所包围的总是同一空间,但它是空间 S 的一个可变动的部分。因此有必要给每只箱子分派它所特有的空间,而不认为它们是有界的,同时又有必要假定这两个空间是在彼此相对运动着的。

在人们发觉到这种复杂的情况之前,空间好像是物质客体在里面到处泳游着的一种无界的媒质或容器。但是现在必须记住,有无数个空间,它们彼此都在相对运动着。作为客观存在并且同物体无关的空间概念,属于科学以前的思想;但是存在着无数个彼此相对运动着的空间这观念,则不是科学以前的。这后一观念固然是逻辑上不可避免的,但即使在科学思想中,它也远没有起过什么重要的作用。

那么时间概念的心理根源又是什么呢?这概念无疑地是同“记忆”这个事实有关,也同感觉经验和对它们的回忆之间的区别有关。至于感觉经验同回忆(或者是头脑里的单纯的想象)之间的区别对于我们是不是一种在心理上直接给予的东西,这本身确是有疑问的。每个人都有过这样的经验:他疑心过他究竟是实际上用他的感官去经验到某件事,还只是在他做梦时梦到这件事。辨别这两者的能力,大概最初是头脑里创造出次序的一种活动的结果。

一个经验如果是同一种“回忆”相联系,那么同“目前的经验”相比较时,它就被看作是“早先的”。这就是关于所回忆经验在概念上的次序原理,它的实现的可能性就产生了主观的时间概念,即关于个人经验排列的那种时间概念。

说我们要给时间概念以客观意义，这究竟是什么意思呢？让我们看一个例子。设有一个人 A（“我”）有着看到“天空在闪电”的经验。同时 A 也经验到另一个人 B 的这样一种行为，它使 B 的行为同他自己看到“天空在闪电”的经验发生关系。这样 A 就把看到“天空在闪电”的经验同 B 联系起来。A 于是产生了这样的观念：别的人也共同经历了“天空在闪电”这个经验。“天空在闪电”现在不再被解释为一个人所独有的经验，而且也被解释为另外许多人的经验（或者终于被解释为只是一种“潜在的经验”）。由此得到了这样一种解释：“天空在闪电”最初是作为一种“经验”进入意识中的，而现在也被解释为一种（客观的）“事件”。当我们讲到“实在的外在世界”时，我们所指的正是一切事件的总和。

我们已经看到，我们觉得必须给我们的经验以一种时间上的排列，这排列大致如下。如果 β 比 α 迟，γ 比 β 迟，那么 γ 也比 α 迟（“经验的序列”）。从这关系来看，那么那些已由我们联系上经验的“事件”情况该怎样呢？乍看来，似乎显然要作这样的假定：存在着同经验的时间排列一致的事件的时间次序。通常就不知不觉地这样做了，一直到了对它发生怀疑为止。① 为了要得到客观世界的观念，还必须加上这样一个构造性的概念：事件不仅在时间上是有确定的位置的，而且在空间里也如此。

在前几段中，我们的企图是要描述空间、时间和事件这些概念

① 比如用听觉的方法所得到的经验在时间上的次序，可以不同于由视觉所得的时间次序，所以人们不能简单地把事件的时间序列同经验的时间序列等同起来。——原注

怎样能在心理上同经验发生关系。从逻辑上来看，它们都是人类智慧的自由创造，是思维的工具，它们都是用来为了使经验彼此发生关系，以便由此可对经验作更好的通盘考查。想知道这些基本概念的经验源泉这一企图，应当能使我们明白我们实际上受着这些概念束缚的程度。这样，我们会认清我们的自由，而这自由在必要时要加以明智的利用总是困难的。

关于空间-时间-事件概念（我们该比较简单地称之为“类空间”概念，以区别于那些来自心理学领域的概念）的心理起源的略图中，我们还该作一些必要的补充。我们曾经用箱子以及物质客体在箱子里的排列来把空间概念同经验联系起来。因此，这种概念的形成是以物质客体（比如“箱子”）的概念为前提的。同样，形成客观时间概念时所必须引进的人，在这里也起着物质客体的作用。所以我觉得，物质客体概念的形成，必定在我们的时间和空间概念之前。

所有这些类空间概念，同那些来自心理学领域的像苦痛、目标、目的这类概念一样，都属于科学以前的思想。像在一般自然科学里的思想特征那样，目前物理学中思想的特征是，在原则上尽量只使用“类空间”概念，尽量用这些概念来表述一切具有定律形式的关系。物理学家企图把颜色和音调归结为振动，生理学家把思想和苦痛归结为神经过程，这样，精神因素本身就从存在的因果联系中被排除出去，从而在无论什么地方都不作为因果联系中的一个独立环节而出现。认为专门只使用“类空间”概念来理解一切关系是原则上可能的，这种态度无疑地就是目前所了解的由“唯物论”这个名称来代表的态度（因为“物质”已失去了作为一种基本概念的作用)。

为什么有必要把自然科学思想的基本观念从柏拉图的奥林帕斯天堂拖下来,并且企图揭露它们的世俗血统呢? 答案是:为了把这些观念从强加给它们的禁忌中解放出来,从而使我们在构成观念或概念时可有比较大的自由。这是D.休谟和E.马赫的不朽功绩,他们超过所有别的人,首先采取了这种批判的想法。

科学从科学以前的思想中接收了空间、时间和物质客体(其重要的特例是"固体")这些概念,并且加以修改,使它们更加严格。它的第一个重要成就是欧几里得几何的发展,欧几里得几何的公理体系的表述方式绝对不允许我们无视它的经验根源(关于把一些固体摆开或者并列起来的可能性)。具体说来,空间的三维性和它的欧几里得特征都是有经验根源的(它能被许多个同样构造的"立方体"来完全填满)。

由于人们发现了完全刚体并不存在,空间概念就变得更加微妙了。一切物体都是弹性变形的,并且随着温度的变化而改变其体积。因此,要表征那些必须用欧几里得几何来描述其可能排列方式的结构,就不能不讲到物理内容。但是由于物理学在建立它的概念时,毕竟必须用到几何学,所以几何学的经验内容只有在整个物理学的框架里才能被陈述和验证。

在这里还应当记住原子论及其有限可分性的概念;因为小于原子(*sub-atomic*)范围的空间不能量出。原子论也迫使我们在原则上放弃了固体是具有明显的、静态的确定边界面的这种观念。严格说来,对于固体相互接触的可能的排列,甚至在宏观领域里也没有**严密**的定律。

尽管如此，还是没有谁想放弃空间概念，因为看来它在那非常令人满意的整个自然科学体系中是不可缺少的。在十九世纪，马赫是仅有的这样一个人，他当真地想排除空间概念，而企图用一切质点间瞬时距离的全体这一观念来代替它。（他所以要作这样的尝试，是为了要得到一种对惯性的满意的理解。）

场

在牛顿力学里，空间和时间起着双重作用。首先，它们起着物理学中所出现的事件的载体或者构架的作用，事件是参照这种载体或构架用空间坐标和时间来描述的。原则上，物质被看作是由“质点”所组成的，质点的运动构成了物理事件。在人们不愿或者不能描述分立的结构时，才把物质看作是连续的，这好像只是一种权宜之计。在这种情况下，物质的微小部分（体积元）也像质点那样来处理，至少就我们只涉及运动而不涉及那些一时还不可能也用不着归结为运动的过程（比如温度变化，化学过程）时是如此。空间和时间的第二个作用是作为一种“惯性系”。惯性系之所以被认为比一切可想象的参照系都优越，就是因为对它们来说，惯性定律必定是成立的。

在这里，关键是：被认为是独立于那些经验到它的主体而存在的“物理实在”，至少在原则上被设想为一方面是由空间和时间；另一方面又是由那些相对于空间和时间而运动着的永久存在的质点所组成。关于空间和时间的独立存在这观念，用极端的说法，可以表述如下：倘使物质消失了，空间和时间仍旧会单独留下来（作为表演物理事件的一种舞台）。

这种观点结果被这样的一种发展打破了，而这种发展最初看来好像同空间-时间问题毫不相干，这就是**场概念**的出现，及其最后要在原则上代替粒子(质点)观念的目的。在古典物理学的框架里，场概念是在物质被当作连续区来处理的情况下，作为一个辅助概念而出现的。比如在考查固体的热传导时，固体的状态是这样来描述的：对于固体的每一点，给出它在每一确定时刻的温度。在数学上，这意味着温度 T 是用一个空间坐标和时间 t 的数学表示式(函数)来表示(温度场)。热传导定律被表示为一种局部关系(微分方程)，它包括了热传导的一切特例。这里温度是场概念的一个简单例子。场是这样一个量(或者是几个量的一种复合)，它表现为坐标和时间的一种函数。另一个例子就是关于液体运动的描述。在任何时刻，每一点上都存在一个速度，这由它对于坐标系的三根轴的三个"分量"来描述(矢量)。在一个点上的速度分量(场分量)在这里也是坐标(x,y,z)和时间(t)的函数。

上述这些场的特征是，它们只出现在有重物体内部；它们只是用来描述这种物质的状态。根据场概念的历史发展，凡是不存在物质的地方，场也就不存在。但是在十九世纪开头的四分之一世纪中，人们证明了，只要把光看作是一种波场，把它完全同弹性固体里的机械振动场作类比，就能够异常精确地解释光的干涉和衍射[①]现象。因此，人们觉得有必要引进一种在不存在有重物质的"空虚空间"里也能够存在的场。

这件事产生了一种自相矛盾的局面，因为根据它的来源，场概

① 原文是"运动"。——编译者

念似乎只限于描述有重物体内部的状态。由于人们坚持相信每一种场都要看作是一种能作力学解释的状态，而这又要以物质的存在为前提，那么情况显得更一定是如此。这样，甚至在那一向被看作是空虚的空间里，人们也不得不认为必须假定到处存在着一种物质形式，它叫做“以太”。

场概念从它必须有一个力学载体的假设中解放出来，是物理思想发展中在心理上最有趣的事件之一。在十九世纪后半叶，由于法拉第和麦克斯韦的研究，愈来愈明显：用场来描述电磁过程，要比根据力学的质点概念来处理远为优越。由于在电动力学里引进场的概念，麦克斯韦成功地预言了电磁波的存在；而电磁波和光波本质上的同一性，已由它们的传播速度相等而无可置疑了。其结果是，光学在原则上被电动力学并吞了。这个巨大成就的一个心理后果是，场概念对于古典物理学的机械论的框架逐渐赢得了较大的独立性。

尽管最初认为理所当然地必须把电磁场解释为以太的状态，并且热忱地想把这种状态解释为力学的状态；但由于这些努力总是受到挫折，科学逐渐习惯于放弃这种力学解释的想法。然而人们仍然深信电磁场必定是以太的状态，这是世纪交替时的局面。

以太学说带来了这样的问题：从关于有重物体的力学观点来看，以太究竟是怎样行动的呢？它究竟是否参与物体的运动，或者它的各个部分究竟是否彼此保持相对静止呢？为了解决这个问题，曾经做过许多巧妙的实验。在这方面，应当提到下面两个重要事实：地球周年运动所产生的恒星的“光行差”和“多普勒效应”，后者就是恒星的相对运动对于从它们那里发到我们这里的光的频率的影响(对于已知的发射频率来说)。所有这些事实和实验的结果,除了一个迈克耳孙-莫雷实验,都被 H. A. 洛伦兹解释了,他假定以太不参与有重物体的运动,又假定以太的各个部分彼此间完全没有相对运动。这样看来,以太好像是绝对静止空间的化身。但是洛伦兹所完成的研究还要更进一层。他假定有重物体对电场的影响——或者反过来——仅仅是因为物质的组成粒子带有电荷,而电荷也参与了粒子的运动,由此他就解释了当时所知道的有重物体内部的一切电磁过程和光学过程。关于迈克耳孙和莫雷的实验,H. A. 洛伦兹指出,所得结果至少不同静止以太的理论相矛盾。

尽管有了这些辉煌的成就,但为了如下的理由,这理论的状况还是不能完全令人满意。在很高近似程度上无疑地该是可靠的古典力学告诉我们:对于自然规律的表述方式,一切惯性系或者惯性"空间"都是等效的,也就是说,自然规律对于从一个惯性系到另一惯性系的转移是不变的。电磁学的和光学的**实验**也相当准确地告诉我们同样的事情。但是电磁**理论**的基础却告诉我们,有一种特殊的惯性系必须给以特权,这就是静止的光以太。电磁理论基础的这种观点太不能令人满意了。难道无法加以修改使它也像古典力学那样能保证惯性系的等效性(狭义相对性原理)吗?

狭义相对论回答了这个问题。它从麦克斯韦-洛伦兹理论那里接收了在空虚空间里光速不变的假定。为了使这假定同惯性系的等效性(狭义相对性原理)相协调,同时性的绝对性这观念必须放弃;此外,对于从一个惯性系到另一惯性系的转移,时间和空间坐标要遵循洛伦兹变换。狭义相对论的全部内容包含在这样的公设里:自然规律对于洛伦兹变换是不变的。这个要求的实质在于,它对可能的自然规律加以一定方式的限制。

关于空间问题，狭义相对论的立场是怎样的呢？首先我们必须反对这样的见解，认为实在的四维性是由这理论第一次引进来的。事实上，即使在古典物理学里，事件也已经是由四个数字来定位的，其中三个是空间坐标，一个是时间坐标；因此，全部物理“事件”被认为是镶嵌在四维连续流形里的。但是根据古典力学，这种四维连续区在客观上是分解成一维的时间和三维的空间截面，而在三维空间截面里只包含同时的事件。这种分解，对于一切惯性系都是一样的。对于一个惯性系的两个确定事件的同时性，也就是这两事件对于一切惯性系的同时性。这就是我们说古典力学的时间是绝对的这句话的意义。根据狭义相对论，情况却不是这样。对于一个特殊的惯性系来说，同一个选定事件同时的许多事件的总体固然是存在的，但它不再同惯性系的选择无关。四维连续区现在不再能客观地分解成一些全都是包含着同时事件的截面了；“现在”对于空间上扩延的世界失去了它的客观意义。正由于这一点，如果想不带有不必要的习惯上的任意性来表示客观关系的意义，那么空间和时间就必须被认为是一个客观上不能分解的四维连续区。

既然狭义相对论揭示了一切惯性系的物理等效性，那就证明了静态以太的假说是站不住脚的。因此必须放弃那个把电磁场当作物质载体的一种状态的想法。这样，场就成为物理描述的一种不可简化的元素，正像在牛顿理论里，物质概念也是不可简化的一样。

到现在为止，我们注意的方向是要找出狭义相对论对于空间和时间概念所作的**修改**。现在让我们来集中注意这理论从古典力学里接收过来的那些元素。这里也只有在惯性系被当作空间-时间描述基础时，自然规律才能要求有效性。惯性原理和光速不变原理都只有对**惯性系**才有效。场定律也只有对于惯性系才有意义并且有效。这样，像在古典力学里一样，空间在这里也是物理实在的表示中的一个独立组成部分。如果我们设想把物质和场移去，惯性空间，或者更为准确地说，这空间同有关的时间一起，却依然存在。四维结构（明可夫斯基空间）被认为是物质和场的载体。惯性空间同它们有关的时间一道，是仅有的由线性洛伦兹变换结合起来的特许的四维坐标系。既然在这种四维结构里不再存在任何客观上代表"现在"的截面，发生和变化这两概念固然不是完全搁置起来，但却是更加复杂化了。因此，看来比较自然的是认为物理实在是一种四维的存在，而不是迄今所认为的是一种三维存在的**演化**。

狭义相对论的这种刚性四维空间，在某种程度上是 H. A. 洛伦兹的刚性三维以太的四维类比。对于这种理论，下面的陈述也是有效的：在物理状态的描述中，假设空间是一开始就已有了的，并且是独立存在着的。因此，甚至这理论也还没有消除笛卡儿对"空虚空间"的独立存在，实际上也就是对它的先验的存在所感到的不安。这里所作的粗浅的讨论的真正目的，是要指出广义相对论对这些怀疑克服到了什么程度。

广义相对论的空间概念

这理论最初的来源在于要设法理解惯性质量同引力质量的相

等。我们从惯性系 S_1 着手,它的空间从物理观点看来是空虚的。换句话说,在所考查的那部分空间里,既不存在物质(在通常的意义上),也不存在场(在狭义相对论的意义上)。设有第二个参照系 S_2,对 S_1 均匀加速运动着。那么 S_2 就不是一个惯性系。对于 S_2,每个试验物体都要加速运动,这个加速度同它的物理性质和化学性质都无关系。因此,对于 S_2,至少在第一级近似上,存在着一种不能同引力场相区别的状态。下面的概念因而是同可观察到的事实相容的:S_2 也相当于一个"惯性系";但是对于 S_2,就出现了一个(均匀的)引力场(在这里,人们用不着为它的来源操心)。这样,当把引力场包括在所考查的框架里面时,如果假定这条"等效原理"能扩充到无论哪种参照系的任何相对运动上去,那么惯性系就失去了它的客观意义。如果有可能根据这些基本观念得出一种贯彻一致的理论,那么它本身就会符合于惯性质量同引力质量相等这一已为经验强有力地证实了的事实。

从四维的观点来考查,四个坐标的非线性变换对应于从 S_1 到 S_2 的转移。现在发生了这样的问题:哪一种非线性变换是许可的?或者说,洛伦兹变换该怎样来推广?要回答这个问题,下面的考虑有决定性的意义。

我们给以前理论中的惯性系加上这样一种性质:坐标的差是由静止的"刚性"量杆来量,时间的差由静止的时钟来量。第一个假定还要补充以另一假定,那就是:对于静止量杆的相对的展开和叠合,欧几里得几何里的关于"长度"的定理是成立的。由狭义相对论的结果,通过初步的考查,就得到了这样的结论:对于那些对惯性系(S_1)加速的参照系(S_2)来说,坐标的这种直接的物理解释就不成立了。但如果情况确是这样，那么坐标现在就只表示“邻接”的次序或者等级，因而也表示空间的维数，但不表示它的任何度规性质。这样就使我们把变换扩充到任意的连续变换。① 这里蕴涵着广义相对性原理：自然规律对于坐标的任意连续变换都必须是协变的。这个要求（同对定律的最大可能的逻辑简单性这一要求结合在一起）对有关的自然规律的限制，比狭义相对性原理要强得无可比拟。

这一连串思想主要根据的，是作为一种独立概念的场。因为相对于 S_2 存在的那些情况被解释为一种引力场，而并不由此引起产生这个场的物体的存在问题。借助于这一连串思想，也能够明白为什么纯引力场定律，要比普遍类型的场（比如有电磁场存在时）定律更加直接地同广义相对性观念结合在一起。就是说，我们可以很有理由假定：“无场的”明可夫斯基空间是表示自然规律的一个可能的特例，事实上，它是一个最简单的可想象的特例。就它的度规特征来说，这种空间可以表征如下：$dx_1{}^2+dx_2{}^2+dx_3{}^2$ 是三维“类空”截面上用单位尺度量出来的两个无限接近点的空间间隔的平方（毕达哥拉斯定理），而 dx_4 是用适当时间量度量出来的两个具有共同的(x_1,x_2,x_3)的事件的时间间隔。所有这些，都不过是意味着：

$$ds^2=dx_1{}^2+dx_2{}^2+dx_3{}^2-dx_4{}^2 \tag{1}$$

这个量具有一种客观的度规意义，这只要借助于洛伦兹变换就容易证明。从数学上来说，这相当于这样的情况：ds^2 对于洛伦兹变

① 这种不精确的表述方式，在这里也许就已足够了。——原注

换是不变的。

如果我们按照广义相对性原理，把这空间（参看方程(1)）置于一个任意的坐标连续变换之下，那么这个具有客观意义的量 ds，在新坐标系中当由下面关系来表示：

$$ds^2 = g_{ik}dx_i dx_k, \tag{1a}$$

它必须是关于指标 i 和 k 对于一切组合 11，12，直到 44 的累加。现在这些 g_{ik} 不是常数，而是坐标的函数，它们由任意选定的变换来确定。虽然如此，这些 g_{ik} 却不是新坐标的任意函数，而是这样的一些函数：它们通过四个坐标的连续变换，能使形式(1a)变回形式(1)。为了使这成为可能，各个函数 g_{ik} 必须满足某些广义协变的条件方程，而这些方程是 B. 黎曼在广义相对论建立以前半个多世纪就已导出来了的（“黎曼条件”）。根据等效原理，当这些函数 g_{ik} 满足黎曼条件时，(1a)就以广义协变形式描述一种特殊的引力场。

由此得知，当黎曼条件得到满足时，普遍类型的纯引力场定律也必定得到满足；但是它的限制必定比黎曼条件较弱或者较少。这样，纯引力的场定律实际上就完全确定了，其结果不必在这里去详细论证。

我们现在可以来看看，要过渡到广义相对论，该把空间概念修改到怎样的程度。依照古典力学并且依照狭义相对论，空间（空间-时间）是独立于物质或者场而存在的。为了能够完全描述那个充满空间并且依存于坐标的东西，空间-时间或者惯性系和它的度规性质都必须认为一开始就存在的，要不然，对“那个充满空间的东西”的描述就会是毫无意义的了。[1] 但另一方面，根据广义相对论，空间同“那个充满空间”并且依存于坐标的东西相反，它不是单独存在的。由此，纯引力场可以通过引力方程的解，用 g_{ik}（作为坐标的函数）来描述。如果我们设想引力场（即函数 g_{ik}）被除了去，那么留下来的就不是类型(1)的空间，而只是绝对的无，而且也不是“拓扑空间”。因为函数 g_{ik} 不仅描述场，同时也描述这个流形的拓扑的和度规的结构性质。从广义相对论的观点来判断，类型(1)的空间不是一个没有场的空间，而是 g_{ik} 场的一个特例，对于它——是对所用的坐标系而说的，但这个坐标系本身并无客观意义——函数 g_{ik} 的数值同坐标无关。不存在空虚空间这样的东西，即不存在没有场的空间。空间-时间本身并没有要求存在的权利，它只是场的一种结构性质。

因此，当笛卡儿相信他必须排除空虚空间的存在时，他离开真理并不怎么远。如果认为物理实在唯一地只是有重物体，那么这种见解确实显得是很荒唐的。为了揭示笛卡儿观念的真正内核，就要求把场的观念作为实在的代表，并且同广义相对性原理结合在一起；“没有场”的空间是不存在的。

广义引力论

以广义相对论为根据的纯引力场理论因此是容易得到的，因为我们可以确信：度规符合于(1)的“无场的”明可夫斯基空间必定

① 如果我们考虑把那个充满空间的东西（比如场）除去，那么按照(1)，依然留下度规空间，它也会决定那种被引进这空间里的试验物体的惯性行为。——原注

满足场的普遍定律。把这特例加以推广，就可得出引力定律，而这推广实际上是不带有任意性的。理论的进一步发展，则不是那么一目了然地由广义相对性原理决定着；最近二三十年来对此曾在各种不同方向上作过尝试。所有这些尝试的共同点，都是要把物理实在想象为场，而且是一种由引力场推广的场，在那里，场定律是纯引力场定律的一种推广。经过长期探索之后，我相信我现在已找到了这种推广的最自然形式。① 但是我还未能看出这种推广了的定律能不能经得起经验事实的考验。

特殊的场定律问题，在上述的一般考查中是次要的。在目前，主要的问题是这里所考查的这种场论究竟能不能达到目的。这目的意味着这样一种理论：它用场来透彻无余地描述物理实在（包括四维空间）。目前这一代的物理学家对这个问题倾向于否定的回答。根据量子理论的目前形式，他们相信体系的状态不能被直接确定，而只能通过一种关于体系所能得到的量度结果的统计性的陈述来间接地确定。流行的是这样的信念：要理解那个为实验证实了的自然界的二象性（粒子结构和波动结构），只能对实在概念作这样的削弱。我认为，目前我们的实际知识并没有证明这样一种影响深远的理论上的放弃是得当的，同时我也认为，我们应当在相对论性场论这条道路上走到底，而不应当半途而废。

---

① 这种推广可表征如下。根据它从空虚“明可夫斯基空间”导出的结果，函数 g_{ik} 的纯引力场具有由 $g_{ik}=g_{ki}$（$g_{12}=g_{21}$，等等）所规定的对称性质。推广了的场也属于同一类型，但是没有这种对称性质。场定律的推导完全类似于纯引力场定律的特例的推导。——原注

《狭义与广义相对论浅说》英译本第15版说明[①]

在这一版里，我加进了第五个附录[②]，来讲明我对空间问题的一般看法，以及我对我们关于空间的观念在相对论的观点影响下逐步修改的看法。我要指出，空间-时间未必能被看作是一种可以离开物理实在的实际客体而独立存在的东西。物理客体不是**在空间之中**，而是这些客体有着**空间的广延**。因此，“空虚空间”这概念就失去了它的意义。

---

① 这是爱因斯坦于1952年6月9日为《狭义与广义相对论浅说》英译本第15版所写的说明。这里译自该书第17版(1957年)，第ⅵ页。——编译者

② 即前面的《相对论和空间问题》一文。——编译者

相对论发展的三个阶段

——1952年6月给C.塞利希的信[①]

建筑物的图像并不是一种特别好的比喻。实际上，有三个发展阶段：

首先，我建议如下：普遍原理是对各种可能的理论进行选择加以限制的形式要求（*formal requirements*）。这三个发展阶段是由于所用的普遍原理逐步强化而达到的。

第一个阶段：狭义相对论。限制性原理是：物理方程对于真空中的光速对之不变的一切坐标系都适用。

第二个阶段：广义相对论。限制性原理是：方程对于彼此由连续的坐标变换相联系的一切坐标系都适用。这个理论实际上唯一地决定了引力场的本性和规律。但是却给电磁场的理论表示留下很大的余地。

第三个阶段：广义引力论（或统一场论）。经过对引力场显而

---

① 译自卡尔·塞利希：《阿耳伯特·爱因斯坦文献传记》，84—85页。标题是我们加的。

爱因斯坦于1919年在一篇《什么是相对论》的文章中，把相对论比作一座有两层的建筑，下层是狭义相对论，上层是广义相对论（见本文集第一卷，183—188页）。以后塞利希问他，统一场论怎样纳入这个建筑图像之中。爱因斯坦于1952年6月中旬写了这样的回信。——编译者

易见的推广，人们终于建立起了一种关于总场的相对性理论。

到目前为止，只有它的形式的完备性表明有利于这个理论。由于在运用所得到的方程时有数学上的困难，现在还不可能证明这些理论。因此，第一个和第二个阶段显然已经公认是可以广泛适用的，但第三个阶段却不是这样。

生命有个了结，是好事

——1952 年 7 月 17 日给贝索的信[1]

我很感激你和你们家人打电报把噩耗告诉我[2]。一个真正独特的人离开我们了。他一向走自己的路，不受任何人的影响。他的画在粗犷之中有其动人之处。对于他的历史研究，我只是通过他信中偶然的片断有一些肤浅的了解。我感激他那寓有深情的坚韧：他在我妹妹患病期间经常写信给她，明知他再也不能见到她了。这不是一件容易的事，尤其是我的妹妹最后那一年再也不能给他回信。

个人的生命，连同他的种种忧患和要解决的问题，有一个了结，到底是一件好事。本能使人不愿接受这种解脱，但理智却使人赞成它。捏造死后还有个人生命的迷信的人该多么悲惨可怜！

〔下略〕

---

① 译自《爱因斯坦-贝索通信集》473—474 页。由李澍泖同志译。标题是我们加的。——编者

② 保耳·温特勒（Paul Winteler，1882—1952），爱因斯坦的妹夫，那时刚刚病逝在贝索家里，终年七十岁。参见本文集第一卷 707 页。——编者

否认“实在状态”就落到贝克莱的境地

——1952 年 9 月 10 日给贝索的信[①]

在狭义相对论中，利用明可夫斯基的虚数时间坐标，可以确定空间-时间的特征。但是，在广义相对论中，第四坐标却同时间邻域无关。只要 $g_{\mu\nu}$ 场是对称的，时间邻域同空间邻域相反，是这样表述的：〔曲面〕$g_{\mu\nu}A^{\mu}A^{\nu}=1$ 在空间任意点上都是一个单叶双曲面。在非对称场的场合下，空间的或时间的邻域的特性就不那么清楚。当我们考虑一个点的两个相反的时间方向时，我们可以说，一个是向着未来，一个是向着过去。而场定律却没有给出这两个方向间的任何差异。这同古典理论中的时间正负方向的情况相似。这种区别只是在〔热力学〕第二定律的基础上才有意义，因此，〔正负时间的〕区别不在于基本定律的形式，而仅在于边界条件（反几率（*Unwahrscheinlichkeit*）或有序（*Ordnung*）在负时间方面中增大）。

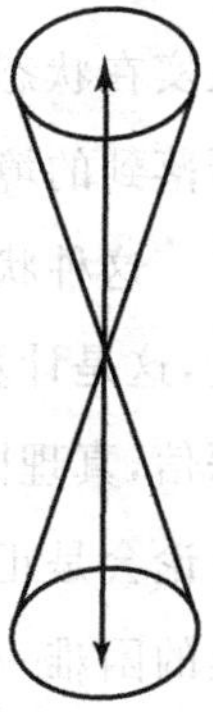

后来，你又说：几率场（*Wahrscheinlichkeitsfeld*）来自一切实在

① 译自《爱因斯坦-贝索通信集》482—483 页。原信信纸上的日期是 8 月 10 日，恐系误写。因为信封上邮戳时间是 9 月 11 日。由李澍泖同志译。标题是我们加的。——编者

的体现。比如,在布朗运动的古典理论中就是这样。然而,按照量子理论就完全不是这样。它通过薛定谔方程决定 ψ 函数的时间的传播。函数 ψ 本身不可以理解为一个实在状态(*Realzustand*)的表示,即使对于一个给定的时间值来说也是如此。在这一点上,人们很容易搞错,这是由于“态”这个词用来表示 ψ 函数所表示的东西。这个“态”不可以说成是“实在状态”。人们已经从下述事实中看出:同一个体系的两个 ψ 函数的叠加又是一个新的 ψ 函数。实在状态的叠加是没有意义的,这一点在“宏观体系”中立即可看出。

在目前的量子理论中,实在状态根本无法描述,这个理论只描述实在状态的一种(不完备的)知识。“正统的”量子理论家根本否认实在状态的概念 * 。于是,人们就落到一个善良的贝克莱主教所落到的境地中去了。

这种状况当然会被许多人觉得是极不愉快的,但是,迄今为止,这是计算量子态及其与经验符合的跃迁几率的唯一方法。我深信,真理同目前的学说相去很远。也许我的非对称场的广义相对论会是正确的。要计算出可以直接同经验作比较的结果,数学上的困难一时无法克服。不管怎样,我们距一个真正合乎情理的理论(光量子和粒子的波粒二象性的理论)同50年以前一样远!

真正合乎情理的理论应当可以推导出基本粒子(如电子等),而不是先验地假定它们。

又及

* 根据实证论的考虑。

要大胆思辨，不要经验堆积

——1952年10月8日给贝索的信①

你9月21日来信，我以为，是两个不那么有联系的部分组成的。第一部分的主题是量子论和物理的实在。由一个函数ψ所描述的“态”（“量子态”）和一个一定的实在情况（我们称之为“实在状态”）有什么关系呢？量子态是完备地(1)还是不完备地(2)表征一个实在状态呢？

这个问题不是马上能回答的。因为每一次测量都意味着一次对体系的不可控制的真正干扰（海森伯）。这样，实在状态就不是可以由经验直接感知的，对它的判断始终是假说性的。（可以同古典力学中的力的概念相比拟，只要我们不是先验地确定运动定律。）因此，(1)和(2)在原则上都是可能的。对它们的取舍，只有经过对它们的结果的可信性进行研究和对比才能作出。

我拒绝(1)，因为这种理解必然要假定：在空间中无论相隔多远的各体系部分之间存在着刚体性的相互作用（超距作用，这种作用不随距离的增加而递减）。证明如下：

体系S_{12}，其函数ψ_{12}为已知，是由局部体系S_1和S_2组成的，

① 译自《爱因斯坦-贝索通信集》487—488页。由李澍泖同志译。标题是我们加的。——编者

S_1 和 S_2 在时刻 t 位于彼此远离的位置。要对 S_1 进行一次“完备的”测量，那是有好几种方式的（比如，要看测的是动量，还是坐标）。根据测量结果以及函数 ψ_{12}，利用量子论的为大家所接受的方法，就可以确定第二个体系的函数 ψ_2。但是，随着对 S_1 所进行的测量**方式**的不同，**就会得到不同的结果**。

但是，**如果排除超距的相互作用**，这就同假设(1)相抵触了。这时对 S_1 的测量对于 S_2 的实在状态不产生影响，也就是说，根据(1)，对于用 ψ_2 来表述的 S_2 的量子态不产生影响。

因此，我不得不来谈谈假设(2)，这假说是：一个体系的实在状态用函数 ψ 只能作不完备的描述。

如果我们认为现在的量子论的方法在原则上是不可改易的，那么，这就意味着放弃对实在状态的完备描述。人们可以为这种放弃作这样的辩解：对于实在状态恰恰不存在任何规律，因而对它的完备描述是无意义的。换句话说，这意味着：规律所涉及的不是事物本身，而只涉及我们通过观察所感知的东西。（然而，关于这种部分知识的时间顺序（*zeitlich Folge*）的规律却是完全决定论的。）

对此我却不能苟同。我认为，现在理论的统计性质纯粹是由于选择了不完备的描述所决定的。

来信第二部分谈到，从基本规律性观点来看，是否存在一个确定的“时间流逝”的方向（箭头）问题。在关于基元过程的经验定理中，没有什么东西支持这种箭头，正如古典力学中一样。还存在这样一种看法：向外发出的球面波比相反方向的那种球面波具有更多的“实在性”。光量子的实在性使这种看法看来是没有根据的。

我们离开拥有一种合理的并符合事实的关于光和物质的理论还远得很！我觉得，只有大胆的思辨而不是经验的堆积，才能使我们进步。不可理解的经验材料，我们已经掌握得太多了。至于时间“箭头”，我确信，它仅仅同“初始条件”有关。

关于迈克耳孙以及其他问题的谈话(报道)

——1952 年 10 月 24 日同 R. S. 香克兰的谈话[①]

……他要我坐在他的椅子上,然后我告诉他准备在开斯庆祝迈克耳孙诞辰一百周年的计划,当时我讲到迈克耳孙的工作,尤其是讲到干涉仪实验。他爽朗地微笑,并且对我们正在进行的这件事表示真正的满意。他说:"我总认为迈克耳孙是科学中的艺术家。他的最大乐趣似乎来自实验本身的优美和所使用方法的精湛。他从来不认为自己在科学上是个严格的'专家',事实上确也不是——但始终是个艺术家。"

我问爱因斯坦教授,他最初是从哪里听到迈克耳孙及其实验的。他说:"这可不是那么容易回答的,我搞不清楚我第一次听到迈克耳孙实验是在什么时候。我并没有意识到,在相对论成为我的生活的那七年中间,它曾经直接影响过我。我以为我正是理所当然地认为相对论是正确的。"但是爱因斯坦又说,在 1905—1909 年间,在他同洛伦兹以及别人讨论他的关于广义相对论的想法时,

---

① 这是爱因斯坦同香克兰(R. S. Shankland)所作的第四次谈话,由香克兰记录。这里译自《美国物理学期刊》,1963 年 1 月号,31 卷,54—56 页。标题是我们加的。关于谈话的情况,请参阅本书 664 页的脚注①。——编译者

他对迈克耳孙的结果想得很多。随后他领悟到(他是这样告诉我的):在1905年以前,他也已经意识到迈克耳孙的结果,这一部分是通过洛伦兹论文的阅读,更多的则是由于他直截了当地假定了迈克耳孙这结果是正确的。

我告诉爱因斯坦,我的父亲在西部预备大学当学生时写的报告中说:迈克耳孙-莫雷实验被认为是失败的,莫雷在某些意义上被认为是一个可怜的家伙。这时他猛烈地摇晃着头,说:"谁也不该说那样的话!有许多否定的结果不是都十分重要的,但是迈克耳孙实验却给出了一个为任何人都应当理解的真正伟大的结果。"

爱因斯坦教授认为,今天的物理学家应当多多学习洛伦兹的著作。他说,麦克斯韦电磁理论并没有使人感觉到具有很好的形式,而且实际上只能用于真空。这一点为洛伦兹的著作搞清楚了,他指明,电场同位移始终必定是通过媒质的性质而发生关系,因此,在理论能够进行以前,必须先假定或者找出这些性质。在爱因斯坦看来,洛伦兹在这个问题上的贡献是他的伟大的成就。他证明本质上不存在四种场而只存在两种场,这是一个具有伟大历史意义的成就。

爱因斯坦教授告诉我,他觉得科学观念的发展历史被忽视了。他所感兴趣的并不是资料的历史——什么时候、什么人干这个,等等——而是对观念发展的追踪。"今天大多数科学家似乎并不领会:科学的现状是不可能具有终极意义的。"我问他,这大概是不是说,未来物理学中下一步重大进展,会比大多数"设计者"所容许的都要远,他笑起来,并且说:"是的,他们全都试图以过于低廉的代价来得到他们的结果!"

然后爱因斯坦再一次告诉我，他认为“迈克耳孙的地球转动实验”（迈克耳孙-盖耳实验）是多么美丽呀。他认为这是迈克耳孙-莫雷实验以后物理学所有实验中最美丽的一个实验，他认为这是迈克耳孙的最伟大的成就。正如爱因斯坦所说：“迈克耳孙不能使地球停止转动和倒转，因此他用一条大路和一条小路做出同样的结果。（他一边打手势。）至于怎么样能够得出同地球不动时一样的结果，这实际上却不是自明的。”（说到这里，爱因斯坦露出真正喜悦的微笑。）

爱因斯坦也提到地球潮汐实验[①]，他对这实验也非常喜欢。“这实验是离开了他（迈克耳孙）的路线的，但有一条光学原理出现在他的心中，使量度得到成功。”

我问爱因斯坦，迈克耳孙在重做他自己在波茨坦（Potsdam）做过的实验之前，却先要重做斐索的流水实验，对此该作怎样解释。爱因斯坦说，迈克耳孙要做斐索实验，并且对这实验简单地作了检验，这看来是很自然的，因为“整个问题是在迈克耳孙的心里，而他对它的一切方面都深入地思索过。斐索实验及其结果是很基本的，因此，要对它进行改进和重做，在任何情况下都该是非常值得一试的”。我问爱因斯坦，他当时对斐索的结果有没有产生过严重的怀疑，他回答：“哦，只要有可能，任何实验都应当重做并且使之精益求精。”他多次说：“我真正爱迈克耳孙。”

我告诉爱因斯坦，迈克耳孙在开斯对他的学生所讲的光学课

---

① 见 A. A. 迈克耳孙和 H. G. 盖耳（Gale）1919 年发表于《地质学期刊》（*J. Geol.*）27 卷 595 页上的论文。——原注

中,并没有提到他自己在波茨坦实验的结果,甚至也没有讲到他自己的干涉仪的形式。爱因斯坦认为这是自然的,因为一个教师要告诉他的学生的只能是完全确认了的事实。他还补充说,如果他去讲理论物理课,他会完全不去引证他自己的比较思辨性的工作,而把这留给那些比较"内行"的听众,他们会领悟到,许多论点还不是作最后定论的。

我问爱因斯坦教授,1905 年他写的三篇著名的论文,它们怎么会好像是同时一齐来到。他告诉我,关于狭义相对论的工作,"曾经成为我不止七年时间的生活,而这是主要的东西"。但是他马上补充说,光电效应(他一时想不起英语的名称)论文也是经过五年的沉思的结果,那时他企图用比较特殊的条件来解释普朗克的量子。他给了我这样一个清晰的印象:关于布朗运动的工作却是一项比较便当得多的工作。"一个解释这种现象的简单方法来到我心里,我就把它打发走了。"

我讲到迈克耳孙-莫雷装置的一些部分已经遗失,甚至连进行实验的确切地点也无法完全确定。对此他报以微笑,并且耸耸肩,提醒我:物理学家不要像古籍收藏家那样去搞搜集和保藏工作,但是思想却是具有永存价值的东西。

爱因斯坦告诉我,迈克耳孙并不喜欢相对论。他亲自告诉过爱因斯坦这一点,而爱因斯坦也从别人处听到这一点。爱因斯坦笑起来补充说:"你可知道我们是很要好的朋友呀!"迈克耳孙对爱因斯坦说:他自己的工作会引出这样一个"怪物",他是有点懊悔的。爱因斯坦接着告诉我,迈克耳孙会采取这样的态度,那是很自然的,这简单地由于这样的事实:迈克耳孙所爱的是直接的经验现象，其结果，他就不喜欢抽象。我评论说，这在某种意义上类似于歌德对颜色理论的态度。对此，爱因斯坦回答："迈克耳孙的态度还没有那样极端，否则他就不会是一个物理学家！"他又补充说：在歌德看来，对自然界的任何观察都是一种深沉而直接的个人心理经验，他不容许科学的抽象来干扰。歌德对颜色的许多描述是很有用的，同时他却盲目地对牛顿进行粗暴的攻击，他对于颜色这个问题作出了真正的贡献，这特别是在艺术方面。

爱因斯坦又对我讲了一点关于量子理论的问题，并且补充说："你知道，我在这里是一个异端（大笑），但是我相信，有朝一日会发现我的看法是正确的。你知道，上帝不会发明出几率科学。"他高度评价了玻姆的工作，但断定它是错误的。"他过于廉价地得到了他的结果。"爱因斯坦告诉我，玻姆被解职了，因为他拒绝作不利于别人的证言。[①] 爱因斯坦非常严厉地谴责罗森堡夫妇（Rosenbergs）那个亲属的"肮脏勾当"，他用牺牲他们的生命来保全自己。[②] 关于声誉，爱因斯坦告诉我，他**得到**了他所未曾**谋求**过的身价。既然他有了它，那就要使用它，只要它可用来干好事；否则就不行。

① 玻姆（David Bohm，1917—1992），美国物理学家，原在普林斯顿大学工作，因拒绝美国众议院"非美活动委员会"对他的侦讯，被解职。于是他被迫离开美国，先后去巴西、以色列，后在英国工作。——编译者

② 罗森堡夫妇是指美国电机工程师朱利叶斯·罗森堡（Julius Rosenberg）和他的妻子埃塞耳·罗森堡（Ethel Rosenberg），他们都是美籍犹太人，共产党员，和平运动的积极参与者。1950 年 7 月，他们以"原子间谍"罪被起诉，罪名是"在第二次世界大战期间把原子弹秘密泄露给苏联"，其人证是罗森堡夫人的弟弟格林格拉斯（D. Greenglass）。他是一个曾参与原子弹研制的中士，称罗森堡是"间谍网"的负责人，他曾向罗森堡夫妇提供原子武器的资料。1951 年 3 月 6 日罗森堡夫妇被判处死刑，格林格拉斯被判刑 15 年。1953 年 6 月 19 日罗森堡夫妇被处死。——编译者

关于迈克耳孙实验对探索相对论的影响问题

——纪念迈克耳孙诞辰一百周年的贺信[①]

我总认为迈克耳孙是科学的艺术家。他的最大乐趣似乎来自实验本身的优美和所使用方法的精湛。但是他对于物理学中令人困惑的基本问题也作出了非凡的理解。这是显而易见的，因为从一开始他就对于光对运动的相依关系这个问题表现出强烈的兴趣。

著名的迈克耳孙-莫雷实验对我自己思考的影响倒是间接的。我是通过 H. A. 洛伦兹关于动体电动力学的决定性的研究(1895年)而知道它的，而洛伦兹这一工作在建立狭义相对论以前我就已经熟悉了。在我看来，洛伦兹关于静态以太的基本假定是不能完全令人信服的，因为它所得出的对于迈克耳孙-莫雷实验的解释，

---

① 这是爱因斯坦写给美国克利夫兰(Cleveland)物理学会于 1952 年 12 月 19 日为纪念迈克耳孙诞生 100 周年所举行集会的贺信。这信最初发表在英国《自然》(*Nature*)周刊 1953 年 171 卷 101 页上香克兰(R. S. Shankland)的一篇文章中。这里译自霍耳顿(Gerald Holton)的论文《爱因斯坦、迈克耳孙和"判决"实验》中所引用的德文、英文对照本，见美国科学史季刊《爱西斯》(*Isis*)，1969 年夏季号(60 卷，第 2 期)，156—157 页。标题是我们加的。

迈克耳孙(Albert Abraham Michelson)，美国物理学家，生于 1852 年 12 月 19 日，卒于 1931 年 5 月 9 日。——编译者

我觉得是不自然的。直接引导我提出狭义相对论的，是由于我深信:物体在磁场中运动所感生的电动力，不过是一种电场罢了。但是我也受到了斐索实验结果以及光行差现象的指引。

要走向理论的建立，当然不存在什么逻辑的道路，只能通过构造性的尝试去摸索，而这种尝试是要受支配于对事实知识的缜密考查的。

74 岁生日答客问(报道)[①]

第一个问题:“据说你在 5 岁时由于一只指南针,12 岁时由于一本欧几里得几何学而受到决定性的影响。这些东西对你一生的工作果真有过影响吗?”

爱因斯坦回答:“我自己是这样想的。我相信这些外界的影响对我的发展确是有重大影响的。但是人很少洞察到他自己内心所发生的事情。当一只小狗第一次看到指南针时,它可能没有类似的影响,对许多小孩子也是如此。事实上决定一个人的特殊反应的究竟是什么?在这个问题上,人们可以设想各种或多或少能够说得通的理论,但是绝不会找到真正的答案。”

第二个问题:“既然这所新的医科大学用一个物理学家的名字来命名,[②]这就引起了这样的问题:物理学是用什么方式来帮助医学的?”

爱因斯坦回答:“物理学之所以对医学有影响,是由于它使人信任科学方法。它还给医生以必不可少的工具和概念。它还诱导

---

① 这个报道是卡尔·塞利希(Carl Seelig)写的,这里译自他所著的《阿耳伯特·爱因斯坦文献传记》,211—212 页。标题是我们加的。

1953 年 3 月 14 日爱因斯坦 74 岁生日宴会之前,举行了一个简短的记者招待会。会上,他收到一份书面的问题单,他就根据这个单子进行答复。——编译者

② 指在这次庆祝爱因斯坦生日宴会上进行募捐准备筹建的“阿耳伯特·爱因斯坦医学院”(Albert Einstein College of Medicine)。——编译者

生物学家以一种非常简单的方法来处理生命现象。”

第三个问题:“对于一个希望从事科学事业的学生,你要向他提出怎么样的建议呢?”

爱因斯坦回答:“凡是有强烈愿望想搞研究的人,一定会发现他自己所要走的道路。建议是很难有什么帮助的,只有一个人自己的榜样和对人的激励支持才能有所帮助。”

最后,突然向他提出他的理论工作的最近情况这一问题。爱因斯坦教授只好回答说没有准备。由于这个问题特别重要,我请他写一个书面答复。1953 年 3 月 25 日我收到了他的答复:

“我在我 74 岁生日时关于非对称场理论①所说的话,就我记忆所及,稍加扩充,陈述如下:

‘自从创立广义相对论(1916 年)以后,就发生了下面的问题。广义相对性原理实际上并非以任意选择的方式导向纯引力场的理论。另一方面,对于总场的相对论性的定律还只建立了一个松弛的构架。可以说,从那时起我就专心致志地试图找出引力定律的理论上最自然的相对论性的推广,以期这样一个经过推广的定律会成为总场的一个定律。使我完全满意的是,过去几年中关于这个问题的数学形式方面,即方程组的推导,已经取得成功。可是,由于数学上的巨大困难,要从这些方程得到能使理论和实验相符合的结果,我们还远没有成功。在我的一生中,很有可能达不到这个目的。’”

---

① 参见他的论文《非对称场的相对性理论》,本文集第二卷,632—662 页。——编译者

至于他将来的计划,他以他一贯的清晰的风格回答我:“只要事情行得通,我就要试图找出来。”

“奥林比亚科学院”颂词

——1953 年 4 月 3 日给 C. 哈比希特和 M. 索洛文的回信[①]

敬致不朽的奥林比亚科学院（Akademie Olympia）：

在你的生气勃勃的短暂生涯中，你曾以孩子般的喜悦，在一切明朗而有理性的东西中寻找乐趣。你的成员把你创立起来，目的是要同你的那些傲慢的老大姐们开玩笑。他们这么做是多么正确，我通过多年的细心观察，懂得了对此作出充分的评价。

我们三个成员至少都表现得是坚忍不拔的。虽然他们都已经有点老态龙钟，可是你所闪耀的明亮耀眼的光辉依然照耀着我们孤寂的人生道路；因为你并没有同他们一起衰老，而却像蓬勃生长的莴苣那样盛发繁茂。

我永远忠诚于你，热爱你，直到学术生命的最后一刻！现在仅仅是通讯院士的

A. E.

普林斯顿 3. IV. 53.

---

① 这是爱因斯坦于 1953 年 4 月 3 日给他在伯尔尼时代的挚友莫里斯·索洛文（Maurice Solovine）和康拉德·哈比希特（Conrad Habicht）的回信。这里译自爱因斯坦：《给莫里斯·索洛文通信集》，柏林，德国科学出版社，1960 年，124—125 页。本文由邹国兴同志译。标题是译者加的。

据1972年出版的由爱因斯坦生前的研究助手班内希·霍夫曼(Banesh Hoffmann)同秘书海伦·杜卡斯(Helen Dukas)合作编写的传记《阿耳伯特·爱因斯坦:创造者和造反者》(*Albert Einstein:Creator and Rebel*)中报道,1953年,哈比希特到巴黎访问了索洛文,他们回忆了半个世纪以前那些峥嵘岁月,于3月12日一起写了一张明信片给爱因斯坦。其内容如下:

敬致我们科学院的无比敬爱的院长:

我们这个举世闻名的科学院今天开了一个忧伤而肃穆的会议,虽然你缺席了,还是给你保留着席位。这个保留席位,我们始终使它保持温暖,等着,等着,一再等着你的来临。

哈比希特

我,这个光荣的科学院的往昔成员,当看到该由你坐的那个空席位时,也忍不住老泪纵横。留给我的,只有向你表达我的最微末、最诚挚的衷心祝愿。

M.索洛文

(见《阿耳伯特·爱因斯坦:创造者和造反者》,纽约Viking,1972年,243—244页。)

关于“奥林比亚科学院”的成立经过和活动情况,M.索洛文在他编的爱因斯坦《给莫里斯·索洛文通信集》(*Lettres à Maurice Solovine*,巴黎Gauthier-Villars,1956年)的序言中作如下介绍:

1902年复活节假期(在3月下旬——编者)中的一天,我在伯尔尼街上散步(当时M.索洛文是伯尔尼大学的学生——编者),买到一份报纸,发现上面有一条广告,写着:阿耳伯特·爱因斯坦,苏黎世工业大学毕业生,三个法郎讲一小时物理课。我自己忖度,也许这个人可以向我透露理论物理学的秘密。因此我向广告所示的地址走去。……在我进了他家并就坐以后,我向他说:我是学哲学的,但是我也很乐意尽可能加深我的物理知识,以便获得基本的自然科学知识。他告诉我,他在更年轻的年代,对哲学也有极大兴趣,但由于哲学中流行着不明确性和任意性,使他改变了爱好,现在他只钻物理学了。这样,我们交谈了两小时左右,谈得海阔天空。我们都认为我们的思想是广泛地一致的,这使我们相互吸引。当我辞别时,他陪我出来,我们在街上又谈了一个半小时。约定第二天再见。

当我们再见面时,我们又对第一天晚上中断的问题继续讨论,而把讲物理课的事完全忘掉了。

第二天我又去看他。在我们讨论了一些时候以后,他说:“坦白说吧,你不用听物理课了;讨论物理问题要更有兴趣得多。你还是完全不拘形式地来看我吧,我很高兴同你谈天。”所以我就更经常地看他,而我愈了解他,我也觉得他愈吸引我。我对他洞察和精通物理问题的非凡能力很惊讶。他绝不是一个卓越的讲演者。……他在解说时讲得很慢而又单调，可是惊人地清晰。为了使一种抽象思想较易理解，他常常利用日常生活经验的例子。爱因斯坦运用数学工具虽然无比精湛，但他常常讲到要反对在物理学领域中滥用数学。他这样说："物理学按其本质是一种具体的和直觉的科学。数学只为我们提供方法来表述现象所遵循的规律。"

一天，我对他说："我们来一道读大师们的著作，并讨论讨论他们所处理的各种问题，你觉得怎么样？"他回答说，这个想法极好。我于是建议先读卡尔·皮尔逊(Karl Pearson)的《科学规范》(*The Grammar of Science*)，爱因斯坦高兴地接受了。几个星期以后，康拉德·哈比希特也参加了我们的聚会。哈比希特是爱因斯坦在夏夫豪森(Schaffhausen，瑞士一个州府，爱因斯坦于1901年在那边做过几个月的家庭教师——编者)认识的，现在到伯尔尼来准备学完大学课程，然后去做中学数学教师。爱因斯坦还强调我们三人每天一道晚餐的重要性。食品当然极为简单：一点香肠，一块干酪，一点水果，一盒蜂蜜，一两杯茶。可是我们都极为欢乐，对我们那时的情况来说，伊壁鸠鲁(Epicure)的一句话"欢乐的贫困是美事"确很适用。

我开始认识爱因斯坦的时候，他还是专利局的试用检验员，正在耐心地等待转正。为了维持生活，他必须做私人教师；可是不容易找到学生，而且收入也很少。一天，在谈到怎样谋生时，他说最容易的大概是到人家院子里去拉提琴。我回答说，如果你真的决定去拉提琴，我一定学习吉他去给你伴奏。

我们那时的经济情况很窘，但在学习科学和哲学的最高深的问题时，兴趣极浓，劲头极大。在读了皮尔逊的书以后，我们又一道读了：马赫的《感觉的分析》(*Analyse der Empfindungen*)和《力学》(*Mechanik*)，这两本书爱因斯坦自己已经学过；密尔(Mill)的《逻辑学》(*Logic*)；休谟的《人性论》(*A Treatise of Human Nature*)；斯宾诺莎的《伦理学》(*Ethica*)；亥姆霍兹(Helmholtz)的一些论文和演讲稿；安德雷-马利·安培(Andreé-Marie Ampère)的《科学的哲学论文集》(*Essai sur la Philosophie des Sciences*)中的一些章节；黎曼的《几何学的基础》(*Grundlagen der Geometrie*)；阿芬那留斯(Avenarius)的《纯粹经验批判》(*Kritik der reinen Erfahrung*)中的一些章节；克利福德(Clifford)的《事物的本性》；戴德金(Dedekind)的《数论》(*Zahlentheorie*)；昂利·庞加勒的《科学与假设》(*La Science et l'hypothèse*)；以及其他著作。特别是庞加勒这本书对我们印象极深，我们用了好几个星期紧张地读它。我们也读了一些文学作品，如索福克里(Sophccle)的《安提戈妮》(*Antigone*)；拉辛(Racine)的《昂朵马格》(*Andromaque*)；狄更斯(Dickens)的《一首圣诞节颂歌》(*A Christmas Carol*)；以及《唐·吉诃德》(*Don Quixote*)等等。在我们学习晚会的过程中，爱因斯坦还时常拉拉提琴，助兴不少。

对于长时间的激烈讨论，遗憾的是我现在简直无法描绘出一幅适当的景象。有时我们念一页或半页，有时只念了一句话，立刻就会引起强烈的争论，而当问题比较重要时，争论可以延长数日之久。中午，我时常到爱因斯坦的工作处门口，等他下班出来，然后立刻继续前一天的讨论。“你曾说……”,“难道你不相信这一点吗?……”或者“对我昨晚所讲的,我还要补充这样一点:……”。

十九世纪末和二十世纪初是一个追寻科学原理基础的英雄时代,我们当时主要考虑的也在这一方面。对于戴维·休谟关于实体和因果性的特别聪明尖锐的批判,我们讨论了几个星期。密尔《逻辑学》第三编所讲的归纳法,我们也曾长时间地学习讨论。

“我们的科学院”(我们就是这样诙谐地称呼我们每晚的聚会的)的活动的一个特点是:我们都热忱地渴望扩充并加深我们的知识,从而在我们相互之间建立了深挚的友情。同时使我好奇的是爱因斯坦也以同样的热情参加,而且不允许我缺席一次。有一晚我缺席了,立刻受到严厉的惩罚。

在研究基本概念时,爱因斯坦喜欢从概念的起源谈起。为了阐明这些概念,他利用了他在儿童时期所作的观察。他还时常向我们介绍他自己的工作,从这些工作中已可看出他的精神力量和巨大的创造性。1903 年他发表了《关于热力学基础的理论》,1904 年发表了《关于热的一般分子理论》,1905 年发表了十分惊人的论述相对论的著作《论动体的电动力学》。不得不提一提,当时除了普朗克,没有人认识到这篇著作的非常重大的意义。

(以上由邹国兴同志摘译自爱因斯坦:《给莫里斯·索洛文通信集》中 M. 索洛文写的序言。)

“奥林比亚科学院”到 1905 年 11 月停止了活动。那时 M. 索洛文离开伯尔尼,到法国里昂大学学习。C. 哈比希特则于 1904 年去瑞士东部的希尔斯任数学物理教师。爱因斯坦直至 1909 年 10 月才离开伯尔尼。——编者

西方科学的基础与古代中国无缘

——1953年4月23日给J.S.斯威策的信①

西方科学的发展是以两个伟大的成就为基础的：希腊哲学家发明形式逻辑体系（在欧几里得几何学中），以及（在文艺复兴时期）发现通过系统的实验可能找出因果关系。

在我看来，中国的贤哲没有走上这两步，那是用不着惊奇的。作出这些发现是令人惊奇的。

① 这是爱因斯坦于1953年4月23日给美国加利福尼亚州圣马托（San Mateo）的斯威策（J. S. Switzer）的复信。这里译自克龙比（A. C. Crombie）编的1961年7月9日至15日牛津大学科学史讨论会的文集《科学的变迁》（*Scientific Change*），伦敦，Heinemann，1963年，142页，并根据爱因斯坦档案作了校订。标题是我们加的。——编译者

关于广义引力论及其他

——1953 年 5 月 28 日给 M. 索洛文的信①

〔上略〕

关于广场上放木棍的意见，我不能同意。对我来说，问题是要在这个地方把抽象的和模糊的"空间"，**以尽可能直接的和简单的**(刚体)**方式**，用一个实验上有意义的东西来代替，因此人们也不能在这里用光学方法来处理问题。

严格地说来，我们不能说几何就是"刚"体，刚体实际上当然是不存在的——即使不考虑这样一点：刚体不应看作是无限可分的。同样，认为作为量度用的物体对被量度的对象不产生任何影响，这个假设本身也是无法证实的(其实这个假设本身就没有一个严格的意义)。固然，没有一个概念能够无歧义地从实验中逻辑地推导出来。但是从教育的、也从启发的目的来看，[逻辑推导]这个程序是不可避免的。由此得出一个信条：要是人们要彻底地不违反理性，那就不可能得到任何东西；也就是说：要是不用任何支架，那就不可能建造房子，也不可能架设桥梁，但是支架却不是房子或桥梁

① 译自爱因斯坦：《给莫里斯·索洛文通信集》，柏林，德国科学出版社，1960 年，128—131 页。本文由邹国兴同志译。标题是我们加的。——编者

的任何组成部分。

我将寄你一本《相对论的意义》(*Meaning of Relativity*)的新版。其中关于广义引力论是重新写过的。这自然是关于总场(*Gesamtfeld*)理论的一个尝试,但我不愿意给它这样一个大题目,因为我不知道其中是否含有物理真理。但是,从演绎理论的观点来看,这个理论可能算是极完美的了(独立概念经济,假设经济)。对这个理论,我们现在还不能肯定或否定,因为对于如此复杂的非线性方程组的无奇点的解,我们还无法肯定任何东西;甚至连求解的方法也还不知道。因此,物理学家们现在一般都还不认真重视这个理论。很可能人们将来不会知道它。另一方面,现在那些仅仅以可观察量为基础的理论导致这样一种情况:独立的假设愈来愈多,多到无法忍受。德·布罗意在他的最近一本普及著作中,正中要害地点出了这种情况。我最近收到这本书的英译本,法文原本一定更好。

创造者 H.A.洛伦兹及其为人①

在世纪交替的时候，一切国家的理论物理学家都认为 H.A.洛伦兹是他们之间的领导人，这是理所当然的。我们这个时代的物理学家多半没有充分了解 H.A.洛伦兹在理论物理学基本概念的发展中所起的决定性的作用。造成这件怪事的原因是，洛伦兹的基本观念已深深地变成他们自己的观念，以致他们简直不能完全体会到这些观念是多么大胆，以及它们使物理学的基础简化到什么程度。

当 H.A.洛伦兹开始他的创造性的科学工作时，麦克斯韦的电磁理论已经取得胜利。但是这理论的基本原理有一种固有的古怪的复杂性，使得它的根本特征无法清楚地显示出来。尽管场概念确实已代替了超距作用概念，但电场和磁场还没有被看作是基元的实体，而只看作是有重物质的状态，后者是当作连续区来处理的。结果，电场好像分解为电场强度和电介质位移。在最简单的情况下，这两种场是通过介电常数联系在一起，但原则上它们被认

---

① 这是爱因斯坦于 1953 年为在荷兰莱顿举行的洛伦兹诞生一百周年纪念会所写的祝词。原文发表在 1953 年版的《我的世界观》(*Mein Weltbild*，苏黎世，Europa 出版公司)上。这里译自《思想和见解》，73—76 页。

洛伦兹(Hendrik Antoon Lorentz)，荷兰物理学家，生于 1853 年 7 月 18 日，卒于 1928 年 2 月 4 日。——编译者

为是独立的实体,当作独立实体来处理。对磁场的处理也是类似的。根据这种基本观念,空虚空间就当作有重物质的一种特殊情况来处理,在这种情况下,所出现的场的强度和位移之间的关系是特别简单的。尤其是,这种解释使电场和磁场不能设想为同物质的运动状态无关,因为物质被看作是场的载体。

对那时流行的麦克斯韦电动力学的解释,可以从 H. 赫兹关于动体电动力学的研究得到一个很好的观念。

然后出现了 H. A. 洛伦兹对这个理论所作的决定性的简化。他把他的贯彻一致、毫不犹豫的研究建筑在如下的假说上:

电磁场的处所是空虚空间。在那里只有一个电的和一个磁的场矢量。这种场是由原子性的电荷产生的,而场反过来以有质动力作用在电荷上。电磁场同有重物质之间的唯一关系发生于基元电荷是固着在原子性的物质粒子上这一事实。对于这种物质粒子,牛顿运动定律是成立的。

根据这个简化了的基础,洛伦兹建立起一个关于当时已知的一切电磁现象,包括动体的电动力学现象的完备理论。像这项工作那样的一致、明晰和美丽,在经验科学里是极少达到的。在这个基础上不另作附加假定就不能完全解释的唯一现象,是著名的迈克耳孙-莫雷实验。要不是把电磁场定位在空虚空间里,那就不能设想这个实验会导致狭义相对论。的确,关键性的步骤正是把电磁学归结为空虚空间里或者——正如那个时候人们所说的——以太里的麦克斯韦方程。

H. A. 洛伦兹还发现了“洛伦兹变换”,这后来就以他的名字来命名,尽管他没有认识到它的群特征。在他看来,空虚空间的麦克斯韦方程只适合于一个特殊的坐标系，这个坐标系所不同于其他一切坐标系的，在于它是静止的。这真是处于一种矛盾的状况，因为这个理论对惯性系的限制似乎比古典力学还要强。这种情况从经验的观点来看是完全没有理由的，它不得不导致狭义相对论。

感谢莱顿大学的慷慨，我得以经常到那里同我的亲爱的、难忘的朋友保耳·埃伦菲斯特相聚一些时日。因此我常有机会听到洛伦兹的演讲，这些演讲是他在退休以后定期给少数青年同事作的。这位卓越人物讲出来的，总是像优等的艺术作品一样的明晰和美丽，而且表现得那么流畅和平易，那是我从别的任何人那里都从未感受过的。

只要我们这些较年轻的人知道了 H. A. 洛伦兹是一位崇高的人物，我们就会无比地钦佩和尊敬他。但是当我想起 H. A. 洛伦兹时，我感觉到的远不止此。对我个人来说，他比我一生中所碰到的别的任何人都更重要。

正如他支配着物理学以及数学的形式体系一样，他也不费力、不勉强地支配着他自己。他完全没有平常人的那种脆弱，可是这从来没有使别人感到压抑。谁都觉得他很卓越，但是谁也不觉得他盛气凌人。尽管他对人和对人类事务不抱幻想，但他对每个人和每样事情都充满善意。他从未给人有专横的印象，而总是为人服务和乐于助人。① 他极其诚挚负责，不允许给任何东西以过分的重要性；有一种微妙的幽默感守护着他，这可以从他的眼睛和他

① 爱因斯坦于 1927 年写的悼念洛伦兹的文章《H. A. 洛伦兹在国际合作事业中的工作》中，曾着重地引用了洛伦兹的一句话："不要统治，但要服务。"——编译者

的微笑中反映出来。同这相适应的是,尽管他全心全意为科学,可是他深信我们的理解不能太深入地洞察事物的本质。只有在晚年,我才能够充分赏识这种半怀疑、半谦虚的态度。

尽管我是真心诚意地作了努力,我却发觉语言——至少是我的语言——不能恰当地表达这篇短文的主题。所以我只想引洛伦兹的两句给我印象特别深刻的话作为本文的结束:

"我幸而是属于这样一个国家,它太小了,干不出什么大蠢事来。"

在第一次世界大战期间,有人在谈话中想使他相信,在人类范围内,命运取决于武力和强权,对此,他给以这样的回答:

"可以设想,你是正确的。但是我不愿意生活在这样的世界里。"

时间箭头、基本概念的危机及其他

——1953 年 7 月 29 日给贝索的信[①]

我从你 6 月 29 日来信看出，你明显地把自己放在一个不稳的地方，我的意思是指在物理学的问题上。那个看来依附在物理时间上的箭头是从哪里来的呢？人们把在事物的时间过程中这种箭头一类的特性单纯归因于〔热力学〕第二定律，你把这看作是一种遁词。你暗示，这是由于，迄今为止相对论还不能够说明量子事实。

但是，解释时间箭头的全部问题同相对论问题毫不相干。请你设想一下，当人们用拍电影的办法把一个粒子的布朗运动拍摄下来，并且把这些图像确切地按照时间的顺序保存好，但这只能看出图像的相邻性而已；它没有能显示出，正确的时间顺序究竟是从 A 至 Z，还是从 Z 到 A。最机灵的人也不能从这全部图像中查出那个时间箭头。这就是说：在热力学平衡中所发生的东西本身根本就没有什么时间箭头。

可是，布朗运动过程在物理上是同扩散过程一致的，只是在这里有许多布朗粒子并不互相碰撞，只要溶液浓度是不大的。可是，

① 译自《爱因斯坦-贝索通信集》，499—500 页。由李澍泖同志译。标题是我们加的。——编者

在这种情况下，时间箭头是可以察觉到的，扩散过程的方程 $A.\frac{\partial^2 y}{\partial x^2}=\frac{\partial y}{\partial t}$ 含有线性的 $\frac{\partial}{\partial t}$。在扩散中，对布朗运动的无箭头过程所增添的只是：扩散过程同一个初始态相联系，这个初始态从 *sub specie aetevnitatis*（它的普遍形式）来看具有异常小的几率，也就是说，这个初始态具有一个由初始条件决定的微小熵值。

我认为，无论在哪种情况下都是这样：时间箭头是完全同热力学关系联系在一起的。

如果说，基元现象同时间箭头有关，那么，热力学平衡的出现就会是完全不可理解的了。

统计性量子力学也完全同基元过程的无箭头性相符。只要我们能更直接地了解基元过程，每一个过程就有它的逆过程。辐射也不例外。在基元事物中，每一过程都有其逆过程。

因此，如果相对论冒犯了这个涉及时间箭头的原理，那么，就该它倒霉了。

你谈到你是怎样犯了错误的。你不习惯于这样一种思想：主观时间，连同它的"现在"应该是没有客观意义的。（参见柏格森！）

如果广义相对论还有什么真实的东西，那就是不存在属于一个空间的"自然图像"。类似的东西只能够在极不重要的特殊情形中出现。

关于《圣经》的创世记，我只能在这一点上认为你是正确的，它因为既有正确的东西也有不正确的东西而能叫做一种"科学"，正如目前的"宇宙学理论"一样。但是从我们的理论科学的坚实部分出发，我不能同意你的见解，无论从已观察到的世界的各种关系或者从概念结构的清晰性来说都是如此。全部事情的确产生一种混乱,而就我所知,几乎没有把所有主要的东西统一地表述出来的认真的努力。也许还会有这样一天,那时将比我们这个充满基本概念的危机的时代更有希望。

爱丁顿的论证也许可能有些真实的东西。我觉得,他始终是一个才智非凡的人,但缺乏批判精神。(顺我者昌,逆我者亡……)我不想要求任何人牺牲太多的时间和精力。自我牺牲是有合理的限度的。他的哲学使我想起一个首席芭蕾舞演员,她自己并不相信她的优美的舞姿是确有道理的。

伽利略《关于托勒玫和哥白尼的两大世界体系的对话》英译本序①

伽利略的《关于托勒玫和哥白尼的两大世界体系的对话》，对于每一个对西方文化史及其在经济和政治发展上的影响感兴趣的人来说，都是一个知识的宝库。

在本书中，伽利略表现为一个具有坚强意志，并且具有智慧和勇气的人；他代表理性的思维，挺身而出，反对那一批倚仗人民的无知，并且利用披着牧师与学者外衣的教师的无所事事，借以把持并维护其权势的人。他以非凡的文学才能，用极其鲜明生动的语言，向他那个时代受过教育的人进行宣传，克服他同时代人的人类中心论和神秘思想，并且引导他们恢复从客观的和因果关系的角度来看待宇宙，而这种态度，自从希腊文化衰退以后，在人世间已经失传了。

在这样说时，我注意到，我也具有人们的一般弱点，那就是，由

① 译自伽利略·伽利莱伊：《关于托勒玫和哥白尼的两大世界体系的对话》，德雷克英译，美国柏克立和洛杉矶加利福尼亚大学出版社1953年版，vi—xx页。(Galileo Galilei: *Dialogue Concerning the Two Chief World Systems——Ptolemaic and Copernican*. Translated by Stillman Drake University of California Press, Berkeley &Los Angeles, 1953.)

伽利略(Galilco Galilei)意大利物理学家、天文学家，生于1564年2月15日，卒于1642年1月8日。——编译者

于醉心于所崇拜的人物，而夸大了他们的地位。很可能是，到了十七世纪时，黑暗的中世纪僵化的权威传统所产生的精神瘫痪已经大大减退，不管有没有伽利略，陈腐的文化传统都已经不可能维持多久了。

可是这种疑虑所涉及的只是这样一个普遍问题的一个特例，这问题是：那些我们认为具有偶然的独特品质的个人，对于历史的进程究竟有多大的决定影响。对于这种个人作用问题，我们的时代比起十八世纪以及十九世纪上半叶来，要采取更加怀疑的态度，那是可以理解的。原因是职业和知识的广泛专业化，使得个人就像是大规模生产的机器的部件一样，显得是“可替换的”了。

好在我们是把《对话》作为一个历史文件来评价，这同我们对上述那个尚无定论的问题抱什么态度无关。首先，《对话》极其生动有力地阐述了当时流行的关于整个宇宙结构的各种见解。中世纪初期流行一种见解，把地球幼稚地看成一只盘子，另外又加上关于恒星天空和天体运动的模糊观念；这种见解代表早先的希腊人的宇宙概念的一种退化，特别是亚里士多德的思想和托勒玫关于天体及其运动的贯彻一致的空间概念的一种退化。伽利略时代仍然占优势的世界概念可以描述如下：

存在着空间，空间里面有一被选中的点作为宇宙的中心。物质——至少是它的比较密集的部分——倾向于尽可能地接近这一中心。因此，物质表现为近似于球形的（即地球）。由于地球是这样形成的，地球中心实际上同宇宙中心合而为一。日月星辰所以不落向宇宙中心，是因为它们都被固定在刚性的（透明的）球壳上，而这些球壳的中心也就是宇宙（即空间）的中心。这些球壳以略有不同的角速度绕着不动的地球(宇宙中心)旋转。月亮的球壳半径最小;它包围着"地上的"万物。月亮外面的那些球壳同它们的天体一起代表"天球",天球上的物体被看作是永恒的、不灭的和不变的,这同那个"下面的地球"正相反;地球是被月亮的球壳包围着,包含着一切暂时的、可毁灭的和"易变质的"东西。

当然,这样一幅幼稚的宇宙图像不能归咎于希腊的天文学家;他们用抽象的几何构图来表明天体的运动,而这些几何构图,由于天文观察愈来愈精密,就变得愈来愈复杂了。由于缺乏力学的理论,他们企图把一切复杂的(表观的)运动都简化为他们所能想象到的最简单的运动,即均匀的圆周运动,以及圆周运动的叠加。在伽利略的文章里,依然可以清楚地看出,他也接受这种把圆周运动当作真正的自然运动的思想;其所以如此,很可能是由于他并没有充分认识到惯性定律及其重大意义。

简而言之,希腊后期的这些思想,就是这样粗暴地被用来适应当时欧洲人的野蛮、原始的精神状态。这些希腊的思想尽管不是以因果性概念为基础,但总还是客观的,而且不带有唯灵论的观点——可是这一优点只能有条件地归功于亚里士多德的宇宙论。

伽利略在为哥白尼学说进行辩护和斗争时,不仅是企图简化天体运动。他的目的是要人们不带偏见,并且孜孜不倦地对物理事实和天文事实求得更深入、更一致的理解,用以代替那个僵化而贫乏的思想体系。

他在本书中所以采用对话形式,部分地可能是受了柏拉图光辉范例的启发;这种形式使伽利略能够把他的卓越文学才能用于这场尖锐而激动人心的学术争论上。固然,他在这些有争论的问题上,总想避免触犯当时的禁忌,以免受到宗教裁判所的迫害。事实上,伽利略就曾被明令禁止宣传哥白尼的学说。撇开其革命性的实际内容不论,《对话》表现了一种十分俏皮的企图,即在表面上服从法令,而实际上却不予理会。① 不幸的是,后来宗教裁判所对这种微妙的谐谑并不怎么欣赏。

地球不动的学说所根据的假说,是宇宙有一个抽象的中心。根据想象,这个中心引起地面上重物坠落,因为物体在地球的不可入性所能允许的限度内,都有趋向宇宙中心的倾向。这就导致地球的形状近乎球形。

伽利略反对引进这样一个一直被假定为作用于物体的"无"(宇宙中心);他认为这是完全不能令人满意的。

但是他也使人注意到:这个不能令人满意的假说所取得的成就太少了。虽然它说明了地球的球形,可是说明不了其他天体的球形。但是后来他用新发明的望远镜发现了月亮和金星盈亏的相,证明这两个天体都是球形的;而且对太阳黑子的精细观测,证明太阳也是一样。实际上,在伽利略时代,对于行星和恒星的球形,几乎是无可置疑的了。

因此,"宇宙中心"的假说必须代之以另一个不仅能解释地球的球形,而且能解释星体球形的假说。伽利略说得十分清楚:组成星体的物质之间必定存在着某种相互作用(相互接近的倾向)。而地面上重物自由坠落,也必须归之于同样的原因(在废除了"宇宙

① 伽利略这本书所以采用这种对话形式,是由于他接受了空想社会主义者康帕内拉(Tommaso Campanella,1568—1639)的建议。康帕内拉长期受罗马宗教裁判所和西班牙殖民政府的迫害,曾在监狱里度过了三十三年。——编译者

中心”之后)。

这里让我插进几句。伽利略拒绝用宇宙中心假说来解释重物坠落,同拒绝用惯性系的假说来解释物质的惯性行为,两者有着密切的类似性。(后者是广义相对论的基础。)这两种假说都同样引进了一个具有下述性质的概念客体:

(1) 它不像有重物质(或者“场”)那样假定是实在的。

(2) 它决定着实在物体的行为,但却丝毫不受它们的影响。

引进这种概念元素,从纯粹逻辑的观点来看,虽然不是完全不许可的,但同科学的直觉总是格格不入。

伽利略也认识到,重力对自由落体的影响,表现为一个具有恒定数值的竖直加速度;他同样认识到,一个非加速的水平运动能够同这种竖直加速运动叠加起来。

这些发现本质上包含着——至少在定性方面——后来由牛顿所建立的理论的基础。但它首先缺少惯性原理的普遍公式,虽然这是不难用极限的方法从伽利略的落体定律得出来的。(过渡到没有竖直的加速度。)同样也缺少这样的观念:在一个天体表面上引起竖直加速度的那种原因,也就是能够使另一个天体加速运动的原因;这种加速度同惯性结合在一起,能够产生公转运动。可是当时已经获得了这样的知识:物质(地球)的存在引起了(在地球表面上的)自由物体的加速度。

今天我们难以估量,在精确地建立加速度概念的公式并且认识它的物理意义时,该显示出多么大的想象力。

宇宙中心概念一旦被充分的理由否定以后,地球不动的思想,以及一般地说来,地球的特殊作用的思想,也就站不住脚了。在描述天体运动时，什么东西应当被看作是“静止”的问题，也就成为一个方便与否的问题。依照阿里斯塔克(Aristarchus)和哥白尼的说法，假定太阳是静止的，会有很多好处(在伽利略看来，这不是一个纯粹的约定，而是一个有“是”“非”的假说)。当然，假定地球绕自己的轴转动，比起假定一切恒星都共同绕地球运转，自然要简单得多。再者，假定地球绕太阳运转，这就使内行星和外行星的运动显示出类似性，排除了外行星的麻烦的逆行运动，或者说，用地球绕日运动就可解释这种逆行运动。

尽管这些论据是令人信服的——特别是联系到伽利略发现的，由木星及其卫星所代表的一种所谓小型哥白尼体系的背景——但是这些论据仍然只是定性的。由于我们人类是被束缚在地球上，我们的观察直接向我们揭示出来的绝不是“真正的”行星运动，而只能是视线(地球-行星)同“恒星球”的交叉点。要超出定性的论据来支持哥白尼的体系，那只有求出行星的“真正轨道”，而这是一个几乎无法克服的困难问题，可是开普勒(就在伽利略在世时)却以真正的天才的办法解决了它。但这一决定性的进展，在伽利略一生的著作中却没有留下任何痕迹。——这一古怪的事例，说明有创造力的人往往是缺乏接受力的。

伽利略费了很大力气来证明，地球自转和公转的假说，并不因为我们观察不到这些运动的任何力学效应而不能成立。严格说来，由于没有完整的力学理论，这种论证是不可能的。我认为，正是在为这个问题所进行的斗争中，伽利略的独创性表现得特别有力。当然，伽利略也注意到，用他那时的测量仪器，不可能检验出地球的周年运动对恒星所产生的视差，因为恒星离得太远了。这种考察尽管是幼稚的，但却是天才的。

由于伽利略殷切期望为地球的运动找到一种力学的证明，就使他错误地提出了一个不正确的潮汐理论。如果不是由于他的性格影响，伽利略一定不会把最后一天对话中那些迷人的论据当作证明。关于这个问题，我不禁要再讲几句。

据我了解，伽利略这部书的主要目的是要竭力反对任何根据权威而产生的教条。他只承认经验和周密的思考才是真理的标准。今天我们很难理解这种态度在伽利略时代是多么危险和多么革命；当时只要怀疑那些除了权威以外别无基础的见解是否真理，就会被认为罪大恶极，要处以极刑。实际上，即使在今天，也绝不是像我们中间很多人喜欢自吹的那样，说我们已经远离了这种情况；但至少在理论上，无偏见思考的原则是取胜了，而且多数人在口头上都表示愿意支持这一原则。

常听人说，伽利略之所以成为近代科学之父，是由于他以经验的、实验的方法来代替思辨的、演绎的方法。但我认为，这种理解是经不起严格审查的。任何一种经验方法都有其思辨概念和思辨体系；而且任何一种思辨思维，它的概念经过比较仔细的考查之后，都会显露出由它们所产生的经验材料。把经验的态度同演绎的态度截然对立起来，那是错误的，而且也不代表伽利略的思想。实际上，直到十九世纪，结构完全脱离经验内容的逻辑（数学）体系才完全抽取出来。况且，伽利略所掌握的实验方法是很不完备的，只有最大胆的思辨才有可能把经验材料之间的空隙弥补起来。（比如那时并没有可量出小于一秒钟时间的办法。）经验论同理性论的对立，在伽利略的著作中看来并不是争论的焦点。伽利略只是在他认为亚里士多德及其门徒的前提是任意的，或者是站不住脚的时候，才反对他们的演绎法；他并不仅仅因为他的论敌使用了演绎法而斥责他们。在第一天的对话里，有好几节他都强调说：同样根据亚里士多德，即使是最讲得通的演绎，如果同经验的判断不符，也应当被抛弃。另一方面，伽利略自己也使用了不少的逻辑演绎。他努力追求的，并不是“实用知识”，而是“理解”。然而理解主要是从一个公认的逻辑体系作出结论。

广义引力论的困难所在

——1953年9月22日给贝索的信①

你对我这个可怜的人的颂扬，使我想起我的维也纳同事埃伦哈夫特(Ehrenhaft)②的一句典型的话，在希特勒上台以前，他曾在一封给我的信中这样写道："我是中欧仅存的中流砥柱。"

你谈到广义引力论的话是完全正确的。这个理论的合理性是无可怀疑的。但是，到现在为止还不能证实。这是由于，这个理论仅限于使用**到处**无奇点的解，以便能足够地确定它。要分辨这种解的存在或不存在，现在的数学还无能为力。因此，我们大概不能亲眼看到它的结局了。

这个理论同自然规律的不可逆性毫无关系。我已经向你分析过，为什么我不相信是这样。

---

① 译自《爱因斯坦-贝索通信集》507页。由李澍泖同志译。标题是我们加的。——编者

② 费利克斯·埃伦哈夫特(Felix Ehrenhaft，1879—1952)，奥地利实验物理学家，曾任维也纳大学教授。1910年开始，他追随马赫，反对原子论，声称自己发现半个电子电荷的"亚电子"，随后又说发现百分之一甚至千分之一电子电荷，同密立根(R. A. Millikan)进行激烈的争论。他又曾声称自己发现单磁极。他的工作有明显的实验误差，而他却对此作出了错误的解释。1938年纳粹吞并奥地利后，他因为是犹太人被逐出维也纳，由此精神状态失常。爱因斯坦认为他已从一个有才能的实验家"逐渐变成一个骗子"，成为"一个具有严重幻想狂的人"。——编者

反对实证论及其他(报道)

——1952—1953 年间同 R. 卡尔那普的谈话①

在普林斯顿，我〔指 R. 卡尔那普。——编译者〕同爱因斯坦有过几次有趣的谈话，而在此多年以前我就已经认识他。虽然他不久之前得过一场重病，面容苍白，看起来很衰老，但是他谈起话来，生动活泼，令人感到愉快。他喜欢说笑话，然后会失声大笑。这些谈话对我是难忘的，也是宝贵的。特别是因为这些谈话不但反映了他的伟大思想，而且反映出他那令人着迷的个性。我多半的时间是听他说，观察他说话的姿势和有表情的面孔；我只是偶尔才简单地说一下我的意见。

有一次爱因斯坦说，关于**现在**(*the Now*)这个问题使他大伤脑筋。他解释道，**现在**的经验是人所专有的东西，是同过去和将来在本质上都不同的东西，然而这种重大的差别在物理学中并不出

---

① 这是 1952—1953 年间爱因斯坦同实证论哲学家鲁道夫·卡尔那普(Rudolf Carnap,1891—1970)几次谈论的报道。这个报道是卡尔那普写的自传中的一个片断，发表在希耳普(P. A. Schilpp)编的文集《鲁道夫·卡尔那普的哲学》(*The Philosophy of Rudolf Carnap*)，美国"当代哲学家丛书"(*The Liberary of Living Philosophers*)第 11 种，1963 年。这里译自该书 37—39 页。标题是我们加的。

卡尔那普原籍德国，是逻辑实证论的创始人和维也纳学派的代表人物之一，1936 年迁居美国，后取得美国籍。1952—1954 年间在普林斯顿高等学术研究院工作，同爱因斯坦有过接触。——编译者

现，也不可能出现。这种经验不能为科学所掌握，对他来说，这似乎是一件痛苦但却是无可奈何的事。我说，客观上出现的一切，都是能够在科学中加以描述的；一方面，事件的时间顺序在物理学中加以描述；另一方面，人同时间有关的经验，包括人对过去、现在和未来的不同态度，其种种特点都可以在心理学中加以描述并且得到（原则上的）解释。但是爱因斯坦认为，这些科学的描述不大可能满足我们人类的需要；关于**现在**有某种本质的东西，恰恰是在科学领域之外。我们俩都同意，这并不像柏格森(Bergson)所设想的那样，是可以对科学进行责难的一个缺点问题。我并不想坚持这一点，因为我主要是想了解他本人对这个问题的态度，而不想对理论的状况加以澄清。但是我确实得到这样的印象：爱因斯坦在这个问题上的想法，必然会分不清经验与知识的区别。既然科学在原则上能够说出一切能够说的东西，那就留不下什么不能回答的问题了。虽然这里不存在任何理论问题，但还存在着人类共同的情绪上的经验，由于特殊的心理上的原因，它有时会扰乱人心。

有一次，爱因斯坦说，关于物理世界的实在问题，他要提出反对实证论的意见。我说，在这个问题上我们的观点并没有什么真正的分歧。但是他坚决认为，在这里他必须阐明一个重要的论点。于是，他批判了那个来源于恩斯特·马赫的观点，即那种认为感觉材料是唯一的实在的观点，或者更一般地说，任何一种预先认定某种东西是一切知识的绝对确定的基础的观点。我解释道，我们已经放弃了这些早期的实证论观点，我们不再相信有一种"知识的底层的基础"(*a "rockbottom basis of knowledge"*)；随后我提到纽拉特(Neurath)的比喻：我们的任务是当船在海洋上航行的时候要来重建这条船。他特别赞同这个比喻和这种看法。不过他补充说，要是实证论现在被放宽到这样的程度，那就会同我们的想法以及任何其他哲学观点不再有任何分歧了。我说，在我们的想法同他的以及其他一般科学家的想法之间，的确没有什么根本性的分歧，即使科学家们常常是用实在论的语言来明确表述他们的想法的；但是我们的观点同那些寻求绝对知识的传统哲学学派的观点之间仍然存在着重大的分歧。

另一次，爱因斯坦提出现代物理学中概念形成的一个根本问题，这就是有两种完全不同性质的量被使用，一种是具有连续尺度的量，一种则是具有分立尺度的量。他认为这种把不同种类的概念组合在一起的做法，毕竟是难以容忍的。在他看来，物理学势必最终要不是成为其一切量都是具有连续尺度的纯粹场物理学，就要使它的一切量，包括空间和时间的量，都必须是分立的。现在还预见不到究竟会出现哪一种情况。对于纯粹场物理学来说，除了有别的困难以外，要解释为什么这些电荷不出现为一切可能的值，而只出现为基元电荷的倍数，这是个大难题。于是他提出这样一个问题：根据那些对于正电和负电假定总是对称的基本定律，〔怎样〕来解释一切原子核都必定带有正电荷这一事实呢。也许〔带正负电的〕两种原子核本来实际上都曾出现过，只是最后带正电的原子核吞没了带负电的核，这至少对于我们所在的宇宙这一部分是如此。（这一假设，在爱因斯坦逝世之后已为反质子的发现所证实。）

一次在与爱因斯坦谈话中，我讲到美国有一种强烈的顺从主义(*Conformism*)，坚决主张个人应当调节他的行为以适应普遍公认的准则。他表示非常同意，并且举出这样一个例子：有一个完全不相识的人写信给他，说他应该理发，“不要忘记你现在是住在美国”。

M. 雅梅的《空间概念》序[①]

为了充分地评价像雅梅博士这本著作那样的研究工作的重要性，应当考虑如下几点。科学家所着眼的是那些可以观察到的现象，是关于这些现象的统觉[②]和概念的表述。在企图把庞杂的观察数据作出系统的概念表述时，科学家用上了整个概念武库，这些概念实际上是同他的母亲的奶一道吮吸来的；他很难觉察到他的这些概念中的始终有问题的特征。他把这种概念材料，或者更加确切地说，把思维的这些概念工具，当作某种明显的、不变的东西来使用；他很少怀疑，无论如何不严重地怀疑它们所具有的客观的真理价值。他怎么能够不这样呢？如果手、脚和工具的使用，一举一动都必须取得力学科学的批准，那还可能爬山吗？然而为了科学，就必须反反复复地批判这些基本概念，以免我们会不自觉地受它们支配。在传统的基本概念的贯彻使用碰到难以解决的矛盾而引起了观念发展的那些情况，这就变得特别明显。

除了对这些概念的使用是否正当所产生的怀疑之外，也就是

---

① 这是爱因斯坦于1953年为麦克斯·雅梅所著《空间概念——物理学中空间理论的历史》(Max Jammer: *Concepts of Space——The History of Theories of Space in Physics*)一书所写的序言。这里译自该书，哈佛大学出版社，1954年版，xi—xvi页。——编译者

② 统觉(*apperception*)即统一的知觉，是综合各种感觉印象(包括对过去感觉的回忆)而形成的关于某一事物的统一印象。——编译者

说，即使这种怀疑不是我们所最感兴趣的，也还有一种对基本概念的起源或者根源的纯历史兴趣。这种研究虽然纯粹是在思想史领域里的，但在原则上也不是同基本概念的逻辑分析和心理分析的企图无关的。但是由于个人的才能和工作能力的限制，我们很难碰到这样一个人，他既受过为批判地解释和比较许多世纪积累下来的史料所需要的语言学和历史学的训练，同时又能够对所讨论的概念对于整个科学的意义作出评价。我有这样的印象，觉得雅梅博士通过这本著作，表明他自己在很大程度上是具备这些条件的。

大体上他把自己限于**空间**概念的历史研究，我以为这样做是聪明的。如果两个不同的作者使用“红”、“硬”或者“失望”这些词，毫无疑问，他们所指的大致是相同的东西，因为这些词是由那种难以曲解的方式同原始经验联系着。但是像“位置”或者“空间”这样一些词，它们同心理经验的关系就不那么直接，这里存在着非常悬殊的解释。历史学家企图通过对原文的比较，并且通过对所研究的那个时期的文化贮存的图像——它是由文献构成的——的考查，来克服这种不确定性。可是现在的科学家，却没有受过像历史学家那样的基本训练，或者具有像历史学家那样的识别能力；他不能而且也不愿意以这种方式来形成他对基本概念起源的看法。他倒比较倾向于从他对各个历史时期科学成就的粗浅知识，直觉地得出他对于有关概念形成方式的看法。但是如果历史学家能够令人信服地纠正这种纯直觉来源的观点，他会感谢历史学家的。

至于空间概念，似乎在它之前，已经先有一个心理学上更为简单的位置概念。位置首先是地球表面上的一个（很小的）部分，用一个地名来加以识别。“位置”被标定的东西是“物质客体”或者物体。简单的分析表明，“位置”也是一群物质客体。“位置”这个词有没有同此无关的意义呢？或者，能不能给它一个这样的意义呢？如果对这个问题必须给以否定的回答，那么就会得到这样的看法：空间（或者位置）是物质客体的一种次序，而不能是别的什么。如果空间概念是以这个方式形成的，并且以此为限，那么，说什么空虚空间就没有意义了。又由于概念的形成总要受那种力求经济的本能所支配，所以人们会十分自然地拒绝空虚空间这个概念。

然而也可能从另一条不同的途径来思考。在一只箱子里，我们能放进一定数量的米粒或者樱桃等等。这里有一个关于物质客体“箱子”的特性问题，这个特性必须被认为是“实在的”，正像箱子本身也是实在的一样。这个特性可以叫做箱子的“空间”。也可以有另一些箱子，它们在这个意义上有着同样大小的“空间”。“空间”这个概念由此就获得了一个同特殊的物质客体没有任何联系的意义。这样，通过“箱子空间”的自然扩充，就能得到独立的（绝对的）空间这样一个概念，这种空间的广延是无限的，它把一切物质客体都包含在里面。因此，认为有不处在空间里的物质客体，那实在是不可思议的；另一方面，在这个概念形成的框架里，会存在空虚空间，那就完全是可想象的了。

空间的这两种概念可以像下面这样对比起来：(a)空间作为物质客体世界的位置性质；(b)空间作为一切物质客体的容器。在情况(a)，要是没有物质客体，空间是不可思议的。在情况(b)，物质客体只能被想象为存在于空间里面的；因此空间好像是这样一种实在，它在某种意义上是超越于物质世界的。这两种空间概念都是人类想象的自由创造，都是为了更容易理解我们的感觉经验而想出来的手段。

这些概略的考查，是分别从几何学观点和从运动学观点所看到的空间的本性。通过笛卡儿所引用的坐标系，它们可以在某种意义上互相调和起来，虽然这已经把逻辑上更为大胆的空间概念(b)作为前提了。

空间概念被伽利略和牛顿丰富了，并且复杂化了，因为人们如果想给古典的惯性原理(从而也给古典的运动定律)以一个确切的意义，那就必须把空间作为物体的惯性行为的独立原因而引进来。在我看来，完全清楚地理解到这一点，那是牛顿的最伟大成就之一。同莱布尼茨和惠更斯相反，牛顿明白，空间概念(a)不足以作为惯性原理和运动定律的基础。尽管他强烈地感到不安，而这种不安也正是另外两位所以要反对的原因，但他还是作了这样的决定：空间不仅作为一个同物质客体无关的独立的东西而引进来，而且还指定它在整个理论的因果结构中担任一个绝对的角色。这个角色是从这样的意义上说来是绝对的：空间(作为一个惯性系)作用于一切物质客体，可是这些物质客体却不反过来给空间以任何反作用。

牛顿体系的富有成效，几个世纪来使这些疑虑销声匿迹。类型(b)的空间，也包括时间一起，已以惯性系的严格形式为科学家所普遍接受。关于这个有历史意义的讨论，今天要说的是：牛顿的决定，在当时科学的状况下，是唯一可能的决定，而且特别也是唯一有成效的决定。但是这问题以后的发展，却循着一条当时谁也无法预见到的曲折道路前进，它表明莱布尼茨和惠更斯的那种直觉上有根据的，但以不适当的论据来支持的抵制，实际上是正当的。

需要经历一场严酷的斗争，才得到了为理论发展所必需的独立的和绝对的空间概念。以后要克服这种概念，仍然也需要作同样顽强的努力——这一过程，大概远还没有完结。

雅梅博士的书主要是关于古代和中世纪空间概念状况的研究。根据他的研究，他倾向于这样的看法：现代的(b)型空间概念，即把空间作为一切物质客体的容器，一直到文艺复兴时代以后，才得到发展。我觉得，古代人的原子论，由于它的原子是彼此分立存在的，必然要以(b)型的空间为前提，而更有影响的亚里士多德学派却试图不用独立的(绝对的)空间概念来过日子。雅梅博士认为空间概念的发展受着神学的影响这一看法，那是在我的判断力的范围之外，而那些主要从历史观点来研究空间问题的人一定会对它发生兴趣。

战胜绝对空间概念，亦即战胜惯性系概念之所以成为可能，只是因为场的概念逐渐代替了物质客体的概念，而成为物理学的基本概念。在法拉第和麦克斯韦思想的影响下，发展了这样的想法，认为整个物理实在大概能被表示为这样的一种场，它的分量取决于四个空间-时间参数。如果这种场的定律是广义协变的，也就是说，如果它们是同坐标系的特殊选择无关，那么，独立的(绝对的)空间的引用就不再是必要的了。构成实在的空间特征的，因而也就不过是场的四维性而已。因此，不存在什么"空虚的"空间，也就是说，没有场的空间是不存在的。雅梅博士的介绍也讲到了在克服(至少在很大程度上)这一问题的困难中所经历过的那条令人难忘的曲折道路。到目前为止，除了通过场论，谁也没有找到可避开惯性系的任何方法。

关于量子力学基础的解释的基本见解

——纪念M.玻恩退休的赠文①

目前形势的特点，我看是：关于〔量子〕理论的数学形式体系是无可怀疑的，但是对于它的陈述所作的物理解释却不能那样说了。ψ函数究竟同一个具体的一次出现的状况有什么关系？也就是说，ψ函数同一个单一的体系的单个状况有什么关系？或者说：ψ函数关于(单个的)“实在的状态”究竟说了些什么？

首先还要问一问，这个问题究竟能不能有什么意义。事实上，人们可以采取这样的立场：认为“实在的”仅仅是单个的观察结果，而不是那些同观察行为无关的在空间和时间中客观地存在着的东西。如果采取这种纯粹的实证论的立场，那么显然就可以不考虑这样的问题：在量子理论的框架内怎样理解“实在的状态”。因为

---

① 这是爱因斯坦于1953年5月前后为纪念M.玻恩退休而写的论文。德文原文发表在《赠给麦克斯·玻恩的科学论文集，为纪念他从爱丁堡大学台特自然哲学讲座退休》(*Scientific Papers Presented to Max Born, on his retirement from the Tait Chair of Natural Philosophy in the University of Edinburgh*)中。这里译自该论文集1953年纽约Hafner版，33—40页。本文由何成钧同志译。

为了这篇论文，玻恩同爱因斯坦之间开展了延续几个月的争论，见本书813—829页。

M.玻恩，德国物理学家，生于1882年12月11日，1933年侨居英国，后入英国籍，1953年退休后回西德，1970年1月5日去世。——编者

这种企图就像是同幽灵作决斗一样。

这种纯粹的实证论的立场，无论如何带有(要是一直推论下去的话)一个致命的弱点：它将导致把一切用语言表达出来的命题都说成毫无意义。难道人们有权宣称对一个单个的观察结果的描述是有意义的吗？即有权说它是真的还是假的吗？难道这样的描述所根据的不会是谎言，或者我们可以说成是梦中的回忆或幻觉的那种经验吗？醒着时的经验同梦中的经验两者的区别究竟有没有客观意义？最后剩下来的"实在"的东西，就只能是没有任何一点可能来对它们作出任何陈述的"我"的经验而已；因为在这些陈述中所应用的概念，在纯粹的实证论的分析中都毫无例外地被证明是一点意义也没有的。

实际上，在我们的陈述中所应用的独立的概念和概念体系都是人的创造，是人自己创造的工具，这些概念的正确性和价值在于它们能把经验"有效地"顺序地排列起来(验证)。换句话说，这些工具只有在它们能够"说明"经验时才被承认是正确的。①

对于概念和概念体系的正确性，只能从这种验证的观点才能作出判断。对于"物理实在"以及"外在世界的实在性"、"一个体系的实在状态"这些概念也是这样。没有先验的理由可以假定这些概念是思维上必要的，或者要禁止使用这些概念；起决定作用的是验证。在这些语词符号(*Wort-Symbol*)的后面有着这样的一个纲领(*Programm*)，这是一个在量子理论出现以前一直在物理思维

---

① "真实"(*Wahr*)和"被验证"(*sich bewähren*)这两个概念在语言上的亲缘关系的基础，在于其本质上的关系；这种认识不应当仅仅从实用上的意义加以误解。——原注

的发展中无条件地起着决定作用的纲领：一切都必须追溯到从空间-时间范围内来设想的客体，追溯到应当适合于这些客体的规律性关系。在这种描述中，在经验的知识上有关这些客体的东西是不出现的。在每一确定时刻给月亮定出一定的空间位置（相对于所用的坐标系）这件事，同是否观察到这些位置并无关系。当人们说到一个"实在的外在世界"的物理描述时，所指的就是这样的描述方式，不管这种描述所根据的基本东西（质点，场，如此等等）是怎样选择的。

物理学家从来没有怀疑过这个纲领的正确性，只要在这样的描述中所出现的一切东西在原则上都能够在任何一单个情况下经验地测定。正是在量子现象领域里，由海森伯以一种使物理学家信服的方式证明，这似乎是一种幻想。

现在，"物理实在"这概念被认为是有问题了，因而出现了这样的问题：理论物理学试图（通过量子力学）去描述的东西究竟是什么，理论物理学所建立的定律究竟同什么发生关系。对这个问题的答案是相当分歧的。

为了探求这个问题的答案，让我们设想量子力学对于宏观物体作出怎样的陈述：对于那些我们能够当作"可直接感觉的"东西来知觉到的客体能作出怎样的陈述。关于这种客体，我们知道，它们以及适用于它们的定律是可以通过古典物理学，以一种相当高的，尽管还不是以无限准确的确定性来描述的。我们不怀疑，对于这种客体来说，每一时刻都有一个实在的空间的位形（地点）和一个速度（或者一个动量），就是说，对于这些客体，有一**实在的状况**——所有这一切都带有为量子结构所制约的近似性。

我们要问:量子力学是否蕴涵(以其所预期的近似性)那种为古典力学所提供的对于宏观物体的实在描述呢?或者——如果这问题不能简单地用“是”来回答的话——这种情况又是意味着什么呢?我们要用一个具体例子来讨论这些问题。

特殊的例子

设有这样一个体系,组成它的是一个直径大约为1毫米的球,在两堵(相距约一米)平行的墙之间来回地运动着(沿着一个坐标系的 X 轴)。假设碰撞是理想的弹性碰撞。在这个理想化了的宏观体系中,我们设想以一个“陡”的势能表示式来代替这两堵墙,而在这表示式中只有那些组成这球的各个质点的坐标。假设情况是这样巧妙安排的:反射过程在球的重心的坐标 x 同它的各个“内”坐标(包括角坐标)之间不产生任何耦合。由此,我们得知:对于我们以后讨论的目的,球的位置(不要考虑它的半径)只要用 x 来描述就行了。

我们从量子力学的意义来处理这个陡势能中的过程。德布罗意波(ψ函数)在这里是一个时间坐标的谐函数。这函数只在 $x=-\frac{l}{2}$同 $x=+\frac{l}{2}$之间才不为零。为了使在间隔两端的 ψ 函数同在间隔之外的 ψ 函数连续地相连接这一要求得到满足,那就必须:对于 $x=\pm\frac{l}{2},\psi=0$。

ψ 函数因而是一种驻波,在间隔之内这驻波可由两股沿相反方向传播的谐波的叠加来描述:

$$\psi=\frac{1}{2}Ae^{i(at-bx)}+\frac{1}{2}Ae^{i(at+bx)},\qquad(1)$$

或者

$$\psi=Ae^{iat}\cos(bx).\qquad(1a)$$

从(1a)可知,两项中的因子 A 必须相等,这样才能满足墙上的边界条件。A 可以定为实数,而不致使所讨论的普遍性受到限制。根据薛定谔方程,b 是由质量 m 来决定的。我们假设因子 A 也是以通常的方法归一化了的。

为了能把这个例子有效地同相应的古典问题作比较,我们还必须进一步假定德布罗意波的波长$\frac{2\pi}{b}$要比 l 小。

我们首先按照通常的方式,以玻恩的几率解释为根据来指出 ψ 函数的意义:

$$W=\int\psi\bar{\psi}\,dx=A^2\int\cos^2(bx)dx,$$

这是球的重心坐标 x 处在某一既定的间隔 Δx 里的几率。如果略去其物理实在性是确定的一种振动的"精细结构",那么这几率简单地就是常数 $x\Delta x$。

那么现在球的动量值的几率(或者说是它的速度值的几率)又是怎样的呢?这个几率可以通过 ψ 函数的傅立叶分解来求出。如果从 $-\infty$ 到 $+\infty$,(1)式是成立的,那么(1)也就是所求的傅立叶分解。它就会给出具有完全相等的几率的两个方向相反、大小相等的动量值。但由于这两个波列都是有界的,它们给两者都提供一个在一狭窄的光谱间隔的连续的傅立叶分解,在间隔 l 中所含的德·布罗意波长的数目愈多,这光谱间隔也就愈狭窄。由此可知,只可能有两个基本上是确定的方向相反而大小相等的动量值,它们同古典的值一致,并且必然具有相同的几率。

这样,这两个统计的结果同古典理论情况下对各体系的"时间系综"的统计结果之间,只有一个为量子结构所决定的微小偏差。所以,到此为止,这理论是可以令人满意的。

但是让我们问一问:这理论能否给出一个关于单个状况的实在的描述呢?对这个问题必须回答"不能"。人们之所以作出这样的决定,主要是由于现在所处理的是一个"宏观体系"。因为对于宏观体系来说,我们确实知道:它每一时刻都存在着一个由古典力学所近似地描写的"实在的状态"。我们所考查的是这一类宏观体系的每一单个体系,因而在每一时刻都具有一个基本上确定的重心坐标——至少在某一很短的时间间隔内——和一个基本上确定的动量(并且也确定了动量的方向)。这两个结果都不能从 ψ 函数(1)得到。(利用玻恩的解释)从这个函数只能得到一些同上述这类体系的**统计系综**有关的结果。

对于上述的宏观体系来说,并非每一个满足薛定谔方程的 ψ 函数都近似地对应于古典力学意义上的实在的描述,这一事实在研究下面这样的 ψ 函数时就显得特别明显:ψ 函数是由两个有显著差别的频率(因而有显著差别的能量)的两个像(1)式那样类型的解叠加而成的。因为这样的叠加同古典力学中的任何实在状况之间根本不相对应。(但却同那个在玻恩解释的意义上的这种实在状况的统计系综相对应。)

总之,我们可说:量子力学所描述的,是系综,而不是单个的体系。由 ψ 函数所描述的,在这个意义上,就只是关于单个体系的不完备的描述，而不是它的实在状态的描述。

注意：人们可以像下面这样来反对这一结论。在我们所考查的情况中，ψ 函数的频率十分狭窄的情况是一个极端的例子，要求把它来同古典力学的问题相类比，这种做法也许格外地不能同意。如果假定有一个非无限小的，尽管是很小的时间频率的间隔，那就可以通过对那些相互叠加的 ψ 函数的振幅和位相的数值的适当选择，而得到位置和动量都近似地确定的合成的 ψ 函数。难道就不能试图按照这种观点来限制 ψ 函数使它能够被解释为一种关于单个体系的描述吗？

这样的可能性已经由于下述理由而被否定，因为这样一种描述的位置确定性不是对于任何时刻都可能得到的。——

这种情况——把薛定谔方程同玻恩的解释结合在一起不能得到一种关于单个体系的实在状态的描述——自然要引起人们去探索一种没有这种局限性的理论。

到目前为止，在这方向上已经有了两种努力，它们都是在坚持薛定谔方程的同时，放弃了玻恩的解释。第一个尝试渊源于德·布罗意，而为玻姆更加机智地作了发展。

薛定谔最早对波动方程的研究，是由类比于古典力学（分析力学的雅科毕方程的线性化）而推导出波动方程的，同这一样，量子化了的单个体系——根据薛定谔方程的解 ψ——的运动方程也该通过类比来建立。其程序是这样的：以下列形式写出 ψ，

$$\psi=Re^{iS},$$

那么由 ψ 可以求出坐标的（实）函数 R 和 S。如果对于一确定的时间的值，我们所注意的单个体系的坐标是已定的，那么 S 的坐标

微商就给出了这个体系的动量和速度，它们是时间的函数。

从(1a)立即可以看出，在我们这个例子里，$\frac{\partial S}{\partial x}$等于零，因而速度也等于零。泡利在四分之一世纪以前就已经提出的对这种理论上的尝试的反对意见，在我们这例子里就显得更加有分量了。速度等于零，是同那个颇有根据的要求相矛盾的，这要求就是：在宏观体系的情况下，运动应当近似地符合于古典力学所得出的结果。

第二个尝试，是以薛定谔方程为基础，导致一种对单个体系的实在的描述，这是薛定谔本人近年来在进行的。他的思想简略地说来是这样：ψ 函数本身代表着实在，而玻恩的统计解释是不成立的。ψ 场应该对之作出某些陈述的原子结构，是根本不存在的，至少作为定位于一个地点的结构是不存在的。转移到我们的宏观体系，那就是说：宏观物体根本不以这样的形式存在着；任何时候都不存在——在近似的意义上也不存在——某种像在已定时刻它的重心位置这类东西。因此，对宏观体系运动的量子理论的描述，必须近似地同古典力学的相应的描述相一致，这样的要求也就遭到了破坏。

我们考查的结果是这样。到目前为止，唯一可以接受的关于薛定谔方程的解释是玻恩所提出的统计的解释。但这并未提供出关于单个体系的实在的描述，而只是关于系综的统计性的陈述。

照我的看法，把这样一种物理理论观点作为基础，在原则上是不能令人满意的，特别是不能抛弃关于单个**宏观**体系作客观描述(关于实在状态的描述)的可能性，要是没有这种描述，物理世界图像就会在某种程度上消失于迷雾之中。最后，物理学必须努力求得单个体系的实在描述，这一观念是绝对无法避免的。作为整体的自然界，只能想象为单个（一次存在的）体系，而不能想象为一个“系综”。

“不掷骰子的上帝”及其他

——1953 年 10 月 12 日给 M. 玻恩的信[①]

不要为你朋友的书[②]而失眠。每个人都做他认为是对的事，或者用决定论的语言来说，都做他所必须做的事。如果他居然使别人信服了，那是别人自己的事。我自己对我的努力固然感到满足，但是，要像一个老守财奴保护他辛苦攒来的几个铜板那样，把我的工作当作我自己的“财产”来保护，那我并不认为是明智的。我对他毫无怨尤之意，对你当然也不会有什么意见。归根结底，我用不着去读这种东西。

如果有谁要对你要返回那个对我们的亲属进行大规模屠杀[③]的国土这件事负责的话，那只能是你后来归化的那个国家——它

---

① 译自《玻恩-爱因斯坦通信集》，纽约，Walker，1971 年英文版，199 页。标题是我们加的。——编译者

② 指惠塔开(E. Whittaker)的《以太和电理论的历史》(*A History of the Theories of Aether and Electricity*)的第二卷。该书 1953 年出版，第二章标题为“庞加勒和洛伦兹的相对论”，而把爱因斯坦对相对论的贡献故意放在次要的位置上。当时同惠塔开一起在爱丁堡大学工作的 M. 玻恩曾多次进行劝阻，但惠塔开置之不理，始终坚持他这种不符合历史事实的看法。美国物理学史家霍耳顿(Gerald Holton)曾对此作了分析和批判，见《美国物理学期刊》(*American Journal of Physics*)，1960 年，28 卷，627—636 页。——编译者

③ 指第二次世界大战期间德国纳粹分子对犹太人的暴行。——编译者

是以吝啬而扬名四海的。[①] 可是，我们都非常明白，集体良心是一株可怜的幼苗，往往正当最需要它的时候，它却枯萎了。

为了那本要献给你的文集，我写了一首关于物理学的小小的儿歌，[②]这篇东西稍稍惊动了玻姆和德·布罗意。它的用意是要论证你的关于量子力学统计解释的绝对必要性，这种必要性薛定谔最近也试图避免。也许它会给你一些乐趣。说到头，要对我们自己吹起来的肥皂泡负责，这似乎是我们的命运。这很可能就是那个"不掷骰子的上帝"[③]所设计的，他使我受到了那么厉害的怨恨，这种怨恨不仅存在于量子理论家中间，也存在于无神论教会的忠实信徒中间。

① 指当时英国教授退休后没有养老金。——编译者

② 指爱因斯坦于1953年为纪念玻恩退休而写的论文《关于量子力学基础的解释的基本见解》。见本书800—808页。——编译者

③ 参见爱因斯坦1944年9月7日给玻恩的信，本书563页。——编译者

在哥白尼逝世410周年纪念会上的讲话①

我们今天以愉快和感激的心情来纪念这样一个人，他对于西方摆脱教权统治和学术统治枷锁的精神解放所作的贡献几乎比谁都要大。

固然在古希腊时期已有一些学者深信地球不是世界的自然中心；但是对宇宙的这种理解，在古代得不到真正的承认。亚里士多德和希腊天文学派继续坚持地球中心的概念，当时几乎没有谁对它有过任何怀疑。

要令人信服地详细说明太阳中心概念的优越性，必须具有罕见的思考的独立性和直觉，也要通晓天文事实，而这些事实在那个时代是不易得到的。哥白尼的这个伟大的成就，不仅铺平了通向近代天文学的道路；而且也帮助人们在宇宙观上引起了决定性的变革。一旦认识到地球不是世界中心，而只是较小的行星之一，以人类为中心的妄想也就站不住脚了。这样，哥白尼通过他的工作和他的伟大的人格，教导人们要谦虚谨慎。

---

① 这是爱因斯坦于1953年12月在纽约哥伦比亚大学举行的哥白尼纪念晚会上的讲话。这里译自《思想和见解》，359—360页。

尼古拉·哥白尼（Nicolaus Copernicus），波兰天文学家，生于1473年2月19日，卒于1543年5月24日。——编译者没有一个民族可为他们中间出现了这样一个人而骄傲起来。因为民族骄傲完全是一种无聊的癖好，在像哥白尼这样一位内心独立的人的面前，是难以站得住脚的。

给玻恩的赠文所引起的争论(一)

——1953年12月3日给M.玻恩的信[①]

今天我收到(并且读了)你的信[②],也收到你的印刷品,这个印刷品我也打算从头至尾读一下。你认真地考虑了我的一些简单的想法,不像多数人那样敷衍几句就把它扔到一边,这使我很高兴。

我首先必须说,你的观点使我感到诧异。因为我认为,只要有关的德·布罗意波长同其余的有关的空间量度相比是足够小的,那就可以指望同古典力学近似地一致。可是我却看到,你想把古典力学只同那些对于坐标和动量来说是狭窄的 ψ 函数联系起来。但是当人们用这种方法来看问题时,就会得出这样的结论:宏观力学无权声称它能够描述(哪怕是近似地描述)那些根据量子理论可以想象的宏观体系中的绝大多数事件。举例来说,如果一颗星,或者一只苍蝇,第一次被看到时居然像是准定域的(*quasi-localised*)[③],那么人们就会觉得非常奇怪了。

但是如果人们现在不顾这一点而采纳了你的观点,他们至少就得要求:一个在某一时间是"准定域"的体系,按照薛定谔方程,

① 译自《玻恩-爱因斯坦通信集》,纽约,Walker,1971年英文版,208—209页。标题是我们加的。——编译者

② 见本书816—818页。——编译者

③ 意思是具有基本上确定的位置的。——编译者

它就应当**永远**是“准定域”的。这是一个纯粹的数学问题，而你期待计算会支持这种预言。但在我看来，这是完全不可能的。要了解这一点，最便当的办法是考查这样一个(属于一个宏观客体的)三维的情况，它是用一个关于位置、速度**和方向**的“狭窄”的薛定谔函数来表示的。甚至不用数学的“显微镜”也可以明显地看出，位置必定随着时间愈来愈扩散。一维的情况也相类似，因为群速度取决于波长。既然这结果是无可怀疑的，浪费你的助手的时间，我认为未免可惜。但是如果你不相信，完全可以算算看。奥本海默是这样来摆脱困境的，那就是要求这个愈来愈模糊的过程所需要的时间该属于“宇宙”尺度，因此人们可以不去考虑它。但是人们可以方便地引证一些十分平常的例子，在那里发散时间并不都是那么长。我认为，要用这种办法使人们的科学良心平静下来，那是太廉价了。要把走上几率论的量子理论的步骤看作是最后的步骤，仍然是不困难的。人们只要假定，ψ 函数所涉及的是系综，而不是单独的事件；那么就能够用我的这个例子，以预期的近似程度(统计上是确定的)来描述那些古典力学也描述的事情。按照你在信中所支持的这种解释，人们必须把这种情况看作是一种巧合。把 ψ 函数解释成是关于系综的描述，也消除了这样一个悖论：在空间**一个**部分中所进行的量度，居然会决定着对以后在空间的**另一个**部分所进行量度的预测的**性质**(空间中隔得很远的体系各部分的耦合)。

人们可以不担风险地承认这样的事实：按照这种概念，认为对于单个体系的描述是不完备的，只要人们假定，对于单个体系的完备描述，并没有对应的、决定着这体系在时间中发展的完备的定律。

这样，人们就用不着去纠缠玻尔的解释，他认为离开可能出现的主体而独立的实在是不存在的。

尽管这种概念能自圆其说，我可不相信它在这里会站得住脚。但是我坚持这样的看法：这是唯一能够公平对待几率论的量子理论结构的概念。

我热切盼望着了解你对原则问题的其他想法。你把这些思想叫做“哲学的”思想，但在我看来这种说法是不妥当的。要是人们有了能作预测的机械，即使我们不能清楚地理解它，我也完全感到满足了。①

① 玻恩于1965年所写的注释中说“这封信标志着相互误解时期的开始”(《玻恩-爱因斯坦通信集》，1971年英文版，209页)。——编译者

附：

M.玻恩1953年11月26日给爱因斯坦的信①

文集②的赠送仪式在昨天这个大学的小型庆祝会上举行了。有那么多的老朋友和老同事为它写文章，使我非常高兴。我目前还只读了几篇——你的当然是第一篇，而你也是第一个受到我的衷心感谢的人。

你对于量子力学统计解释的哲学上的反对意见，表述得特别中肯和清晰。但是即使如此，我还必须冒昧断言：你对那个例子（在两堵墙中间来回弹的球）的处理并没有证明你所说的那样：在宏观尺度的极限情况下，波动力学的解并不变成古典的运动。这是由于这样的事实——请恕我失礼——你选取了一种不适合这个问题的不正确的解。按照这些规则去做时，就导致这样的一个解，它在极限情况下（质量$\longrightarrow\infty$）正好变成古典的、决定论的运动；虽

① 译自《玻恩-爱因斯坦通信集》，纽约，Walker，1971年英文版，205—207页。——编译者

② 指纪念玻恩退休的科学论文集《赠给麦克斯·玻恩的科学论文集，为纪念他从爱丁堡大学台特自然哲学讲座退休》（*Scientific Papers presented to Max Born, on his retirement from the Tait Chair of Natural Philosophy in the University of Edinburgh*）。——编译者

然只要质量的数值有限(大),它当然总是得出巨大几率的统计陈述。如果要描述一系列事件,就必须用"含时间"的薛定谔方程:

$$\frac{\hbar^2}{2m}\frac{\partial^2\psi}{\partial x^2}-\hbar i\frac{\partial\psi}{\partial t}=0,$$

此处 $\hbar=h/2\pi$(普朗克常数),$m=$ 质量;而不是像你所处理的那样的特殊情况,即 ψ 是同 $e^{i\omega t}$ $(\hbar\omega=E)$ 成比例的;由于这适合于明锐确定的能量,因而位置是不确定的。

在 $0<x<l$ 范围内正确的解是:

$$\psi(x,t)=\sum_{n=1}^{\infty}A_n e^{i\omega_n t}\sin b_n x,$$

此处 $$\omega_n=\frac{\hbar\pi^2}{2ml^2}n^2,\quad b_n=\frac{\pi n}{l},$$

并且 $$A_n=\frac{1}{l}\int_0^l\psi(x,0)\sin\frac{\pi n}{l}xdx.$$

$\psi(x,0)$ 是任意的初始状态。这必定被选来用以表示:在时间 $t=0$,这个球接近于点 x_0,具有近似速度 v。因此,除了在点 x_0 附近的小范围里面,$\psi(x,0)$ 在无论哪里都必定是零,而且它对于 x_0 必定是反对称的,于是,对于速度期望值 $\frac{1}{m}\frac{\frac{h}{i}\int_0^l\psi\frac{\partial\psi}{\partial x}dx}{\int_0^l\psi^2dx}$ 有一预定的值。不难把这些 $\psi(x,0)$ 加起来;有三个任意常数,一个是关于归一化的,一个是关于 v 的,另一个是关于 x_0 附近区域的不准确性的。比如:

$$\psi(x,0)=x(l-x)(\alpha+\beta x)e^{-(x-x_0)^2/2a}$$

(我不知道这个函数计算起来是不是方便)。其结果一定是(用不着计算就能够定性地看出来)：波包 $\psi(x,t)$ 来回跳蹦完全像一个粒子一样，而在这过程中，它变得有点更加不确定。但这种不准确当 $m\to\infty$ 时变得无限小。

我深信，在这个意义上，量子力学也表示那种遵循决定论性定律的单个宏观体系的运动。我打算同我的合作者一起来彻底地进行计算(要正式地做起来倒不是容易的)，并且会把结果寄给你。最后你一定会承认我是正确的，当出现了那样的情况时，总得想办法使这本文集的读者都知道。

我多少有点同意你所说的关于德·布罗意、玻姆和薛定谔的那些话。附带说一句，泡利提出了一种想法(发表在祝贺德·布罗意五十岁生日①的文集中)，它不仅在哲学上，而且也在物理上置玻姆于死地。

〔下略〕

① 原文如此，显然是"六十岁生日"之误。参见本书 724 页的脚注①。——编译者

给玻恩的赠文所引起的争论(二)

——1954年1月1日给M.玻恩的信①

你的概念是完全站不住脚的。要求宏观体系的 ψ 函数对于宏观坐标和动量来说必须是“狭窄”的,这同量子理论的原理是不相容的。这种要求同 ψ 函数的叠加原理不可调和。* 同这一点相比,下面的反对意见(它也几乎适用于所有的情况)还只有次要的意义:薛定谔方程在时间上导致“狭度”的扩散。

你声称后者不能用于我所考查的那种体系。但是我相信,这个结果(从一般问题的观点来看并不是很重要的)是以错误的结论为根据的。我不想参与任何进一步的讨论,有如你所想象的那样。我满足于把自己的意见清楚地表达出来。

〔下略〕

* 设 ψ_1 和 ψ_2 是同样的薛定谔方程的两个解。那么 $\psi=\psi_1+\psi_2$ 也表示这个薛定谔方程的一个解,它同样有权利要求描述一个可能的实在状态。

---

① 这是继续1953年12月3日那封信的讨论。这里译自《玻恩-爱因斯坦通信集》,纽约,Walker,1971年英文版,212—213页。标题是我们加的。——编译者

当体系是一个宏观体系，而且 ψ_1 和 ψ_2 对于宏观坐标都是“狭窄”的时候，那么在绝大多数的情况，这对于 ψ 就不再是正确的了。

对于宏观坐标来说，狭度这种要求，不仅同量子力学的原理无关，而且同这些原理是不相容的。

给玻恩的赠文所引起的争论（三）

——1954 年 1 月 12 日给 M. 玻恩的信①

谢谢你寄来你给皇家学会的论文②，从这篇论文中我看出，你完全没有搞清楚那个对我最关紧要的论点。由于我不愿意以击剑名手这类角色出现在大庭广众之前，但是另一方面我又想给你答复，于是随信附寄上我所能做的这种回答。这样，也许还有一线希望，希望你会平心静气地把问题仔细考虑一下，而这种希望已经几乎烟消云散了。

〔下略〕

附件：

对 M. 玻恩的回答

上面 M. 玻恩的论文不过向我表明，我为赠给他的文集所写

---

① 译自《玻恩-爱因斯坦通信集》，纽约，Walker，1971 年英文版，214—215 页。标题是我们加的。——编译者

② 以后玻恩并没有把他这篇论文寄给英国皇家学会，而是寄给了哥本哈根的丹麦科学院，发表在该院庆祝玻尔七十岁诞辰的专刊上，题目是《连续性，决定论和实在》。其内容经 W. 泡利的批评（见本书 824—829 页）后，也已完全改写过。——编译者

的文章并没有能够做到以充分的明晰性来表述我所提出的那些问题。特别是,我无意要对量子理论提出反对意见,而只是想对它的物理解释作出适当的贡献。

在量子理论中,一个体系的状态是由 ψ 函数来表征的,这种函数又是薛定谔方程的解。这些解(ψ 函数)中的每一个,在量子理论意义的范围内,都必须被看作是对这个体系的一个物理上可能的状态的描述。问题是:ψ 函数究竟是**在什么意义上**来描述体系的状态的?

我的断言是这样的:ψ 函数不能认为是对体系的完备的描述,而只是一种不完备的描述。换句话说:单个体系有一些属性,它们的实在性谁也不怀疑,但是用 ψ 函数所作的描述并没有把它们包括在内。

我曾经尝试用一个包含一个"宏观坐标"(一个直径为 1 毫米的球的中心的坐标)的体系来论证这一点。所选取的 ψ 函数是具有固定能量的。这样选取是可允许的,因为我们的问题由于它的这种本性,所得到的答案必须对于每一个 ψ 函数都一定能够成立。考查了这个简单的特例就可以看出——且不管目前这个按量子理论所说的宏观结构——在任意选定的时刻,这个球心在一个(根据这问题可能出现的)位置上同在任何别的位置上是同样可能的。这意味着,ψ 函数的描述不包含任何同这个球在选定时刻的(准)定域相符合的东西。这同样适用于其宏观坐标能够辨别的一切体系。

为了能够由此得出关于 ψ 函数的物理解释的结论,我们可以使用这样一个概念,它所能具有的正确性同量子理论无关,而且未必有谁会加以驳斥。这个概念就是:对于宏观坐标来说,每个体系在任何时刻都是(准)明锐的。要是事实并不如此,那么,要用宏观坐标来近似地描述世界显然就不可能了(“定域定理”)。我现在作出如下断言:要是用 ψ 函数所作的描述能够被认为是关于单个体系的物理状况的一种完备描述,那么人们就该能够由 ψ 函数,而且的确能够由属于一个具有宏观坐标的体系的任何 ψ 函数,推导出“定域定理”来。很明显,对于所考查的这个特例并不是如此。

因此,认为 ψ 函数**完备**地描述单独一个体系的物理性状,这种概念是站不住脚的。但是人们完全可以提出如下的主张:如果人们把 ψ 函数看作是关于一个**系综**的描述,那么它就提供了这样一些陈述,这些陈述——就我们所能判断的来说——令人满意地对应于古典力学的陈述,同时也说明了实在的量子结构。在我看来,“定域定理”迫使我们把 ψ 函数一般地看作是关于一个“系综”的描述,而不是关于单独一个体系的完备的描述。在这种解释中,关于空间上分隔开来的体系各个部分之间的表观耦合这个悖论也就不存在了。而且它还有这样的好处:这样解释的描述是一种**客观的**描述,它的概念具有清晰的意义,而同观察和观察者都无关。

附：

W. 泡利给 M. 玻恩的信

(1954 年 3 月 31 日)[①]

感谢你的来信。我毕竟还是从这里给你写信，因为当我 4 月 11 日回到苏黎世时，大概会有工作在等着我，那就会没有时间了。爱因斯坦也把你的手稿给我看；他完全没有生你的气，而只是说你是一个不愿听别人意见的人。这同我自己的印象是一致的，我这种印象是这样形成的：每逢你在信件或文稿中谈到爱因斯坦时，我总是无法理解他。在我看来，仿佛你为自己竖立起一个爱因斯坦的假象，然后你又像煞有介事地把他打倒。特别是，爱因斯坦并不认为"决定论"的概念像通常所想象的那样基本（正如他曾多次强调地告诉过我的），而且他有力地否认他曾提出过像下面这样的公设（你的信中的第 3 段）："这种状况的序列也必定是客观的和实在的，就是说，也必定是自动的、类似机械的、决定论的。"同样，他否认他曾把"是不是严格地决定论的"？这样的问题用来作为理论的可接受性的准则。

爱因斯坦的出发点与其说是"决定论的"，不如说是"实在论

① 泡利（W. Pauli）这封信讲了他对爱因斯坦和玻恩之间争论的看法，很有参考价值，特译出作为附件。这里译自《玻恩-爱因斯坦通信集》，纽约，Walker，1971 年英文版，221—225 页。这封信发自美国普林斯顿高等学术研究院。——编译者

的”,这意味着,他的哲学偏见是另一种偏见。他的一连串思想可以扼要地作**这样的**复述:

1. 预备性的问题:薛定谔方程的一切数学上可能的解,甚至在宏观客体的情况下,是不是在一定的情况下都会在自然界中出现(**依我的看法,这个问题在无论怎样的情况下都必须给以肯定的回答**),还是只出现在客体的位置是“准确地”、“明锐地”规定了的那些特殊情况中呢?

评注:如果后面一类的解(我们记为$(\Delta x)^2<L_0{}^2$)用K°来描述,那么它就有如下属性:

i. 当$\phi_1(x)$和$\phi_2(x)$都属于K°,但是它们的平均位置

$$\bar{x}_1=\frac{\int x_1|\phi_1|^2dx}{\int|\phi_1|^2dx},\quad \bar{x}_2=\frac{\int x_2|\phi_2|^2dx}{\int|\phi_2|^2dx}$$

分隔得很远,就是说$(\bar{x}_2-\bar{x}_1)^2>L_0{}^2$,那么

(A)　$$C_1\phi_1(x)+C_2\phi_2(x)=\phi(x)$$

并不属于K°。

ii. 如果$\phi_1(x,t_0)$在某一时刻t_0属于K°,那么,当$|t-t_0|$足够大时,$\phi_1(x,t)$就不再属于K°。

因此,在我看来,似乎不可能**在原则上**把我们只限于特殊的K°类的薛定谔方程的解,而且这对于宏观物体,和对于(姑且说)氢原子或者单个电子,在原则上都不能有什么差别。因为,如果量子力学是正确的,那么宏观物体在原则上必定显示出衍射(干涉)现象,困难只会是**在技术上**的,那是由于波长很小。

可是在那样的情况下,人们**还是**需要从K°类的解得出(A)型的叠加,而这种叠加本身并不属于K°。比如,当一个粒子穿过两

个(或者两个以上)孔的时候,这就是关于干涉现象的情况(在这一情况下,它们①究竟是"显微镜下可以看见的球"还是"电子",那是无关紧要的)。

到此为止,在我看来,大家的看法是一致的。

2. 现在谈爱因斯坦的**实质问题:不属于 K° 类(比如宏观客体)的薛定谔方程的那些解,怎样用物理学的语言来解释呢?**

在这里爱因斯坦的推理如下:

A. 当人们"看到"一个宏观物体时,它具有准明锐规定的(*quasi-sharplydefined*)位置,而要虚构出一种"察看"据以确定位置的因果性机制,那是不合理的。

评注:我不说"看到",而要说"用会聚光去照亮";也不再说"察看",而要说"一个适当的实验安排"。除此以外,我仍然是同意的,因为在这种情况下,我不认为**确定位置**的出现,或者(那等于一回事)作为**观察的结果**而出现的确定位置,是可以由自然规律推导出来的。爱因斯坦的推理继续如下:

B. 因此,在"关于实在的客观描述"中,宏观物体必定**始终**具有准明锐规定的位置。由于那些**不**属于 K° 类的 ψ 函数在原则上不能"甩掉",而且它们必定**也**是同自然界符合一致的,因此,**一般的** ψ 函数只能解释为一种**系综**描述。如果有人要断言用 ψ 函数来表示的关于物理体系的描述是**完备**的,那么他就必须信赖这样的事实:**在原则上**,自然规律只涉及系综描述。而这是爱因斯坦所不相信的(不仅在我们目前所知道的那些场合中)。

① 原文如此,这同前面"一个粒子"显然不一致。——编译者

我所不同意的是爱因斯坦的推理B.(请注意,“决定论”这个概念在这里完全没有出现!)说“宏观物体”始终具有准明锐规定的位置,我认为是**不正确**的,因为我看不出微观物体同宏观物体之间有什么根本区别,而且只要有关的物理客体的**波动性**显示了出来,人们总不得不假定有相当程度不确定的部分。在前一页的图①中,以后在那个孔上面所作的观察(比如“用一只遮住的手电去照亮那个地方”)中出现了一个确定的位置 x_0,“粒子在那里”这一陈述,于是就被认为是一种存在于自然规律之外的“创造”,即使它不能受到观察者的影响也如此。自然规律只说某些关于这些观察动作的**统计**的事情。

正如斯特恩(O. Stern)最近所说的,像我们不该为针尖上能够坐多少个天使这个古代问题去绞脑汁一样,我们也不该为我们不能知道一点情况的某种东西是否仍然存在的问题去绞脑汁。可是在我看来,爱因斯坦的那些问题说到底就是这类问题。

爱因斯坦不会同意这一点,他会要求,“关于体系的实在的完备描述”甚至在观察之前就必定已经含有这样一些元素,这些元素必定以某种方式同“用一只遮住的手电去照亮”所得观察结果中的可能差别符合一致。另一方面,**我**认为这个假设同实验者有从相互排斥的实验安排(比如具有**平行的**长波辐射!)中进行选择的自由相矛盾。

总结起来,我很想这样说:虽然我并不反对你手稿中所包含的那些形式的演算——附带说一句,这对于我并不是不知道的——

① 这个图并没有附在信中。——M.玻恩原注

可是它却完全回避了爱因斯坦所感兴趣的问题。特别是，在我看来，它错误地把决定论概念带进了同爱因斯坦的争论中。

这里另有一个同爱因斯坦无关的意见，可用来说明在“量度”“路径”时古典力学同量子力学之间的区别。

A. **古典力学**。比如让我们考查关于一个行星的路径的测定。人们必须**重复地**（在不同时刻 $t_0, t_1, \cdots$）以同样的精确度 Δx_0 来量度其位置。如果人们掌握了关于物体运动的简单**定律**（比如牛顿的引力定律），就能**算出**该物体的**路径**（也能算出在任何给定时刻的位置**和**速度），其准确度之**高**可以达到**人们所想要**的程度（并且也能够在不同时间再次检验所假定的定律）。具有有限准确度的位置的重复量度，因而可以成功地代替**一次**准确度很高的位置量度。那么，像牛顿引力定律那样比较简单的力定律的假定（而不是某种无规则的弯弯曲曲的运动或者别种小规模的运动），显然是古典力学意义上所许可的一种理想化。

B. **量子力学**。具有同样准确度 Δx_0 的一连串重复的位置量度，对于预言以后的位置量度是**毫无用处**的。因为在时刻 t_n 达到准确度 Δx_0 的每一次位置量度，都意味着以后时刻的不准确度

$$\Delta x_{t_n} \sim \frac{h}{m \Delta x_0}(t_{n+1} - t_n),$$

并且破坏了使用以前一切在这些误差范围内的位置量度的可能性！（如果我没有搞错，玻尔在多年以前曾同我讨论过这个例子。）

理论 A 和理论 B 之间的主要区别是，在 B 中，作为早先量度的结果而获得的信息，在**一次**量度之后就会消失，这个区别在你的

手稿中并没有足够清楚地表示出来。[①]

① 泡利回苏黎世后,于1954年4月15日又写了一封基本内容类似的短信给玻恩。玻恩于1965年对这两封信作了如下的注释:

"泡利这两封信清楚地指明了,我对爱因斯坦在赠给我的文集中那篇论文所作答复的草稿是完全不合适的。我未能了解对他来说关系重大的是什么。现在,在十二年以后,我尽力去思索怎么可能会如此,我所能找到的唯一的解释是:作为青年爱因斯坦的一个无条件的信徒和传道者,我为他的教导许愿效忠;我不能想象老年爱因斯坦的思想竟会两样。他曾把他的相对论建立在这样的原则上:涉及不能观察到的事物的那些概念在物理学中是没有地位的。空虚空间中固定的点就是这样一种概念,出现在空间不同部分的两个事件的绝对同时性也如此。当海森伯把这个原则用于原子的电子结构时,量子理论就产生了。这是一个大胆而根本的步骤,我立即领会其意义,它使我集中全力要为这个观念作出贡献。因此,显然使我不可思议,爱因斯坦竟会拒绝承认那个他自己极其成功地使用过的原则对量子力学的有效性,并且坚持理论应当对于'针尖上能够坐多少个天使'这类问题提供信息。因为,正如泡利所清楚说明的,爱因斯坦的要求就等于这样;他的要求是:物理状态必须具有实际的客观存在,即使证明了不可能为它设立一条原理的时候也如此。而且,他还声称,任何触犯这个要求的理论都是不完备的。在以前的一封信中,他是用如下的说法来表达这种观点的:他反对'存在就是被知觉'的哲学。"

"泡利对我们见解的根本分歧的分析,是对爱因斯坦论文的正确回答;我只好委托他发表一篇答复。可是就我所知,他从来没有这样做过。"见《玻恩-爱因斯坦通信集》,1971年英文版,227页。——编译者

迈克耳孙实验同相对论的关系

——1954 年 2 月 9 日给 F. G. 达文波特的信[①]

在迈克耳孙的工作之前，就已经知道，在实验的精确度的范围内，坐标系的运动状态对现象并无影响，因而对它们的规律也无影响。H. A. 洛伦兹曾经指明，对于坐标系速度的二次幂可以忽略的一切情况（一级效应）来说，根据他所作的麦克斯韦理论的表述方式，这一点是可以理解的。

但是，按照这个理论的状况，自然地会作这样的料想：这种无关性对于二级以及更高级的效应该不会成立。证明在一个决定性的情况下这种料想的二级效应事实上并不存在，这是迈克耳孙的最大功绩。迈克耳孙这项工作是他对科学知识的不朽贡献，它的伟大之处在于以巧妙的办法达到了量度所要求的很高的精确度，同样也在于对问题的大胆而清晰的表述。这一贡献，对于不存在"绝对运动"，因而也对于狭义相对性原理，是一个新的有力的论

---

① 这是爱因斯坦于 1954 年 2 月 9 日给美国伊利诺（Illinois）州蒙默思（Monmouth）学院历史系的达文波特（F. G. Davenport）的复信。达文波特于 1954 年 2 月 2 日写信给爱因斯坦，要他"用非科学的语言扼要地说明迈克耳孙怎样帮助"他创立相对论。这信最初发表在美国科学史季刊《爱西斯》（*Isis*）1969 年夏季号霍耳顿（Gerald Holton）的论文《爱因斯坦，迈克耳孙和"判决"实验》。这里译自《爱西斯》，1969 年，60 卷，第 2 期，第 194 页。标题是我们加的。——编译者

证。而相对性原理自牛顿以来在力学中从来没有被怀疑过，但是它同电动力学**似乎**并不相容。

在我自己的〔思想〕发展中，迈克耳孙的结果并没有引起很大的影响。我甚至记不起，在我写关于这个题目的第一篇论文时(1905年)，究竟是不是知道它。对此的解释是：根据一般的理由，我深信绝对运动是不存在的，而我〔所考虑〕的问题仅仅是这种情况怎么能够同我们的电动力学知识协调起来。[①] 因此人们可以理解，为什么在我本人的努力中，迈克耳孙实验没有起什么作用，至少是没有起决定性的作用。

我允许你引用我这封信。如果你需要的话，我也愿意给你作进一步的说明。

---

① 《爱西斯》上发表的这封信中，此句漏了“绝对运动是不存在的，而我〔所考虑〕的问题仅仅是”这些字。这里根据《美国物理学期刊》(*American Journal of Physics*) 1969年10月号中霍耳顿的另一篇内容相似但比较简略的论文《爱因斯坦和“判决”实验》所引用的这封信加以补正。——编译者

关于相对论的发展

——1954 年 8 月 10 日给贝索的信①

你对广义相对论的阐述很好地说明了它的发展史方面。此外,从逻辑形式上去分析这个问题,同样也是很重要的。因为,只要数学上暂时还存在难以克服的困难而不能确立这个理论的经验内涵,逻辑的简单性就是衡量这个理论的价值的唯一准则,即使是一个当然还不充分的准则。

其实,狭义相对论不过是把惯性系的思想适应于这样一个已为经验所证明了的信念:相对于任何惯性系,光速都是不变的。它无法避免惯性系这个在认识论上站不住脚的概念。(这个概念之所以站不住脚,已由马赫清楚地阐明,而惠更斯和莱布尼茨早就认识到这一点,虽然不那么清楚。)

对牛顿基本原理提出的这个反对意见的核心,通过同亚里士多德物理学中的"宇宙中心"作一个比较,就可以得到最恰当的说明。按亚里士多德的见解,存在着一个任何重物都趋向的"宇宙中心"。比如,地球的球形就是这样说明的。这种见解的不妥之处在

---

① 译自《爱因斯坦-贝索通信集》,525—527 页。由李澍泖同志译。标题是我们加的。

这封信受到贝索极大的重视,他认为这是爱因斯坦"一生神奇使命的令人钦佩的概述"。——编者

于，这个宇宙中心对于其余一切都能产生影响，而其余一切（即物体）却不能反过来对这个宇宙中心产生影响（单向因果联系）。

惯性系的情况也就如此。在任何情况下，它决定各个物体的惯性行为，而本身却不受它们的影响。（其实，更恰当一点，这里说的是所有的惯性系的总和；但这不是主要的。）广义相对论的实质就在于它克服了惯性系这个概念。（这一点在提出广义相对论时并不那么清楚，而是事后才认识到的，特别是通过勒维-契维塔(Levi-Civita)认识到了这一点。）在提出这个理论时，我选择了对称张量 g_{ik} 作为出发点的概念（*Ausgangs-Begriff*）。这个张量允许我们定义"位移场"Γ^{l}_{ik}；对一个点 P 的每一个矢量，这个位移场都可定义出任意邻近点 P' 的矢量。($\delta A^{\nu}=-\Gamma^{\nu}_{\sigma\tau}A^{\sigma}dx_{\tau}$).

这个位移场观念本身同度规场 g_{ik} 的存在无关；它在一开始讨论度规场时就被引进，其原因在于：黎曼是从高斯的曲面曲率的理论出发的；根据这个理论，这个曲面由于被安置在欧几里得空间中，它就获得一个度规。①

为什么位移场能克服惯性系这个障碍呢？在一个惯性系中，在两个任意距离的点 P 和 Q 上，有两个具有同样分量的矢量，这就是一个客观的（不变的）关系：它们是相等的和平行的。由此就可以推论出来，在一个惯性系中，把张量进行关于坐标的微分，人

① 意思是这样的：高斯的曲面理论原先是假设曲面是安放在欧几里得三维空间的曲面，因此度规 $ds^2=g_{ik}dx^i dx^k$ 一下就写出来了。这就是说，先有度规，而曲面上的平行位移 Γ 可以从 g_{ik} 得到。可是，假如不预先假设曲面在三维欧几里得空间中，而直接就事论事，那么曲面的特性可由平行位移 Γ 直接确定。这就是为什么爱因斯坦在这里说，位移场 Γ 的概念同度规 g_{ik} 的存在实际上无关。——邹国兴注

们得到新的张量。并且,比如,惯性系中的波动方程是一个客观的陈述。位移场允许我们对任意坐标系进行微分都可以得到这样的张量。所以,它是惯性系的不变性替代者;而由此,它是一切相对论性场论的基础。

如果引进位移场作为基本场量,那么,用矢量沿着一个无穷小曲面元的周边作位移这样一个不变性行为,它就可以决定曲面的曲率张量。因此,曲率张量 R^{i}_{klm} 和 R_{kl} 都属于 Γ 场(这个场本身并不是张量)。

要得到场方程,最好是应用变分法,因为这种方法总是能够提供场方程之间的 4 个恒等式,这些恒等式对于相对论的方程组的相容性是必要的。要得出构成变分积分(*Variations-Integral*)所需要的那个标量,必须有一个张量 g_{kl}(或 g^{kl}),这个张量与 R_{kl} 一道提供标量 $g^{kl}R_{kl}$。这就是除了 Γ^{l}_{ik} 以外,还需要有一个张量的形式上的理由。

纯引力场理论就是按上面方式得出的,当人们把 Γ^{l}_{ik} 和 g_{ik}(前者是对下标而言)都选定是对称的时候。对称张量的选择,从不变性理论的观点看来,是很有意义的。

此外,从无穷小位移的定义可以看出,选择对下标对称的 Γ 场是没有根据的。这个普遍的选择就意味着有选择非对称的 g_{ik} 场的必要性。因此,非对称场的理论的提出完全不是随意的。

我不知道这个理论是否符合物理实在,唯一的原因在于,关于这些非线性方程组到处无奇点的解的存在及其结构,人们都说不出什么。

但是,不要以为,这个理论仅仅决定于相对性的要求

(*Relativitätsforderung*)。在通常的引力理论中，方程式的右侧代表产生场和被场所影响的质量。对应于场方程右侧的质量项，按场论规律就引进场的一个第二辅助不变量。

用这种方法就要引进别的同 Γ 无关的新场。辅助不变量的符号可以任意选取，从而，举例说，人们无法理解，为什么引力质量都具有同一符号。简言之，必须综合一些逻辑上互不相干的表达式。我是有充分信仰的，确信这个世界并不是这样拼凑而成的。

在这个意义上，这个理论还是被相对性要求足够明确地确定了的。不过，我认为非常有可能，物理学不是建立在场的概念上，即不是建立在连续体(*kontinuierliche Gebilde*)上的。如果是这样，那么，我的全部空中楼阁——包括引力论在内——甚至连其他现代物理学也一样，都将荡然无存。

附：

贝索 1954 年 10 月 1—4 日给爱因斯坦的信[①]

前天我收到你的长信。我马上把它重抄一遍，以便另有一份可以在天地头随意涂写。我同日内瓦大学的普通数学教授罗西埃(Paul Rossier)一起读了这封信，以便共同获得教益。让我再一次重申，我认识你这是巨大的幸福。

……

你的信是对你这宏伟的毕生工作的重要总结。这些工作在《晚年集》一书中已经有过一次很好的总结，而在你的《自述》[②]中已经为同盖然论者商榷(*Diskussionen, mit den Wahrscheinlichkeitsleuten*)这样一本书草拟了初稿——：

我以为，以下就是你来信的重点：

Ⅰ. 狭义相对论归根结底只是，把惯性系的思想应用于已为经验证实了的、关于任何惯性系中光速不变的信念。它不能克服在认识论上站不住脚的惯性系概念。

Ⅱ. 惯性系的处境恰恰同亚里士多德的点一样，它到处决定物

① 译自《爱因斯坦-贝索通信集》531—532 页。由李澍泖同志译。标题是我们加的。——编者

② 见本文集第一卷，1—46 页。——编者

体的惯性行为，但并不被这些物体所决定。

Ⅲ. 广义相对论的主旨在于克服关于惯性系的这种不对称性。

Ⅳ. 对称的 g_{ik} 提供了确定位移场 Γ^{l}_{ik} 的可能性。

Ⅴ. 这种位移场概念本身同度规场的存在无关。

Ⅵ. 上述这一点并非一开头就是明显的，其原因在于，[①]黎曼是从高斯关于曲面曲率的理论出发的；由于曲面位于欧几里得的(度规的[②])空间中，它就得到一个度规。

Ⅶ. 具有相同分量的矢量是相等而且平行的。(这一点仅适用于一个惯性系)[③]

*

我因微感不适，在床上写这封信，这就能说明不少问题。此外，对于结尾处的话，即关于引入第二个场不变量和负引力质量那一段，我却不能同意，尽管它使我很高兴[④]，因为像儒勒·凡尔纳(Jules Verne)[⑤]的一本小说一样。……

① 这句话是爱因斯坦改过的，原话是“原因在于”。——原书编者

② 这个词是爱因斯坦加进去的。——原书编者

③ 这个括弧是爱因斯坦加进去的。——原书编者

④ 爱因斯坦在边上写道：“这我不明白。”——原书编者

⑤ 儒勒·凡尔纳(Jules Verne，1828—1905)，法国小说家，写过不少科学幻想小说。——编者

悼念贝索

——1955年3月21日给M.贝索的儿子和妹妹的信①

你们来信真实地、详尽地把在这些沉重的日子里米凯耳的情况告诉我，这真是你们对我的好意。他的结局同他的一生的形象是和谐的，同他周围的人的形象也是和谐的。和谐生活的天赋和敏锐的才智，一般是很少能同时享有，而他却兼而有之。我最佩服的是，作为一个人，他不仅能够做到多年来同妻子过着安静的生活，而且始终协调一致，而我却两次都没有做到，这是很可惜的。

我们的友谊是我在苏黎世求学的年代里奠定的，那时我们经常在音乐晚会上见面。他年长些，见闻广博，常常鼓励我们。他的兴趣之广，简直没有界限。然而，他最大的兴趣似乎是在批判的哲学方面。

后来，专利局把我们结合在一起。我们在下班途中的谈话引人入胜，无与伦比，人世沉浮对于我们似乎并不存在。对比之下，

---

① 译自《爱因斯坦-贝索通信集》，537—538页。由李澍泖同志译。标题是我们加的。

M.贝索是1955年3月15日在日内瓦逝世的。一个月后，爱因斯坦也逝世了。——编者

后来的通信在促进相互了解方面就稍逊一筹。他的笔跟不上他变幻莫测的思想,往往使收信人猜不透他写漏了的东西。

现在,他又一次比我先行一步,他离开了这个离奇的世界。这没有什么意义。对于我们有信仰的物理学家来说,过去、现在和未来之间的分别只不过有一种幻觉的意义而已,尽管这幻觉很顽强。

关于科学史和科学家的谈话(报道)

——1955 年 4 月 3 日同 I. B. 科恩的谈话①

〔上略〕

他估计到我同他开始谈话是困难的;过了一会儿,他就转向我,好像在回答一些我未曾提出过的问题,说:“在物理学中有那么多未解决的问题。其数目多到我们不得而知;我们的理论远不能胜任。”我们的谈话马上转到这样的问题:科学史上时常碰到有些重大问题似乎得到了解决,但是却又以新的形式重新出现。爱因斯坦说,这也许是物理学的一个特征,并且认为某些基本问题可能会永远纠缠着我们。

爱因斯坦谈到,当他是青年的时候,科学的哲学被认为是一种奢侈品,多数科学家都不去注意它。他以为科学史的情况差不多一样。他说,这两门学科必然相类似,因为两者都是研究科学思想的。他想了解我在科学和历史方面的素养,并且想了解我是怎样会对牛顿感兴趣的。② 我告诉他,我所研究的一个方面是科学概

---

① 这是爱因斯坦于逝世前两个星期(1955 年 4 月 3 日)同美国科学史家贝纳德·科恩(I. Bernard Cohen)的谈话的报道。爱因斯坦逝世后,科恩把这篇报道以《同爱因斯坦的一次谈话》为题,发表在《科学的美国人》(*Scientific American*)月刊上。这里译自该刊,1955 年 7 月号,69—73 页(193 卷)。标题是我们加的。——编译者

② I. B. 科恩当时是美国科学史季刊《爱西斯》(*Isis*)的编辑,哈佛大学科学史副教授,曾编订过牛顿《光学》(*Optics*)的新版本。——编译者

念的起源以及实验同理论创造之间的关系;关于牛顿,始终给我深刻印象的是他的双重的天才——在纯数学和数学物理学方面以及在实验科学方面。爱因斯坦说他永远钦佩牛顿。当他解释这一点时,我记起了他在自传中批判了牛顿的概念以后所说的这样动人的话——"牛顿啊,请原谅我"。

爱因斯坦对牛顿为人的各个方面特别感兴趣,我们讨论了牛顿同胡克(Hooke)就引力反平方定律发现的优先权问题所进行的争论。胡克只希望在牛顿写的《原理》的序言中对他的劳动成果稍微"提一下",但是牛顿拒绝作这种表示。牛顿写信给监督出版巨著《原理》的哈莱(Halley)说,他不想给胡克以任何名誉;他宁愿抑制一下加给该书论述世界体系的第三"卷"和最后一"卷"的光荣。爱因斯坦说:"唉,那是虚荣。你在那么多的科学家中找到了这种虚荣。你知道,当我想起伽利略不承认开普勒的工作时,我总是感到伤心。"

我们接着谈论到牛顿同莱布尼茨关于微积分发明问题的争论,谈到牛顿企图证明这位同时代的德国人是一个剽窃者。曾设立了一个被认为是国际的调查委员会,它包括一些英国人和二个外国人;今天我们知道,牛顿在幕后操纵这个委员会的活动。爱因斯坦说,他为这种行为感到震惊。我断言,进行这种激烈的争论,是时代的特性,而牛顿时代以后,科学行为的标准已经大大改变了。爱因斯坦对此好像并无太强烈的反应,他觉得,不管时代的气质如何,总有一种人的尊贵的品质,它能够使人超脱他那个时代的激情。

于是我们谈论到富兰克林(Franklin)。作为一个科学家,我始终钦佩他的行为,尤其是因为他不曾陷进这种争论。富兰克林从来没有为了保护他的实验或思想写过一点争辩的东西,那是足以为荣的。他相信,实验只能在实验室里得到检验,而概念和理论必须由证明它们的有效性而取得成功。爱因斯坦只同意一部分。他说,要避免个人的勾心斗角那是对的,但是一个人为自己的思想辩护,那也是重要的。人们不应当由于不负责而简单地放弃自己的思想,好像他并不是真正地相信它们似的。

爱因斯坦知道了我对富兰克林感兴趣,还想更多地了解他:他在科学上除了发明避雷针以外还做了什么?他是否真地做了什么重要的事?我回答:在我看来,富兰克林的研究中所得出的最伟大的东西是电荷守恒原理。爱因斯坦说,是的,那是一个伟大的贡献。于是他自己思索了一会儿,笑着问我:富兰克林怎么能够证明这条原理呢?当然,我承认,富兰克林只能举出一些正电和负电相等的实验事例,并且指出这一原理对于解释各种现象的适用性。爱因斯坦点了点头,承认他在此以前并没有正确估价富兰克林在物理学史上应有的光荣地位。

关于科学工作争论的话题使爱因斯坦转到了非正统思想的问题。他提到一本不久前出版而引起不少争论的书,他发现其中非科学部分——论述比较神话学和民俗学的——是有趣的。他对我说:“你知道,这并不是一本坏书。它确实不是一本坏书。唯一引起纠纷的是它的狂妄。”接着发出了一阵大笑。他进而解释他作这种辨别的意义。那位作者认为他的某些想法是以现代科学为根据的,但却发现科学家们竟完全不同意他。为了保卫他所想象的现代科学该是怎么样的那种想法,以维持他的理论,他不得不转过来攻击科学家们。我回答道,历史学家时常碰到这样的问题:当唯一明显的事实是一个科学家的非正统性时,他的同时代人能不能够讲出他究竟是一个怪人还是一个天才?比如像开普勒那样一位向公认思想挑战的急进分子,他的同时代人必定难以讲出他究竟是一个天才还是一个怪人。爱因斯坦回答:"那是没有客观检验标准的。"

美国科学家责备出版者出了这样一本书,这使爱因斯坦感到遗憾。他认为,对出版者施加压力来禁止出书那是有害的。这样一本书实际上不会有什么害处,因而也不是一本真正的坏书。让它去吧,它会昙花一现,公众的兴趣会消逝,它也会就此了结。这本书的作者可能是"狂妄"的,但不是"坏"的,正像这本书不是"坏"书一样。爱因斯坦讲到这一点时,表现出很大的热情。

我们花了很多时间来谈论科学史,这是爱因斯坦长期来感兴趣的题材。他写过很多篇关于牛顿的文章,为一些历史文献写过序,也曾为他的同时代的以及过去的科学伟人写过简传。他自言自语地讲到历史学家工作的性质,把历史同科学相比较。他说,历史无疑要比科学缺少客观性。他解释,比如要是有两个人研究同一历史题材,各人都会侧重于这个题材中最使他感兴趣或者最吸引他的那个特殊部分。在爱因斯坦看来,有一种内部的或者直觉的历史,还有一种外部的或者有文献证明的历史。后者比较客观,但前者比较有趣。使用直觉是危险的,但在所有各种历史工作中却都是必需的,尤其是要重新描述一个已经去世的人物的思想过程时更是如此。爱因斯坦觉得这种历史是非常有启发性的，尽管它充满危险。

他接着说，去了解牛顿想的什么，以及他为什么要干某些事，那是重要的。我们都同意，向这样的问题挑战，该是一位高明的科学史家的主要动力。比如，牛顿是怎样并且为什么提出他的以太概念的？尽管牛顿的引力理论得到了成功，他对引力概念还是不满意。爱因斯坦相信，牛顿所最强烈反对的是一种能够自己在空虚空间中传递的力的观念。牛顿希望用以太来把超距作用归结为接触力。爱因斯坦宣称，这里有一个关于牛顿思想过程的最有趣的说法，但是问到是否——或者是在什么程度上——有谁能够根据文献证明这种直觉，那就发生了问题。爱因斯坦用最强调的语气说，要用文献来证明关于怎样作出发现的任何想法，他认为最糟糕的人就是发明家自己。他继续说，许多人问他，他是怎样想出这个，或者是怎样想出那个的。他总是发现，关于他自己的一些想法的起源，他非常缺乏原始资料。爱因斯坦相信，历史学家对于科学家的思想过程大概会比科学家自己有更透彻的了解。

爱因斯坦对牛顿的兴趣始终是集中在他的思想方面，这些思想在每一本物理教科书中该都可以找到。他从来没有像一个彻底的科学史家那样对牛顿的全部著作进行系统的考查，可是他对牛顿的科学自然有一种评价，这种评价只能出乎一个在科学上同牛顿相匹敌的人。然而，对于科学史研究的结果，比如牛顿在他的两部巨著《光学》和《原理》的先后几次修订中他的一些基本见解的发展，爱因斯坦都感到强烈的兴趣。在我们关于这个题材的通信中产生了这样一个问题：爱因斯坦在他的 1905 年关于光子的论文中,是不是在某种意义上“复活”了牛顿的光的概念?在那一年以前,他是否读过牛顿的关于光学的著作?他告诉我:“就我所能记忆的来说,在我为《光学》写短序[①]以前,我没有研究过,至少没有深入地研究过他的原著。其理由当然是,牛顿所写过的每样东西都活在后来的物理科学著作中。”而且,“青年人是很少有历史头脑的”。爱因斯坦主要关心的是他自己的科学工作;他对牛顿的了解,首先是作为古典物理学中许多基本概念的创立者。但是他抗拒了牛顿的“带有哲学特征的意见”;这些意见他曾再三引述。

1905年爱因斯坦知道牛顿拥护光的发射论,这一事实他必定从德鲁德(Drude)的那本有名的光学著作中获悉,但是他直至几十年以后显然不知道牛顿曾企图把发射论和波动论融合起来。爱因斯坦知道我对《光学》的兴趣,尤其是关于这一著作对以后的实验物理学的影响方面。当我讲到牛顿关于光学研究的直觉该是物质微粒精确知识的一个线索这一伟大意义时,爱因斯坦误解了我所讲的。他说,我们不可把历史上的巧合看得太认真,以为牛顿的带有一些波动性的光的发射论讲出了某些类似于现代说法的东西。我解释我的意思是指:牛顿曾企图从我们称为干涉或衍射现象推算出物质微粒的大小。爱因斯坦同意,这些直觉也许是很深奥的,但不是一定会有成效的。他说,比如,牛顿关于这个问题的思想并不能得出什么东西来;他既不能证明他的论点,也推导不出关于物质结构的精密知识。

爱因斯坦实际上比较感兴趣的还是《原理》和牛顿对假说的看

---

① 见本书412—413页。——编译者

法。他非常敬重《光学》，但首先在于颜色的分析和那些了不起的实验。对于这本书，他写过："只有它才能使我们有幸看到这位无比人物本人的活动。"爱因斯坦说，回顾牛顿的全部思想，他认为牛顿的最伟大成就是他认识到特选〔参照〕系（*privileged systems*）的作用。他十分强调地把这句话重复了几遍。我觉得这是有点令人困惑的，因为今天我们都相信，并没有什么特选系，而只有惯性系；并没有一种特选的构架——甚至我们的太阳系也不是——我们能够说它是固定在空间中，或者具有某些为别种体系所不可能有的特殊物理性质。由于爱因斯坦自己的工作，我们不再（像牛顿那样）相信绝对空间和绝对时间概念，也不再相信有一个对于绝对空间是静止的或者是运动的特选系，在爱因斯坦看来，牛顿的解决是天才的，而且在他那个时代也是必然的。我记得爱因斯坦说了这样的话："牛顿啊……你所发现的道路，在你那个时代，是一位具有最高思维能力和创造力的人所能发现的唯一的道路。"

我说牛顿的天才表现在他把《原理》中关于"世界体系的中心"是不动地固定在空间中这一陈述作为"假说"采纳下来；而水平不及牛顿的人也许会认为他能够用数学或者用实验来证明这一论断。爱因斯坦回答，牛顿大概不会愚弄自己。他不难了解什么是他所能证明的，什么是他所不能证明的；这是他的天才的一个标志。

爱因斯坦接着说，科学家的传记方面也像他们的思想一样使他始终感到兴趣。他喜欢了解那些创造伟大理论和完成重要实验的人物的生活，了解他们是怎样的一种人，他们是怎样工作并且怎样对待他们的伙伴的。回到了我们以前的话题,爱因斯坦评论说,居然有那么多的科学家似乎都有虚荣。他指出,虚荣可以表现为许多种不同的形式。时常有人说他〔自己〕没有虚荣,但这也是一种虚荣,因为事实上他得到了这样一种特殊的自负。他说,"这有点像幼稚。"于是他转向我,他的响亮的笑声充满了整个屋子。"我们中许多人都是幼稚的;其中有些人比别人更幼稚些。但是如果一个人知道了他是幼稚的,那么这种自知之明就会成为一种冲淡的因素。"

谈话于是转到了牛顿的生活和他的被保密的思辨:他对于神学的研究。我向爱因斯坦提起,牛顿曾试图对神学进行语言学的分析,想找出那些为基督教所采纳而被篡改了的地方。牛顿并不是一个正统的信三位一体的人。他相信他自己的观点是隐藏在《圣经》中的,但是公开的文献已经被后来的作家篡改了,他们引进了新的概念,甚至新的字句。因此牛顿企图通过语言分析来找到真理。爱因斯坦说,在他看来,这是牛顿的一个"缺点"。他不明白,牛顿既然发现他自己的思想同正统的思想并不一致,他为什么不直截了当地拒绝公认的观点而声明他自己的观点。比如,如果牛顿能够对《圣经》的公认的解释有不同意见,那么为什么他还要相信《圣经》必定仍然是真的?是不是仅仅因为这样一个通常的观点:认为那些基本真理都包含在《圣经》里面了?在爱因斯坦看来,牛顿在神学上并没有像他在物理学上显示出同样伟大的思想品质。爱因斯坦显然不大感觉到这样的一种情况:人的思想是受他的文化所约束的,他的思想特征是由他的文化环境铸造而成的。我没有抓住这一点,但是我感到震惊,在物理学上,爱因斯坦能够看出牛顿是一个十七世纪的人，但在别的思想和行动领域中，他却把每一个人都看作是不受时代限制的、自由行动的个人，仿佛把他们都当作我们的同时代人来评判。

下面这件事似乎给爱因斯坦引起了特别强烈的印象：牛顿对他的神学著作完全不满意，他把它们全都封存在一只箱子里。这似乎告诉了爱因斯坦：牛顿是意识到他的神学结论的不完美性的，他不愿意把任何不合于他自己的高标准的著作公之于世。因为牛顿显然不愿意发表他的关于神学的思辨，爱因斯坦带点激动地断定，牛顿本人是不希望别人去把它们发表的。爱因斯坦说，人有保守秘密的权利，即使在他死后也如此。他称赞皇家学会顶住了一切要编辑和刊印牛顿这些著作的压力，而这些著作的作者正是不希望发表的。他认为牛顿的通信应该发表，因为写下一封信并且寄出，目的是要给人看的，但是他补充一句，即使在通信中也会有些个人的事不该发表。

随后他扼要地讲到两位他非常了解的大物理学家：麦克斯·普朗克和 H. A. 洛伦兹。爱因斯坦告诉我，他是怎样在莱顿通过保耳·埃伦菲斯特而了解到洛伦兹的。他说，他对洛伦兹的钦佩和爱戴也许超过他所了解的别的任何人，而且不仅是作为一个科学家。洛伦兹曾在“国际合作”运动中活动，并且始终关心他的伙伴们的福利。他在许多技术问题上为他自己的国家做了不少工作，这种活动一般人并不知道。爱因斯坦解释，这是洛伦兹的特点的一部分，是一种高尚的品质，它使他为别人的幸福而工作，却不让别人知道他。爱因斯坦对麦克斯·普朗克也表示非常爱戴。他说普朗克是一位有宗教信仰的人,总是企图要重新引进绝对——甚至是在相对论的基础上。我问爱因斯坦:普朗克是不是完全接受了"光子理论"?就是说,他是不是一直把他的兴趣只限于光的吸收或发射而不管它的传递?爱因斯坦默默地盯住我片刻,然后他笑着说:"不,不是一种理论。不是一种光子的**理论**。"他的深沉的笑声再度笼罩着我们两人——而问题却始终没有得到答复。我记得在爱因斯坦1905年那篇(名义上)得到诺贝尔奖金的论文的标题中,并没有"理论"两个字,而只提到从一个"试探性观点"所作的考查。

爱因斯坦说,科学上有种种潮流。当他作为一个青年人在学物理的时候,所讨论的一个重大问题是:分子是否存在?他记得,像威廉·奥斯特瓦耳德和恩斯特·马赫那么重要的科学家都曾明白宣称,他们并不真正相信原子和分子。爱因斯坦评论说,当时的物理学同今天的物理学之间的最大差别之一是,今天已经没有人再拿这个特殊的问题去麻烦人了。尽管爱因斯坦并不同意马赫所采取的根本立场,可是他告诉我,他尊重马赫的著作,这些著作对他有过重大的影响。他说,他在1913年访问过马赫,曾提出一个问题来考考他。他问马赫,如果证明了由假定原子的存在就有可能预测气体的一种性质——这种性质不用原子假设就不能预测,而且这是一种可以观察到的性质——那么他该取怎样的立场呢?爱因斯坦说,他始终相信,发明科学概念,并且在这些概念上面建立起理论,这是人类精神的一种伟大创造特性,这样,他自己的观点就同马赫的观点相对立,因为马赫以为科学定律不过是描述大量事实的一种经济办法。在爱因斯坦所说的那种条件下,马赫能够接受原子假说吗？即使这是意味着非常繁复的计算，他也能接受吗？爱因斯坦告诉我，当马赫作了肯定的答复时，他多么感到高兴。马赫说，如果原子假说有可能使某些可观察到的性质在逻辑上联系起来，而要是没有这种假说就永远无法联系，那么，他就不得不接受原子假说。在这样的情况下，假定原子可能存在，那该是“经济”的，因为人们能够由此推导出观察之间的关系。爱因斯坦得到了满足；确实不止是一点快慰。他脸上显出严肃的表情，向我全部重述了这个故事，而事实上我已经充分理解了它。即使完全不提这种哲学上的胜利——这是对爱因斯坦所想象的马赫哲学的一种胜利——他还是感到满意，因为马赫承认了原子论哲学毕竟是有些用处的，而爱因斯坦曾多么热心地致力于原子论哲学。

爱因斯坦说，本世纪初只有少数几个科学家具有哲学头脑，而今天的物理学家几乎全是哲学家，不过“他们都倾向于坏的哲学”。他举逻辑实证论为例，认为这是一种从物理学中产生出来的哲学。

〔下略〕

编译后记

爱因斯坦是二十世纪有很大影响的自然科学家。他一生的活动是多方面的，而他的思想又非常庞杂。长期以来，人们对他的科学工作和哲学思想的评价有争论。为了便于开展进一步的研究和讨论，我们编译了这个资料性的文集。

这个文集是 1962 年开始编译的，当时名为《爱因斯坦哲学著作选集》，以后内容扩大，改用现在的名称。这一卷收集了爱因斯坦关于自然科学哲学问题和一般自然科学方面比较有代表性的论述，内容主要是爱因斯坦自己写的文章、讲稿和通信，也包括一些别人写的爱因斯坦的谈话记录（或报道）。此外，还收了几封别人写的有关的通信（或答复），作为附件。

爱因斯坦的论著，除了自然科学哲学和一般科学方面的论述以外，还有大量的专门性的科学论文（包括相对论、量子论、分子运动论等）和社会政治言论（包括一般的世界观、人生观、社会观、宗教观等），也是研究这个科学家思想的重要资料，我们将继续编译。

在编译这个集子的过程中，曾得到北京、上海、浙江等地很多同志的热情帮助。有的同志直接参加译、校工作，有的同志帮助提供资料，因此，这个集子是集体努力的成果。在这里，我们谨向所有这些同志表示感谢。

本书所用的专门术语的译名，原则上以中国科学院公布的《物理学名词》和《数学名词》为准，但个别作了改动。比如：*classical physics* 不译“经典物理学”，而译“古典物理学”；*ponderable body* 不译“有质体”，而译“有重物体”；*complementarity* 不译“并协”，而译“互补”；*paradox* 不译“佯谬”，而译“誖(悖)论”(参照《数学名词》)；*finite* 在相对于“无限小”时，不译“有限”，而译“非无限小”，因为通常总以为“无限小”和“零”也属于“有限”，这就要引起混淆。此外，哲学上的派别 *materialism*，*idealism* 等，一概译为“唯物论”、“唯心论”等，而不译“唯物主义”、“唯心主义”等(但 *relativism* 仍译“相对主义”，以免同物理学中的“相对论”(*relativity*)混淆)。

这个集子的编选、译文和注释，容有错误和缺点，深盼读者批评指正。

编 译 者

1974 年 9 月于北京